After Effects 完全解析

[美] Trish Meyer　Chris Meyer 著

降瑞峰 译

人民邮电出版社

北京

图书在版编目（CIP）数据

After Effects完全解析 / (美) 特里什·迈耶 (Trish Meyer), (美) 克里斯·迈耶 (Chris Meyer) 著; 降瑞峰译. -- 北京 : 人民邮电出版社, 2017.5
ISBN 978-7-115-45015-9

Ⅰ. ①A… Ⅱ. ①特… ②克… ③降… Ⅲ. ①图象处理软件 Ⅳ. ①TP391.413

中国版本图书馆CIP数据核字(2017)第069174号

内 容 提 要

本书将 After Effects 的核心内容分为 12 章：前 11 章分别讲解了基本动画，高级动画，图层控制，创建透明，文字和音乐，父级和嵌套，表达式和时间游戏，3D 空间，跟踪和抠像，绘画、旋转笔刷和木偶，形状图层；第 12 章是贯穿所有知识点的最终项目。本书的内容由浅入深，以实用而简明的案例引导读者掌握 After Effects 的核心特性。每一章都以作者的实际经验为基础，向读者展示了如何针对给定的任务采用恰当的方式来操作。最后的项目结合了前面章节所讲的多种技能，让读者更好地学习和使用 After Effects。

本书适合 After Effects 的初级和中级用户阅读，同时也可作为影视后期、电视包装从业者的参考用书。

◆ 著　　[美] Trish Meyer　Chris Meyer
译　　降瑞峰
责任编辑　赵　迟
责任印制　陈　犇

◆ 人民邮电出版社出版发行　　北京市丰台区成寿寺路 11 号
邮编　100164　　电子邮件　315@ptpress.com.cn
网址　http://www.ptpress.com.cn
北京瑞禾彩色印刷有限公司印刷

◆ 开本：787 × 1092　1/16
印张：23
字数：674 千字　　2017 年 5 月第 1 版
印数：1 – 2 500 册　　2017 年 5 月北京第 1 次印刷

著作权合同登记号　图字：01-2014-0491 号

定价：128.00 元

读者服务热线：(010)81055410　印装质量热线：(010)81055316
反盗版热线：(010)81055315
广告经营许可证：京东工商广字第 8052 号

前　言

一张动态图片能获得一千个事业选择。

我们总是会被有趣的动态影像所吸引，这一点也许和人类对火的原始迷恋有关。Adobe After Effects可创作的影像包括电视节目的开场标题、商业或影片效果、体育场或贸易展示区的动画横幅，以及在电梯、机场、网站甚至手机上显示的信息。

After Effects是一个极其成熟的工具，它可以让你将视频、电影、3D、Flash动画、照片、扫描图、插图、PDF文件、文本和音乐以多种方式结合到一起，还可以让你创建自己的元素。你可以排列、添加动画和处理这些组件，并将所得的结果渲染成多种格式，用于打印、网络、视频、电影等。总之，掌握了After Effects，就可以制作出满足各种客户和任务需要的动态影像。

本书的目的是通过一系列实用的练习让你掌握Affter Effects最重要的核心特性。每一章都以我们的实际经验为基础，展示了对于给定的任务如何采用恰当的方式来使用正确的特性。我们从简单的动画开始，帮助你实现程序入门，逐步达到制作动画文本、创建3D世界、运动跟踪和稳定，以及对绿色屏幕抠像。最后的项目结合了前面课程中讲到的多种技能，通过一个经典项目的工作流程来测试你创建电视节目包装的想法。

本书适用于各种用户。我们最初的目标读者是动态图形或视觉效果的初学者，或是为了提高产品质量需要适当了解After Effects的视频编辑师或网页设计师。另外，本书也适用于长期使用该软件的用户。在本书中，我们专门讲解了After Effects CS5、CS5.5、CS6中的新特性和其他变化的内容。

每个人的学习方式都是不同的：有些人喜欢读书，而有些人喜欢观看视频。这就是除了本书我们还编制了一个配套视频的原因。我们尽量使本书的内容通俗易懂，同时传达出你所需的信息。我们在视频中提供了更详细的说明，阐述了我们在进行某些设计或技术决策时所思考的内容。我们将一些内容作为特别推荐放在了本书的下载资源中，它们超出了书中所讲解的内容。我们希望本书能对你的职业生涯有所帮助。

特里什·迈耶和克里斯·迈耶

目 录

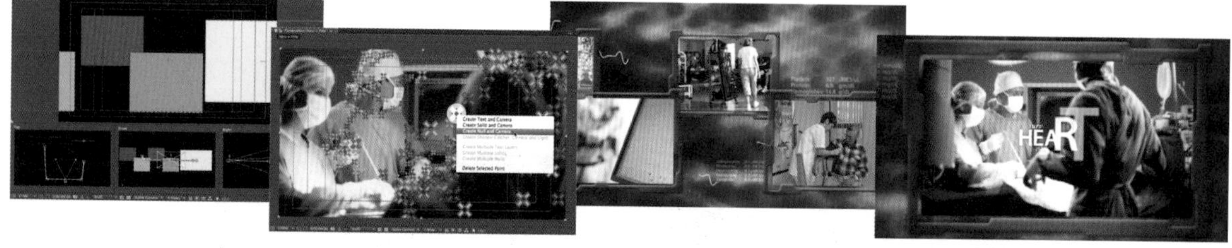
HEART

入 门

如何使用本书及其中的术语、版本。

学习任何一个新软件都可能会令人感到沮丧——尤其是你对其工作方式不熟悉或者对讲解该软件的书的内容不明白时。尽管我们明白你可能急于学习该软件，但是花几分钟阅读以下内容，我们保证它们可以减轻你的压力。

- 入门部分阐述了如何使用本书及相关文件。
- 随后的概览部分会帮助你熟悉After Effects的基础知识（包括用户界面），并说明组织项目的方法。

在After Effects程序中，有些功能可能几乎每天都用，有些功能可能一年才用一次，甚至使用频率更低。本书中的练习可让你熟悉After Effects的核心工具和特性（还有一些重要的功能），并提供了许多在实际工作中可能会遇到的任务。在第12章的最终项目中，我们将培训内容去掉，给你更少的指令细节（和更多的设计自由），以确定你现在可以独立工作并创建出具有自己特色的After Effects作品。

我们尽力让本书内容丰富，因此，我们制作了一组配套的视频教程，它包含本书中部分课程的内容。在使用After Effects处理各种技术问题时如果遇到困难，可以通过观看该视频来辅助学习。

下载

要学习本书的内容，你需要在计算机上安装Adobe After Effects，CS5、CS5.5、CS6中任何一个版本皆可。如果你没有许可证副本，可以在Adobe官方网站下载有时间限制的功能全面的试用版。

重建本书中的练习所需的全部其他资源都包含在本书的下载资源中。每一章有单独的文件夹。

本书中的所有屏幕截图都是在After Effects CS6中获得的。但是，大部分示例都可以在CS5、CS5.5中执行。但我们发现在版本间的某个特性或者用户界面发生变化时，就无法执行某些示例了。在每章文件夹中，你可以找到针对CS5、CS5.5、CS6版本的项目文件，打开与你安装的软件版本相匹配的项目文件即可。（注意老版本的After Effects一般不能打开在新版本中创建的项目。）

首次打开一个项目后，你应该使用Edit>Save As（编辑>另存为）命令并重命名文件。这样就可以确保保留完整的原始版本作为后续参考。

如果After Effects不能发现项目的源文件，就会发出文件丢失警告，这些文件名以斜体的形式显示在面板中。双击第一个丢失的条目，会弹出一个标准文件导航对话框，在该对话框中，你可以定位该条目。从相应的Sources子文件夹中选择丢失的文件，然后单击OK（确定）按钮。只要项目与使用的源文件之间的目录关系没有改变，After Effects就可以搜索其他丢失的条目，并将它们链接到一起。

本书和下载资源中所有的资料都受版权保护，你只能用它们进行学习和试验。请尊重版权：将来有一天，也许你就是那个创建出色图片的人……

顺便提一下：尽管我们提供了你所需的所有资料，但你也可以使用自己的图片和视频来代替。当然，我们鼓励你采用自己的素材，尝试在我们提供的基础知识上进行改变，而不仅是输入那些数字。运动图形的样式有无数种，但我们仅仅展示了其中的几个，你可以看电视或者凭借自己的想象，重新创造大量示例来了解所需要的样式。

快捷方式和短语

After Effects可以在Mac和Windows操作系统上运行，而且两种平台上的用法几乎一样。也就是说，在After Effects项目中有大量的元素是一致的，如文件、合成、效果和表达式。为清楚地表示所讲解的内容，我们有几个特定类型的约定和速记短语，在本书中将会使用。

- 有一系列用于导航的子菜单或子文件夹时，我们用一个“>”符号将这些链接隔开：如Effect>Color Correction>Levels（效果>颜色校正>色阶）。
- 为提高操作速度，我们在书中提到了一些快捷键，它们由一种特殊字体表示。首先是Mac快捷键，如⌘+S表示保存项目，运用红色底框；随后是Windows快捷键，如Ctrl+S，在括号中用蓝色底框显示。在两种平台上表示相同的快捷键用灰色底框表示，如按S键，可显示一个图层的Scale（缩放）参数。

  所用功能键图标的含义如下。

  ⌘Command键（Mac）

  ⌥Option键（Mac）

  Ctrl Control键（Windows）

  Alt Alt键（Windows）
- After Effects广泛采用在项目上“单击上下文”的方式来显示其他菜单项或选项。要显示出上下文菜单，单击鼠标右键。如果你使用的是Mac单键鼠标，单击鼠标的同时按Ctrl键即可。
- After Effects区别使用键盘的标准部分和小键盘，尤其是涉及Enter键和Return键时。当你看到Enter键时，表示小键盘上的回车键；Return键表示标准键盘区的回车键。
- Preferences（首选项）在Mac计算机上的After Effects菜单的底部［而在Windows计算机上位于Edit（编辑）菜单的底部］。我们假定你可以找到这些项，所以只说Preferences（首选项）。

提到首选项，我们假设你开始时使用的是默认设置。这些项存在的位置取决于操作系统。如果你修改了当前设置，创建自定义模板等，并且要保存这些设置，使用After Effects CS6时就搜索“Adobe After Effects11.0-x64 Prefs”（CS5对应的是10.0，CS5.5对应的版本是10.5）。记下找到的网址，并将该文件复制到一个安全的地方。然后，重新存储默认首选项设置，具体操作是，在启动程序的同时按Mac上的快捷键⌘+⌥+Shift（Windows上的Ctrl+Alt+Shift）。以后你可能经常将已保存的首选项文件复制到建立它时的位置，以恢复自定义首选项设置。［注意，如果仅添加了Render Settings（渲染设置）和Output Module（输出模块）模板，而且未改变程序的Preferences（首选项），就可以使用当前的Preferences（首选项）文件。］

最后，放松！After Effects只是一个软件，不能将其割裂开来。记住，对于任何问题通常不只有一种解决方法——尤其是涉及艺术表现形式时。与其给你一套需要严格遵循的规则，我们宁愿提供一些技能，你可以利用这些技能在这些精彩的项目中实现自己的各种想法。

系统要求

Adobe在After Effects的软件包中和官方网站中都列出了对系统的要求。

除了Adobe在处理器和操作系统方面的限制，建议你使用一个扩展键盘（或你已掌握了使用笔记本电脑上的功能键和数字键盘上对应键的方法）、一个三键鼠标，鼠标带有滚轮就更好了。与其他视频软件一样，Adobe同样为After Effects CS6提供了一个优化硬件配置的文档，可以在Adobe的官方网站中找到。

如果你正在使用After Effects CS6，有两个特殊硬件需要注意。

- 如果你打算利用Ray-traced 3D Render（光线跟踪3D渲染器）（在第8章介绍，第9章和第11章的某些部分中也会用到），那么显卡或笔记本电脑主板上就确实需要一个兼容的可并行运算的GPU（图形处理器）。这样就可以极大地加快光线跟踪的渲染过程。没有GPU，仍然可以使用光线跟踪器，但是效果很差，你也会感到沮丧。在前面提到的系统要求网站上列出了兼容的图形处理器。
- After Effects CS6引入了一个极大增强的缓存机制，它可以回放你之前的RAM预览内容——甚至退出After Effects之后也能实现。用于缓存的磁盘的设置方式是Preferences> Media & Disk Cache（首选项>媒体和磁盘高速缓存）。将其指派到最快的硬盘上，SSD（固态硬盘）是最理想的。

After Effects的一个最突出的特性就是能够创建几乎所有尺寸和高宽比的合成，本书中我们也利用了该特性。本书大部分练习是按照北美/日本数字视频的尺寸标准720像素×480像素创建的，使用的是非方形像素（在第3章结束时会讲到）。前两章采用640像素×480像素方形像素格式，然后再逐步使用非方形像素。有多个章节中还包括了“半高清”（HD）尺寸（960像素×540像素）的合成，第9章最后包含一个全高清练习。显示屏幕越大，可看到的像素越多，而更大的内存可以制作更长的预览内容来检验工作中的效果。

资源下载说明

本书提供相关的学习资源，扫描“资源下载”二维码，关注我们的微信公众号，即可获得下载方式。如果大家在阅读或使用过程中遇到任何与本书相关的技术问题或者需要什么帮助，请发邮件至szys@ptpress.com.cn，我们会尽力为大家解答。

扫描二维码
下载本书配套资源

教师使用说明

本书中的每一章都通过一系列的实践练习来演示基本特性。书中有大量的技巧补充，涵盖了许多技术问题和其他特性。此外，多个章节最后以一些问题结束，你可以让学生去尝试回答它们以巩固所学知识。我们希望这种形式对你有用，你可以根据自己的具体需要来采用。

第12章以学生“期末考试”的形式来组织，其中的操作说明比本书其他的章节要少得多，因此你可以看出学生是否可以使用该软件创建自己的项目，而不是仅仅跟随书上的步骤操作，同时给学生留出更多的创造演绎空间。我们还引入了大量的实践经验技巧，包含处理与客户的工作关系的方法、订制音乐的建议，以及潜在的交付需求。

我们还制作了一组配套的视频，值得观看。除了展示这些示例的操作步骤，我们还分享了许多在设计和技术决策方面的思路。这些内容有助于你的理解，而且提供向学生解释个别概念的其他方法。

本书内容和下载资源受版权保护。每个学生必须拥有他自己的权限。如果他们没有该书的权限，你不可以复制本书的文字、项目文件和相关资料给他们。只要每个学生都有本书，你可以随意修改教程来适应特殊教学情况的需要，而不会侵犯版权。

感谢你保护我们的版权，同样感谢那些贡献素材的人——你们的合作使我们能够编写新的书籍，获得更多素材资源，以提供给学生学习使用。希望你和学生都喜欢本书。

概　览

探索After Effects

▽ 本章内容

- 项目结构
- 工具面板
- 导入素材
- 时间轴面板
- 信息、预览、Audio（音频）面板
- 工作区
- 主应用程序窗口
- Project（项目）面板
- Comp（合成）面板
- Layer（图层）面板
- 效果和预设值，效果控制和其他面板
- Adobe Bridge

▽ 提示

帮助！

按F1键，在浏览器中打开After Effects帮助。主页包含大量特定主题的帮助链接，还有一个搜索框用于查找帮助信息。

在本部分中，我们为你展示After Effects内部的“全貌”，以及如何查找软件的各个部分。你会学到用户界面中每个主要部分的名称及其功能，以及如何重新安排界面元素，以更好地适应手头的工作。

用户界面视频

本书还包含一组视频，其中快速概述了用户界面，以及如何使用工作区。该视频可以在本书下载资源中的Lesson 00-Pre-Roll>00-Video Bonus文件夹中找到。

After Effects项目

在讲解该软件的各个部分之前，我们先解释第一个难题：After Effects项目。一个项目文件指向对应的素材——包含你用来创建一个或多个合成所用的素材或媒体片段。After Effects并不存储项目文件内部的素材副本，仅连接到该素材。将一个项目移动到计算机上其他的文件夹后，你需要移动它所使用的素材。在每个项目中可以使用各种格式的电影、FLV文件、静态图片、序列图片或者音频文件作为素材。

将一段素材添加到一个合成时，它就变成了合成内部的一个图层。一旦一个素材项目成为合成图像中的一个图层，你就可以安排它和其他层的位置关系，为该层实现动画，并为其添加效果。还有其他的方式，即将合成看作将素材合成到最终图像的空间。

在项目中，你可以创建几乎无限的合成图，也可以在每个合成中创建无限的图层。同一个素材项可以应用在多个合成图像中，并在同一个合成中可以使用多次，甚至还可以将合成图像作为其他合成内部的图层（称为嵌套，会在第6章中讲解）。

应用程序窗口

上图为各个模块在After Effects应用程序窗口中的显示效果。默认情况下，应用程序窗口设置为全屏显示状态，你可以通过拖曳其右下角来改变大小，在顶端按并拖曳鼠标来改变其位置。

窗口被分割成几个不同的部分，称为Frame（框架）。每个框架含有一个或多个选项卡面板，所有可用的面板列表在After Effects的Window（窗口）菜单下。

每个面板包含不同种类的信息，例如你已经在项目中导入的素材种类，或者在图层中应用了何种效果。

不同种类的面板，或在某些情况下，同种面板的多个副本，可以在同一框架中出现，以标签形式显示在框架顶部。面板周围橙色的边框表明该面板是当前面板或选中的面板。

面板和框架的分布区称为工作区。After Effects包含大量预先安排好的工作区布局，你也可以保存自己定制的布局分布。在本章稍后的内容中你将学习如何定制工作区。但首要任务是，我们先熟悉那些最常用的面板中包含的信息及其在After Effects项目中的使用方法。你不必马上使用它们，那是在后续课程中的任务。

工具面板

After Effects窗口的主要特色是其顶部为一个工具条。这样就提供了一种简单的方式，即在不同工具中进行切换，直到你学会使用快捷键。快捷键很有学习的必要，它们将使你成为一个操作非常迅速的After Effects用户。如果要使用的工具为灰色，请确保选中了一个合成或图层——该工具就会变为可用。选择某些工具（如文字或绘画工具）可能还会打开一个或多个相应的面板。

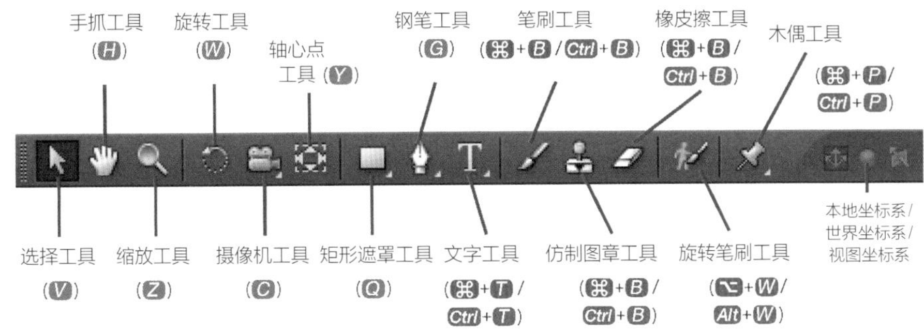

△**工具面板**。工具图标旁边的小三角形表示该工具有多种选择，此时按快捷键会在各个选项间循环选中。工具面板是唯一一个不能在不同框架中停靠的面板。但是，你可以使用Window（窗口）菜单来隐藏和显示工具面板。

Project（项目）面板

Project（项目）面板是一个After Effects项目的中央枢纽。每当导入一个素材或创建新的合成图像时，Project（项目）面板就会出现。

Project（项目）面板以若干列的形式显示信息，如文件类型、大小和位置等。你可以拖曳面板底部的水平滚动条来查看不同列的信息。选中某列的标题可以让After Effects根据该列的信息排列Project（项目）面板的内容，操作时可通过上方的箭头来查看哪列被选中。要增加或减少列，在任意的列标题上单击鼠标右键，从出现的列表中选择或取消选择某列即可。

关闭按钮
项目面板的选项菜单
快速查找
列（单击进行排序，向左/右拖曳标题来重新排列，单击鼠标右键，标题显示/隐藏列）
删除选中的项目
项目流程图
解释素材
新建文件夹
新建合成
项目设置

△**Project（项目面板）**。单击Project（项目）面板的关闭按钮不会关闭项目文件，只是将Project（项目）面板隐藏了。应该使用File>Close Project（文件>关闭项目）来关闭项目文件。

▽ 小知识

固态层

创建一个固态层图层时，这是一个空白的图层，After Effects可以用它来设计效果或简单的形状——系统会自动将其添加到Project（项目）面板中的固态层文件夹中。

▽ 小知识

多个视图

你可以创建多个Comp（合成）面板视图，这样就可以从不同的角度查看同一合成图，也可以快速查看不同的合成图。要执行此操作，选择View>New Viewer（视图>新视图）。

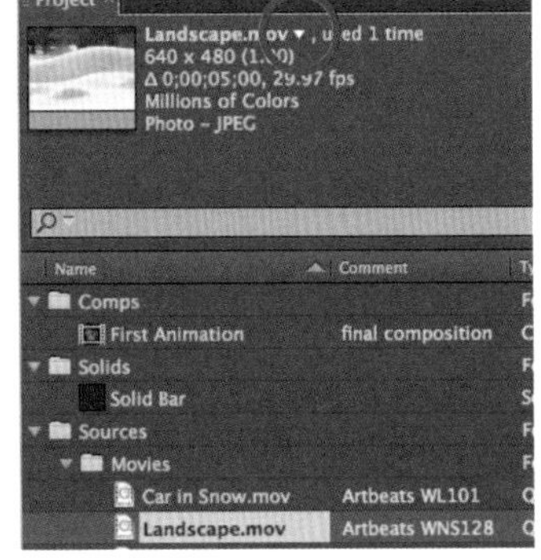

选中Project（项目）面板中的一个素材后，其缩略图及关键数据会出现在面板顶部。如果将它用在一个合成图像中，合成的名字会显示在素材右侧的弹出菜单中（参见右图）。如果需要改变素材的某些设置（如帧速率或Alpha通道类型），在Project（项目）面板中将其选中，然后单击面板底部的解释素材按钮。

随着项目变得越来越复杂，Project（项目）面板可能会变得比较混乱。

我们可以在面板内部创建文件夹来组织各种资源。要执行该操作，单击面板底部的新建文件夹图标，或使用菜单命令File>New>New Folder（文件>新建>新建文件夹）。可以双击一个文件夹或者单击左侧的箭头来打开或关闭该文件夹。要重命名文件夹，选中它的名字，按Return键，输入新名字，再次按Return键。（在第1章中会创建文件夹。）

▼ 导入素材

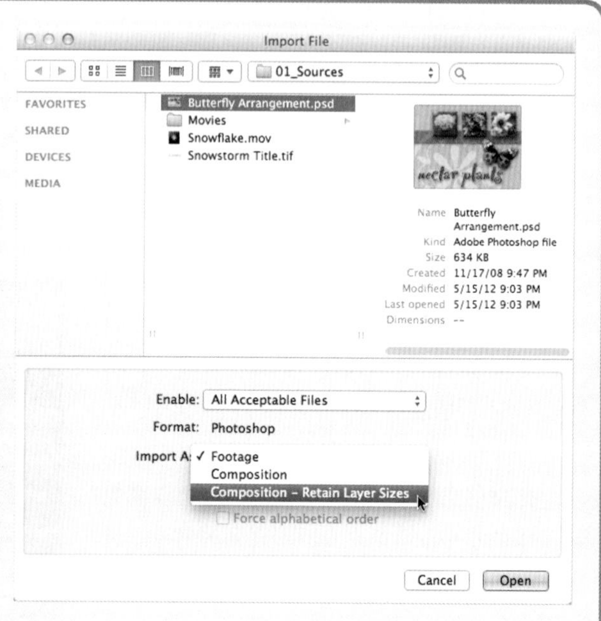

将素材添加或导入到After Effects项目中有两种方法。如果你知道素材的位置，也知道其一般的外观表现，选择File>Import（文件>导入）菜单项。此时会打开一个对话框，你可以在其中浏览查找所需的文件。注意文件查找框底部的区域，因为它包含一些重要的选项，例如是否需要将导入的文件作为单一的素材或作为一个独立的合成图像（分层的Photoshop和Illustrator文件），是否想要导入单一的静态图片或类似电影的图片序列，还是一次导入整个文件夹。你将在第1章中学习如何导入素材和分层的文件。

第二种方法是选择File>Browse in Bridge（文件>在Bridge中浏览），加载Adobe Bridge。这是一种访问Adobe应用程序的简单实用的标准方式。利用Bridge可以分类和预览文件，然后双击所需素材将其导入After Effects。在稍后的内容中会详细介绍Bridge。

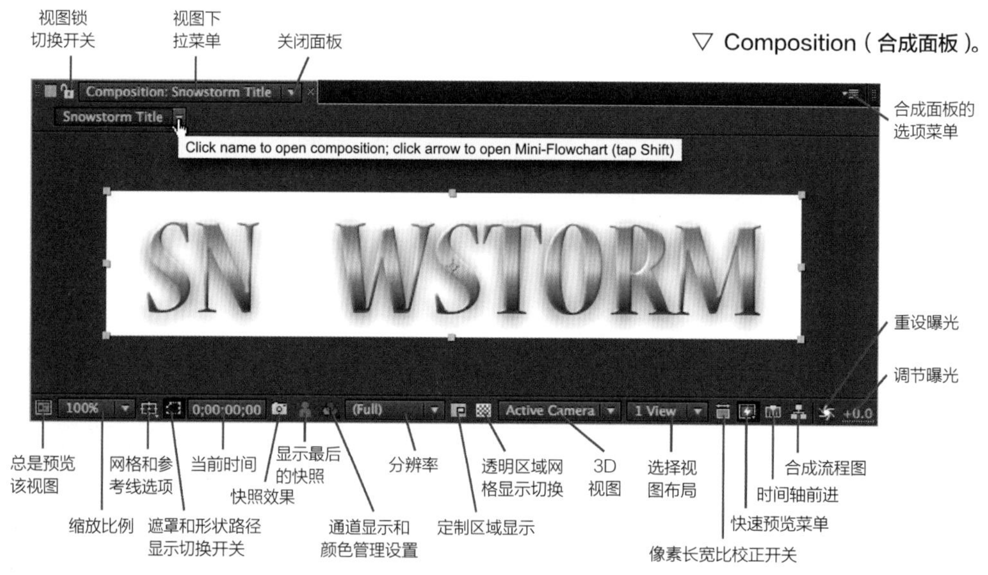

▽ Composition（合成面板）。

Comp（合成）面板

Comp（合成）面板是查看作品的地方，它显示合成图像的当前帧。你也可以在构成合成图像的对象（图层）上直接单击或拖曳。After Effects仅渲染位于合成图像区域（有时将其称为合成视图）内部的像素，但是除了该区域，还可以使用剪贴板来工作。

Comp（合成）面板底部的按钮控制你查看图层合成的方式，如缩放比例、分辨率、颜色通道、遮罩和形状路径轮廓。顶部标签包含一个弹出菜单，允许你选择打开哪个视图进行查看。

设置某个对象的缩放比例超过100%时，After Effects只会抓取最近的像素来显示。这就导致图像看起来残缺不全，因为有些像素里没有显示——特别是在缩放比例菜单中选择Fit（合适的大小）选项时。不必恐慌，渲染后的最终图像看起来是平滑的。

既然缩放比例是指缩放级别，而分辨率决定了After Effects处理的像素数量［Full（满分辨率）表示所有像素，Half（二分之一分辨率）表示宽度和高度上每隔一个像素等］。将分辨率选项设置为Auto（自动）时，将同时实现两种方式——如，缩放比例为100%时以Full（满分辨率）表示，或者缩放比例为50%时以Half（二分之一分辨率）表示。这样就可以用最快的播放速率播放内容，并避免出现一些常见的错误，如在满分辨率下以低于50%的缩放比例查看，既然已经设置了显示器要显示多少像素，为什么还要浪费时间去渲染更多的像素？

Comp（合成）面板的旁边是我们接下来要展示的时间轴面板。

时间轴面板

时间轴面板向你提供了当前合成图像创建的细节：包含哪些图层、堆叠的顺序、开始点和结束点、动画方式和应用的效果。时间轴面板相当于左脑，而Comp（合成）面板是右脑。

时间轴面板分为两部分：右边的时间线部分显示了图层缩减的方式和所应用的所有关键帧，左边的几列显示了不同的开关、信息和选项。时间线部分也是Graph Editor（图形编辑器）（第2章中有所介绍）显示的位置。

类似于Project（项目）面板，你可以通过在任意列标题上单击鼠标右键，通过选择或取消选择来决定查看哪些列。也可以通过向左或向右拖曳这些列来重新排列它们——例如，我们更倾向于将A/V特性列放在时间线的右边，而不是在默认的最左边。一旦重新排列这些列，你创建的所有新合成图像将按此方式分布。

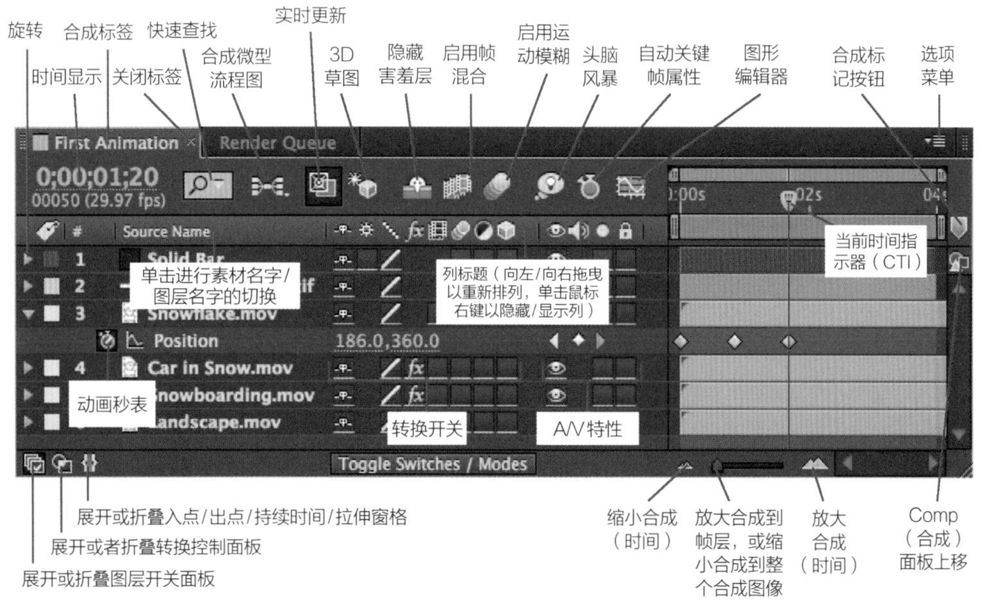

△**时间轴面板。**单击标签，使特殊的合成和时间轴共同上移。注意，我们将A/V特性列移到了右边，使该列的关键帧导航箭头离关键帧更近一些。

时间轴面板的主要特色是对当前打开的每一个合成图像，都分配一个标签，这样很容易看出哪个合成是打开的，而且可以在合成间快速跳转。注意，Render Queue（渲染队列）和时间轴面板位于相同的框架中。

Layer（图层）面板

将一个素材添加到合成后，它就变成了合成的一个图层，会与已添加的其他图层组合起来。但有时候很难查看视图面板中某个特定图层的情况，因为它正在淡出，已经加了效果或者缩得太小了，已经拖出了合成的可视区域，或者该视图被其他图层混淆。此时就是Layer（图层）面板应用之处。

双击Comp（合成）面板或时间轴面板中的一个图层，会在其所在的Layer（图层）面板打开它。默认情况下，Layer（图层）面板和Comp（合成）面板停靠在同一框架中。此处最有趣的特点是右下方的View（视图）弹出菜单。它可以让你选择是在应用遮罩（裁剪形状）之前还是之后查看视图，以及它被任何添加给图层的效果处理后的查看方式。如果你添加了多种效果，可以在效果链中的任何点处查看。View（视图）菜单右侧的Render（渲染）复选框是一种快速查看修正或未修正图层的方式。

在一个合成的整个时间线中，可以随时加入图层。这就意味着图层中的本地时间（距离开始时间的远近）往往与合成的主时间不匹配。Layer（图层）面板中的第二条时间线和时间标记可以显示出在图层中的位置。

如果该合成是一个预合成图像（第6章），双击可以打开该合成。要打开预合成的Layer（图层）面板，双击的同时在Mac系统下按⌥键（在Windows系统下按Alt键）。

▽**Layer（图层）面板。**一些功能只能在Layer（图层）面板中执行。

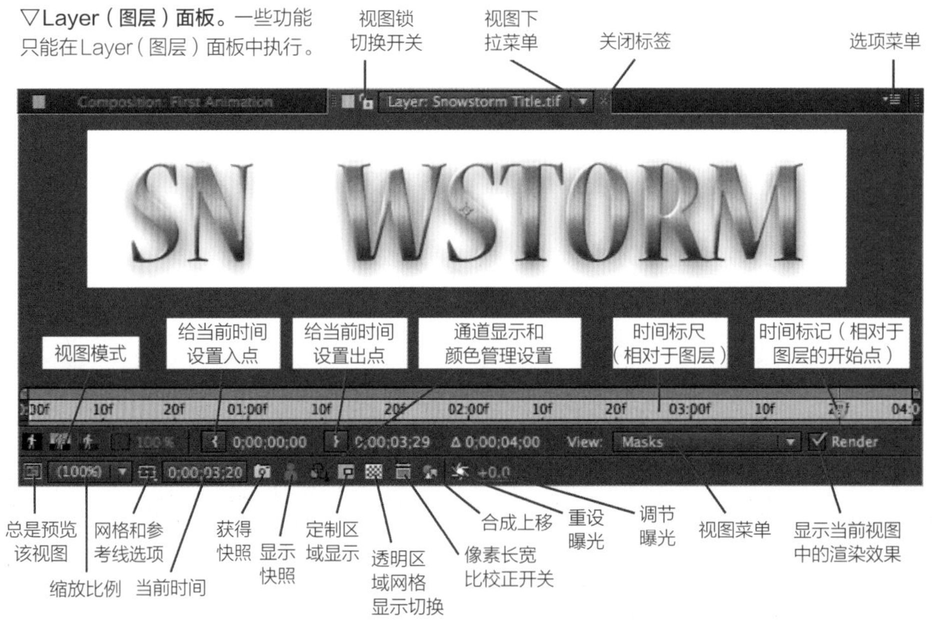

其他面板

After Effects还有大量其他类型的面板，我们将在本书的作品中使用它们，需要时我们会进行详细的解释。尽管如此，为了在第一次遇到时不会感到太陌生，此处会快速介绍几个最常用的面板。

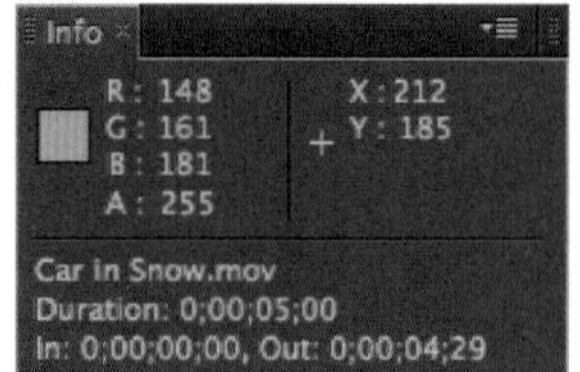

△**Info（信息）面板。**显示了光标下的当前颜色等信息。

Info（信息）面板

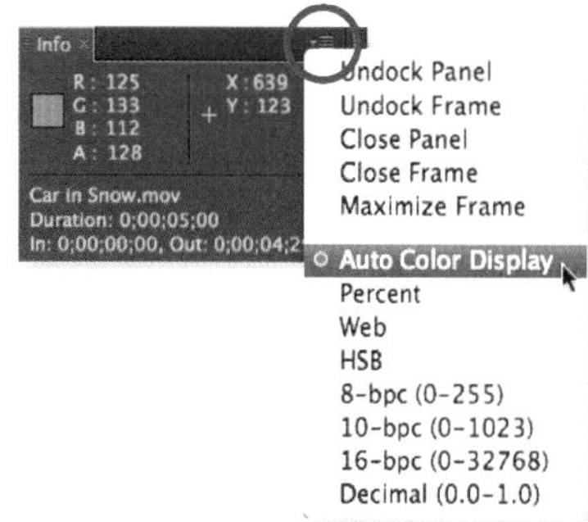

△ 单击Options（选项）菜单右上角的箭头。此处，你可以将颜色显示方式改为百分比、Web方式等。

Info（信息）面板的上面给出了合成图像、图层或素材面板中光标下颜色值的数字表示，以及在这些面板中，光标的当前*X*/*Y*坐标。其他有用的信息（如选中图层的入点和出点）显示在Info（信息）面板的下面。

Preview（预览）面板

After Effects中的播放控制功能。Preview（预览）面板中同样包含RAM预览选项（会在第1章中讨论）。只要你掌握一些基本的快捷键（如空格表示播放），就很少使用该面板了。

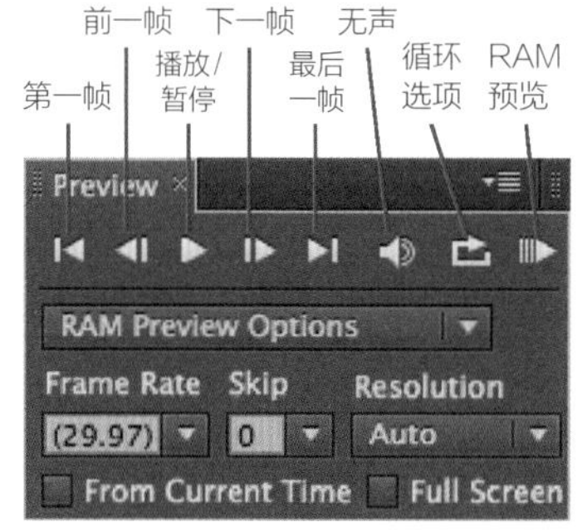

△ Preview（预览）面板。

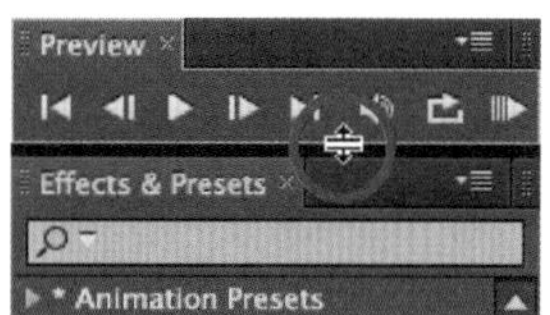

△ 隐藏RAM预览选项以给其他面板留出更多空间。将光标移到Preview（预览）面板下部区域，直到图标改变，然后向上拖曳。

Audio（音频）面板

Audio（音频）面板主要是控制选中图层的声音选项，以及一个在预览合成或图层时工作的声音强度条。使用Audio（音频）面板时，你还可以在时间轴面板中查看声波，其内容将在第5章介绍。

Effects & Presets（效果和预设）面板

该面板提供了一种快速简易的方式来选择应用效果和动画预设值。顶部的快速搜索框提供了对效果和预设值的搜索功能，比通过菜单或文件对话框进行搜索要快得多。该面板会在第3章中详细介绍。

Effects Control（效果控制）面板

为图层添加效果时，Effects & Presets（效果和预设）面板中会出现效果设置和用户界面。打开该面板的快捷方式是选中某个图层，然后按F3键。

要显示图层上已应用的效果，可以在选中图层后按E键，这会在时间轴面板中打开它们。从Effects Controls（效果控制）面板中，单击效果名称旁边的旋转箭头可显示其参数。

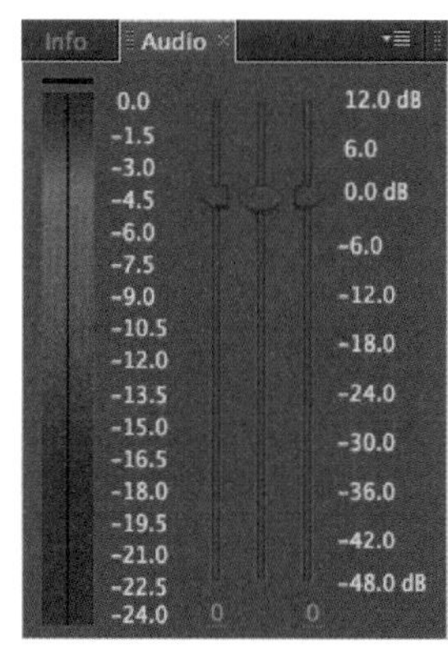

△ Audio（音频）面板。

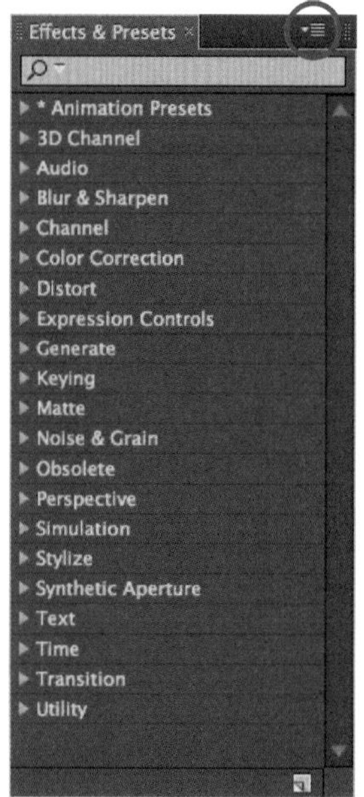

△ Effects & Presets（效果和预设）面板。在第3章中，用一个QuickTime电影说明这些可搜索和组织效果及动画预设值的可用选项。

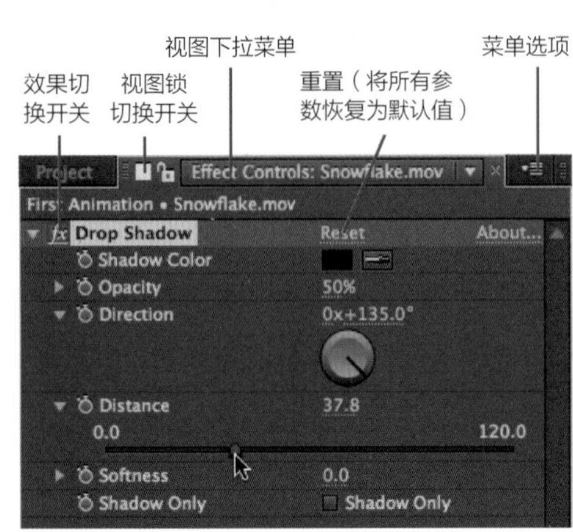

△ Effects Controls（效果控制）面板。

字符和段落面板

详见第5章，字符和段落面板中含有用来辅助进行文字排版的控件。选择Workspace>Text（工作区>文字）可以打开这两个面板。

绘画和笔刷面板

After Effects包含一个相当漂亮的绘画和仿制工具，将在第10章中进行试验。选择Workspace>Paint（工作区>绘画）可以打开这两个面板。

更多面板

其他面板（如平滑面板、对齐面板等）将在各章中需要时进行介绍。

▽ 提示

最大化帧

要临时进行全屏查看，选中图层后按~键。再次按~键可返回到正常视图状态。

管理工作区

After Effects附带大量的预设工作区，它们打开可实现特定功能的面板组。你可以使用菜单项Window>Workspace（窗口>工作区）来选择，或者单击应用程序窗口右上角的Workspace（工作区）弹出菜单。尝试打开几个工作区，观察面板和框架变化的方式。然后选择标准工作区。

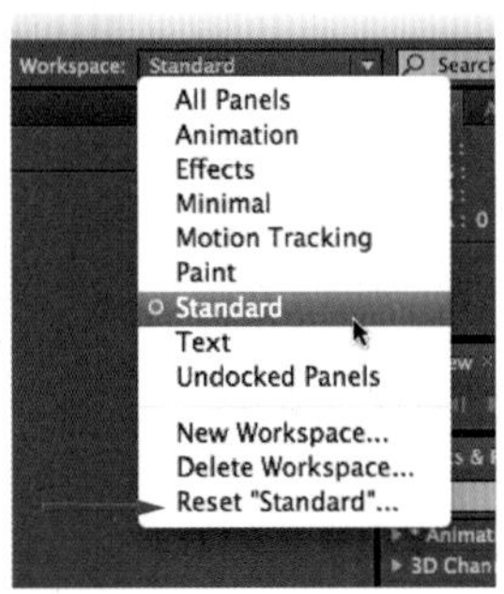

△ 在Workspace（工作区）菜单中选择Standard（标准）。如果在面板中添加很多杂项，可以选择Reset Standard（重置标准）。要保存，新布局选择New Workspace（新工作区）。

△ 每帧的右上角有一个箭头，单击该箭头可以看到其选项菜单。顶部是对所有面板和帧都通用的选项。

▽ 提示

快速取消停靠

有3种方式来取消停靠面板并将其转换为浮动窗口形式：使用Options（选项）菜单（右上角）、将其拖到看不到的空区域，或者按Mac系统下的⌘键（Windows系统下的Ctrl键）并将其拖出当前框架。

如果要给一个框架增加或减少空间，将鼠标指针移到框架之间的区域，直到光标其变成一个两条平行线连接的双向箭头图标（参见右图）。看到这种图标时，单击并拖曳鼠标可调整相邻框架的尺寸，如此处项目与Comp（合成）面板所处的情况。

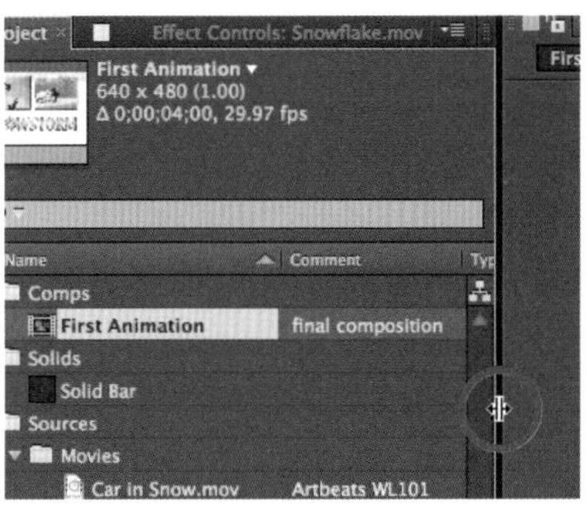

每个框架的右上角有个选项箭头。单击它会出现一个菜单。顶部的选项对于所有面板和框架都是通用的，如取消停靠或关闭面板。靠近底部的选项是专门针对显示在框架中当前面板的［参见第7页关于Info（信息）面板选项菜单的示例］。

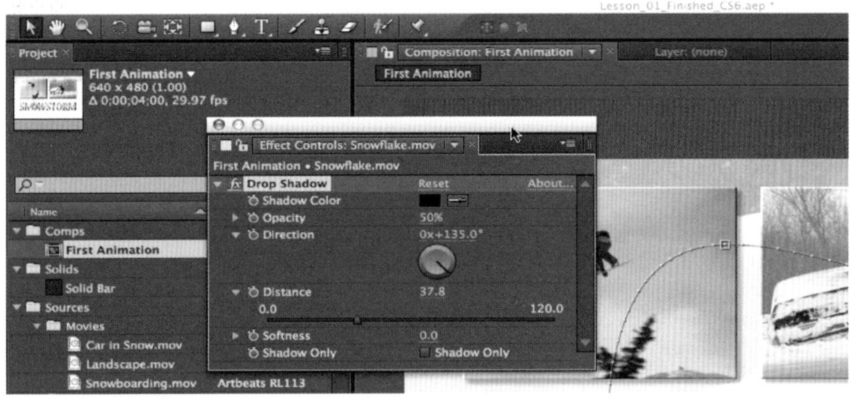

△ 此处我们展示的是取消停靠后的Effects Controls（效果控制）面板［在标准工作区中它和Project（项目）面板位于同一框架］。一旦某个面板取消停靠，你可以在该窗口中停靠更多的面板，或者将该面板拖回到其他框架中。

在标准工作区选中状态下，将注意力转向应用程序窗口右侧的框架列。顶部框架停靠有两个面板：Info（信息）面板和Audio（音频）面板。在标准工作区中默认Info（信息）面板在前，单击音频标签可将其前移。

Audio（音频）面板在较高位置的框架中用起来更方便，但不是增加其高度，你同样可以改变其停靠的位置：单击音频选项卡，将其拖曳到Effects & Presets（效果和预设）面板的中心（参见右图）。Effects & Presets（效果和预设）面板会变成蓝色，表示如果在此处释放鼠标，音频面板将停靠在该框架中。此时保持鼠标为按下状态。

除了中心处的空白区域，你将在四周看到4个小区域。将音频面板拖曳到这些区域中，它们会高亮显示。如果在其中一个区域中释放鼠标，将在效果和预设面板一侧为音频面板建立一个崭新的框架。最后，将光标移动到效果和预设面板标签处，直到其高亮显示为蓝色：该操作还表示“将Audio（音频）面板添加到与效果和预设面板相同的框架中”。继续前进并释放鼠标，Audio（音频）面板将位于同Effects & Presets（效果和预设）面板相同的框架中。

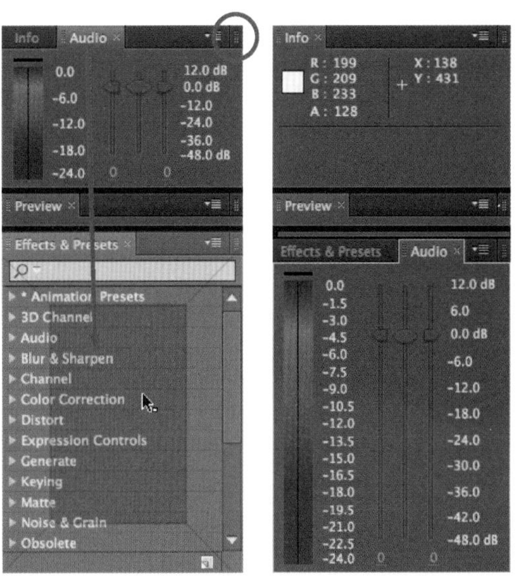

△ 单击Audio（音频）面板选项卡，将其拖曳到Effects & Presets（效果和预设）面板（上图左）的中间。只要释放鼠标，Audio（音频）面板就会停靠在同一框架中（上图右）。注意选项箭头附近的点（红色圆形）移动的是整个框架，不仅仅是面板。

现在单击Window（窗口）菜单，选择Smoother（平滑）。默认在时间轴面板和框架的右侧打开一个新框架。由于该布局减小了时间轴的宽度，所以可以随意移动它。拖曳Smoother（平滑）选项卡并将其停靠在与Effects & Presets（效果和预设）面板、Audio（音频）面板相同的框架中。注意该选项卡上方出现的灰色线条，单击它可在停靠于同一框架中的面板选项卡间滚动。

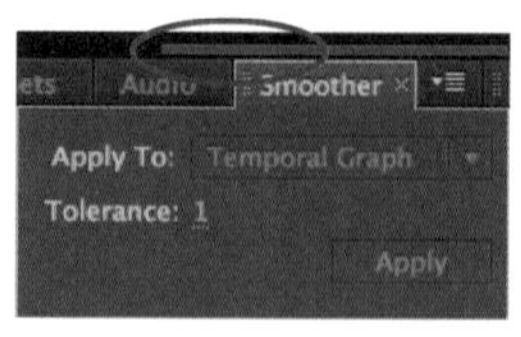

△ 没有足够的空间来显示框架内的所有面板时，框架顶部会出现一个灰条。该条允许你从左到右滚动查看所有面板。

尝试一些有趣的工作区重新布局练习。如果安排得非常混乱，可以随时选择工作区菜单底部的Reset（重置）选项来恢复标准模式。如果设计好自己想要的布局，从Workspace（工作区）弹出菜单中选择New Workspace（新工作区）或者执行菜单命令Window>Workspace（窗口>工作区），并对其命名。

▽ 提示

恢复原始状态

After Effects可以记忆你对工作区所做的改变，包括预设值。你不能撤销对工作区的单个改变。要恢复当前工作区的初始布局状态，选择Workspace（工作区）菜单底部的Reset（重置）按钮，然后在弹出的对话框中单击Yes（是）。

Adobe Bridge

Adobe Bridge提供了几项有用的功能，包括预览After Effects中的动画预设，以及作为文件浏览器来选择所需的内容。如果你不熟悉Bridge，以下内容是一个关于它的简要概述，能够使你快速预览资源并将其导入After Effects。

1 打开After Effects（如果没有启动它）。然后选择菜单项File>Browse in Bridge（文件>在Bridge中浏览），此时将加载Adobe Bridge。你会发现它和After Effects非常类似，因为它有一个单独的应用程序窗口，划分为几个框架以包含选项卡面板。可以通过拖曳框架之间的长条来改变其大小，也可以重新分布其中的面板。

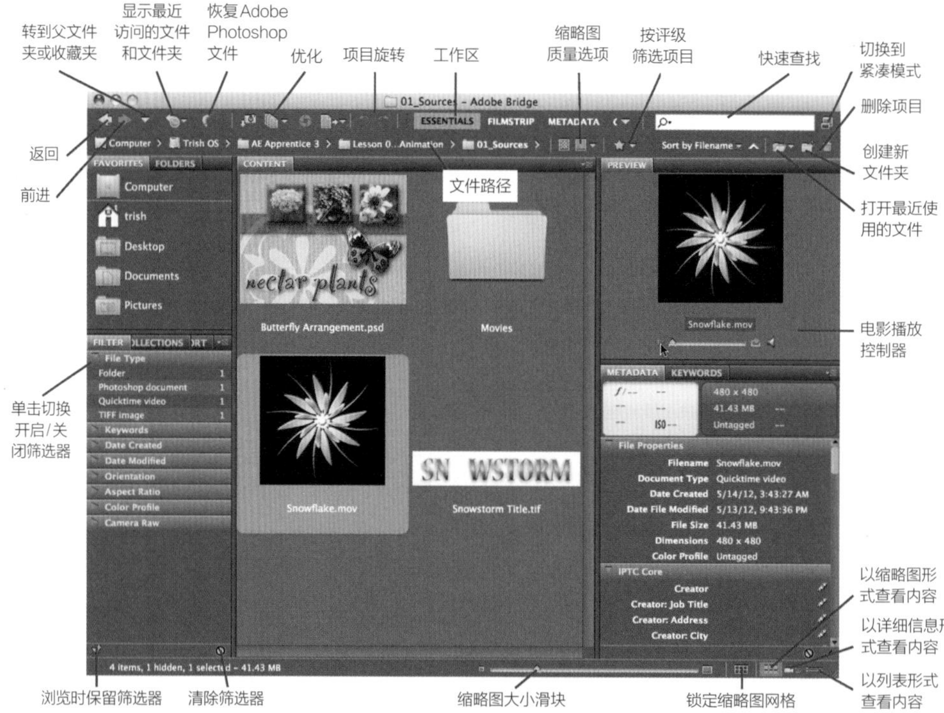

1 Adobe Bridge是一个重要的文件组织和程序预览工具，在很多Adobe产品中都存在。Bridge的Preview（预览）面板具有显示静态图像和播放动态素材的能力。

2 Bridge同样有一些工作区。现在，选择Window>Workspace>Essentials（窗口>工作区>必要项）。首先会注意到的是左上角称为收藏夹的标签，它包含几个预设目录显示的是计算机桌面以及它的文档和图片的默认文件夹。

3 单击左上角名为Folders的选项卡。使用它来导航本地硬盘。在一个磁盘或文件夹上单击时，其包含的内容会显示在右侧的大块区域中。在左右窗格中双击文件夹都可将其打开。用该方式定位到本书磁盘中的Lesson01-Basic Animation文件夹，然后打开里面的01_Sources文件夹（或者随意选择自己的素材文件夹）。

4 单击静态图片文件Snowstorm title.tif。注意该图片出现在Preview（预览）面板中的方式，其文件信息会显示在Metadata（元数据）面板中。然后打开Movies文件夹，单击其中一个QuickTime素材。一组播放控制工具会出现在Preview（预览）面板的底部。单击Play（播放）按钮开始播放，播放箭头变成一个Pause（停止）图标。单击Pause（停止）按钮可以结束播放。尝试使用底部的进度滑块和Loop（循环）按钮播放素材。

5 在Bridge主窗口底部的右侧是一些设置文件显示方式的按钮。例如，拖曳滑块可改变缩略图的大小。然后可单击滑块右侧的View（视图）图标。

6 选择Movies文件夹中的一个文件，然后在Label（标签）菜单上单击：这样就可以给每个文件添加一个评级，同时为其添加了一个标签。然后，可以继续给其他文件添加星级评级和颜色标签。

7 在Bridge窗口的右上方，你会看到一个星星图标，旁边是一个菜单箭头——单击该图标并选择其中一项。这样就给你提供了一种通过标签文件快速分类的方式。例如，假设你给该文件夹中至少一个文件评级为4星或5星：选择Show 3 or More Stars［显示3星（含）以上的项］会只显示那些星级文件。你也可以在Sort by（排序）列标题上单击来排列主窗口中各种评级的文件夹和文件。

要将文件从Bridge导入After Effects CS6，可以双击该文件，按快捷键⌘+O（Ctrl+O），或使用菜单命令File>Open With（文件>打开）。要一次导入多个文件，首先将它们选中。Bridge会返回到After Effects，将这些文件导入到项目中。如你所见，Bridge在分类和选择大量文件或不熟悉的文件时非常有用。在本书的章节中，当我们让你导入素材时，可以自愿选择使用File>Browse in Bridge（文件>在Bridge中浏览）代替File>Import（文件>导入）来导入资源。

7 Bridge允许你对文件评级并设置颜色编码，然后根据这些标签来筛选文件。记住Label（标签）菜单上的快捷键：牢记它们后就可以快速选择大量的文件。按⌘（Ctrl）键同时输入一个对应星级的数字，可以选中一个或多个文件。还可选择Filter（筛选）菜单旁边的Sort by（排序）菜单来设置其他显示选项。电影素材由Artbeats授权使用。

▽ 提示

Bridge帮助

Adobe Creative Suite的所有应用程序都可以使用Adobe Bridge，它的优点比我们此处讨论的要多得多。打开Bridge，按F1键打开Adobe Bridge帮助可以学习Bridge的更多功能。

▽ 提示

我的收藏夹

如果你有要经常使用的文件夹（如保存照片的文件夹），可以在Bridge中选中该文件夹，然后执行菜单命令File>Add to Favorites（文件>添加到收藏夹）。也可以用鼠标右键单击一个文件夹并选择该选项。

第1章　基本动画

构建第一个动画，同时学习一个典型的After Effects工作流。

本章内容

- 在Project（项目）面板中创建文件夹
- 转换Alpha通道
- 修改背景颜色
- 以交互方式转换图层
- 在关键帧之间导航
- 将素材拖到时间轴面板
- 编辑空间关键帧，运动路径
- 排列并重新放置图层
- 应用、复制和粘贴效果
- RAM预览选项，工作区
- 导入带图层的Photoshop和Illustrator文件
- 创建一个新的合成，导入媒体
- 将图层添加到Comp（合成）面板
- 擦除参数值
- 动画位置，RAM预览
- 添加一个背景图层
- 编辑关键帧的贝塞尔控制柄
- 动画不透明度、比例和旋转
- 添加固态层图层
- 渲染
- 缓存和内存

入门

确保你已经从本书的下载资源中将Lesson 01-Basic Animation文件夹复制到了硬盘上，并记下其位置。该文件夹包含了学习本章所需的资源。这些练习位于项目文件Lesson_01_Finished.aep中。

在本章中，你将学习如何创建一个典型的After Effects项目。尽管设计本身很简单，但仍需要学习这些原则，将来会反复使用它们。例如，你会看到如何在保持项目文件有条理的情况下导入素材。为一个合成添加图层时，会学习如何操纵它们的转换参数，以及如何设置关键帧来创建动画。同时，还会学到很多重要的技巧和快捷键。我们还会讨论如何控制Alpha通道与带图层的Photoshop和Illustrator文件。

合成基础知识

在“概览”部分中，我们介绍了一个After Effects项目的基本层次结构：资源称为素材项，将一个素材添加到合成时，素材就变成了一个图层。可能的资源包括已捕获的视频、Flash或3D动画、照片或扫描图片、Photoshop或Illustrator程序中创建的图片、音乐、对话框等，甚至是能扫描到计算机中的电影素材。

图层是平面对象，可以分布在合成空间中并围绕该空间制作动画。首先我们会在2D空间中操作，第8章会加入Z坐标系，从而进入3D空间。图层在时间轴面板中的堆叠顺序决定了它们的绘制次序（除非是在3D空间中）。图层可以在不同的时间点开始和结束。（详细信息请参见第3章。）

After Effects合成将多个图层组合到一起。电影由Artbeats授权使用，来自Recreation & Leisure, Winter Lifestyles, and Winter Scenes作品集。

After Effects的所有属性一开始是不变的：你可以设置它们，其值会成为整个合成的值。但是，由于对几乎所有属性设置关键帧都很容易，这就表示你可以在不同时间点设置属性值。之后After Effects会自动在时间值之间进行插值或补间。一旦启用关键帧功能，改变一个属性的值会自动创建一个关键帧——你不必明确地提出“创建新关键帧”。

你可以充分控制After Effects在关键帧之间的移动方式。在本章中，我们将介绍编辑Position（位置）关键帧的运动路径，下一章研究进一步优化After Effects在不同的值之间进行插值的速度。

图层可以比合成小或大，其分辨率被After Effects忽略。除了利用不透明度实现图层的淡入和淡出，一个素材项还可以有一个Alpha通道，该通道决定了图片上透明和不透明的区域。

但在开始安排布局和制作动画之前，你需要知道如何创建一个新的项目和合成，以及如何导入素材，所以我们开始吧！

小知识

文件格式支持

要获取After Effects能导入的全部文件格式列表，先启动程序，按F1键打开After Effects帮助，搜索supported import formats（支持的导入格式）即可。

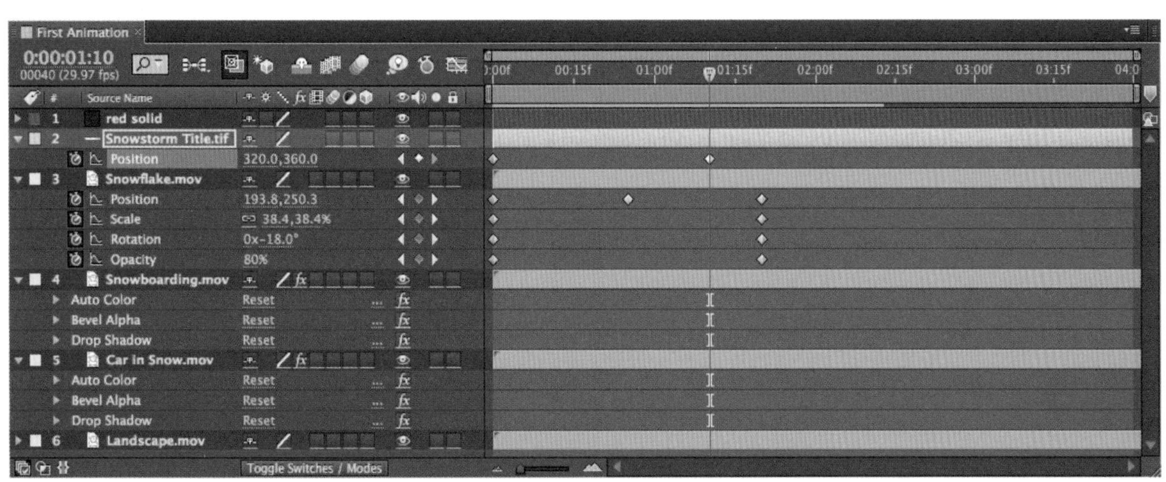

可能需要在时间轴面板中对个别的图层属性设置关键帧才能创建动画。

开始创建项目

在本章中，你将创建一个简单的冬天场景动画。要查看最终能得到什么，可以找到本章文件夹中的电影First Animation_final.mov，在QuickTime播放器中播放几次来查看。（为了方便读者使用，我们预先设计了标题和雪花效果，原始素材包含在最终项目中。你将在第5章中学到如何创建文字，在第11章中学到如何动画形状图层。）然后继续在After Effects中操作，我们将指导你从头创建动画。

1 加载After Effects后，单击欢迎界面的Close（关闭）按钮，然后就会自动创建一个新的空白项目。在应用程序窗口的右上角，打开Workspace（工作区）菜单，选择Standard（标准）。为确保你使用的是工作区的原始布局，再从Workspace（工作区）菜单中选择Reset“Standard”（重置“标准”工作区）（在菜单底部）。会出现一个Reset Workspace（重置工作区）对话框，单击Discard Changes（放弃更改）。

2 由于显示了大量资源和合成，Project（项目）面板可能很快就变得很混乱。为避免该问题，我们建立两个文件夹来组织这些资源。单击Project（项目）面板底部的New Folder（新建文件夹）图标，会创建一个名为Untitled1的文件夹。默认情况下名字为高亮显示，对其重命名，输入Sources并按Return键（在Windows的键盘上，按主键盘区的Enter键，而不是扩展键盘的Return键）。你可以随时对其重命名，只要选中文件夹，按Return键高亮显示名字后即可修改。

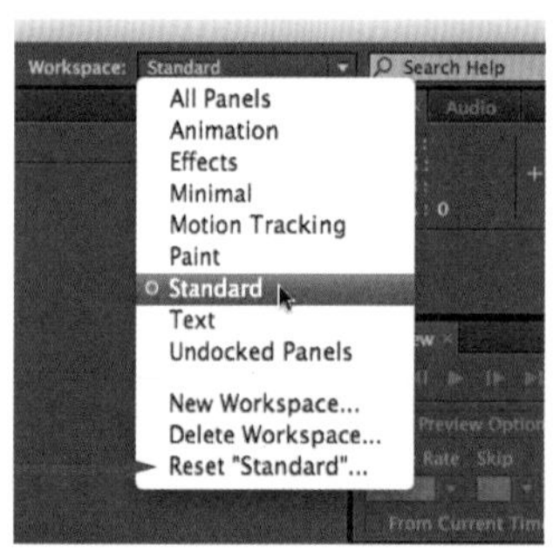

1 设置工作区为标准模式，然后将其重置，确保开始练习时的框架界面及面板与我们的一样。这样，我们的讲解才会更有意义。

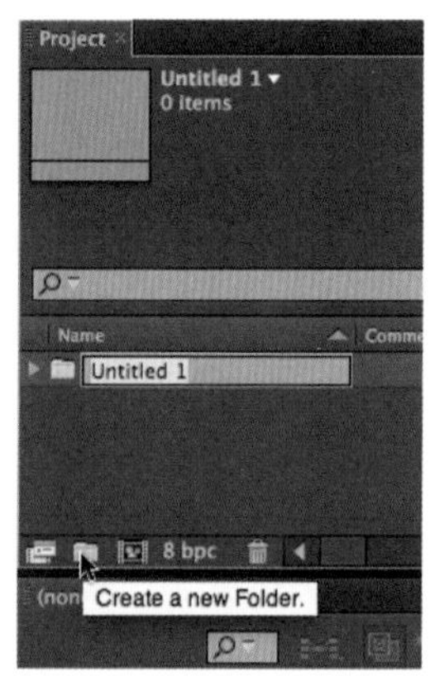

2 要创建新文件夹，单击Project（项目）面板底部的文件夹图标。当文件名高亮显示为Untitled 1时，输入新名字，然后按Return键。

3 在Project（项目）面板的空白区域单击，取消对Sources文件夹的选中状态，Deselect All（取消全选）的快捷键是F2。现在创建第二个文件夹，重命名为Comps，再按Return键。

（如果在创建Comps文件夹时选中了Sources文件夹，那么Comps将嵌套在Sources文件夹内。通过将Comps文件夹拖曳到Sources文件夹外可将它们设为相同的级别。）

保存项目

4 选择菜单命令File>Save（文件>保存）来保存项目。Mac系统的快捷键是⌘+S（Windows系统是Ctrl+S）。此时打开一个文件浏览窗口，将项目文件保存在本章的文件夹（Lesson 01-Basic Animation）中，并起一个有意义的名字，如Basic Animation v1。

以版本号来命名项目是一个好主意，这样就可以跟踪修订它，还可以利用其奇妙的File>Increment and Save（文件>增量保存）功能。Increment and Save（增量保存）功能不再只用于保存项目，还可以将项目以新的版本号形式保存，留下一串以前的版本，以备你需要返回时使用。After Effects同样具有Auto Save（自动保存）功能，在菜单命令Preferences>Auto-Save（首选项>自动保存）下。

创建一个新合成

5 选择在第3步中创建的Comps文件夹。这样，你要创建的新合成会自动分类到该文件夹中。然后选择菜单项Composition>New Composition（合成>新建合成），或者使用快捷键⌘+N（Ctrl+N）。这会打开一个Composition Settings（合成设置）对话框，你可以在该对话框中设置新合成的尺寸、持续时间和帧速率。学习After Effects的一个好习惯就是创建合成的同时对其命名。在Composition Name（合成名称）框中输入First Animation。

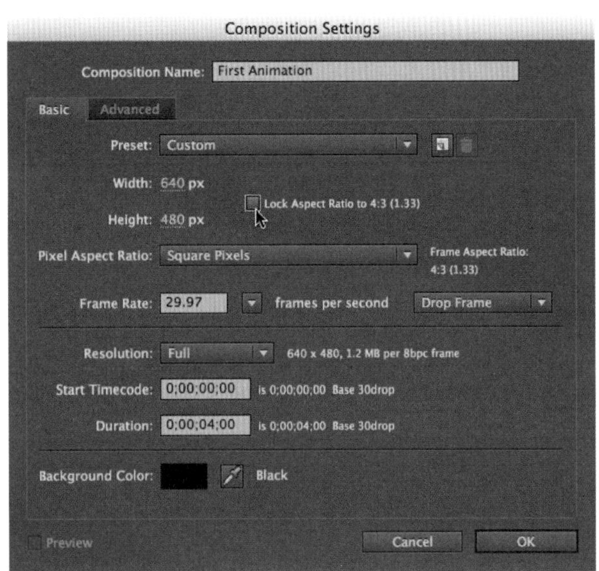

5 上图中的某些设置我们将应用到第一个合成中。记得在输入新的尺寸之前，取消选中Lock Aspect Ratio（锁定纵横比）复选框。在Advanced（高级）标签下，单击Renderer（渲染器）菜单，选择使用Classic 3D Render（经典3D渲染器）（参见下图）。

在对话框的顶部是Preset（预设）弹出菜单，包含大量常见的合成尺寸和帧速率。你也可以输入自己的设置值。对于刚开始的合成，不要选中Lock Aspect Ratio（锁定纵横比）复选框，然后输入Width（宽度）640和Height（高度）480。单击Pixel Aspect Ratio（像素纵横比）旁边的菜单并选择Square Pixels（方形像素）（在第3章最后的“技术角”会讨论非方形像素。）

在Duration（持续时间）框内高亮选择当前值，并输入4.00即持续4秒。然后确保其他设置为默认值：Frame Rate（帧速率）为29.97，Resolution（分辨率）为Full（全屏），Start Timecode（开始时间码）为0:00:00:00。Background Color（背景颜色）默认值为黑色，但是以后需要时可以修改它们的值。

最后，单击Advanced（高级）选项卡，检查Renderer（渲染器）菜单是否设置为使用Classic 3D Render（经典3D渲染器）（第8章将采用光线跟踪的3D渲染器）。单击OK（确定）按钮。新合成将打开并进入Comp（合成）和时间轴面板。

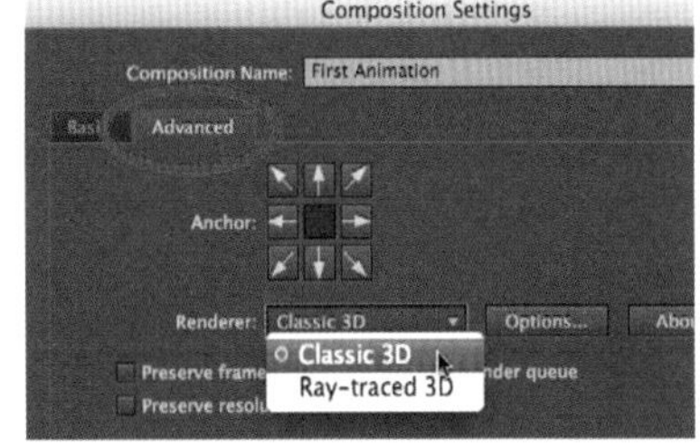

6 你的合成也会出现在Project（项目）面板的Comps文件夹中（如果不在的话，将其拖曳到该文件夹中）。如果在Project（项目）面板中看不到合成的完整名称，只需将光标定位到名称列的右边界处（会出现一个双向箭头），拖曳鼠标加宽列即可。最后，保存项目。

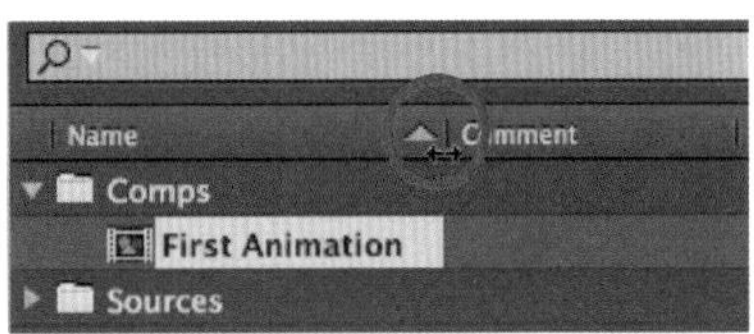

6 此时，Project（项目）面板中会有两个文件夹和一个合成。如果合成的名字被截断，将列名边界拖曳变宽即可显示出来。

导入素材

将素材导入到After Effects主要有两种方式：使用普通的Import（导入）对话框和使用Adobe Bridge（概览部分中提到）。此处我们将使用Import（导入）对话框，但可以根据自己的喜好使用Bridge。[也可以从Finder（查找框）或者Windows Explorer中拖曳文件，但是由于After Effects经常占据整个屏幕，所以此方式可能不合适。]

7 现在应该将一些素材导入项目中了。首先，选中在第2步中创建的Sources文件夹。然后执行菜单命令File>Import>File（文件>导入>文件）。在出现的对话框中定位到从本书下载资源中复制过来的Lesson 01-Basic Animation文件夹，打开01_Sources文件夹。选择Snowstorm Title.tif后单击Open（打开）。

▼ 管理合成视图

你已在“概览”中学习了如何调整用户界面窗口的尺寸。可以调整Composition（合成）面板所在窗口的尺寸来决定给它分配多大的空间。有多种方法来控制该空间显示合成图像区域的方式。

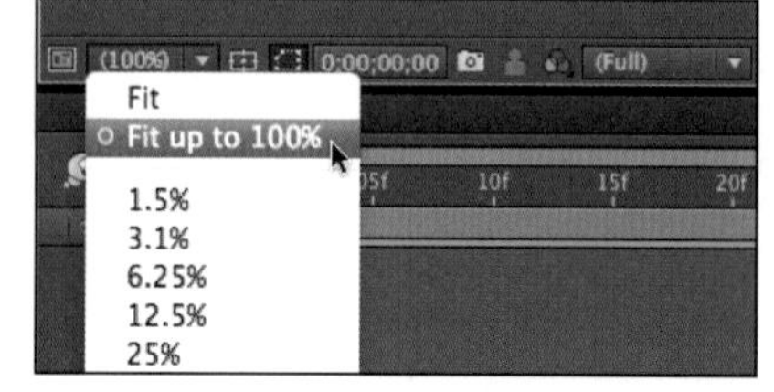

- 在Composition（合成）面板的左下角是一个Magnification（放大率）弹出框。通常设置该值为Fit up to 100%（自适应到100%），这样合成图像将全部显示在Composition（合成）面板所在的窗口中。在创建大多数实例和合成时，我们采用的都是这样的设置。选择Fit（适合）选项下面的数值，如78%，如果此时为非常规尺寸，可能会使图像残缺不全。因此，一些用户更喜欢设置尺寸为100%或50%，它们更接近可用空间的大小，然后必要时再调整窗口尺寸。
- 当选中Composition（合成）面板时，你可以按快捷键⌘（Ctrl）++来将窗口放大，或者按快捷键⌘（Ctrl）+-将窗口变小。
- 如果你的鼠标带有滚轮，将光标悬停在Composition（合成）面板上，滑动滚轮来进行放大和缩小。
- 要有针对性地缩放，选择Zoom（缩放）工具（快捷键为Z），单击要进行放大区域的中心处进行放大，或按⌥（Alt）键+单击来缩小。完成后不要忘记按V键返回选择工具状态！
- 更好的方法是，按住Z键暂时打开缩放工具，再按⌥（Alt）键缩小图像。释放Z键后，选择工具被激活。
- 要平移合成，按空格键打开Hand（手形）工具，然后在Composition（合成）面板中单击并拖曳来将其重新定位。（按空格在时间轴中预览。）

8 Import（导入）对话框将被Interpret Footage（解释素材）对话框代替。图像文件有一个Alpha通道：这是一个设置RGB颜色通道透明度的通道。Alpha通道有两种主要类型：Straight（直接）是指图片的色彩超出了Alpha通道的边界，Premultiplied（预乘）是指图片颜色和Alpha通道边界的背景色混合在一起（被蒙版）。

如果知道文件的Alpha通道类型，可以在此处选择。由于我们不知道，所以单击Guess（预测）。对此时的文件，After Effects将选择Premultiplied-Matted With Color White（预乘-使用白色蒙版）选项，这个选择是正确的。单击OK（确定）按钮，然后文件会出现在Sources文件夹中。

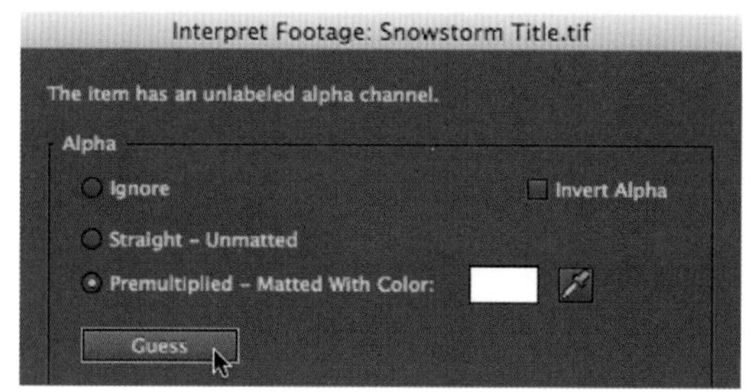

8 要使素材获得最好的Alpha通道效果，需要选择正确的Alpha通道类型。可以在导入文件时选择通道，或者在后期随时使用Interpret Footage（解释素材）对话框。还可以利用After Effects的Guess（预测）功能帮助选择Alpha类型。

9 现在该导入更多的素材了。确保Sources文件夹（或其中的一个文件）仍然是选中状态，使用快捷键⌘+I（Ctrl+I）打开Import（导入）对话框。选中Snowflake.mov，单击Open（打开）。这是一个在After Effects中使用Shape Layers（形状图层）创建的动画（第11章的主题内容）。然后我们将使用Alpha通道将其渲染为一个QuickTime素材。

10 最后，在Project（项目）面板的空白区域双击，弹出Import（导入）对话框。选择Movies文件夹，单击Open（打开）按钮。这样用一次单击就可以导入该文件夹的所有内容，而且会在Project（项目）面板中创建一个同名文件夹。将Movies文件夹拖入Sources文件夹，然后保存项目。

创建一个合成

现在你已经有了素材，可以将它们添加到合成中，进行整理并制作有趣的动画。首先，确保时间轴和Comp（合成）面板顶部有合成的名字（First Animation）标签。如果没有，双击Project（项目）面板中的合成将其打开。

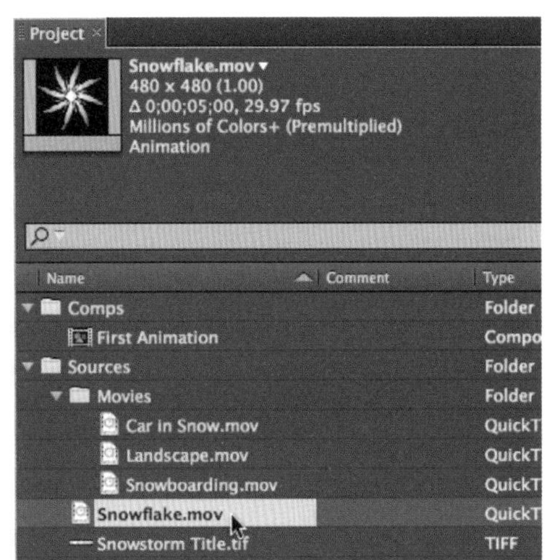

导入素材后，选中一个素材来查看其缩略图和细节。你可以将Project（项目）面板扩大以查看每个素材的细节，如Type（类型）、Size（尺寸）、Media Duration（持续时间）和File Path（文件路径）。

奇妙的变换

11 选择Project（项目）面板中Sources文件夹中的素材Snowstorm Title.tif，将其拖曳到Comp（合成）面板的图像区域。保持鼠标按状态，在合成中心附近拖曳：会发现After Effects试图将图像对齐到中心处。仍然保持鼠标按，在合成的4个角附近拖曳：After Effects将试图将资源的轮廓贴对齐4个角。

将图像定位在中心，然后释放鼠标。它将被绘制在合成的图像区域，而且作为一个图层出现在时间轴面板中。[如果将来需要对一个已经添加的图层进行这种对齐行为，可在开始拖曳图层后按快捷键⌘+Shift（Ctrl+Shift）。]

11 第一次将素材拖曳到Comp（合成）面板中时，它将尝试对齐到合成的图像区域中心或角上（从这时起，图层将正常工作，不再有对齐行为）。图层将显示在Composition（合成）和时间轴面板中。

顺便说一下，我们已经将时间轴面板的A/V特性列从其默认位置拖到右边接近时间线处。你也可以拖曳列标题到右边，直到它进入合适位置。

12 合成图像的背景颜色默认为黑色。改变它的颜色以看到应用到标题上的阴影效果。

选择菜单项Composition>Composition Settings（合成>合成设置），然后在背景颜色块上单击，将出现标准的Adobe颜色拾取器。在颜色域内移动鼠标选中白色。单击OK（确定）按钮，再单击Composition Settings（合成设置）对话框中的OK（确定）按钮可接受你所做的改变。在白色背景颜色的对比下，现在应该可以很容易地看出文字和阴影。

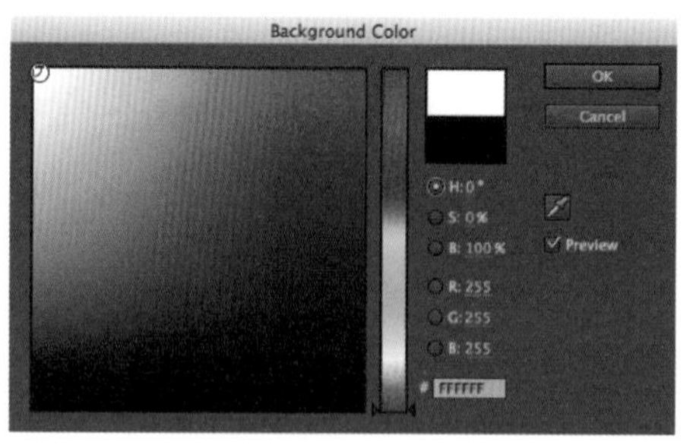

12 从合成的背景色中提取白色。

13 在时间轴面板中，单击Snowstorm Title.tif左侧的箭头：会显示出Transform（变换）字样。单击Transform（变换）左侧的箭头，显示出本图层的所有变换属性。将来，我们将单击这些箭头称为“打开属性”（关闭该部分时称为“关闭属性”）。

注意每个属性旁边的数字值：将光标定位在其中一个数值上，单击并拖曳鼠标以编辑属性，同时注意Comp（合成）面板中的效果。该方法称为修改参数值，也是你在After Effects中反复使用的一项技能。

你也可以选中一个值，激活该值字段，然后输入一个精确的值。按Tab键可向前跳转到下一个值，输入完成后按Return键。

如Scale（缩放）和Position（位置）等属性具有独立的X（水平或左右方向）和Y（垂直或上下方向）值。默认情况下，缩放的X和Y值是锁定在一起的，以防止图层发生扭曲变形。你可以单击其值旁边的锁链图标来解除锁定。

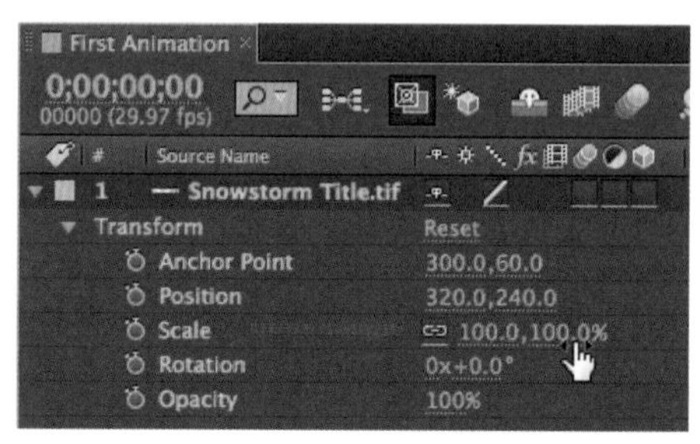

13 要修改时间轴面板上的值，将光标定位到该值上，直到出现一个双头箭头，单击并拖曳鼠标即可。X和Y方向的缩放锁定在一起，所以修改一个值，另一个值会随之改变。

14 试验数值修改功能后，可单击Transform（变换）标题右侧的Reset（重置）来恢复为默认值。接下来，你要直接操作Comp（合成）面板中的图层，编辑它的Transform（变换）属性。编辑的同时，查看时间轴面板中的值可以更清楚地了解发生了什么。

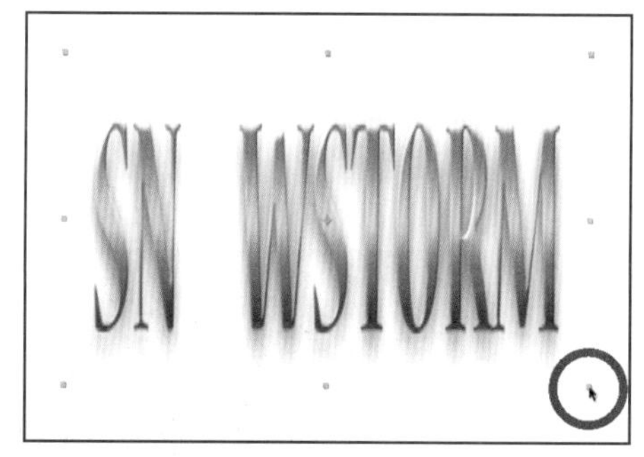

14 高亮选中一个图层，然后用选择工具在Comp（合成）面板中拖曳它的4个角来实现交互式缩放。拖曳时，时间轴面板中的值也会同步更新。这种操作（如我们的做法）很容易让图层的纵横比发生失真，可在拖曳的同时按Shift键以保持图层的比例不变。

- 要编辑Position（位置），直接在Comp（合成）面板的图层上单击并拖曳。要强制向一个方向运动，开始拖曳图层时，按Shift键并继续拖曳。
- 保持图层选中，单击并拖曳Comp（合成）面板中图层轮廓周围的8个小方块中的一个来进行缩放。为避免图层扭曲并保持其原始纵横比不变，开始拖曳图层时，按Shift键并继续拖曳。
- 要编辑Rotation（旋转），按W键选择Rotate（旋转）工具，单击图层，然后沿圆形拖曳鼠标。按Shift键可以45度角的倍数拖曳。完成后，按V键使鼠标返回选择工具状态（↖）。

和前面一样，单击Transform（变换）旁边的Reset（重置）可恢复默认值。

动画位置

现在你已经知道了如何手动变换一个图层。接下来让After Effects逐步变换一个图层，这包含一个称为创建关键帧的过程。

15 有一些快捷键用来选择性地显示变换特性。仍然选中Snowstorm Title.tif，按P键来显示其Position（位置）属性。

你要做的是让该层从底部移动到屏幕中，并定位到某处。拖曳标题使其完全不可见，并拖到Comp（合成）面板底部的剪贴板上。然后确保当前时间指示器位于时间线的开始处（时间轴面板中的时间数值应该显示为0:00:00:00）。如果不是，抓住当前时间指示器的黄色标头并将其拖曳到开始处，或者按Home键使其快速调回开始点。

变换快捷键

下面的快捷键显示了选中图层的一些特定变换属性。

A Anchor Point（定位点）

P Position（位置）

S Scale（缩放）

R Rotation（旋转）

T Opacity（不透明度）

要为那些已经显示的图层添加属性，按这些快捷键的同时按Shift键。

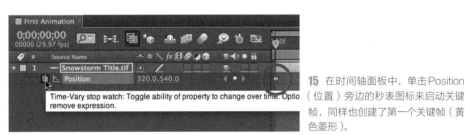

15 在时间轴面板中，单击Position（位置）旁边的秒表图标来启动关键帧，同样也创建了第一个关键帧（黄色菱形）。

在Position（位置）的左侧是一个小秒表图标。在该图标上单击，它将被高亮显示。你现在已经启用了用于创建关键帧和动画的Position（位置）属性。切换选中图层的位置秒表的快捷键是⌥+Shift+V（Alt+Shift+V）。启用关键帧同样会设置一个关键帧——在时间线上该图像所在区域的右侧以一个黄色菱形标识——目前试用的是Position（位置）的当前值。

16 将当前时间指示器拖曳到时间线上的01:10处。选中并拖曳Snowstorm Title.tif图层到想要结束的位置。[我们采用的Position（位置）值为*X*=320，*Y*=360。]此时，会为这些值自动创建一个新的关键帧。

你可能注意到在Comp（合成）面板中出现了一条线，它跟踪了层从开始到结束的路径，称为运动路径。它是由一系列的点组成的。每个点标识了在时间轴的每一个帧中图层将要出现的位置。运动路径仅在图层选中时才可见。

沿时间线的顶部前后拖曳当前时间指示器，并注意图层沿运动路径运动的方式。为了看到它的实时播放效果，按数字键盘上的0键来启动一个RAM预览，或者按Preview（预览）面板右边的RAM预览按钮。After Effects会快速显示这些帧一次，然后实时播放动画。按任意键可停止预览。

16 移动到不同的时间，并将图层拖曳到一个新位置，在Comp（合成）面板中会出现一条运动路径表示其路径。单击RAM预览。

17 改变关键帧的时间非常容易：在时间轴面板中，拖曳第二个菱形关键帧到左侧或右侧使其更早或更晚发生。RAM预览新的时间动画，然后将关键帧设回01:10。

▽ 提示

多次撤销

默认情况下，在After Effects中有32步撤销。如果不够，你可以在Preferences>General（首选项>常规）下设置最高99步。

18 创建关键帧后，你可以很轻松地修改其值。在时间轴面板的A/V特性列有两个灰色箭头，中间是一个小的菱形，它们称为关键帧导航箭头。单击它们可以跳转到该属性同一路径上的下一个关键帧，菱形从空心变为黄色来确认属性。一旦你已经停在一个关键帧上，要编辑它，可修改图层的Position（位置）值，或者在Comp（合成）面板中拖曳图层。

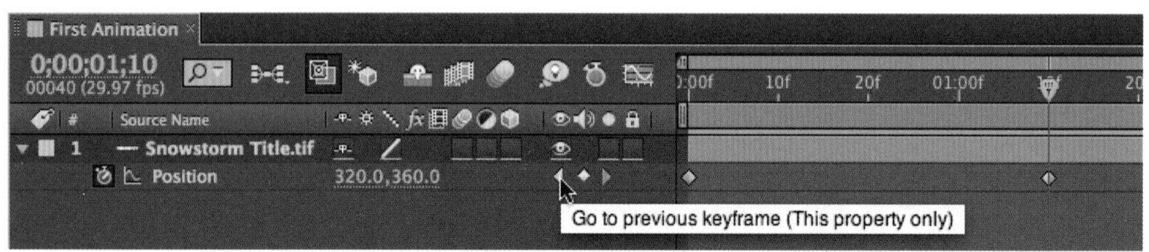

18 在A/V特性列下方是两个关键帧导航箭头，对于一个给定的属性，使用它们可以很轻松地定位到前一个或者后一个关键帧。如果两个箭头之间的菱形是黄色的，表示当前时间指示器停在一个关键帧的顶部。

如果你没有跳转到前一个关键帧的精确时间处，就会创建一个新的关键帧。如果意外创建了一个，可以在时间线中选中它并按Delete键将其删除。或者，利用关键帧导航箭头来进行定位，然后单击两个箭头之间的黄色菱形来删除它。

保存项目。的确，现在是一个很好的时机来使用File>Increment and Save（文件>增量保存）选项了，这样将根据日期以一个新的版本号来保存你的作品。

添加背景图层

19 要增加意境，让我们进入背景图层。在Project（项目）面板中，打开Sources下的Movies文件夹，选择Landscape.mov，将其拖曳到时间轴面板中的左侧，使其位于标题层的下方。它应该填充满Comp（合成）面板。执行RAM预览查看效果。

20 注意，由于背景颜色是白色，如果你制作的背景素材为半透明，看起来将更暗淡并且出现重影。选中Landscape.mov，按T键来打开Opacity（不透明度）属性，并修改其值使其有美感。

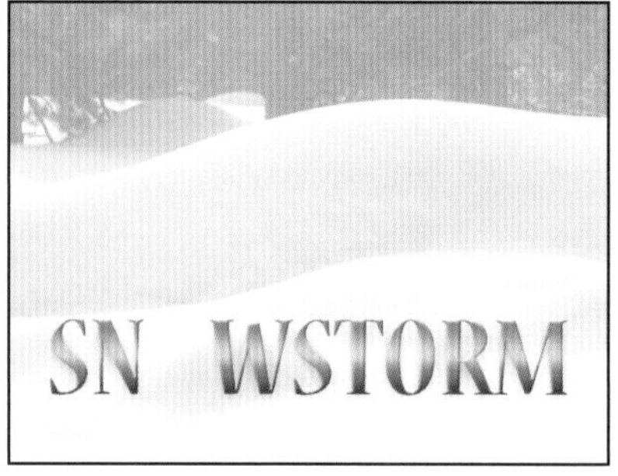

19~20 添加Landscape.mov作为背景，并减少它的不透明度（上图左），使其出现“重影”效果（上图右）。

添加一个中间图层

SNOWSTORM标题缺少一个“O”，将通过添加一个雪花图标来填充它。（但是，我们非常希望你能够沿曲线实现动画。）首先，让我们再多学几个向合成中添加素材的技巧。

21 在Project（项目）面板中的Sources文件夹中，选择素材Snowflake.mov。

- 向下拖曳Snowflake.mov到时间轴面板的左侧，靠近其他图层名字。将光标悬停在已经存在的图层上，就会看见一条黑色的粗水平线，标识将要把它放在其他层之上。向下拖曳直到该线出现在两个图层之间，然后释放鼠标。新的图层将作为第2个图层出现，位于标题之后，背景素材之前。注意，无论当前时间指示器停靠在什么地方，新的图层始终从合成的开始（00:00）处开始。
- 按快捷键⌘+Z（Ctrl+Z）可撤销这个添加图层操作，并尝试另一种方法。这次，拖曳Snowflake.mov到时间轴面板的右侧，直到光标悬停在时间轴区域。你会看见第二个黄色的时间指示器。表示如果现在释放鼠标，此处就是时间开始处，而且提供一个交互的方式来决定最初的开始时间。你可以采用这种方法将它在图层堆栈中上下移动。在时间线中间和两个图层的中间选择一些位置释放鼠标。新的图层将添加在你选择的时间点处。（如果看不到雪花图标，检查图层最终是否在背景素材下方。如果是，将其向上拖曳一层，成为第2个图层。）

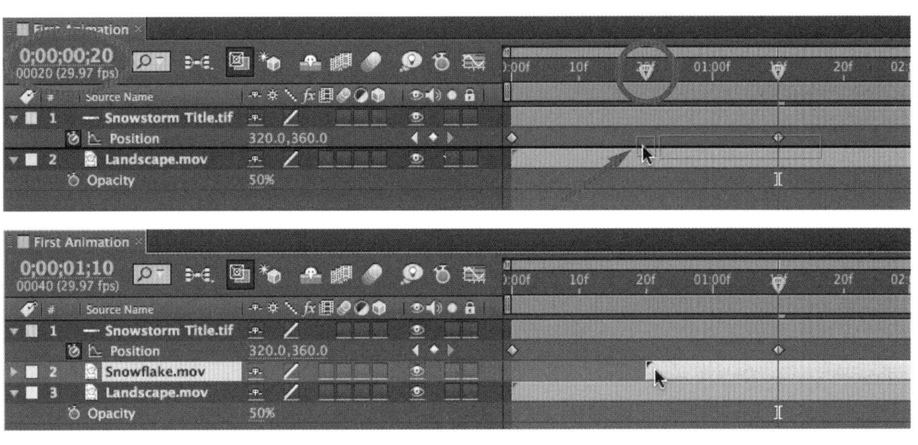

21 从Project（项目）面板中拖曳一个新的素材到时间轴面板时，你可以决定何时何地将其放在图层堆栈中。在松开鼠标之前，观察重影的轮廓和第二个当前时间指示器（顶图），以及与图层的相对位置（上图）。

22 前后拖曳当前时间指示器，注意雪花符号如何消失在合成视图中，直到当前时间指示器通过时间线中图层的开始处才出现。你可以单击并拖曳Snowflake.mov图层栏的中部，使其开始的时间更早或更晚。目前，不要拖曳到图层栏的末端，它会裁剪图层。（移动和裁剪图层的详细内容将在第3章中介绍。）

最后仍然选中Snowflake.mov，按快捷键⌥+Home（Alt+Home）使其在合成的起点处开始，并进行位置动画。

▽ 小知识

合成与时间轴面板

通过拖曳到时间轴面板来给一个合成添加图层时，图层将自动位于Comp（合成）面板的中心。添加一个图层到Comp（合成）面板中时，图层默认从00:00开始［通过Preferences>General>Create Layers at Composition Start Time（首选项>常规>在合成起始时间创建图层）菜单命令设置］。取消选中该项可实现在当前时间添加图层。

▽ 提示

快速定位

要使一个图层从当前时间指示器处开始，选中它并按[键（左方括号）。

▽ 未来愿景

画一条路径

在下一章中将展示Motion Sketch Keyframe Assistant（运动草图关键帧助手），它可让你用一种有趣的交互方式来创建运动路径。

制作运动路径

现在，Snowflake.mov素材显示在合成的中心。计划让它飞过屏幕并落在SNOWSTORM主题上缺失的“O”处。

23 我们让标题从01:10处开始，然后让雪花落到10帧之后的1:20处。为了移动到一个精确的时间点，可以单击Composition（合成）或时间轴面板中的时间代码处，输入“120”并按Return键。

接下来，在Comp（合成）面板中的雪花上单击，并将它拖曳到缺失的“O”应该在的位置。可以用光标箭头来将其推到该位置处。

然后拖曳Snowflake.mov图层的一个控制柄（图层边界周围的8个小方块）将其缩放到一个最佳尺寸，使其正好适合标题的剩余空间。在开始拖曳控制柄时按Shift键以保持其原始纵横比不变，否则，雪花会发生变形。我们采用的缩放值为23%，但是可以根据意境随意改变其尺寸。

24 仍然选中Snowflake.mov，按P键显示其Position（位置），然后单击它的动画秒表来启用关键帧（就像你在第15步中为Snowstorm Title.tif图层所进行的操作一样）。这样就会为当前值在01:20处创建一个Position（位置）关键帧。

将当前时间指示器移动到合成的起始处（时间00:00）（快捷键是Home）。将雪花拖曳到合成的右上角。此时会创建一个新的Position（位置）关键帧，你将见到一条笔直的运动路径线条连接Comp（合成）面板中的两个关键帧。而且，沿线的点标识了图层在每个帧上的位置，点之间的距离表示运动的快慢。进行RAM预览来查看直线运动路径的效果。

23 将Snowflake.mov放在缺失的“O”应该出现的位置，然后将其缩放至合适的大小。

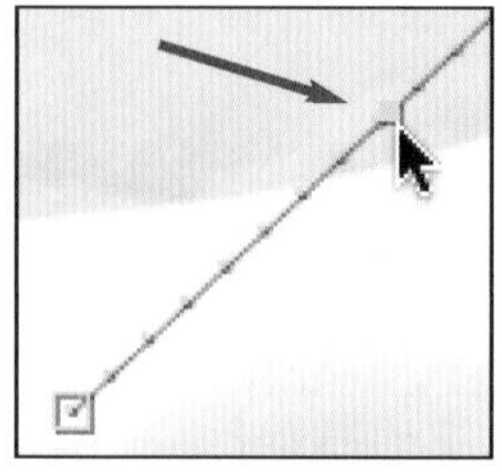

24 创建两个关键帧之后，拖曳Auto Bezier（自动Bezier）控制柄（左图）来创建一条以曲线形式穿过合成（上图）的运动路径。如果无法找到那些点，还可以按快捷键⌘+⌥（Ctrl+Alt）并在Comp（合成）面板中从（方形）关键帧图标处向外拖曳，来创建可见的控制柄。

如果离近看，会在运动路径线条上看到两个稍微大一些的点，紧挨着每一个关键帧图标。运动路径关键帧默认是一种插值类型，称为Auto Bezier（自动Bezier），它会自动尝试平滑该路径。这些点是关键帧的插值控制柄。将它们拖到合成的左上角，使雪花的弧线路径穿过屏幕。如果无法看到那些控制柄，按快捷键⌘+⌥（Ctrl+Alt）并在Comp（合成）面板中从（方形）关键帧向外拖曳来创建可见的控制柄。如果不小心拖曳了背景层，执行菜单命令Edit>Undo（编辑>撤销），重新选中Snowflake.mov并再次尝试。再次进行RAM预览。

25 为了使飞行路径更有趣，将当前时间指示器移到00:25（两个关键帧之间），并将雪花拖曳到一个新位置。这会自动创建一个新的Position（位置）关键帧，运动路径也会变弯曲，以连接3个空间关键帧。从关键帧处向外拖曳Bezier控制柄来创建一条更有趣的运动路径。进行RAM预览，并保存项目。

如果你注意到雪花飞行速度出现了变化，是因为它在一组关键帧时比其他组的关键帧飞得更远。你可以通过运动路径上各点之间的距离来进行确认，不同的距离表示不同的速度。在时间线上滑动中间的Position（位置）关键帧，直到点之间的距离更均衡。（下一章将讲解如何精确编辑图层的速度。）

25 添加第3个关键帧，并使用运动路径的Bezier控制柄创建一条更复杂的飞行路径。

▼ 空间关键帧类型

合成视图中的Position（位置）关键帧被看作空间关键帧，因为它们定义了图层在一个给定的时间时，在空间中的位置。运动路径流入和流出空间关键帧的方式也很重要，也可以通过查看路径本身和选中的空间关键帧来描述这种方式。

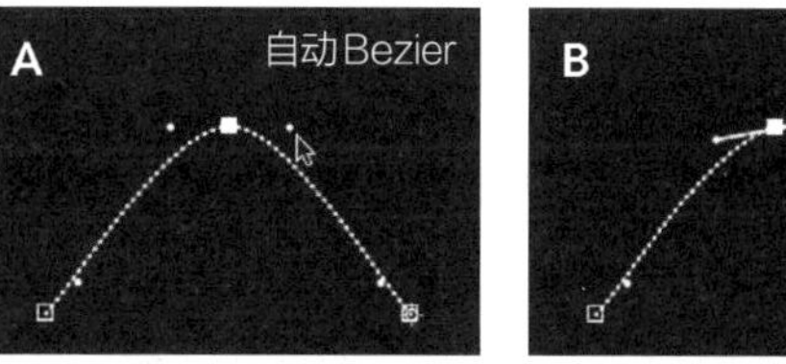

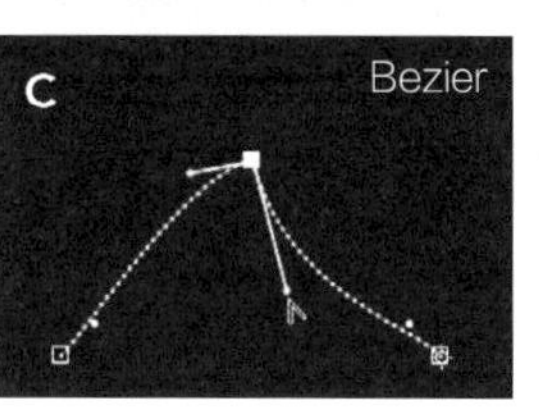

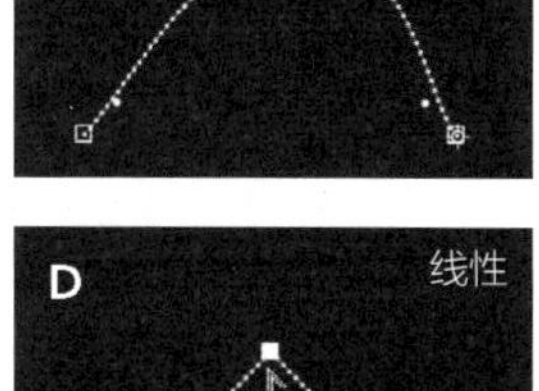

- 默认的空间关键帧的类型是Auto Bezier（自动Bezier）。它用关键帧直线上的两个点来表示（A）。这表示After Effects会自动创建一个平滑的曲线通过该关键帧。
- 拖曳其中一个点会导致关键帧转换为一种连续的Bezier类型，用连接点（B）的直线（控制柄）标识。拖曳这些控制柄可显式地控制运动路径。
- 如果你想在关键帧的方向方面实现一个突变，按G［临时打开Pen（钢笔）工具］键并拖曳其中一个控制柄来打断它们的连续特性。然后可以单独地拖曳Bezier关键帧的控制柄。
- 要创建一个没有弧度或控制柄的尖角，按G键并单击关键帧本身的顶点，将其转换为一个线性关键帧（D）。
- 要将线性关键帧恢复为Auto Bezier（自动Bezier）关键帧，按G键并单击该关键帧。如果想恢复为选择工具状态，按V键。

▽ 主要概念

定位点

观察到雪花是如何沿其中心缩放和旋转的了吗？那是因为我们在制作时就将它放在中心了。其他素材就没有如此幸运了，它们在旋转时可能会出现摇摆。解决该问题的方法是设置Anchor Point（定位点），你在第12章中会学到。

▽ 提示

缓慢修改

要通过细小的增量来修改一个值，以实现精确的控制，修改的同时按⌘（Ctrl）键。要通过较大的增量来进行修改，修改的同时按Shift键。

动画不透明度、缩放和旋转

让一个图层飞入某个位置只涉及几个Position（位置）关键帧。你可以运用Scale（缩放）参数设置动画，使其看起来飞向你或者远离你，Opacity（不透明度）参数可以让它淡入或淡出。

26 你已经为雪花创建了一个很好的结果姿势，在SNOWSTORM标题的剩余位置运行良好。因此，首先要为记住该姿势而创建关键帧。

- 将当前时间指示器移到10:20处，与Snowflake.mov的最终Position（位置）关键帧对齐。拖曳时按Shift键可对齐现有的关键帧，或者使用关键帧导航箭头来跳到后面的或前面的关键帧。
- 选择Snowflake.mov。显示出其Position（位置）参数。要显示其他属性，按Shift键，然后按S键显示Scale（缩放），按T键显示Opacity（不透明度）。
- 在Scale（缩放）和Opacity（不透明度）的动画秒表上单击，为这些参数启用关键帧。这会在当前时间（01:20）处使用当前值创建关键帧。

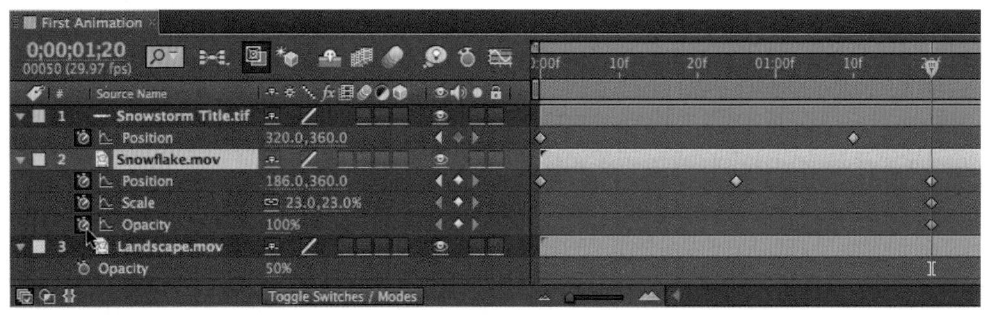

26 为记住你的结束姿势，在与最后的Position（位置）关键帧相同的时间处创建Scale（缩放）和Opacity（不透明度）关键帧。

27 将当前时间指示器移动到00:00（快捷键Home），此时雪花开始飞舞。修改Snowflake.mov在时间轴面板的Scale（缩放）参数，同时查看Comp（合成）面板中的结果，并选择一个好的起始尺寸。它可能比最终缩放值大或者小，这取决于你想要的可视化效果。要牢记的一件事是：对于大多数图层，缩放值超过100%都不是一个好主意，因为这样会导致图像柔化并出现一些可视的瑕疵。

你也可以输入关键帧的数值。单击时间轴面板中的Scale（缩放）值，它将高亮显示。输入新值并按Enter键或Return键。也可以双击一个关键帧，这会打开一个对话框，可以在其中输入想要的数值。双击关键帧方式的优点是你可以编辑它的值，而不必先将当前时间指示器和所需的关键帧对齐。

调整位置、旋转和缩放

有时用快捷键来调整图层的变换值更容易。下面是一些魔术键。

位置：光标键↑→←↓。

旋转：数字键盘的+和-。

缩放：⌥（Ctrl）键加上数字键盘上的+和-。

如果你执行上述操作的同时按Shift键，变换值将以10为增量来变化，而不是1。

28 要使雪花实现淡入，需要减小它的初始Opacity（不透明度）的值。将时间指示器仍然定位在00:00，向左边擦除Snowflake的Opacity（不透明度）值以减少不透明度。0%表示完全透明。你也可以直接输入一个数值，如0。利用RAM预览测试动画。

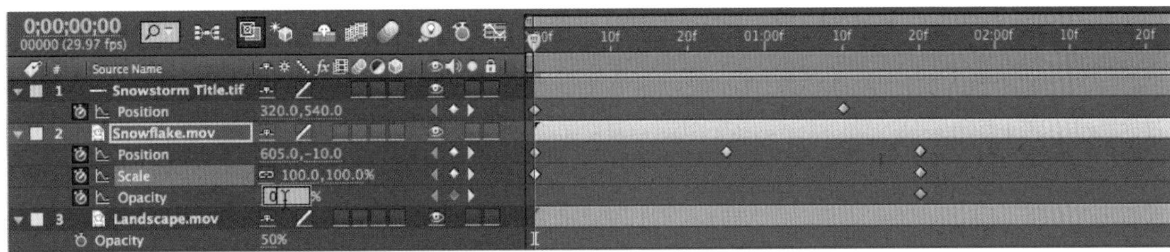

27~28 动画雪花的Scale（缩放）和不透明度值来使其淡入和向下飞入到位置。注意，你可以在时间轴面板中编辑其数值（顶图）。

29 如果要给动画添加一些复杂性，也可以动画其Rotation（旋转）属性。

- 将时间指示器定位在01:20处。
- 要快速操作，按⌥（Alt）键和R键：这样会显示出Rotation（旋转）参数，并为Rotation（旋转）启用关键帧。
- 按Home键将时间指示器移动到00:00点。
- 输入一个新的初始Rotation（旋转）值，如-90度。

RAM预览来测试新的动画，调整参数以实现美感。一旦满意时，执行菜单命令File>Increment and Save（文件>增量保存）来保存新的项目文件。

试试看

平滑移动

默认情况下，After Effects在时间轴上创建线性关键帧。这就会导致突然的开始和停止。关键帧插值和速率将在下章讲解。但是为了能提前有个更清晰的理解，可以选择一个起始或结束关键帧并按F9键来应用Easy Ease Keyframe Assistant（缓和曲线关键帧助手），它将创建一个平滑的开始和结束。[Mac用户必须改变System Preferences（系统首选项）中的Expose（曝光）来释放快捷键F9~F12。]

排列并重新放置图层

在下面的几步中，你将学习几个在合成中使用多个图层的方法。

30 将时间指示器移动到标题后面的一个点处，雪花已经进入就位，你可以将它们的位置作为参考。

31 返回Project（项目）面板，并确保打开了Sources下的Movies文件夹。选择Snowboarding.mov并将其拖到Comp（合成）面板上的一个位置，该位置在标题和合成顶部之间偏左的地方（最后你将在右侧放置另一个视频）。释放鼠标，该层将添加到时间线上，开始时间为00:00。

按S键来显示图层的Scale（缩放）参数并减少其尺寸，直到成为标题上面合适的插图。可以自由调整其位置，但要在合成顶部留些空间给另一个稍后添加的图形元素。

31 拖曳Snowboarding.mov素材到合成的左上角，对其进行缩放，使其成为合适的嵌入电影。

32 选中Snowboarding.mov，选择Edit>Duplicate（编辑>复制），这会创建一个与原始图层的变换参数值（包括位置和比例）完全相同的副本。选中所复制的图层。

33 将复制的图层移到右边，创建第二个嵌入式视频。可以在Comp（合成）面板中拖曳它，开始拖曳后按Shift键可以强制沿直线移动。或者，修改时间轴面板上的X Position（X位置）值，将运动约束为从左到右的直线。也可以用←和→键（向左和向右箭头）来一次调整一个像素，从而微调位置。（同时按Shift键可以用10个像素的增量进行微调。）

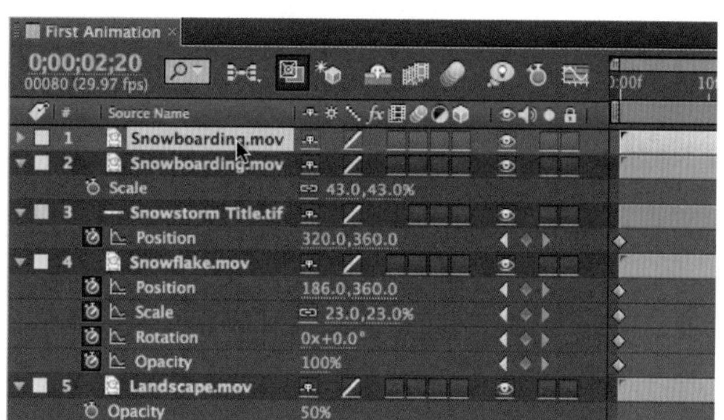

32~33 复制已添加的视频图层（上图），然后将副本移到右边，形成平衡的分布（下图）。

34 用一个新素材来替换所选的图层很容易，同时可以保留你对其位置、缩放等进行的任何改变。所以让我们用一个新的素材来替换已复制的图层。选中合成中的目标图层（此时为最右侧的电影），回到项目面板并选择Sources>Movies>Car in Snow.mov（资源>电影>Car in Snow.mov）。按⌥（Alt）键并拖曳新素材到Composition（合成）或时间轴面板中，不用担心其精确位置。释放鼠标，目标图层的素材将被新素材所代替。

35 只要两个电影并排在一起，就可以决定它们的尺寸是太大还是太小。选中Car in Snow.mov，用Shift键+单击的方法选中Snowboarding.mov。修改Snowboarding.mov先前设置的Scale（缩放）值，Car in Snow. mov将随之修改比例。再按⌘（Ctrl）键以更精细的增量进行修改。可以随意调整两个图层的位置，实现更好的排列，但是要保持垂直对齐。

34~35 为已复制的图层替换一个新的素材，并在时间轴面板中将它们一起缩放。对这两个电影我们设置了40%的缩放比例。

▼ 更多精确位置

如果想在视线范围外排列图层，After Effects提供了一些有用的工具。

- 在图层的位置数值上单击鼠标右键，选择Edit Value（编辑值）。在打开的Position（位置）对话框中，可以设置单位为% of composition（合成百分比）。这样在距离合成的左上角一定距离的地方插入图层时可简化计算工作，不用以像素来计算。
- 选择你要对齐的图层，然后打开Window>Align（窗口>对齐）菜单项。你可以将选中的图层互相对齐，或者与合成的边缘对齐，或者将图层平均分布在合成窗口中。
- 单击Comp（合成）面板底部的Choose Grid and Guide Options（选择网格和参考线选项）按钮（上图），启用Proportional Grid（网格比例）实现方便的可视参考。网格之间的距离可通过Preferences> Grids & Guides（首选项>网格和参考线）菜单命令来修改。

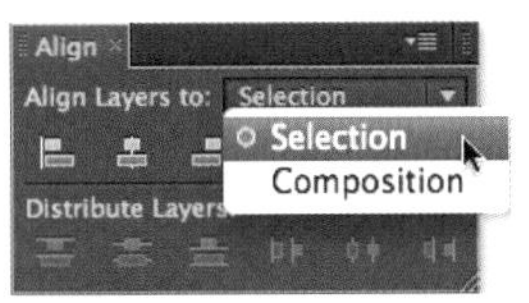

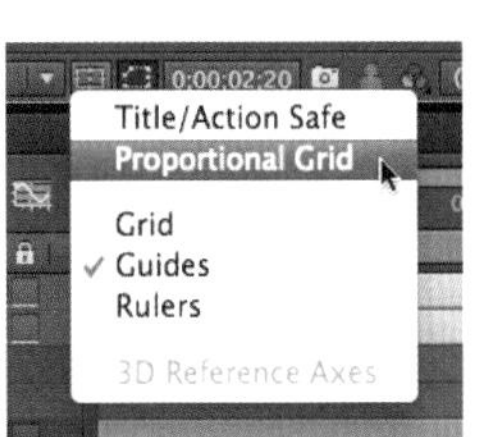

- 还有标尺和用户定义的参考线。标尺以像素的形式显示在合成的*X*和*Y*坐标系中。可以从Choose Grid（选择网格）菜单中选择Rulers（标尺）或者选择View>Show Rulers（视图>显示标尺）菜单命令来切换标尺的显示。要创建参考线，在标尺区域上单击，并拖曳到Comp（合成）面板中。Info（信息）面板会告诉你它的精确坐标。如果View>Snap to Guides（视图>吸附到参考线）命令为选中状态，图层将吸附到参考线上。利用View>Show Guides(视图>显示参考线）菜单命令可以隐藏或显示参考线。将参考线拖回标尺可以将其删除。

固态层设计

素材不仅仅是合成中的图层对象。例如，After Effects可以创建固态层，是一种固态颜色的简易图形元素。我们用一个固态层在合成顶部添加一个颜色条。

36 选择菜单Layer>New>Solid（图层>新建>固态层）。要创建一个全宽度的长条，单击Make Comp Size（使固态层尺寸与合成的尺寸相同）按钮，这样就会创建一个占满整个合成的固态层。然后输入一个比较小的高度值，如60。

接下来，单击对话框底部色卡旁边的吸管标记，再单击汽车后灯上或者滑雪护套上的红色，在视觉上将固态条和视频联系起来。给固态条起一个有意义的名字，如Solid Bar，然后单击OK（确定）按钮。

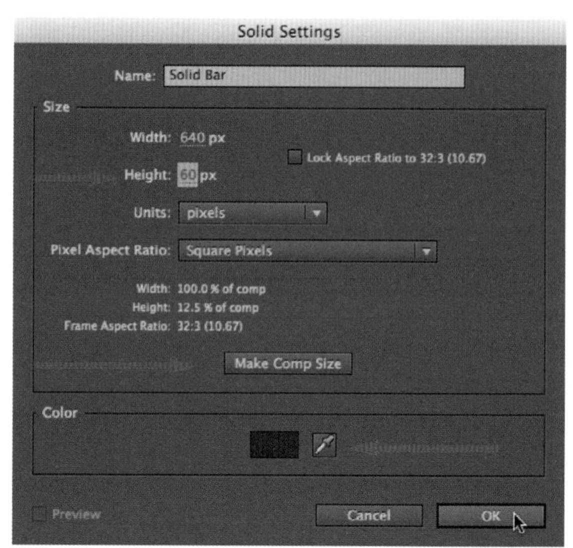

36 创建一个固态层条，宽度是合成的宽度，高为60像素，然后选择红色来填充到嵌入视频的红色区中。

37 在Comp（合成）面板中，向上拖曳该固态条。接近合成顶部时，按快捷键⌘+Shift（Ctrl+Shift），图层将吸附在合成顶部。放置好Solid Bar以后，你可能想调整嵌入视频的位置，以获得更好的整体平衡感。要进一步编辑固态层的颜色或者大小，选中它并依次执行菜单命令Layer>Solid Settings（图层>固态图层设置）即可。

38 按T键显示Solid Bar的Opacity（不透明度）。减小其值，直到在合成顶部显示为淡色效果，让背景视频的某些部分呈半透明设置。

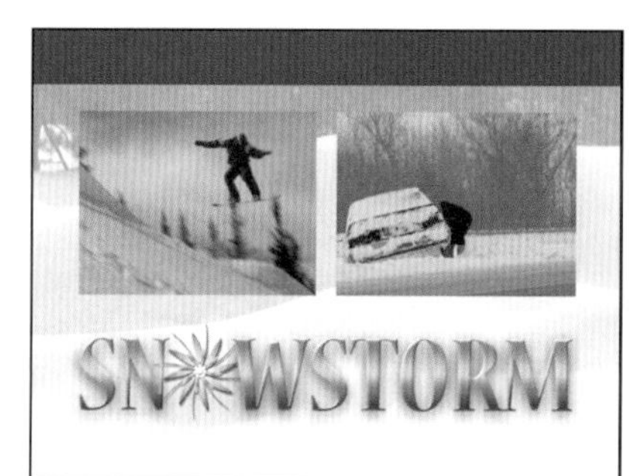

38 减少Solid Bar（固态层条）的Opacity（不透明度），以创建一个淡色穿过合成顶部。

快速效果

是时候让我们满足一下了：使用效果为合成添加一些亮光。我们重点了解如何快速改善视频嵌入层的外观（效果将在第3章详细介绍）。

39 滑雪视频有一个明显的蓝色光晕。要使其更加自然，选择Snowboarding.mov并应用Effect>Color Correction>Auto Color（效果>颜色校正>自动色彩调整）。云和雪将变为更加自然的白色。

在应用效果时，Effect Controls（效果控制）面板会立刻打开。此处是你编辑效果参数的地方。在该示例中，增加Blend With Original（与原图融合）的值可显示蓝色光晕。

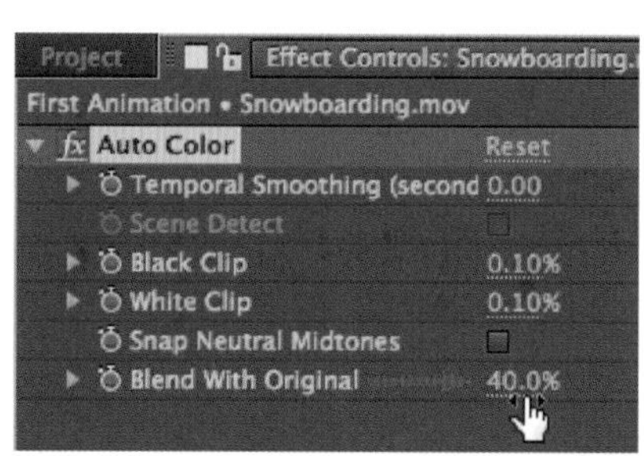

39 立即应用Auto Color（自动色彩调整）效果来删除其蓝色光晕（上图左）。对于不那么极端的效果，调整Effect Controls Panel［Effect Controls（效果控制）面板］中的Blend With Original（与原图融合）的值（上图右）。

40 现在再添加一些尺寸。仍然选中Snowboarding.mov，应用Effect>Perspective>Bevel Alpha（效果>透视效果>Alpha导角）。在效果控制面板中，修改Alpha导角的Edge Thickness（边缘厚度），直到在视频周围得到一个比较好的框架。

41 应用Effect>Perspective>Drop Shadow（效果>透视效果>阴影）效果。在Effect Controls（效果控制）面板中，给阴影效果增加Distance（距离）和Softness（柔和度）值，以产生一个令人愉悦的效果。

40~41 给Snowboarding.mov添加自动色彩调整、Alpha导角和阴影效果。

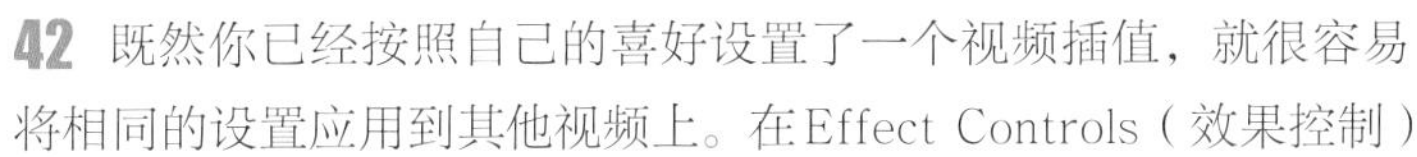

42 既然你已经按照自己的喜好设置了一个视频插值，就很容易将相同的设置应用到其他视频上。在Effect Controls（效果控制）面板内部单击将其激活，然后选择Edit>Paste（编辑>粘贴）。第二个视频现在就具有和第一个视频相同的效果和设置。复制和粘贴效果之后，仍然可以单独对它们进行调整。例如，选中Car in Snow.mov保证它的效果控制面板成为活动的，应用Auto Color>Blend With Original（自动色彩调整>与原图融合）来增大其值，直到两个视频具有近乎相同的整体色调。

43 RAM预览你的合成。我们已经在嵌入视频的设置上投入了很多精力，但忽略了一个事实：在飞行路途中雪花会变得模糊。这个问题很容易处理，只需重新排列时间轴面板中的图层。选中Car in Snow.mov，然后按Shift键+单击选中Snowboarding.mov，使得两个视频都被选中。在时间轴面板的图层堆栈上将它们向下拖曳，直到出现在Snowflake.mov和Landscape.mov之间。

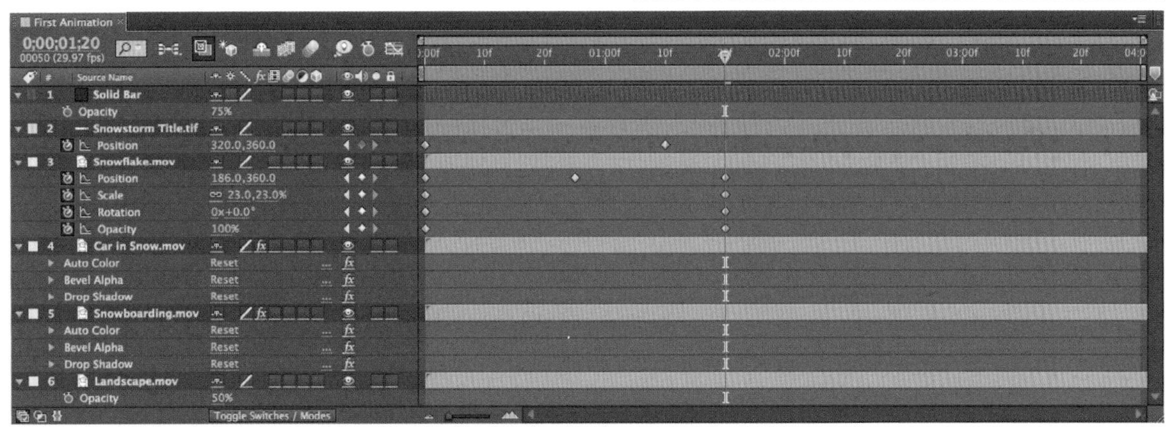

43 最终项目包含从两个嵌入视频中复制过来的效果。

渲染

最后需要花费时间的步骤便是将动画渲染为一个电影文件。先保存项目。在渲染之前保存文件一直是一个好主意，以防渲染失败或者计算机断电。

44 确保选中First Animation合成或者时间轴面板［不是Project（项目）面板］。执行菜单命令Composition>Add to Render Queue（合成>添加到渲染队列），就会打开Render Queue（渲染队列）面板。默认情况下，它和时间轴面板显示的帧相同。如果你的计算机是窄屏的，可能需要将渲染队列框拉大才能看到队列中合成的全部项目。

45 默认的Render settings（渲染设置）和Output Module（输出模块）适合我们的第一个作品。（在附录部分将展示如何修改它们的值。）

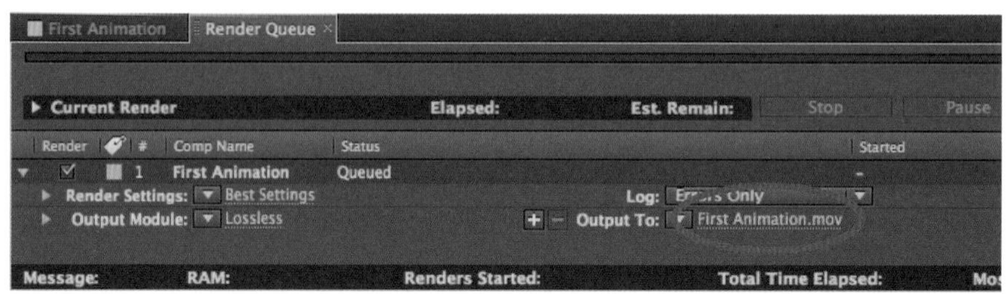

45 要选择保存到何处以及渲染的名称，在Render Queue（渲染队列）面板中单击Output to（输出）右侧的文件名称。［由于Preferences>Output>Use Default File Name and Folder（首选项>输出>使用默认文件名与文件夹）选项的设置，默认文件名和合成名称相同。］

单击Output To（输出）右侧的名称，会打开一个标准的文件对话框。在磁盘上选择一个后期容易检索该素材的位置。默认电影名与合成名称相同，在此阶段可以根据意愿进行修改。单击Save（保存）。

46 单击Render（渲染）按钮，或按Return键。你的合成将开始渲染。Render Queue（渲染队列）面板会告诉你当前正在起作用的帧，以及完成时间。如果Comp（合成）面板可见，你将看到每个帧渲染之后的状态。

46 渲染队列使你知道正在起作用的是什么帧，以及渲染应该持续多长时间。如果被渲染的合成为打开状态，且Comp（合成）面板可见，那么你就可以看到正在渲染的帧。

47 渲染完成后，关闭Render Queue（渲染队列）的Output Module（输出模块）部分，在文件路径上单击以显示硬盘上的电影。双击电影，在QuickTime播放器中打开它并播放你的作品。做得好！如果你想对比结果，在项目Lesson_01_Finished.aep的Comps_Finished文件夹中。

此时，你可能认为已经完成……但实际上，运动图形的工作仅仅是完成了第一阶段的渲染。下一步要分析作品，决定提高质量的方式，进行改变，以及渲染另一个版本。的确，我们将通过试验方法来结束本章。

工作区域

在时间轴面板中图层条上方的灰色条定义了当前工作区域的长度。RAM预览以及在某些情况下，渲染和关键帧助手（第2章中介绍）——被限定在长条的持续范围内。你可以抓住并移动该区域的起始和结束位置，就像沿时间线滑动该长条一样。单击鼠标右键，长条可打开更多选项，包括Trim Comp to Work Area（裁剪成合适的工作区）。这些快捷键也值得学习一下。

- 按B键给当前时间设置工作区域的开始位置。
- 按N键给当前时间设置工作区域的结束位置。
- 双击灰色条，将工作区域恢复为合成图像的长度。

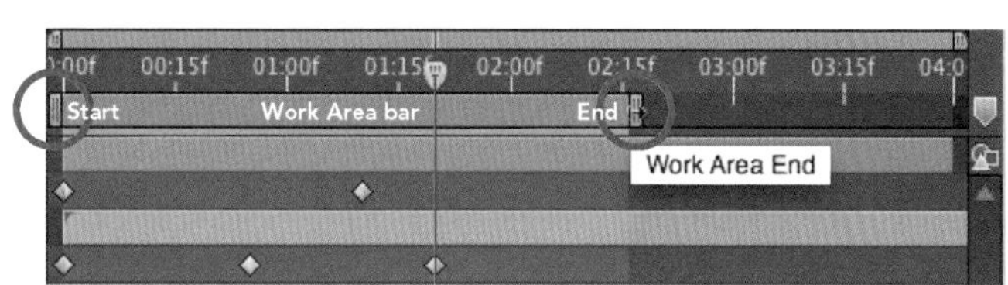

RAM预览选项

你将逐渐习惯按数字键盘上的0键来开始RAM预览（在Mac笔记本上也可以按快捷键Ctrl+0）。默认情况下，会计算工作区域中的每一个帧，存储在RAM缓存（由时间轴上的绿条来表示）中，然后实时播放你的作品。

要将当前RAM预览渲染到磁盘，选择Composition>Save RAM Preview（合成>保存RAM预览）。[要编辑RAM 预览输出模块的设置，选择Edit>Template>Output Module（编辑>模板>输出模块）。]

RAM预览有一些变体，你可能需要进一步探索它。

Shift+RAM预览

有一个计算起来很慢（集中渲染）的合成时，可以按快捷键Shift+0来减少等待RAM预览计算的时间。默认情况下，RAM预览每隔一个帧进行计算和播放。

如果回播几个帧，打开Preview（预览）面板，选择Shift+RAM预览选项（右图所示），并改变Skip（跳过）的数值。这就决定了在计算的帧之间跳过的帧数。你也可以将Skip（跳过）改为正常预览，但是我们建议不使用该值，每隔一帧播放是一个很好的选择。

Option（Alt）+RAM预览

有时在当前时间之前，只需要预览少量的帧——也许是检查遮罩（第4章）、关键帧（第9章）或者绘画（第10章）的细节。无需设置和移动一个小的工作区域，因为使用CS5版本，你可以在按0键之前按⌥（Alt）

键来预览前面几个帧并包含当前时间的内容。帧数设置在Preferences>Alternate RAM Preview（首选项>交替RAM预览）（参见右图）菜单下，默认为5。

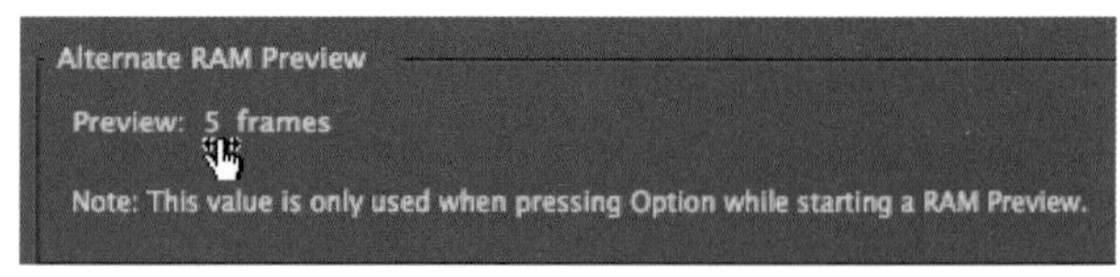

背景中的缓存工作区

等待一个集中渲染的合成进行RAM预览类似于看着绘画变干。After Effects CS6添加了菜单命令Composition>Cache Work Area in Background（合成>背景中的缓存工作区）。你可以使用该命令来开始计算帧，然后转到同一项目中不同的合成中继续工作。Info（信息）面板会定期更新其进度。启动这种预览的快捷键是⌘ + Return（Ctrl + Return）。与常规的RAM预览功能一样，这时只会计算该工作区。

缓存和内存

RAM预览一个合成时，After Effects要保存比最终合成图像更多的内容到内存中，它还存储了单个图层的信息。改变其中的一个图层将使绿色的RAM缓存条消失，因为需要重新创建最终合成。但是下一次RAM预览通常会更快，因为其他图层已经渲染过。

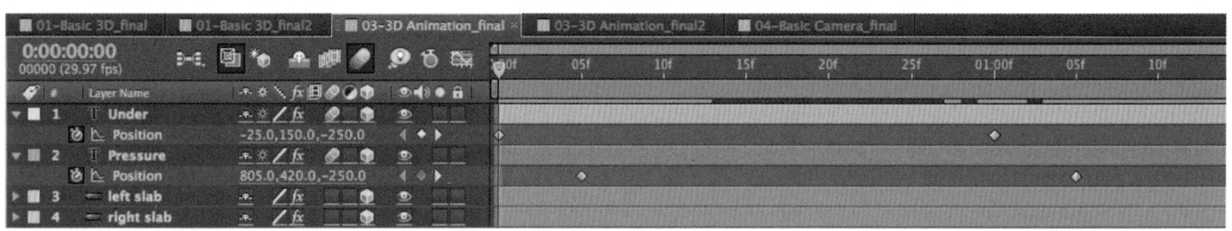

绿色条表示RAM中的缓存，蓝色条表示硬盘上的缓存。需要时硬盘缓存帧要复制到RAM中以便进行播放。（注意，该合成的内容见第8章。3D图层渲染速度更慢，因此更可能被存到硬盘缓存中。）

在After Effects CS6之前，无论何时做的更改导致RAM缓存内容不再准确了，那些帧将永远丢失。现在After Effects会将那些已丢弃的帧保存在可用内存中。如果一个合成恢复到以前缓存的状况，例如，你执行了一个RAM预览、编辑了一个参数后，不喜欢所做的编辑，然后使用Undo（撤销）返回到先前的状况——绿色缓存条将重新出现，你可以立即再次进行RAM预览。

当After Effects必须丢弃RAM缓存中的帧时，将计算是否需要更长的时间来重新渲染它们，还是从磁盘中减少。如果渲染时间太长，After

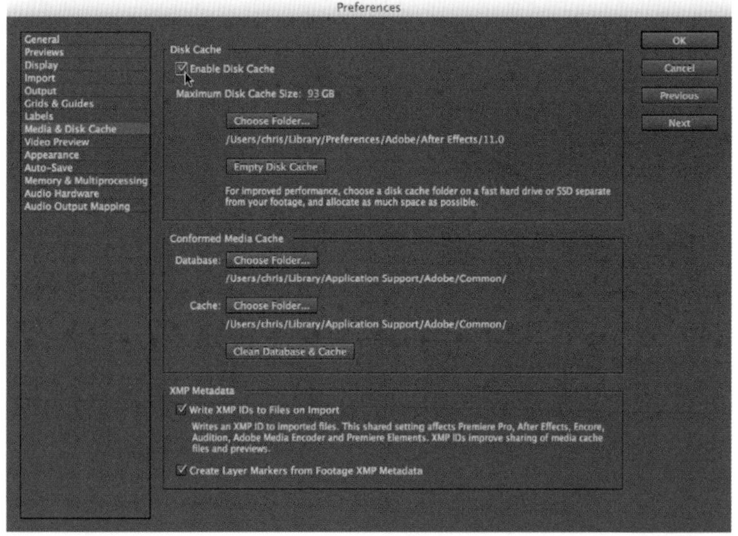

设置磁盘缓存的命令是Preferences>Media & Disk Cache（首选项>媒体与磁盘缓存）。将它指派给你所连接的最快磁盘。

Effects将从RAM中复制这些帧到一个磁盘缓存中。设置缓存的命令是Preferences>Media & Disk Cache（首选项>媒体与磁盘缓存）。在时间轴面板中的蓝色条表示存在于磁盘上的帧。此时为一个合成启动RAM预览时，磁盘缓存帧在播放前将复制回RAM缓存中。（不像非线性编辑系统，After Effects不会从磁盘上播放内容。）

在After Effects CS6之前，关闭一个项目时，RAM和磁盘缓存都被清除。现在After Effects可以计算出渲染RAM缓存帧所需的时间并将较慢的帧复制到磁盘上。现在，在不同的会话间也会保留磁盘缓存内容。之后重新打开同一项目，与该项目有关的所有已保存的帧将作为时间轴面板中的蓝条出现，这就意味着对之前已预览过的资源再次进行RAM预览时，速度将快得多。

▼ 背景、固态层和透明度

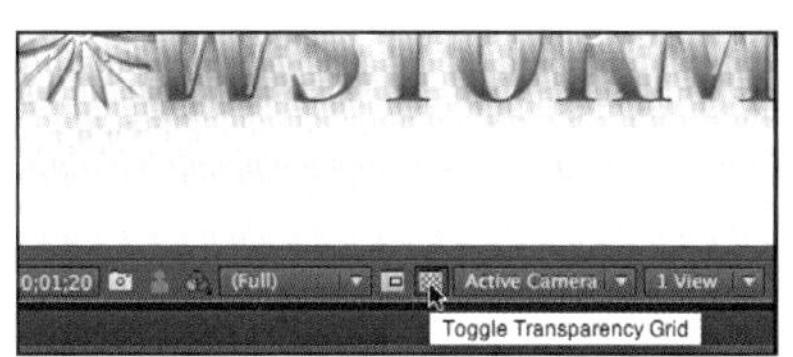

背景颜色不是合成中一个真正的图层。你可以在图像区域看到它，而且如果渲染为不含Alpha通道的文件格式（如DV电影或JPEG静态图片序列），背景将出现——但是在After Effects中，它实际上是透明的。这意味着如果将该合成放在（或嵌套在）另一个合成中，或者渲染为带Alpha通道的文件格式，背景颜色会消失。如果想要用一种已经存在的颜色填充合成的背景，可使用固态层［Layer>New>Solid（图层>新建>固态层）］。

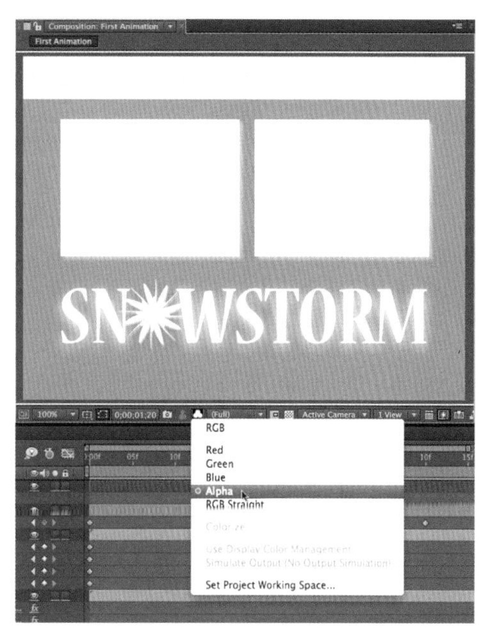

查看合成的RGB通道时，背景颜色很明显，我们在该项目中用一个白色背景来融合Landscape.mov图层。尽管如此，如果查看合成的Alpha通道（右图），会发现实际上它是透明的，用图像上的灰色区域表示（黑色=透明，白色=完全不透明，灰色表示在RGB像素下为半透明）。可以使用Comp（合成）面板底部的Show Channel（显示通道）菜单项在视图之间进行切换。

Toggle Transparency Grid（切换透明栅格）按钮（棋盘图标）是另一种检查合成中透明度的方式。

技术角

除了教授After Effects的知识，本书的目标还包括教授运动图形的艺术技能——包括创造性地思考和对主题创造细节性的变化。在章节中，甚至还包括一些“试试看”的提示。以下是针对本章的一些试验方法。

- 标题到达最终位置的同时，制作雪花落地的景色。你可以通过稍后适时地滑动第2个关键帧来实现该效果。或者保持相同的速度滑动雪花图层到10帧以后来替代（图层的时间和关键帧将在后面的两章中详细介绍）。
- 在屏幕上（或者离开屏幕）动画固态层条。
- 动画视频插图，以更时尚有趣的形式出现，如通过淡入淡出或者成比例放大的方式。通过实时滑动图层栏来实现时间的交错。

在本章中你已经学习了很多技能，在实际处理每个After Effects项目时将会用到。在下一章中，我们将向你展示几种微调动画的方法。

▽ 提示

固态层提示

创建固态层时，After Effects会自动在Project（项目）面板中创建一个Solids文件夹。与其他素材项一样，固态层在项目中可以重复使用。在合成中复制固态层时，将使用相同的源。如果编辑其中的一个图层，Solid Settings（固态层设置）对话框底部的一个切换开关将询问你是更新所有使用该源的固态层，还是创建一个新的固态层。

▼ 导入分层的Photoshop和Illustrator文件

在本章中，你学习了如何在After Effects从头创建一个合成：导入素材、拖曳到合成中、合理地排列并添加动画。的确，这是我们最喜欢的工作方式。

尽管如此，有些人可能更熟悉在Photoshop或Illustrator中工作，而且可能想从这些工作开始创建项目。也许你在一个拥有独立印刷部门的公司工作，该公司可以提供Photoshop或Illustrator文件来进行动画。After Effects同样接受这种工作流形式。

After Effects有几种不同的方式来导入Photoshop和Illustrator文件：将内容合并为一个单一的图像，选择只导入单个图层，或者作为一个合成导入——此时所有的图层作为自己的素材存在，可以对其进行动画。让我们按照上述顺序尝试这3种方式。

1 执行菜单命令File>New>New Project（文件>新建>新建项目）来创建项目。双击Project（项目）面板或者按快捷键⌘+I（Ctrl+I）来导入一个文件。定位到从本书下载资源中复制过来的Lesson 01-Basic Animation文件夹，将其打开，然后再打开里面的01_Sources文件夹。找到文件Butterfly Arrangement.psd并将其选中。

将注意力转向对话框底部，单击Import As（导入为）弹出框。此处你可以看到是将该文件作为单一的素材还是一个合成的选项。这些选项之后会再次出现，所以此处最好选择接受默认值［Footage（素材）］并单击Open（打开）。

2 第二个Import（导入）对话框将会打开。顶部弹出菜单——Import Kind（导入类型）和Import As（导入为）对话框类似。对于第一个练习，确保选择Footage（素材）。然后看下面的Layer Options（图层选项）：选择是引入整个分层的文件并合并到最终图像中，还是仅选择单个图层。现在，选择Merged Layers（合并的图层），然后单击OK（确定）按钮。

3 单个素材项将会添加到项目中。选中它，然后选择File>New Comp From Selection（文件>从选择中创建合成），也可以拖曳它到Project（项目）面板底部的Create a New Composition（创建一个新合成）按钮。After Effects会创建并打开一个合成，其大小与文件大小相同，合并为全帧单个图层，无须访问单个的元素。

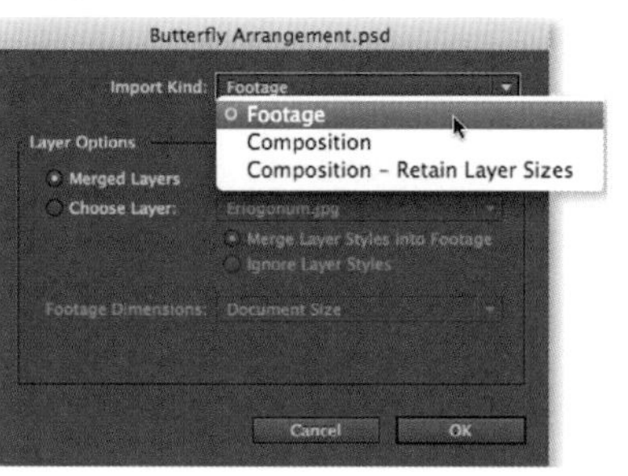

2~3 可以导入一个分层的文件作为单独的素材项目（而且要么合并所有图层，要么选择一个图层），或者一个合成（包含所有图层）。如果选择作为Footage（素材）（左图）导入，将在After Effects中得到一个独立的图层（上图）。

4 重复步骤1，但此时在步骤2中选择第二个对话框中的Choose Layer under Layer Options（在图层选项中选择图层）。从弹出菜单中选择一个图层，如Butterfly。它下面的Footage Dimensions（素材尺寸）菜单将会激活。如果选择Document Size（文档大小），After Effects将创建一个大小为整个图层文件大小的素材项目，图层位于源文件中。

我们更喜欢Layer Size（图层大小）选项，它可以自动将图层裁剪为所需的像素。选中它，单击OK（确定）按钮。

5 注意到butterfly作为一个素材出现在Project（项目）面板中。将其拖曳到上步创建的合成中。可以在合成中自由地移动该单一元素。

6 删除目前在该练习中所导入的素材。再次重复步骤1，但此时在步骤2中从Import Kind（导入类型）对话框中选择Composition-Retain Layer Sizes（合成—保留图层大小）。要从一个分层的Photoshop文件中提取出大部分内容，选择Editable Layer Styles（可编辑的图层样式）选项。单击OK（确定）按钮。注意，Illustrator文件有相似的选项，除了Layer Styles（图层样式）。（我们将在第3章中探索图层样式。）

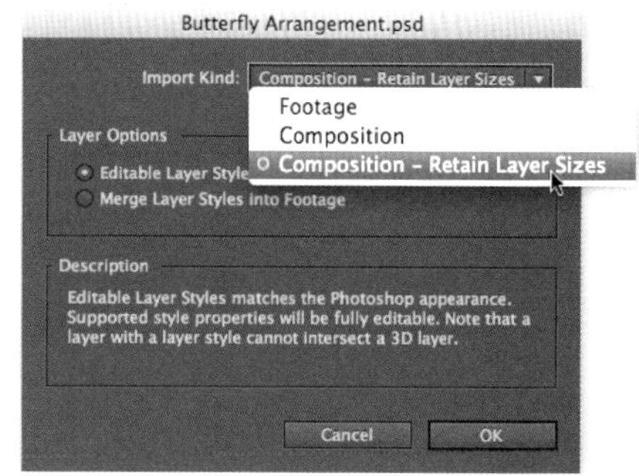

6 为了实现最大的灵活性，设置导入类型为Composition—Retain Layer Sizes（合成—保留图层大小）。对于Photoshop文件，启用可编辑的图层样式选项。（注意：CS5和CS5.5版本另外有一个复选框来导入Live Photoshop 3D文件，CS6中没有该功能。）

7 现在Project（项目）面板中有两个新项：一个合成和一个文件夹，都命名为Butterfly Arrangement。双击合成将其打开，会看到一个图层堆栈，表示Photoshop文件中的各个图层。返回Project（项目）面板，双击Butterfly Arrangement Layers文件夹将其打开，每个图层将作为一个素材存在于其中。

7 如果导入一个分层的文件作为合成，原始Photoshop（左图）文件中的所有图层将作为单独的元素出现在After Effects的项目面板，并分布在合成中（右图）。大量的Photoshop特性被转换为等价的After Effects特性，如不透明度、混合模式、矢量形状、图层样式、图层组和可编辑文本（更多信息请参见第5章）。

如果Photoshop文件包含文字图层，可以在After Effects中编辑它们（参见第5章）。注意Illustrator文字是不可编辑的。虽然该特性很灵活，但仍有一些局限性：这些单个的图层已经被缩小了，而且在某些情况下应用了效果。我们发现在After Effects中从头构建内容要更灵活，这样图层就是完全可编辑的。

第2章　高级动画

操纵关键帧，创建更精细的动画。

▽ 本章内容

关键帧基本知识	定位点概述
定位点工具	运动控制移动
图形编辑器	速度与数值图形
平移和缩放时间	编辑图形曲线
淡入淡出动画	编辑多个关键帧
图形编辑器设置	单独的维度
运动速写	平滑关键帧
自动定向	运动模糊
动态关键帧	时间反向关键帧
Hold（保持）关键帧	时间显示和时间码

▽ 入门

确保你已经从本书的下载资源中将Lesson 02-Advanced Animation文件夹复制到硬盘上，并记下其位置。该文件夹包含了学习本章所需的项目文件和素材。

在本章中，你将通过大量的示例练习来培养你的动画技能。同时，你将熟悉操纵图层的Anchor Point（定位点）来进行运动控制和其他类型的运动，利用Keyframe Assistants（关键帧助手），以及使用Graph Editor（图形编辑器）最大限度地控制动画。我们还向你展示了一些高级技巧，如使用Motion Sketch（运动速写）来手绘动画路径，使用动态关键帧在复杂路径上保持平滑的速度变化，以及用来创建"落地"动画的关键组件。

关键帧基本知识

在After Effects中创建动画时，最主要的就是关键帧。关键帧有两个主要功能：它们定义了在某个特定时间点参数值的内容，并且包含了在该时间点前后这些值的行为方式信息。

参数值的行为成为关键帧插值。它包括两部分内容：关键帧速率，或者说是参数值变化的快慢，以及关键帧的影响，它定义了在关键帧周围发生了多么突然的速度变化。一个关键帧可能既有进入的也有退出时的速率和影响。例如，如果你正在动画位置，而且一个关键帧进入的速率为0（表示它将要停止），影响级别很高，此时对象看起来似乎是慢慢地划入它的新位置。如果它的速率为0但是影响级别很低，在到达关键帧时该对象将看起来就像突然停下来一样。

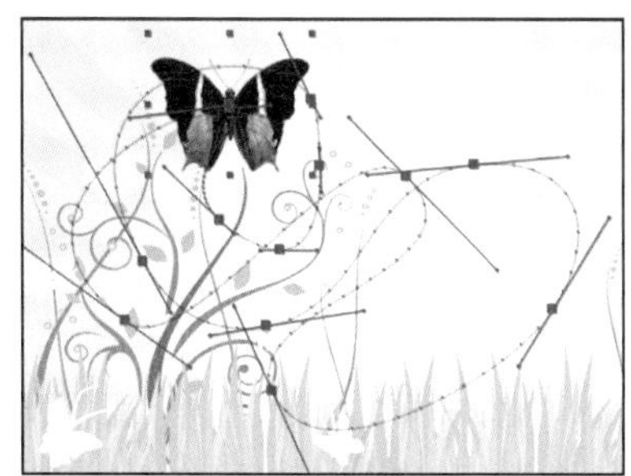

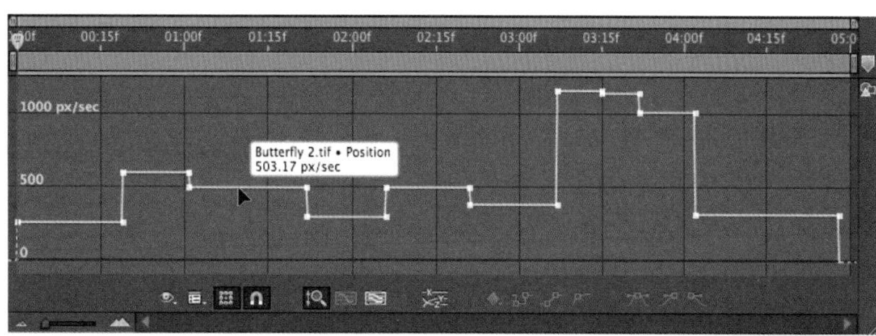

空间关键帧定义了一个图层在特定时间位于合成中的位置（上图左）。时间关键帧（上图右）从数字上定义了在一个特定时间参数的值（红色和绿色曲线），而且显示了值变化的快慢（白色曲线和文字）。Butterfly由Dover授权使用。背景由iStockphoto、Goldmund、image#6002397授权使用。

大部分关键帧是暂时的，它们描述了参数值如何随着时间推移而发生变化，而且这些变化可以在时间轴面板或者图形编辑器（上图）中预览和编辑。尽管如此，描述位置变化的关键帧也有一个空间组件。还记得在上一章中使用的带Bezier控制柄的运动路径吗？那些就是空间关键帧。Bezier控制柄的长度和方向决定了图层在空间上运动的路径。

由于After Effects默认提供了对关键帧进行单独的时间和空间控制，所以是与众不同的。这也不错，因为你可以将作品分解，首先决定对象在空间移动的方式，然后再专注于它移动的快慢。其他许多程序在改变速度的同时改变了路径，这样就更难控制了。[尽管你可以在After Effects中利用Separate Dimensions（单独的维度）命令重新创建该行为。]

我们将从关注所有动画发生的中心点来开始本章的内容，即Anchor Point（定位点）。大多数初学者忽略了定位点，但它是动画难题中很重要的一部分。例如，有些场合动画定位点比动画较熟悉的Position（位置）参数要更好一些。

然后我们将学习图形编辑器，在图形编辑器中你可以非常精确地控制关键帧插值。图形编辑器开始看起来似乎令人却步，但很快你就会发现它是可视化动画的最好方式。在编辑空间路径时学到的技能也可以用来编辑时间关键帧，因为图形编辑器提供了Bezier控制柄来编辑关键帧速率和影响。

学习图形编辑器之后，你可以放松一下，了解一下关键帧助手，以及手绘运动路径的技能。我们还将学习如何让图层沿它本身的运动路径自动定向，启用Motion Blur（运动模糊）来创建更平滑的运动，以及应用Hold（保持）关键帧来创建变化剧烈的动画。后面的课程也会涉及高级动画的内容，包括第3章的Behavior（行为），第5章的文字动画和第7章的表达式。

▽ 提示

你看见我所看到的了吗？

一个很重要的快捷键是U：它显示选中图层的所有动画属性。如果快速两次按UU键（快速连续按两次U键），将看到所有已编辑的属性，无论是否为动画属性都是如此。这是一种快速了解正在发生什么事情的极好方法。

▽ 提示

重置属性值

单击时间轴面板Transform（变换）部分的Reset（重置）按钮，将把一个图层的所有Transform（变换）属性恢复为默认值。要单独重置一个属性，在属性名上单击鼠标右键，然后选择Reset（重置）。

定位点

定位点是一个图层区域的中心，围绕该中心进行缩放、旋转和移动。尽管定位点默认在图层的中心，但可以将它移到任何位置，包括图层边界的外面。

1 打开Lesson_02.aep。在Project（项目）面板中，确保Comps文件夹为打开状态。然后找到并双击空合成01_Anchor Point*starter。

返回Project（项目）面板，打开Sources文件夹，选择Flower.ai。使用快捷键⌘+/（Ctrl+/）将它添加到当前合成的中心。在时间轴面板中，按⌘（Ctrl）键并单击图层名称左侧的箭头来打开所有参数。

2 双击Flower.ai打开它的Layer（图层）面板。将Layer（图层）面板和Project（项目）面板停靠在一起，以便能同时看见Comp（合成）面板和时间轴面板中的Transform（变换）属性。

2 修改图层的Rotation（旋转）参数：注意花形符号是从中心开始旋转的，不是底部。修改它的Scale（缩放）。同样，这不是我们想要的行为，我们要模拟花生长的过程。单击时间轴面板的Reset（重置）来恢复默认值。

只要将图层添加到合成中，就要考虑从逻辑上该层要围绕什么旋转或者缩放？此处的答案是花茎的底部。

双击Flower.ai：将打开一个称为Layer（图层）面板的视图窗口。这样在查看一个图层时，不必再将它与合成中的其他层分离出来。如果保持两个面板在一条直线上有困难，看面板顶部的名称前面的字"Composition（合成）："或"Layer（图层）："。Layer（图层）面板也有自己的时间线和一套不同的属性切换按钮。

单击Layer（图层）面板的左上角，将面板拖曳到Project（项目）面板的中心，使其进入相同的窗口中。这样Layer（图层）面板和Comp（合成）面板将会处于相邻位置。改变面板的大小以能清楚地看到两个面板和时间轴面板中的Transform（变换）属性。

3 在Layer（图层）面板中，单击View（视图）弹出菜单，选择Anchor Point Path（定位点路径）。面板中间的小十字就是该图层的定位点。

- 拖曳定位点，同时仔细观察Comp（合成）和时间轴面板。你会发现在向下拖曳时，Comp（合成）面板中的花向上移动，向左拖曳时，花向右移动。这表示你正在编辑图层的Position（位置）吗？
- 再次在Layer（图层）面板中拖曳定位点，但这次观看定位点在Comp（合成）面板中的变化。定位点在Comp（合成）面板中的位置保持相同，时间轴面板中的Position（位置）值也

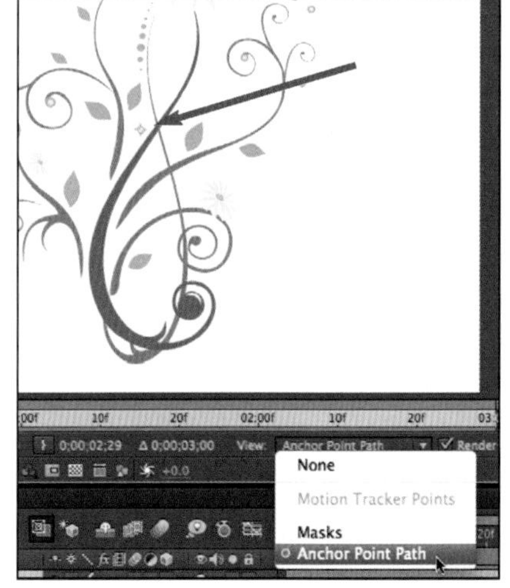

3 在Layer（图层）面板中，设置View（视图）弹出菜单为Anchor Point Path（定位点路径）。[如果View（视图）设置为Masks（遮罩），则可以移动定位点，但是如果动画的话将看不到它的运动路径。]

相同。那为什么图层看起来改变位置了？因为你正改变的是定位点相对图层的位置。这样就随之改变了图层相对于坐标位置的像素——一个很细微但是很重要的区别。

- 完成尝试后，拖曳Layer（图层）面板的定位点到花茎的底部。现在任何旋转或者缩放将围绕此点发生。

4 在Comp（合成）面板中向下拖曳花，使它的茎位于合成图像区域的底部。

修改Rotation（旋转）和Scale（缩放）的值：现在花动起来更加自然了。

3~4 在Layer（图层）面板中，将定位点移动到花茎的底部。然后在Comp（合成）面板中，移动花使其花茎接触到合成的底部。

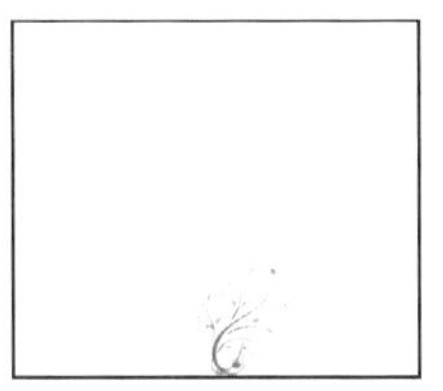

4 当定位点重新定位到花的底部时，动画缩放和旋转将看起来更加自然（查看Comps_Finished文件夹下的01_Anchor Point_final）。

定位点工具

定位点工具是不使用Layer（图层）面板来移动定位点的极好工具。

5 在时间轴面板中，单击Transform> Reset（变换>重置），将图层重置为第一次添加到合成中心时的形式。

- 按Y键来选择Pan Behind（轴心点）工具。仅在Comp（合成）面板中拖曳定位点，同时仔细观察Layer（图层）面板和Transform（变换）值：Position（位置）和Anchor Point（定位点）的值以相反方向发生变化，导致图层保持固定不变。

关闭Layer（图层）面板，按V键返回选择工具状态。

5 选择定位点工具（顶图），在Comp（合成）面板中将定位点移动到花茎底部（上图）。定位点也会在图层面板中移动。

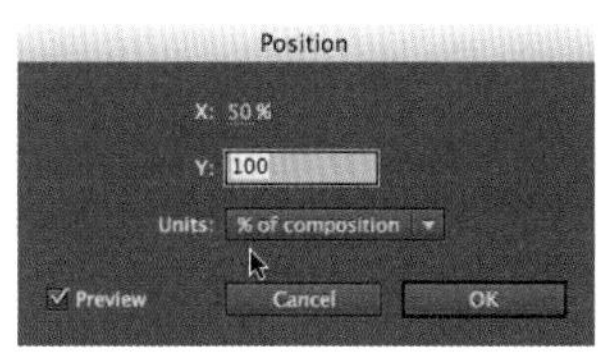

6 Position（位置）对话框允许你根据合成的百分比来放置图层。

6 下面是如何精确地将图层移动到合成底部：在Position（位置）值上单击鼠标右键并选择Edit Value（编辑值）。在打开的Position（位置）对话框中，设置Units（单位）为% of composition（合成百分比），然后设置X=50，Y=100。单击OK（确定）按钮，图层将在合成的底部居中。

人为运动控制

你可以向合成中添加一个比合成尺寸大的图层，然后围绕图像进行平移和缩放，如果使用Position（位置）和Scale（缩放）进行动画，可能很快就变成一个失败的练习，因为缩放是围绕定位点发生的。秘诀是动画定位点而不是Position（位置）。为比较这两种方法的不同，尝试下面的练习。

1 在Project（项目）面板中，找到并双击合成02a-MotionControl*starter。

该合成内部已经有一个图层Auto Race.jpg——它远远大于合成尺寸。沿Comp（合成）面板拖曳它以查看其全貌［你可以在Footage（素材）面板中查看整个图像，方法是双击Project（项目）面板Sources文件夹中的图片Auto Race.jpg]。

2 激活选择工具（快捷键为V），选择时间轴面板中的图层，按P键显示其Position（位置），按快捷键Shift+S还可以显示Scale（缩放）。按Home键，并在00:00处启用Position（位置）和Scale（缩放）关键帧。

3 将图层拖曳到一些你喜欢的汽车上。然后减小Scale（缩放）以显示出图片上的更多内容。注意，在你改变Scale（缩放）时，图片不再位于相同的框架。发生这种的原因是图层是围绕定位点进行缩放的——不是你在合成中看到的位置。将图层拖回你想要的位置处。

4 按End键，并将图层拖曳到一组不同的汽车上，然后设置不同的缩放级别[Scale（缩放）值]。同样，你将不得不重新调整位置，因为缩放值使它们发生了移动。有一种更简单的方式……

5 从Composition（合成）下拉菜单中选择Close All（关闭全部）。

- 返回Project（项目）面板，双击02b-Motion Control*starter。这是一个空白合成。在项目面板的Sources文件夹中，选择Auto Race.jpg，按快捷键⌘+/（Ctrl+/）将该图片添加到合成中心，从00:00开始。忍住重新定位图层的欲望，我们希望定位点保持在合成中心。
- 按S键显示缩放，但此时按快捷键Shift+A还会显示定位点。按Home键，启动这两个属性的关键帧。对于本练习中的其他部分，也不要重新定位Comp（合成）面板中的图层。

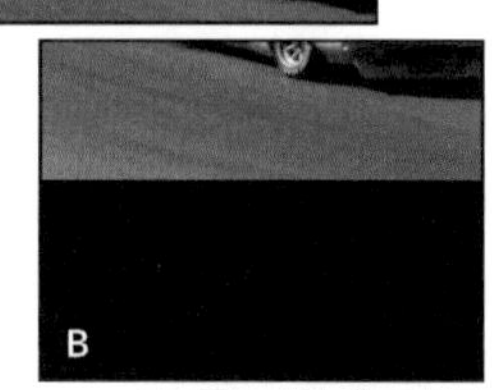

3 位置问题：将图层移到某位置（A）后，编辑它的缩放，它将产生滑出该位置的效果（或者甚至超出所在框架！）（B），需要对其进行重新定位（C）。这是因为图层围绕定位点进行缩放，并不是围绕合成的中心。照片由Chris Meyer授权使用。

6 现在双击Auto Race.jpg打开它的Layer（图层）面板。该面板应该在前面的练习中已经打开并位于Comp（合成）面板的左侧。[如果没有，将其和Project（项目）面板停靠在一起。]当Layer（图层）面板和Comp（合成）面板相邻时，排列工作区，在两个面板和时间轴面板中都能看到整个图像。此处设置Magnification>Fit to Comp Size（放大率>适合合成尺寸）。

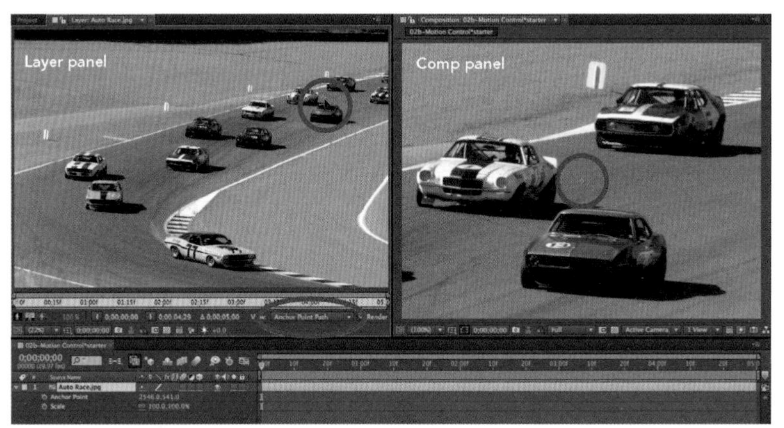

6 通过移动Layer（图层）面板中的定位点（上图左），可以轻松地设置虚拟摄像机对准Comp（合成）面板的中心（上图右）。

▽ 提示

微调缩放

要以1%的增量编辑Scale（缩放）值，按⌥（Ctrl）键以及数字键盘上的+键和-键。要以10%的增量编辑，同时按Shift键。

在Layer（图层）面板中，将View（视图）设为Anchor Point Path（定位点路径）。将Layer（图层）面板中的十字准线拖曳到你想看到的汽车处，然后设置图层的Scale（缩放）为想要的缩放数值。注意平滑地放大或缩小图像中心的方式——不要让它滑出屏幕。

7 按End键。在Layer（图层）面板中，拖曳定位点到不同的汽车上。同样，忍住拖曳Comp（合成）面板中图层的欲望！然后编辑Scale（缩放）来改变缩放值。注意在缩放时图层保持聚集在中心的方式——这是由于Position（位置）（定位点与合成相关联的地方）总在合成的中心。

8 如果记得在第5步中的启用关键帧，现在将在Layer（图层）面板［不是Comp（合成）面板］中看到一条运动路径。它具有Bezier控制柄，就像一个位置运动路径。拖曳这些控制柄，为你的运动控制摄像机移动创建一条漂亮的弧线。

［如果不能清楚地看到控制柄，按⌘（Ctrl）键，并从框架图标上向外拖曳一个控制柄。］

8 你可以调整Layer（图层）面板中定位点的Bezier曲线（上图），创建一个环绕照片的运动控制移动（下图）。

要进行预览，激活Comp（合成）面板［否则，你将预览Layer（图层）面板］，并按RAM Preview（RAM预览）按钮或者按数字键盘上的0键。

在实际工作中，你将启用Motion Blur（运动模糊）并添加缓和控制来进行美化（后面会讲到）。要进行对比，可在Comps_Finished>02-Motion Control_final中查看。

图形编辑器

动画制作的下一步就是利用图形编辑器来细化关键帧和它们之间的插值。在任何时候，你都可以在图形编辑器和正常图层栏视图之间切换。图形编辑器仅仅提供了一个更精确的操纵关键帧的工具。

1 选择Comp（合成）面板下拉菜单中的Close All（关闭全部），关闭先前所有的合成。在Project（项目）面板中，双击Comps>03-Graph Editor*starter将其打开。它包含你在第1章中创建的动画版本。

2 按快捷键⌘+A（Ctrl+A）选择合成中的所有图层。然后按U键：显示选中图层的所有动画属性。

在时间线上缓慢地前后拖曳时间指示器，了解Snowstorm Title.tif和Snowflake.mov图层动画的方式。然后单击RAM Preview（RAM

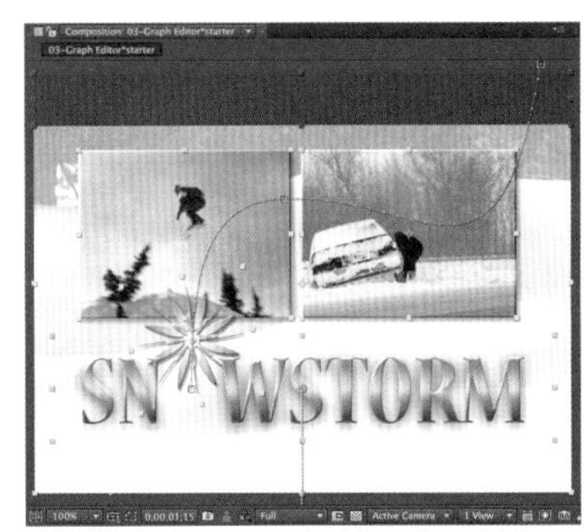

在本练习中，将使用图形编辑器来细化，在第1章中创建的动画。素材由Artbeats recreation & Leisure、Winter Lifestyles和Winter Scenes授权使用。

预览）按钮（或按数字键盘上的0键），它可以缓冲动画，使你能够以正常速度观看。所有移动的速度都是突然改变的，符合每个关键帧具有的默认线性关键帧插值。你还可以知道它们是线性的，原因在于时间轴面板中所有的关键帧图标都是菱形。经验丰富的动画师可以很容易找出线性关键帧。对于缺少经验的动画师，它们只是一个指示器。假定你不需要这种急剧变化的形式，可通过关键帧细化这些运动。

3 按任意键停止RAM预览。仍然选中所有图层，单击时间轴面板顶部的图形编辑器图标。图层条和关键帧被替换为一个图形，在时间轴面板底部将出现一组新的图标。

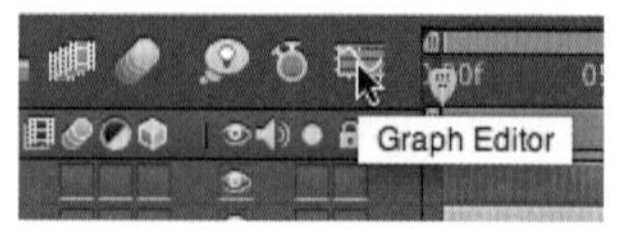

单击时间轴底部的眼睛图标，从弹出菜单中选择Show Animated Properties（显示动画属性）。现在会看到一系列彩色线条，它们相当于该项目中的每个动画属性随着时间变化的方式。线条的颜色和时间轴面板左侧的值周围的颜色方块一致。[当前的Scale（缩放）X和Y尺寸是锁定的，红色的Scale（缩放）X和绿色Scale（缩放）Y会相互覆盖，导致在图形编辑器中只有一条红线。]

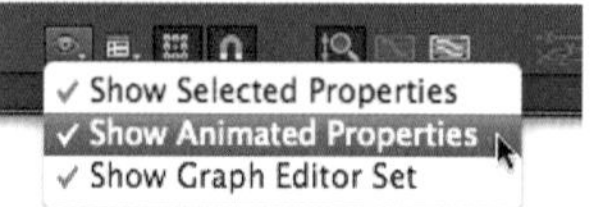

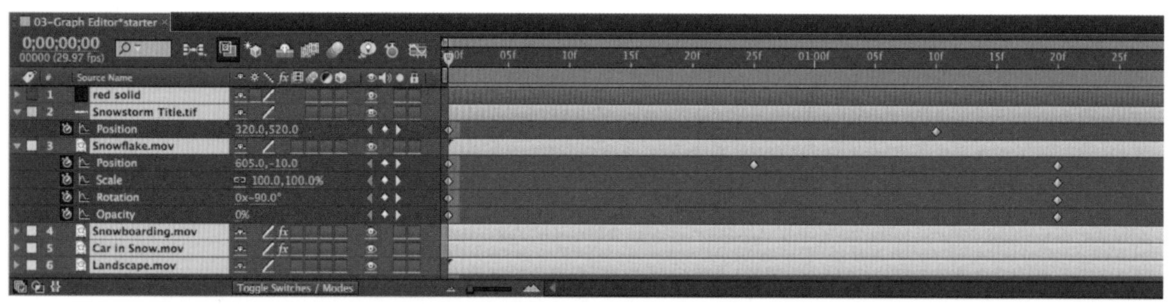

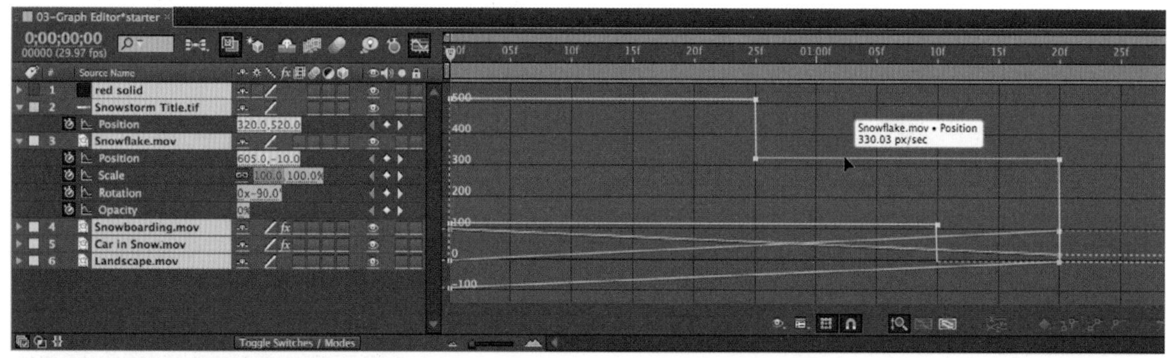

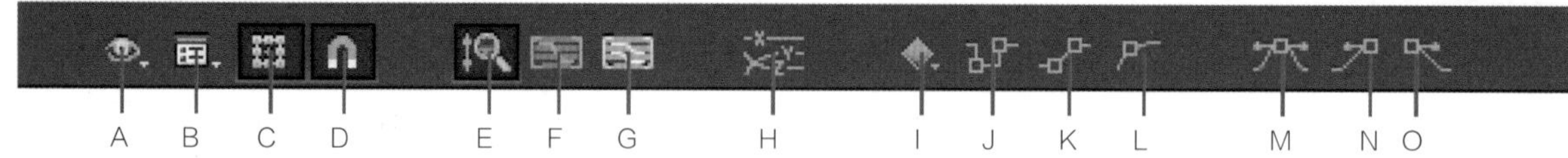

2-3 一般的关键帧视图在时间轴面板中的每个图层条下方显示每个属性的关键帧（顶图）。图形编辑器允许你在单一视图中看到多个图层和属性（上图中）。图形编辑器图标的含义如下。

快捷键含义

A 选择在图形编辑器中显示的属性
B Choose Graph Type and Options（选择图形类型和选项）
C 当多个关键帧选中时显示Transform（变换）框
D 吸附切换开关
E 自动缩放图片高度
F 让所选内容的尺寸适合视图的尺寸
G 让所有图形的尺寸适合视图的尺寸
H 单独的维度
I 编辑选中的关键帧
J 转换选中的关键帧为Hold（保持）关键帧
K 转换选中的关键帧为线性关键帧
L 转换选中的关键帧为自动Bezier关键帧
M 缓和曲线
N 缓和淡入
O 缓和淡出

▽ 提示

显示参照图形

在Choose Graph Type and Options（选择图形类型和选项）下面启用Show Reference Graph（显示参照图形）时，数值图形和速度图形会同时显示。选择Edit Value Graph（编辑数值图形）或者Edit Speed Graph（编辑速度图形）来决定想要编辑的曲线类型，其他图层的显示亮度会降低。屏幕上一次出现所有线条可能比较混乱，所以我们通常禁用该选项，除非迫切需要在编辑其他曲线的同时查看另一种曲线。

4 按F2键取消选中所有图层，然后选中Snowflake.mov（只有动画属性可见）。打开Choose Graph Type and Options（选择图形类型和选项）菜单（眼睛右侧的按钮），当前设置是Auto-Select Graph Type（自动选择图形类型）。在这种模式下，After Effects选择以数值图形的方式显示Scale（缩放）、Rotation（旋转）和Opacity（不透明度）（红色、蓝绿色和蓝色线条），用速度图形的方式显示Position（位置）（粉色线条）。

5 在Choose Graph Type and Options（选择图形类型和选项）菜单中，选择Edit Value Graph（编辑数值图形）。粉色的Position（位置）速度图形将替换为独立的红色和绿色图形，显示出当雪花动画通过屏幕时，每个维度随时间变化的方式。

修改时间指示器，观察左侧的数字值与右侧线条和曲线相应变化的方式。你还可以按J键和K键在可见的关键帧之间前后跳转。将光标悬停在图形线条上，会弹出一个菜单显示该图层的名称、属性的名称和该属性此时的值。

▼ 平移和缩放时间

你可以在图形编辑器中进行放大和缩小，时间轴中的关键帧可以显示为多种形式。

- 拖曳时间轴区域顶部的时间导航条的结束控制柄。
- 拖曳时间轴区域底部的缩放滑块。
- 使用标准的放大率快捷键=和调整键。
- 还可以使用标准的缩放工具：按调整键选择，然后拖曳某个区域来自动适合图形编辑器窗口。

放大后，你可以滑动时间导航条或者按空格键并拖曳来将时间拉前或推后。

图形编辑器有一个Auto-zoom Graph Height（自动缩放图片高度）按钮，默认为On（打开）状态，确保你能看到图像的整个值范围。Auto-zoom Graph Height(自动缩放图片高度）按钮不可用（非高亮显示）时，可以用鼠标的滑轮：标准的滑轮运动是上下移动，按调整键+滚动是水平移动。

如果你已经放大了一个图像，并想快速返回以查看整个曲线，单击图形编辑器底部的Fit All Graphs to View（让所有图形的尺寸适合视图的尺寸）按钮。要放大选中的关键帧，首先选择想要关注的关键帧，然后单击相邻Fit Selection to View（让所选内容的尺寸适合视图的尺寸）按钮。

记住，眼球图标提供Show Animated Properties（显示动画属性）选项。启用它后，随意选择一个图层将会为每个动画属性显示一个图形。要一次查看一个属性，禁用该选项并选择单个属性，或者按调整键+单击来查看多个属性。

6 现在打开Graph Type and Options（图形类型和选项）菜单，选择Edit Speed Graph（编辑速度图形）。观看速度图形，线条的高度表示每秒变化的速度。注意，所有线条都是非常平直的。这就表明所有显示的属性在关键帧之间（线性关键帧插值类型的典型结果）都保持一个恒定的速度。平滑的速度图形经常暗指不太复杂的运动。

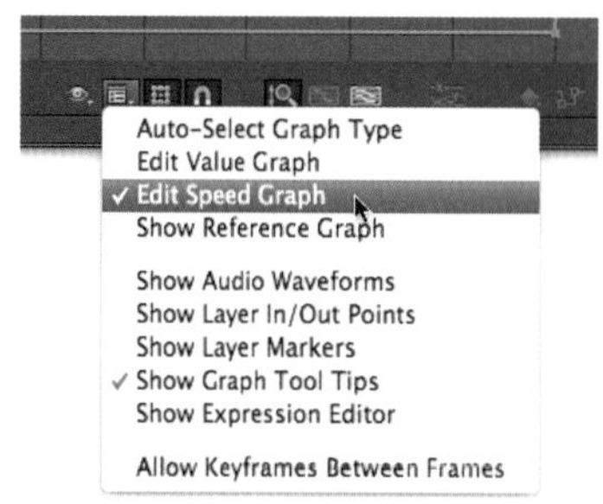

6 当Choose Graph Type and Options（选择图形类型和选项）设置为Edit Speed Graph（编辑速度图形）时（左图），图形编辑器中的线显示每个参数在帧之间变化的数值。将光标悬停在某个图形上可查看它在该特定时间点的速度（下图）。

注意：正常情况下，你不能编辑Position（位置）的数值图形。本章稍后会向你展示一种特殊模式（单独的维度），在那里你可以进行编辑。

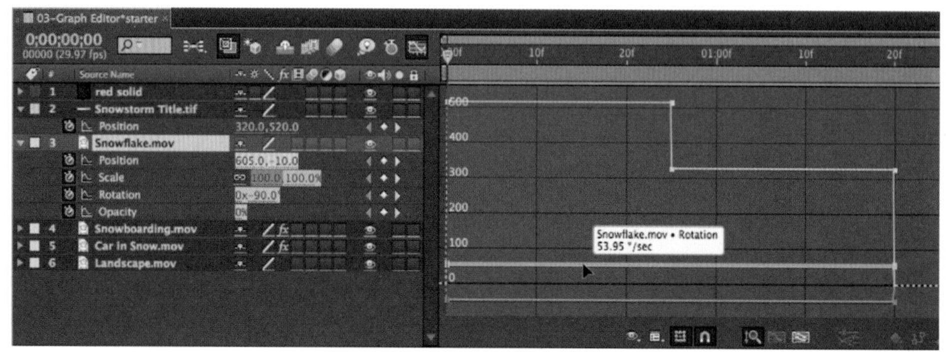

7 在Choose Graph Type and Options（选择图形类型和选项）按钮上再次单击，重置为Atuo-Select Graph Type（自动选择图形类型）。

编辑图形

在接下来的步骤中，将使用图形编辑器编辑动画关键帧。在每次改变后进行RAM预览以检查结果。

8 确保仍然选中Snowflake.mov。图形编辑器底部的蓝绿色线条代表旋转动画为从-90度到0度。为了增加旋转数值，单击第二个关键帧并将其向上拖曳。在拖曳的过程中，会出现一个工具提示条，显示关键帧的新数值。这些信息还会反馈到Info（信息）面板中。相比之下，在时间轴的左边，显示的Rotation（旋转）数值是在当前时间点处的数值——不必是关键帧的数值。

当向上拖曳关键帧时，如果偶尔左右偏离，那么在拖曳的同时按Shift键，这样就会限制运动方向。如果不能获得想要的精确数值，双击关键帧以数字方式编辑其值。你还会注意到在拖曳时，关键帧试图吸附到其他关键帧的值上，这是因为启用了Snap（吸附）（图形编辑器底部的磁铁按钮）功能。

9 要让雪花在稍后的时间继续旋转，将它的第二个关键帧拖曳到右侧。如果想让它在合成的整个持续时间内旋转，拖曳它直到吸附在时间轴面板的右边。

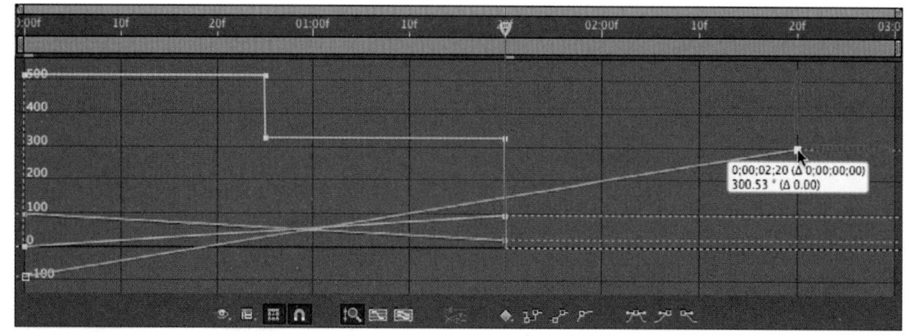

8~9 要增大旋转量，向上拖曳关键帧。要使动画稍后再扩展，将它拖曳到右侧。拖曳的同时按Shift键可以约束移动。

10 不让雪花以一个恒定的速度旋转，到达合成结束时，让它慢慢减速会更有趣。实现该效果的一个快速方式就是采用Easy Ease Keyframe Assistant（缓和曲线关键帧助手）。选中第二个Rotation（旋转）关键帧，执行以下某个操作。

- 选择Animation>Keyframe Assistant>Easy Ease or>Easy Ease In（动画>关键帧助手>缓和曲线>缓和淡入）。
- 单击图形编辑器底部的Easy Ease（缓和曲线）按钮。
- 按F9键实现Easy Ease（缓和曲线），或者按快捷键Shift+F9实现Easy Ease In（缓和淡入）。

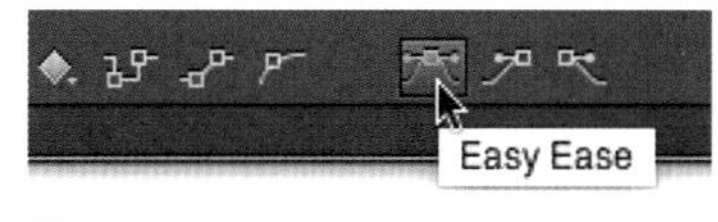

10 要让雪花在第二个旋转关键帧上减速，选中它然后按图形编辑器底部的缓和曲线按钮或Easy Ease In（缓和曲线淡入）按钮。

11 应用Easy Ease（缓和曲线）功能之后，蓝绿色线条将逐渐弯向第二个关键帧，并出现一个黄色的Bezier控制柄。Easy Ease（缓和曲线）功能对关键帧应用了一个默认的插值，使它在接近关键帧时，值的变化更加缓慢。这个变化反映在图形编辑器数值线条斜率的改变上。要使该减速运动的平缓程度增加或减小，向左或向右拖曳黄色的控制柄。

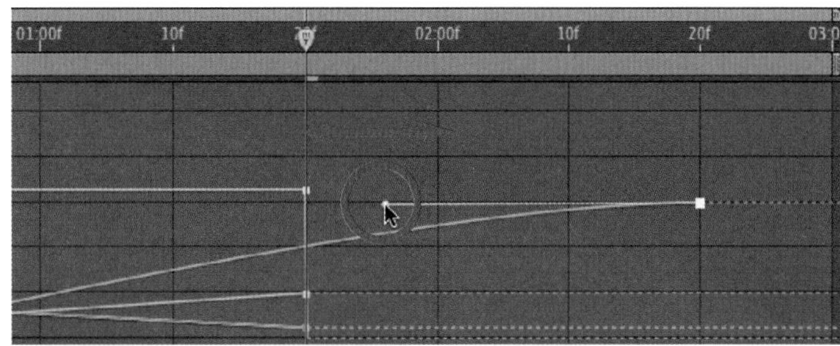

11 拖曳Bezier控制柄的同时按Shift键可以限制运动为水平方向。

▽ 提示

简易快捷键

你可以在第一个或最后一个关键帧上使用缓和曲线快捷键F9，即使它们只有入或出的控制柄也可以——不要两个都设置。

▽ 技巧

不要太快

你可能考虑使用Easy Ease Keyframe Assistant（缓和曲线关键帧助手）来平滑图形中间的弯曲部分。但是这样做只会将关键帧的速度减小为0。Easy Ease（缓和曲线）快捷方式最好用在第一个或者最后一个关键帧上。

▽ 提示

菱形和圆形

你不必在图形编辑器中进行线性关键帧和自动Bezier（平滑）关键帧之间的切换。在通常的关键帧显示方式下，按⌥（Alt）键+单击线性（菱形）关键帧图标就会切换为自动Bezier关键帧（圆形图标）。

12 现在让我们平滑雪花动画。目前，雪花会坠落到地面，我们要求实现更柔和的着陆。选择最后一个Position（位置）关键帧，然后按Shift键+单击最后的Scale（缩放）和Opacity（不透明度）关键帧（你还可以围绕这三个关键帧拖出一个选取框来选中它们）。然后单击图形编辑器底部的Easy Ease In（缓和曲线淡入）按钮。

记住，粉色线条显示Position（位置）的速度图形。在应用Easy Ease In（缓和曲线淡入）后，该线条的值将在最后的关键帧处降低为0。该线条的弧线表明其速度逐步变为0。

13 在Position（位置）的速度图形中间有一个中断。表示它的速度在中间关键帧上出现了突然改变，这是由雪花在关键帧之间必须移动的距离和关键帧在时间上的空间距离不平衡引起的。线性关键帧插值无法帮助平滑这种过渡。我们先处理以下问题。

- 将光标悬停在时间为00：25的位置处的黄色Position（位置）关键帧方块上。按⌥（Alt）键将光标转换成Vertex（顶点）工具。在其中一个黄色方块上单击，该关键帧插值将变为自动Bezier关键帧，它将中断的关键帧控制柄连接到一起，并且帮助平滑经过该帧的运动。
- 在Position（位置）的速度图形中有个轻微的急停。要修正它，上下拖曳或者左右拖曳（改变时间）中间的关键帧（改变该点的速率），直到变成一条平滑的路径。你可以继续拖曳它的Bezier控制柄以进一步调整曲线的形状，这样就将它转换为Continuous Bezier（连续Bezier）插值。（在本章稍后内容中你将了解动态关键帧，它是另一种平滑这种特殊图形问题的好方法。）

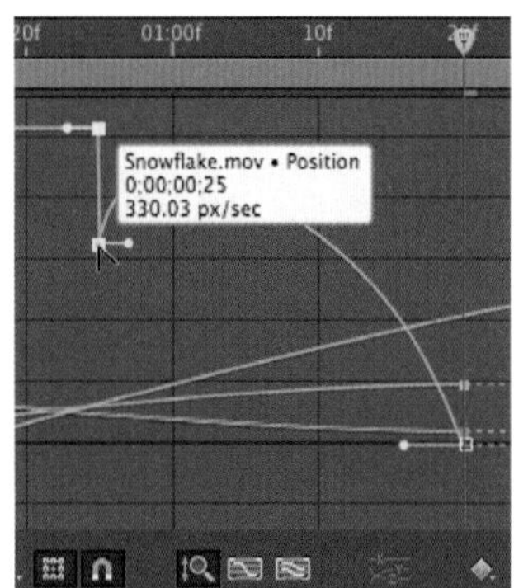

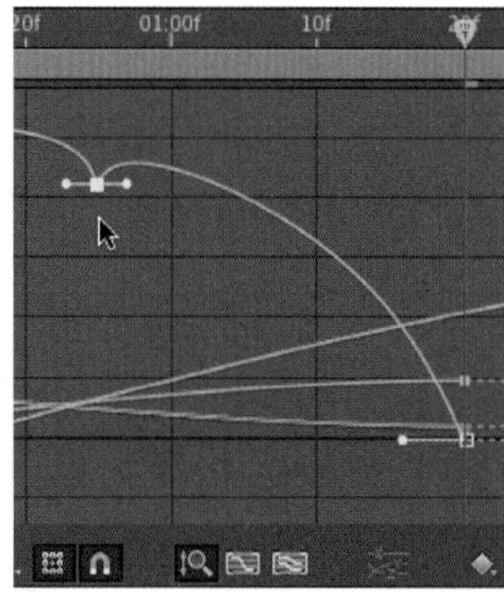

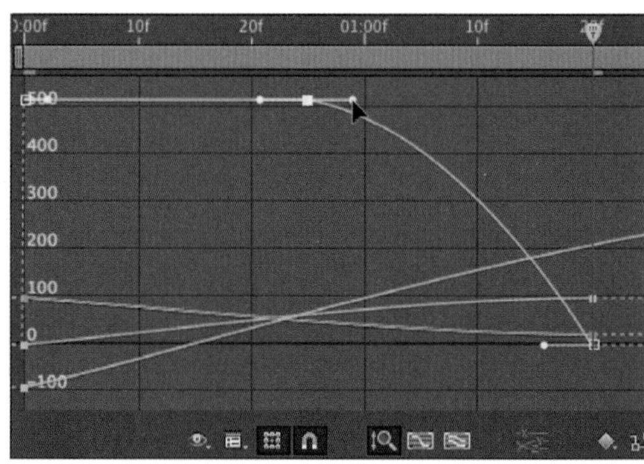

13 Position（位置）的速度图形中的弯曲部分（上图左）表示在经过该关键帧的运动中有个"急停"。按⌥（Alt）键后单击该关键帧，将它转换为自动Bezier关键帧（上图中），然后将其重新定位以平滑图形（上图右）。

RAM预览，你应该注意到现在动画比开始时要平滑和细化了很多。（如果记不住，将动画与合成03-Graph Editor2_reference进行比较。）

调整关键帧

图形编辑器的另一个特点是，允许你在同一视图中从重叠的几个不同图层中查看关键帧。这样就能更轻松地调整多个图层和属性的值与时间。如果出现此情况，你需要给Graph Editor Set（图形编辑器设置）添加一些属性，这样无论选中哪个图层，这些属性都会显示出来。

在合成中，我们最初制作的动画标题是在雪花之前到达最终位置。如果你（或者更重要的是客户）要让它们同时到达怎么样?

14 选择图层Snowstorm Title.tif。Snowflake.mov的图形将消失，被Snowstorm Title.tif的单一位置图形代替。要一次看到所有图形，创建一个Graph Editor Set（图形编辑器设置）。

- 在文字位置和动画秒表之间的左侧是一个Graph Editor Set（图形编辑器设置）按钮。为Snowstorm Title.tif的位置启用该功能。
- 启用Snowflake.mov的Position（位置）、Scale（缩放）、Rotation（旋转）和Opacity（不透明度）属性功能的开关。你可以在一个开关上单击，然后拖曳鼠标经过其他开关，使它们同时启用。

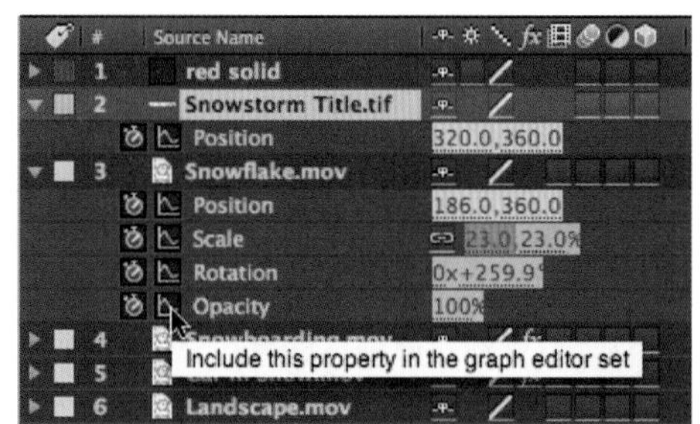

14 无论是否选中图层，要查看所选的图形，为目标属性启用Graph Editor Set（图形编辑器设置）按钮。还要在图形编辑器属性菜单中核实Graph Editor Set（图形编辑器设置）已被启用。

- 单击图形编辑器底部的眼睛图标，打开其属性菜单。确保启用了Show Graph Editor Set（显示图形编辑器设置）功能。

- 在时间轴面板的任意位置单击，取消选中图层。Graph Editor Set（图形编辑器设置）属性的图形在图形编辑器中仍然可见。

15 双击Snowflake.mov的Position（位置）字样。这样就会选中它的全部Position（位置）关键帧，在图形编辑器中将有一个白框环绕它们。将光标放在白框的右边界上，会出现一个双向箭头，表示你要调整它及所选内容的尺寸。将该边界向左侧拖曳，直到它和SnowStorm Title.tif的最终Position（位置）关键帧对齐。

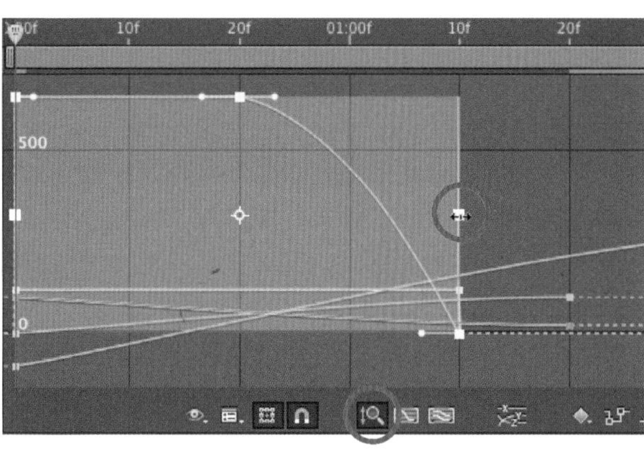

15 要一次改变几个关键帧的时间（或值），选中它们，然后改变环绕它们的边框的大小。（注意，拖曳时关键帧可能会移出视图，直到你释放鼠标。如果它们没有再次出现，检查自动缩放是否启用。）

进一步细化该合成是非常有趣的。例如，通过曲线淡入第二个关键帧来平滑Snowstorm Title.tif停止的方式。拖曳Snowflake.mov的Scale（缩放）和Opacity（不透明度）最终关键帧与正在操作的Position（位置）关键帧对齐。动画红色固态层，让它与Snowstorm Title.tif同时进入位置，或者交错排列动画图层的时间。工具已经有了，现在就是尝试的事情了。

▽ 提示

快速关键帧助手

你可以在任何关键帧上单击鼠标右键来快速访问关键帧助手，以及几个其他可用的关键帧插值和选择项。

单独的维度

After Effects在时间轴面板中将*X*和*Y*数据绑定到一个“时间”关键帧来进行操作，就像Comp（合成）面板中的一个“空间”关键帧。该方法对很多工作都有效，而且这样可以更容易操纵Position（位置）关键帧。但是，需要在每个维度单独地控制一些移动。下面我们将通过一个练习来学习：动画一个弹跳球，此处目标从左到右（*X*坐标）移动的速度不同于从上到下弹跳的速度（*Y*坐标）。注意，这是一种高级技术，你可以根据自己的意愿提前阅读“像蝴蝶那样飞行”一节（第50页）。

1 从Comp（合成）面板的下拉菜单中选择Close All（关闭全部）来关闭前面的合成。返回Project（项目）面板并双击合成04-Separate Dimensions*starter来打开它。该合成左上角有一个黄色排球。计划制作的动画是当它从左向右以稳定的速度运动时，从合成的“地面”上反弹起来。

2 选择图层volleyball.ai并按快捷键⌥+P（Alt+P）打开Position（位置）的动画秒表，并在时间轴面板中显示。[另一种方法是按P键将打开Position（位置），然后打开秒表。]

3 将当前时间指示器移动到合成的末尾处（快捷键是End）。将排球拖曳到合成稍低的右下角处，就像停在地面上一样。你将在Comp（合成）面板中看到一个连接Position（位置）关键帧的直线运动路径。

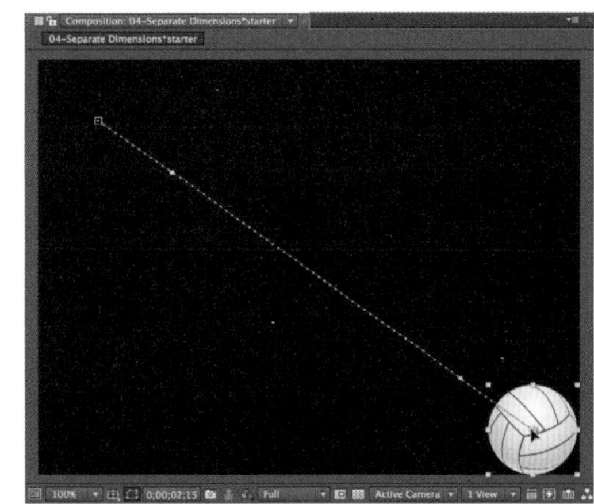

2~3 为排球输入两个Position（位置）关键帧，使它从左上角开始，在右下角停止。Ball图像由iStockphoto、boris64、image#5752295授权使用。

4 启用Position（位置）关键帧后，第二个开关出现在Comp（合成）面板中动画秒表的右侧。单击Graph Editor Set（图形编辑器设置）按钮来启用它，这就确保Position（位置）总会出现在图形编辑器中。然后单击时间轴面板顶部的按钮来显示图形编辑器。你会看到一条水平的白色线条，代表球在两个关键帧之间运动时的恒定速度。

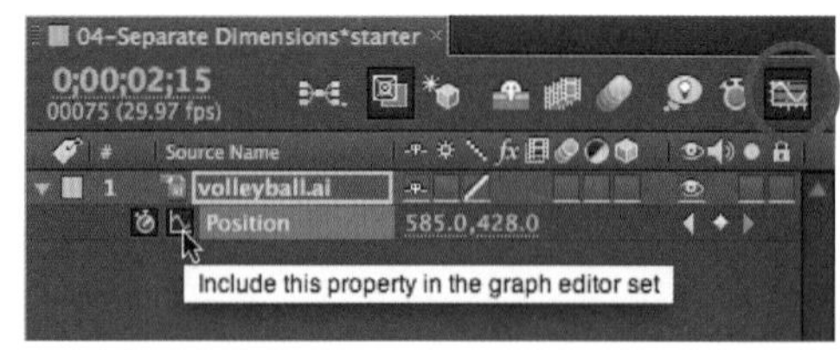

4 启用位置的Graph Editor Set（图形编辑器设置）按钮。这样就可以确保Position（位置）关键帧出现在图形编辑器中。

5 确保选中时间轴面板中的Position（位置）参数。然后单击图形编辑器底部的Separate Dimensions（单独的维度）按钮。沿左侧，先前一致的Position（位置）值现在被单独的X Position（X位置）和Y Position（Y位置）参数所代替，X为红色编码，Y为绿色编码。在图形编辑器中，单一的白色速率图形将被单独的倾斜红色X和绿色Y Position（位置）数值图形所代替。[如果你看到的是平直的水平线条，确保Choose Graph Type and Options（选择图形类型和选项）弹出菜单已经被设置为Auto-Select Graph Type（自动选择图形类型）。]

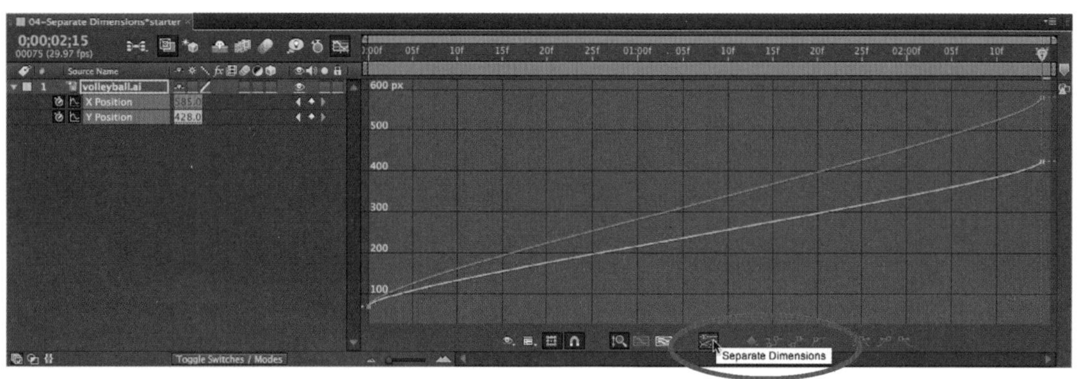

5 启动Separate Dimensions（单独的维度）之后，会出现独立的X和Y Position（位置）值。你还会看到关于X和Y值以及速率的颜色编码线条。

6 我们对左右移动感到满意，所以现在可以只留下X位置。现在设计弹跳，即编辑Y位置（上下方向）图形。首先我们将球撞击地面的位置设置关键帧，然后在下一步中编辑Y位置图形，创建这些撞击之间的飞行路线。

- 将当前时间指示器移动到00:15处。
- 修改Y Position（位置）数值，直到球刚好接触到合成的底部。[你不要在Comp（合成）面板中拖曳球，因为这样需要添加X和Y关键帧。]
- 确保只选中新的Y Position（Y位置）关键帧，在图形编辑器中会出现一个实心的黄色方块，而不是空心的黄色方块。执行菜单命令Edit>Copy（编辑>复制）来复制关键帧。
- 将当前时间指示器移动到01:15处。
- 当时间面板左侧的Y Position（Y位置）仍然高亮显示时，执行菜单命令Edit>Paste（编辑>粘贴），在新的时间创建一个关键帧，其值和前面关键帧的值相同。

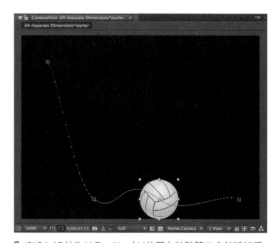

6 在01:15处为Y Position（Y位置）粘贴第二个关键帧后，球的左右移动距离比弹跳高度要大。

7 进行RAM预览。此时，排球刚好撞击到地面，并缓慢通过。现在要给该过程添加一个更大的弹跳。

- 跳跃运动不是连续的，球撞击地面时，会出现反方向移动。这就意味着需要在这些关键帧处创建不连续的运动。一般情况下，Bezier控制柄出现在图形编辑器中每个表示自动Bezier的关键帧（默认值）周围。按⌥（Alt）键并拖曳在00:15处的关键帧的一个Bezier控制柄，以“打破”它们。
- 由于该帧的控制柄被打破，释放⌥（Alt）键并向下拖曳两个控制柄，直至得到一个合适的进入和离开关键帧的曲线——在图形编辑器和Comp（合成）面板的结果运动路径中都会看到该曲线。
- 在01:15处的关键帧处重复打破控制柄，创建一个很陡的曲线。

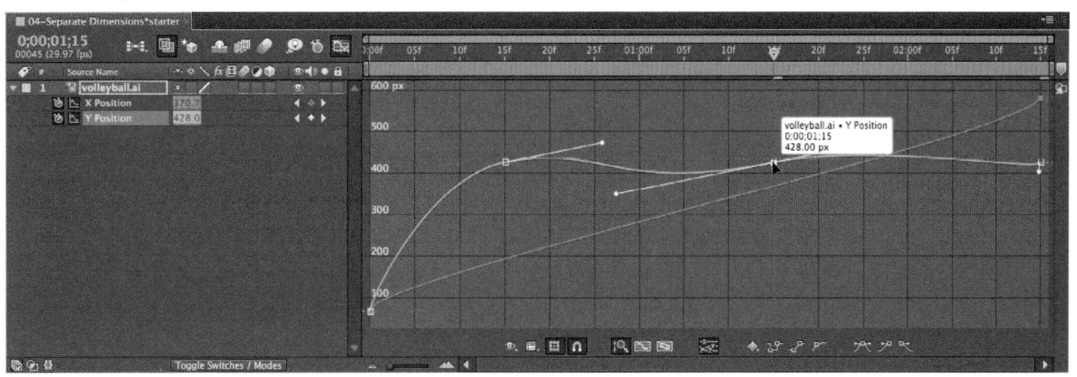

7 开始。图形编辑器中的红色线条表示排球以一个相当稳定的速度从左运动到右。绿色线条表示的是Y Position（Y位置），看起来和上一页中的运动路径相似。你可以调整该曲线以匹配路径。

- 同样编辑第一个和最后一个关键帧的曲线，辅助描绘出一条合适的弹跳运动路径。
- 进行RAM预览并继续调整，直到对运动满意。还可以根据时间移动Y的Position（位置）关键帧，具体做法是在图形编辑器中拖曳它们左右移动。例如，稍后移动第3个关键帧来缩短最后一次弹跳的“飞行时间”。注意，这种做法并不会改变球在*X*坐标的速度，只针对在*Y*坐标中的弹跳。

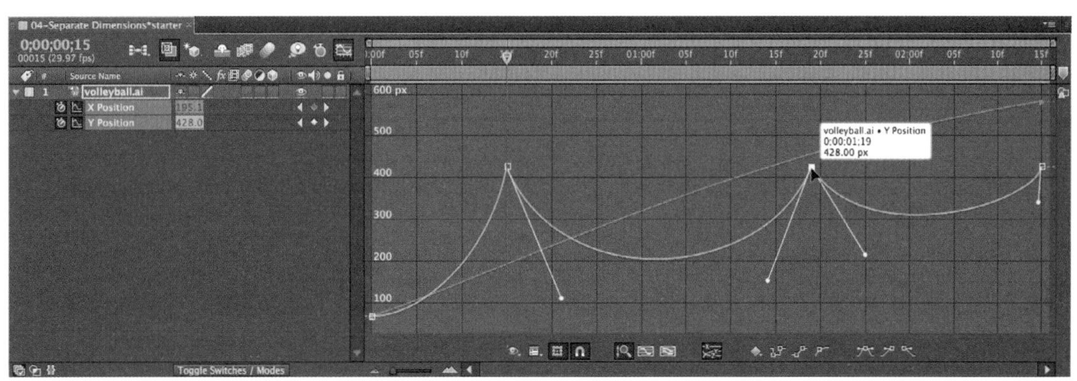

7 续 结束。最终的X和Y Position（位置）数值图形。

8 记住，X Position（X位置）图形是独立的。你可以按⌥键+单击图形编辑器中的自动Bezier关键帧，将它们转换为线性关键帧。

下面我们尝试更多操作。

- 选择第二个（最后一个）X Position（X位置）关键帧，并给它应用缓和曲线功能（F9键）。进行RAM预览，观察球保持相同的弹跳高度时，如何减速运行到动画末端。

- 按End键，并减少X Position（X位置）的数值。进行RAM预览，并注意球如何不会穿过Comp(合成)面板，但是上下弹跳运动保持相同。我们的文件保存在Comps_Finished文件夹中。

使用正常的、连续的Position（位置）数值，该动画将很难实现——你要在Y坐标创建弹跳的同时，努力在X坐标保持一个恒定的速度。但是，使用Separate Dimensions（单独的维度）确实要付出一定的代价：你可能无法再直接从Comp（合成）面板中编辑运动路径（注意到Bezier控制柄消失了），必须在图形编辑器中制作路径。好消息是可以选择Position（位置）并禁用Separate Dimensions（单独的维度）功能（单击图形编辑器底部的同一开关按钮）——然后After Effects将使用传统的连接Position（位置）关键帧来制作类似的最终动画。

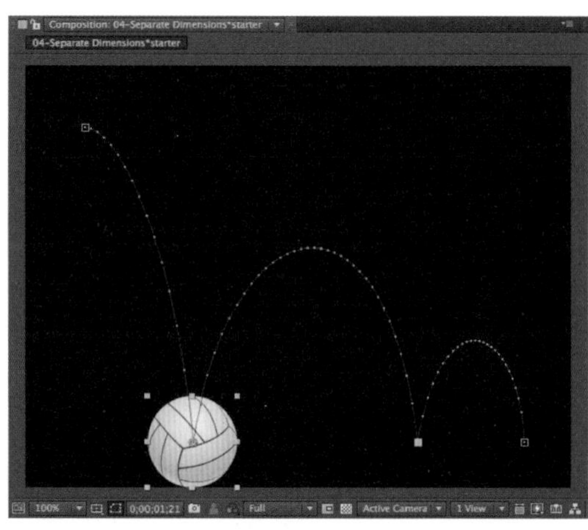

8 最终的运动路径。记住，运动路径上的点表示球在时间帧之间移动的距离。注意该运动路径上没有Bezier控制柄，这是在图形编辑器中使用Separate Dimensions（单独的维度）的副作用。

快速访问Quizzler

每当球撞击地面时，如何制作它的挤压效果？记住：沿定位点缩放图层……答案就在Quizzler Solutions文件夹中。

▽ 提示

运动模糊

为球启用Motion Blur（运动模糊）确实对该动画有帮助。球的运动或者方向改变速度越快，就自动变得越模糊。

像蝴蝶那样飞行

在下个练习中，我们将采用一个带Alpha通道的物体（一只蝴蝶）并通过逐步地绘制飞行路径来让它围绕合成飞行。然后将利用关键帧助手和其他技巧来细化动画，并且我们还是使用图形编辑器来工作。

1 从Comp(合成)面板的下拉菜单中选择Close All(关闭全部)来关闭所有以前的合成。返回Project(项目)面板并打开Comps文件夹下的05a-Butterfly Flight*starter。

2 蝴蝶尺寸有点大。选择Butterfly 2.tif，按S键显示它的Scale（缩放）参数，并将其值约减小为65%。

3 单击Comp（合成）面板上方的Workspace（工作区）弹出菜单，选择Animation（动画），这会打开几个新面板。然后从相同菜单中选择Reset“Animation”（重置“动画”），并单击Yes（是）来恢复默认排列。如有必要，调整Comp（合成）面板的大小以看到整个图像区域，并按-（减号）键来缩小时间轴，以查看全部的持续时间。

4 将注意力转向右侧的Motion Sketch（运动速写）面板。它捕获了鼠标在合成图像区域中的运动，并转换为Position（位置）关键帧。它的Start（开始）和Duration（持续时间）是由工作区决定的。

进行速写时，要看到表示图层大小的方块，保持Wireframe（线框）复选框为启用状态。要查看其他的图层（此处我们要做的事情，目的是确定蝴蝶的飞行路径），启用Background（背景）复选框。

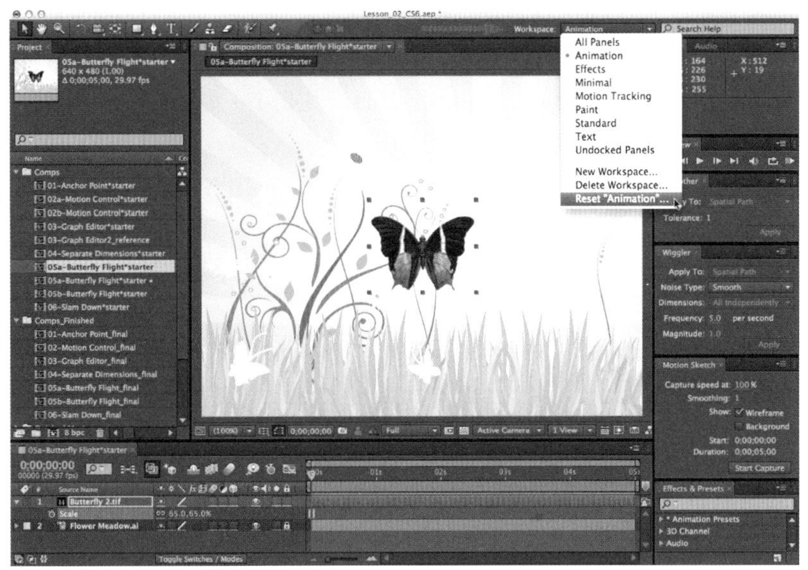

3 选择并重置动画工作区，打开各种关键帧助手面板，使其位于应用程序窗口的右下方。

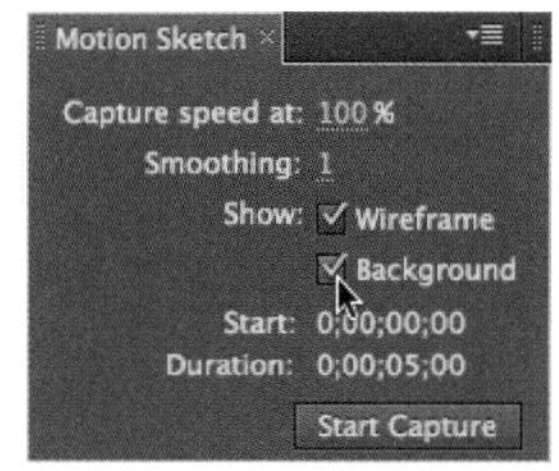

4 在Motion Sketch（运动速写）面板中，启用Background（背景）复选框，使你可以在速写时看到其他的图层。

5 我们的计划是从最大的花朵头部开始画蝴蝶的飞行路径，让它在屏幕上飞来飞去，然后返回到同一朵花上，所有这些都发生在合成的持续时间中（5秒）。练习该运动，通过四处拖曳蝴蝶同时数到5，以熟知你想要做的事情及其速度。

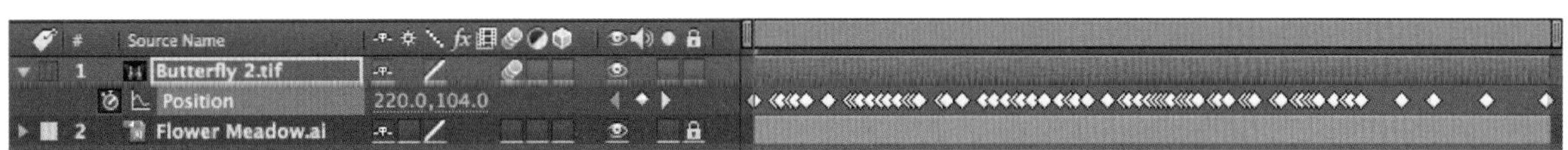

- 确保选中Background（背景）复选框，然后单击Motion Sketch（运动速写）面板中的Start Capture（开始捕获）按钮。After Effects将等待你在Comp（合成）面板中单击并开始拖曳鼠标。单击花的头部开始操作，然后绘画路径，保持鼠标键为按状态。如果提前完成就更好了，此时只需释放鼠标。你的新运动路径将绘制在Comp(合成）面板中。
- 按P键在时间轴上显示新的Position（位置）关键帧。
- RAM预览该运动。如果对它不满意，或在完成之前已经超时了，按快捷键⌘+Z（Ctrl+Z）取消操作，直到新路径和关键帧消失，然后再次尝试。你还可以关闭Position（位置）的秒表来删除所有关键帧。满意时保存项目。

5 选中蝴蝶，单击Motion Sketch（运动速写）中的Start Capture（开始捕获）按钮，并通过移动鼠标为蝴蝶跟踪一条飞行路线。完成之后，将在Comp（合成）面板中看到它的运动路径（上图）。按P键在时间轴面板中显示其Position（位置）关键帧（顶图）。

更平滑

使用Motion Sketch（运动速写）后，可能会有大量的Position（位置）关键帧。这样就会使编辑路径变得相当困难。所以让我们简化一下。

6 单击Butterfly 2.tif的Position（位置）字样来选中它的全部关键帧，它们将变为黄色。然后将注意力转向Smoother（平滑器）面板。（如果它的文字和按钮是灰色的，取消选择，然后重新选择关键帧。）

该辅助图理论上是所选帧的一条完美的平滑曲线，然后查看实际的关键帧，看它们偏离理想情况有多远。允许偏离的程度是由Tolerance（宽容度）参数设置。可以修改Tolerance（宽容度）的值或者单击它并输入一个绝对值。尝试设置一个Tolerance（宽容度）值，如10，并单击Apply（应用）。[根据所选的关键帧，会自动设置Apply To（应用到）弹出菜单项。]

按F2键取消全选。注意，此时有更少的关键帧，而且路径已经被简化。进行RAM预览，该运动应当是原始草图的一个理想版本。随时可以撤销操作并尝试另一个Tolerance（宽容度）值。目的是避免剩下的关键帧彼此之间距离太近。可以手动删除关键帧，如果它们是不必要的。由于有更少的关键帧，调整运动路径将变得相对容易很多。

Motion Sketch（运动速写）有它自己的Smoothing（平滑）参数，画完一条路径后，它将起作用。我们更喜欢将该值保持为较低值，并在之后使用Smoother（平滑器）来得到想要的结果，因为尝试不同的平滑值比重做整个运动速写要容易得多。

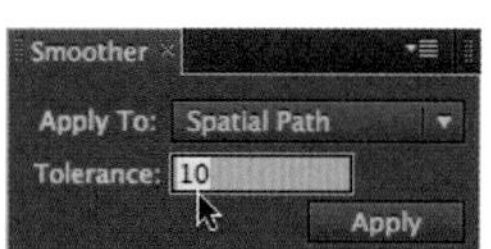

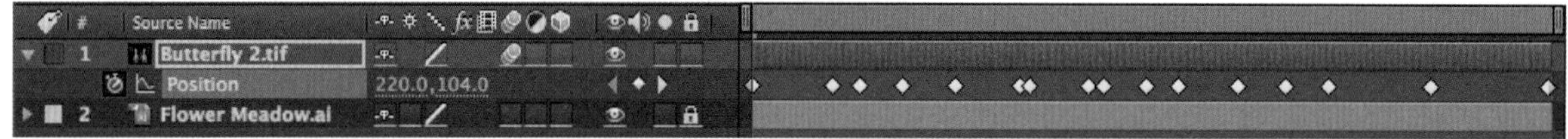

6 应用Smoother（平滑器）之后，在Comp（合成）面板（左图）和时间轴面板（下图）中只有非常少的关键帧需要处理，尽管该路径与原始路径草图非常类似。

自动定向和运动模糊

我们先清理掉一些细节，然后再进一步细化运动。

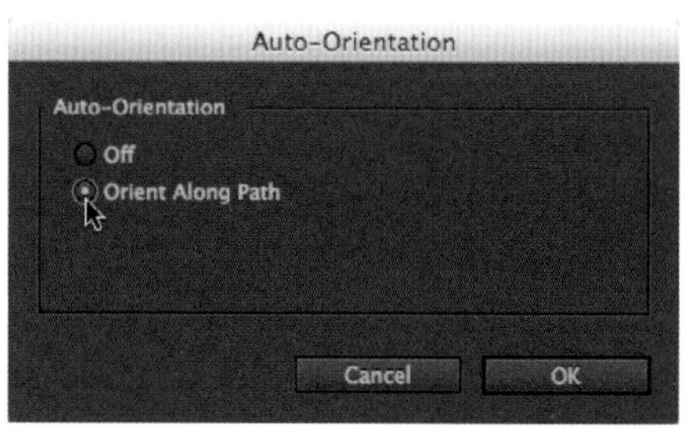

7 目前，无论蝴蝶如何飞，它始终指向窗口的顶部。要修改的话，选择Butterfly 2.tif，并依次选择Layer> Transform>Auto-Orient（图层>变换>自动定向），打开Auto-Orientation（自动定向）对话框（快捷键是⌘+⌥+O/Ctrl+Alt+O）。选择Orient Along Path（沿路径定向），然后单击OK（确定）按钮。

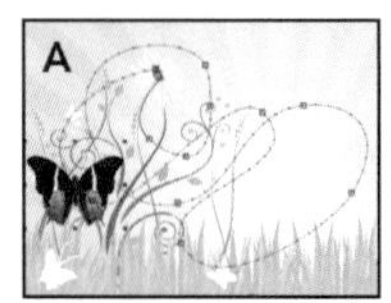

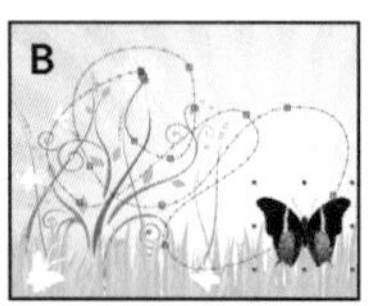

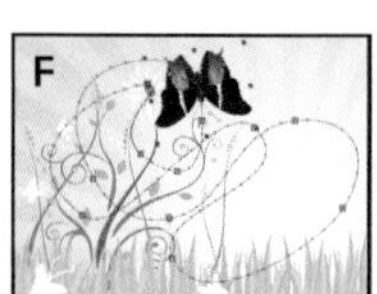

7 一般情况下，图层在合成中移动时会保持相同的方向（A~C）。通过设置Layer>Transform>Auto-Orient（图层>变换>自动定向）为Orient Along Path（沿路径定向）并调整其初始旋转值，它看起来像在自动旋转以跟随路径（D~F）。

- 此时，蝴蝶将自动旋转以跟随它的路径……但是只是向一侧滑动。这时需要按快捷键Shift+R显示它的Rotation（旋转）参数和Position（位置）参数，修订度数值（最右边的带有°符号的值），使其指向正确的道路。

使用自动定向时，密切注意Comp（合成）面板中开始和结束空间关键帧的控制柄。放大后，你会发现默认点（自动Bezier控制柄）的指向有点偏离，指向了一侧，导致图层在离开第一帧和进入最后一帧时发生一点扭转。要纠正此问题，拖曳这些点来创建Bezier控制柄并进行编辑，使它们和运动路径完全在一条线上。

8 在下面的补充内容部分，我们讨论了运动模糊。让我们为蝴蝶启用该功能。

- 在Butterfly 2.tif的开关面板中，打开Motion Blur（运动模糊）开关（开关底部的空心方框，看起来像一个带有信号的圆）。
- 要查看Comp（合成）面板中的效果，还要打开时间轴面板顶部较大的Enable Motion Blur（启用运动模糊）按钮。RAM预览并欣赏该模糊化的效果。
- 要渲染更多或更少的模糊效果，打开Composition>Composition Setting（合成>合成设置），单击Advanced（高级）选项卡，并改变Shutter Angle（快门角度）。尝试90和720之间的各种值，并观看效果。

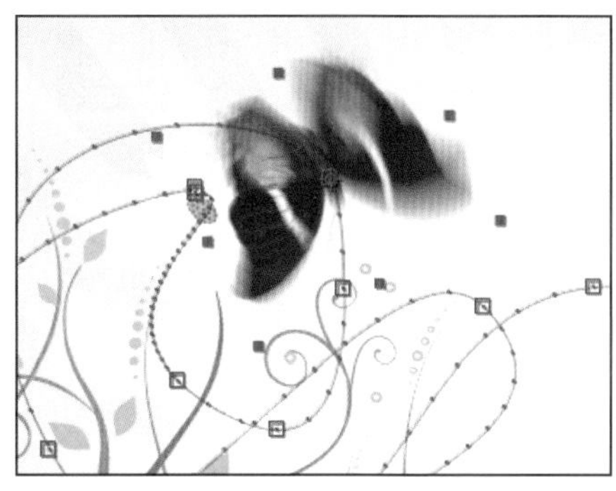

8 为蝴蝶图层以及合成（下图）启用Motion Blur（运动模糊）开关后，会发现蝴蝶的翅膀在移动时变得模糊——尤其是当它飞向一个角时（左图）。

- 设置一个喜欢的快门角度后，再次进行RAM预览。注意，当蝴蝶飞向一个角时，它的翅膀外边沿会更模糊，因为蝴蝶翅膀上的像素比身体上的像素运动速度更快。

保存该项目。在下个练习中，你将学习如何平滑蝴蝶通过复杂运动路径的速度，并给路径末尾应用缓和曲线功能。完成后启用Motion Blur（运动模糊），并记录下在图层的速度发生改变时，模糊量自动增加和降低的方式。我们的作品位于Comps_Finished文件夹下的05a-Butterfly Flight_final中。

▽ 试一试

关键帧拉伸

要延长或压缩一组关键帧包含的时间量，选择它们，按⌥（Alt）键，然后拖曳第一个或最后一个关键帧（不是中间的那些）。

▽ 提示

单击鼠标右键实现动态关键帧

你可以在图形编辑器或时间轴视图中用鼠标右键单击一个关键帧，打开和关闭Rove Across Time（随时间设置动态关键帧）。如果该选项为灰色，确保第一个或最后一个关键帧没有选中。

▼ 运动模糊

运动的物体被正常的摄像机捕获时，它们看起来可能有些模糊，具体情况取决于在捕获一帧画面的过程中，摄像机的快门打开时物体移动的远近。After Effects可以通过Motion Blur（运动模糊）功能来模拟这种效果。

要将该效果添加到一个图层上，必须启用该图层的Motion Blur（运动模糊）功能（参见上一页的图）。要在Comp（合成）面板中预览模糊效果，还需要打开时间轴面板顶部的主Enable Motion Blur（启用运动模糊）开关。在Render Setting（渲染设置）窗口中有一个单独的Motion Blur（运动模糊）弹出菜单，用来决定是否对所选的图层［启用了Motion Blur（运动模糊）的图层］渲染模糊效果。

启用运动模糊后，After Effects将自动给正在动画Transform（变换）属性的那些图层添加模糊效果。一些效果也能计算运动模糊。

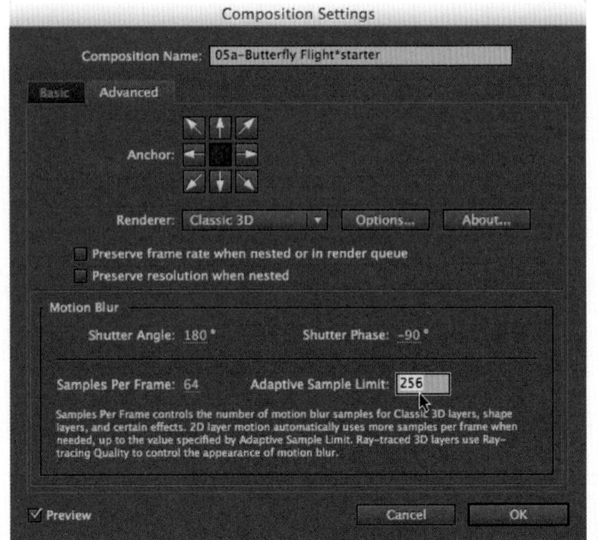

△ 运动模糊量可在Composition Settings（合成设置）对话框的Advanced（高级）选项卡中调整。Shutter Angle（快门角度）控制模糊条纹的长度，Shutter Phase（快门相位）控制条纹的持续时间，而Samples Per Frame（每帧的采样数）和Adaptive Sample Limit（自适应采样限制）控制模糊的平滑程度。

要控制模糊量，打开Composition>Composition Settings（合成>合成设置）并单击Advanced（高级）选项卡。Shutter Angle（快门角度）控制要计算多少模糊量。每一帧都可能有360度的模糊。真实的摄像机一般有180度的模糊，在After Effects中模糊最大值为720。帧速率同样影响模糊的长度：速率越慢，快门打开的时间越长，因此模糊条纹越长。往往设置Shutter Phase（快门相位）为Shutter Angle（快门角度）值的负一半——这样，在当前帧时间的前后将会有等量的模糊出现。

运动模糊有助于阻止快速运动的物体产生闪动或者间断通过该帧的效果。如果看到闪动或者间断的效果，增加Samples Per Frame（每帧的采样数）和Adaptive Sample Limit（自适应采样限制）的值。通常我们将其增加到上限值（分别为64和256），而且仅当合成看起来要花费太长时间来渲染时才减少它们的值。

如果运动模糊的渲染预览时间太长，就应关闭时间轴面板上的Enable Motion Blur（启用运动模糊）开关来临时禁用运动模糊。不要关闭图层本身的Enable Motion Blur（启用运动模糊）开关。

动态关键帧

下面我们要展示如何创建平滑的速度变化，尽管此时在空间上有一群Position（位置）关键帧。通过选择Workspace>Standard（工作区>标准）给时间面板留出一些空间，然后在必要时改变Comp（合成）面板的大小。初始内容可在Comps文件夹下的05b-Butterfly Flight*starter中找到。

9 单击时间轴面板顶部的Graph Editor（图形编辑器）按钮，打开显示窗口。确保Butterfly 2.tif显示出Position（位置）（如果没有显示，按P键），然后启用Position（位置）左侧的Graph Editor Set（图形编辑器设置）按钮。

你应看到一个非完全方形的白色图形。如果不是，单击图形编辑器底部的Choose Graph Type（选择图形类型）弹出菜单项，选择Edit Speed Graph（编辑速度图形）。在该图形中，较高的数值表示更快的运动。

你可以从该图形中看出在每帧处的速度变化都是突然的，不是平滑的，因为蝴蝶以一个速度进入关键帧，以另一个速度离开。在开始和结束处以一个稍高于0的慢速飞行，这就会造成突然的开始和结束现象。记住，在运动路径上的点同样表示了速度——点相距越近，蝴蝶飞行速度越慢。

9 此图是蝴蝶的原始速度图形。关键帧之间平直的线条反映了由默认的线性时间关键帧产生的定速运动。[启用位置的Graph Editor Set（图形编辑器设置）按钮——上图中圈起来的图标——目的是保证你总能看到该属性。]

10 速度的突然变化是采用线性插值的结果。尝试手动平滑该速度图形。

- 将第一个关键帧沿整条路径拖曳到水平线的0处，或者选中它再按Easy Ease Out（缓和曲线淡出）按钮。
- 对最后一个关键帧执行相同的拖曳，或者选中它再按Easy Ease In（缓和曲线淡入）按钮。
- 框选中间的所有关键帧（去掉第一个和最后一个），选中的关键帧将有一个边界框环绕它们。将这些线性关键帧转换为平滑关键帧的做法是：按⌥（Alt）键来临时打开Convert Vertex（转换顶点）工具，然后单击任何一个选中的关键帧，所有关键帧将被转换为带有短Bezier控制柄的自动Bezier（平滑）关键帧。单击选择框的外部来取消选中关键帧。
- 现在尝试上下左右拖曳单个的关键帧来平滑曲线上的凸起部位，将控制柄拉长一些更有帮助。

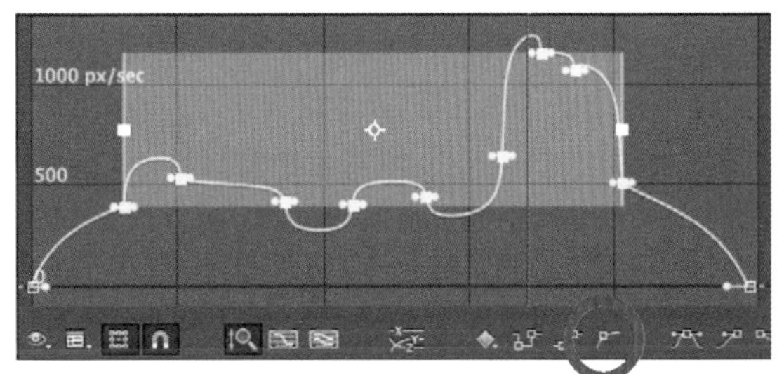

10 尝试手动平滑速度图形之前，对一个和最后一个关键帧应用缓和曲线功能，然后按⌥（Alt）键+单击中间的关键帧，将它们转换成自动Bezier关键帧。也可以单击Auto Bezier（自动Bezier）按钮（红色圆形框内）。尽管整体速度仍然不连续，但速度变化要平缓多了。

进行RAM预览，尽管蝴蝶的飞行轨迹应该有了平滑的速度变化，但有一种方法可以更容易达到该目的，即使用After Effects最神秘的方法之一：动态关键帧。该窍门让运动路径单独存在[换句话说，它不会接触到Comp（合成）面板中的空间关键帧]，但是简化时间关键帧（它们位于时间轴面板中），所以必须编辑起始和结束关键帧。然后After Effects会自动按照要求的时间移动[Rove（转动）]中间的所有关键帧。

11 仍然在图形编辑器中，双击Position（位置），确保选中所有Position（位置）关键帧。然后打开Animation>Keyframe Interpolation（动画>关键帧插值）。单击Roving（动态关键帧）弹出菜单，选择Rove Across Time（随时间动态设置）。单击OK（确定）按钮。在第一个和最后一个关键帧之间的所有关键帧会自动调整，以保持在两帧之间实现一条平滑的速度曲线。进行RAM预览来检查该效果。

第一个关键帧和最后一个关键帧不能Rove Across Time（随时间动态设置）。分别选中它们，并拖曳它们的控制柄来改变它们的影响级别，即蝴蝶加速飞出第一个关键帧和减速到最后一个关键帧的方式。注意现在缓和曲线控制是如何应用到整个动画的，好像中间的关键帧在时间线上不存在一样。

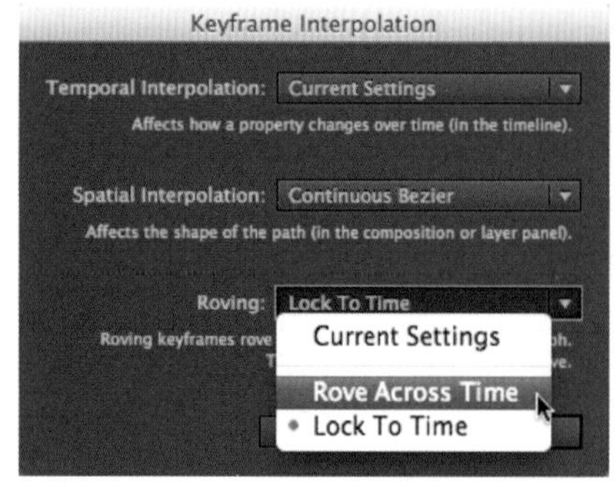

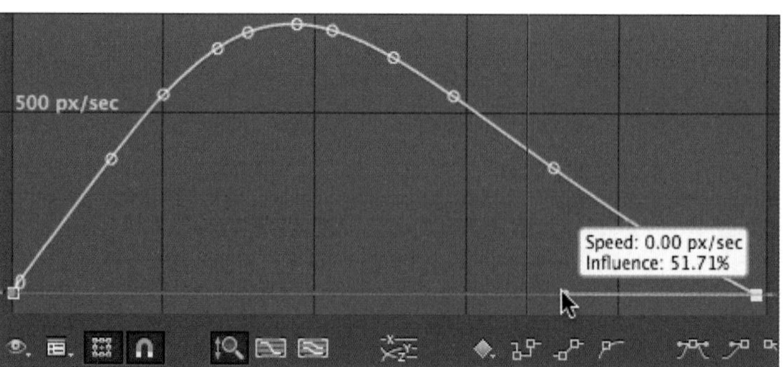

11 选择所有的Position（位置）关键帧，然后选择Animation>Keyframe Interpolation（动画>关键帧插值），并设置Roving（动态）为Rove Across Time（随时间动态设置）（上图左）。然后，只需调整第一个和最后一个关键帧之间的插值（上图右），中间的关键帧将在时间上滑动（转动），以保证中间帧之间实现平滑的速度变化。

12 执行最后一个步骤，然后就完成了。

- 再次双击Position（位置）确保选中所有的关键帧，然后选择菜单项Animation>Keyframe Assistant（动画>关键帧助手）。有一系列实用工具，它们可以替你自动编辑关键帧的值。
- 选择Time-Reverse Keyframes（关键帧时间反向）。顾名思义：它在时间上颠倒了所有关键帧。进行RAM预览，现在你会看到蝴蝶以相反的方向沿路径飞行。要进行对比，我们的版本在Comps_Finished文件夹下的05b-Butterfly Flight_final。

12 选择所有关键帧，并选择菜单Animation>Keyframe Assistant（动画>关键帧助手）。你可以在其中一个关键帧上单击鼠标右键来打开一种Animation（动画）菜单。[注意，也可以从此菜单为所选的关键帧应用Rove Across Time（随时间动态设置）。]

▽ 提示

任意视图中的动态设置

可在图形编辑器或者正常关键帧视图中打开Keyframe Interpolation（关键帧插值）对话框。

▽ 内幕知识

令人惊讶

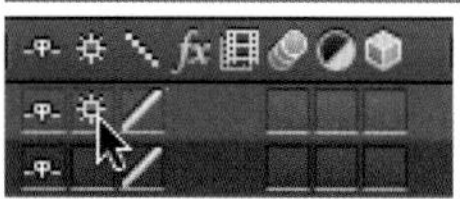

通常，将Scale（缩放）增加到100%以上并不是一个好主意，因为你将损失图像质量。但是，如果图层是基于矢量创建的（如Illustrator作品），就可以启用它的Continuously Rasterize（持续栅格化）开关，以便保持锐化效果。在本合成中我们已经替你做了这些工作。在第6章将会详细讲解。

保持关键帧

有时候动画需要突然变化的跳跃式运动。实现该任务的完美工具就是Hold（保持）关键帧。它是另一类插值关键帧（类似线性关键帧），除了这一点：保持该值，直至遇到另一个关键帧。让我们把它应用到一个普通的称为“减速”的动画类型中。如果想查看本练习的最终效果，看一看最终合成的06-Slam Down_final并用RAM预览它。

1 在Project（项目）面板中，找到并双击合成06-Slam Down*starter。本合成内部已经有两个图层：REJECT，是位于合成中间的一个单词，以及frame，四边连有圆角矩形。此处的目的是让这个单词交错进入时间线上02:00点的位置，然后当frame环绕它闪烁时，缓慢移走。

2 在时间轴面板或Comp（合成）面板的一个时间显示上单击，输入“1.”（不要忘记这个点）并按Return键跳到1:00位置。选择REJECT图层，按P键显示Position（位置）属性，按Shift+S快捷键显示Scale（缩放）属性，按Shift+R快捷键显示Rotation（旋转）属性。按Position（位置）的秒表图标，并沿Scale（缩放）和Rotation（旋转）的秒表列向下拖曳，目的是为这三个参数启用关键帧，以形成一条平滑的运动路径。After Effects将会记下该点处的当前时间值。

3 将当前时间指示器在时间轴上向前移动10帧到00:20处。快捷键是Shift+PageUp。为你的单词选择一个新的动作姿势：尝试让对象变大［增大Scale（比例）］，偏移一点［编辑Position（位置）］，也可能发生旋转［Rotation（旋转）］。After Effects将自动创建新的关键帧。

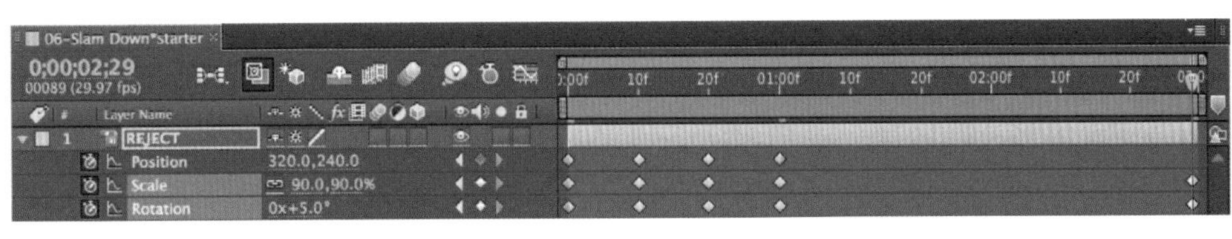

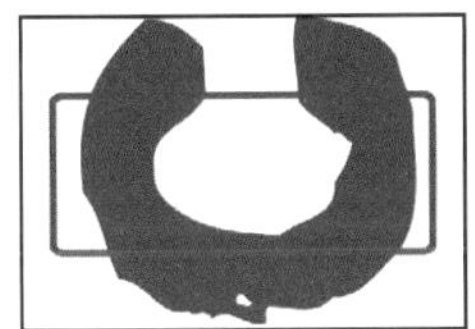

3 给REJECT图层制作关键帧，使对象在降落到位置时产生一些撞击的动作，然后渐渐离去。

- 再次按快捷键Shift+PageUp，并在00:10处以相同方式创建一个新姿势。然后按Home键并跳转到00:00处，创建开始姿势。
- 最后，按End键并设置一个最终的姿势，尺寸稍小一些，可能比01:00处设置的主要姿势稍微有点旋转。

▽ 提示

切换为Hold（保持）关键帧快捷键

要将一个选中的关键帧转换为Hold（保持）关键帧，按快捷键⌘+⌥+H（Ctrl+Alt+H），或者按快捷键⌘+⌥（Ctrl+Alt）并单击你要转换的关键帧。

4 预览动画，单词REJECT在关键帧之间滑动，然后缓慢移走，因为After Effects在关键帧之间进行了插值。嗯……我们想要的效果出现一些了。

单击时间轴面板中的Position（位置），然后按Shift键+单击Scale（缩放）和Rotation（旋转）——这会选中所有关键帧。现在，选择菜单项Animation>Toggle Hold Keyframe（动画>切换保持关键帧）。注意关键帧的形状是如何改变，从而在外边界上出现方块。同样，在Comp（合成）面板中撤销所有的控制柄，使运动路径仅在直线上移动。

再次进行RAM预览，现在我们有了突然的运动……但是失去了滑动效果。那是因为我们也将01:00处的关键帧转换成了Hold（保持）关键帧，这意味着到下一个关键帧之前不能改变其值。

4 选中所有的关键帧，要么在它们上面单击鼠标右键，要么使用Animation（动画）菜单来选择Toggle Hold Keyframes（切换保持关键帧）。关键帧右边（外边）的方块形状表示“保持”。

5 通过框选的方式，仅选择01:00处的3个关键帧。按⌘（Ctrl）键并单击其中一个关键帧，所有选中的关键帧将恢复为线性关键帧（菱形）。进行RAM预览，现在你拥有了自己想要的动画。

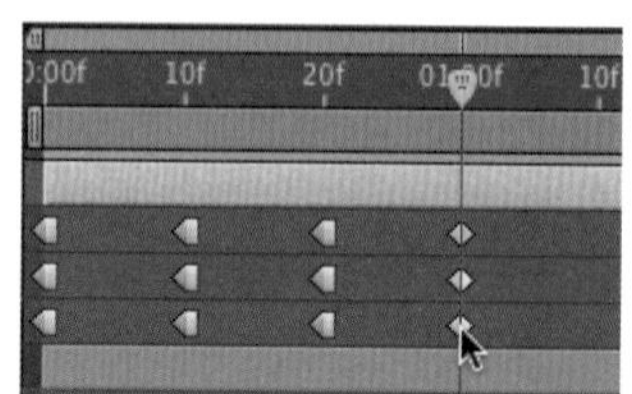

5 仅选择01:00处的关键帧，按⌘（Ctrl）键+单击它们，将它们转换成常规的线性关键帧。你需要该插值来得到最后的滑行运动。

6 如果要对一个参数使用Hold（保持）关键帧，只需设置第一个关键帧，随后的关键帧就会得到相同的插值。

例如我们想让标题周围的边界产生闪烁效果，从单词下落时开始。

首先移到01:00处，选择frame（第2个图层）并按[（左方括号）使其从该时间点处开始。

- 按快捷键⌥+Shift+T（Alt+Shift+T）为Opacity（不透明度）启用关键帧，默认为100%和线性关键帧。将其切换为Hold（保持）关键帧，具体做法是，按快捷键⌘+⌥（Ctrl+Alt）并单击它。
- 按快捷键Shift+PageDown来跳转10帧到时间轴上的01:10处，并设置frame的Opacity（不透明度）为0%。它将自动获得非方形的关键帧形状，位于右边，表示它也会保持其值，而且不会插值。
- 利用复制和粘贴的方式完成该动画，以节省时间。选择01:00和01:10处的Opacity（不透明度）关键帧并复制。按快捷键Shift+PageDown，移动到01:20处并粘贴：两个带有已复制的值和空间位置的关键帧将被创建。移动到02:10处并再次粘贴。进行RAM预览，frame图层将闪烁。我们的最终版本位于合成06-Slam Down_final中。

6 最后时间轴面板包括frame的Opacity（不透明度）的Hold（保持）关键帧，使它可以产生闪烁。（如果看不到这些关键帧，选中这两个图层并按U键来显示动画属性。）

▼ 技术角：时间显示和时间码

After Effects有三种不同计时方法：SMPTE Timecode（SMPTE事件代码）、Frames（帧）和Feet+Frames（英尺+帧）。采用哪种计时方法可在File>Project Settings（文件>项目设置）中修改。你也可以用⌘（Ctrl）键+单击时间轴面板左上角的帧数在这些方法之间切换。无论选择哪种技术系统，每个合成的起始时间都可以从Composition>Composition Settings dialog（合成>合成设置对话框）中设置。此外，每个电影素材的起始时间可以在它的File>Interpret Footage（文件>解释素材）对话框中设置。

SMPTE

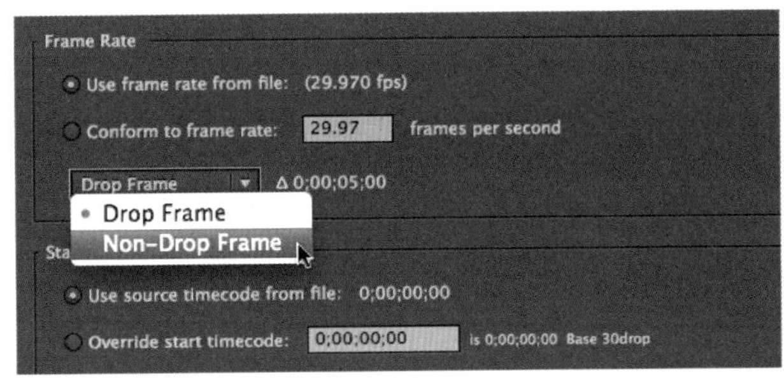

△ 每个影片素材的File>Interpret Footage（文件>解释素材）对话框可以让你设置其帧速率、起始时间码，以及是采用Non-Drop Frame（非丢帧）还是Drop Frame（丢帧）计算方法。

SMPTE是最常用的帧计数格式，也是最容易让人混淆的。SMPTE显示了时间（HR）、分（MN）、秒（SC）和帧（FR），格式为HR:MN:SC:FR。

标准的帧速率有三种：电影采用的24帧/秒（fps），PAL视频采用的25fps，以及NTSC视频采用的29.97fps。计算29.97比简单的数字（如30）要难得多。因此，SMPTE有两种不同的速率计算方法：Drop Frame（丢帧）和Non-Drop Frame（非丢帧）。

△SMPTE 时间码

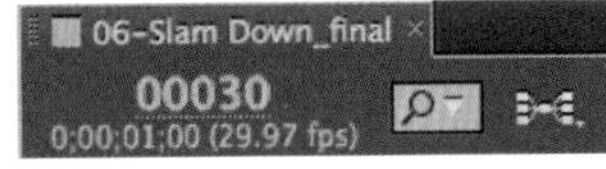

△帧

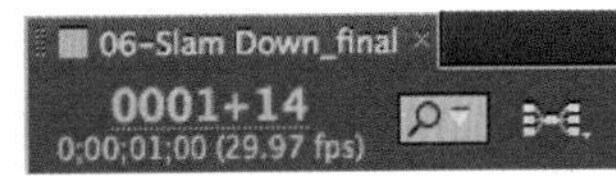

△英尺+帧

After Effects支持三种不同的方式来表示时间：SMPTE时间码、帧和英尺+帧。

Non-Drop Frame（非丢帧）假定帧速率是30fps，只是为了计算使用。它简单地从00计数到29，然后慢慢变化到01:00。大多数人采用Non-Drop Frame（非丢帧）来制作更短（即小于半个小时）的NTSC程序。本章之后，将采用Non-Drop Frame（非丢帧）计数方式作为本书中其余项目的默认值。

如果实际帧率是29.92fps（标准的NTSC制式）而不是30，显示出的非丢帧数将最终随真实的时间而减少。因此，就创建了Drop Frame（丢帧）计数方式。对于同样的备份，Drop Frame（丢帧）每分钟跳读帧数00到01（仅是这些数字，不是实际的帧），除了每分钟的10s。通过在数字之间使用分号，可表示正在使用Drop Frame（丢帧）计数方法。

After Effects尝试判定一个29.97fps的素材是用非丢帧还是丢帧。可以在Interpret Footage（解释素材）对话框中将其覆盖。如果一个电影素材没有标识，可以用命令Preferences> Import（首选项>导入）设置使用默认值。可为每个合成设置Drop Frame（丢帧）或者Non-Drop Frame（非丢帧）计数方式。

帧

最简单的格式是只显示帧数，从时间线的起始处开始。一些动画师和视觉效果艺术家更喜欢这种方式。

英尺+帧

电影剪辑师习惯用这种方式来计算时间——他们实际计算影片持续的数量。不同大小的电影每秒播放的帧数不相同，35mm的电影每英尺有16帧。因此，这种时间格式显示为FEET+FR（英尺+帧）。

方法角

接下来的内容可帮助你巩固在本章学习的动画技能。

- 在02b-Motion Control中创建一个动画，它涉及了图片的多个区域。你可以采用Hold（保持）关键帧在某些区域暂停，或采用“快速追镜”法从一个区域快速转到另一个区域，采用Motion Blur（运动模糊）来添加效果。我们的程序在Idea1-Motion Control中。同样你可以随意使用自己的图片。

每当在Position（位置）或者定位点路径上暂停时，使用Hold（保持）关键帧来确保取消Bezier控制柄

（这可避免在运动路径上出现奇怪的行为）。当关键帧互相堆叠在顶部时，如果觉得移动定位点有难度，可以在时间线中修改定位点的值使它们分离，然后再从那开始拖曳。

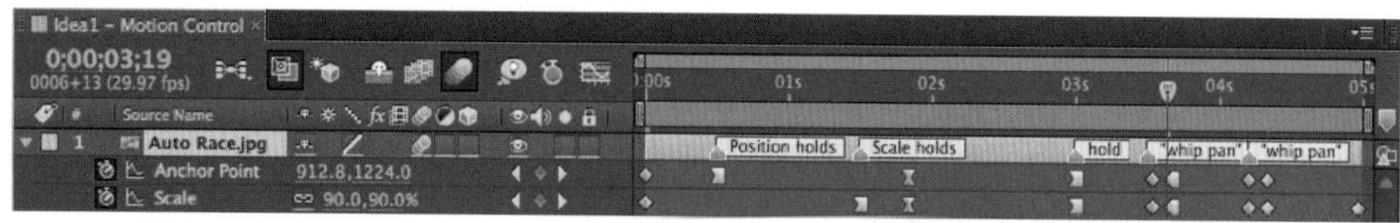

在Idea1-Motion Control文件夹中，我们采用了一个不同的关键帧类型和运动模糊的合成。

- 在第1章的最后，我们向你展示了如何导入一个分层的Photoshop或者Illustrator文件作为一个合成。从该章的02_Sources文件夹中导入文件Reject_split.ai作为一个合成——它包含的每个字符都在一个单独的图层上。对每个字符制作减速动画（如在06-Slam Down中所做的），这次采用更多的步骤并制作更快的动画。我们的程序是Idea2-REJECT on 3s，此处我们每3帧动画设置一个减速过程（称为"3秒动画"）。

Idea2：通过为每个字符设置各自的图层，你可以创建更有趣的减速效果，以阴影的方式从一个字符降落到另一个字符。

Quizzler

要成为视频设计师，在很大程度上就是要观看其他的动画，并逆向实现它。播放Quizzler Movies文件中的电影，并尝试想出它们的制作方式。

- 可以采用两种不同的方法来制作Quiz-Butterfly Orbit.mov中的动画。尝试用Position（位置）关键帧来制作它，得到完美的圆形路径是很难的。要得到类似这样完美的旋转，你需要合并其他两种什么样的Transform（变换）属性呢？
- 射击动画已经成为字符样式的动画主流。可以使用三个关键帧来制作，包括射击的一个顶点，或者仅使用两个关键帧：开始帧和结束帧。播放Quiz-Overshoot.mov并看看你是否能重新创建该动画。（注意，该动画需要用到图形编辑器。）

▽ 解决方法

不要偷看！

方法角和Quizzler动画的程序在Lesson_02.aep项目文件中以相同的名字保存在文件夹中。不要偷看Quizzler Solutions合成，除非你已经亲自试验过。对于方法角的挑战，没有正确的答案，所以你随意用自己的素材来代替并采用不同的路径。

第3章　图层控制

学习如何剪裁图层，并使用混合模式和效果来增强它们。

本章内容

- 图层和堆栈顺序
- 剪裁图层
- 滑动编辑
- 循环素材
- 修改帧速率，时间伸展
- 效果和固态层
- 效果和预设面板
- 动画预设
- 图层样式
- 电影的发光窍门
- 非方形像素
- 在时间方面移动图层
- 在图层和素材面板中剪裁
- 连续图层关键帧助手
- 图像顺序
- 混合模式
- 效果运动路径
- 搜索效果
- 行为预设
- 调整图层
- 头脑风暴：卡通效果

入门

确保你已经从本书的下载资源中将Lesson03-Layer Control文件夹复制到了你的硬盘上，并记下其位置。该文件夹包含了学习本章所需的项目文件和素材。打开文件Lesson_03.aep来完成本章的练习。

在前两章中，我们主要是在动画图层的属性。但是，你的素材可能本身已经有了内在的“动画”——即视频剪辑内部的帧到帧运动。因此，本章中我们要用很多的篇幅向你展示如何在时间上移动一个剪辑、编辑它的入点和出点，并使用它的帧速率和循环能力。然后我们将使用混合模式（一个秘密方法，它可以创建丰富的、多层的效果）来组合各种影片剪辑。我们将以应用并利用一些效果来结尾，这些效果包括使用动画预置、调整图层和头脑风暴。

使用图层

在开始剪裁和编辑之前，我们首先补习一节重要的课程，即图层是如何堆叠在时间轴面板中的。

1 打开本章的项目文件Lesson_03.aep——你将使用它来练习本章内容。在Project（项目）面板中，如果Comps文件夹没有打开，就将其打开，然后双击打开合成01-Layer Practice*starter。

2 在像该合成一样的典型的二维合成中，在时间轴堆栈中距离顶部越近的图层，在合成视图中同样距离顶部越近。使用全帧素材时这是一个重要的问题，因为全帧图层可能完全遮盖住了后面的图层。

注意，时间轴面板中有3个图层，没有一个像合成那么长——它们的彩色图层条在其前后位置有“重影”。

2 研究时间轴（上图），以“读”出在何时播放哪个图层。较高的图层画在重叠在下面的图层的顶部，如此处NYC剪辑重叠在飞机着陆（jet landing）时的图片之上。选中图层的颜色更浅一些，而且用一块带文理的“重影”图层条区域表示有其他素材帧在当前被裁剪掉。三角形表示对于第一帧或最后一帧素材，该图层已经被裁剪掉。

注意一下Comp（合成）面板，擦除00:00和10:00之间的当前时间指示器，并观察第一个图层条结束时图像的变化方式。

3 在时间轴面板中，选中第一个图层（NYC Pandown.mov）并将它拖曳到第二个图层（Jet Landing.mov）的正下方。现在擦除当前时间指示器，并注意发生的变化：Jet Landing.mov开始播放的时间更早一些，因为它现在位于和它重叠在一起的NYC Pandown.mov的上方。

3 在时间轴面板中将NYC Pandown.mov拖曳到Jet Landing.mov图层的下面（左图），使Jet在Comp（合成）面板的顶部绘制（右图）。素材由Artbeats/Transportation授权使用。

在擦除当前时间指示器的同时练习交换图层，直到牢牢掌握了图层堆栈顺序之间的交互，以及在合成中的开始和结束时间。

在时间方面移动图层

对于图层，我们感兴趣的有两种时间设置方式：图层的内部入点和出点，它们限定了我们使用剪辑的哪些部分，也决定一个剪裁后的图层在合成中的开始和结束时间。你可以单独或一起编辑它们。我们将继续使用01-Layer Practice*starter来进行操作，此时Jet Landing.mov应该在顶层。

4 在时间轴面板的左下方有一个成对的大括号图标。单击该图标在时间轴面板中显示出In（入点）、Out（出点）、Duration（持续时间）和Stretch（拉伸）列。然后单击鼠标右键，Stretch（拉伸）列的顶部，选择Hide This（隐

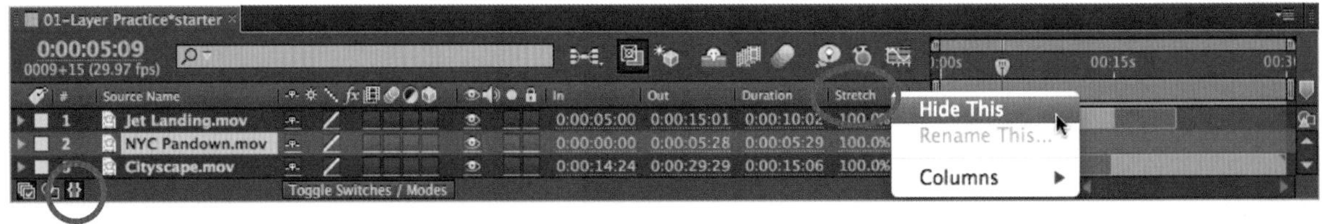

4 单击时间轴面板左下角的Expand（扩大）或Collapse In/Out/Stretch/Duration（塌陷入点/出点/拉伸/持续时间）按钮来显示这些参数。然后单击鼠标右键，Stretch（拉伸）列标题，将它隐藏。

藏此处）。本练习中不需要Stretch（拉伸）列，我们要使用该空间。

▽ 内幕知识

质量开关

After Effects在渲染图层时，默认使用Best Quality（最佳质量）。这就意味着每个合成中动画的图层以每像素16位的精度显示，而且应用变换和效果来消除锯齿，以产生平滑的而不是参差不齐的边缘。Draft Quality（草图质量）仅用“最临近”的分辨率来渲染像素，这种方式最快，但是画面看起来很粗糙。单击Quality（质量）开关可将一个图层设为草图质量（虚线），再次单击切换为最佳质量（实线）。可在附录中查看关于图像质量的更多考虑因素。

▽ 提示

入点和出点

要快速将当前时间指示器定位到图层的入点上，选中它并按I键。要定位到出点，按O键。

▽ 提示

分割图层

要在当前时间将一个图层分割（划分）成两个，选择Edit>Split Layer（编辑>分割图层）。该命令将复制图层，并自动将其剪裁成两个副本，以便它们能够在分割处相接。在分割之后，所有关键帧和效果将同时出现在两个图层上。

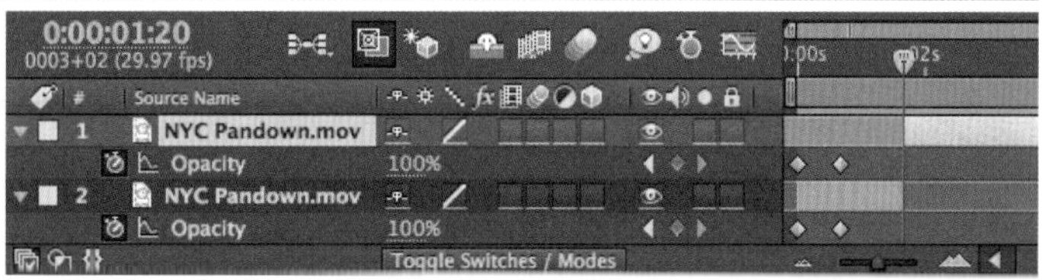

5 将当前时间指示器定位在它重叠的第一个图层上。在时间轴面板中，单击图层条的中间（不是末端），在将它沿时间线左右拖曳的同时观察Comp（合成）面板，注意到正在显示的帧发生了变化。因此，图层在合成中显示的时间将提前或者推后。注意时间的入点和出点在时间轴面板中变化的方式，但持续时间没有改变——这是事实，因为你没有剪裁该图层，仅滑动了它。

- 一个好用的滑动图层快捷方式是将时间指示器放在图层要开始的位置，确保选中图层，然后按[（左方括号）键——图层将移动，使其入点匹配当前时间。
- 要移动一个选中的图层，使其结束在当前时间指示器处，按]（右方括号）键。注意在选中多个图层时，这些快捷方式仍然有效。进行试验时，拖曳图层1以便能看到它在时间线上的入点和出点。

剪裁图层

在一个电影剪辑中你不会经常用到所有的帧。有几种无损剪裁图层的方法。

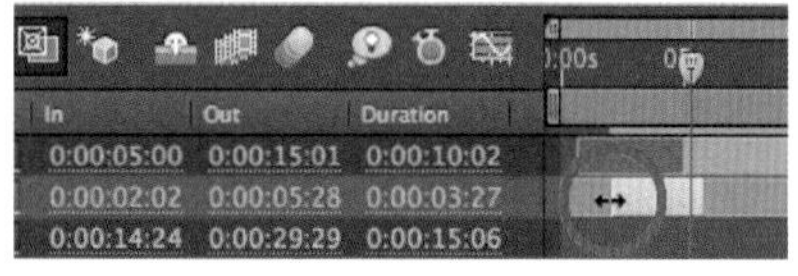

6 将当前时间指示器定位在它重叠的第一个图层上。单击并拖曳图层条的起始处：它的In（入点）和Duration（持续时间）发生改变，但是合成中显示的帧没有变化（除非你剪裁图层并露出图层下面的内容）。你可以对Out（出点）进行相同的操作。这称为剪裁图层“就位”，因为在某个特定的时间点，你没有滑动素材的任何一个帧。注意图层条的“重影”区域，它们显示了你已经从顶层中剪裁了多少。

7 是时候介绍其他快捷方式了，剪裁图层的快捷方式如下。

- 将当前时间指示器定位在想让图层开始的位置，如飞机的轮胎首先接触到的机场跑道。选中图层，并按快捷键⌥ + [(Alt + [ ) ——图层将被剪裁就位，作为开始时间。出点保持不变，持续时间改变。
- 要在不移动图层的情况下剪裁出点到当前时间处，选中它并按快捷键⌥ +] (Alt +])。入点保持不变，持续时间改变。注意在选中多个图层时，这些快捷键仍然有效。

在其他面板中进行剪裁

可在单独的剪辑窗口中剪裁带背景的图层。也可以在After Effects中进行这样的操作。

- 在时间线上，双击任一图层打开它的Layer（图层）面板。要查看应用遮罩和效果之前的原始图层，将View（视图）菜单设置为None（无）或者关闭Render（渲染）按钮。在面板的时间线中，拖曳图层条的末端来剪裁其入点和出点，或者按In（入点）按钮（标尺下面的{图标）来设置当前帧的入点。无论用哪种方式，在Layer（图层）面板中改变入点时，图层将在时间上滑动来保持与合成中有相同的起点。在时间轴面板中的剪裁不具有该特性。
- 甚至可以在将剪辑添加到合成之前，先把它剪裁。在Project（项目）面板中，选择Sources文件夹中的一个电影，双击打开它的Footage（素材）面板。其中的剪裁控制按钮与Layer（图层）面板中的相同。

△双击一个图层打开它的Layer（图层）面板，可以看到它的内部入点和出点——剪裁的方式，无论它在合成中是如何使用的。

要给合成添加剪裁过的剪辑，确保你想要显示的合成是当前合成。Footage（素材）面板将用右下角处的Edit Target（编辑目标）来核实合成。单击Overlay Edit（覆盖编辑）按钮将剪辑添加到一个新的顶部跟踪中——在合成当前时间的开始处，不会干扰其他图层。Overlay Edit（覆盖编辑）按钮左侧的Ripple Edit（波纹编辑）的功能是，在插入点处分割下面的任何剪辑，并且在新剪辑完成后，移动所有其他图层。

◁从项目面板中打开一个素材，进入其素材面板，你可以剪裁该素材，然后将其叠加或波纹插入到当前合成中。素材由Artbeats/Timelapse Cityscapes授权使用。

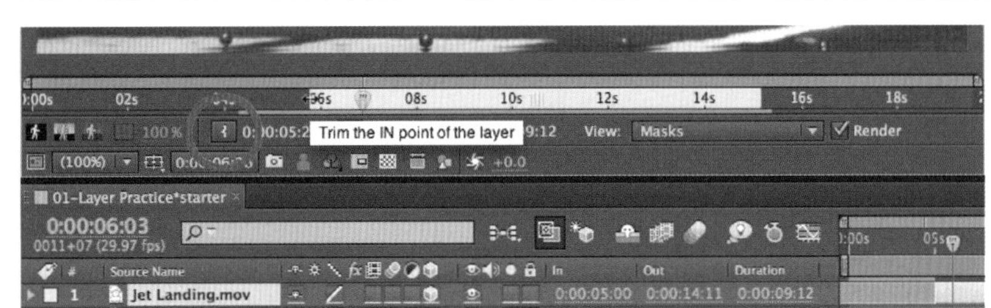

△在Layer（图层）面板中的剪裁影响了相对于素材剪辑的入点和出点，但不要在合成的时间线中改变其入点（注意此处这两个In[入点]的时间是不同的）。你也可以单击{按钮（用红色圈住的）设置当前帧的入点。

滑动编辑

我们将用Slip Edit（滑动编辑）工具完成编辑过程。这是一种改变剪辑比例的极好方法，因为播放时不会干扰其在合成中的全部时间。

8 剪裁正在操作的图层入点和出点，在图层条的头部和尾部看见一些重影。将当前时间指示器放在图层中间附近，并将光标悬停在重影区域，直到你看见一个被两条线括起来的双向箭头：这是Slip Edit（滑动编辑）工具。当该工具可见时，单击并拖曳鼠标，注意In（入点）、Out（出点）和Duration（持续时间）值不会改变，但是在Comp（合成）面板中可见的帧发生了改变。将一个图层滑动多少距离是由在它头部或者尾部存在的剪裁空间多少决定的。这比滑动图层要快很多，然后重新裁剪其尾部。

9 有时，你无法看到图层条的重影部分——也许在放大状态下进入了时间线中剪辑的中间部分，或者它扩展出了图层的末端。此时仍可使用Slip Edit（滑动编辑）工具。

按V键打开Pan Behind（Anchor Point）Tool（轴心点工具），在上一章中我们讲过。现在将鼠标悬停在图层条上时，就可以得到Slip Edit（滑动编辑）工具，拖曳图层并进行试验。完成后不要忘记按V键返回正常选择工具状态。

10 正在滑动或剪裁的图层也有关键帧时，动画将变得更有趣。例如，打开合成02-Layers & Keyframes*starter。按快捷键⌘+A（Ctrl+A）全选图层，然后按T键显示其Opacity（不透明度）关键帧。这就是实现了图层间的交叉淡化效果。按F2键取消选中所有图层。

注意，因为我们使用的是全帧素材，所以我们仅对最顶端图层的Opacity（不透明度）进行动画。如果我们也对低的图层进行了动画，两个图层将变成半透明的，背景色就会显示出来。

8 将光标定位在图层条的重影区域，会出现Split Edit（分割编辑）工具。利用它可以编辑将要播放的素材帧，无需在合成的所有时间线上移动入点和出点。

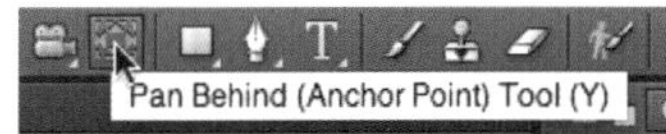

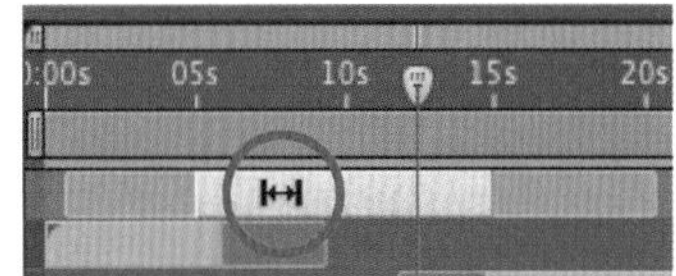

9 选择Pan Behind Tool（轴心点工具）后（上图），你可以通过拖曳图层条来滑动编辑图层（下图）。在时间轴面板中看不到图层的起点或者终点时，该方法尤其方便。完成后，按V键返回选择工具状态。

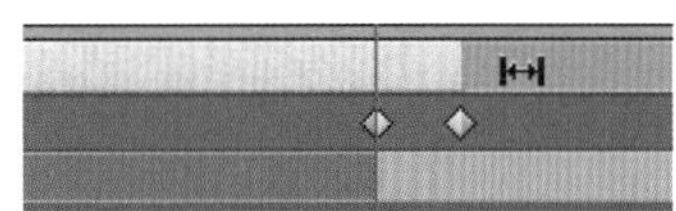

10 如果滑动编辑时取消选中了关键帧，关键帧相对图层将不会移动，也就是说它们保持与其他图层的关系不变。如果关键帧与图层中的特定帧有关（如使用了遮罩和“转描”的关键帧），那么在滑动编辑前，它们会被提前选中，使它们保持与其他图层的关系不变。

- 关键帧附属于图层，因此素材中的帧在合成中并不是在一个特定的时间。所以，在时间方面移动帧默认也滑动了它的关键帧。拖曳图层条来移动第2个图层，并注意其关键帧的变化。撤销操作，让第2个图层返回到初始位置。
- 将当前时间指示器定位在10:00附近，所以它在第2个图层之上，使用Slip Edit（滑动编辑）工具来滑动图层。由于没有选中关键帧，它们仍然位于合成的相同位置。当关键帧需要与合成中的其余关键帧保持相同的时间关系时，这一点非常有用。

- 现在选择第2个图层出点附近的Opacity（不透明度）关键帧，并进行滑动编辑。当拖曳时，选中的关键帧应该保持选中状态并和影片一起移动，未选中的关键帧将不会移动。如果关键帧的时间设定为整个合成（如交叉淡化），取消选中它们以将其留在原位。如果关键帧的时间设定为一个剪辑（如转描遮罩），选中它们让它和剪辑一起移动。

连续图层

After Effects可以自动完成一些常见的编辑任务。我们从一组图层开始，假定它们将循环播放。

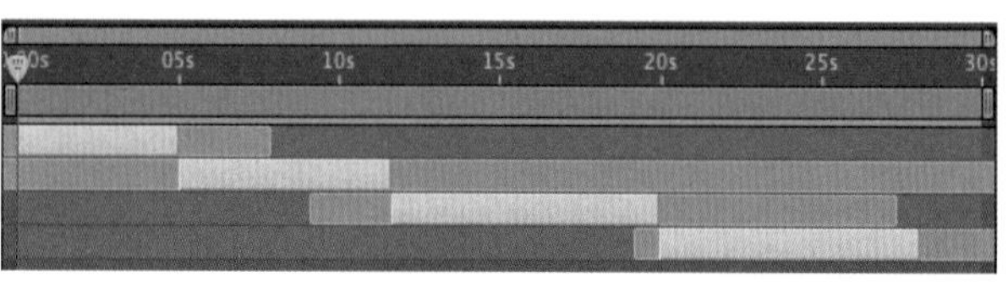

1 打开合成03a-Sequence-Full Frame*start。它包含4个已经裁剪后的图层，这些图层位于合成的开始处。

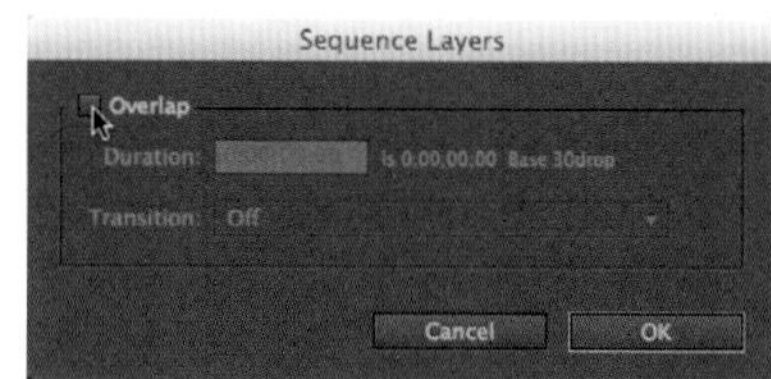

2 选择图层并给连续图层应用Overlap disabled（禁用重叠）（上图），致使图层首尾相连（顶图）。

2 按快捷键⌘+A（Ctrl+A）选中所有的图层，然后选择菜单项Animation>Keyframe Assistant>Sequence Layers（动画>关键帧助手>连续图层）。现在，关闭Overlap（重叠）选项，并单击OK（确定）按钮。这些图层就自动设置为首尾相连。

3 执行Undo（撤销）以返回初始时间。在图层仍然选中状态下，按T键显示它们的Opacity（不透明度）参数，然后我们讨论Overlap（重叠）选项。

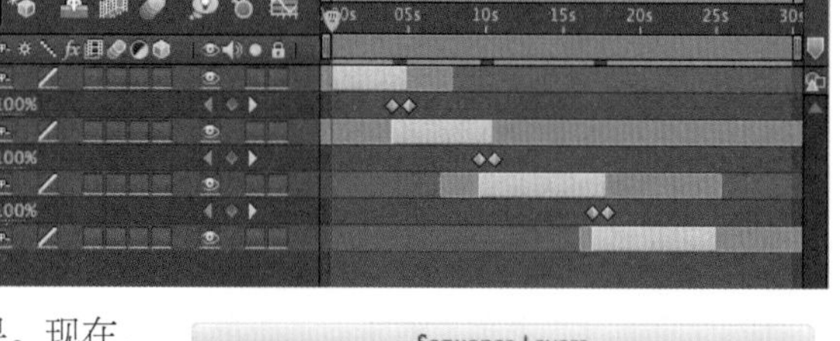

在一个图层条上单击鼠标右键并再次选择Keyframe Assistant>Sequence Layers（关键帧助手>连续图层）。当对话框打开后，启用Overlap（重叠）按钮。这样就会自动创建由Duration(持续时间）值决定的交叉淡化效果。现在，使用默认的Duration（持续时间）值01:00，并设置Transition（转场效果）为Dissolve Front Layer（溶解前景层）。

单击OK（确定）按钮并预览。图层被排列为有1秒的重叠，而且顶部的图层淡出以显示下面的图层。

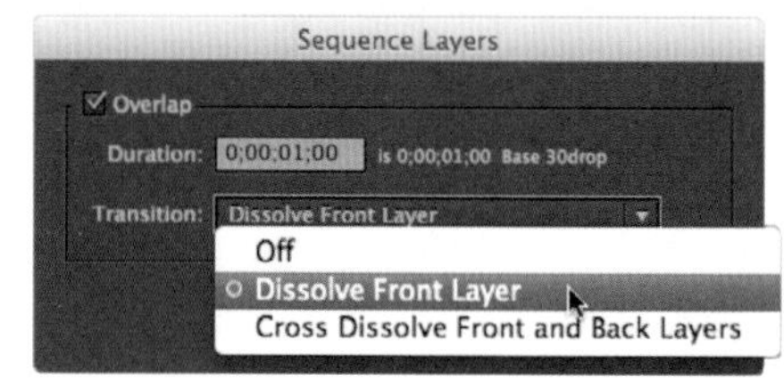

3 在连续图层上启用Overlap（重叠）选项（上图），同时用指定的持续时间重叠图层并创建Opacity（不透明度）关键帧，使它们实现交叉淡化效果（顶图）。

4 当有图层覆盖整个帧时（或以其他方式排列并互相重叠），可以使用Dissolve Front Layer（溶解前景层）选项。要验证其原因，撤销并再次尝试第3步，用Cross Dissolve（交叉溶解）选项代替，然后修改图层重叠处附近的时间指示器：不透明度将下降，此时顶部的图层逐渐淡出，同时底部的图层自下而上淡入。

5 如果图层具有不同的大小，或者图层具有有趣的Alpha通道,Cross Dissolve（交叉溶解）选项就会派上用场。

- 打开合成03b-Sequence-Alpha*starter，它包含一些3D线框渲染。
- 选择全部，然后按T键显示Opacity（不透明度）。
- 用Dissolve Front Layer（溶解前景层）选项来应用连续图层。注意下面的图层如何突然经过顶部图层的透明区域？

- 撤销前面的操作，并用Cross Dissolve Front and Back Layers（交叉溶解前后图层）选项再次尝试。为退出图层和进入图层都创建了Opacity（不透明度）关键帧。

▽ 提示

顺序和滑动

在执行Sequence Layers（连续图层）后，可以滑动编辑移动素材，目的是在不中断整个时间的情况下调整所看到的图层。

▼ Solo（独奏）开关

当图层堆积在彼此的顶部时，很难看出每一个的样子。使用Solo（独奏）开关（挂锁左侧的空心圆形）单独预览它们。

- 例如，打开第4个图层的独奏开关，单独查看它的效果；图层1~3将临时被禁用，它们的眼球变为灰色。
- 然后打开第3个图层的独奏开关进行预览，看到第4个图层仍然处于独奏状态。
- 按⌥（Alt）键+单击第2个图层的独奏开关。所有其他的图层将被禁用。

完成工作以后，想要再次查看所有图层时，可关闭所有图层的独奏开关。如果将它们全部打开，添加到合成的任何图层将来都不会显示，除非将其设为独奏状态。

6 现在将一些技巧组合使用。打开合成03c-Sequence-trim*starter。假设你想要在图片之间实现排列有序的交叉淡化效果。

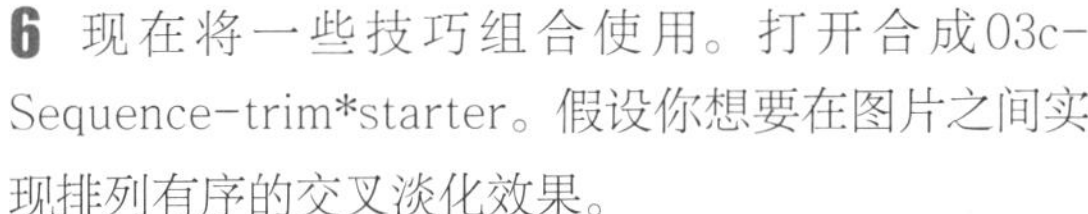

- 选定第4个图层，然后按Shift键+单击选中第1个图层。这样就会选中所有图层，但这是从下向上选中的（第4个图层在时间顺序上将成为第1个）。

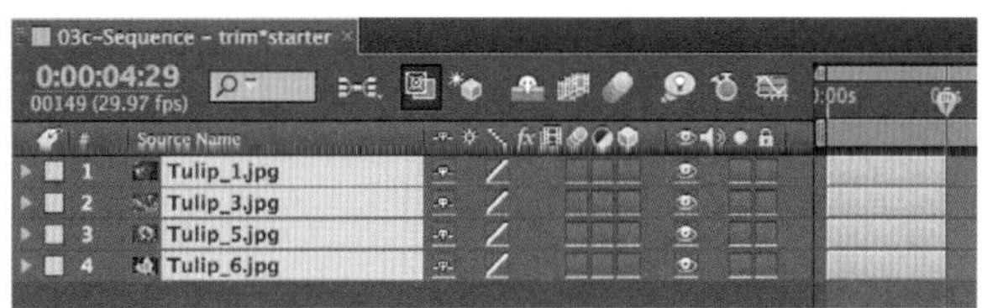

6 为了快速剪裁图层，使它们具有相同的持续时间，将它们排列成一列以同时开始，并作为一个组剪裁它们的末端（上图）。然后使用Sequence Layers（连续图层）自动沿时间伸展，采用交叉淡化效果（左下图）。

- 按快捷键⌥+Home（Alt+Home）使它们都在合成起始处开始。
- 如果想让一个图层播放4秒，然后交叉淡化1秒，每个图层需要有一个总计5秒的持续时间。既然After Effects从0开始计数，将时间指示器移动到04:29处来设置5秒的时长，然后按快捷键⌥+]（Alt+]）来剪裁它们的出点。
- 用鼠标右键单击其中一个图层条，选择Keyframe Assistant>Sequence（关键帧助手>连续图层）。设置Overlap>Duration（重叠>持续时间）为01:00交叉淡化时间。[需要考虑对全帧素材可以应用哪个Transition（转场效果）。]单击OK（确定）按钮。

- 按T键显示Opacity（不透明度）关键帧，并进行RAM预览。我们的程序保存在Comps_Finished文件夹中。此时保存你的项目。

循环素材

现在你已经知道如何通过剪裁来缩短影片了，那么如何将它延长呢？可以增加Time Stretch（时间伸展）值，但是这样也会减慢播放速度。幸运的是，一些剪辑已经被设计为无缝“循环”或重复。After Effects可以使它们看起来像一个长剪辑。

1 从Comp（合成）面板的下拉菜单中选择Close All（关闭全部），关闭所有以前的合成。在本章的Project（项目）面板中，找到并打开Comps文件夹中的04-Looping Footage*starter。它应该是空的。

1 在QuickTime播放器中播放Clock+Skyline.mov，它将无缝地循环。尽管如此，当After Effects将它作为素材使用时，它不会自动循环。素材由Artbeats/Digital Biz授权使用。

2 返回Project（项目）面板，选择My Sources文件夹，你要导入的文件会自动排列到其中。按快捷键⌘+I（Ctrl+I）打开Import File（导入文件）对话框。

找到计算机上本章文件所在的位置，打开Lesson 03-Layer Control>03_Sources>Movies文件夹。选择文件Clock+Skyline.mov，并单击Open（打开）。

双击Project（项目）面板中的电影，在Footage（素材）面板中打开它。播放它，并观察当电影结束时发生的情况：它看起来和开始时相同，表明该素材文件是一个循环影片。

3 该电影最初长度不够，不能在整个合成中播放（上图）。但是，它被设计为循环播放。

3 选择Project（项目）面板，并按快捷键⌘+/（Ctrl+/）将该素材项添加到已经打开的合成04_Looping Footage中。该剪辑时长为10秒，但是合成为30秒，所以它不能到达合成末尾。

选择Project（项目）面板（不是时间轴面板）中的Clock+ Skyline.mov，并单击Project（项目）面板底部的Interpret Footage（解释素材）按钮，打开Interpret Footage（解释素材）对话框。在对话框底部附近是一个称为Loop（循环）的参数。输入3（3×10=30），单击OK（确定）按钮。

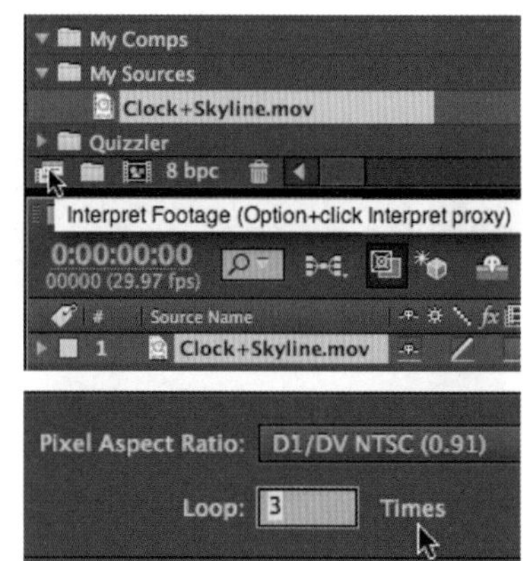

3 续 选择Project（项目）面板中的电影，打开Interpret Footage（解释素材）对话框（顶图），将Loop（循环）设为3次（上图）。

4 返回合成，现在，在图层的出点之后将看到“重影”的图层条，表示它可以延长。按End键跳到合成末尾，选中Clock+Skyline.mov，再按快捷键⌥+]（Alt+]）重新剪裁此时的出点。

4 循环播放电影后，可以看到图层条的重影（剪裁过的）时长达到了合成的末尾（上图）。通过拖曳或者使用快捷键重新剪裁它的出点（下图）。

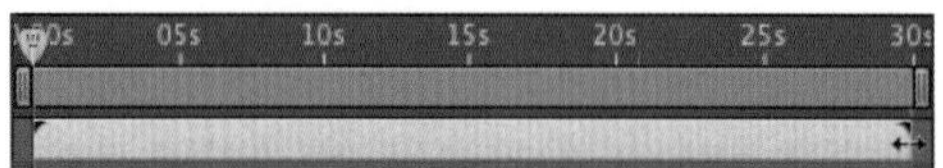

在下载资源中，找到Lesson 03-Layer Control>03_Sources>Movies或wireframes文件夹中的其他文件，练习导入、循环和延长功能。大部分真实的素材不会整齐地循环，但是其他的项目可以，如线框3D渲染。

图像顺序

有时候，你会接到一组静态图片文件，并且期望像连续的电影一样播放它们。你不需要使用Sequence Layer（连续图层）助手来实现，可以通过导入、"修改"结果文件的帧速率设置帧之间的空间，从而来实现。

1 打开Preferences>Import（首选项>导入）对话框。由于图像序列没有固定的帧速率，After Effects默认设置它们的帧速率为30fps。在Sequence Footage（连续素材）字段内，输入正确的NTSC制式帧速率29.97（或者PAL制式的帧速率25fps）。单击OK（确定）按钮。这个首选项将被保留，在将来为计算机上的其他项目所用。

- 在Project（项目）面板中，选择My Sources文件夹，你要导入的文件会自动排列进去。按快捷键⌘+I（Ctrl+I）打开Import File（导入文件）对话框。
- 在计算机上找到本章的文件，打开Lesson 03-Layer Control>03_Sources>Muybridge Sequence文件夹。它包含10个名称类似的TIFF文件。选择第一个文件，在Import File（导入文件）对话框的底部将出现一个TIFF Sequence（TIFF序列）复选框，选中它后，再单击Open（打开）。

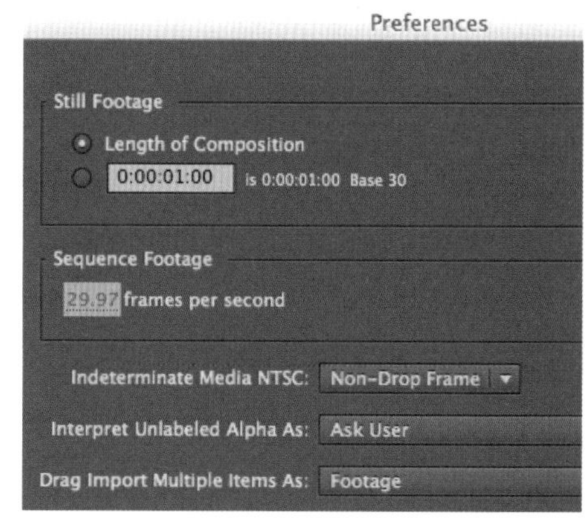

1 将Preferences>Import>Sequence Footage（首选项>导入>连续素材）的帧速率设为你期望的值，如NTSC视频采用29.97fps。

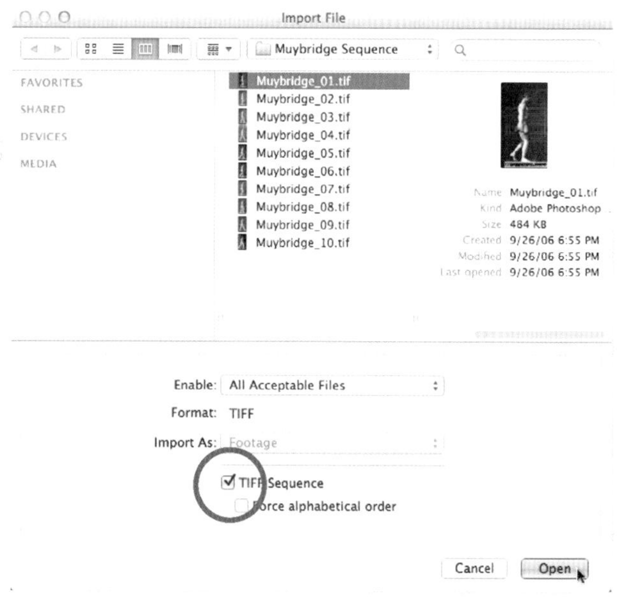

1 续 找到包含文件序列的文件夹，选择第一帧，并确保在单击Open（打开）前选中Sequence（连续）选项。素材由Dover授权使用。

2 导入后，在Project（项目）面板的My Sources文件夹中，一个名为Muybridge_[1-10].tif的素材项将被选中。顶部的信息表明它是一个长度为10帧，帧速率为29.97（或者PAL制式的25fps）的素材。

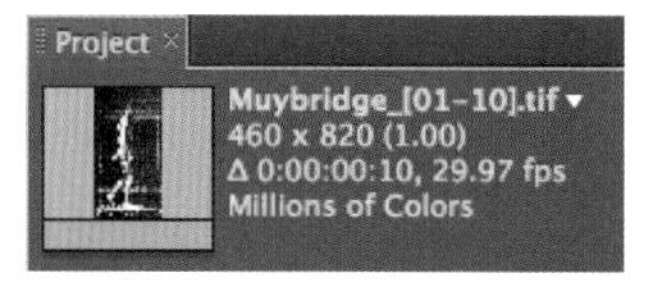

对于一个电影来说，10帧太短了。幸运的是，该序列被设计为一个无缝的循环——所以我们可以循环它。选中该文件，单击Project（项目）面板底部的Interpret Footage（解释素材）按钮。输入一个大的数字（如100）作为它的Loop Times（循环次数）值，并单击OK（确定）按钮。Project（项目）面板顶部的持续时间现在显示为33:10。

3 返回Project（项目）面板，拖曳图像序列到Project（项目）面板底部的Create a New Composition（创建一个新合成）图标处。这样会创建一个和该素材具有相同宽度和高度、帧速率以及持续时间的新合成。按快捷键⌘+K（Ctrl+K）打开Composition Settings（合成设置）对话框，将持续时间改为更短的值，如05:00。

新合成Muybridge2将被创建，并且位于和素材相同的文件夹中，将它移动到My Comps文件夹中。

进行RAM预览并检查该序列播放的速度（记住，当它在缓存时，预览速度是不准确的，仅当播放时才准确）。它似乎看起来速度太快不符合实际？让我们在不影响整个Import Preference（导入首选项）的情况下，调整该图层的帧速率。

4 激活Project（项目）面板，选择My Sources文件夹中的Muybridge_[1-10]，再次打开它的Interpret Footage（解释素材）对话框。查找Frame Rate（帧速率）部分，在Assume This Frame Rate（手动设置帧速率）处输入一个新数字（如10），再单击OK（确定）按钮。激活合成，再次进行RAM预览，将以合成中的速率来播放素材，除了合成的帧速率之外，可根据需要跳跃或重复帧。尝试不同的速率，直至找到你满意的帧速率。

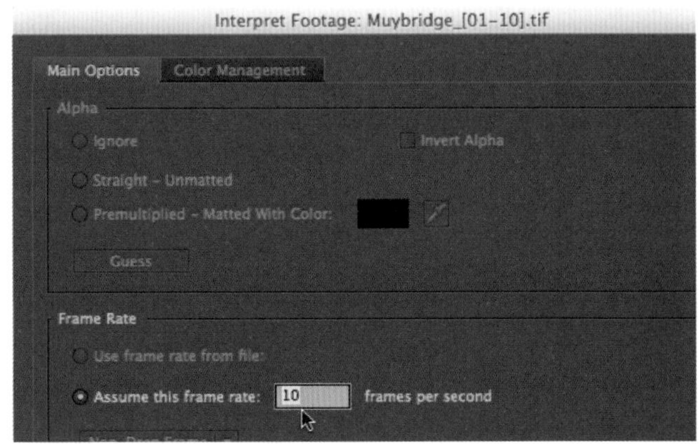

4 你可以在Interpret Footage（解释素材）对话框中修改图像序列的帧速率值来使其减速（或者加速）。

帧速率与时间伸展

改变素材的播放速度还有另一种方法：Time Stretch（时间伸展）。但是它与修改帧速率有一个很重要的区别……

5 添加一个向上淡化的效果到Muybridge序列：选中图层，按T键显示Opacity（不透明度），启用关键帧并设置Opacity（不透明度）为0%。然后在时间线中将其移动到10:00处，设置Opacity（不透明度）为100%。

- 如步骤4所做，再次改变Interpret Footage>Assume This Frame Rate（解释素材>手动设置帧速率）的值，关键帧的时间保持相同。这是因为Interpret Footage（解释素材）对话框中的设置先影响素材文件，然后才会在合成中处理这些文件。
- 显示时间轴面板中的Stretch（拉伸）列，具体做法是用鼠标右键单击任何列标题，并选择Columns>Stretch（列>拉伸）。输入值200%，表示该图层将以两倍的时长来播放。进行RAM预览，注意到不仅图层减速，Opacity（不透明度）关键帧的时间也被延长：第2个关键帧现在出现在02:00处。擦除Stretch（拉伸）值，并观看该帧的运动情况。在应用关键帧之后，时间伸展就可以影响一个图层的速度。

5 如果设置关键帧（左图上），然后使用Stretch（拉伸）调整素材的时间，关键帧的时间也会发生改变（左图下）。

▽ 内幕知识

拉伸关键帧

对同一素材的多个副本设置不同的播放速度时，应用Time Stretch（时间伸展）是一种好办法。但是，不像调整素材的帧速率，Time Stretch（时间伸展）还改变了应用到该图层上的所有关键帧的间距。

混合模式

我们将继续用堆叠图层的方法来编辑图层，使图层效果更好。秘密就是混合模式。

将一个图层放在另一个之上时，一般情况下它的像素会取代下面任何图像的像素。将上面的图层淡出时，它的像素会和下面的像素混合。混合模式提供了另一种方法来将这些像素混合（融合）到一起，如同时添加颜色值。让我们尝试一下，以得到更好的效果。

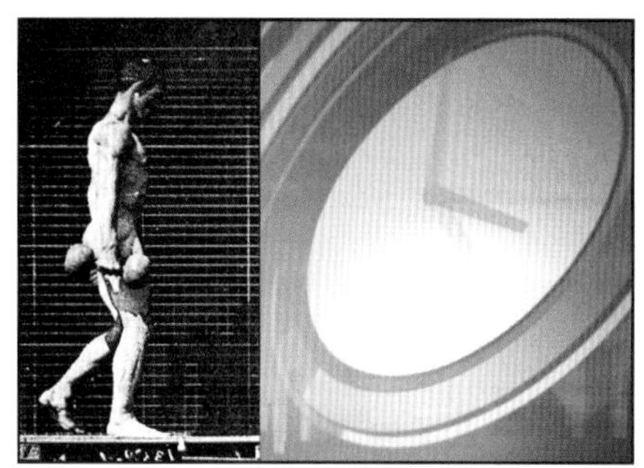

1 当不透明度为100%，混合模式设置为Normal（正常）（默认值）的情况下，Muybridge序列完全遮挡住了后面的背景。

1 打开合成06_Blending Modes*starter。选中第1个图层Muybridge_[1-10].tif，按T键显示其Opacity（不透明度）。擦除它的Opacity（不透明度）值，并注意其淡化后面图层的效果。现在将Opacity（不透明度）设回100%。

2 打开Mode（模式）列。可以按F4键在它和正常的Swithces（开关）列之间切换。如果有一个较宽的显示器，在时间轴面板上的任意一列标题上单击鼠标右键，从弹出的快捷菜单中选择Columns>Modes（列>模式）：现在你可以同时看到Switches（开关）和Modes（模式）（可根据喜好，通过左右拖曳标题来将它们重新排序）。

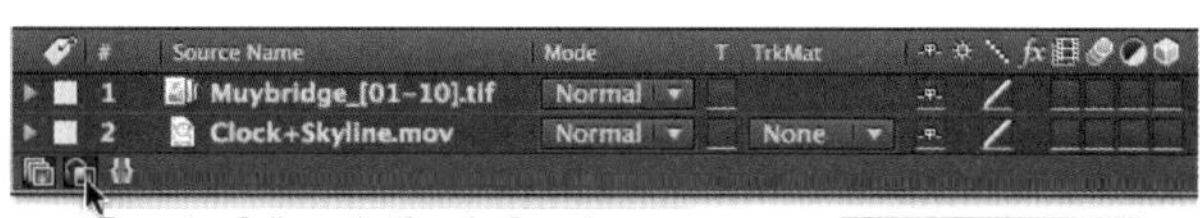

2 按F4键打开Switches/Modes（开关/模式）列。如果忘记了该快捷键，在时间轴面板（上图）左下角的两个按钮也可以打开和关闭Modes（模式）（也叫作转换控件）和Layer Switches（图层开关）列。你还可以通过在任意一列标题上单击鼠标右键并进行选择来打开和关闭列，左右拖曳列标题来重新排序。

在Modes（模式）列中，注意每个图层有一个Mode（模式）弹出菜单，它决定了图层和底下图层的融合方式。默认为Normal（正常）。在该菜单中不同类型的模式进行了粗略的分组——例如，第二组的模式往往会加深效果，第三组会亮化效果，第四组可以创建有趣的、色彩融合的图层。

• Normal
Dissolve
Dancing Dissolve

Darken
Multiply
Color Burn
Classic Color Burn
Linear Burn
Darker Color

Add
Lighten
Screen
Color Dodge
Classic Color Dodge
Linear Dodge
Lighter Color

Overlay
Soft Light
Hard Light
Linear Light
Vivid Light
Pin Light
Hard Mix

Difference
Classic Difference
Exclusion
Subtract
Divide

Hue
Saturation
Color
Luminosity

Stencil Alpha
Stencil Luma
Silhouette Alpha
Silhouette Luma

Alpha Add
Luminescent Premul

▷**2 续** Mode（模式）菜单有一长条选项。它们往往是分组排列的：例如，有亮化效果的Modes（模式）位于同一区块中。要在不使用弹出菜单的情况下在Mode（模式）菜单中上下移动，可以选中一个图层并按快捷键Shift + +（常规键盘上的加号键）向下移动，按快捷键Shift + -（减号键）向上移动。

3 在Muybridge图层的Mode（模式）菜单上单击，选择Multiply（正片叠底）。该模式表示“将该图层的亮度和底下像素的亮度叠加在一起”。你可以将黑色像素看作具有值0，表示结果将是0（黑色）；将白色像素看作具有值1或者100%，表示结果将保持底下像素的颜色。

尝试该组中其他的模式，并注意它们具有相似但不同的效果。

4 现在选择Add（添加）模式——会将像素的颜色值添加到一起。如果顶层像素是黑色的（0），那么不会对下层的像素有影响。如果是白色的，它会将结果变为白色。尝试该组中其他的模式，如Screen（屏幕），它是一种不太强烈的Add（添加）模式。

5 仍然在Muybridge图层中，选择第三组中的Overlay（叠加）模式。这是一种比较复杂的模式，提供了一种彩色的、非常饱满的效果。上层的黑色像素会加深下层的像素，但是不会使它们完全变黑；白色像素亮化并变浅下层的像素，而不会使其完全变白。同样，尝试本组中的其他模式。

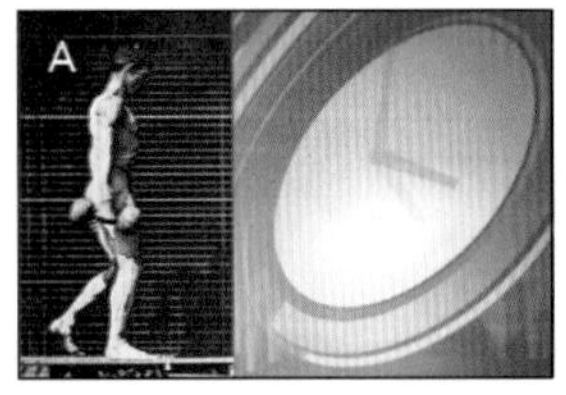

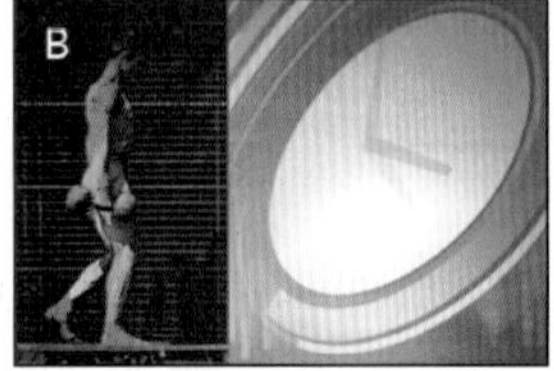

3~5 为Muybridge_[1-10].tif选择不同的模式来创建不同的“外观”，使其与底层融合在一起。此处，我们比较了Normal（正常）（A图）、Multiply（正片叠底）（B图）、Add（添加）（C图）和Overlay（叠加）（D图）模式下的效果。

更复杂的做法是为那些正在与下层混合的图层应用效果。

6 选择Muybridge图层，应用Effect>Color Correction>Levels（效果>颜色校正>色阶），它出现在Effect Controls（效果控制）面板中。Levels（色阶）效果是改变图层的亮度和对比度的首选方式。看看Effect Controls（效果控制）面板中的Histogram（直方图）：它将从视觉上给你提供图像中的明暗表现。

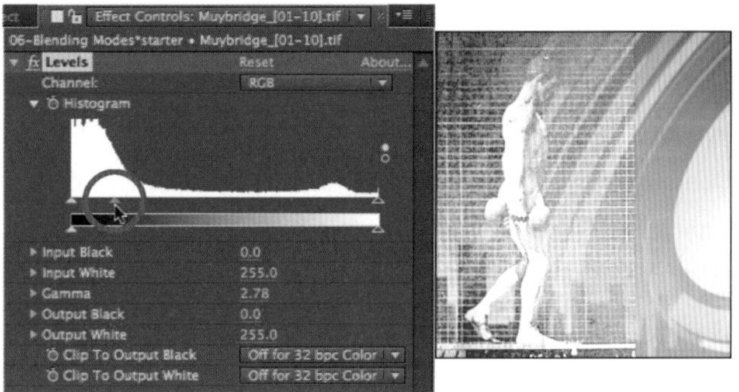

6 你可以使用效果进一步改变混合效果。此处我们使用Levels（色阶）来调整图像的Gamma值（上图左），目的是在合成中使用Overlay（叠加）模式（上图右）改变中间点的值。

尝试擦除Gamma值，它设置的是图层的灰色中间点，你还可以在直方图中间的下方拖曳它的指针。注意其改变图像序列对比度的方式。用不同的模式进行尝试。记住，你可以在不使用混合模式的情况下，临时设置图层的独奏开关来查看这种效果的结果。

7 在Effect Controls（效果控制）面板中单击Levels（色阶）名字旁边的fx标记，关闭Levels（色阶）。然后仍然选中Muybridge，应用Effect>Color Correction>Tritone（效果>颜色校正>三色调）。单击Midtones（中

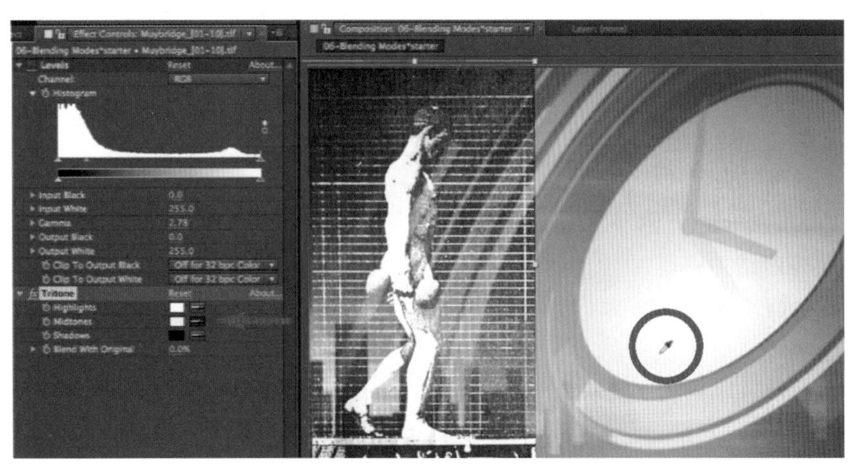

7 我们禁用了色阶，添加三色调，并使用中间调吸色管工具从背景中选择一个颜色来淡化Muybridge图片。结果［采用Overlay（叠加）模式］是一个比使用最初的灰度素材丰富得多的合成。

间调）色块，并选择一种颜色，如黄色。或者为了使Muybridge图层更加匹配背景，使用吸色管工具从背景图层上拾取一种颜色。观察结果是如何变得更丰富多彩的。试验不同的颜色和模式，并降低Opacity（不透明度）来降低强度。

保存项目，并从Comp（合成）面板的菜单中选择Close All（关闭全部），关闭前面打开的所有合成。

效果、固态层和模式

既然你已经有了一些关于模式的实际知识，那我们利用它来控制应用效果的方式。此处，我们还向你展示如何编辑一个效果点的运动路径。

1 单击Project（项目）面板选项卡，使其成为当前面板。如果看不到，在它所在窗口的顶部拖曳滚动条到左侧或者按快捷键⌘+O（Ctrl+O）。然后双击合成Comps>07_Effects Solids Modes*starter将其打开。

2 该合成内部有单个图层Cityscape.move。选择该图层并应用Effect>Generate>Lens Flare（效果>生成>镜头光晕）。

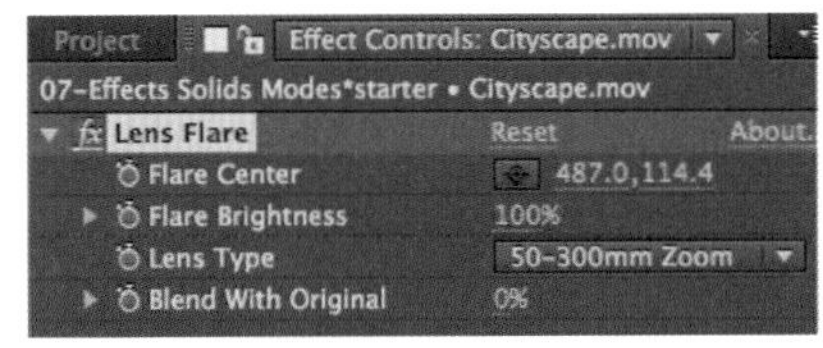

2 如果选中了Lens Flare（镜头光晕）效果（顶图），可以在Comp（合成）面板中看见并拖曳它的Flare Center（光晕中心）（上图）来交互式放置光晕。

在Effect Controls（效果控制）面板中选中Lens Flare（镜头光晕）后，你将在Comp（合成）面板中的光晕最亮处的中心看到一个十字光标——这是它的效果点。围绕合成拖曳它，并观看光晕的变化。

如果对该光晕效果感到一般，想进行一点调整，可以在Effect Controls（效果控制）面板中探索它的参数，但不幸的是，该效果没有直接改变颜色的方式。你可以尝试应用Effect>Color Correction>Hue/Saturation（效果>颜色校正>色相/饱和度），但这样就会同时改变光晕和底下素材的颜色。所以让我们看看更好的方法。

3 要更多地控制效果，需要给它设置自己的图层。

- 首先移除电影中的效果，但不是删除它，在Effect Controls（效果控制）面板中选中它，执行菜单命令Edit>Cut（编辑>剪切）。
- 选择Layer>New>Solid（图层>新建>固态层），快捷方式是⌘+Y（Ctrl+Y）。单击Make Comp Size（使用合成大小）按钮。然后单击Color（颜色）块并设置为纯黑色。单击Color Picker（颜色拾取器）中的OK（确定）按钮，再单击Solid Settings（固态层设置）中的OK（确定）按钮。
- 仍然选中新的图层Black Solid 1，执行菜单命令Edit>Paste（编辑>粘贴）。现在镜头光晕应该出现在固态层上，采用的是完全相同的设置。

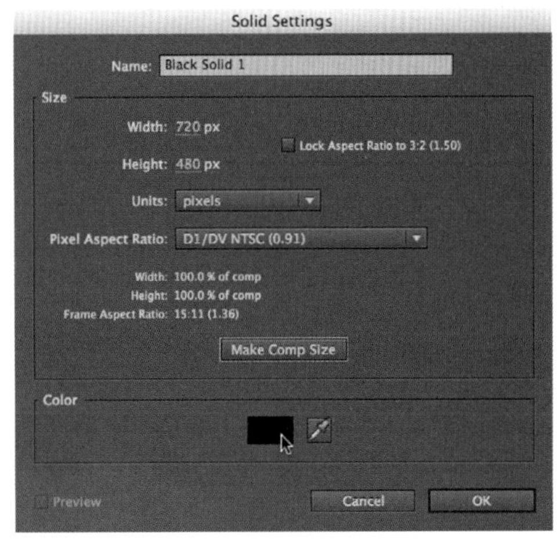

3 许多效果（如光晕）应用到一个黑色的合成大小的固态层上时，显示效果最好。

4 如果看不到Mode（模式）列，按F4键显示它。设置Black Solid1的模式为Add（添加）——黑色的固态层将消失，只留下明亮的光晕。

现在按快捷键Shift++（常规键盘上的加号键）向下移动Modes（模式）列表，不使用菜单。Screen（屏幕）模式将会给你提供相同的外观，就像你直接将它应用在素材图层上一样。在该混合层上Linear Dodge（线性减淡）模式看起来和Add（添加）模式相同，而Color Dodge（颜色减淡）模式创建了单个紧密的光晕。使用你最喜欢的模式。

注意，按快捷键Shift+-（减号键）向上移动模式列表。

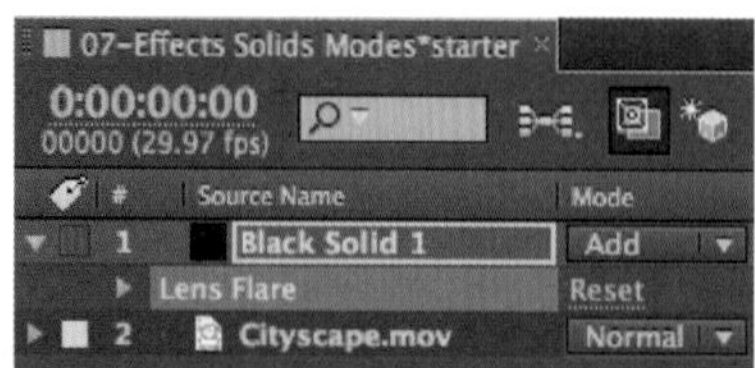

4 将Lens Flare（镜头光晕）应用到固态层上，并将它放在要处理的图层之上（左图）。尝试不同的模式，如Add（添加）（A图）、Lighten（变亮）（B图）和Color Dodge（颜色减淡）（C图）来得到不同的外观。

5 将Effect>Color Correction/Hue Saturation（效果>颜色校正/色相饱和度）应用到Black Solid 1图层上，它将添加到Effect Controls（效果控制）面板中Lens Flare（镜头光晕）的下面。擦除Master Hue（主色调）值以改变光晕的颜色，这时可以发现下面的素材仍然不受影响——这就是使用固态层的原因。

5 将Hue/Saturation（色相/饱和度）等其他效果应用到固态图层上，以改变镜头光晕，而不影响底层的素材。

效果运动路径

还记得在步骤2中处理的光晕中心位置吗？它给予我们充分的理由去采取一个简短的迂回方式，并向你展示另一个重要的技能：为一个效果点动画其运动路径。

6 确保当前时间指示器位于00:00处。在Effect Controls（效果控制）面板中，单击Flare Center（光晕中心）参数左侧的秒表以启用关键帧。这应该选择Lens Flare（镜头光晕）效果，它将使光晕中心的十字显示在Comp（合成）面板中。

- 将光晕拖曳到一个合适的起始位置处，如左上角附近。[如果看不到十字，单击Effect Controls（效果控制）面板中的十字，然后再在Comp（合成）视图窗口中单击你想要放置它的位置。]

- 按End键，然后拖曳光晕中心到一个合适的结束位置。进行RAM预览，你的光晕将以一条直线缓慢穿过天空。

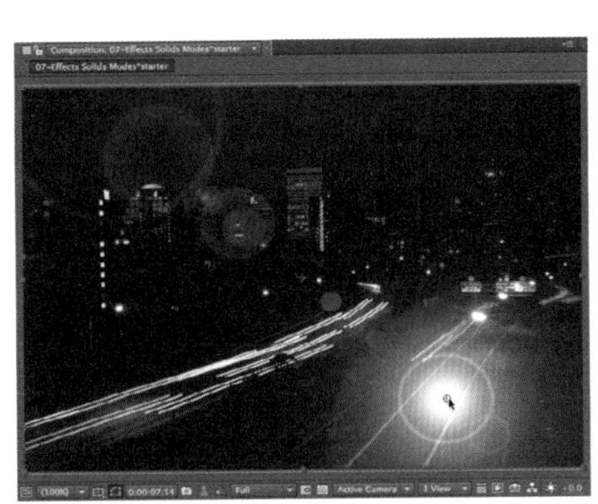

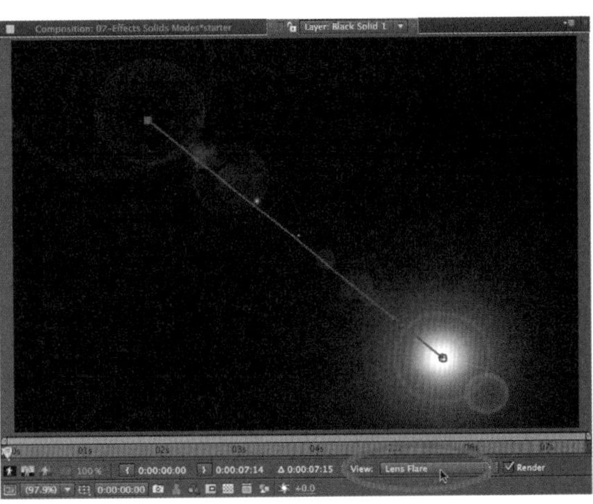

6 效果点路径在Comp（合成）面板中不可见（左图）。双击图层打开它的Layer（图层）面板（右图），在Layer（图层）面板中可以编辑效果点路径。[如果运动路径不可见，从View（视图）菜单项中选择Lens Flare（镜头光晕）]。

效果点创建了空间（spatial）关键帧（它们具有X和Y值），但是这些值是和图层有关的，与合成无关。这就是你在Comp（合成）视图中看不到它的运动路径的原因。但不是所有的都失去了……

- 双击Black Solid1图层打开它的Layer（图层）面板。在右下角处，检查View（视图）菜单项是否设置为Lens Flare（镜头光晕），以及Render（渲染）按钮是否打开。

现在你应该看到光晕中心的运动路径了。

7 我们假定你正在使用默认的After Effects首选项。如果这样的话，你将只能看到时间值为15:00（当前时间指示器的每一边为07:15秒）的关键帧图标。所以在合成的结束（07:29）处，看不到第一个关键帧的图标。要进行修正，打开Preference>Display（显示首选项>显示），设置Motion Path（运动路径）选项为All Keyframes（所有关键帧），并单击OK（确定）按钮。该参数将为本机上所有将来的项目保留使用。

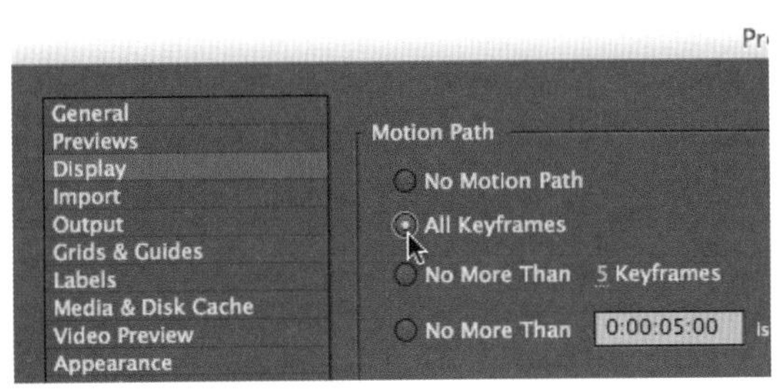

7 建议你设置Preferences>Display>Motion Path（首选项>显示>运动路径）为All Keyframes（所有关键帧），以看到整个运动路径。（该参数将为本机上所有将来的项目保留使用。）要编辑运动路径，按G键临时打开Pen（钢笔）工具，然后从关键帧本身拉出一个Bezier控制柄。

继续操作，编辑Flare Center（光晕中心）的运动路径，或许会产生一个优美的弧线穿越该窗口。如果很难找出要用来创建Bezier控制柄的两个点（它们和运动路径在一条直线上），按G键并从关键帧向外拖曳控制柄。预览该合成以试验新的路径，并在完成后关闭Layer（图层）面板。在Comps_Finished文件夹中的

07-Effects Solids Modes_final1中，我们还运用了Flare Brightness（光晕亮度）和颜色。

Lens Flare（镜头光晕）环绕它所在图层的中心旋转。通过将镜头光晕应用到比合成大的固态层上（如我们在07-Effects Solids Modes_final2中所做的），你可以根据需要重新将它定位。

大的固态层

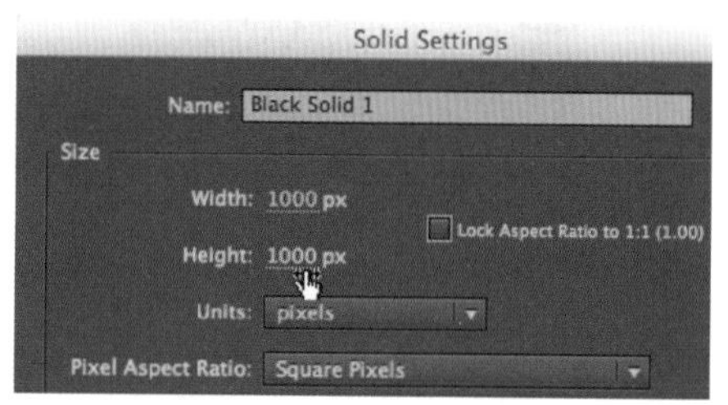

你可能已经注意到，镜头光晕总是环绕所在图层的中心旋转。给固态层应用效果的另一个原因是可以增大固态层的尺寸，然后重新定位，或者反过来变换合成中的固态层来改变效果出现的方式。

在本练习中，选择Black Solid1，按快捷键⌘+Shift+Y（Ctrl+Shift+Y）打开它的Solid Settings（固态层设置），输入一个较大的数（如1000）作为它的Width（宽度）和Height（高度），再单击OK（确定）按钮。光晕不再需要环绕合成的中心旋转，给你提供更大的灵活性来决定它的路径。可以随意缩放、旋转和移动该图层。我们在Comps_Finished>07-Effects Solids Modes_final2中提供了另一种方法。播放完成后，保存项目。

深入了解效果

下面我们将向你展示更多的效果使用方式，包括快速找到它们以及其他的动画方式。然后我们会展示如何保存和使用动画预置，它不仅可以撤销图层已经应用过的效果，还可以撤销所应用的任何关键帧。

查找和动画效果

记住一个详细的效果属于哪个效果子菜单是很大的挑战。例如，Invert（反相）是在Color Correction（色彩调整）效果中还是Channel（通道）中？幸运的是，After Effects有一个面板，它使查找效果变得非常简单：Effects & Presets（效果和预设）。

Effects & Preset（效果和预置）面板是在标准工作区中出现的默认面板之一。但是，它一般被束缚在右下角。要给它分配更多的空间，可以关闭Preview（预览）面板，它所在的窗口也会关闭，留出更多的空间给Effects & Presets（效果和预设）面板。[不用担心，你随时可以在Window（窗口）菜单中选择Preview（预览）窗口使其出现，或者使用Workspace>Reset“Standard”（工作区>重置“标准”工作区）。]

1 如果Comp（合成）或者时间轴面板为当前面板，从Comp（合成）面板的下拉菜单中选择Close All（关闭全部），关闭所有先前的合成。下一步，单击Project（项目）面板选项卡，使其置于顶层。如果看不到它，按快捷键⌘+O（Ctrl+O）来显示Project（项目）面板。然后双击Comps文件夹下的08_Save Preset*starter将其打开。它包含一个图层，将它选中。

2 将注意力转移到Effects & Presets（效果和预设）面板。单击右上角的选项箭头：这是定义面板显示内容和显示方式的地方。现在，禁用Show Animation Presets（显示动画预设）选项，使你只看到实际效果的名称。

在Effects & Presets（效果和预设）面板的顶部有一个QuickSearch（快速搜索）框，类似在Project（项目）和时间轴面板顶部出现的搜索框。在该框中输入“radial”。输入时，其下面的区域将找出含有所输入字符的所有效果。双击名称为Radial Blur（径向模糊）的效果，它会应用到所选的图层上。如果忘记选中图层，还可以将效果拖放到所需的图层上。

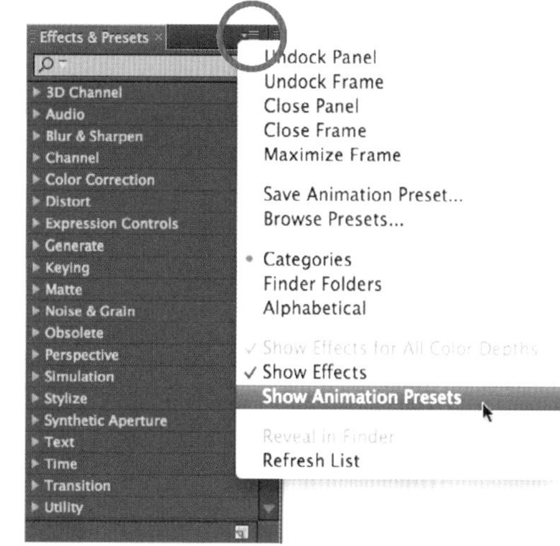

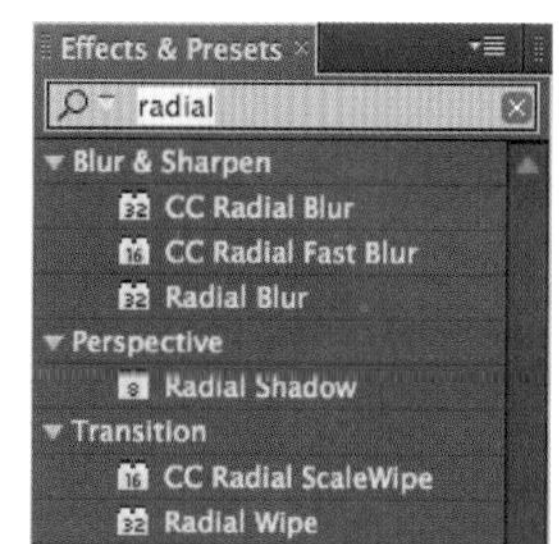

2 单击Effects & Presets（效果和预设）面板右上角的选项箭头，临时禁用Show Animation Presets（显示动画预设）功能，所以仅有实际的效果能被搜索到（上图）。然后在QuickSearch（快速搜索）框中输入“radial”来查找包含这些字符的任何效果名称（下图）。

3 Effect Controls（效果控制）面板将会打开，显示你所应用的效果。到目前为止，除了你看到的一些正常的用户界面元素外，Radial Blur（径向模糊）效果还包含了一个自定义元素，以模糊图形的形式出现。要改变模糊的中心，要么在Effect Controls（效果控制）面板中的图形内部进行拖曳，要么直接在Comp（合成）面板中拖曳效果点。图形下方的滑块直接改变了模糊量。将Type（类型）菜单项从Spin（旋转）改为Zoom（变焦）来获得不同的效果。

- 找一个你喜欢的形式，在Effect Controls（效果控制）面板中，在00:00处单击Amount（数量）名称左侧的秒表来为Amount（数量）属性启用关键帧。按U键，其动画属性也会显示在时间轴面板中。
- 将当前时间指示器向后移动几秒到04:00附近，设置Amount（数量）为0。按N键来结束当前的工作区，再按数字小键盘上的0键进行RAM预览。你的模糊效果将从这段时间内的初始设置到未处理的视频进行动画。

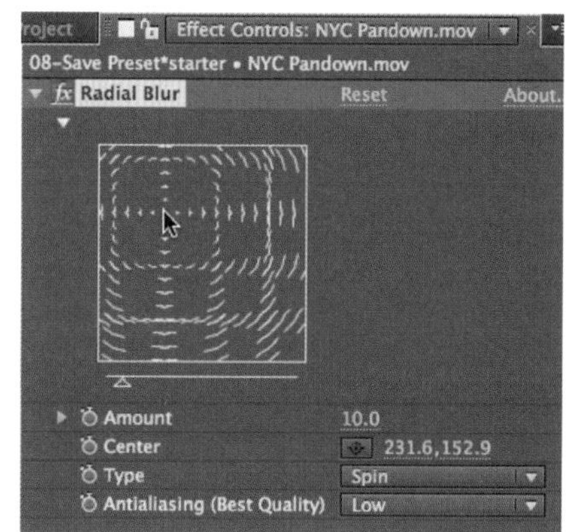

3 Radial Blur（径向模糊）效果有一个自定义的用户界面，可以调节模糊的中心和模糊量。向图形内部拖曳可改变模糊的中心。

4 我们应用另一个效果来辅助创建一种“闪回镜头”。在Effects & Presets（效果和预设）面板中，删除“radial”，而在QuickSearch（快速搜索）框中输入“tint”来显示Tint（浅色调）效果。（注意，最近的和已保存的搜索项会出现在你输入位置的上方。）双击Tint（浅色调），该效果就应用到了图层上。

效果和预设面板使用指南

Effects & Presets（效果和预设）对搜索效果和动画提供了很多不同的选项。在下载资源的03-Video Bonus文件夹中有一个QuickTime电影，它演示了一些选项，还给出了一些关于搜索和组织动画预设的建议。

5 按Home键返回合成的开始处［此处为放置第一个Radial Blur（径向模糊）关键帧的地方］。

3~5 动画Radial Blur（径向模糊）和Tint（浅色调）（顶图），将一个模糊的黑白图像转换为一个清晰的彩色图像（上图）。素材由Artbeats/New York Scenes授权使用。

- 在Effect Controls（效果控制）面板中，为Amount To Tint（浅色调数量）启用关键帧，使用其默认值为100%，它创建了一个很好的黑白效果。按U键，直到该关键帧和Radial Blur（径向模糊）关键帧都显示在时间轴面板中。
- 按快捷键Shift+End跳转到工作区的末端04:00处。在Effect Controls（效果控制）面板中，设置Amount to Tint（浅色调数量）值为0%，恢复图像的原始颜色。

保存项目，进行RAM预览。如果想对比结果，可以查看Comps_Finished>08-Save Preset_final。

保存动画预设

假设你喜欢该效果，并决定将它应用到其他图层上。你可以复制并粘贴这些效果和它们的关键帧，但是处理起来比较困难——尤其是如果图层在一个新项目中，从将来某个时间开始的时候。

现在你应该知道每当我们提出一个问题时，接着就会提供一个好方法。

6 在08-Save Preset*starter合成中，选择NYC Pandown图层并按F3键将Effect Controls（效果控制）面板置于顶层（如果它不在顶层的话）。在效果名字Radial Blur（径向模糊）上单击将其选中，然后在Tint（浅色调）上按Shift键+单击也将它选中。

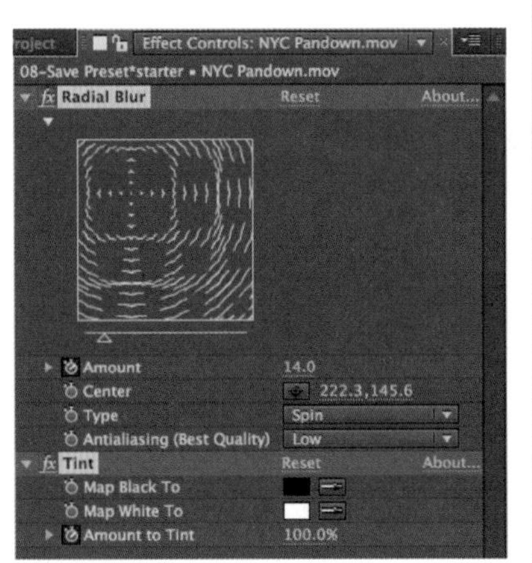

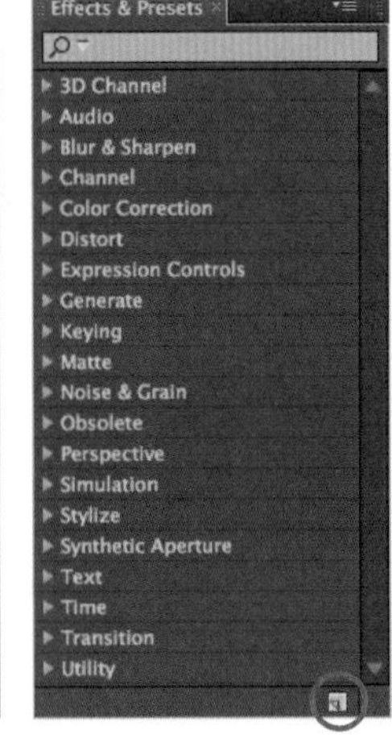

6 两个效果都选中（上图左），然后使用动画菜单项或者效果和预设面板右下角的按钮来保存预设（上图右）。

有多种将效果保存为动画预设的方法。

- 选择菜单项Animation>Save Animation preset（动画>保存动画预设）。

- 单击Effects & Presets（效果和预设）面板右下方的Create New Animation Preset（创建新的动画预设）图标。

此时将打开一个文件浏览对话框。默认打开的是Adobe>After Effects CS6>User Presets文件夹，它位于操作系统的用户文档文件夹中。将动画预设要么保存在该文件夹中，要么保存在Adobe After Effects CS6>Presets文件夹中，而且稍后它会自动出现在Effects & Presets（效果和预设）面板中。在Presets文件中创建自己的子文件夹来记录已保存的预设不失为一个好办法。所以创建一个新文件夹，命名它，然后给新预设起一个好记的名字，例如“radial flashback.ffx”（保留.ffx后缀）。然后单击Save（保存）。很短时间后，Effects & Presets（效果和预设）面板就会刷新。

7 要看看将新预设应用到不同图层上有多么轻松，就将Project（项目）面板置上，并打开另一个合成：09_Apply Preset*starter。进行预览，目前该合成有一个未处理的视频层，名为City Rush.mov。选中该图层。（如果开始时没有选中一个图层，After Effects将创建一个固态层，并将该预设应用到固态层上。）

动画预设将它们的关键帧设置应用在当前时间指示器位置的开始处。如果想确保关键帧开始在图层开始的时间，选中图层，并按I键跳到入点处，然后再应用预设。

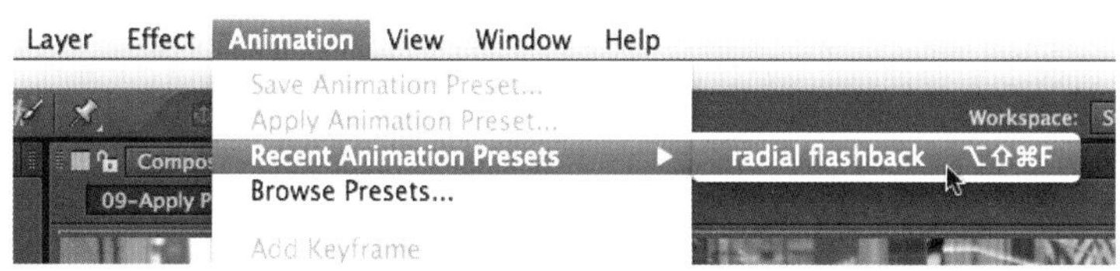

7 有几种搜索已保存的动画预设的方法。如果仅保存或者使用它，它将显示在Animation>Recent Animation Preset（动画>最近的动画预设）菜单中（左图）。然后可以将该预设应用到任何其他的图层上（下图）。素材由Artbeats/City Rush授权使用。

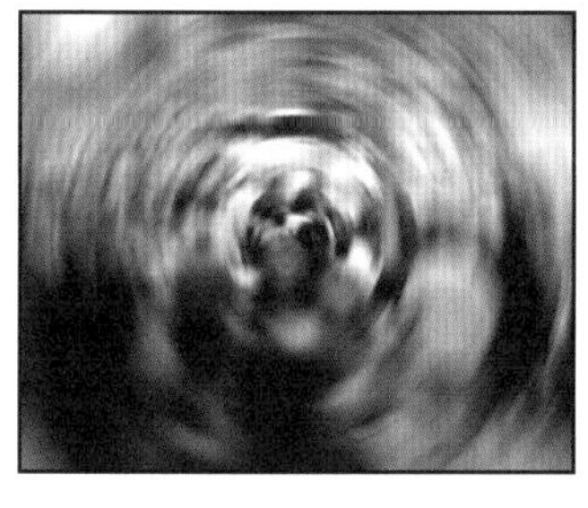

正如有多种选择来保存预设一样，应用预设也有多种方式。选中图层后，可从下面选择一种方式。

- 打开Animation（动画）菜单。如果光标悬停在Recent Animation Presets（最近的动画预设）子菜单上，你的新预设将在那里出现。
- 可以使用便利的Effects & Presets（效果和预设）面板及其搜索功能！但要采用此方式，需要在搜索中输入预设。单击Effects & Presets（效果和预设）选项箭头，重新选中Show Animation Presets（显示动画预设）选型。然后开始输入“flashback”或者任何预设的名字，直到它出现。双击出现的预设并将它拖曳到图层上。
- 如果预设保存在After Effects应用程序文件夹外部，可以使用Animation>Apply Animation Preset（动画>应用动画预设）来找到硬盘上的预设。

无论使用哪种方法，都会激活Effect Controls（效果控制）面板，显示预设上的效果。按U键在时间轴面板中显示已设置动画的属性，你应该能看到两种效果和关键帧。进行预览，将看到在新合成的新图层中会重建整个处理过程。

Adobe的动画预设

除了创建和保存你自己的动画预设外，After Effects还提供了几百个动画预设，它们是由Adobe开发的。让我们通过应用它们来快速了解一下。在这个过程中，我们将探索几个最喜欢的预设种类。

1 保存项目，并打开合成10_Adobe's Preset*starter。它有两个图层，目前，第一个图层（Kite.ai）的Video（视频）开关为关闭状态。选中第二个图层：Aerial Colouds.mov。

2 打开*Animation Presets文件夹。它包含由Adobe提供的几百个动画预设，在该文件夹中按类别划分这些预设，还包含你创建的所有文件夹（如在上一个练习中创建的文件夹）。记住，你无法看到动画预设，除非从效果和预设选项菜单（单击右上角的箭头）中选中了显示动画预设。

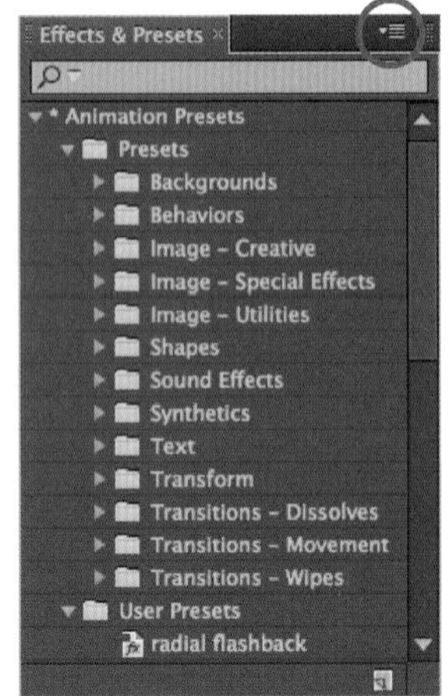

2 删除Effects & Presets（效果和预设）面板中Contains（内容）框中留下的所有文字。打开顶层文件夹——*Animation Presets。[如果看不见它，从Effects & Presets Options（效果和预设选项）菜单中启用Show Animation Presets（显示动画预设）。] 该文件夹包含Adobe开发的预设，而且如果你像我们上面讲述的方式保存了预设，你自己的文件夹也会显示在这里。

3 打开Image-Creative子文件夹（如果文件夹名称被截断，将面板加宽）。它包含许多有趣的图片处理效果。例如，双击Colorize-gold dip后素材将呈现深红色和金色调（按End键查看它的天空和云朵的混合色）。撤销，删除该预设，然后尝试另一个，如Bloom-crystallize2。现在云彩将呈现一种更具有艺术性的印象派外观。

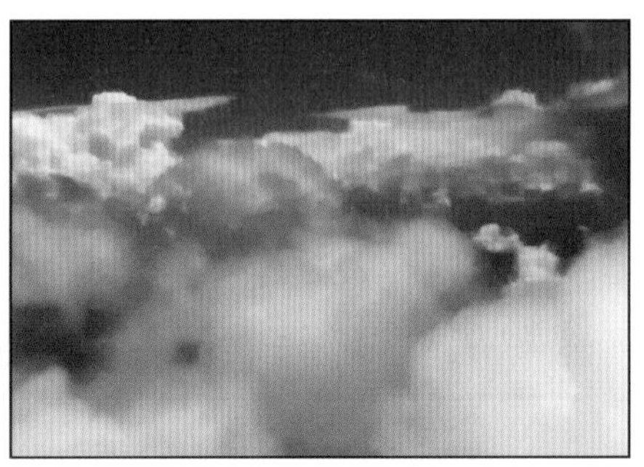

3 Image-Creative预设包含从Colorize-gold dip（上图左）到Bloom-crystallize2（上图右）的处理。素材：Artbeats/Aerial Colouds。

4 在时间轴面板中，打开图层Kite.ai的Video（视频）开关（眼睛图标），选中该图层。

向上查找到Image-Creative文件夹，而不是向下的子文件夹Behaviors。它们使用了效果和表达式（After Effects的用户编程语言）组合，表达式可以在不使用关键帧的情况下创建动画运动。

例如，双击预设Rotate Over Time，然后预览：风筝将缓慢地以顺时针旋转经过合成区域。查看Effect Controls（效果控制）面板，并擦除顶部效果的Rotation（旋转）参数——它控制图层旋转的快慢和方向。

一直撤销，直到移除Rotate Over Time效果，再应用Wiggle-position效果。进行预览，现在风筝将在合成中四处飘荡——你不必为运动路径设置关键帧。编辑Effect Controls（效果控制）面板顶部的Wiggle（抖动）参数的两个值，改变翅膀的摇摆方式。

注意，对于抖动位置、旋转、缩放和倾斜度，有单独的Behavior（行为）预设，但是最有趣的还是Wigglerama，它将它们全部内容放到一个极大的预设中。在你自己的一些素材项、文字或者徽标图层上应用该预设。

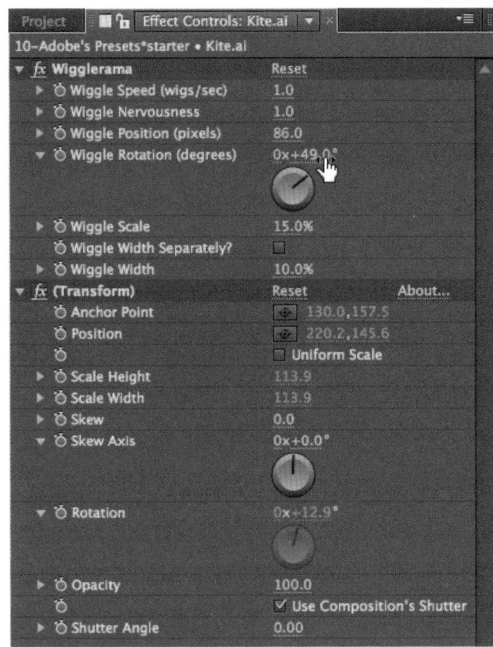

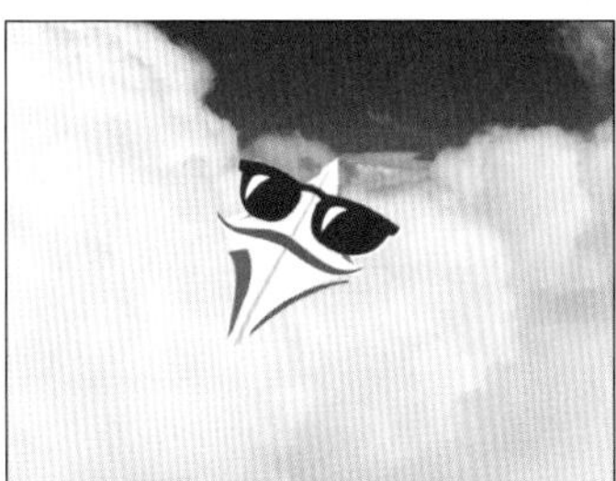

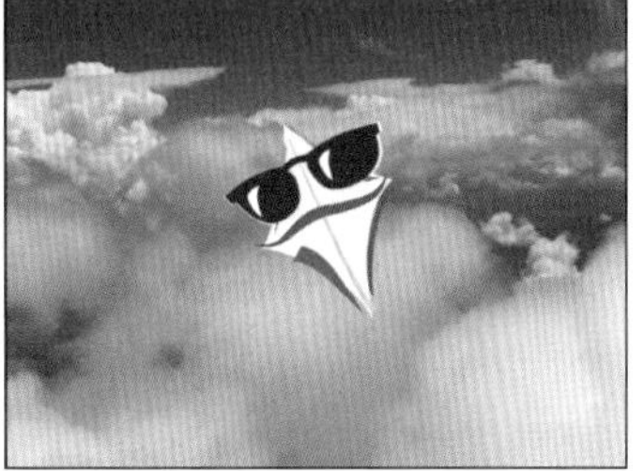

4 一些预设（如Wigglerama）添加了一种专门的控制器效果，紧跟着的是它实际控制的一种或者多种效果。Behavior（行为）预设可自动创建动画，如Wigglerama的随机运动。Kite图像由iStockphoto、ggodby、image# 229044授权使用。

图层样式

除了插入式的效果，After Effects还提供了图层样式，它是在Adobe Photoshop中建立的。它们提供了一种不同的方式来给图层添加斜角、阴影、渐变和其他效果。图层样式通常比它们的对应部分提供了更为复杂的选项，如Effect>Perspective>Drop Shadow（效果>透视>阴影）或>Bevel Alpha（Alpha导角）。

你可以导入一个已嵌入图层样式的Photoshop文件，或者将图层样式应用到After Effects内部的任何图层上。图层样式位于Layer（图层）菜单中，而不是Effect（效果）菜单，而且是直接在时间轴面板中编辑它的参数，而不是在Effect Controls（效果控制）面板中。

导入一个带有图层样式的Photoshop文件

处理内嵌图层样式的Photoshop文件有两种方法：你可以在导入时“合并”该文件，这样将把图层样式渲染到结果图片中，或者可以将该文件作为一个可编辑图层样式的合成导入。我们将采用后一种方式，因为它提供了最大程度的灵活性。

1 单击Project（项目）面板的选项卡，将其激活。如果看不到该面板或者选项卡，使用菜单命令Window>Project（窗口>项目）来显示。然后选择My Comps文件夹，这样可以直接将一个Photoshop文件及其附属合成导入到正确的文件夹中。

2 按快捷键⌘+I（Ctrl+I）打开导入对话框。定位到Lesson 03-Layer Controls>03_Sources，选择Reality_drop.psd。单击Open（打开）。

在打开的对话框中，设置Import Kind（导入类型）菜单为Composition-Retain Layer Sizes（合成—保留图层大小）。在Layer Options（图层选项）下面，启用Editable Layer Styles（可编辑的图层样式）。然后单击OK（确定）按钮。将在Project（项目）面板中的My Comps文件夹中创建一个合成和文件夹（名字同为Reality_drop）。根据需要，你还可以将Reality_drop Layers文件夹拖曳到My Sources文件夹中。

3 双击合成Reality_drop打开它。会出现两个图层：drop inset和drop frame。切换它们的Video（视频）开关（眼睛图标）为打开或者关闭，确认哪一个将用在最终图片中。

在时间轴面板中，展开drop inset，然后展开Layer Styles（图层样式）。你会看到所有可能的图层样式列表。在A/V Features（A/V特性）列，可以看到针对每个样式的Video（视频）开关。将它们打开和关闭来感受每个特性对最终渲染的影响。

4 有时，一种图层样式的视觉表现与它的名字是不同的。例如，当切换Outer Glow（外部辉光）开和关时，凸起的插图周围的黑色阴影就会出现和消失。向下展开Outer Glow（外部辉光）项，擦除它的Opacity（不透明度）值：它影响的是阴影的黑暗程度。沿列表向下看，会注意到Outer Glow（外部辉光）的颜色是黑色的，就是它创建了阴影效果。单击Color swatch（色块）改变它的颜色，现在会看到它的真实效果。

随意尝试Outer Glow（外部辉光）的其他参数，然后继续尝试其他图层样式。注意，每个参数的旁边都有一个动画秒表，表示可以对其设置动画。

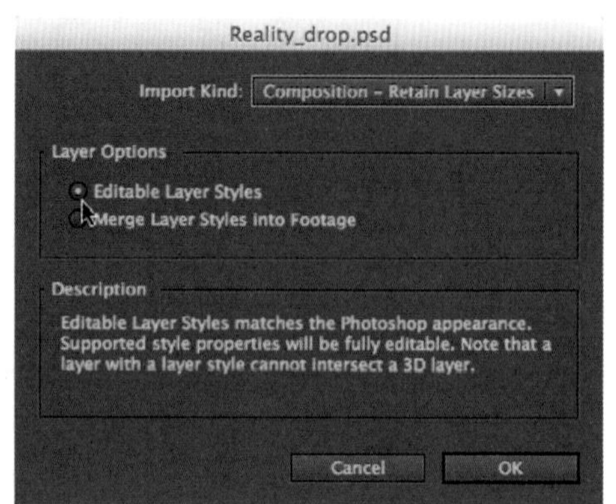

2 在导入一个分层的Photoshop文件（格式=PSD）时，设置Import Kind（导入类型）为Composition-Retain Layer Sizes（合成-保留图层大小）并启用Editable Layer Styles（可编辑的图层样式）。这就给你提供了使用文件的最大灵活性。

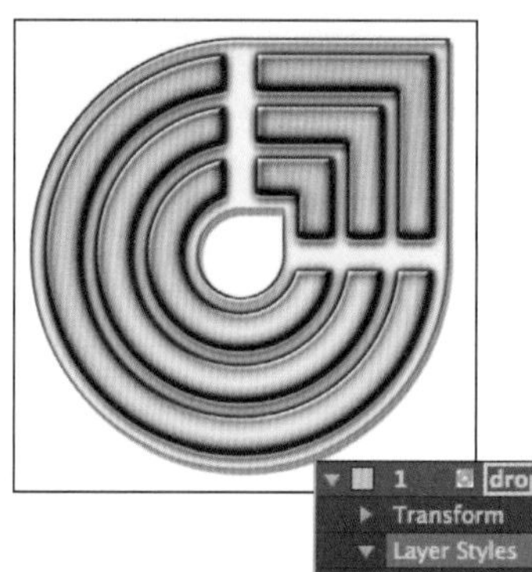

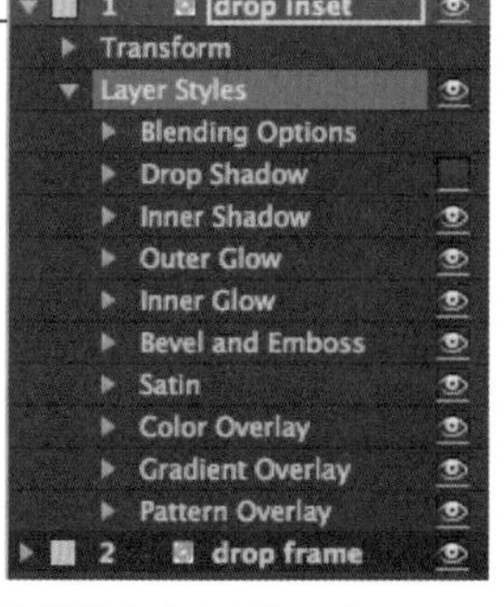

3 这个别具风格的水滴样徽章（顶图）是由Reality Check的Andrew Heimbold在Photoshop中使用图层样式创建的。不像一般的效果，只能在时间轴面板中编辑图层样式（上图）。你可以单独地打开或者关闭每种效果，也可以展开编辑它们的参数。

应用图层样式

如前页所述，你还可以将图层样式应用到After Effects内部的其他图层上。图层样式在具有有趣的Alpha通道的图层上效果更好，如图标或者文字。

1 在Project（项目）面板中，双击Comps>11-Layer Styles* starter将其打开。该合成的特点是以一个菜单开始。你的目标是让这些按钮看起来更有意思。

2 选中第二个图层（Button 1）并应用Layer>Layer Styles>Bevel and Emboss（图层>图层样式>斜面和浮雕）效果。按钮将立刻变得更有立体感，像从背景表面抬高了一样。

3 在时间轴面板中，向下展开Button1>Layer Style> Bevel and Emboss（Button1>图层样式>斜角和浮雕）效果。将Technique（技术）项的值从Smooth（平滑）改为Chisel Hard（雕刻清晰），注意斜剖面的变化。将Technique（技术）设回Smooth（平滑），并增大Size（尺寸）参数的值，得到一个较大的圆。

4 将Style（样式）选项设为Out Bevel（外斜角）或者Emboss（浮雕），现在按钮看起来像从背景表面向上被推高了一样。改变样式为Pillow Emboss（枕状浮雕），按钮将变得像被切入背景图像中一样。

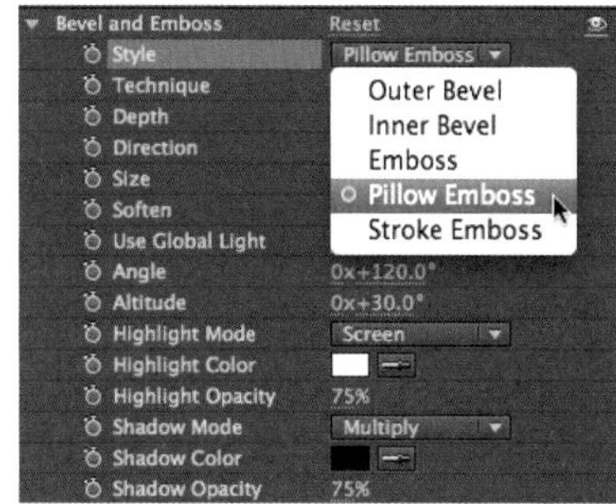

4 Layer Style>Bevel and Emboss（图层样式>斜角和浮雕）命令可以将平面的按钮（上图左）转换为立体的（上图中）。试验Bevel and Emboss（斜角和浮雕）的参数（上图右）。

5 将Style（样式）选项设回Inner Bevel（内斜角）。现在添加Layer>Layer Styles>Outer Glow（图层>图层样式>外部辉光）或者>Drop Shadow（阴影）效果到Button 1上。试验这些图层样式的参数来得到不同的外观——例如，增大Size（尺寸）来实现更多的立体感。作为练习，给其他两个按钮设置相似或者不同的外观：你可以使用图层样式实现许多效果。

▽ 将来的程序版本

调整方法

对调整图层所做的任何可影响形状或者不透明度的操作都是很有趣的，查看每章最后的“方法角”可获得建议。在后续的章节中，你将学习遮罩和跟踪蒙版的相关知识。你还可以将这些技术应用到调整图层上，为效果区域创建有趣的形状。

调整图层

使用效果的另一个极佳工具是调整图层。你可以只将效果应用到一个图层上，并让它们影响下面所有的图层。然后，我们将通过向你展示一个我们最喜爱的技巧来结束本章内容。

1 单击Project（项目）面板的选项卡，将其激活。如果看不到它，按快捷键⌘+O（Ctrl+O）。然后打开Comps>12_Adjustment Layers*starter。你将如何模糊其中的三个图层呢？值得高兴的是，你不必将一个模糊效果应用三次。

2 选择Layer>New>Adjustment Layer（图层>新建>调整图层），就会创建一个与合成大小相同的固态层，并将它放在图层堆栈的顶部，有一个不同之处：它的Adjustment Layer（调整图层）开关［时间轴面板Switches（开关）列中的半月图标］为打开状态。你不能“查看”调整图层，你需要给它们应用效果并观看其效果。

2 时间轴面板中的半月图标表示该图层是一个调整图层。

3 在选中Adjustment Layer的状态下，添加Effect>Blur & Sharpen>Fast Blur（效果>模糊与锐化>快速模糊）效果。这将激活Effect Controls（效果控制）面板。启用Repeat Edge Pixels（重复边缘像素）功能，然后增加Blurriness（模糊程度）值，这个合成图像会变得更加模糊。

4 调整图层仅处理图层堆栈中调整图层下面的那些图层。在时间轴面板中，抓住Adjustment Layer并将它向下拖曳一个层次，正好在Muybridge_[1-10].tif图层的上方：标题不再模糊，但下面的图层仍然是模糊的。

再将Adjustment Layer向下拖曳一个层次，使其恰好在Clock+Skyline.mov的上方。现在只有钟表的背景图片和地平线是模糊的，上面的两个图层是清晰的。

5 如果调整图层没有覆盖住整个合成图像区域，那么仅有被它盖住的区域会得到处理。

选择Adjustment Layer，按S键显示它的Scale（缩放）。减少Scale（缩放）的值约为80%，同时观察合成：你会看到只有调整图层下方的区域被模糊了。将它拖曳到Why we Work.ai的正下方，此时文字保持清晰，而背景部分被模糊了。

6 尝试一些其他的效果：添加Effect>Color Correction>Hue/Saturation（效果>颜色校正>色相/饱和度）效果，并擦除它的Master Hue（主色调）和Saturation（饱和度）值，给下面的图层着色。

5~6 按比例缩小调整图层（上图左）产生仅一个插图大小的合成，它受应用到调整图层上的效果的影响（上图右）。

7 仍然选中Adjustment Layer，按快捷键Shift + T显示它的Opacity（不透明度）。擦除其值，并注意调整图层的多少效果被融合到最终合成中。

应用Filmic Glow（电影发光）效果

调整图层对于给大量图层（堆积到一起以创建一个合成图像）添加效果是非常方便的。它们对于快速处理有时间限制的大量图层（如视频拍摄）也同样有用。

1 从本章前面的编辑图层练习中重新打开一个合成，如03a_Sequence Layers-Full Frame。

2 在本合成中，执行菜单命令Layer>New>Adjustment Layer（图层>新建>调整图层），一个新的图层将出现在所编辑的图层之上。

3 应用Effect>Blur & Sharpen>Fast Blur（效果>模糊和锐化>快速模糊）到新的调整图层上，增大其Blurriness（模糊程度）参数值，并打开Repeat Edge Pixels（重复边缘像素）选项。拖曳当前时间指示器通过时间线，并注意所有图层（包括它们之间的渐变）得到相同模糊值的方式。

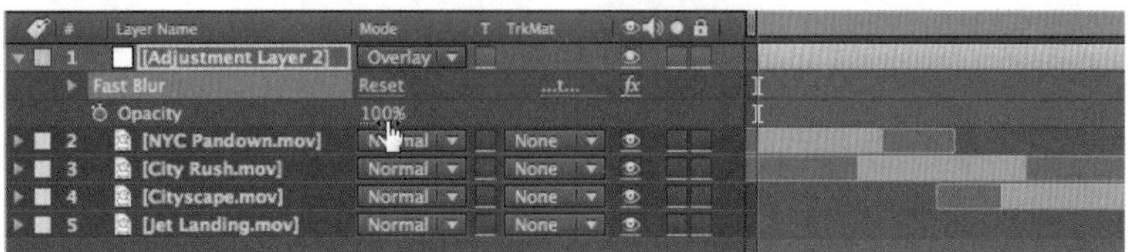

1~4 原始图像是清晰无夸大的（A图）。添加一个带有一些模糊效果的调整图层使得整个图像变得模糊（B图）。选择一种模式会产生一种更加有趣的效果（C图），如Overlay（叠加）模式（左图）。

4 按F4键显示Modes（模式）面板，并为调整图层选择一种混合模式，如Screen（屏幕）或者Overlay（叠加）模式。结果将是一个模糊的图层合成在顶层进行混合，产生一种强烈的、在某种程度上有些梦幻的流行电影效果。你可以改变图层的Opacity（不透明度），或者添加Color Correction>Levels（颜色校正>色阶）效果并改变调整图层的Gamma值来平衡最终合成的灰度值。甚至可以复制调整图层，并为每个调整图层使用一种不同的模式。

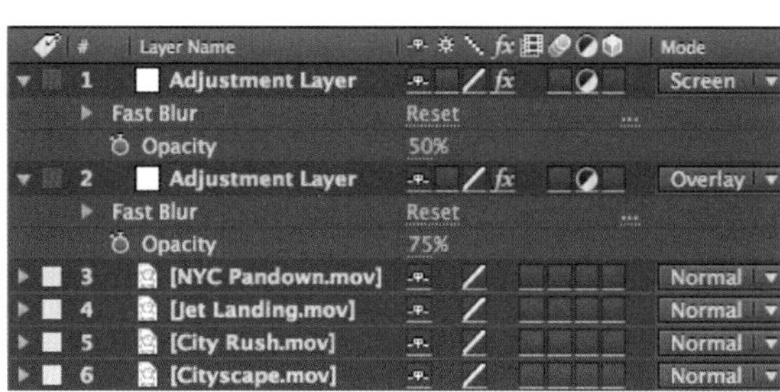

我们经常应用两个调整图层来创建“速溶性”外观。详见示例：Comps_Finished>03a-Sequence-Full Frame_final。

这种常规的技巧通常称为“速溶性”（Instant Sex）。有关此技巧的一个作品版本保存在Comps_Finished>03a-Sequence-Full Frame_final中。在我们的版本中，我们复制了调整图层，然后设置其中一个为Overlay（叠加）模式，其他为Screen（屏幕）模式。你不必模糊两个图层，但是必须为该模式应用一种效果才能使其实际工作。

▽ 提示

通用的浅色调

一个可以辅助统一一组不同剪辑的好方法就是对它们进行相同的颜色处理。例如，给一组已编辑的剪辑的调整图层应用Tritone（三色调）[或者甚至应用Colorama（彩色光）]，并调整它的Opacity（不透明度）来得到你想要的浅色程度。

▽ 提示

预设变化

Brainstorm（头脑风暴）和Snimation预设一起工作效果尤其好，可以根据主题产生变化。尤其是在Backgrounds、Behaviors和Synthetics文件夹的预设中，通过选择它们对图层应用的效果来尝试头脑风暴。在这种情况下，Behaviors仅选择了第一个“控制器”效果，不要选择名字在括号中的效果。

头脑风暴

很大一部分的图片设计演示的是“将来怎么样”。该游戏就像决定让一个图层运动得多远或者多快一样简单，或者像试图学习一种有无数滑块和值列表的效果一样复杂。像该游戏一样有趣，它要花费一段时间。

这是Brainstorm（头脑风暴）切入的地方。你可以选择与单个图层一样多或少的参数、关键帧或效果，然后让Brainstorm（头脑风暴）为你创建不同的组合值。它一次可以提供九个变化，你可以抛弃这些方式并重新开始，或者选择相近的方式让Brainstorm（头脑风暴）根据这些方式产生新的方法。你可以将一种Brainstorm（头脑风暴）的结果应用到正在处理的图层上，或者将其中间变化保存到新的合成中。此处我们用它来发现在应用Cartoon（卡通）效果后的外观范围。

1 关闭先前所有的合成，双击Comps>13-Cartoon Brain*starter将其打开。它包含一个篮球游戏剪辑。假设你要将给该剪辑添加一种类似卡通的手绘效果。

2 选中Baseball.mov并应用Effect>Stylize>Cartoon（效果>风格化>卡通）效果。你将看到颜色呈现一种平面的“色调分离”的外观，颜色之间的边缘轮廓为黑色。在Effect Controls（效果控制）面板中，试验Cartoon（卡通）效果的参数。我们亲自从Fill（填充）部分开始，可以通过减少Shading Steps（阴影步骤）和Shading Smoothness（阴影平滑度）来得到一些真正有趣的效果。我们也往往通过降低Edge>Width and

Edge>Threshold（边缘>宽度和边缘>阈值）来实现。

3 仍然选中Baseball.mov，按E键在时间轴面板中显示Cartoon（卡通）效果，并选择卡通（或者其参数的一个子集）。然后在时间轴面板顶部单击Brainstorm（头脑风暴）图标。将出现一个对话框和9个合成的副本，每一个显示了原始图层的一个变化。

4 头脑风暴默认对原始方式产生相对温和的改变。如果想看看卡通效果的全部效果，增加Randomness（随机性）的值为100%，并单击该对话框底部的Brainstorm（头脑风暴）按钮。你将会得到9种更多的选择和更多的变化。保持单击Brainstorm（头脑风暴）按钮，直至看到一个或更多你喜欢的变化。如果觉得错过了一个好的屏幕效果，单击头脑风暴按钮左侧的Back（返回）按钮。还有一个Play（播放）按钮用来查看这些变化在运动中的效果。

1~2 要给视频增加插图感（上图），应用卡通效果并根据喜好调整它的填充和边缘参数值（右图）。素材由Artbeats/Sports Metaphors授权使用。

3 选择Cartoon（卡通）效果并单击时间轴面板中的Brainstorm（头脑风暴）。

5 将光标悬停在一个喜欢的变化上，相关的4个按钮会漂浮在它的上方。单击Include in Next Brainstorm（包含在下一个头脑风暴中）按钮可让After Effects拥有更多类似的变化。如果你喜欢，可以包含更多的变化。降低Randomness（随机性）值为25%或者更少，再次单击Brainstorm（头脑风暴）以得到更明确的变化。

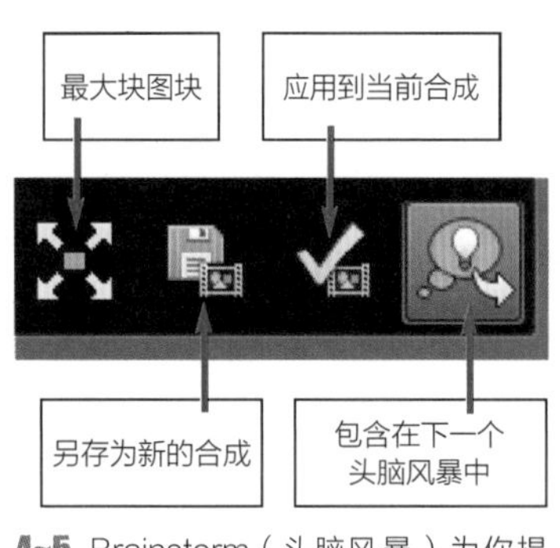

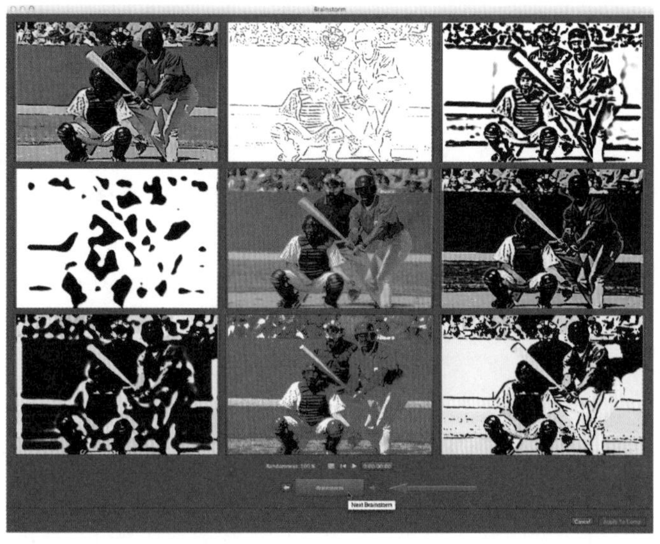

4~5 Brainstorm（头脑风暴）为你提供了选择参数的9种变化效果。单击最大的Brainstorm（头脑风暴）按钮来产生新的变化（右图）。看到一个你喜欢的变化时，将鼠标悬停在该图像上可查看选项（上图）。

6 如果看到一个喜欢的变化，但是不能完全确定是否为“这一个”，单击Save as New Composition（另存为新的合成）按钮。它将和当前正在使用的合成保存在相同的文件夹下，它的结束时间会自动增加。稍后你可以通过逆向工程来了解如何得到这些特殊的效果。

7 继续操作，单击Brainstorm（头脑风暴）并检查你喜欢的不同变化，直至找到一种你想继续使用的变化。将鼠标移动到所选的变化上，以出现它的操作按钮并单击Apply to Current Composition（应用到当前合成）。Brainstorm（头脑风暴）对话框将关闭，这些参数会应用到所选的效果上。

可以自由调整Brainstorm（头脑风暴）的结果来得到想要的精确效果。还可以修改结果的效果，如通过添加上色效果来改变Cartoon（卡通）效果，如同我们在Comps_Finished>13-Cartoon Brain_final中所做的。当然，你也可以对那些效果或者只选择特殊的参数进行Brainstorm（头脑风暴）。Brainstorm（头脑风暴）不能代替创造性，但它可以帮助你克服创造性方面的困难。

7 我们的最终图像，在使用Brainstorm（头脑风暴）和Cartoon（卡通）效果产生新的方法后，再加上其他效果的预处理和后处理。

▼ 技术角：非方形像素

本章中的大多数练习采用的合成尺寸为720像素×480像素。这是标准定义DV NTSC（北美电视标准委员会）视频帧的尺寸。另一种常见的标准定义格式是NTSC D1（专业数字视频），尺寸为720像素×486像素。在欧洲和世界上的其他地区，常用尺寸是720像素×576像素。

所有这些尺寸描绘的图像纵横比都是4：3——4个单位的宽度对应3个单位的高度。但是如果你向外拖曳一个计算图，会发现没有一个帧的尺寸工作在4：3的比例。为什么呢?

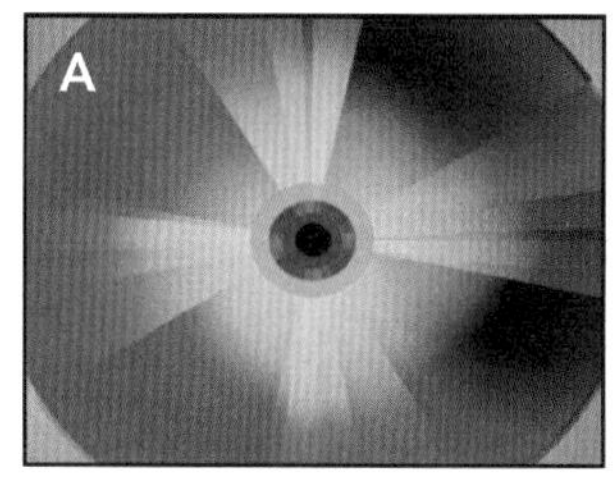

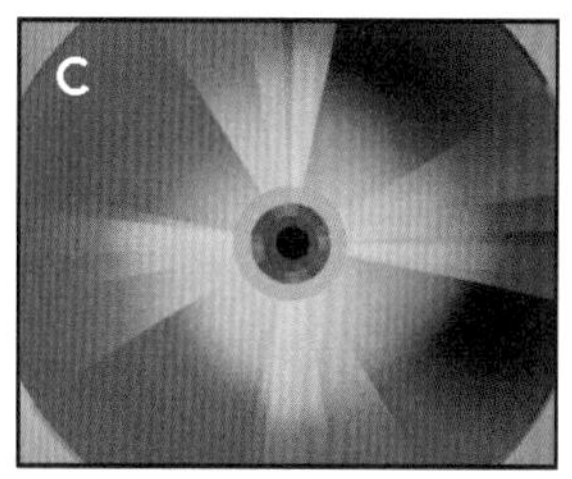

△ 假设以非常圆的形式表现的对象（A图）在计算机上可能看起来很扁平（B图）或者很紧（C图）。这是非方形像素的自然效果。素材由Artbeats/Digidelic授权使用。

计算机假定每一个像素（图片元素）的高和宽同样绘制——换句话说，作为一个方块绘制。但是，许多数字视频标准采用非方形像素来设计。这就意味着它们在播放时将以稍微扭曲的方式被显示出来。扭曲的数量被称为像素纵横比（简称为PAR）。

在NTSC DV制式下，在计算机上绘制的图像比在电视屏幕上看到的要宽一些；在PAL制式下，在计算机上绘制的图像比在电视上看到的要窄一些。因此，如果一个D1/DV合成在计算机屏幕上看起来正确，在电视屏幕（此处像素为矩形）上看起来可能就是错误的。

一些宽屏格式（如HDV）具有更大程度的扭曲。如果看这种扭曲图像让你感到不舒服，Footage（素材）、Composition（合成）和Layer（图层）面板都有Toggle Pixel Aspect Ratio Correction（切换像素纵横比校正）按钮来平衡在计算机屏幕上的显示方式。这只是针对预览效果，不会影响Make Movie（制作影片）或者Export（导出）功能。

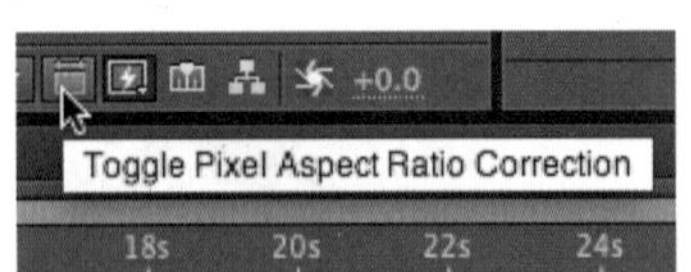

△ 在Comp（合成）面板底部是一个像素纵横比校正切换开关，它将重新调整合成视图，使非方形像素在方形像素的计算机屏幕上看起来是正确的。

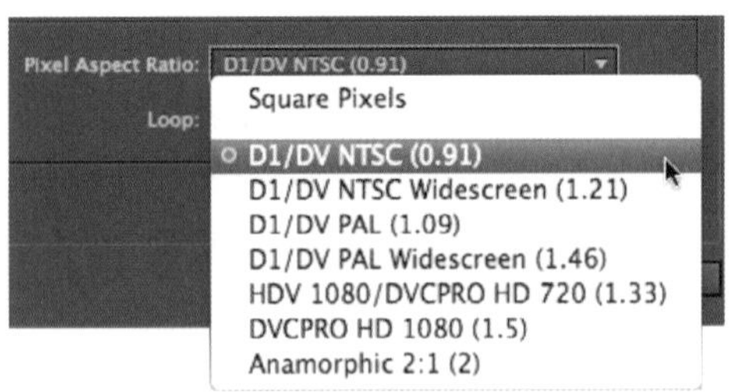

△ 要让After Effects合适地管理像素纵横比，在创建合成（下图）时，在Interpret Footage（解释素材）对话框中（上图）对所有素材正确真实地设置该比例是绝对有必要的。

After Effects管理PAR确实很出色，需要时可以自动拉伸和挤压图层成一条直线——只要一切元素正确标记即可！对于素材项，是在Interpret Footage（解释素材）对话框中完成的：视频将进行像素纵横比设置，以匹配其格式（大多数情况下会自动发生），图片及其类似对象会被设置为方形像素。

在Composition>Composition Settings（合成>合成设置）对话框中，所有的合成都应该将它们的像素纵横比设置为匹配其视频格式。从Preset（预设）弹出菜单项中的选择也会将PAR项设置为合适的值。

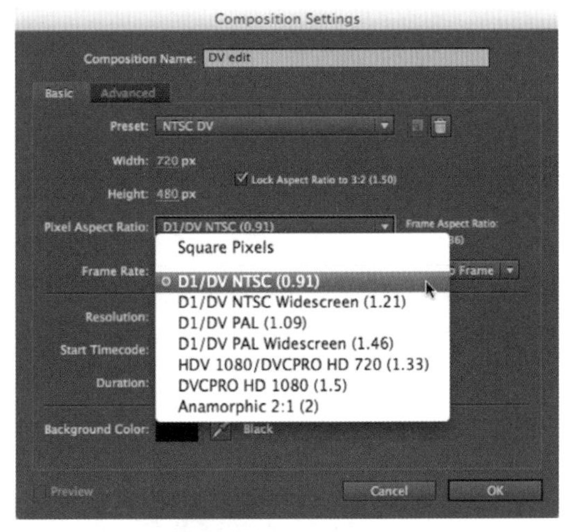

方法角

- 你使用过静态图像照相机和三脚架吗？用它来创建一个场景的定时拍摄或者停止运动“视频”。将这些静态图片作为一个图像序列导入，或者单独导入它们并用Sequence Layers（连续图层）添加渐变效果。
- 在Project（项目）面板的Idea Corner文件夹中，打开合成Idea-Adjustment Layer Alpha。第1个图层是一个动画过的蝴蝶，采用Motion Sketch（运动速写）创建的（第2章）。它还应用了Hue/Saturation（色相/饱和度）效果。打开该图层的Adjustment Layer（调整图层）开关（黑/白分割的圆）。蝴蝶变成了一个调整图层，现在应用到该图层下方的任何特性都使用蝴蝶的Alpha通道。用你自己的素材试验该方法，文字或者徽标图层也可以使用。

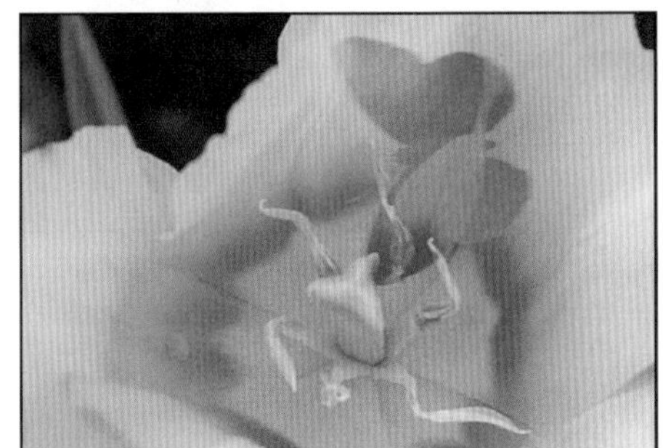

Idea-Adjustment Layer Alpha：我们使用蝴蝶图层作为一个调整图层，并用运动速写来动画它。蝴蝶图像由Dover授权使用。

- 还是在Idea Corner文件夹中，打开Idea-Animated Bars合成。第1个图层（条1）是一个全帧调整图层。选中它并打开Layer>Solid Settings（图层>固态层设置），将宽度改为100像素。按F3键打开Effect Controls（效果控制）面板，根据需要编辑效果。使该图层条向左或向右运动，使其移动穿过窗口［使用Behaviors>Drift Over Time（行为>随时间漂移）来处理其他的点］。再添加图层条来获得更加复杂的效果。［注意：我们使用Transform（变换）效果来缩放下面的图层，因为常规的Scale（缩放）

属性仅缩放调整图层的固态层的尺寸。]

- 图像序列中的Muybridge帧最初是“filmstrip”的一部分，filmstrip一行包含5个图片——详见Idea Corner>Muybridge>Sources文件夹。我们用Hold（保持）关键帧来排列和放置barbell wark sequence合成内部的单独图像，然后将它们渲染为一个序列，之后我们可以将它们导入和循环。如果你有一个Muybridge books*（来自Dover出版社），扫描一个不同的图像，并用此技术创建另一个序列。

Idea-Animated Bars：动画调整图层可以创建有趣的外观。

Quizzler

- 在本章的Quizzler文件夹内是一个名为Quiz_Pyro.mov的电影，播放它。该爆炸最初是向黑暗中射击的画面，没有Alpha通道。打开Quiz-Pyro*starter——如何将它合成到带有声音的射击上?
- 在Quizzler文件夹中，播放电影Quiz-Build on Layers.mov，4个对象根据时间创建，两秒一个间隔，每一个自下而上淡入为1秒。我们使用Sequence Layers（连续图层）来辅助创建这种效果。打开Quiz-Build on Layers* starter合成并查看你是否可以重新创建该效果。这是个脑筋急转弯。（答案在Quizzler Solutions文件夹中。）

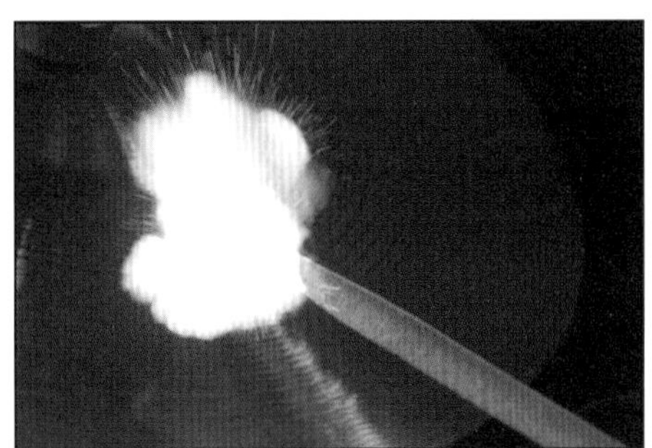

Quiz-Pyro：在Musical Instruments素材上的黑暗中的爆炸射击合成。素材由Artbeat's Reel Explosion 3 and Musical Instruments授权使用。

我们的一些方法角和Quizzler动画版本保存在一个与项目同名的文件夹中。别偷看!

*Muybridge是一位摄影师，他在19世纪70年代—80年代发明了采用间隔拍摄运动中的人和动物照片方式。Muybridge将他的底片印成了两本书——*Animals in Motion*和*The Human Figure in Motion*——Dover出版社一直发行至今。

第4章　创建透明

使用蒙版、遮罩和模板切出部分图层。

▽ 本章内容

- 蒙版工具，创建蒙版形状
- 自由变换点
- 遮罩羽化
- 创建晕影：遮罩扩展
- 将效果应用到遮罩区域
- 效果与遮罩路径配合使用
- 遮罩不透明度
- 音频频谱效果
- Alpha轨道蒙版
- 亮度轨道蒙版
- 模板亮度和模板Alpha
- 圆角Rectangle（矩形）工具
- 在Layer（图层）面板中的遮罩，椭圆工具
- 动画一个蒙版路径
- 使用Pen（钢笔）工具实现遮罩（Bezier遮罩）
- 控制遮罩路径插值
- 遮罩模式和多个遮罩
- 创建和编辑RotoBezier（旋转式曲线）遮罩
- 可变的遮罩羽化（CS6中的新特性）
- 嵌套一个轨道蒙版合成
- 制作蒙版图层动画
- 包含轨道蒙版和模板的效果

▽ 入门

确保你已经从本书的下载资源中将Lesson 04-Transparency文件夹复制到了硬盘上，并记下其位置。该文件夹包含了学习本章所需的项目文件和素材。

在本章中，我们的重点集中在利用不同的方法来创建透明性。使用多个图像创建一个有趣合成的关键点之一就是使部分图像透明，以便能看到它们后面的图像或者通过它们看到其他的图像。这是将动态图像设计和可视化效果合成与视频编辑分开的主要技术之一。

遮罩、蒙版和模板

在前面的章节中，我们介绍了两种基本透明度管理方法：改变图层的Opacity（不透明度）属性，以及利用图层中嵌入的Alpha通道，它决定了要设为透明的区域。在本章中，你将超越这些方法，通过使用遮罩、轨道蒙版和模板来给图像设置透明区域。

遮罩是切去一个特定图层的部分区域。因此，一个遮罩路径表示“我只查看该形状内部的区域，将区域外部设为透明”。你可以直接在图层上画出自己的形状和路径，或者从Adobe Photoshop和Illustrator中复制路径并将它们粘贴到一个After Effects图层上来创建一个遮罩路径。每个图层可以有多个遮罩，采用多种方式将它们组合起来，如将形状添加到一起或者仅使用重叠的区域。你还可以控制遮罩的不透明度（将它切成半透明

的）、定义它的特性（边缘的柔和程度），并进行反转，这样形状内部（而不是外部）的区域就是透明的。作为一个额外的好处，一些效果可以使用遮罩路径，而且还可以让文本跟随遮罩（下章介绍）。甚至可以创建一个一条直线的遮罩路径，而不是一个封闭区域。当结合使用效果或者文字时，使用这些方法尤其方便。

在图层上应用遮罩（A图），你可以切掉部分区域，使它们变为透明或者不透明（B图）。蒙版采用Alpha通道或图层亮度（C图）来定义第二个图层的透明度（D图），以创建最终合成图像（E图）。视频填充内容由Artbeat/Virtual Insanity授权使用。

C
NIGHT
LITES

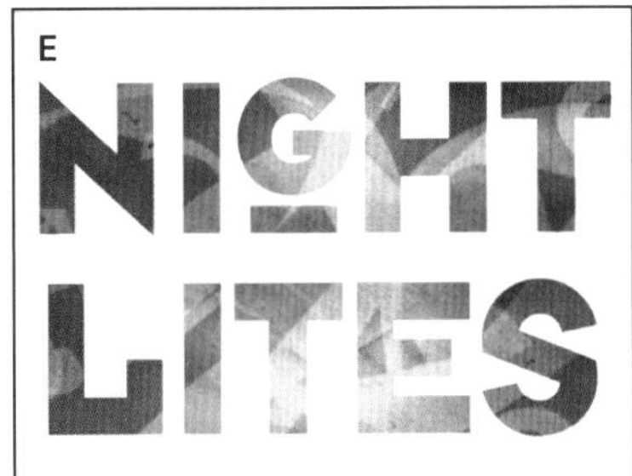

注意，可使用同样的Shape（形状）工具来创建遮罩路径和Shape Layer（形状图层）（第11章）。对于本章，确保首先选中一个图层，这样就只创建遮罩。

相比之下，轨道蒙版涉及两个图层的组合。一个图层（蒙版）用来定义透明度，你不能直接看到里面的图像。然后用蒙版来定义图层的哪些部分立刻变为可见。蒙版有两种类型：一种为Alpha蒙版，它使用蒙版的Alpha通道来确定第二个图层的透明度；另一种为liminance（亮度）（或luma）蒙版，它使用蒙版图层的亮度（灰度值或者明亮度）来定义第二个图层的透明度。

模板是轨道蒙版概念的进一步深化：不是定义下一个图层的透明度，一个模板图层定义下面所有图层的透明度，在整个图层堆栈上切了一个洞。与蒙版类似，模板也是以Alpha通道或者亮度为基础。

这些创建透明性的方法很容易混淆，所以只要记住：遮罩涉及一个图层，蒙版涉及两个图层（填充和蒙版图层），而模板是基础蒙版，可以影响其下方的多个图层。在本章中，你将学习如何使用这三种方法来工作。

抠像

Keying

抠像（在透明图层中产生颜色的艺术）是另一种创建透明的方式。不像本章中所展示的技术，抠像要依靠一种效果来创建透明。抠像将在第9章中介绍。

提示

使用快捷键提供帮助

要全部列出Pen（钢笔）工具和遮罩编辑的快捷键，查看Help>Keyboard Shortcuts（帮助>键盘快捷键），并单击Shortcuts:Masks（快捷方式：遮罩）。

遮罩

创建遮罩有多种方式，使用遮罩也有多种方式。在开始之前，花些时间来熟悉遮罩工具的工作方式。

1 我们假定你已经打开项目Lesson_04.aep。在Project（项目）面板中，打开Comps文件夹，并双击合成00-Masking*practice。

- 选择图层Wildflower.mov。如果没有选中图层，创建的将是Shape Layer（形状图层）而不是遮罩路径。[在本章中发生此种情况时，只要单击Undo（撤销）即可。]
- 从应用程序窗口顶部的Tools（工具）面板中选择基本的Rectangle（矩形）工具。在Comp（合成）面板中单击并拖曳来创建一个矩形。绘制该遮罩形状时，遮罩外面的区域将消失，显示出背景色。很简单，所以请尝试更多的形状和尺寸！
- 单击Undo（撤销）来移除第一个遮罩。单击Shape（形状）工具选项菜单。它包含5个选项：矩形和椭圆工具非常简单。注意，可以按Shift键来画正方形和圆形。
- 要重新开始，可单击Undo（撤销），或者选择Layer>Mask>Remove All Masks（图层>遮罩>移除所有遮罩）。
- 选择图层并双击矩形遮罩工具，从而创建一个蒙版。
- 圆角矩形、多边形和星形有更多的参数，可以设置矩形角圆滑的程度、多边形的边数以及星星上的点数。开始画形状后，按以下这些键，你可以转换这些形状，但必须是在释放鼠标前按。

形状类型	向下或向上的光标键（或滚轮）	向左/向右光标键
圆角矩形	角圆度	切换矩形/椭圆
多边形	边数	角圆度
星形	点数	点圆度

此外，按⌘键（Ctrl键），同时向外拖曳一个星形会只改变外部的半径，而按Pageup键和PageDown键改变内部半径。

矩形遮罩工具（Q） 钢笔工具（G）

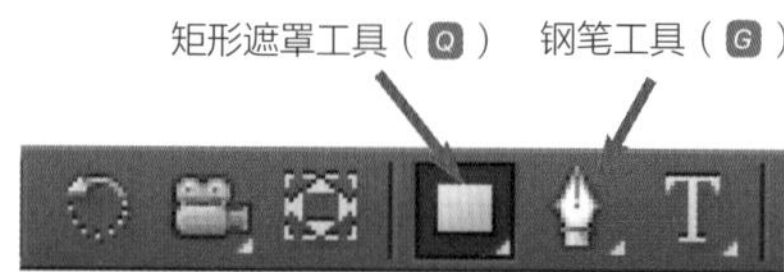

Shape（形状）工具菜单包含5个基本的形状（按Q键选择该工具并在选项之间切换，如下图所示）。Shape（形状）工具和Pen（钢笔）工具用来画遮罩路径和Shape Layer（形状图层）。本章中将只创建遮罩路径，所以确保先选中图层，然后再画路径。[如果没有选中图层，你可能粗心地画出一个Shape Layer（形状图层）。]

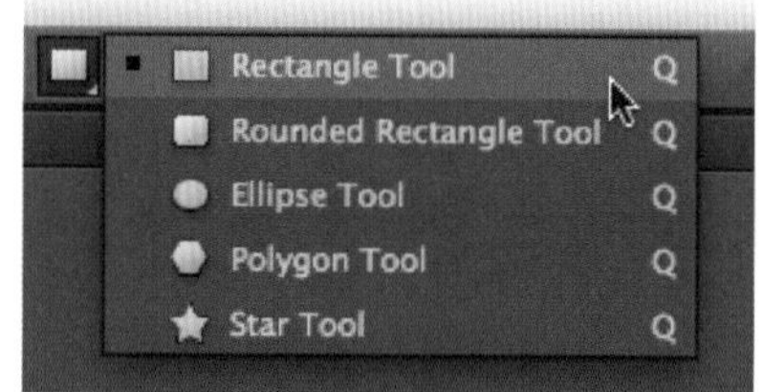

你可以使用组合键（参见表格）来改变拖曳时的形状，就像我们在此处采用的星形形状一样。记住，在通过拖曳方式来重新定位遮罩时可以按空格键，然后再释放鼠标。素材由Artbeats/Timelapse Landscape2授权使用。

▼ 遮罩与形状

遮罩路径（本章）和形状图层（第11章）是用相同的形状和钢笔工具创建的。所以，你如何知道正在创建的是哪一个呢？

- 如果没有选中图层，将会创建一个新的形状图层。
- 如果选中了形状图层外的任一图层，将画一个遮罩。
- 如果选中了一个形状图层，Tools（工具）面板右侧的两个按钮用来决定是创建一个新的形状路径还是形状图层的一个遮罩。

画矩形、圆角矩形和椭圆时，从角到角进行拖曳，拖曳的同时按⌘（Ctrl）键从它们的中心开始绘制。多边形和星形总是从外部的中心开始绘制，按Shift键可以阻止它们旋转。

一旦完成了遮罩的拖曳，它会立刻变成一条Bezier路径。不像Shape Layer（形状图层）（第11章），编辑遮罩中的圆角度或点数没有简单的方式。

2 现在你已经了解了遮罩的动作方式，在第一个练习中，我们将集中讨论使用基本遮罩形状在素材上创建窗口，以显示一个主题，并创建一个晕影。（后续章节会讨论如何使用Pen[钢笔]工具创建更复杂的遮罩路径、使用遮罩模式等。）

如果想预览在该练习中创建的内容，打开Comps_Finished文件夹并RAM预览合成01-Masking_final。

- 返回Project（项目）面板，双击Comps>01-Masking*starter打开它。
- 选中前景图层Cityscape.mov。然后从Tools（工具）面板中的Shape（形状）工具中选择Rounded Rectangle（圆角矩形）工具。在Comp（合成）面板中单击并拖曳，以环绕住右侧的一些主要建筑物，再加上部分高速公路。绘制该轮廓时，Cityscape.mov中超出轮廓线的区域会消失，显示出背景。
- 释放鼠标后，Mask 1会显示在时间轴面板中。仍然选中Cityscape.mov，按M键同样显示它的Mask Path（遮罩路径）参数。M键是显示任何选中图层的遮罩和遮罩路径的快捷键。

2 选择圆角矩形工具（下图上）。选中要遮罩的图层，然后选择圆角矩形工具。在Comp（合成）面板中单击并拖曳来定义所需的遮罩路径（右图）。按M键查看时间轴面板中的遮罩路径（下图下）。背景由Artbeats/Timelapse Cityscapes、background 12 Inch Design/ProductionBolx Unit 02授权使用。

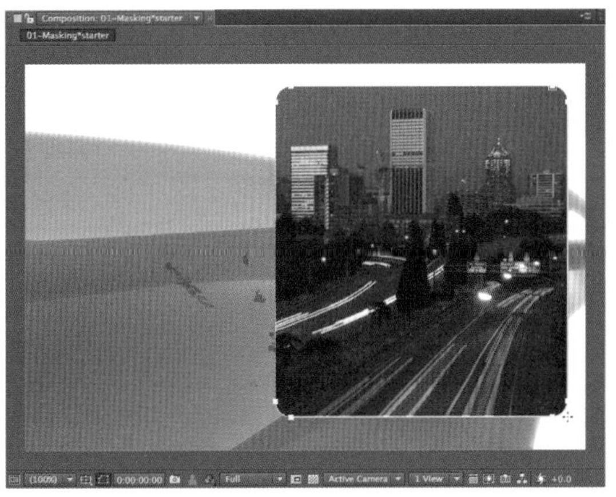

Gotcha

重置Shape（形状）工具

如果在画一个形状时使用组合键，从那时起，该形状将变成该工具的新默认值，即使退出After Effects默认值也存在。要再次将工具重置为它的基本形状，双击Shape（形状）工具。[然后立刻单击Undo（撤销）来移除不再需要的遮罩或形状。]

提示

用数字绘制形状

单击时间轴面板Switches（开关）列中的词Shape（形状），打开Mask Shape（遮罩形状）对话框，在此可以输入形状的数字值。

3 按V键激活Selection（选择）工具。然后双击黄色遮罩轮廓，就会启用它的Free Transform Points（自由变换点），表示你可以编辑形状。注意形状四周的8个小方块（“控制柄”）：将鼠标悬停在它们上方时，光标将变成图标，表示可以单击并拖曳来调整或者旋转形状。拖曳到任何其他的位置来移动整个形状。

根据需要调整遮罩的大小和位置，然后按Enter键接受编辑并关闭自由变换。

3 双击遮罩轮廓来启用它的Free Transform Points（自由变换点），Mac系统的快捷键是⌘+T（Windows系统是Ctrl+T）。此处我们正抓住顶点来改变形状的高度。

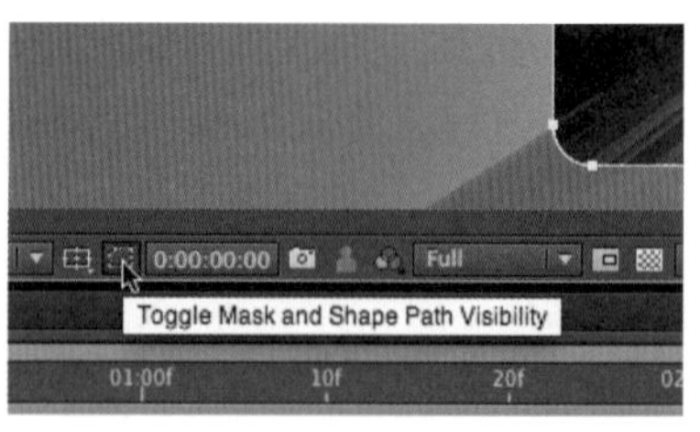

在Comp（合成）面板中，应该看到一个环绕遮罩形状的彩色轮廓线。如果没有看到，单击Comp（合成）面板底部的Toggle Mask and Shape Path Visibility（遮罩和形状路径可见性切换开关）将它打开。

4 接下来要显示Cityscape.mov的不同部分——但是由于图像被遮住，你看不到其余的部分。不用担心：可以在Layer（图层）面板中创建遮罩，在Layer（图层）面板中可以查看整个图像。

- 双击Cityscape.mov打开它的Layer（图层）面板。Layer（图层）面板和Project（项目）面板停靠在同一窗口中，但是可以自由排列工作区，使Comp（合成）和Layer（图层）面板并排显示。
- 在Comp（合成）面板底部有一个View（视图）弹出菜单项，检查它是否设置为Masks（遮罩）。取消选中Render（渲染）按钮［位于View（视图）的右侧］：就会显示不带遮罩效果的整个图层。

4 双击一个图层打开它的Layer（图层）面板。设置View（视图）菜单项为Masks（遮罩），关闭Render（渲染）开关。然后可以绘画并编辑遮罩，不会被其他图层或者前面遮罩路径的结果所干扰。

- 选择椭圆形遮罩工具。这次，按Shift键同时在图层的左半部分拖曳出一个新的遮罩形状，这就强制绘制一个圆形。（看起来有点宽，因为该图层有非方形像素——参见前一章最后的“技术角”。）释放鼠标后松开Shift键。完成后，Mask 2会出现在时间轴面板中Mask 1的下方。

5 按V键返回Selection（选择）工具状态。在Layer（图层）面板中画完一个遮罩形状后，将看到定义它的遮罩点或“顶点”。默认情况下，所有的顶点都被选中。选中所有点时，你可以拖曳任何一个点来移动整个遮罩，或者使用箭头键来微移一个屏幕像素的距离。可以按Shift键+单击或者环绕顶点拖曳一个选取框来选择或者取消选择它们，并直接编辑它们的位置。还可以像在Comp（合成）面板中所做的那样，双击遮罩来使用它的自由变换点。

根据喜好调整第二个遮罩，完成后再次将Comp（合成）面板置于顶层。注意在Comp（合成）面板中，选择一个遮罩的名字就选中了整个遮罩形状，使其作为一个单位进行移动更容易。单击时间轴面板中的Mask 1选中它，然后尝试用箭头键来通过一次改变一个屏幕像素的距离进行重新定位。按住Shift键可以一次调整10个像素的距离。

6 默认情况下，遮罩具有清晰的边缘。但是，有可能要柔化它们。仍然选中Cityscape.mov，按快捷键Shift+F显示Mask Feather（遮罩羽化）参数和遮罩路径。关闭Toggle Visibility（可见性切换开关）按钮以更清晰地看见轮廓，并修改Mask Feather（遮罩羽化）的值来柔化遮罩。根据需要为两个遮罩设置羽化值。（After Effects CS6增加了沿遮罩形状改变羽化程度的能力，后面我们将探索该技术。）

7 应用蒙版之后，After Effects会计算图层的效果。应用Effect>Perspective>Drop Shadow（效果>透视>阴影）到Cityscape.mov上，注意两个遮罩得到了相同的阴影。根据喜好稍微增加阴影的Distance（距离）和Softness（柔和度），然后保存项目。

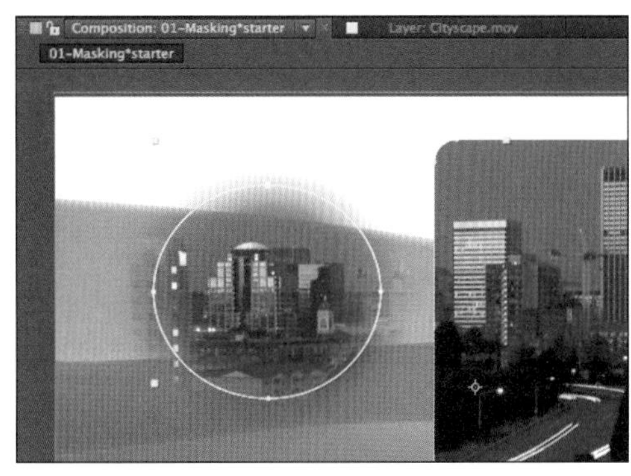

6 我们增加了Mask Feather（遮罩羽化）的值（下图）来柔化Mask 2的边缘（上图）。

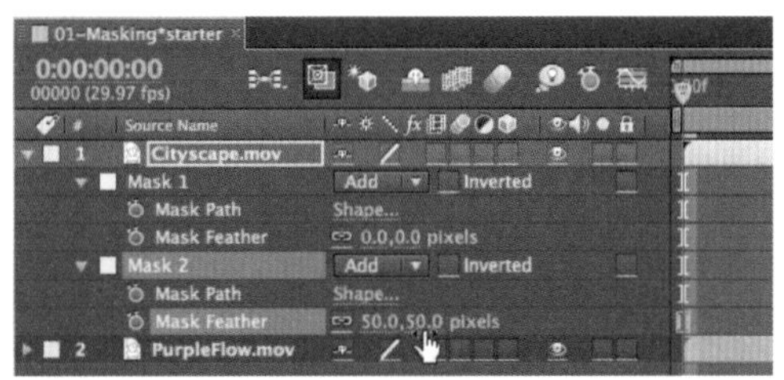

动画一个遮罩路径

遮罩不需要只是图层上的固定窗口——也可以对它们的形状设置动画。这对显示图层的内容尤其有用。

8 按Home键，确保你位于合成的开始处。将Project（项目）面板激活，打开Sources>stills文件夹。选择Bring on the Night.ai并按快捷键⌘+/（Ctrl+/）将它添加到合成中。

9 黑色标题在视频中很难读出来。将它选中，添加Effect>Generate>Fill（效果>生成>填充）。单击颜色块，将它变为白色。

效果好多了，但是在合成上面看起来有点平。添加Effect>Perspective>Drop Shadow（效果>透视>阴影）效果，根据喜好调整Distance（距离）和Softness（柔和度）。

10 正如我们在上一章中所提到的，有时候从想要结束的位置处开始并反向操作更容易一些。Bring on the Night.ai在选中状态下，选择Rectagle（矩形）遮罩工具，然后双击它。将给它添加一个与图层大小一样的遮罩——用于显示的完美结束点。启用Toggle Visibility（可见性切换）开关，以查看它在Comp（合成）面板中的轮廓。

7 在计算蒙版后，效果将被应用。这就意味着应用到图层上的单一的阴影效果（上图）会影响到两个遮罩。[如果阴影不明显，将Mask Feather（遮罩羽化）的值设回0。]记住，可以关闭环绕遮罩的彩色轮廓线，从而更好地查看效果。

11 按M在时间轴面板中显示Mask Path（遮罩路径）参数。将当前时间指示器移动到01:00处，单击Mask Path（遮罩路径）旁边的秒表来启用关键帧，并创建第一个关键帧。

按Home键返回到00:00处。然后双击Comp（合成）面板中的遮罩轮廓来激活自由变换点，快捷键是⌘+T（Ctrl+T）。拖曳右边缘的控制柄一直到左侧，直到标题完全隐藏。一个新的遮罩路径关键帧将自动创建在00:00处。

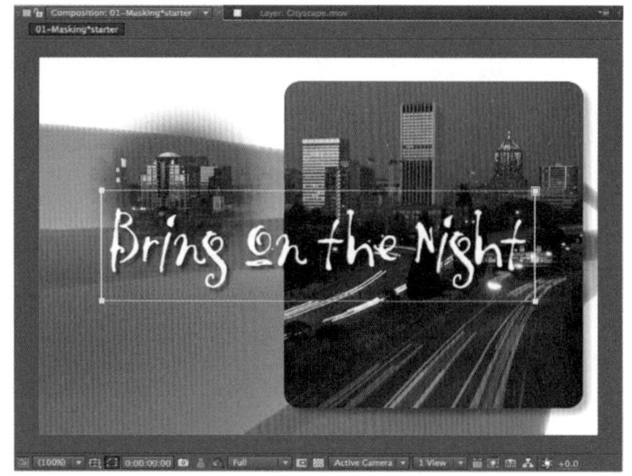

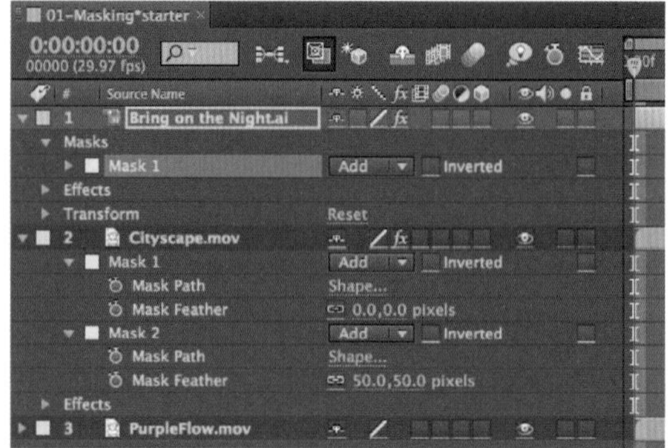

9~10 添加一个标题，用Fill（填充）效果将它填充为白色，再添加Drop Shadow（阴影）效果。然后双击Rectangle（矩形）遮罩工具来应用一个全帧遮罩。

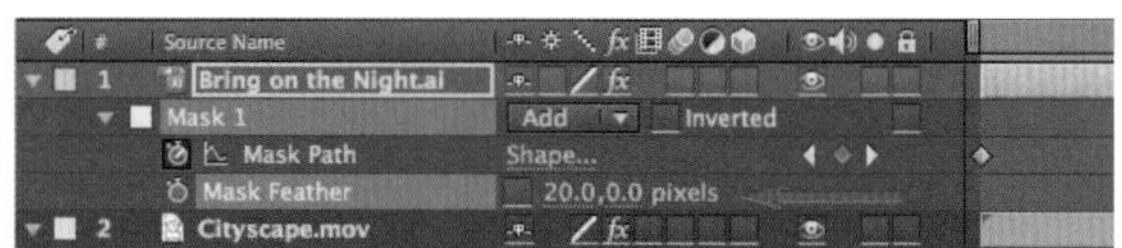

11 要擦除标题（上图左），通过为遮罩路径设置两个关键帧来动画遮罩，从而显示出标题。要柔化主要的边缘，按快捷键Shift + F也会显示Mask Feather（遮罩羽化），关闭Mask Feather（遮罩羽化）锁，并增加水平方向的羽化量（上图右）。

要柔化擦除的主要边缘，给标题遮罩增加Mask Feather（遮罩羽化）。你只需要增加第一个值，这是X（水平）方向的值。

12 按数字键盘上的0键来RAM预览动画。移动Bring on the Night.ai的图层条到时间轴的稍后的开始处，如01:00——它的关键帧将随之移动，从而增加一个显著的暂停。保存项目。

创建晕影

遮罩可以用来创建“晕影”，此处图像的边缘是加深的，将观看者的注意力集中到屏幕中心。

13 按Home键返回00:00。选择Layer>New>Solid（图层>新建>固态层），快捷键是⌘ + Y（Ctrl + Y）。在打开的Solid Settings（固态层设置）对话框中，单击Make Comp Size（使用合成大小）按钮，并设置一种与场景互补的颜色，如深紫色或者蓝色。起一个有意义的名字，如“vignette”。单击OK（确定）按钮。

14 单击并按住Mask（蒙版）工具，将弹出一个菜单。你要为本作品应用圆形遮罩，就选择Ellipse（椭圆）工具选项，然后释放鼠标。（还可以通过按Q键循环选项。）然后，仍然选中vignette图层，双击Tools（工具）面板中Ellipse（椭圆）工具，创建一个全尺寸的椭圆遮罩。

15 现在有了一个大的黑色椭圆遮盖在图像中心——可能和你想象的不一样。但是改变它很容易。仍然选中vignette，按M键来隐藏遮罩，然后按M M键（快速连续地按两次M键）来显示所有的遮罩属性。进行以下编辑。

- 单击Inverted（反相）旁边的复选框：现在遮罩固态层内部是透明的，外部是不透明的。
- 擦除Mask Feather（遮罩羽化），直到在边缘周围得到一个良好的柔和消退效果。
- 擦除Mask Expansion（遮罩伸缩）属性：它使遮罩偏移，以在原始遮罩路径的内部或者外部进行绘画。[为了更好地观看其效果，临时将Mask Feather（遮罩羽化）调低为0。] 增加Mask Expansion（遮罩伸缩）值可将晕影推到角落处。

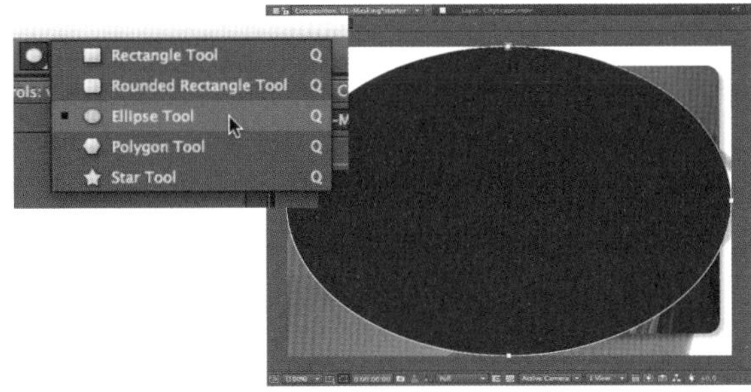

14 选择椭圆工具（参见插图），然后在工具面板中双击它，在新的固态层上创建一个全尺寸的椭圆遮罩（上图）。

- 如果角落区域太黑，减小Mask Opacity（遮罩不透明度）的值 [或使用常规的Transform>Opacity（变换>不透明度）属性设置]。然后可以随意平衡Mask Feather（遮罩羽化）、Opacity（不透明度）和Expansions（伸缩）值来得到想要的效果。

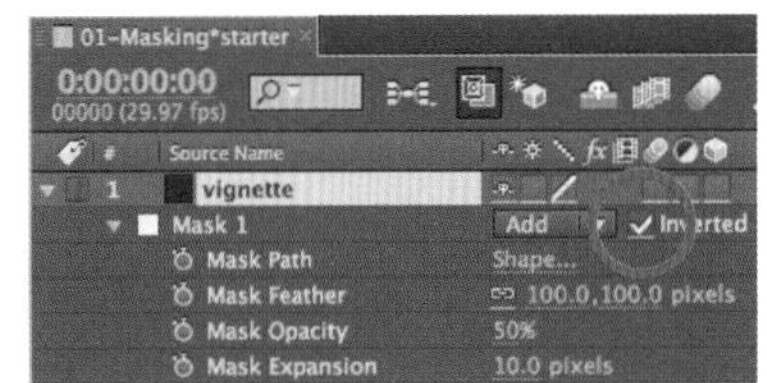

15 要完成晕影，反相遮罩（A图），增加它的羽化（B图），增大它的伸缩（C图），并减少它的不透明度（D图）。我们的结果位于Comps_Finished>01-Masking_final中。

祝贺你——你已经创建了一个优雅的小动画，对创建简单遮罩有了一定的控制能力。继续操作并根据喜好调整动画。如果想将你的结果和我们的进行比较——查看Comp（合成）面板中的Comps_Finished文件夹中的合成01_Masking_final。

提示

所有关键帧

在一个动画的遮罩上添加或者删除一个点时，每个关键帧中也会添加或者删除该点。

提示

选择所有的点

要选择遮罩上的所有点，激活Selection（选择）工具并按⌥（Alt）键，再选择任意一个遮罩点。

使用Pen（钢笔）工具实现遮罩

下一步是练习利用Pen（钢笔）工具来创建更加详细的遮罩路径。它有两个基本模式：一个是创建普通

Bezier曲线和控制柄（这是我们首先要做的），另一个RotoBezier（旋转式曲线）模式自动定义路径的曲线。使用遮罩工具，你可以在Comp（合成）或Layer（图层）面板中创建形状，并为形状添加关键帧。

绘制一条路径

1 在Project（项目）面板中找到本章的文件，在Comps文件夹中找到02a-Bezier*starter，双击将它打开。选择PinkTulips.psd。

2 选择Pen（钢笔）工具（快捷键是G）。选中后，一个RotoBezier（旋转式曲线）选项会出现在Tools（工具）面板的最右侧。现在将它关闭。

2 选择Pen（钢笔）工具，并暂时关闭RotoBezier（旋转式曲线）选项。

3 用Pen（钢笔）工具绘画与在Photoshop和Illustrator程序中绘制路径非常相似，但是快捷键可能稍微不同。要想练习一下，从随意画一个形状开始。

- 要画直线段，单击鼠标来创建一些点。
- 要画曲线段，单击并拖曳鼠标来为你要画的点拉出Bezier控制柄。

使用Pen（钢笔）工具绘画时，你可以编辑已放置的点。

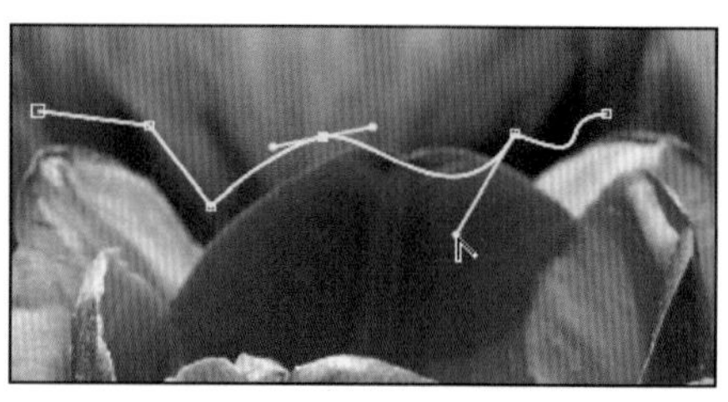

3 Convert Vertex Point（转换顶点）工具用来在平滑和硬角之间切换，并用来打断或者取消打断Bezier控制柄中间的连续性。

- 在画完一个遮罩前要想改变点或者控制柄的位置，单击并拖曳该点［在前面的练习中，你必须按⌘（Ctrl）键］。
- 要在一个尖角点和光滑点之间切换，按⌥（Alt）键+单击一个点。光标将自动变为Convert Vertex Point（转换顶点）图标，看起来像一个倒置的V。要切换你绘制的最后一个点，只要单击它就可以，无需按住这些额外的键。
- 要打断一个光滑点的连续控制柄，按⌥（Alt）键，然后单击并拖曳一个控制柄。要恢复为一个光滑的点，按⌥（Alt）键，单击顶点，然后拖曳使它们再次连续起来。
- 要删除一个点，按⌘（Ctrl）键得到Delete Vertex（删除顶点）工具，并在其上单击（以前，你不需要按一个专用的键）。要删除最近的点，单击Undo（撤销）即可。
- 要在已经绘制的点之间添加一个新点，单击连接点的线——操作的同时，光标会自动变为Add Vertex（添加顶点）工具。
- 要在你停止的位置画一条遮罩路径，确保只选中了最后一个点，然后使用Pen（钢笔）工具继续创建点。
- 要闭合一条遮罩路径，返回并单击第一个点。只有闭合的遮罩才能创建透明性。如果想要创建一条开放的路径，在创建路径时简单地变为Selection（选择）工具（快捷键为V）即可。

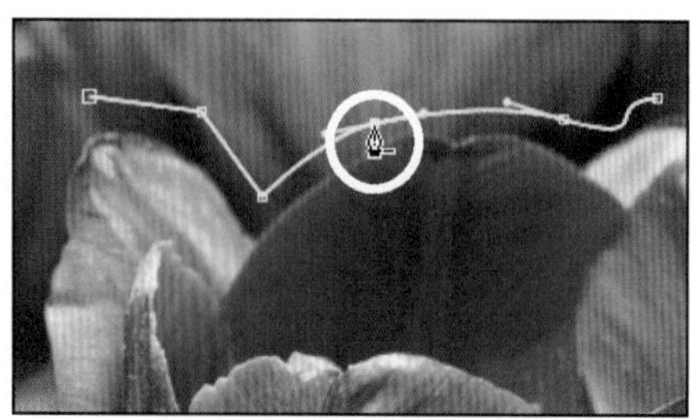

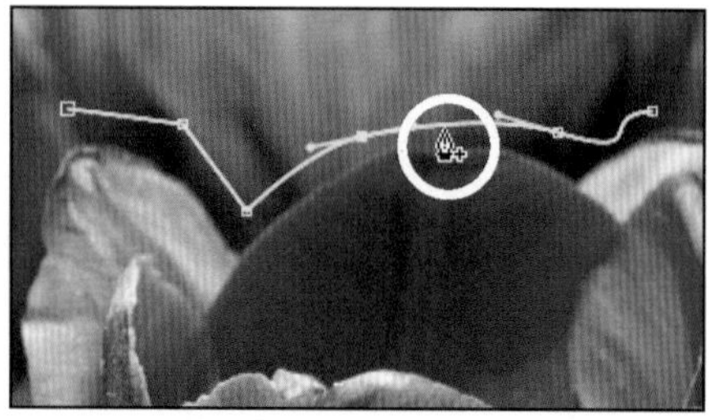

3 续 要删除一个顶点，将光标定位到该点上并按⌥（Alt）键，它将变为Delete Vertex（删除顶点）工具（上图左）。要增加一个顶点，将光标放在两个点之间（上图右）。

▼ 将效果应用到遮罩区域

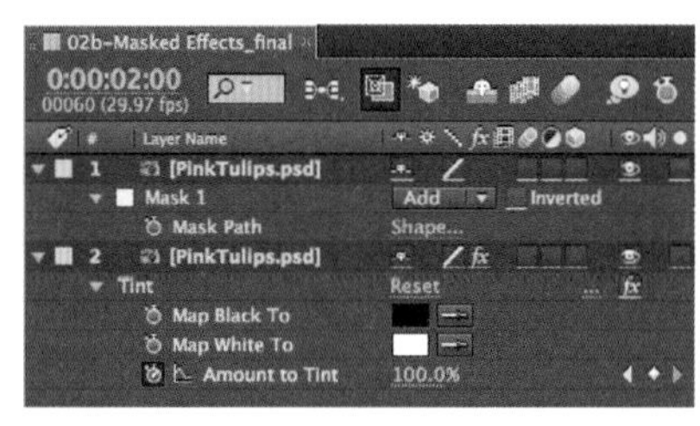

要将效果应用到Photoshop的图层中，首先应该创建一个选区。在After Effects中，你需要复制该图层，在顶部图层中创建一个遮罩路径，然后将效果应用到顶部或者底部图层上，这取决于你想影响遮罩的内部还是外部区域。

例如，假设你想让PinkTulips.psd图层中前景的花为彩色，而图像的其他部分变为黑白。打开合成02b-Masked Effects* starter，并按以下步骤操作。

- 选择PinkTulips.psd图层，然后选择Edit>Duplicate（编辑>复制），快捷键是⌘+D（Ctrl+D）。
- 选择底部图层，然后选择Layer>Masks>Remove All Masks（图层>遮罩>移除全部遮罩）。
- 仍然选中底部图层，应用Effect>Color Correction>Tint（效果>颜色校正>浅色调），将它变为黑白。我们的结果在Comps_Finished>02b-Masked Effects_final中。

你也可以从复制原始图层开始，然后只操作顶层的那个图层。最终结果是相同的：两个图层，上边的有遮罩，必要时给一个或者两个图层应用效果。

编辑路径

你可以返回Selection（选择）工具状态来编辑遮罩。但是，一些快捷键会改变。因为闭合的遮罩创建了透明，如果需要查看整个图像，我们建议你在Layer（图层）面板中编辑遮罩路径并关闭Render（渲染）。还可以随意地缩放。

4 按V键返回Selection（选择）工具状态，进行以下操作。

- 要添加一个点，按G键［目的是临时变为Pne（钢笔）工具］，并在顶点之间单击。要删除一个点，按快捷键⌘+G（Ctrl+G）并单击该点。（在CS6以前的版本中，只按G键，该工具就会自动改变。）
- 要在一个光滑的和尖锐的角点之间切换，按快捷键⌘+⌥（Ctrl+Alt）并在点上单击。
- 要打断Bezier控制柄，按快捷键⌘+G（Ctrl+G）并在其中的一个控制柄上拖曳。（在CS6之前的版本中，只需按G键。）要重新连接控制柄，首先拖曳其中一个，然后按⌥（Alt）键并继续拖曳来创建一个平滑的点。

5 在进行了一些有趣的尝试之后，删除你的试验用的遮罩，练习画一个环绕前景中郁金香的遮罩。它需要平滑的图形和突然的方向改变（此处花瓣与花茎重叠或者相连）的合成。该练习很有挑战性，但是却是一个好的任务实例，你在实际生活中经常需要这种操作。我们的结果存放在Comps_Finished文件夹中（02a-Bezier_final），图片见右图。

内幕知识

哪个是第一个点?

第一个顶点(FVP)是你用Pen(钢笔)工具开始画形状时的那个点。如果使用Rectangle(矩形)遮罩工具,第一个点正好是顶层,如果使用其他遮罩工具,它是顶层的点。它看起来比其他点要稍微大一些。

遮罩路径插值的方式

在第一个练习中,给一个图层上的擦除实现了一个简单的遮罩形状动画。使用Pen(钢笔)工具,还可以动画更复杂的形状。但是,遮罩越复杂,得到一种形状到另一种形状的平滑插值就更困难。下面是使其更平滑的几个方法。

1 打开合成03-Interpolation*starter。它包括一个带有动画遮罩的固态层。如果Mask Path(遮罩路径)属性和它的关键帧不可见,选中图层leaf shapes并按U键。

2 进行RAM预览,枫树叶形状插到了橡树叶形状中。不幸的是,在路途中发生了里外旋转。

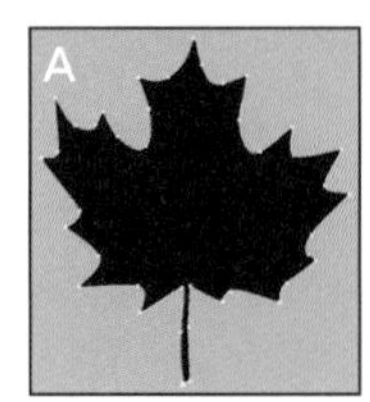

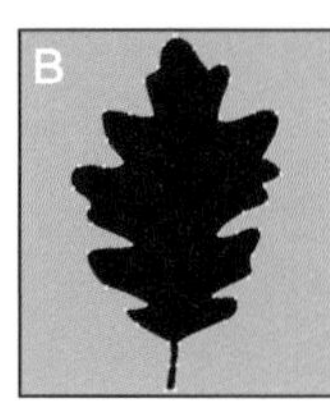

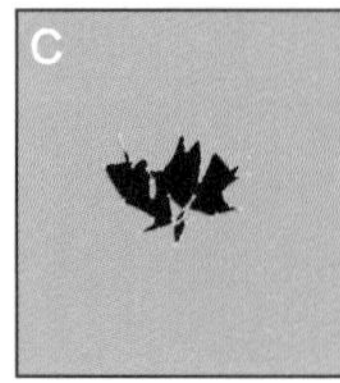

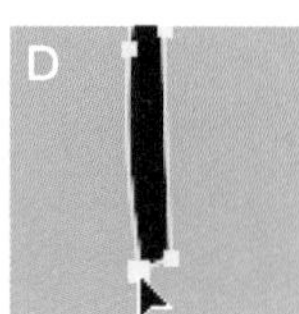

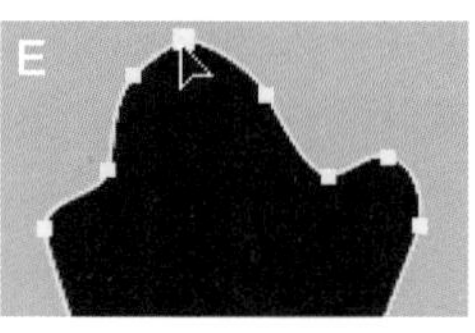

2 枫树叶(A图)和橡树叶(B图)遮罩的路径不能够平滑地插值(C图)。枫树叶的第一个顶点(FVP)在底部(D图),像树叶的FVP在顶部(E图)。这种错位是引起插值混乱的原因。

看到类似这样的遮罩插值问题时,最有可能的原因是很少人知道的第一个顶点(FVP)。一个遮罩路径的FVP总是插入到下一个遮罩路径的FVP中,而其余的顶点进行必要的跟随。

在时间轴面板中单击Mask 1来选择遮罩路径,并确保Toggle Mask Path Visibility(遮罩路径可见性)开关打开。将当前时间指示器移动到第一个关键帧处的00:00处,仔细观察形状的周围,直至你看到一个遮罩点比其他的点大(暗示:在枫叶茎的左下方)。这个大点就是FVP。按K键跳转到第二个关键帧,并寻找FVP,它在橡树叶的顶部。

改变第一个顶点

如果所有FVP是一个形状相同的相关点,如顶部或者底部,插值工作得最好。

3 按J键(或者按Home键)跳到早期的枫叶形状关键帧上。在顶部遮罩点周围拖曳一个选框,使得只有这一个关键帧被选中。然后选择Layer>Mask and Shape Path>Set Frist Vertex(图层>遮罩和形状路径>设置第一个顶点),你还可以用鼠标右键单击该顶点并选择相同的选项。(如果它为灰色,是因为你选中了多个点。)进行RAM预览,注意插值如何变得更平滑——虽然不完美,但是要好多了。

巧妙的遮罩插值

本书下载资源中的Lesson 04-Transparency>04-Video Bonus包含一个来自After Effects Apprentice视频序列中的电影,它展示了Mask Interpolation(遮罩插值)面板,让你能更好地控制遮罩形状动画。

遮罩路径不能平滑插值的另一个原因是,每个形状是否有不同数量的点。擦除时间指示器时,观察遮罩点的移动。它们将围绕叶茎“缓慢地移动”，引起形状发生扭曲。可以经常采取给形状的一侧添加额外的点来进行平衡，从而进行修正。我们给枫树叶的左下方额外添加一些点，我们的结果位于Comps_Finished>03-Interpolation_final中。

遮罩路径和效果

现在你知道如何创建和动画有趣的遮罩形状了。可以在它们的路径上添加可用的效果来创建有趣的效果。

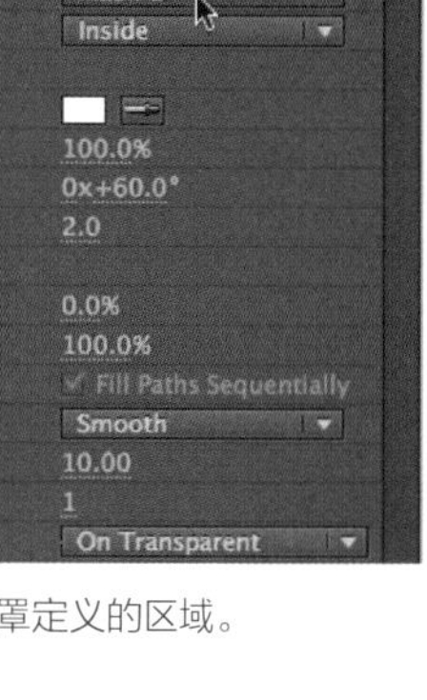

2 用涂抹效果填充由遮罩定义的区域。

1 打开合成04-Effects*starter。它包含前面练习中的叶形动画，这次切出一个更有趣的素材图像。

2 选择Sunprints_A图层，并应用Effect>Generate>Scribble（特性>生成>涂抹）效果。树叶的轮廓将被一条白色涂抹线填充。进行预览，并观察涂抹效果在改变树叶轮廓的同时自动动画的方式。

在Effect Controls（效果控制）面板中，你将看到Scribble（涂抹）有一个Mask（遮罩）选项。如果一个图层上有多个遮罩，它可以让你选择使用哪个。默认是找到的第一个遮罩。如果没有遮罩，就不能画出涂抹效果。

3 擦除Start（起始值）和End（终值），它们控制树叶被填充的程度。设置角度为90度，使涂抹效果从上到下填充。

- 按Home键并设置Start（起始值）和End（终值）为0%，涂抹效果将消失。单击秒表以启用End（终值）的关键帧，将在该值处建立一个关键帧。
- 将当前时间指示器移动到02:00处，并设置End（终点）值为100%，就会填充遮罩形状。一个关键帧就会创建出来。预览并欣赏涂抹动画。

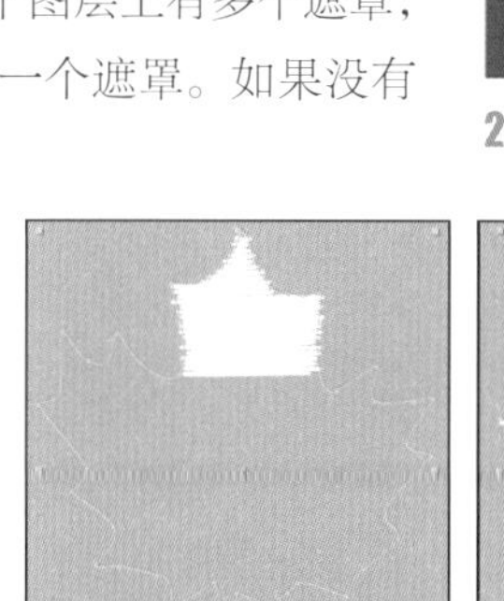

3 通过对涂抹效果的End（终值）从0%~100%进行动画，它将随时间填充轮廓。

4 本章的重点是创建透明——所以我们在遮罩固态层后面放一些东西。

激活Project（项目）面板，打开Sources>movies文件夹。选择Wildflower.mov，并将它拖曳到Sunprints_A下方的时间轴面板的左侧。在树叶形状透明的地方它就会出现，从00:00开始。

如果想同时查看遮罩形状和效果该怎么办呢？选中Leaf shapes并按F3键激活Effect Controls（效果控制）面板。将Composite（合成）选项的值从On Transparent（透明）改为Reveal Original Image（显示原始图像）。现在涂抹效果将作为原始图像的一个蒙版（稍后详细介绍蒙版）。

可随意使用其他涂抹参数，包括Fill Type（填充类型）和Stroke Options（描边选项）内部的参数。我们的作品（带有一些其他的增强效果）保存在Comps_Finished>04-Effects_final中。

我们的最终合成04-Effects_final，它包含渲染Stroke（描边）特性并且添加了Drop Shadow（阴影）效果。

使用多个遮罩

你可能注意到在时间轴面板中，每个遮罩的旁边有一个弹出菜单，默认为Add（相加）。这就是Mask Mode（遮罩模式），它决定了在相同图层上多个遮罩相互作用的方式。默认情况下，它们一起添加遮罩——但是同其他可能内容组合到一起将更有趣。

1 对于第一个遮罩路径添加一个全帧的椭圆形遮罩到Wildflowers.mov上。

1 打开Comps>05-Mask Modes*starter，选择Wildflowers.mov图层。按Q键，直至看到Ellipse（椭圆形）遮罩工具出现在Tools（工具）面板中。然后双击该工具来添加一个全帧的椭圆遮罩。野花将出现在一个椭圆内，外部的颜色为合成的背景颜色。

按M键显示Mask1，Mask Modes（遮罩模式）选项设为Add（相加）。选中Mask1进行重命名，然后按Return键，输入“oval mask”，并再次按Return键。

2 打开Comps_Finished>03-Interpolation_final。它包含较早的树叶形状动画的最终效果。选中图层，显示Mask1，单击Mask Path（遮罩路径）字样选择它的关键帧，并按快捷键⌘+C（Ctrl+C）复制。

3 在时间轴面板的顶部单击合成05-Mask Modes*starter，激活它。确保仍然选中Wildflowers.mov，然后按快捷键Shift+F2取消选中第一个遮罩路径，但是保留选中图层——否则，你可能无意中粘贴了第一个遮罩。

按Home键将当前时间指示器定位在00:00处，并按快捷键⌘+V（Ctrl+V）粘贴树叶遮罩及其关键帧。默认为Add（相加）模式，这是原始合成中的模式设置。确保启用了Toggle Mask Path Visibility（遮罩路径可见性）开关，现在应该看到椭圆遮罩内部的树叶遮罩插图。对新遮罩“leaf shapes”进行重命名来帮助记住该遮罩。

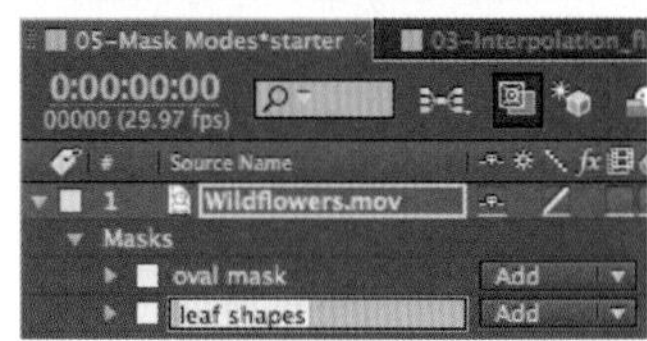

3 对于第二个遮罩路径，粘贴一个来自先前练习中的动画遮罩。重命名遮罩来跟踪它们。

▽ 内幕知识

高级模式

当Mask Opacity（遮罩不透明度）设置值低于100%时，Lighten（变亮）和Darken（变暗）模式就很有用：Lighten（变亮）模式影响Alpha通道值的计算方式——当Add（添加）模式用来叠加遮罩路径时；使用Intersect（叠加求交）时，Darken（变暗）模式影响Alpha的值。

4 将树叶形状的Mask Mode（遮罩模式）选项改为Subtract（相减）：现在会看到椭圆内部的野花，但不能看到树叶形状内部的野花。继续尝试使用Mask Mode（遮罩模式）来获取更好的效果——例如，设置椭圆遮罩为Subtract（相减），树叶形状为Add（相加）。结果应该和我们的作品效果相同，我们的作品保存在Comps_Finished>05-Mask Modes_final中。

没有必要只使用两个遮罩。尝试画第三个遮罩，它叠加在已经存在的两个遮罩之上（我们沿图层底部画一个简单的矩形遮罩），然后尝试使用Intersect（交集）和Difference（差值）模式。记住遮罩是从上向下渲染的（类似效果渲染的方式），因此第三个遮罩会和前两个遮罩的效果组合到一起。

4 你可以通过改变Subtract（相减）设置来从相同的遮罩获得不同的效果。

在尝试不必删除遮罩的情况下禁用遮罩，将遮罩模式设置为None（无）。我们建议你避免Inverting（反转）遮罩，除非你不能用Mask Mode（遮罩模式）选项实现该效果时再用——反转遮罩会产生双重逻辑的混乱！

我们的下一个合成是Comps_Finished>05-Mask Modes_final2，其中调整了第一个树叶形状的大小、添加了第三个遮罩，并应用一个Distance（距离）设为0的Drop Shadow（阴影）效果。为了好玩，我们还以时间偏移的方式在背景上放置了原始电影的一个模糊版本。

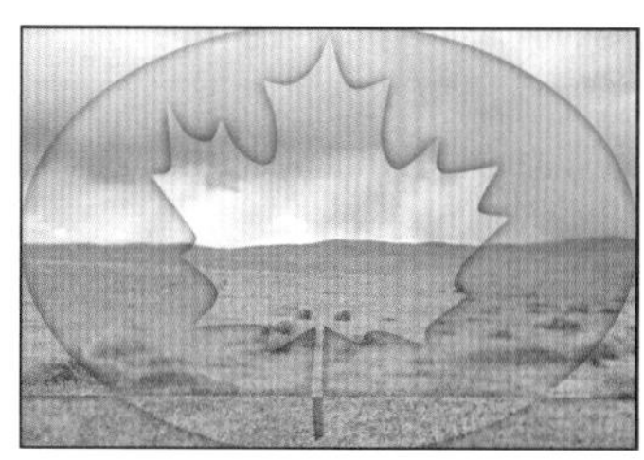

可以通过多种方式来创建一些有趣的效果，例如组合多个遮罩，将遮罩图层放在未遮罩的副本上面，以及给每个图层设置不同的效果，如阴影和模糊。

遮罩不透明度

另一种使用多个遮罩的有趣方式是利用它们的Mask Opacity（遮罩不透明度）来淡入淡出每个单独的形状。打开Comps_Finished>06-Transition-final，选择Cityscape.mov，确保启用Toggle Mask Path Visibility（遮罩路径可见性）开关来查看遮罩路径。如果看不见Mask Opacity（遮罩不透明度）关键帧，按U键显示它们。

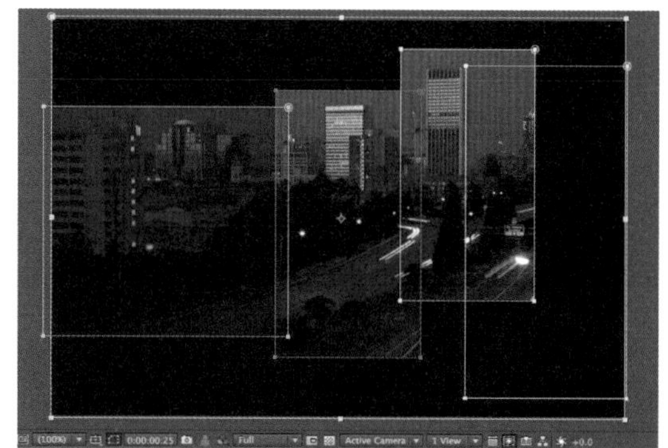

擦除时间线上的当前时间指示器，并注意在Mask Opacity（遮罩不透明度）关键帧之间移动时，Comp（合成）面板内部的遮罩形状是如何填充的。这是一种很有用的转场方式，因为它可以精确地控制图像上各个部分的出现顺序。

一旦你理解了我们创建该效果的方式，亲自尝试一下。打开Comps>06-Transition*starter，并按照一般步骤来创建自己的作品。

- 要查看整个画面，在创建遮罩路径的同时不要遮罩视频，双击Cityscape.mov打开它的Layer（图层）面板。设置View（视图）选项为Masks（遮罩），并取消选中Render（渲染）。
- 画一些遮罩，注意视频的不同部分。如果形状没有组合到一起并覆盖整个视频，再画一个包含整个视频图像的遮罩形状。
- 关闭Layer（图层）面板，按T T键（快速连续地按两次T键）显示遮罩的Mask Opacity（遮罩不透明度）属性。对其从0到100%自下而上地淡入设置关键帧，以出现遮罩。偏移关键帧的时间来创建一个交错的淡入效果。

多个图层的组合以及动画它们的Mask Opacity（遮罩不透明度）创建了有趣的转场效果。

提示

创建遮罩还是不创建遮罩

要创建一个封闭的遮罩，但是不创建它的透明度，或者要临时关闭一个遮罩，可将它的Mask Mode（遮罩模式）选项设为None（无）。你仍然可以对它应用效果。

旋转式曲线遮罩路径

遮罩路径上的最后一步就是使用旋转式曲线遮罩路径。你只需要在遮罩点所处的位置处单击，After Effects会自动创建一条曲线来将它们平滑地连接到一起。还可以调整每个点的“张力”来改变曲线。旋转式曲线对于有机的形状更有效果，通常它们会实现更平滑的动画。

要知道你在该练习中的进度，关闭所有以前打开的合成，然后单击Comps_Finished>07-RotoBezier_final2。在数字小键盘上按0键进行RAM预览。注意音频频谱线和顶部音乐排列的方式——这是将要创建的内容。

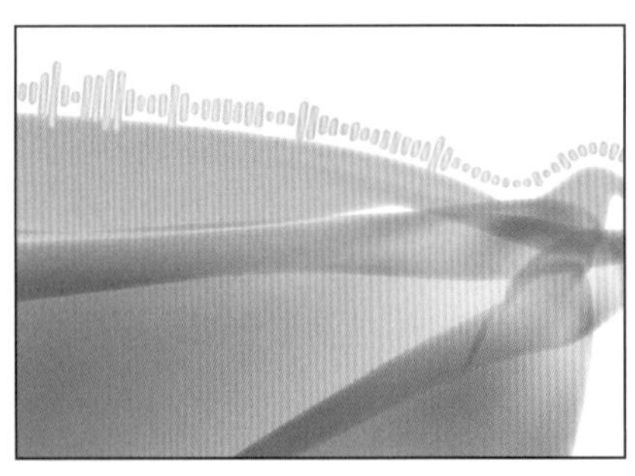

在本练习中，你要在紫色丝带上动画一条路径，并该沿路径添加一个Audio Spectrum（音频频谱）效果。

1 打开Comps>07-RotoBezier*starter。选择PurpleFlow.mov，这是你要在其上进行绘画的图层。

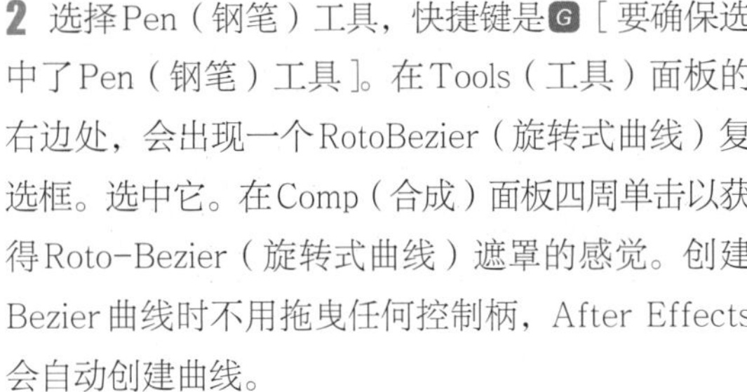

2 选择Pen（钢笔）工具，快捷键是G［要确保选中了Pen（钢笔）工具］。在Tools（工具）面板的右边处，会出现一个RotoBezier（旋转式曲线）复选框。选中它。在Comp（合成）面板四周单击以获得Roto-Bezier（旋转式曲线）遮罩的感觉。创建Bezier曲线时不用拖曳任何控制柄，After Effects会自动创建曲线。

要在旋转式曲线点处创建一个硬角，激活Pen（钢笔）工具，按⌥（Alt）键并在一个现有的点上单击。要改变它的张力，按⌥（Alt）键并左右拖曳，在锐角到丰富的曲线之间选择一个范围。

只要你觉得已经掌握了这种行为方式，就可选择Layer>Mask>Remove All Masks（图层>遮罩>移除所有遮罩）。

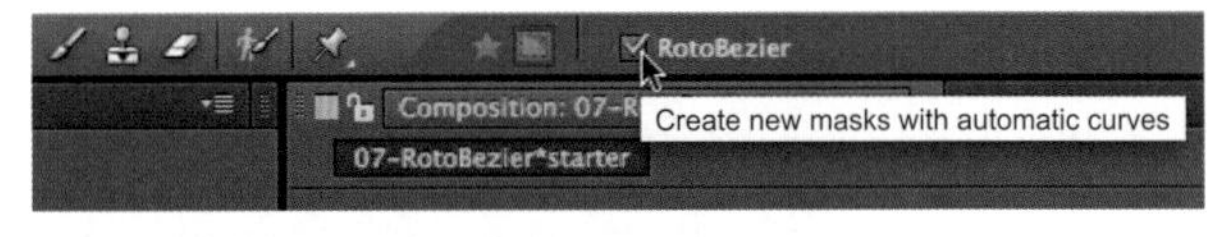

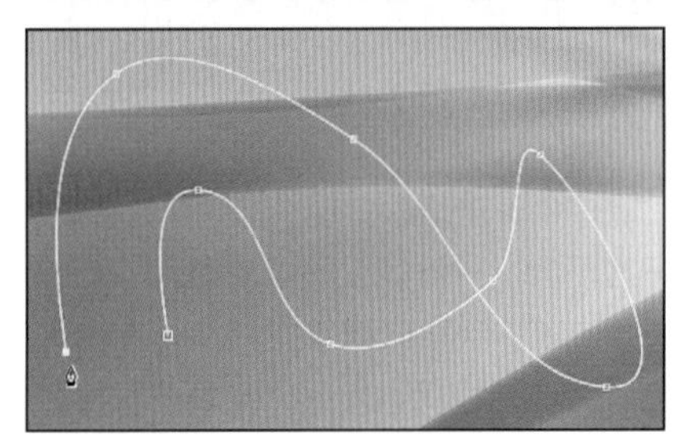

2 选择Pen（铅笔）工具，启用RotoBezier（旋转式曲线）选项（顶图）。练习沿合成周围单击，在看不到Bezier控制柄的情况下，RotoBezier（旋转式曲线）会自动在点之间创建曲线（上图）。

跟踪流动情况

3 按Home键，使用相同的技术创建一条开放的路径，它仅出现在流动的紫色形状上面。这就是你的第一个遮罩路径。按M键显示它在时间轴面板中的Mask Path（遮罩路径），并在它的秒表上单击来启用关键帧。

在白色背景衬托下，很难看到黄色的遮罩路径，所以单击Mask1的黄色色块，选择一种更容易看到的颜色，如红色。

4 接下来，你将编辑该开始遮罩路径，以便沿着紫色丝带的波动进行动画。

将当前时间指示器向前移动15帧，并按V键返回Selection（选择）工具状态。默认情况下，会选中所有的遮罩点。沿一个遮罩点拖曳选取框将其选中，将它移动到一个能更好地跟随紫色形状的新位置处。必要时调整其余的遮罩点来跟随紫色形状，记住以下几点提示。

- 要添加一个点，按G键并沿遮罩形状单击；要删除一个点，按快捷键⌘+G（Ctrl+G）并单击它。注意，添加和删除点同样会影响现存的和将来的关键帧。
- 如果想调整一个点的张力，激活选择工具，按快捷键⌘+⌥（Ctrl+Alt），单击点，在点附近左右拖曳。

继续设置合成的持续时间。可以前后修改当前时间指示器来检查进度。按J键或K键在现有关键帧之间跳转。如果没有耐心这样操作，打开合成07-RotoBezier_final，在那里我们动画了遮罩路径，并将时间关键帧改为Auto Bezier（自动Bezier）方式。用我们的合成继续完成其余的练习。

音频频谱效果

Audio Waveform（音频波形）和Audio Spectrum（音频频谱）是沿遮罩路径绘制的两个典型的效果实例。但是它们必须依靠合成上的音频图层来驱动，你不能将它们应用到音频图层上——可以将它们应用到有像素点的图层上。

5 选择PurpleFlow.mov，并应用Effect>Generate>Audio Spectrum（效果>生成>音频频谱）效果，就会打开效果控制面板。将以下设置改为默认设置。

- 设置Audio Layer（音频图层）选项为CoolGroove.mov（本合成中的音频跟踪）。
- 设置Path（路径）选项为Mask 1，否则音频频谱就会画一条由Start（起点）和End（终点）定义的直线。
- 启用音频频谱设置底部的Composite On Original（与原图合成）选项。

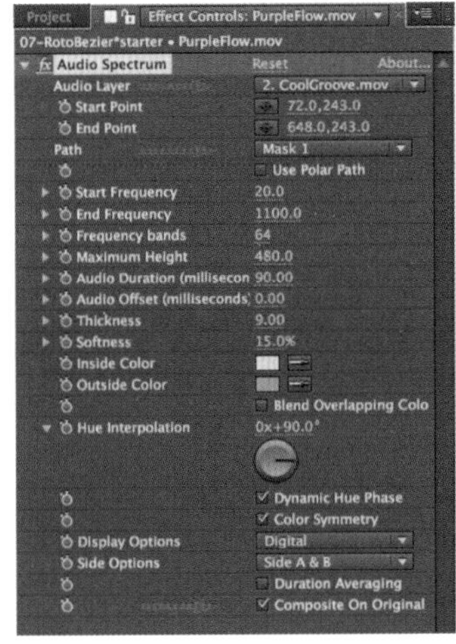

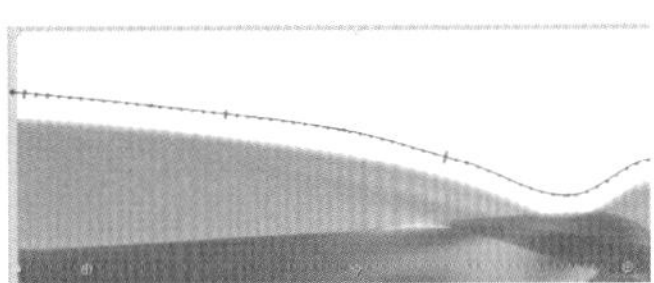

5 默认情况下，音频频谱画的只是直线。你需要编辑几个效果控制（左图）以实现沿遮罩路径渲染音频（上图）。根据喜好调整效果控制（下图）。

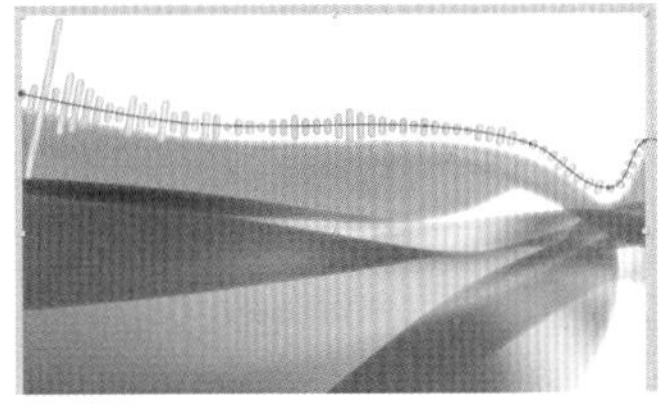

进行RAM预览，查看其效果。禁用Toggle Mask Path Visibility（遮罩路径可见性）开关选项，更清楚地在Comp（合成）面板中查看效果。可以根据喜好调整其他音频频谱。对于我们的作品，我们从PurpleFlow.mov上提取颜色作为音频频谱的内部和外部颜色。我们还增加了Thickness（厚度），降低了Softness（柔和度），并设置Hue Interpolation（色相插值）为90度。尝试增加Maximum Height（最大高度值），并在Display Options（显示选项）菜单中选择不同的样式。完成后保存你的项目。

试一试

更平滑地插值

所有的时间关键帧（包含遮罩路径）默认为Linear interpolation（线性插值），它会导致不平稳的动画。要快速改善此情况，单击时间轴面板的Mask Path（遮罩路径）来选择所有的关键帧，并按⌘（Ctrl）键+单击任意一个关键帧将它们全部改为Auto Bezier（自动Bezier）。在我们的最终作品中已经这么做了。

提示

效果和遮罩

可以使用遮罩路径的效果实例包含Audio Spectrum（音频频谱）、Audio Waveform（音频波形）、Fill（填充）、Scribble（涂抹）和Vegas（勾画）效果。

可变的遮罩羽化

目前，当我们想柔化一个遮罩的边缘时，使用了Mask Feather（遮罩羽化）参数。这围绕结果形状应用了一个平均的羽化量。但是，有些应用中你更喜欢沿遮罩路径改变羽化量——目的是创建一个更平衡的合成，或者与对象清晰锐利的边缘处或被模糊的和模糊不清的位置相匹配。After Effects CS6增加了沿一个形状创建第二个遮罩路径、柔化两条路径之间边缘的能力。我们看看使用了该方法的两个实例。

柔和的合成

1 单击Comp Viewer（合成视图）下拉菜单［在Comp（合成）面板的上方］，选择Close All（关闭全部）来关闭前面练习中打开的所有合成。激活Project（项目）面板，打开Comps>VMF_1-Soft Composite*starter。

2 该合成包含在一个城市轮廓线上图形化渲染的钟表。如果你正在为一个客户创作作品，她很喜欢该钟表，但希望它在一个实际的城市风景线上，而不是一个人造的风景。为了使她满意，打开Sources>movies文件夹，并拖曳Cityscape.mov到时间轴面板中的Clock+Skyline.mov图层的下面。

3 你需要遮罩钟表的表面，以便新的地平线在钟表后可见。选择Clock+Skyline.mov，然后选择Pen（钢笔）工具［由你来决定是否使用RotoBezier（旋转式曲线）遮罩，我们禁用此选项］。沿钟表表面创建一条遮罩路径。多次改变遮罩的颜色，使字在黄色和橙色表面上更加明显。

2~4 客户喜欢该图形时钟（A图），但希望时钟后面用一个真实的人造都市风景。遮住时钟的表面（B图），在第一次尝试中，轻轻地将它融合到新背景中（C图），采用的是Mask Feather（遮罩羽化）和Mask Expansion（遮罩伸缩）的组合（上图左）。时钟渲染内容由Artbeats/digital Biz授权使用。

4 首先，我们尝试溶解旧路径：按M M键（快速连续地单击两次M键）显示全部遮罩参数。增加Mask Feather（遮罩羽化），沿钟表表面创建一个柔和的边缘。既然普通的羽化值可柔化遮罩形状内部和外部，那就增加Mask Expansion（遮罩伸缩），直到整个表面再次成为不透明的。

现在作品看起来还不错，不久你会发现自己不得不妥协。我们喜欢钟表左边缘较宽的羽化外观，使其更柔和地融合到下面的建筑物中，但是我们更喜欢在底部和左下方紧密的羽化效果，所以高速路上的灯光不是模糊的。同样精确地实现了Mask Feather（遮罩羽化）和Mask Expansion（遮罩伸缩）之间的连续平衡，以保持整个钟表平面不透明。

5 重置Mask Feather（遮罩羽化）和Mask Expansion（遮罩伸缩）为0，单击Pen（钢笔）工具，直到它的下拉菜单出现。After Effects CS6在该列表的底部增加了一个新的Mask Feather（遮罩羽化）工具。选择它同时确保Mask 1仍然选中。

- 将光标悬停在Comp（合成）面板的遮罩路径上：羽化光标的底部将增加一个“+”符号。单击并向外拖曳遮罩，就可以创建一个羽化边缘，它从原始的遮罩路径上开始，在羽化路径上结束（与岔开的遮罩路径形成对照）。
- 在Feather（羽化）工具仍然激活的状态下，单击并拖曳另一部分遮罩路径或者羽化路径。羽化值会插入到两个羽化点之间。

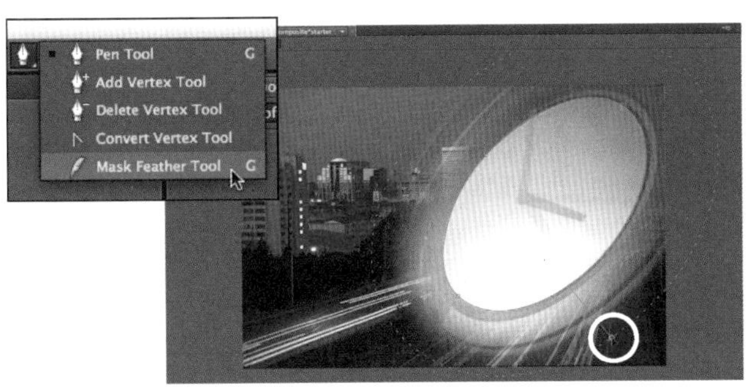

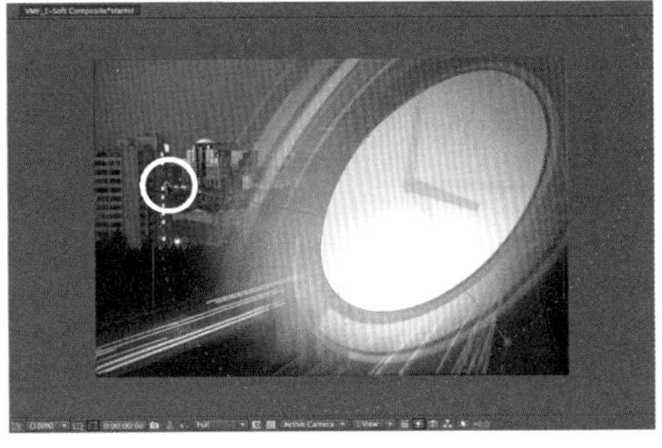

5 选择Mask Feather（遮罩羽化）工具，单击Comp（合成）面板中的遮罩路径，并拖曳出一条羽化路径（上图左）。创建第一个点后，单击遮罩或羽化路径并拖出另外的羽化点（上图右）。

6 羽化在遮罩路径和羽化路径之间的“衰减”方式有两种不同的算法。默认的Smooth（平滑）算法遵循一条S形曲线，不透明度逐渐减少并缓慢地远离遮罩路径，在两条路径之间快速改变，然后逐渐减少以在羽化路径上时实现全透明。从美学观点上看，该效果很不错，但是可能希望你拖曳羽化路径超出你预期的羽化边缘。

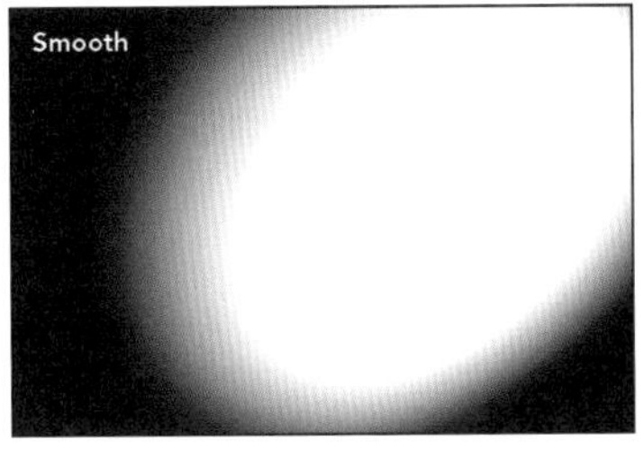

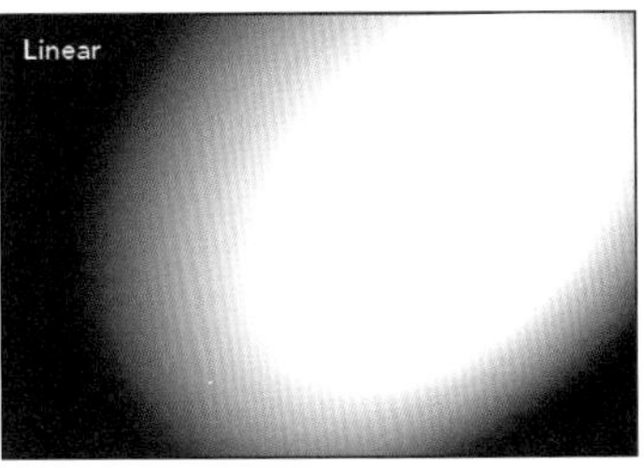

6 默认的遮罩羽化Smooth（平滑）创建了一个视觉上的过渡（上图左）。另一个选项Linear（线性）更加精确，但会在遮罩中呈现出明显的过渡（上图右）。为了更加清晰，我们独奏了图层1并使用Comp（合成）面板底部的Show Channel（显示通道）选项来查看Alpha通道。

仍然选中Mask 1，选择Layer>Mask> Feather Falloff>Linear（图层>遮罩>羽化衰减>线性）。就会在遮罩路径和羽化路径之间出现更精确的平均过渡，代价是创建出远离遮罩路径的僵硬过渡。

7 在将作品打包交给客户之前，我们使用多个可用的可变遮罩羽化选项进行播放。保存项目，以便后期你能够使用File>Revert（文件>恢复）来恢复它［比按多次Undo（撤销）容易得多］。并尝试以下技巧。

- 按Shift键并将光标定位在遮罩（不是羽化）路径的两个顶点之间：光标就显示为被一条线连接的两个“+”符号。这表示你可以只羽化原始路径的一段特定范围。当光标可见时，单击并拖曳鼠标，将在遮罩顶点的前后看见一些快速的羽化过渡。这些过渡被看作环绕羽化路径的“保持”点，你可以通过在羽化点上单击鼠标右键来手动插入一个保持点。

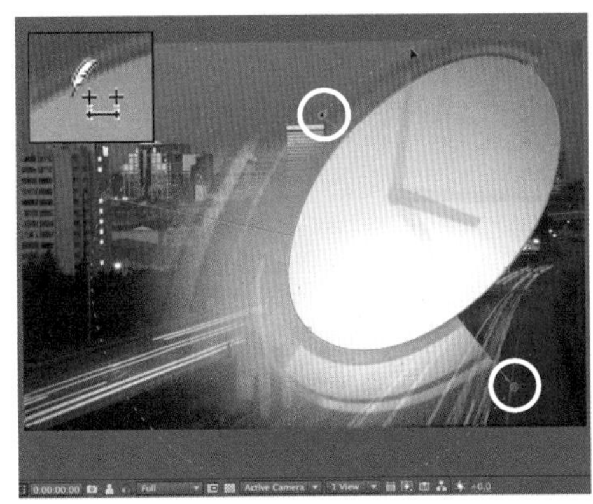

7 按住Shift键，同时将光标悬停在遮罩路径上来羽化两个顶点之间的部分。效果图中创建了保持羽化点（上图左中圈起来的部分），由泪滴状的形状标识。按住⌥（Alt）键并修改值，以改变一个羽化点的张力（上图右中圈起来的部分）。单击鼠标右键，一个羽化点可得到更多选项。

- 按⌥（Alt）键并悬停在一个羽化点上：你将看到类似的“改变方向”光标，它的底部是一个双头箭头，表示它可以被擦除。按照此方式可以改变一个羽化点的“张力”，就像在用一个旋转式曲线遮罩点一样。（点处的角度越显著，效果越明显。）
- 仍然选中Feather（羽化）工具，在一个羽化点上单击鼠标右键，会出现一个带有其他参数的弹出菜单，在每个点上都可以编辑这些参数。选择Edit（编辑）选项会打开一个对话框，你可以在里面输入数字值。
- 你可以对原始遮罩路径的内部和外部都进行羽化，只需在遮罩路径上单击并向内拖曳来创建第二个可变的遮罩羽化点。

我们的最终合成采用了可变的遮罩羽化、效果和混合模式。

▼ CS6中的遮罩变化

除了已介绍的After Effects CS6中的可变遮罩羽化，正常的遮罩工作方式在CS6中也发生了一些细微变化。

以前，按G键打开所有的Pen（钢笔）工具，包括Add（增加）、Delete（删除）和Convert Vertex（转换顶点）。对于CS6，按G键默认在Pen（钢笔）（绘画）工具和Feather（羽化）工具之间进行切换。你可以恢复以前的行为，具体操作是禁用Pen（钢笔）和Mask Feather（遮罩羽化）工具之间的Preference>General>Pen Tool Shortcut Toggles（首选项>常规>钢笔工具快捷键切换）。

在早期的版本中，将Pen（钢笔）工具悬停在一个现存的遮罩顶点上会导致它自动改变为Delete Vertex（删除顶点）工具——经常导致不小心删除遮罩点。现在它改变为Selection（选择）（移动）工具状态。要在CS6中删除一个点，添加⌘（Ctrl）键。

单击Undo（撤销）或File>Revert（文件>恢复）来清除播放的效果。现在创建一个良好的羽化遮罩来将两个剪辑融合到一起。你也可以引用一个色彩调整效果，如Hue/Saturation（色相/饱和度）来匹配它们的颜色，并可选择使用混合模式（第3章）来创建一个看起来像一幅图片的最终合成。我们的作品保存在Comps_Finished>VMF_1-Soft Composite_final中。

羽化以匹配焦点

1 在可视效果项目中，你可能遇到与实际问题有关的挑战，打开Comps>VMF_2-Depth of Field*starter。前景的剪辑Clock.mov是用非常浅的景深拍摄的。因此，只有一小部分的钟表表面清晰对焦了，而距离更近的或更远的部分都逐渐失焦。

2 选择Pen（钢笔）工具并创建一个曲线遮罩路径，沿钟表表面的顶部明亮边缘绘制。在图像框外部创建遮罩路径的剩余部分，这样就不必担心偶尔会使其他边缘变成透明。同样，也可以使用旋转式曲线或者一般的Bezier遮罩，我们使用的是后者。

该钟表最初是在35mm电影中采用一个浅景深拍摄的（上图左下）。一个带有可变羽化效果的遮罩［匹配时钟表面边缘的焦距（上图右上）］创建了一个更逼真的合成。素材由Artbeats/Time & Money授权使用。

3 按G键切换到Mask Feaher（遮罩羽化）工具。在遮罩路径的左上角单击并向下拖曳较短的距离，与底边模糊的长度一致（以拍摄中心作为对比，观察边缘剪裁的宽度）。在右边的角处执行相同操作。

4 在遮罩路径顶部的中心（此处钟表表面清晰对焦）附近添加一个或两个羽化点。你可以将这些点拖曳到原始遮罩路径附近，创建一个细长的羽化边缘，或者将它们直接反向拖曳遮罩路径，然后使用Mask Feather（遮罩羽化）参数来平滑边缘。调整遮罩和羽化点来创建一个视觉上引人注目、形象逼真的合成。完成后，左侧和右侧边缘看起来应该像“溶解”到模糊的背景一样。作为参考，我们的作品保存在Comps_Finished>VMF_2-Depth of Field_final中。

使用轨道蒙版

遮罩直接在它们所应用的图层上创建透明。但是如果想从另一个图层借一些透明怎么办？这就需要轨道蒙版。

轨道蒙版最常见的用法是从一个窗口［通过第二个图层的透明（Alpha）或者灰度值（亮度）定义］内部的图层播放视频。在该练习中，你将学习如何建立一个Alpha轨道蒙版。

1 仍然在Lesson_04.aep中，单击Comp Viewer（合成视图）下拉菜单［在Comp（合成）面板的顶部］，选择Close All（关闭全部）来关闭所有已打开的合成。

激活Project（项目）面板，并打开Comps>08a-Alpha Matte*starter。目前它是空的，背景色被设为白色。

2 轨道蒙版需要两个图层，而且这些图层在时间轴面板中的堆叠次序非常重要：蒙版图层必须在“填充”图层的顶层。

- 打开Sources>movies文件夹，并选择VirtualInsanity.mov——它将是填充图层。按快捷键⌘+I（Ctrl+I）将它添加到合成上。
- 然后选择Sources>stills>Night Vision.ai，将它拖曳到Comp（合成）面板中并进行定位，或者按快捷键⌘+I（Ctrl+I）将它聚集在合成中心。这些文字就是你的蒙版。记住，蒙版必须在图像（将填充蒙版）的顶层，所以如果不是的话，就要重新排序图层。

遮罩和蒙版

你可以将遮罩和蒙版组合使用。例如，可以使用遮罩来定义图层的透明度，而用该结果作为一个下面图层的蒙版。

除了图层的Alpha通道，还可以使用遮罩、蒙版和模板，它们不会代替图层。如果给一个图层添加一个具有自己Alpha通道的遮罩，该遮罩会通过它的Alpha通道进一步减少可见区域。

3 确保时间轴面板中的Modes（模式）列可见——如果不可见，按F4键显示。

对于VirtualInsanity.mov图层，在“TrkMat”标题的下方单击弹出菜单：它将提供4种类型的蒙版选项，所有类型都涉及了Night Vision.ai（上方图层的名字）。选择Alpha蒙版，表示要在蒙版上使用图层的Alpha通道。

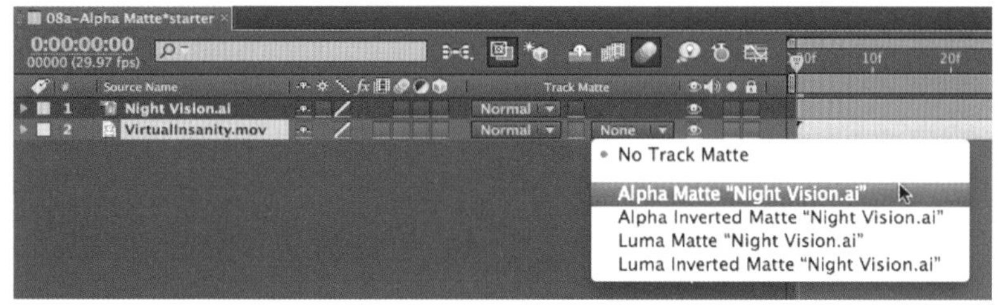

3 从填充图层顶部的蒙版图层开始（文字）（A图）。为填充图层设置Track Matte（轨道蒙版）菜单项的值为Alpha蒙版（上图）。释放鼠标时，只有蒙版内部的填充可见（B图）。

一旦释放鼠标，现在电影只显示文字内部，文字外部你看到的是白色背景色。

如果想检验透明的区域，单击Comp（合成）面板底部的Toggle Transparency Grid（透明网格切换）按钮（方格图案的图标）。方格表示透明。

你还会注意到时间轴面板中发生了一些变化。一个是Night Vision.ai的Video（视频）开关（眼睛图标）将被关闭。这是因为你不再想直接看蒙版图层中的内容，只是想借用它的Alpha通道。你还会注意到一些额外的图标出现在图层名字的左侧，代表了蒙版（顶层图层）和填充（下面图层）。

3 续 打开Toggle Transparency Grid（透明网格切换）按钮以检查结果的Alpha通道。

3 续 设置完Track Matte（轨道蒙版）选项之后，顶部的蒙版图层会关闭它的Video（视频）开关（眼睛图标），而且新的图标会出现在图层名字的左侧，表示该图层将作为其他图层的蒙版。注意图层1没有轨道蒙版菜单，因为它的上面没有图层。如果在Night Vision.ai上有其他图层，蒙版图层上也会出现轨道蒙版菜单，这可能会造成混淆。

如果结果和图像不匹配，将你的合成和我们的进行对比：Comps_Finished>08a-Alpha Matte_final。

4 要理解Alpha蒙版和Alpha反相蒙版的区别，继续设置Track Matte（轨道蒙版）（TrkMat）选项为Alpha Inverted Matte（Alpha反相蒙版）。现在文字内部的区域将是透明的，而且外部的区域将用VirtualInsanity.mov图层填充。

将菜单选项设回Alpha蒙版，然后再执行下一步。

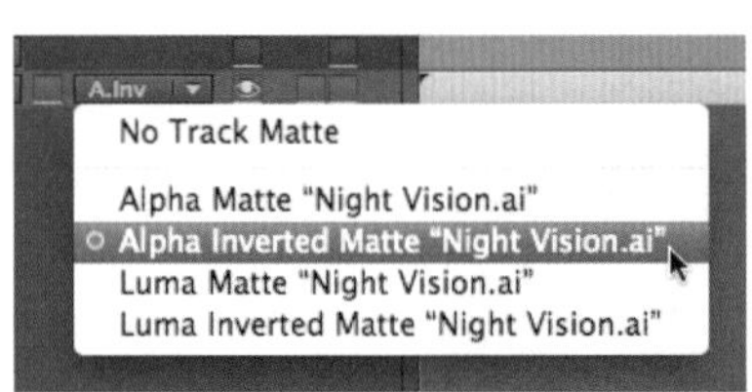

4 使用Alpha反相蒙版后的效果。白色区域是背景色，显示通过该区域的效果为透明的。

嵌套轨道蒙版

创建轨道蒙版所要求的两个图层的组合，在合并图层方面为你提供了很大的灵活性，还可以随意地对它们单独进行动画。尽管如此，该组合有两个缺点。

- 你不能直接将一个效果添加到合成（轨道蒙版的结果）上。这在添加正常的阴影或发光效果时就是一个问题，图层样式有助于解决此问题（参见本章最后一页的侧边栏）。
- 比较明智的做法是将两个图层作为一个组来移动并保持它们同步。

避免此问题的最好方法是让轨道蒙版图层留在自己的合成中，然后将该合成“嵌套”至第二个图层中，此处它将作为一个单独的图层出现。我们将在第6章中详细讨论嵌套，但是现在你需要了解的就是将嵌套的合成只看作一个正常的图层。（你具有一些额外的特权，即可以返回并编辑第一个合成的内容，并且让结果自动显示在第二个合成中。）

5 打开Comps>08b-Night Vision*starter。这是一个我们要为你创建的背景，采用了在早期的练习中使用的元素。

6 要将轨道蒙版嵌套到新的合成中，在Comp（合成）面板中打开08a-Alpha Matte*starter，并将它拖曳到Comp（合成）面板中的08b-Night Vision*starter的顶部，或者按快捷键⌘+I（Ctrl+I）将它添加到08b-Night Vision*starter上。使用其中任何一种方法都可确保它成为时间轴面板中的顶部图层，并在Comp（合成）面板中居中。

在嵌套合成之后，你将看到第一个合成的名字08a-Alpha Matte*starter显示为第二个合成中的一个图层，用一个特殊的合成图标来重点表示。

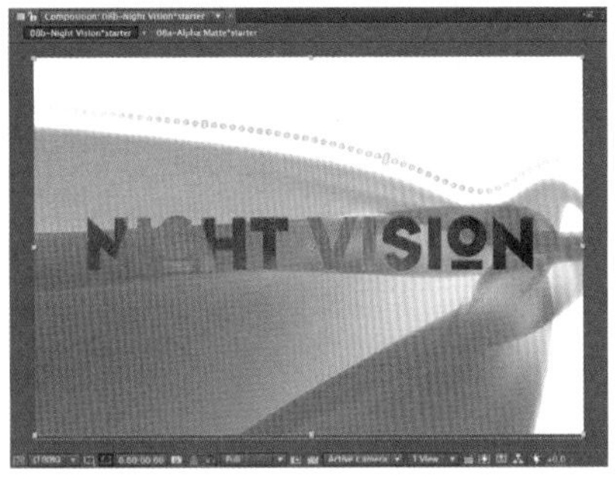

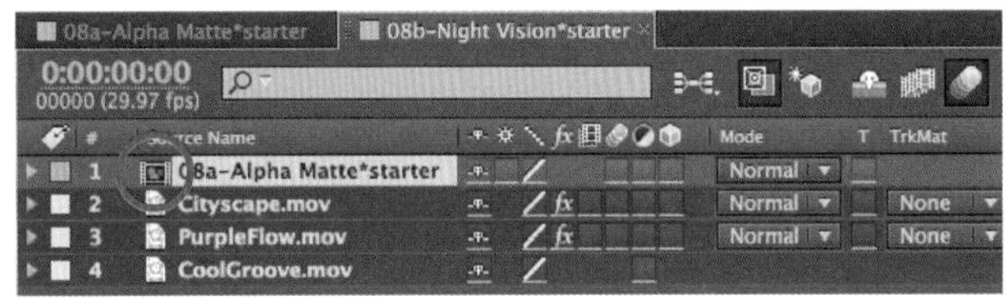

6 将合成和轨道蒙版一起嵌入到新的合成中，它包含两个视频图层和一个音频图层。注意08a-Alpha Matte*starter图层的图标：它看起来很像在项目面板中看到的合成图标，帮助你区别这是否为嵌套的合成。

7 RAM预览你的合成：效果令人开心，但是一次播放的内容太多了。在时间轴面板中，滑动08a-Alpha Matte*starter图层条到右侧，在00:28左右开始，在音乐中出现了一个直接的击打音乐。（开始拖曳后按Shift键，使其吸附到我们为你设置的标记处。）这就使得在标题出现之前，Cityscape.mov中的遮罩建立并成为其中心。预览并查看是否你更喜欢该效果。

8 08a-Alpha Matte*starter中的填充电影包含在黑色上闪动的红橙色。定位到时间上的03:16处，在深色的城市素材背景下，黑色表现得不明显。要快速修改它，应用Effect>Channel>Invert（效果>通道>反相）到该嵌套的合成图层上。现在黑色区域变成白色，而红橙色区域变成蓝色（RGB色轮上的互补色）。

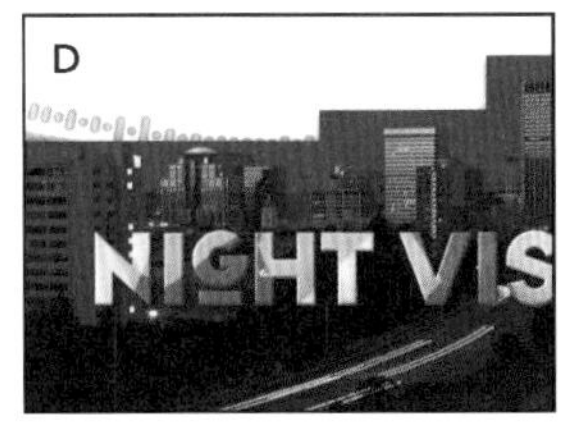

8~9 要增加文字的可读性（A图），添加一个Invert（反相）效果使黑色区域变为白色（B图），采用Hue/Saturation（反相/饱和度）来改变它的颜色（C图），并添加Bevel Alpha（斜面Alpha）和Drop Shadow（阴影）为它增加一些透视效果（D图）。

该方法解决了黑色文字的问题，但是颜色怎么处理？定位到时间的01:13处，蓝绿色的文字需要一些色彩调整的帮助。保持图层仍然选中，应用Effect>Color Correction>Hue/Saturation（效果>颜色校正>色相/饱和度），并调整Master Hue（主色相）为50度和90度之间的某个值。这就会将冷的蓝色改为暖的紫色系列。

9 已遮罩的城市素材将阴影作为紫色背景的点缀，此处可以对标题进行相同的处理。尝试使用不同的图层样式：执行Layer>Layer Styles>Drop Shadow（图层>图层样式>阴影）命令会使标题看起来像漂浮在城市素材上，执行Layer Styles>Inner Shadow（图层样式>内部阴影）命令会使标题看起来像从城市素材上切断。如果你选择Drop Shadow（阴影），添加Layer Styles>Bevel and Emboss（图层样式>斜面和浮雕）效果来增加维度；如果你选择Inner Shadow（内部阴影），添加Layer Styles>Inner Glow（图层样式>内部辉光）来增加插图标题的对比度。无论是哪种情况，尝试试验不同参数来改变默认的外观。

9 尝试不同的图层样式来创建不同的外观，如果标题漂浮在上方（上图左），或者切入后面的城市素材中（上图右）。

10 正如我们已提到的，嵌套一个合成的优点是可以将它的结果作为一个图层，制作动画更加容易。继续并动画08a-Alpha Matte*starter图层以产生一个有趣的样式。

如果图层正在快速移动，打开该图层的Motion Blur（运动模糊）开关，并打开时间轴面板中Enable Motion Blur（启用运动模糊）开关，就会产生一个良好的外观。

10 最终的动画。由于轨道蒙版是创建在一个合成中，所以你只需要动画一个图层。

如果你对它感到好奇，有关这些步骤的内容保存在Comps_Finished>08b-Night Vision_final中。与你的版本进行对比，确保正确遵循了这些步骤，但是可以随意脱离它的精确设置来创建自己的版本。

亮度轨道蒙版

在前面的练习中，你使用了一个Illustrator图层作为一个Alpha轨道蒙版——在它的形状周围本身就有一个Alpha通道。这次，你将用一个高对比度的灰度图层作为亮度轨道蒙版。

1 激活Project（项目）面板，并打开Comps>09-Luma Matte*starter。目前它是空的，背景色设为了白色。

2 正如在前面练习中学到的，轨道蒙版需要两个图层，顶部的蒙版和下面的填充图层。

- 在Project（项目）面板中Sources下的movies文件夹中，选择Firestorm.mov，并将它添加到合成中。它将作为填充图层。
- 在同一文件夹中的Cloud matte.mov将作为蒙版图层。将它添加到合成中的Firestorm.mov顶部。擦除当前时间指示器，你将看到Cloud matte.mov在黑色背景上喷出一道白色云流。

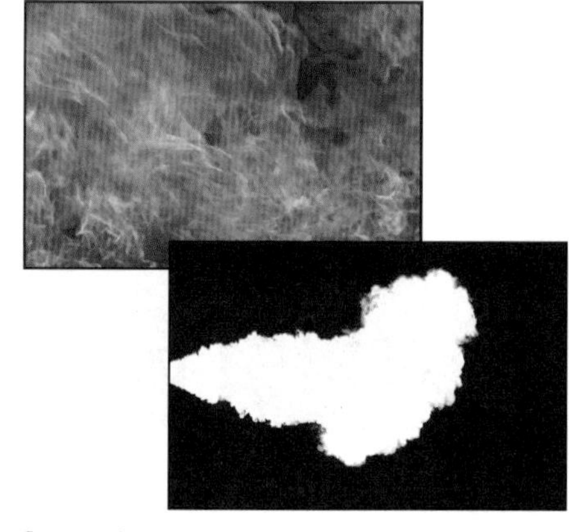

2 顶图中的火将作为填充，上图中的云将作为蒙版。素材由Artbeats/Reel Fire2 and Cloud Chamber授权使用。

3 如果看不到Modes（模式）列，按F4键显示它。设置Firestorm.mov（记住，总是两个图层中底部的那个图层）的TrkMat选项为Luma Matte（亮度蒙版）。蒙版图层将会关闭，轨道蒙版图标会出现在时间轴面板中图层名字的旁边，现在火将在云流内部播放。根据你的喜好，单击Toggle Transparency Grid（透明网格切换）按钮来确认云层外部的黑色区域为透明。

3 将Firestorm.mov设置为Luma Matte（亮度蒙版）时（右图），它穿过Cloud matte.mov的明亮区域播放出来（右下图）。

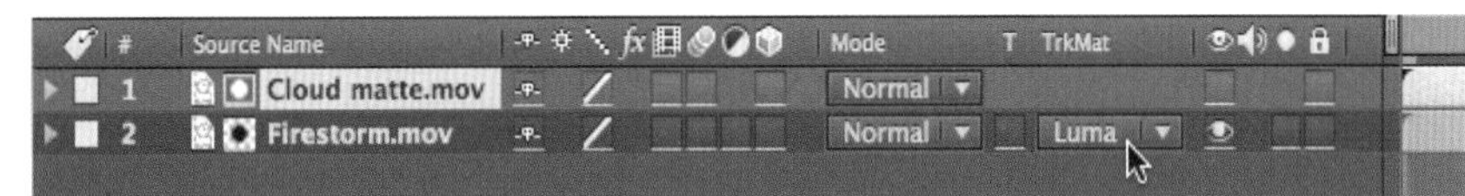

正如我们先前提到的，你可以单独编辑一个轨道蒙版的两个部分。例如，按Home键，你看不到火花，因为亮度蒙版图层在第一帧处是全黑色的。滑动亮度蒙版图层Cloud matte.mov到比时间开始更早的位置（00:00之前），你将从合成的第一帧处看到一些火花。这就是我们在作品中Comps_Finished>09-Luma Matte_final所进行的操作。

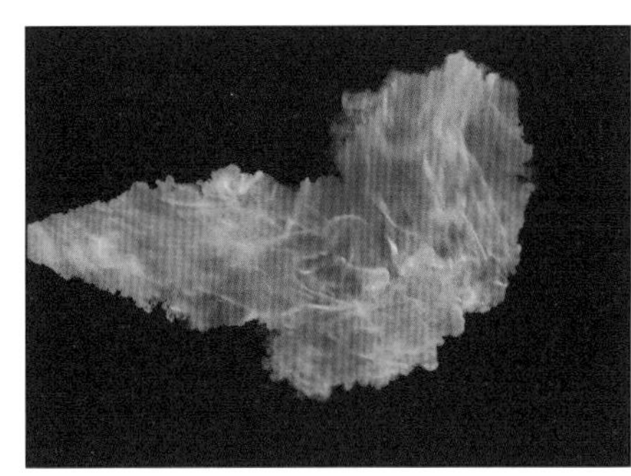

▽ 提示

Hicon

在黑白色阶之间具有高对比度的图层可实现出色的亮度蒙版。的确，你会经常听到它们被称作“hicons”或hicon蒙版。

4 要帮助确定不同蒙版图层的作用，选择Luma Inverted Matte（反相亮度蒙版），现在火在云层外部播放。

然后选择Alpha蒙版，火是全帧播放，忽略了云层。这是因为Firestorm.mov上正在用全帧电影Cloud matte.mov的Alpha通道，而且它的Alpha通道是全白的。

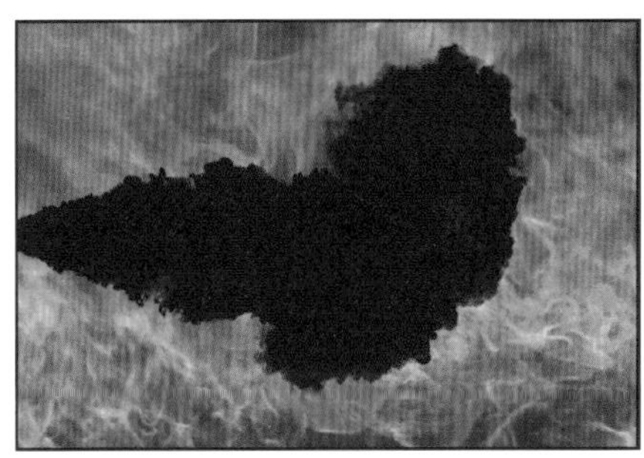

4 使用Luma Inverted Matte（反相亮度蒙版）。

制作轨道蒙版动画

你不必始终只用一个静态图像或者电影的原始内容作为轨道蒙版。还可以给它制作动画和添加效果，从而创建更有趣的蒙版形状。

1 打开Comps>10-Animated Matte*starter。当前它是空的，背景色为黑色。在Project（项目）面板中的Sources>stills文件夹中，打开图形文件inkblot matte.psd并将它添加到合成中。（为了实现该目的，我们在一张纸上滴了一些墨汁，将另一张纸压在其顶部，再将它们拉开，等变干后将它扫描到计算机中，将其反转。一种很高超的技术。）

2 我们创建的inkblot matte.psd比合成更大一些，这样就有一些空间来进行动画。

- 按P键显示Position（位置），并单击它的秒表来启用关键帧。
- 将inkblot matte.psd向下滑动，直到其顶端到达合成的顶端。记住，可在按Shift键的同时拖曳来将移动约束在合成窗口内，或者只擦除时间轴面板中Y位置的值（第二个）。
- 按End键，并将墨渍向上滑动，直到它的底部接触到合成的底部。

按0键进行RAM预览。不太让人满意，但是没有丢失任何元素。我们知道可以给一个效果添加一些有趣的运动……

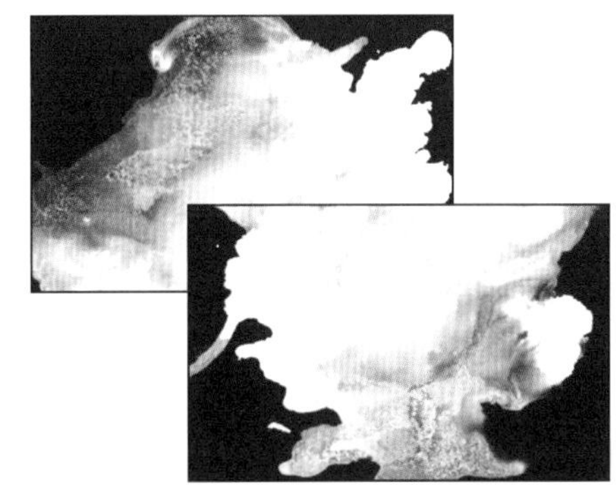

2 文件inkblot matte.psd比合成要大一些，这样就有空间在时间上对其制作向上动画。

3 inkblot matte.psd仍然被选中，应用Effect>Distort>Turbulent Displace（特性>扭曲>变形置换）。在打开

的Effect Controls（效果控制）面板中，擦除Evolution（演化）的值：墨迹会以有机体的方式波动。

该效果不能自己动画，但是设置关键帧很容易。

- 按Home键返回到00：00处。重置Evolution（演化）的值为0x+0.0，单击Evolution（演化）旁的秒表来启用关键帧。
- 按End键，并给Evolution（演化）设置一个不同的值，如1x+0.0（全方位旋转）。如果愿意，可随意尝试其他参数。

再次执行RAM预览。现在效果更有趣了。

4 将Project（项目）面板置上，找到Sources文件夹中的Firestorm.mov（你的填充图层），并将它添加到时间轴面板中的Inkblot matte.psd的下方。检查Firestorm.mov是否在合成的开始处，不是的话，按快捷键⌥+Home（Alt+Home）。

5 确保Modes（模式）列可见，并设置Firestorm.mov的TrkMat选项值为Luma Matte（亮度蒙版）。火将在动画过的轨道蒙版内部播放。注意只有遮罩的形状（不是火的素材）被变形置换扭曲，暗示遮罩的灵活性。

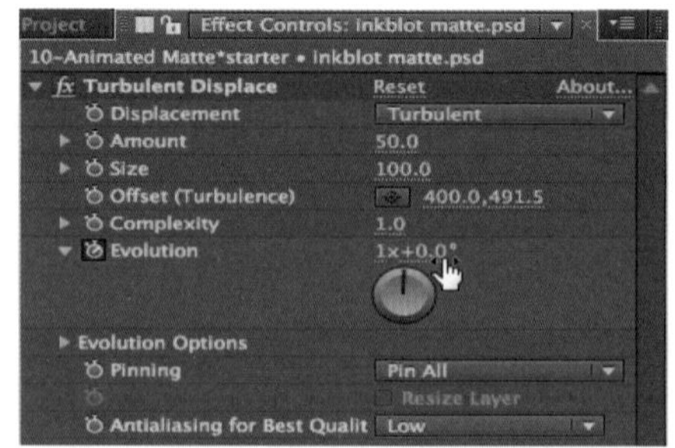

3 Effect>Distort>Turbulent Displace（效果>扭曲>变形置换）对于给图层添加有机化的运动非常方便。你需要动画Evolution（演化）参数来产生时间上的扭曲效果。

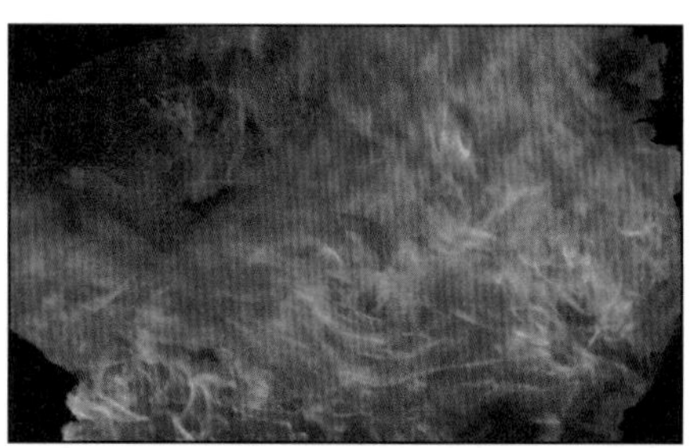

5 置换后的墨迹作为Firestorm.mov的一个蒙版。黑色区域表示图像在该部分是透明的，需要时可以在它后面放另一幅图片。

模板

第三个也是最后一个创建透明的方法就是模板，将在本章中探讨。可以将模板看成预先做好的蒙版：而不是仅为一个图层定义的透明，它们定义了合成中所有下方图层的透明（记住，After Effects从下到上渲染）。换句话说，模板会一直进行剪切，直到时间轴面板中图层堆栈的底部，但它们不会影响其上的图层。就像蒙版，它们以两种形式出现——Alpha和亮度。

模板亮度

1 激活Project（项目）面板，打开Comps>11-Stencil Luma*starter。它包含本章前面用过的两个电影，进行了一次扭转：Cityscape.mov已被反相，更有图形的外观，而VirtualInsanity.mov以Overlay（重叠）混合模式位于顶部（在前面课程中介绍了混合模式）。

2 在Project（项目）面板中的Sources>movies文件夹中，选择Cloud matte.mov并将它添加到图层堆栈的顶部。将当前时间指示器向后移动一点到流云出现的地方，或者拖曳Cloud matte.mov提早开始一个或两个时间点，这样就可以看到合成开始处的一些行为。

3 在Modes（模式）列（按F4键），设置Cloud matte.mov的Mode（模式）选项为Stencil Luma（模板亮度）——它位于列表的底部。类似于前面的练习，图像仅会出现在云层内部。（如果你的效果与我们此处的效果不一样，将它与Comps_Finished>11-Stencil Luma_final进行比较。）注意，与蒙版不同，模板图层的Video（视频）开关必须保持打开状态。

为了好玩，尝试一下Silhouette Luma（亮度轮廓）选项，云流外部的区域就变为可见。继续与蒙版进行比较，你可以将轮廓看作“反相模板”。

4 记住，模板只影响它下面的图层，不影响上面的图层。在图层堆栈中将Cloud matte.mov向下移动一个为准，让它位于VirtualInsanity.mov和Cityscape.moc之间。下面的图层（Cityscape）将被云流所剪切，但上面的图层（VirtualInsanity）会全帧播放。

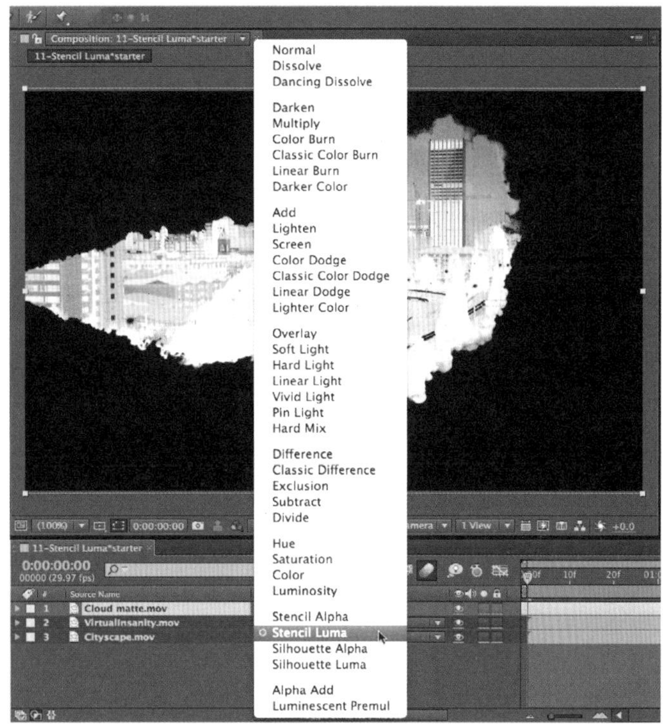

3 将Cloud matte.mov放在其他两个图层的顶部，并设置它的Mode（模式）为Stencil Luma（亮度模板），可以在下面切出两个图层（上图）。Silhouette Luma（亮度轮廓）产生了反相的效果（左上图）。

Alpha模板

与轨道蒙版一样，模板也可以基于图层的Alpha通道。可在模板图层上应用效果，与本章前面内容中关于蒙版图层的处理类似。

1 打开Comps>12-Stencil Alpha*starter。背景图层和前面练习中的背景图层相同。图层1（Night Lites.ai）是一个Illustrator图层，你可以将它作为蒙版使用。由于它是黑色的，不会像亮度模板那样工作（黑色像素=0不透明度），但是可作为一个Alpha模板工作。

2 设置Night Lites.ai的Mode（模式）选项为Stencil Alpha（Alpha模板）。下方所有图层的合成图像将被包含在模板的Alpha通道内部。（Alpha轮廓和“反相Alpha模板”类似，会产生相反的效果，所以坚持使用Alpha模板。）

3 确保Night Lites.ai选中，并应用Effect>Distort>Turbulent Displace（效果>扭曲>变形置换）。从合成时间00:00处的0到循环结束的值1处实现Evolution（演化）属性动画。如果标题没有“oozing（旋转）”，表明你动画了整个循环，而不是1度。

1~2 合成12-Stencil Alpha*starter最初在其顶部是由两个背景层组成的黑色文字。设置类型为Stencil Alpha（Alpha模板），使其切出下面的图层（上图）。

为了增加趣味性，使旋转量在时间上发生变化：将动画Turbulent Displace（变形置换）的Amount（数量）增加，如0~25。此时，还可以随意尝试Displacement（置换）弹出菜单下的其他选项。

4 最后我们动画模板，使其以更有趣的形式出现，完成动画。然后与我们保存在Comps_Finished>12-Stencil Alpha_final文件夹中的作品进行对比。你可以应用Turbulent Displace（变形置换）到模板图层上，但我们将它应用到一个调整图层（第3章）上，这样它将影响下面的图层。将它移到模板图层的下面，它将只扭曲电影，不会改变模板。

4 对文字添加并动画Turbulent Displace（变形置换）效果，使其随时间旋转。你还可以动画文字的缩放和旋转来创建其他运动。使用模板的缺点是不能在同一合成中放置背景图层，因为模板也会把背景切掉。要添加背景，将模板合成嵌套到第二个合成中。（如前面在Alpha蒙版练习中的做法。）

方法角

如果想练习本章中学到的技法，在你已经执行过的练习中尝试以下变化。我们的一些作品包含在Project（项目）面板的Idea Corner文件夹中。

- 动画一个遮罩形状是一种在标题文字上擦除的方式，另一种方式是使用转场样式的效果。例如，在01-Masking中删除用来在Bring on the Night.ai上进行擦除的遮罩，并应用Effect>Transition>Linear Wipe（效果>转场>线性擦除）。用该效果重新创建该动画。同样尝试此类目中的其他效果。CC效果由Cycore FX插件设置安装，可以创建出许多有趣的效果。（CC效果由After Effects自动安装，CS6中绑定了功能更强大的Cycore FX HD。）
- 应用到蒙版或模板的效果仅对蒙版或模板的形状起作用——它们不会影响切出的图像。例如，在合成10-Animated Matte或12-Stencil Alpha中我们采用了Turbulent Displace（变形置换）来改变蒙版和模板，你可能已经注意到被蒙版或者模板切出的背景也不会显示。如果想显示整个合成，删除蒙版或模板上的效果，并将

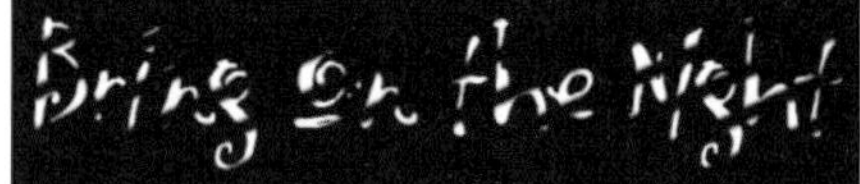

Bring on

Transition（转场）效果提供了一种选择性地使用遮罩来显示和隐藏图层的方法。此处显示的效果包括Venetian Blinds（百叶窗）、CC Grid Wipe（纺锤形网格过渡）和CC Twister（扭曲过渡）。

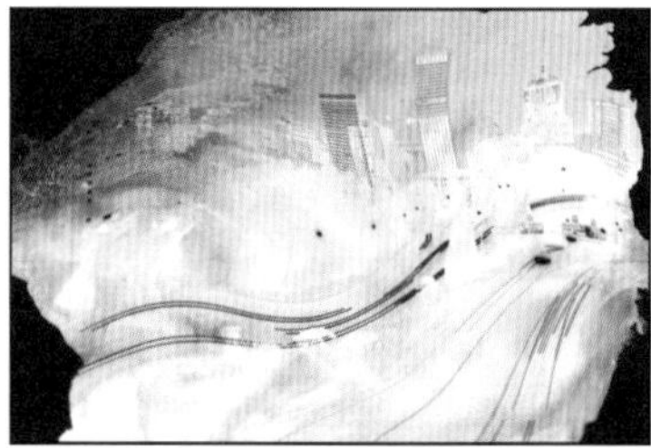

给蒙版应用效果［如Turbulent Displace（变形置换）］（上图左）和使用调整图层应用同样的效果来产生轨道蒙版（上图右）有一个很大的不同。后者显示在Idea Corner>Adjustment Layer中。

它应用到位于所有其他图层上方的调整图层上（上一章介绍）。我们的作品保存在Idea Corner>Adjustment Layer中。你还可以将轨道蒙版或模板合成嵌套到第二个合成中，此处可以应用效果到嵌套的图层中。（嵌套会在第6章中详细讲解。）

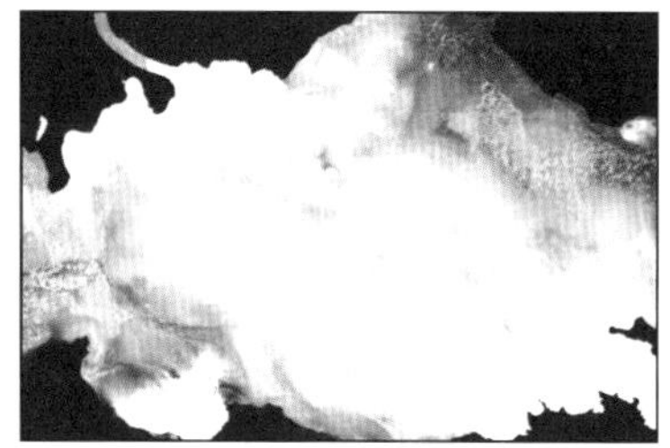

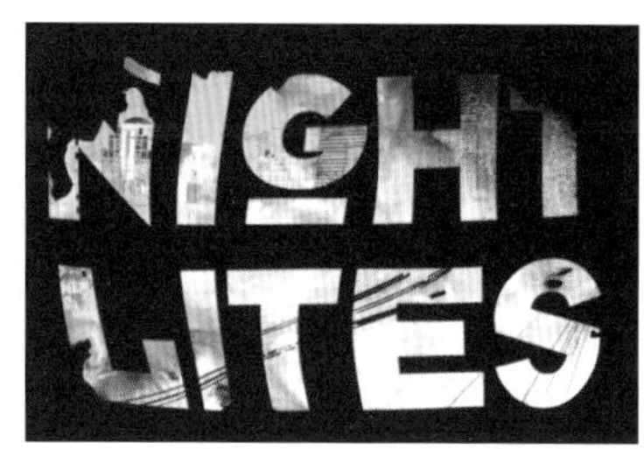

将inkblot matte.pad图层旋转90度（上图左），并将它作为12-Stencil Alpha_final合成的一个Stencil Luma（亮度蒙版）图层使用，以磨去标题的边缘（上图右）。

包含轨道蒙版和模板的效果

轨道蒙版涉及两个图层的合成。效果应用到一个单独的图层上。所以在应用轨道蒙版的合成中，可以将效果应用到填充图层或蒙版图层上，但需要在轨道蒙版合成之前应用效果。边缘效果（如阴影、辉光和Alpha导角）需要应用到轨道蒙版结果上。

如果想亲自了解该问题，在Project（项目）面板中，选择Comps_Finished>08a-Alpha Matte_final，执行Edit>Duplicate（编辑>复制），然后打开复制的合成。

- 尝试添加Effect>Perspective>Drop Shadow（效果>透视>阴影）到VirtualInsanity.mov上：不会看到任何改变。这是因为效果被应用到矩形电影图层上，然后轨道蒙版才合成。
- 现在尝试给Night Vision.ai图层上添加阴影并增加Distance（距离）参数。你可能认为正在看一个普通的阴影，但是进行RAM预览后会发现，填充电影正在阴影内部播放。这是因为一个不透明度为50%的黑色阴影正应用在蒙版图层上，然后才会合成轨道蒙版。由于填充图层使用上方图层的Alpha通道作为蒙版，它在阴影内部以50%的不透明度显示。

有几个可能解决该问题的方法。

- 如果需要在一个轨道蒙版效果上应用阴影，在轨道蒙版组（填充图层）中选择第二个图层，并应用Layer>Layer Styles>Drop Shadow（图层>图层样式>阴影）。计算蒙版后会渲染图层样式。
- 组合合成中的轨道蒙版或模板，然后将合成嵌套到另一个合成中。结果图层看起来像其他带有Alpha通道的素材，表示你可以应用想要的任何效果或图层样式，包括阴影、粗糙边缘和类似的效果。（学完第6章后，你还会知道如何使用预合成来实现相同的效果。）

如果为一对轨道蒙版的每个图层添加阴影，要么看不到效果，要么阴影变成蒙版（填充图层在其内部显示）的一部分（上图）。尽管如此，如果应用Layer>Layer Style>Drop Shadow（图层>图层样式>阴影），阴影将在蒙版后被计算，呈现想要的效果（下图）。

- 在各自的合成中组合轨道蒙版或者模板，然后在这些图层的顶部应用一个调整图层。现在可以对调整图层应用任何需要的效果，它会影响下面的轨道蒙版或者模板合成的效果。这种方式在于，如果为调整图层应用图层样式，它们将被忽略，因为它们不是“效果”。

- 可以将模板堆积在模板的顶部。在12-Stencil Alpha中，尝试将Cloud matte.mov或inkblot matte.psd作为一个Stencil Luma（亮度模板）图层添加到合成的顶部。

- 根据喜好采用各种方式来创建一些高对比度的灰度图（数字图片、水墨画、Photoshop）。将它们按顺序编号，并将这些图片作为一个序列，然后在Interpret Footage（解释素材）对话框中循环并设置帧频率。将该序列作为另一个图层的亮度蒙版或模板。

Quizzler

最后，让你思考一些遮罩相关的问题。

- 在Project（项目）面板的Quizzler文件夹内部，播放电影Pop on by word.mov。注意到标题一次弹出一个单词，而不是擦出的效果。我们应该如何使用动画遮罩来实现该效果？要测试你的理论掌握情况，亲自尝试用Pop on*starter作为一个起点来重新创建它。
- 在Quizzler>Stroke play中，我们制作了一个Stroke（描边）效果来以顺时针方向动画树叶形状遮罩。如何制作反方向的动画呢？

一旦你想出了办法，又该如何使它从树叶形状的顶部开始（而不是从底部开始），并一直前进呢？

所有问题的答案都保存在Quizzler Solutions文件夹中。

▽ 提示

利用一切蒙版

你几乎可以使用任何图层并用它的亮度作为一个亮度蒙版。要更好地“查看”图层的亮度，应用Color Correction>Tint（颜色校正>着色）效果来产生灰度。使用其他效果［如Levels（色阶）］来提高黑色和白色之间的对比度。

第5章　文字和音乐

动画文本和使用音乐是运动图形设计的要点。

本章内容

- 创建基本文本
- 动画文本的位置、旋转和不透明性
- 创建级联文本
- 设置文本的定位点
- 标题安全区域
- 路径上的文本
- 分离场
- 使用Alpha通道进行渲染
- 将音频添加到合成中
- 混合与增强音频
- 将文本动画保存为预设
- 创建文本动画工具，范围选择器
- 随机化字符的顺序
- 使用选择形状
- 按单词动画
- 动画文本的模糊和跟踪
- 逐字符3D
- 添加摇摆选择器
- 场渲染
- 找到音频，使用图层与合成标记
- 使用文本动画预设
- 编辑Photoshop文本图层

入门

确保你已经从本书的下载资源中将Lesson 05-Type and Music文件夹复制到了硬盘上，并记下其位置。该文件夹包含了学习本章所需的项目文件和素材。

从开头标题到片尾字幕，从项目符号到降低三分之二，以及传达信息来创建抽象的背景，运动图形中最常见的元素之一就是文本。幸运的是，After Effects有一个非常强大的文本引擎——但几乎是世界上最不直观的工具。在本章中，我们将向你展示如何专业地设置文本的类型，然后将其动画为有趣的形式。

在运动图形中，另一个经常被忽略的重要因素是声音。通过设置音乐和对话的动画，可以极大增强设计效果。在本章后面的内容中，我们会向你展示如何给合成添加音频图层，混合音频，查看音频波形，以及放置能辅助计算动画和音频时间的图层标记。

Type（文字）工具

After Effects中的Type（文字）工具借用了很多其他Adobe应用程序（如Photoshop和Illustrator）的工具。如果熟悉在那些应用程序中创建文字的方法，就会有一个好的开始。你仍然可以在这些程序中创建文字，并将它们导入After Effects，但是每当面临选择时，我们更喜欢在After Effects中开始涂写。（在本章的最后，我们会向你展示如何将Photoshop文本图层转换为可编辑的After Effects文本，但需要知道该功能对于Illustrator中创建的文本无效。）

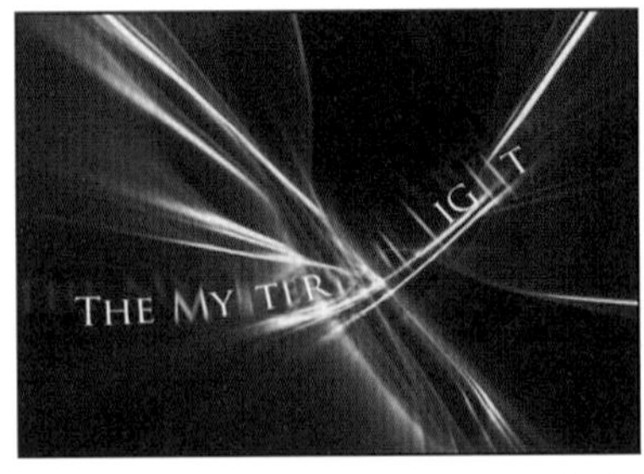

After Effects可以通过操作位置、缩放、旋转、不透明度等属性来创建动画文本。此处，文本是逐字符变模糊并沿一条遮罩路径制作动画。素材由Artbeats/Light Alchemy授权使用。

除了创建文本，还可以动画文本。在After Effects中，最终要的概念就是“选择”。通常，选定的字符会进行一些偏移处理（如通过位置、缩放、旋转、颜色、不透明度等），选择范围外面的字符保留其正常形式。选中的字符还显示了文本的普通形式到处理后的形式的过渡——例如，尺寸逐渐增大。动画的选区显示了有趣的效果，使字符呈现飞入、缩小及其各种运动技巧（普通形态和处理后的形态之间）。如果这些还不够，不要忘记许多效果和图层样式也可以增强文字的外观。

文本基本知识

After Effects允许你创建单独的字符、字、文本行（有时候称为点文本），或者自动换行，以适应已定义的文本框内部的段落（称为段落文本）。可以创建水平或垂直文本，也可以沿一条曲线创建文本。段落可以是左对齐、右对齐或居中对齐，同时还可以控制第一行和最后一行的处理方式。你拥有对字距（在一整块文本中的字符间距）、字距调整（单独的两个字符之间的距离）、行距（行间距）和文字基线（在上标字和序数字中向上或向下偏移，如1st中的“st”）等很大的控制权。还可以随意混合和设置每个字、行或句子的字体、样式（加粗、倾斜等）、字号和颜色，但不是必须的。很多时候，在涉及高雅的文字设计时，可以遵循少则多的原则。

为了加快速度，我们使用了本书下载资源中的一个电影，为创建并设置文本类型提供了一个不错的开端。我们建议你先仔细观看它，然后再继续操作，这样就知道如何创建并编辑基本文本。本章中的其他练习假定你已经掌握了本练习并知道如何用自己的方式创建开始文本。如果这对你来说是全新的知识，继续亲自尝试创建一些文本：打开本章的项目文件Lesson_05.aep。选择Window>Workspace>Text（窗口>工作区>文本），然后选择Workspace>Reset “Text”（工作区>重置文本），或者自定义工作区，其中Character（字符）和Paragraph（段落）面板都可见。

创建基本文字的指导方法

作为本书下载资源的一部分，我们制作了一个影片，让你学习使用After Effects的Type（文本）工具创建并编辑基本文字的方法。

▽ 小知识

大小无关

一般情况下，增加一个图层的比例超过100%后会使图像变得柔和。但是无论你将文本图层设置为多大，它也会呈现出锐利的边缘，因为它是基于矢量的。这从技术上称为连续栅格化，表示After Effects仅在知道文字大小后才创建文本图层的像素。你只需要记住一个字“酷”。

在Project（项目）面板中，打开Comps文件夹，然后双击合成01-Basic Text*starter将它打开——初始为空白。然后选择Tools（工具）面板中的Type（文字）工具，快捷键是⌘+T（Ctrl+T）。

以下是在创建基本文本时要记住的几个关键点。

- 用Type（文字）工具在Comp（合成）面板的任何地方单击，启动一个文本图层，或者将光标定位在Comp（合成）面板的中心处，然后双击Type（文字）工具。
- 光标可见时处于编辑模式，而你输入的标题样式将由Character（字符）和Paragraph（段落）面板决定。要改变现有文本的外观，必须先选择文本，然后再改变那些面板中的设置。
- 输入完成后，按Enter键退出编辑模式。图层的名字会更新，以反映所输入的内容。光标消失，控制柄会出现在文本块四周，表明你在图层模式下。你在Character（字符）和Paragraph（段落）面板中所做的任何修改现在都应用到了整个标题上。

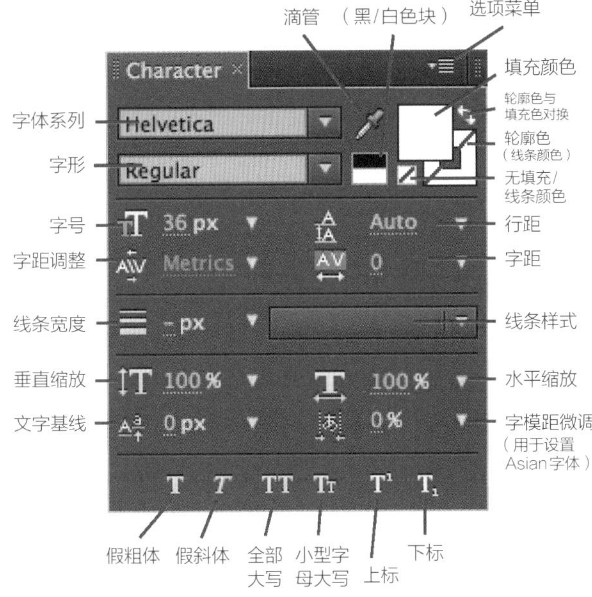

△ Character（字符）面板。

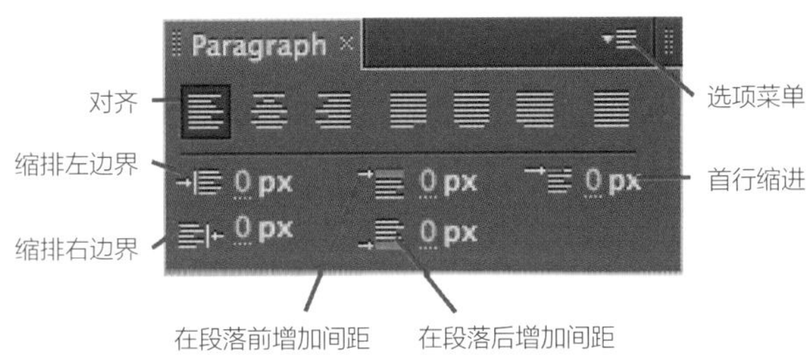

△ Paragraph（段落）面板。

光标可见时，处于编辑模式（左图）。按Enter键后，控制柄就会出现在文本块的四周。这就是图层模式，你在Character（字符）和Paragraph（段落）面板中进行的改变应用到了整个标题上。在时间轴面板中双击一个现有的文本图层可进入图层模式。

创建一个文本图层后，就可以动画它的常规Transform（变换）属性和应用效果，与对其他图层的做法一样。在第8章的3D空间中，我们将探索挤压和斜角文本的能力，它们是CS6中引入的新功能。

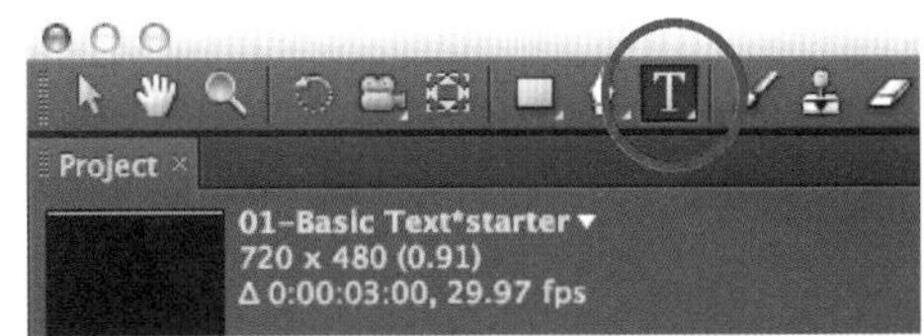

从应用程序窗口的工具栏中选择Type（文字）工具创建一些文字。要在水平和垂直Type（文字）工具间进行转换，单击并按该图标即可。选择Type（文字）工具并在水平和垂直模式间切换的快捷键是⌘+T（Ctrl+T）。

文本动画工具

许多显著的标题仅由合适的类型设置和简单的变换动画组成。尽管如此，添加文本动画工具后，就开始了有趣的操作。它们让你可以动画单个字符、字或者行，实际上是在向观看者讲述一个故事（或者至少吸引了他们的注意力），在这种方式下，你可以在屏幕上实现文字的显示和隐藏。但是在开始动画前，我们需要介绍几个基本概念。

在Character（字符）和Paragraph（段落）面板中没有任何元素可以直接动画——没有秒表来打开字号、颜色、字距等。所有动画都是通过应用文本动画工具创建的。

开始动画一个标题时，首先应创建其正常的显示方式。例如，如果想让标题变为某个颜色或者字号，或者动画结束时位于某个位置，使用Character（字符）面板和Transform（变换）属性来创建文本显示方式，然后添加一个文本动画工具到文本的过渡上。

设置文本

在本练习中，你要创建一个标题，并使用文本动画工具使其以一次一个字符的形式下降到位置处。

1 如果没有准备好，打开本章的项目文件Lesson_05.aep。在Project（项目）面板中，找到并打开Comps>02-Dropping In*starter——开始为空白的。确保Character（字符）和Paragraph（段落）面板可见，如果不可见，选择Window>Workspace>Text（窗口>工作区>文本），挑选一个预设的排列方式将它们打开。

2 要从一个干净的画板上开始，单击Paragraph（段落）面板右上角的箭头，打开它的Option（选项）菜单，并选择Reset Paragraph（重置段落）来清除前面的设置。然后选择Center text（文本居中对齐）选项。

同样，单击Character（字符）面板右上角的箭头，并选择Reset Character（重置字符）选项。假设你的Composition> Background Color（合成>背景色）是黑色或某种深颜色，单击滴管下面的小白色块来设置字符的填充颜色为白色。

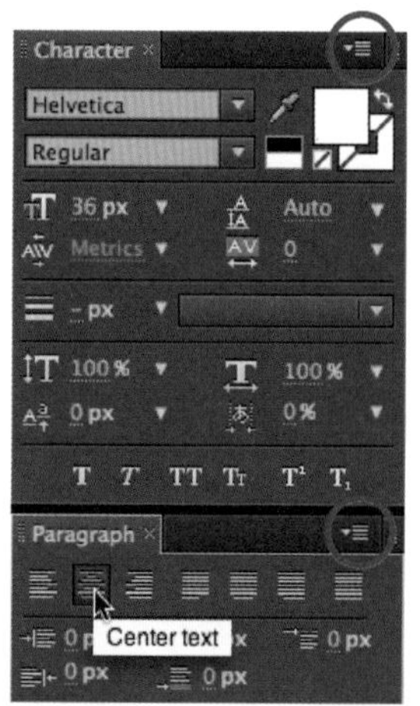

2~3 利用Character（字符）和Paragraph（段落）面板的Option（选项）菜单将它们重置，通过右上角的箭头（圈起来的图标）来访问它们。选择Paragraph（段落）面板中的Center text（文本居中对齐）选项，并设置Character（字符）面板中的填充颜色为白色。我们设置字体样式为Helvetica粗体，字号为60排序（上图），并创建了一单行文本来进行动画（下图）。

Just Dropping In

3 激活Comp（合成）面板，双击Type（文字）工具。光标定位在合成中间。输入你的标题——适合一行内容的文字，如Just Dropping In——并按数字小键盘上的Enter键。图层将自动命名来匹配输入的内容。

Mac系统默认的字符样式为Helvetica 36px［“px”=pixels（像素）］，但可以根据喜好随意改变字体的样式和颜色——例如，我们将字体样式改为粗体，增加字号为60px。在该练习中，我们建议你为整个文本图层采用一种样式，使效果更清晰。

范围选择器

要为文本设置动画，你需要应用一个文本动画工具。

4 在时间轴面板中，单击文本图层旁边的箭头将其展开，显示出它的Text（文本）和Transform（变换）部分。然后展开Text（文本）部分。

在文字Text的左侧是文字Animate，后面是一个箭头。单击该箭头，从出现的弹出菜单中选择Position（位置）。Animator 1将被创建，里面嵌套着Range Selector 1，它的内部是一个Position（位置）值。

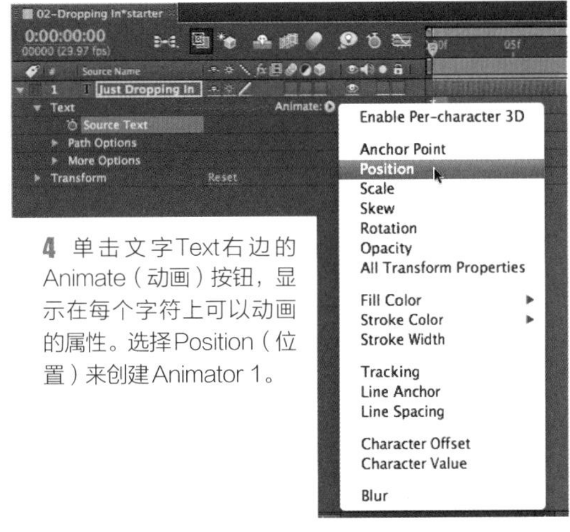

4 单击文字Text右边的Animate（动画）按钮，显示在每个字符上可以动画的属性。选择Position（位置）来创建Animator 1。

5 取消全部选择（按F2键）并展开Range Selector 1。只选中Range Selector 1，你将在Comp（合成）面板中标题的开始和结束处看到带三角形的垂直线条。表示范围选择器的Start（开始）和End（结束）值所在的位置：0%表示开始，100%表示结束。修改Start（开始）和End（结束）值，并观察这些指示器沿文本移动的方式。[注意，你还可以在Comp（合成）面板中直接拖曳这些三角形。]

- 完成后，设置Start（开始）值为25%，End（结束）值为75%。

6 Animator 1的Position（位置）值表示选中的文本应该偏移初始位置的多少。最初为“0，0”，表示没有偏移。

- 修改X Position（X位置）值（该组中的第1个），选中的字符将会左右移动。
- 修改Y Position（Y位置）值，选中的字符将会上下移动。

重要概念：默认情况下，只有选中的字符（开始和结束条内部的字符）会受到文本动画工具的属性影响。选区域外部的所有字符都不会受到影响，而且仅以最初创建时的样式出现。如果需要检查它所应用的效果，可以切换Animator 1的眼睛图标。

要约束正在进行的操作，让Position（位置）值停留在如X=0，Y=100，并修改Start（开始）和End（结束）的值来改变选中的字符。这样就会使字符在原始位置和偏移位置间进行切换。

6 范围选择器1中的Start（开始）和End（结束）值选中的字符被中间带箭头的垂直线条框住（上图）。修改Animator 1的Position（位置）值时，选中的字符就会发生同样数量的偏移（下图）。

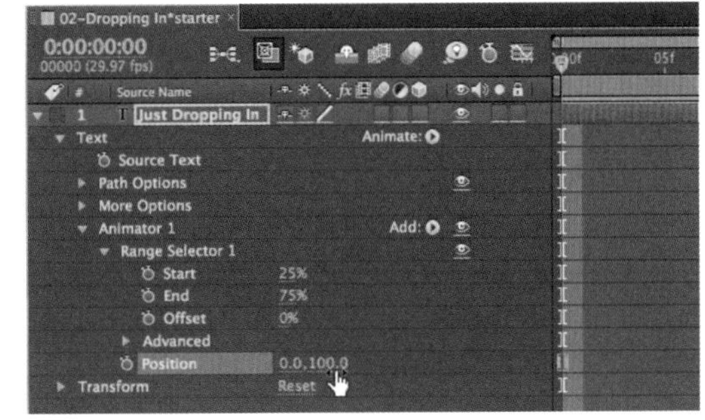

降落运动

通过修改Start（开始）和End（结束）的值，灯光可能散开以便于制作动画：在Start（开始）和End（结束）值处插入关键帧来为选中的字符设置动画，例如，可以让标题从窗口的顶部向下降落。

7 从一个干净的画板开始：选中Animator 1，按Delete键。文本会返回到合成中心。

然后再次从文本图层的弹出菜单中选择Animate>Position（动画>位置），创建一个新的文本动画工具，就像在步骤4中所做的那样。

8 按Home键保证你位于合成开始处。

展开Range Selector 1，单击Start（开始）旁边的秒表图标，启用它的关键帧，这样就创建了第一个关键帧。使用Start（开始）的默认值0%。

然后修改Y Position（Y位置）的值约为-200，使文本悬挂在合成的顶部（目前保持其可见）。

9 定位到时间01:00处，并设置Start（开始）值为100%。就在该值处创建了第二个关键帧。按数字小键盘上的0键来RAM预览动画，观看文本降落的方式。保存此时的项目。

st Dropping In / Ju　　pping In / o / Just Dr　　In / Just Droppin g

8~9 设置Animator 1的Y Position（Y位置）为-200，并从0%到100%动画Start（开始）值（左图上）。效果是文本从它的偏移位置降落到初始位置，一次降落一个字符。

添加更多的属性

一旦创建了基本的“降落”运动，再给动画添加属性将变得很容易。

10 按Home键返回合成的开始处，此时文本位于窗口的顶部。在时间轴面板中，沿Animator1所在的行查看：将看到Add（添加）后跟一个箭头。与Animate（动画）一样，它会显示出一个属性列表，但是在这种情况下，就不能创建新的动画工具——选中的属性只能添加到现存的动画工具上。

> ### 文本动画工具指导方法
>
> 我们坦率地承认，第一次使用动画工具时，并不是特别直观！如果你练习这些实例感到困难，在本书的下载资源中，我们提供了一个介绍动画工具的视频——位于本章的05-Video Bonus文件夹中。

▽ 试一试

运动模糊

采用运动模糊来动画文本效果会很棒（第2章）。启用文本图层的Motion Blur（运动模糊）开关，然后打开时间轴面板顶部的主Enable Motion Blur（启用运动模糊）开关。记住，运动模糊会花费更长的时间进行计算，所以动画预览可能会更慢。

单击添加箭头，选择Property>Rotation（属性>旋转）。Rotation（旋转）属性会添加到现存的Animator 1上。[如果创建Animator 2来代替，可能错误地单击了Animate（动画）按钮。Undo（撤销）并再次尝试。]

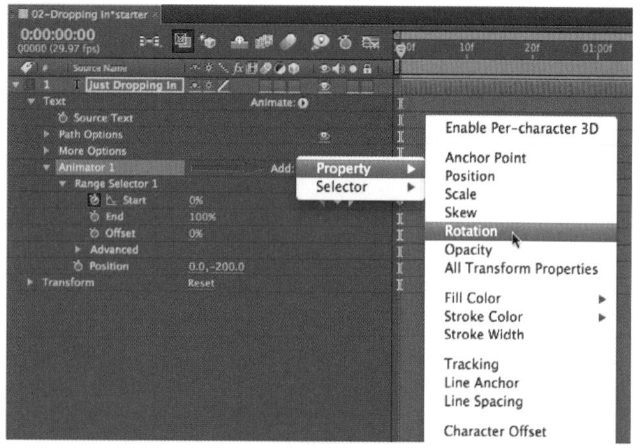

10 创建初始动画后，可以通过单击它的Add（添加）箭头来动画其他属性。[如果Animator1被选中，还可以单击Animate（动画）箭头。]

11 将旋转值改为约45度。现在Start/End（开始/结束）位置选中的所有字符将被旋转偏移属性影响。

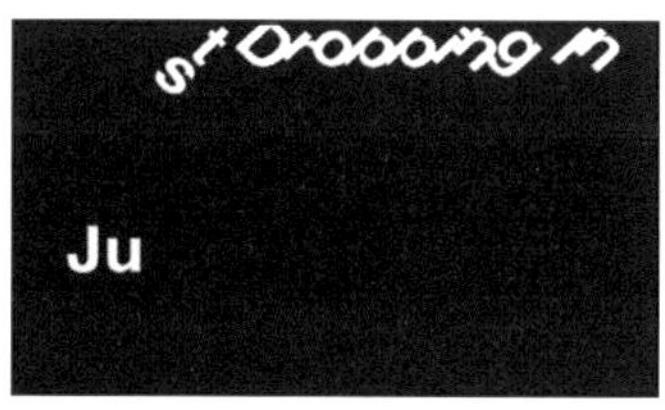

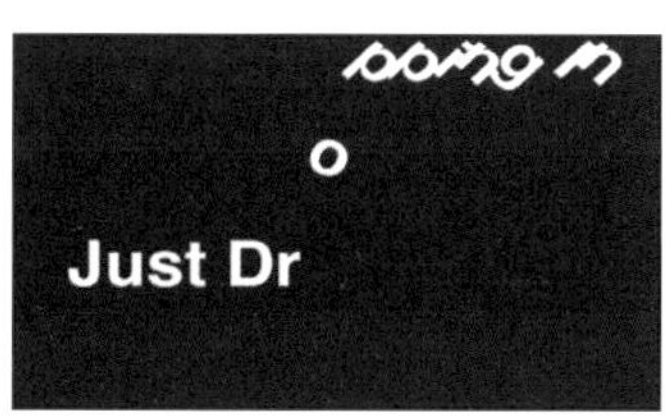

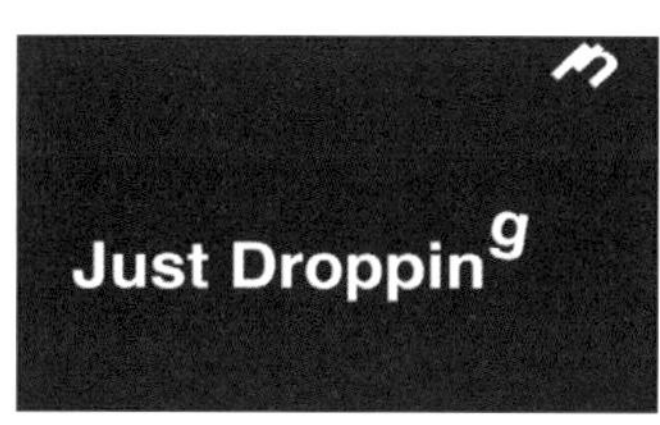

11 通过将Rotation（旋转）作为一个属性添加到Text Animator 1中，并设置Rotation（旋转）为45度，字符会在降落的同时旋转回0度。

再次进行RAM预览。当标题降落时，字符会掉落到选区之外，而且不再旋转。你不需要修改Rotation（旋转）本身的值。当字符从选区内部（位置和旋转发生偏移的地方）转移到选区外部时，动画会自动产生。

12 到目前为止，一切顺利。但是在动画的起始处，有一行字符笨拙地位于合成顶部。如何让它们在降落前变为隐藏呢？可以进一步偏移它们的位置，这样它们会在窗口上方开始，但是有一个更好的方式：将它们隐藏。

返回到00:00处。再次单击添加按钮箭头，选择Property>Opacity（属性>不透明度）。修改Opacity（不透明度）的值为0%，选中的文本就会消失。再次进行RAM预览，字符在降落到选区外部时，恢复正常的不透明度值。

如果想确认是否按照正确步骤操作了，将你的结果与我们的作品进行比较：它位于Project（项目）面板的Comps_Finished文件夹中，名字为02-Dropping In_final。而且不要忘记保存你的项目。

既然你已经了解了基本的方法，可以随意尝试给Animator 1添加其他属性。尝试Scale（缩放）（字符将显示为放大或者缩小形式），或Fill Color>RGB（填充颜色>RGB）（字符在降落时颜色会发生改变）。显然，许多变化都是可能的。只要记住你不必单独为每个属性设置动画，你只需要为范围选择器设置动画，然后让这些属性决定字符在选区内的变化。

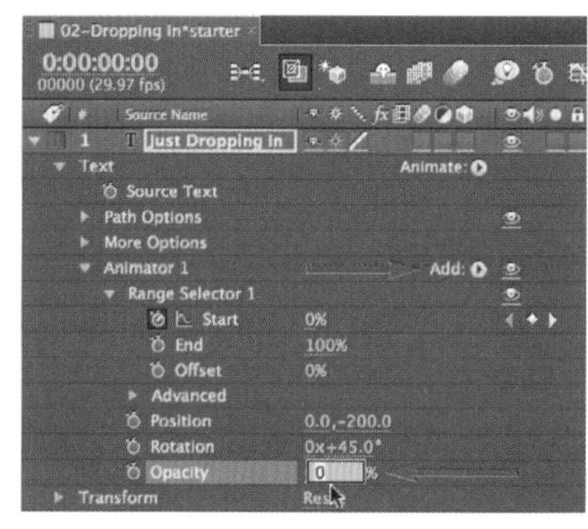

12 添加Opacity（不透明度）（上图）会使字符在降落时淡入（下图）。[而且如果将Animator1的Position（位置）和Rotation（旋转）值设回0，字符将出现在输入的位置。]

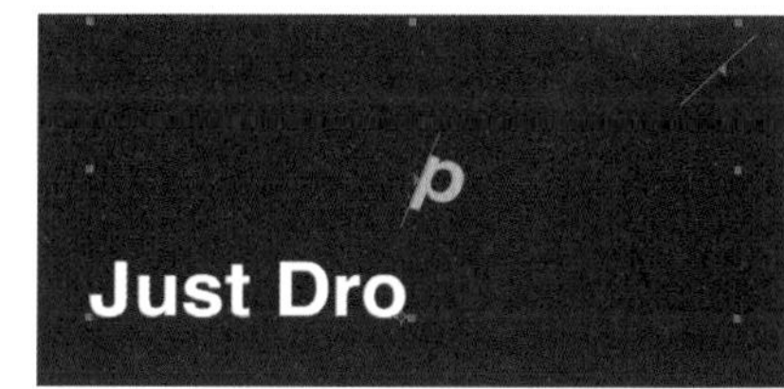

▼ 随机化顺序

要让字符以随机的顺序下落，展开Range Selector 1的Advanced（高级）部分，并设置Randomize Order（随机化顺序）为On（开）[单击Off（关）值进行切换]。现在字符将以随机顺序而不是从左到右的顺序降落。Random Seed（随机种子）的值可以调整字符顺序并寻找更合意的形式。

要看效果，可以查看Comps_Finished>02-Dropping In_final2中的版本。

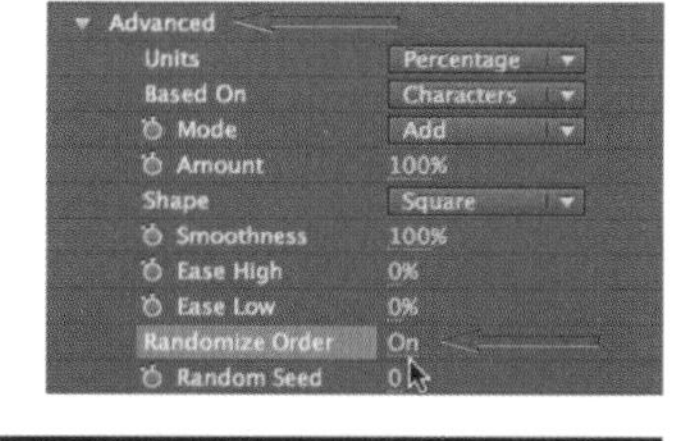

创建级联文本

在前面的练习中，你学习了如何创建一次一个字符的文本动画。有时，将该运动扩展到几个相邻的字符上效果会更好。这就得到了我们称为“级联”的动画，而且是下一个练习的主题。要查看你的进度，预览Comps_Finished>03-Cascade_final。

级联动画是当多个字符滑动时像波形一样运动。这需要一些不同的技巧，在本练习中会学到。

1 选择Comp（合成）面板顶部的菜单Close All（全部关闭）。在Project（项目）面板中，查找并打开Comps>03-Cascade* starter。我们已经为你创建了一个开头标题，但可以根据喜好随意改变文字或者字体样式。

2 在时间轴面板中展开文本图层，选择Animate>Scale（动画>缩放）菜单项。就可以创建带有Scale（缩放）属性的Animator 1和Range Selector 1。改变Scale（缩放）的值为400%（目前，不用担心字母的重叠方式）。

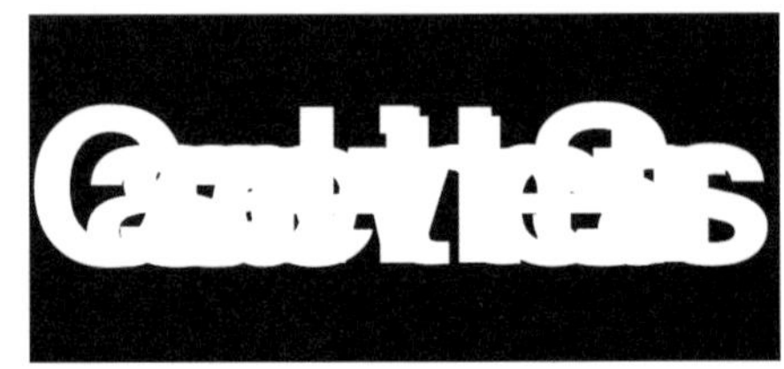

2 选择Animate>Scale（动画>缩放），并设置Scale（缩放）值为400%。字符将放大到可以重叠的尺寸。不用担心，因为它们当从当前尺寸串接时，最终会自下而上淡入。

3 单击和Animator 1在同一行的Add（添加）箭头，并选择Property>Fill Color>RGB（属性>填充颜色>RGB）。Fill Color（填充颜色）将被添加到Scale（缩放）的下方，采用默认值红色。根据喜好改变填充颜色，具体操作时可单击时间轴面板中的填充色块。

4 展开范围选择器，然后展开Range Selector 1内部的Advanced（高级）部分。从弹出菜单中选择不同的Shape（形状）选项进行尝试，同时尝试范围选择器的Start（开始）和End（结束）值。以下简单介绍它们的行为方式。

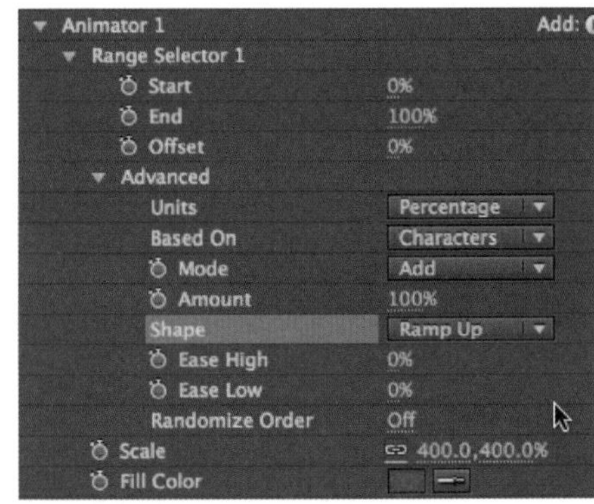

4 展开范围选择器的Advanced（高级）部分，查看不同的Shape（形状）选项。然后选择Ramp Up形状。

- 默认Shape（形状）为Square（方形），表示范围选择器内部的字符全部被Scale（缩放）和Fill Color（填充颜色）属性影响。修改Start（开始）值，并注意选择器外部的字符是如何立即恢复初始设置的，几乎没有任何过渡。
- 尝试Triangle（三角形）、Round（圆形）和Smooth Shapes（圆滑形状）。你会发现它们具有一个很宽的过渡区域。还会注意到选区中心的字符全部受到了影响，但是Scale（缩放）和Fill Color（填充颜色）偏移效果在减少时距离更接近选中字符的是Start（开始）和End（结束）点的字符。选区外部的字符不会受影响，与Square（方形）形状的情况一样。
- 接下来选择Ramp Up，它的行为方式是不同的：它用Start（开始）和End（结束）值来创建一个过渡，该过渡是从选区Start（开始）处的原始文本（白色，正常尺寸）到选区End（结束）处完全受影响的文本（红色，400%大小）。End（结束）后面的任何字符都会受到影响（红色，400%），就像在选区内部一样；Start（开始）前面的任何字符都不会受影响，就像在选区外部一样。Ramp Down做法相同，只是反向而已。

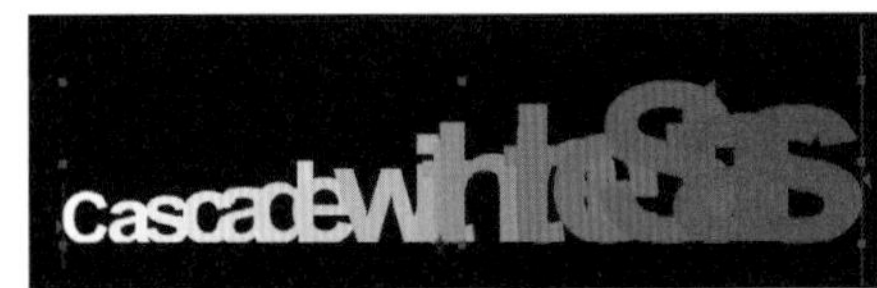

4 续 Ramp up形状可以通过创建从未选中的区域（白色，正常尺寸）到选中区域（红色，400%的缩放）的过渡来产生级联动画。

总之，Ramp Up和Ramp Down在选区和非选区之间的过渡、过渡的大小是由Start（开始）和End（结束）点之间的字符数量决定的。它们是创建级联文本动画时所需的形状。

完成尝试后，从Shape（形状）菜单中选择Ramp Up，并展开Advanced（高级）部分。

5 在Range Selector 1中，设置Start（开始）值为0%，并修改End（结束）参数为300%左右。End（结束）参数之后的所有字符将全部被影响（红色，400%）。

注意Range Selector 1中的Offset（偏移）值。Offset（偏移）是添加到Start（开始）和End（结束）点的值。因此，Offset（偏移）是一种同时动画Start（开始）和End（结束）点的简易方式，在它们之间保持相同的关系，使所选区域的宽度保持相同。

修改Offset（偏移）参数的同时观察合成视图，并注意过渡区域沿文本行前后移动的方式。

6 要创建级联效果，确保当前时间指示器位于00:00处，启用Offset（偏移）的秒表。设置其值为-33%。就会将过渡完全移动到标题左侧。为什么我们选择这个特殊的数值呢?它仅仅是End（结束）值的负值，确保在开始之前选区发生偏移。

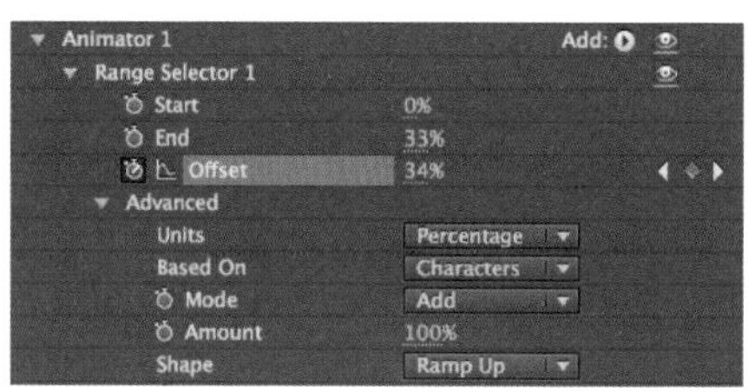

6~7 将Ramp Up形状和从左到右的动画偏移结合使用（上图），可以实现字符从大的红色过渡为原始形式（下图）。

7 将时间指示器移动到02:00处，并设置Offset（偏移）为100%。这样就会在Start（开始）和End（结束）处增加100%的偏移，使得Start（开始）和End（结束）都为100%（最大值），过渡就会远离右侧。沿时间线前后修改当前时间指示器的值，以获得动画的效果。

将当前时间指示器留在01:00处附近，以更好地观看下一步即将发生的事情。

8 最后的修饰是实现字符级联自下而上的淡入。要实现该效果，单击Animator 1的Add（添加）箭头，选择Property>Opacity（属性>不透明度）。然后设置Opacity（不透明度）为0%。由于你用的是Ramp Up形状，字符将从范围选择器Start（开始）的100%不透明度过渡到End（结束）时的0%不透明度。End（结束）后面的字符将变为完全透明。进行RAM 预览，查看运动中的效果——非常好的级联效果！你可以将结果与我们在Comps_Finiseheds>03-Cascade_final中的版本进行比较。

8 给Animator 1添加Opacity（不透明度），并设置其值为0%，这样将使字符在过渡区域内从100%到0%逐渐淡入。

再次提醒，记住：你不需要为Opacity（不透明度）设置动画。它仅仅是当你从选区内部［在Ramp Up形状下，位于End（结束）点之后］过渡到选区外部［在Start（开始）点之前］时，另一个用来处理文本的属性。

调整定位点

如果你仔细查看，就会注意到缩放发生在文本基线（底部）附近。如果想让字符从中心开始缩放，应该怎么做?

9 将时间指示器移动到01:00处，捕获级联的中间点，并临时增加动画工具的Opacity（不透明度）值为50%，以更好地查看将要发生的事情。

- 单击Add（添加）［不是Animate（动画）］按钮，并选择Property>Anchor Point（属性>定位点）。就可以给Animator1添加Anchor Point（定位点）属性。

- 缓慢向左修改Anchor Point（定位点）的Y值，同时观察Comp（合成）面板，按⌘（Ctrl）键来进行更细微的修改。一个小的负Y值会从垂直方向上聚集字符。尝试设置定位点的不同的X和Y值并进行RAM预览来观看效果。
- 完成后将Opacity（不透明度）改回0%。

定位点的练习位于Comps_Finished>03-Cascade_final2中。Layer 1的定位点在X和Y上都偏移。Layer 2起了提示的作用：随机化顺序和运动模糊是两种你也可以添加的增强效果。

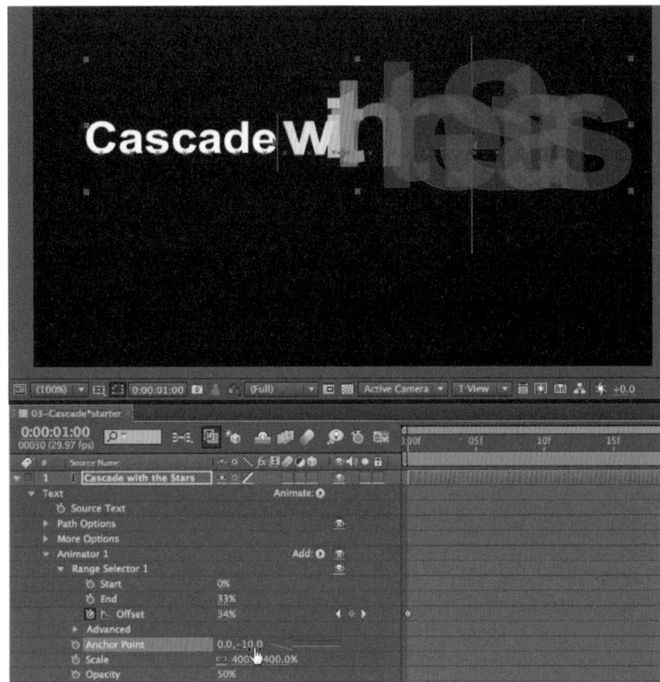

9 给动画工具添加Anchor Point（定位点），并沿负值方向稍微偏移定位点的Y值，从垂直方向上聚集放大的文本。

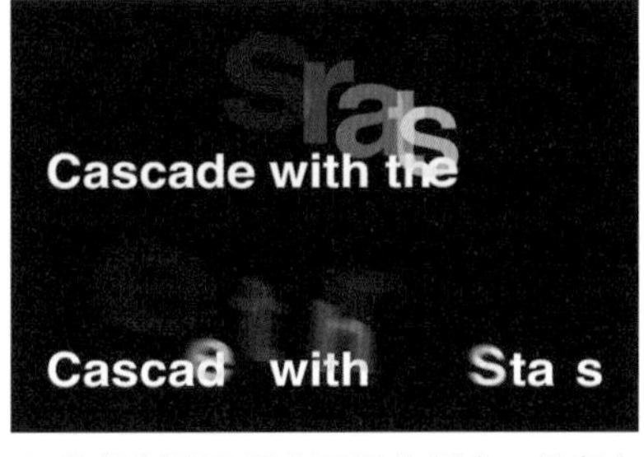

△ 我们创建了两个不同的版本，保存在Comps_Finished>03-Cascade_final2中，包括X和Y定位点的偏移（两行），还包括随机化顺序和运动模糊（下面一行）。

一次动画一个单词

到目前位置，我们一直是逐字符动画文本。尽管如此，After Effects还可以轻松地以整个单词为单位进行动画。

1 关闭前面的合成，打开合成04-RockinText*starter。它包含一些我们已创建好的基本文字，文字上应用了阴影效果。我们选择了Adobe Brich字体，它随After Effects一同安装。（如果你没有该字体，选择另一种长体字并进行调整，使其很好地适合合成的内部。）

2 展开文本图层（图层1），选择Animate>Opacity（动画>不透明度）。Animator 1和Range Selector 1将被创建，并添加了Opacity（不透明度）属性。设置Animator 1的Opacity（不透明度）值为0%。由于默认选中了全部文本，整行文字将变成透明的。

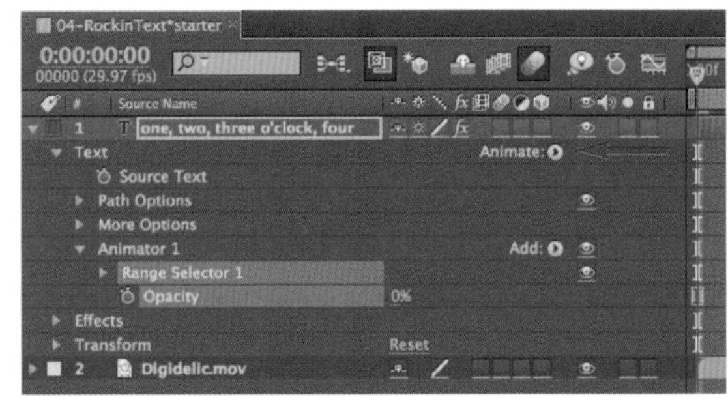

2 显示图层1的文本属性，单击Animate（动画）按钮，并选择不透明度。就会创建一个动画工具和范围选择器。设置不透明度值为0%。

3 展开Range Selector 1。在00:00处，打开Start（开始）的动画秒表。就会在动画的开始创建一个值为0%

的关键帧。

4 移动到03:00处，并设置Start（开始）值为100%。预览动画。由于文本使用的是默认的Square（方形），它将逐个字符从左向后输入。

5 此处是让文本逐词出现的技巧：展开范围选择器的Advanced（高级）部分，并设置Base On（基于）菜单为Words（单词）。再次预览，现在标题一次淡入一个单词。

在Shape（形状）菜单底部是Smoothness（平滑）参数。现在，设置Smoothness（平滑）值为0%，这样字符将会弹起不会淡入。

6 让我们给该混合动画添加一些旋转，同时还学习一个重要的方法。单击Animator 1的Add（添加）按钮，并选择Property>Rotation（属性>旋转）。

设置Animator 1的Rotation（旋转）值为-1旋转（表示它应该读作-1X0.0度）。当标题打出后，你可能期待字符旋转到位置。但没有任何事情发生。

还记得Smoothness（平滑）参数吗？Square（方形）形状和无Smoothness（平滑）的组合导致没有过渡时间，表示没有机会看到旋转。将Smoothness（平滑）参数设回100%，现在你会看到旋转动画（以及不透明淡入）。

4 默认情况下，设置范围选择器的Opacity（不透明度）为0%并动画它的Start（开始）值时，文本将一次输入一个字符。素材由Artbeats/Digidelic授权使用。

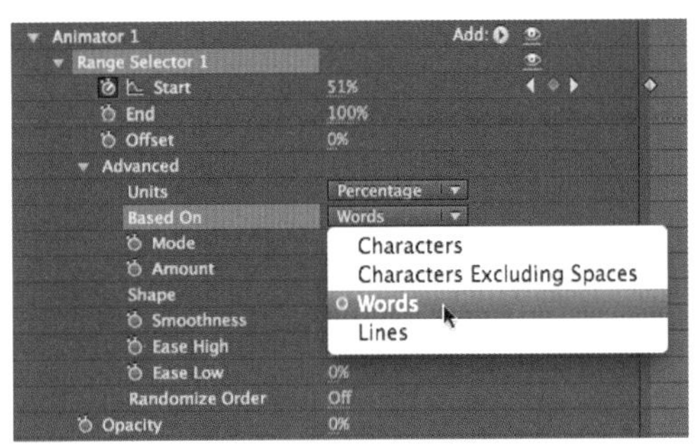

5 在Range Selector 1的Advanced（高级）部分，设置Based on（基于）为Words（单词），以实现整个单词选中或者未选中。要让单词弹起而不是淡入，设置Smoothness（平滑度）为0%。

▼ 安全区域

如果你正在创建一个将在电视上播放的视频，需要了解安全区域。制作时After Effects会展示整个视频帧。但是，观众不能看到帧的某些部分——它被电视屏幕周围的边框切断了。同样，帧的某些部分也可能会发生变形而不能让文字清楚地显示出来。

要避免边框问题，需要保持要让观看者看到的所有图像位于安全作用区域内。该边缘为10%，从顶部、底部、左侧和右侧切出5%。当不同TV的边框出现变化时，需要将一些图像放在外面来防止观看者只看到黑色，只要不将重要的图像放在外面即可。要避免变形问题，需要保持文本位于标题安全区域内部。边缘是20%，或者四条边中每条边的10%。

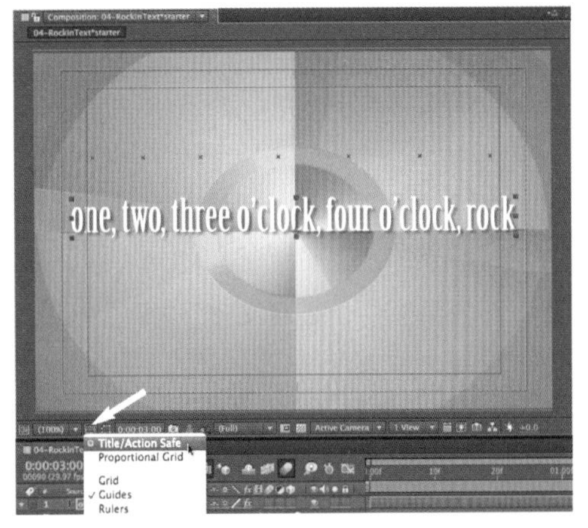

要检查你的工作，可以在After Effects中切换Title/Action Safe（标题/动作安全）网格功能。快捷键是 ' （撇号）。你还可以从Comp（合成）、Layer（图层）和Footage（素材）面板底部的Grid and Guide（网格及参考线）按钮中选择该项。按 ⌥（Alt）键+单击该按钮直接进行切换。

当然，很多公司通过在标题安全区和动作区之间放置新闻、运动和股票行情来改变该规则。而且现在的平板电视的问题更少。但无论如何，如果正在创建商业视频，希望你考虑这些安全区域。

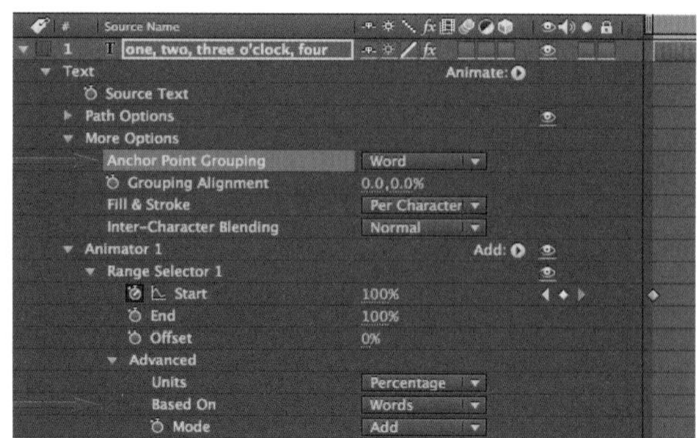

7 要让每个单词作为一个单位旋转（左图），设置更多选项>定位点分组选项为单词（上图）。

7 尽管范围选择器设置为按单词动画，但是字符本身会环绕它们自己的定位点旋转。要让它们同样按单词旋转，展开Text>More Options（文本>更多选项）部分，设置Anchor Point Grouping（定位点分组）选项为Word（单词）。进行RAM预览来查看效果的不同之处。

8 文本是在环绕基线旋转。要让它从不同的位置旋转，设置不同的More Options>Grouping Alignment（更多选项>分组对齐）参数值。例如，改变Y值为-200%，文本将从上方旋转。

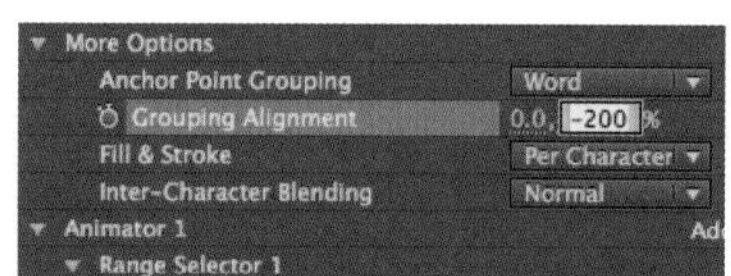

8 更多选项>分组对齐允许文本以更有趣的方式出现。你还可以动画该参数。

我们的作品保存在Comps_Finished>04-RockinText_final中。我们还通过给Animator 1添加Scale（缩放）并设置其值为200%，以便文本在旋转的同时缩小，得到大量有趣的效果。要记得保存项目。

流动文本

在本练习中，你将通过对字符间距和模糊进行动画，再加上沿遮罩路径的一些流动文本来创建一些高雅且看起来很酷的文字。

动画模糊

1 关闭以前的合成并打开05-Path*starter。我们已经用Trajan Pro字体（After Effects的另一种字体，如果喜欢，可选择其他字体）创建了基本的标题，并将它放在一个很酷的背景上。的确，我们将使用背景来产生动画……

1 打开05-Path*starter，它在一个很酷的背景上有一个基本标题。

2 在时间轴面板中，展开文本图层（图层1）来显示Text（文本）属性和Animate（动画）按钮。选择Animate>Blur（动画>模糊）。就会创建添加了Blur（模糊）属性的Animator 1和Range Selector 1。

3 我们想让字符以垂直射线的形式开始。要实现该效果，单击Blur（模糊）旁边的Constrain Proportions（约束比例）按钮（超链接图标）来禁用该锁定，并设置Blur（模糊）的Y值为80左右。

4 我们还想对每个字符的模糊程度进行一些改变。变化通常表示随机化，所以我们需要找一个参数，它可以让我们引入该变化。

- 打开Range Selector 1，然后展开它的Advanced（高级）部分。将Shape（形状）菜单选项从Square（方形）变为Ramp Up。注意到现在字符从范围的Start（开始）锐化过渡到End（结束）附近的模糊。
- 然后切换Randomize Order（随机化顺序）为On（开）。将决定哪些字符显示为锐化，哪些字符显示为模糊。

3~4 关闭模糊的Constrain Proportions（约束比例）开关，并设置模糊的Y值为80左右。就会将字符转入光的垂直射线中。然后将形状改为Ramp Up来得到一个从形状到模糊字符的过渡效果。切换Randomize Order（随机化顺序）为On（开），改变锐化字符和模糊字符的顺序。

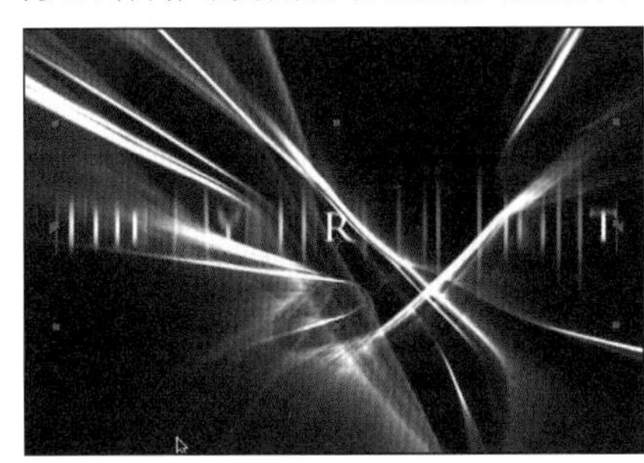

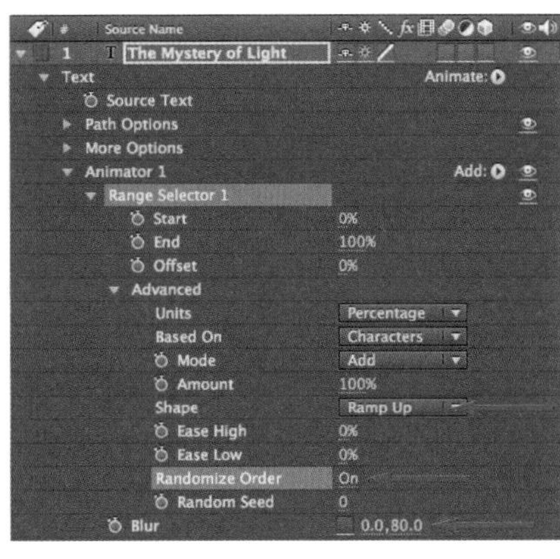

5 现在创建一个级联文字动画。

- 在00:00处，启用Offset（偏移）的关键帧，并设置它的初始值为-100% [End（结束）值的负值]。所有的字符将被模糊。
- 在02:00处，设置Offset（偏移）为100%。现在所有的字符将是锐化的，因为Offset（偏移）已经移过了整个区域。预览并查看效果。

动画跟踪

字符一起出现是一种流行形式。这需要对文本的跟踪添加动画。

6 选择Add>Property>Tracking（添加>属性>跟踪），就会添加Tracking Type（跟踪文本）和Tracking Amount（跟踪量）参数到Animator 1上。返回00:00处，此处文本全部选中。修改Tracking Amount（跟踪量），并观察模糊字符向外延伸的方式。将它设置为6左右。

进行RAM预览，当动画溶解时（参见右图），文字一起出现。这是因为所应用的跟踪量是由Range Selector 1的动画Offset（偏移）决定的。

曲线上的文本

文字看起来很酷，但是与流动的背景相比有点僵硬——所以我们创建一条曲线路径让文字来跟随，采用的是在第4章学到的遮罩技术。

7 确保文本图层被选中，然后选择Pen（钢笔）工具，启用Tools（工具）面板中的RotoBezier（旋转式曲线）选项。

7 选择Pen（钢笔）工具，启用RotoBezier（旋转式曲线）选项（左图）。然后在Comp（合成）面板中创建一条开放的曲线路径。

在Comp（合成）面板中从左到右单击一些点来创建一条开放的曲线路径，使用背景层中的曲线作为启发因素。完成后，按V键返回Selection（选择）工具状态。

8 在时间轴面板中展开Text>Path Options（文本>路径选项）部分，并设置Path（路径）菜单项为Mask 1。（如果看不到Mask 1，确保遮罩时应用到了文本图层上。）文本现在位于遮罩路径的顶部。

按Home键返回00:00处并研究文本。你可能想增加Tracking Amount（跟踪量）的值来将文本沿它的路径向外伸展得更远一些。

9 Path（路径）选项位于动画工具和范围选择器的外部。要让文本沿路径滑动，为它的一个Margin（边缘）参数设置关键帧。

- 返回00:00，并修改Text>Path Options>First Margin（文本>路径选项>第一条边缘），直到你对它的开始位置感到满意。为第一条边缘启用动画秒表。
- 按End键跳到合成的结束处，修改第一条边缘来产生文本的运动。进行RAM预览，加入第二个Offset（偏移）关键帧来创建一个更平滑的运动。

我们的作品保存在Comps_Finished>05-Path_final中。我们还增加了Effect>Blur & Sharpen>Radial Shadow（效果>模糊与锐化>径向投影）效果，并在时间上动画遮罩路径。

8~9 要让文本停留在你最新绘制的这主要路径上（左图），设置Text>Path Options>Path（文本>路径选项>路径）菜单项的值为Mask 1（下图）。然后动画Path Options>First Margin（路径选项>第一条边缘）参数来沿路径滑动文本。还可以随意动画遮罩路径。

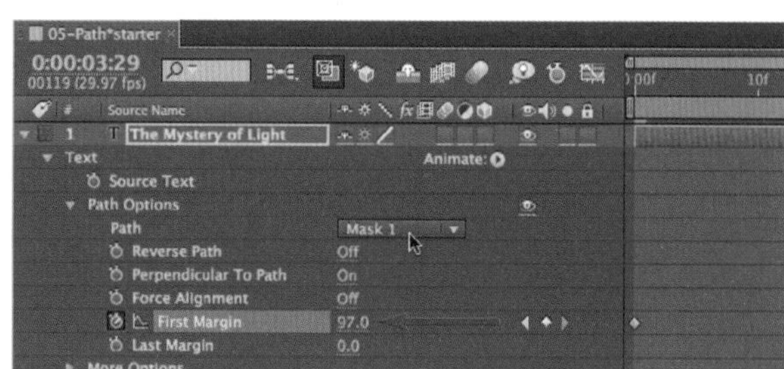

逐字符3D

到现在你已经在两个维度中动画了字符：X（左右方向）和Y（上下方向）。逐字符3D可以在三个维度中操纵动画工具：X、Y和Z。在第三个维度中，可以在距离观看者不同的距离上渲染单个字符或单词。本章中，我们主要使用简便快速的Classic 3D Renderer（经典3D渲染器），它将每个字符作为空间中的一个平面来处理。在第8章中我们将展示如何使用After Effects CS6引入的Ray-traced 3D Renderer（光线跟踪3D渲染器）。

▽ 未来愿景

真实的3D效果

After Effects CS6增加了挤压和倾斜文字与形状图层的功能。我们将在第8章中展示挤压文字。还有来自Zaxwerks、Boris、Mettle和Video Copilot的各种插件。它们可以让你使用比After Effects CS6中更强大的方式对文字进行挤压、倾斜和纹理制作。

对于一个普通的2D文本图层，可以进行任何操作——如路径上的文本，以及添加Wiggly Selector（摇摆选择器）——还可以应用逐字符3D文本。要充分利用逐字符3D动画，需要在一个具有3D摄像机（以及可选的灯光）的合成上工作。如果一直按顺序学习各章内容，那就没有使用过3D摄像机和灯光，因为我们在第8章中介绍该内容。在此期间，为简单起见，下面的练习采用了Custom Views（自定义视图），它们已经为你设置好了虚拟摄像机。

Z方向的文本位置

开始时，关闭前面的所有合成［选择Comp（合成）面板顶部的Close All（全部关闭）菜单项］。在Project（项目）面板中，打开Comps>06-3D Position*starter，已经为你制定好了几个单词的类型（可以随意更改单词或者重新设置样式）。

1 在时间轴面板中，展开文本图层，单击Animate（动画）按钮，然后选择Position（位置）。此时会创建出带有位置属性的Animator 1。位置有两个值：X和Y值。

2 此处是启用3D文本的神奇特性：单击Animate（动画）或者Add（添加）按钮，然后选择列表顶部的Property>Enable Per-character 3D（属性>启用逐字符3D）项。在时间轴面板中，文本的3D Layer（3D图层）开关将变为两个小的立方体，表示逐字符3D已经启用。研究一下合成视图：现在文本图层有一组红色、绿色和蓝色3D坐标轴箭头，它们表示图层分别在X、Y和Z轴定向的方式。原点是图层定位点所在的位置。

你还会注意到Position（位置）有三个值：X、Y和Z值。修改Z的Position（位置）值（第三个），同时观察合成视图。负值导致文本在空间中向前移动（或更接近一个虚构场景的前视图），而正值让文本向后移动。

3 为更好地查看要做的事情，将Comp（合成）面板底部的3D View（3D视图）菜单项从Active Camera（活动摄像机）改为Custom View 1。现在你应该从上方的某个角度看到文本。［如果看不见，使用菜单View>Reset 3D View（视图>重置3D视图）。］

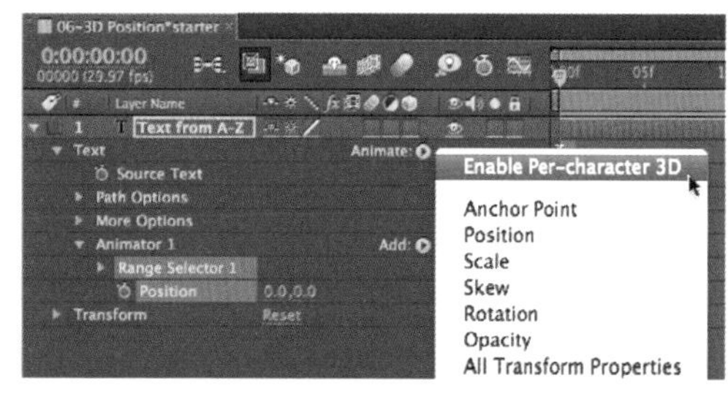

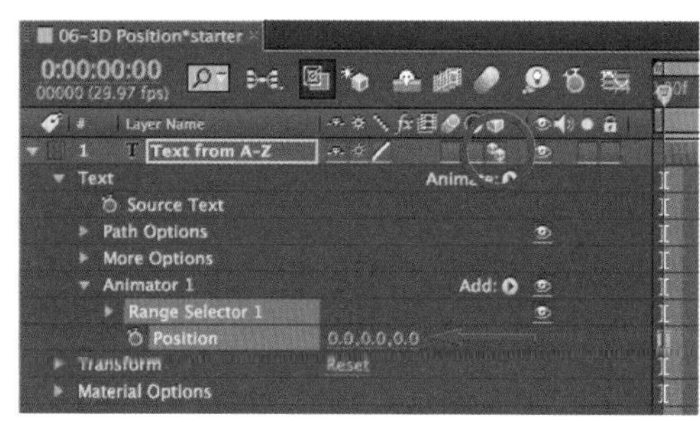

2 为一个文本图层采用Add>Enable Per-character 3D（添加>启用逐字符3D）方法时（顶图），会看到在它们的3D Layer（3D图层）开关上有两个小方块（上图）。文本的*X Y Z*坐标箭头可以辅助显示它在Comp（合成）视图中的定向方式（下图）。

TEXT FROM A-Z

4 还可以采用前面学到的方法来粗略地动画字符。

- 设置Position（位置）值为0、-75、-350，使范围选择器内部的字符位置更高，相对于坐标箭头的位置，Z空间中的位置靠前一些。
- 展开Range Selector 1。在00:00处，启用Start（开始）的值为0%的秒表。
- 移动到02:00处，并将Start（开始）改值为100%。进行RAM预览，字符会用动画形式返回其初始位置。
- 将3D View（3D视图）菜单恢复为Active Camera（活动摄像机），并按 Home 键返回00:00处。注意，距离摄像机越近的字符如何看起来越大，尽管你没有改变它们的Scale（缩放）值。无论它们如何接近摄像机，始终都是清晰可见的，因为它们一直被连续栅格化（在第6章末尾介绍）。
- 单击Add（添加）按钮，选择Property>Opacity（属性>不透明度）。设置Opacity（不透明度）为0%，

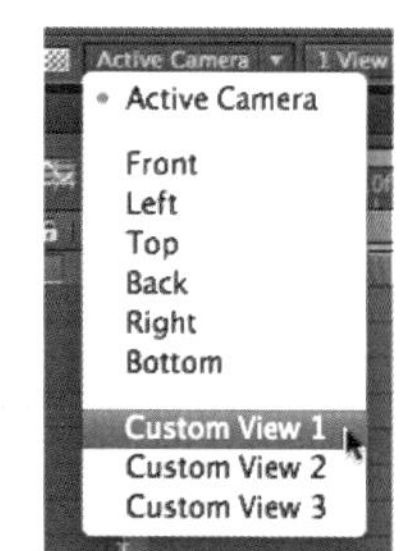

选择Custom View 1会在合成窗口中呈现一个透视窗口。

所以字符在选择器范围外部时将不可见。

我们的版本展示在Comps_Finished>06-3D Position_final中。

注意，并非所有文本属性都可以应用逐字符3D效果。例如，Opacity（不透明度）、Skew（倾斜）、Fill Color（填充颜色）和Tracking（跟踪），无论是否启用逐字符3D效果，表现形式相同。但是，Anchor Point（定位点）、Position（位置）、Scale（缩放）和Rotation（旋转）就会获得第三个参数：Z。对于Rotation（旋转），它的X、Y和Z值作为独立的关键帧参数出现，以进行更多的控制——后续步骤中将要用到。

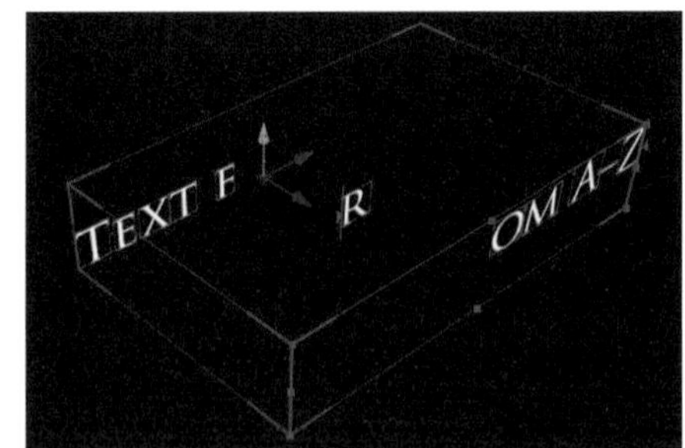

4 范围选择器的Start（开始）动画从0%变到100%时，字符将从3D空间中的偏移位置移动到初始平面中。（注意图层边界框是CS6中引入的一个新特性。）

3D文本旋转

打开Comps>07-3D Rotation*starter并进行RAM预览。为节省时间，我们使用在本章前面学到的相同技术创建了一个基本的级联输入文本效果。选择图层1并按U U键来查看相关的属性，即设置Opacity（不透明度）为0%，Shape（形状）为Ramp Up，设置了Range Selector 1的Offset（偏移）。

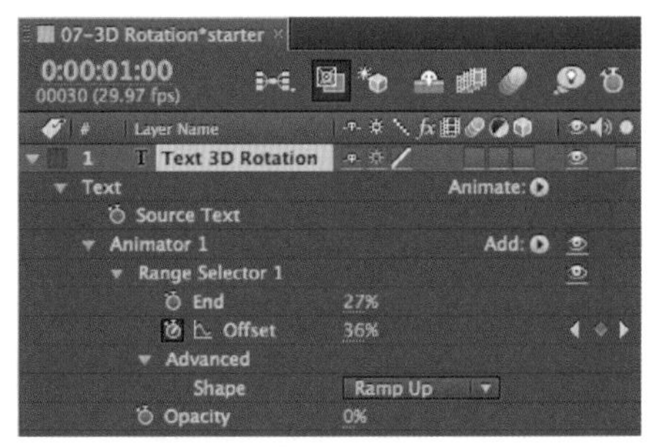

作为一个起始点，合成07-3D Rotation*starter设置了一个基本的级联文本动画。

1 在时间轴面板中，单击Animator 1的Add（添加）按钮，选择Property>Enable Per-character 3D（属性>启用逐字符3D）。设置Comp（合成）面板中的3D View（3D视图）菜单选项为Custom View 1。现在应该能从上方某个角度看到文字。

2 单击Animator 1的Add（添加）按钮，选择Property>Rotation（属性>旋转）。将显示X、Y和Z旋转的参数（如果没有显示，检查在步骤1中是否正确启用了逐字符3D）。现在我们探索在每个坐标上单独进行旋转时发生的情况。

- 设置X Rotation（X旋转）为1周期，并进行RAM预览。字符在淡入时会沿它们的基线旋转。
- 取消X Rotation（X旋转）并设置Y Rotation（Y旋转）为1周期。现在每个字符向四周旋转，使得在淡入时面向观看者。尝试其他的值（如60度或-100度）来获得更细微的效果。完成后将Y Position（Y位置）值设回0度。
- 设置Z Rotation（Z旋转）为1周期：该参数与在2D中动画文本时的Rotation（旋转）属性等效。

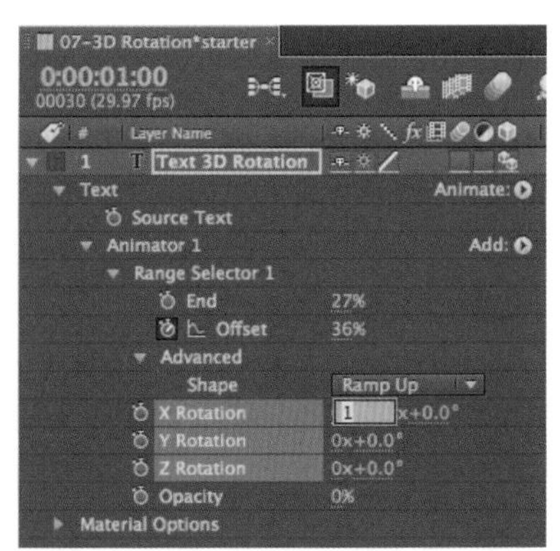

2 启用逐字符3D后，添加Rotation（旋转）会产生三个独立的参数（上图）。下图：X Rotation（X旋转）使字符沿基线旋转；Y Rotation（Y旋转）使字符环绕垂直坐标轴运动；而Z Rotation（Z旋转）产生和2D中相同的行为。

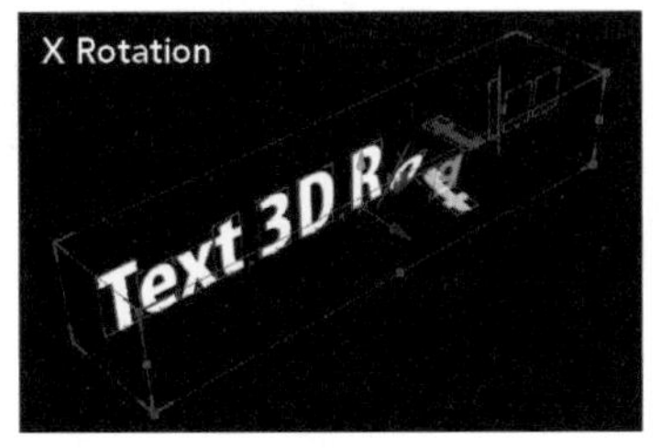

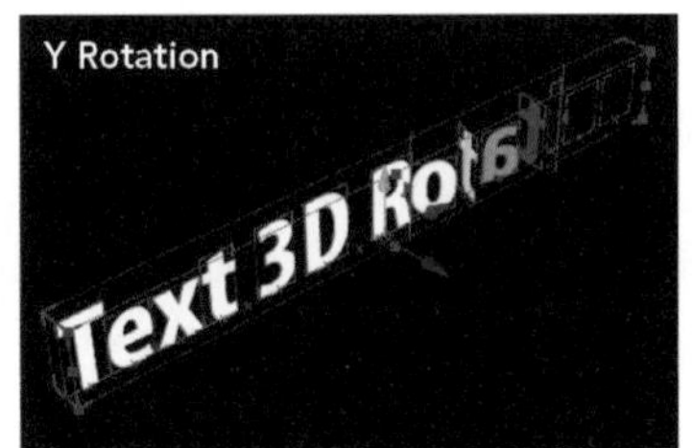

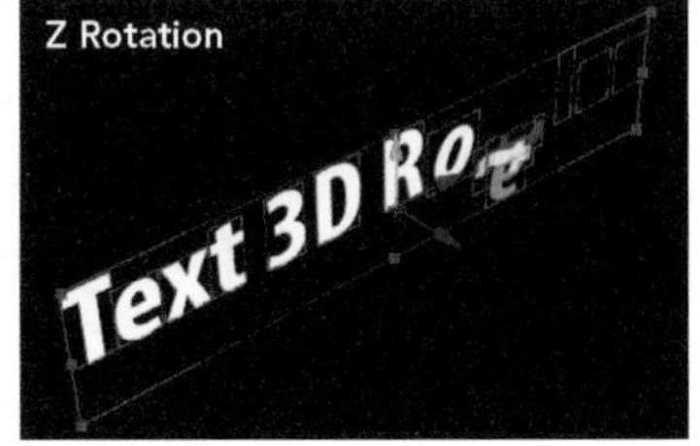

研究组合使用X、Y和Z旋转的效果。在字符表现出复杂的运动之前，该组合不会占用太多时间——只是两个范围选择器关键帧。

在3D中设置定位点

默认情况下，字符环绕基线进行旋转。沿不同的点旋转可以产生许多有趣的效果。要这样做的话，可操纵它们的定位点。

3 继续在合成07-3D Rotation*starter中操作。设置X Rotation（X旋转）为1周期，Y和Z旋转为0。然后移动到动画中间的某个时间处。

4 单击Add（添加）按钮，设置Property>Anchor Point（属性>定位点）。你将看到三个值，同样和X、Y、Z的值一致。它们会偏移字符的轴心点。修改第三个值（Z），观察字符离开基线的方式。进行RAM预览，观看字符螺旋进入空间的方式。

5 为了增加趣味性，尝试偏移X或Y定位点并预览效果。

注意，不必从透视窗口中查看文字的动画：改变3D View（3D视图）菜单项的值为Active Camera（活动摄像机），你就会获取一种三维的感觉。

使用逐字符3D，即使在2D中工作，也能产生有趣的效果。我们的作品保存在Comp_Finished>07-3D Rotation_final中。

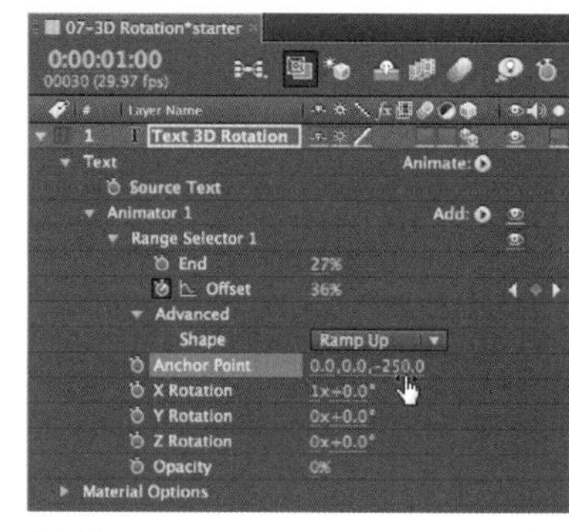

4 选择Add>Property>Anchor Point（添加>属性>定位点）并编辑Z的值，使轴心点发生偏移。

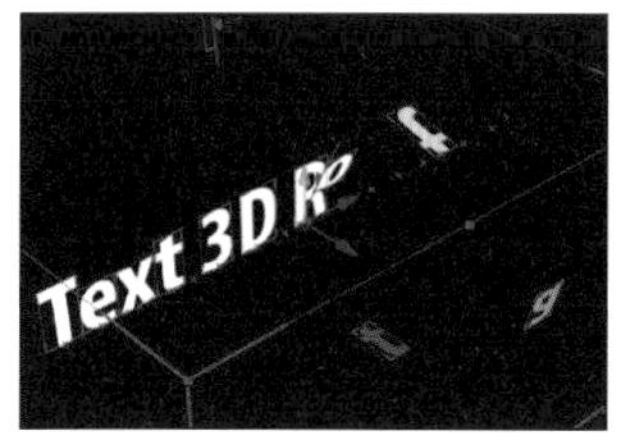

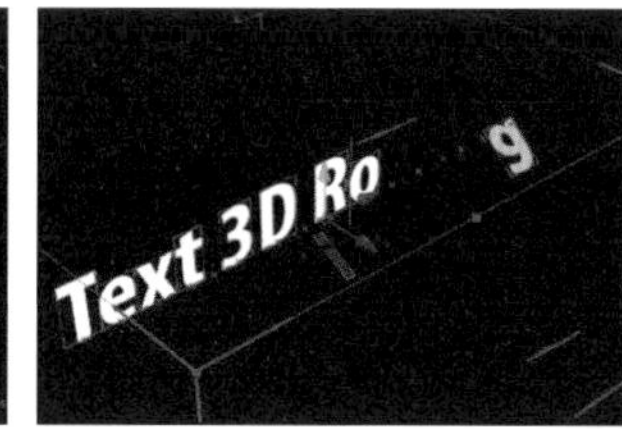

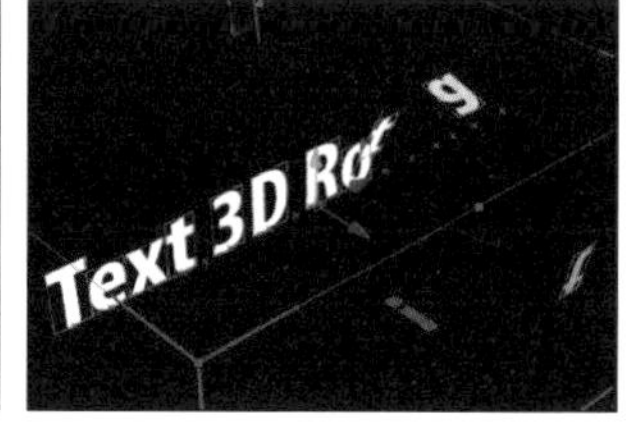

4 续 偏移Z定位点可以让字符螺旋形进入空间。

3D世界中的3D文本

学完第8章后，你就可以更好地理解After Effects中的3D空间。为满足你使用逐字符3D文本图层的好奇心，打开Comps_Finished>07xtra-3D World(它使用经典3D渲染器)并进行RAM预览。

- 墙是一个3D图层，这样它可以显示来自动画文本的阴影。
- 文本图层使用一个称为3D Flutter In Random Order（随机顺序中的3D抖动）的动画预设（文件文本预设内容），它是在After Effects中引入的。
- 一个摄像机和一个投影灯被添加到场景中，将文本自己的Cast Shadows（投影）参数打开。（所有相关内容详见第8章。）

将3D文本放到一个3D世界坐标系中，并启用它来产生在该坐标系中其他物体上的投影，此时真正的力量就显示出来了。

▼ 3D文本动画预设

After Effects包含30种文本动画预设，它们可以使用逐字符3D。可以使用在Effects & Presets（效果和预设）面板中的Animation Presets>Text>3D Text（动画预设>文本>3D文本）命令来创建。你可以将它们应用到任何文本图层上（不是具有摄像机和灯光的合成），并使用它们本身或者作为自己动画的一个起点。

为了操作方便，我们为本章项目中的每个动画预设创建了一个样本合成：它们保存在Comps_Finished>Adobe Animation Presets文件夹中。打开每个合成进行RAM预览，然后选中图层并按UU来深入理解它们的制作方式。根据喜好编辑它们并将它们作为你自己的动画预设保存起来。（参见后面将文本动画保存为预设的详细内容。）

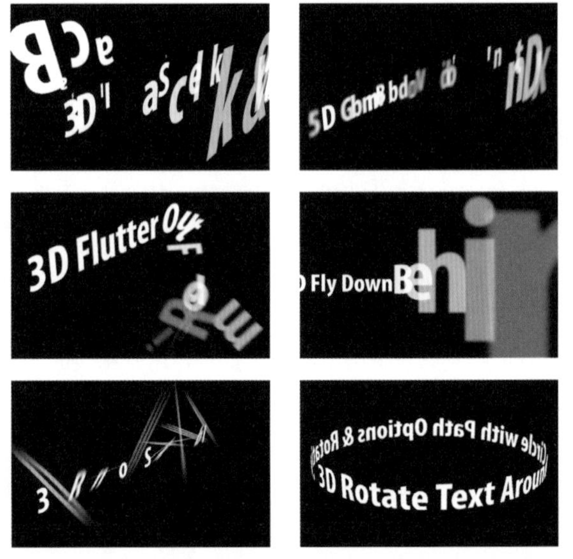

摇摆文字

目前你的大部分文本动画只是简单的、有两个关键帧的、“从这到那”的运动。想要得到一个有点独特的文本——如摇摆和舞动的文本时，只需添加Wiggly Selector（摇摆选择器）。

1 关闭所有合成，然后打开合成08-Wiggly*starter，此处，我们已经利用Adobe Poplar字体（在安装After Effects时选择，也可以采用自己的字体）创建了一些基本的文字。我们将文本制作成淡蓝色，将Stroke（描边）设置为1像素，并添加了Drop Shadow（阴影）效果。

1 开始时，我们创建了一个与背景中的企鹅素材相协调的标题。你的任务是让标题的运动比企鹅更可爱一些。素材由Artbeats/Penguins授权使用。

▽ 提示

采用什么线条?

你可以采用Miter（倾斜的）、Round（圆形）或者Bevel（斜角）样式来设置笔画。可从Character（字符）面板的Line Join（线条连接）子菜单中查找这些样式设置。

分离场

在开始摇摆文字前，我们需要处理另一个特殊的视频问题。如果正在以100%的比例观看合成，会发现一些企鹅有一个“梳齿”痕迹，此处是一些彼此偏移绘制的交错水平线。这是由一种称为隔行扫描的视频现象引起的。

但是这种情况很少见，大量视频采用在一个时间点上捕获一组水平线，其他的线稍后捕获的方式拍摄的。视频采用该技巧来捕获和播放平滑的运动，以及规避早期CRT类型电视装置中荧光粉的缺点。

这两个不同的时间点称为场。两个场组合（交错）成一个帧。在After Effects中，如果一次在一个场中工作是最好的，就可以确保不会无意中混杂不同时间点的像素。因此，当你看到合成中的隔行扫描时，应该分离出有问题的素材的场。

2 最初将在运动的企鹅上看到一个“梳齿”——称为“隔行扫描”（A图）。看到它时，最好在Interpret Footage（解释素材）对话框中将场分离（下图），这样就会移除手工处理的痕迹，然后进行适当的加工（B图）。

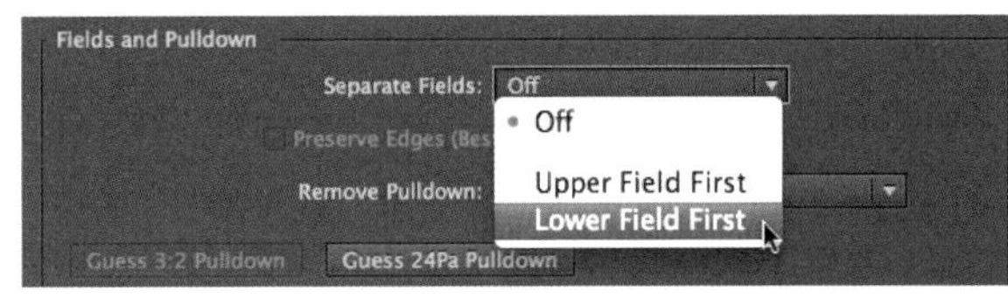

2 在合成中用鼠标右键单击Penguins.mov素材，选择Project（项目）中的菜单项Reveal Layer Source（显示图层素材）。Project（项目）面板中的Sources文件夹会展开来显示该素材文件。

在Project（项目）面板的左下方，单击第一个按钮打开Interpret Footage(解释素材）对话框。在Fields and Pulldown(场和折叠）部分，设置Separate Fields（分离场）菜单项为Lower Field First（下场优先），再单击OK（确定）。此时梳齿会从合成的企鹅素材上消失。

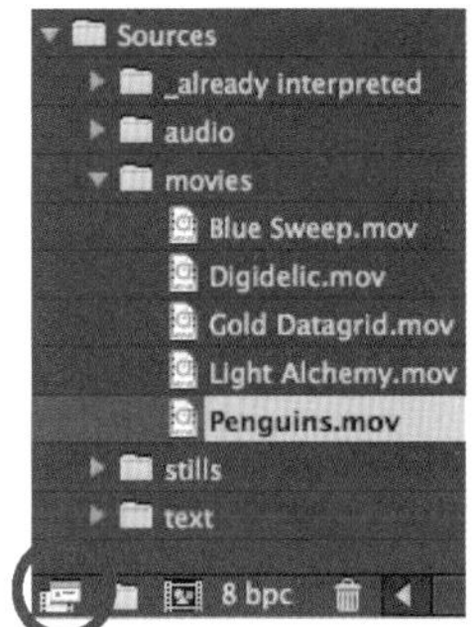

摇摆选择器

要摇摆文本，你需要至少将一个参数添加到摆动上。让我们先摆动颜色，然后再添加Transform（变换）属性。

3 展开文本图层，再选择Animate>Fill Color>Hue（动画>填充颜色>色相）。修改Fill Hue（填充色相）的值为300度，然后蓝色文本就会显示为绿色。

4 单击Animator 1的Add（添加）按钮，并选择Selector>Wiggly（选择器>摇摆）。进行RAM预览，现在每一个字符都有了一个随机的颜色，它可以随时间自动变化。

5 选择Add>Property>Position（添加>属性>位置）。修改Y Position（Y位置）的值为50左右。进行RAM预览，字符上下摆动的最大值为50像素。

6 选择Add>Property>Rotation（添加>属性>旋转），并设置Rotation（旋转）为15度左右。对于Position（位置），摇摆选择器将它的值作为最大的偏移量。注意字符会顺时针和逆时针旋转（在+15度和−15度之间晃动）。

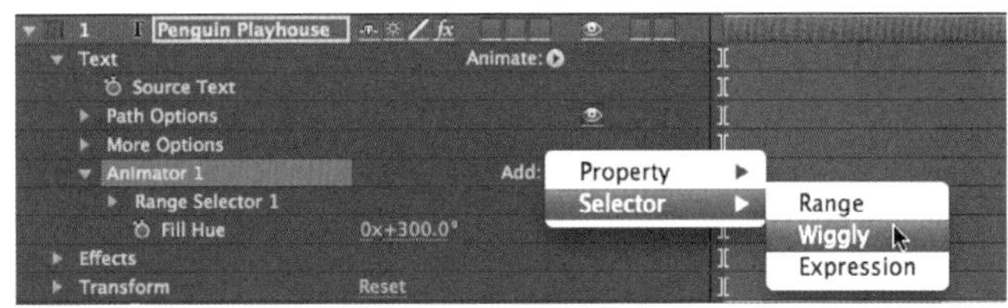

4 添加选择器>摇摆功能导致正在动画的属性—填充色相—自动随时间逐字符随机变化。

7 展开摇摆选择器并进行以下试验。

- 要使标题在动画时更容易识别，将Correlation（相关）值增加为80%左右。现在相邻字符的行为方式更相似了。
- 尝试设置Wiggly's Based On（基于摇摆）菜单项为Words（单词）。现在“Penguin”和“Playhouse”

将以单词为单位摇动，而不再是单个字符的摆动。调整Correlation（相关）值为0%，尽可能降低相似度，或者根据喜好设置该值。

6 默认情况下，摇摆选择器通过所设置的动画属性最大值，随机沿某个方向（正或负）摇摆每个字符。

- 要在没有动画的前提下使字符的颜色和位置随机变化，设置Wiggles/Second（摇摆/秒）的值为0。
- 要实现整个摇摆的淡出效果，将Max Amount（最大值）和Min Amount（最小值）从默认值减小为0%。或者，通过仅设置某属性的关键帧来实现淡入或淡出［如Position（位置）或Rotation（旋转）］。

我们的作品保存在Comps_Finished>06-Wiggly_final中。我们添加了一对触点，如在摇摆选择器中动画Amount（数量）参数。我们还淡出了Position（位置）和Rotation（旋转）的偏移，仅在末端保留了一些颜色变化。

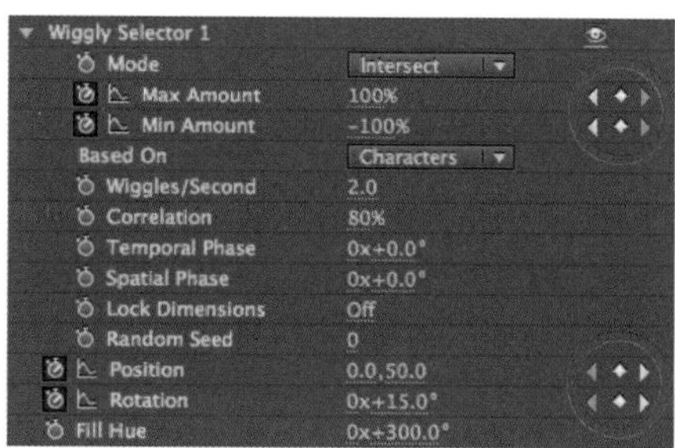

7 在我们的最终作品中，动画了摇摆选择器的数量，淡出Position（位置）和Rotation（旋转）值，仅留下了Fill Hue（填充色相）属性。

使用Alpha通道进行渲染

假设在你完成前面练习中的企鹅标题动画后，编辑说后期他可能还要改变该视频——所以他还能拥有标题原样吗？要做到这一点，需要使用Alpha通道对它进行渲染。

1 打开或者选择在前面练习中创建的08_Wiggly合成。如果还没有完成，就打开我们的合成：Comps_Finished>08-Wiggle_final。

2 关闭背景图层的Video（视频）开关（眼睛图标），编辑计划用Penguins.mov代替它。

3 要确认文字后面没有任何东西，单击Comp（合成）面板底部的Toggle Transparency Grid（切换透明网格）按钮。你会在没有文字的地方看到一个棋盘格形状。

4 选择Composition>Add to Render Queue（合成>添加到渲染队列），就会打开Render Queue（渲染队列）面板，其中包含你的合成条目。在合成条目下方有两行文字：Render Settings（渲染设置）和Output Module（输出模块）。在Output Module（输出模

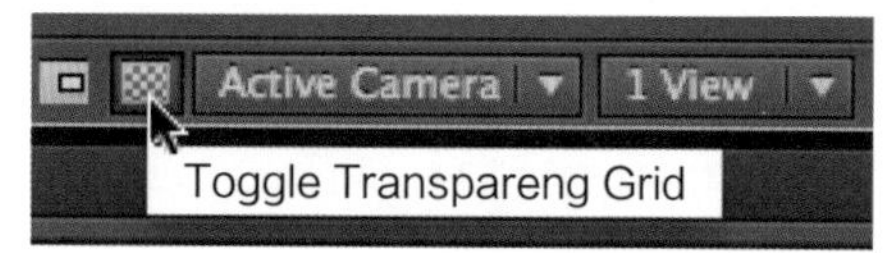

3 关闭背景图层，并使用Toggle Transparency Grid（切换透明网格）来验证现在没有其他不想被渲染的图层（如黑色的固态层）。

块）标题稍远的右侧是一行文本Output To（输出为），后面跟着一个文件名（表示初始时不曾专门指定文件）。单击该文件名，会打开一个文件对话框。为你的电影命名，并选择一个保存位置。文件名中包含“Alpha”来提醒你该电影内部有一个Alpha通道。

5 在Render Queue（渲染队列）中，从Output Module（输出模块）菜单中选择Lossless（无损）模板，然后单击带下划线的“Lossless（无损）”打开Output Module Settings（输出模块设置）对话框。

5 在Output Module（输出模块）标题最近的右侧是Lossless（无损），这是默认的模板，它采用完全符合我们需要的QuickTime动画编码方式。如果不是，单击箭头并从出现的弹出菜单中选择Lossless（无损）。[或者选择Lossless with Alpha template（带Alpha模板的无损压缩）。]

单击箭头右侧带下划线的“Lossless”文字，打开Output Module Settings（输出模块设置）对话框，改变以下设置。

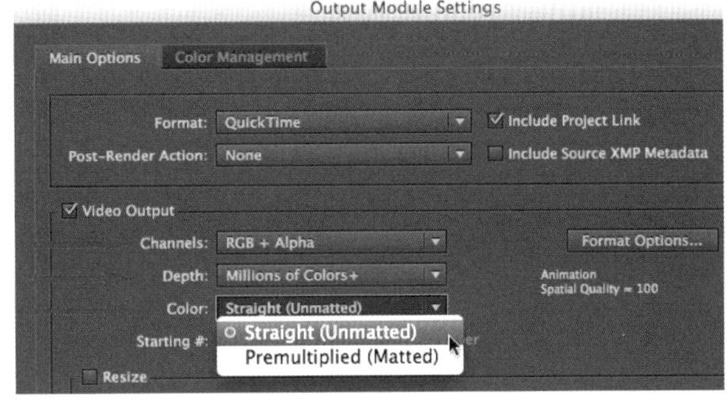

5 续 在Output Module（输出模块）中，设置Channels（通道）为RGB+Alpha，Depth（深度）为Millions of Colors+（Alpha真彩色），Color（颜色）为Straight（Unmatted）[直接（不带遮罩）]。

- 在Video Output（视频输出）部分，设置Channels（通道）选项为RGB+Alpha。Depth（深度）选项会变为Millions of Colors+（Alpha真彩色）（“+”表示Alpha）。
- 单击Color（颜色）菜单并将它改为Straight（Unmatted）[直接（不带遮罩）]方式：这是大多数编辑系统的首选格式，目的是获得最高质量的动画。[带Alpha模板的无损压缩输出一个Premultiplied（预乘）的Alpha。]
- 设置Post-Render Action（渲染动作后）选项为Import（导入）。就会将完成的电影导入到After Effects中。

单击OK（确定）按钮关闭Output Module Settings（输出模块设置）对话框。你还可以将它保存为一个模板（参见附录内容）。

6 单击Render（渲染）按钮。当After Effects准备好后，文件会出现在Project（项目）面板中。

选择已渲染的电影并单击Edit>Edit Original（编辑>编辑原稿），在QuickTime Player中打开它。看到文字后粗糙的黑边了吗？这是采用Straight（直接）Alpha渲染的结果，此处After Effects在Alpha边缘外部喷涂了颜色像素，就像你通过模板绘制时一样。实际上你想要看见该形状，它证明你渲染了一个Straight（直接）Alpha。如果编辑人员看到该内容时感到恐慌，可以告诉他们在编辑系统中合成时，当Alpha通道起作用后，看起来就没有问题了。

6 如果在QuickTime窗口中查看Straight（直接）Alpha渲染，将只会看到RGB色彩通道，它包含延伸到Alpha边缘外部的像素（上图）。在After Effects的Footage（素材）面板中查看时，就会影响到Alpha通道，而且看到实际上边缘很光滑（下图）。

要查看渲染的真实效果，关闭QuickTime Player，返回After Effects并双击电影，使它显示在其Footage（素材）面板中。该After Effects视图会影响Alpha通道。打开Transparency Grid（透明网格），你将在文字四周看到光滑的边缘，包含一些阴影效果。同样，如果将该电影添加到一个After Effects合成中，效果也很棒。完成后保存项目。

▼ 场渲染

开始在08_Wiggly合成中工作时，我们让你在Penguins.mov源素材中分离场。如果素材包含场，而且正在渲染的内容将要在正常的电视机或者显示器（不是计算机）上播放，就会想要在输出时再次引入场。这样就能产生可能最平滑的运动，保留素材中的全部分辨率，并在素材和After Effects添加的所有像素间匹配运动形式。

将合成添加到Render Queue（渲染队列）后，你会在Render Settings（渲染设置）旁边看到Best Settings（最佳设置）（默认模板）——如果看不到，从弹出菜单右侧选择Best Settings（最佳设置）。然后单击Best Settings（最佳设置）打开Render Settings（渲染设置）对话框。

在Time Sampling（时间采样）部分，设置Field Render（场渲染）选项。这会导致After Effects采用稍微不同的倍数对每帧渲染两次，创建两个场。然后它将一起隔行扫描这些场来创建最终的帧。你在菜单中选择的场顺序取决于渲染的格式：对NTSC或PAL DV采用Lower Field First（下场优先）；NTSC D1是Lower Field First（下场优先）还是Upper Field First（上场优先）由硬件决定。对HD或PAL D1采用Upper Field First（上场优先）。注意，如果你采用DV Settings（DV设置）模板来代替Lossless（无损）模板，After Effects会给你的场渲染设置为Lower Field First（下场优先）。

动画声音

要提高运动图形的效果，可以做的最好事情之一就是将它们和音频（如对话和音乐）调和在一起。为此，你需要在声音中找到重要的“音点”，并在那些时间处放置图层标记。它们对放置关键帧和编辑点起到了指示作用。

将音频添加到合成中

1 打开前面完成的最终作品08-Wiggly（你可以使用自己的合成或者我们的合成08-Wiggly_final），然后按Home键返回到00:00处。

2 在Project（项目）面板中，展开Sources>audio（资源>音频），选择文件Playhouse.wav。它的采样率和位深度将出现在Project（项目）面板的顶部。将该文件添加到你的合成中，就像添加其他素材图层一样：将它拖曳到Comp（合成）或者时间轴面板中，或者按快捷键⌘+I（Ctrl+I）。

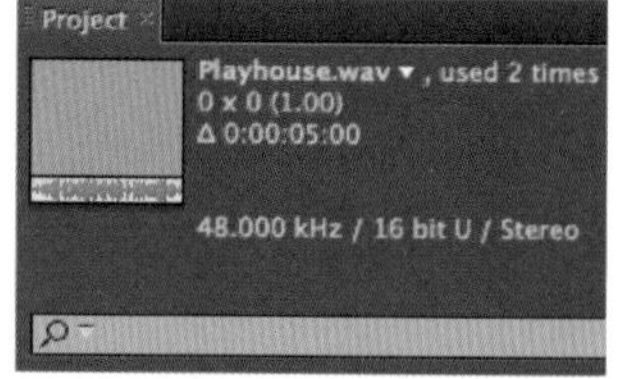

2 包含音频的素材项被Project（项目）面板顶部的通用波形图形识别，还会显示出它们的采样率和位深度。

3 RAM预览你的合成，音频将和视频同时播放。[如果听不到任何声音，除了检查线路之外，打开Preferences>Audio Hardware>Audio Output Mapping（首选项>音频硬件>音频输出映射），确保After Effects正在将音频发送到你期望的连接设备上。] 要预览音频本身，按数字键盘上的.（小数点）键。MacBook用户可以按快捷键⌘+.（句号）。只按空格键来预览将不会播放音频。

4 在时间轴面板中，你会注意到Playhouse.wav在A/V Features（A/V特性）列下方有一个喇叭图标。你可以切换该图标开和关来实现静音或者打开音频图层。具有音频和视频的图层将有喇叭和眼睛两个图标，可以单独切换它们。要看音频的声波，Audio（音频）必须打开，这是下一步我们将要讲解的内容。

4 带音频的图层在时间轴面板的A/V Features（A/V特性）列显示一个喇叭图标（上图）。单击喇叭图标可实现静音。在Preview（预览）面板中所有图层的音频都被静音（右图）。

▼ 音频基本知识

音频通常和视频嵌入到相同文件中。尽管如此，当你想要一个只有音频的电影时，可能还要导入纯音频文件。有多种可用的有效的音频格式，如AIFF、WAV和MP3文件。你还可以创建只有音频的QuickTime或者AVI文件。

像图片和视频一样，音频的分辨率由它的位深度决定，分辨率越高，效果越好。最常用的格式是16位（和CD相同），24位是一种高端的格式。音频还由它的采样率决定，类似于帧频率。同样，采样率越高，效果越好。常见的DV音频为32kHz（每秒数千个样本），音频CD音频为44.1kHz，专业音频采用48kHz。

找到音频波形

音频波形表明音频在某个特定时候的音量大小。波形越高，声音在该时间点的音量越大。声波中的尖刺表示敲击乐器的事件（如鼓的撞击）或者爆破音（如“P”）。这些尖刺通常是设置关键帧或者剪裁图层的极好位置。

5 展开Audio>Waveform（音频>波形），找到Playhouse.wav。快捷键是选择图层并按LL键（快速连续按两次L键）。可以随意改变波形的高度。

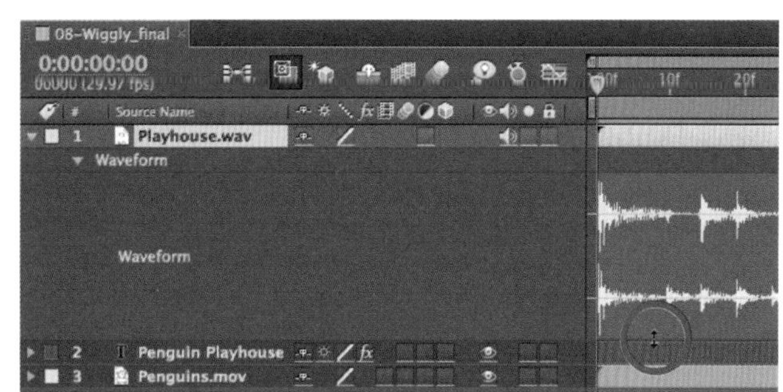

5 按LL键显示一个图层的音频波形。要让波形变高，将光标定位在波形下方直到它变成两个双向箭头，单击并上下拖曳鼠标可改变波形显示的高度。

6 按数字键盘上的小数点键来预览音频，研究如何移动时间指示器来与波形中的尖刺关联。随音乐中的拍子一起拍手可了解它的韵律感。

使用标记

After Effects一个非常有用的特性就是可以在每个图层或者整个合成上设置标记。你可以用它们在图层或者合成上标注特殊事件，这样可更轻松地将这些时间点的关键帧和其他图层实现同步。

7 选定Playhouse.wav，确保它是接受标记的图层。添加标记有两种方法。

- 开始一次预览，在你要设置标记的时刻按数字键盘上的*键。
- 将时间指示器移到稍后动画的尖峰处，再按数字键盘上的*键（MacBook用户可以按快捷键⌘+8）。

创建标记后要对它命名或者设置持续时间，按快捷键⌥+*（Alt+*）打开Marker（标记）对话框。还可以双击一个已经存在的标记。要删除标记，按⌘（Ctrl）键+单击它即可。单击鼠标右键，标记可以进行其他设置。

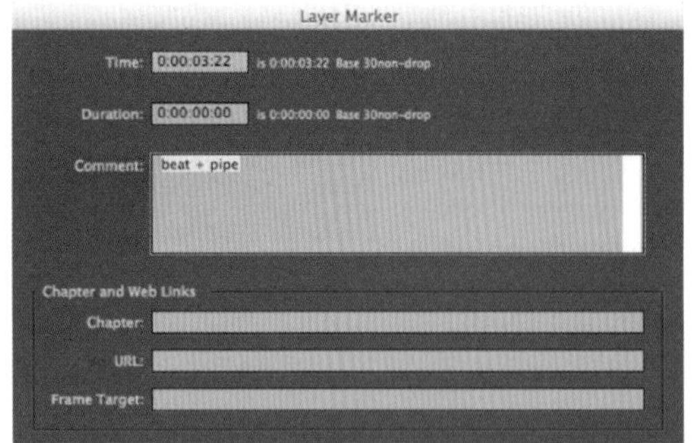

7 使用标记表示图层中重要的时刻（下图）。双击标记来添加一个文字注释并可以选择性设置一个持续时间（左图）。可使用相同的对话框设置章节标记、网络链接和Flash线索点。

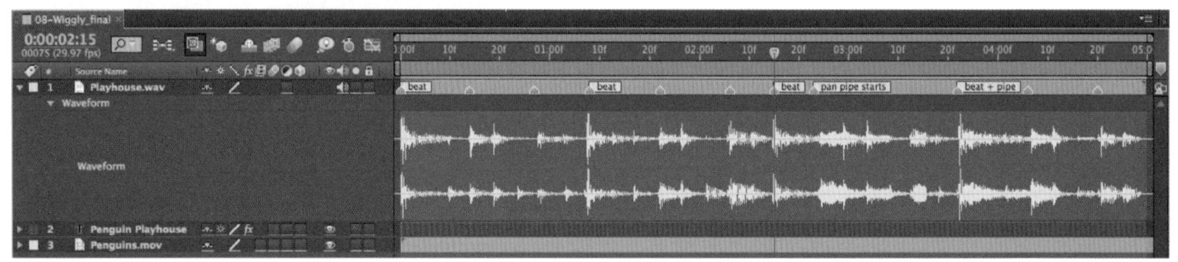

▽ 提示

合成标记

图层标记附着在图层上：沿时间滑动图层时，它的标记也随之移动。需要在不和图层一起移动的合成中标记一个时间时，就添加一个合成标记。将当前时间指示器移动到目标位置处，按Shift键，并按键盘（不是数字键盘）上方的0～9键，就会出现一个数字指针。要跳到该标记，只要按其上的数字键即可。还可以从时间轴面板右侧的“bin”处向外拖曳合成标记。将合成嵌套到另一个合成时，合成标记就变成了图层标记。

8 在Playhouse.wav中找到并标记其音乐事件后，打开波形显示。它保存了重新描绘的空间和速度。

9 练习移动Penguin Playhouse文本图层的关键帧来排列标记。进行RAM预览，并注意音乐和图形协同工作的方式。你还可以标记并滑动Penguins.mov视频图层，使企鹅的滑稽姿态和配音中的音色更好地同步。我们的版本位于Comps_Finished>08-Wiggly_final2中。

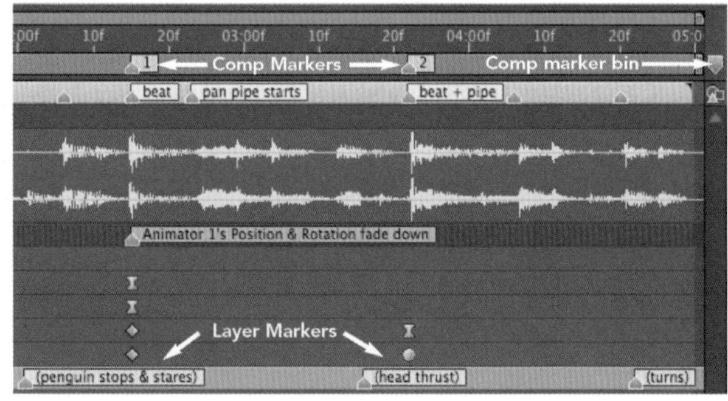

9 我们使用标记来标注音频和视频图层中的重要时间，还标注正在做的事情及其原因。

混合音频

After Effects提供了两种方法来改变图层音频的响度：Levels（增益）参数和Stereo Mixer（立体声混音）效果。Levels（增益）动画太剧烈，所以我们只在平衡音频轨的相关响度时使用，然后用Stereo Mixer（立体声混音）关键帧来产生淡入和淡出效果。

1 打开Comps>11_Audio Mixing*starter。它包含一个电影配乐，以及一个关于阿波罗15号登月任务中的解说。我们已经为这两个图层设置了波形，剪裁解说，使其只包含几个词组，并在时间中进行滑动，实现在鼓声进来时声音开始。进行RAM预览，音乐淹没了一些词语。

2 选择Musical Message.wav并按L键，显示它在时间轴面板中的Levels（增益）参数。然后打开Window>

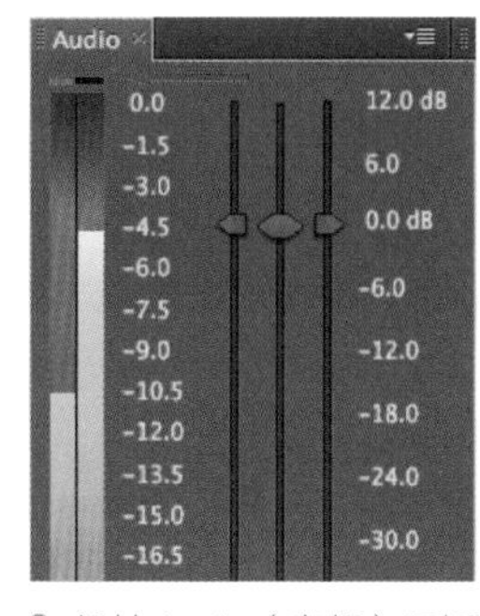

2 保持Audio（音频）面板可见，以确保没有发生失真（由仪表顶部的红色线段标识）并快速调整选中图层的Levels（增益）参数。

Audio（窗口 > 音频）来显示一组级别表和控件：级别表反映了合成中所有音频图层合并后的音量，该面板中的Levels（增益）控制器只应用到选中的图层上。

预览合成的音频，降低音乐图层Musical Message.wav的Levels（增益），使其能在音乐中听到声音。[你还可以稍微将Lunar Rover audio.wav的级别增加+3dB，但是注意Audio（音频）面板中的那些红色“峰值”指示器。] 这个方法很有帮助，但真正想要实现的是在没有声音时音乐声音很大，当宇航员说话时，声音很小。所以设置Musical Messages.wav图层为0dB，我们将展示一个更好的方式。

3 向Musical Messages.wav中标有“hit”标签的标记拖曳当前时间指示器。接近时按 Shift 键，时间指示器会捕获到该标记。选择Musical Message.wav并应用Effect>Audio>Stereo Mixer（效果 > 音频 > 立体声混音）。在效果控制面板中，启用Left Level（左声道增益）和Right Level（右声道增益）的关键帧，然后按 U 键显示时间线轴上的关键帧。

4 定位到“rhythm starts”标记处，设置左右声道增益为50%。RAM预览整个合成，当解说开始时，音频会避让解说。

5 将当前时间指示器移动到11:09处，此处是Lunar Rover audio.wav中解说结束的地方。为左右声道增益参数添加一个关键帧（值为50%，基于前面的关键帧）。

6 定位到最后一个标记并将左右声道增益设回100%。预览整个合成，现在每个音频图层的声音正确，不再互相干扰。调整声道以平衡它们的相关音量，同时在不发生失真的情况下将合成的音量设为最大。

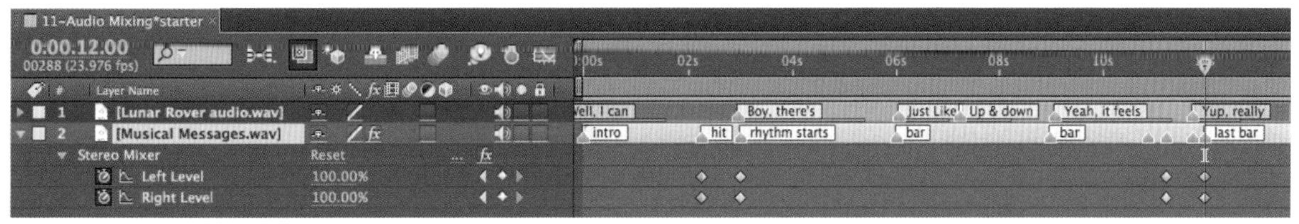

3~6 为音乐图层的Stereo Mixer（立体声混音）效果启用关键帧，在宇航员谈话时，降低音乐图层的音量。你可以使用表达式关联器（将在第7章中介绍）让右声道跟随左声道，在关键帧处降低音量。

7 你可以通过多次应用“均衡”效果来提高粗糙的Apollo15解说的音质。最简单的操作方式是选中Lunar Rover audio.wav并应用Effect>Audio>Bass & Treble（效果 > 音频 > 低音和高音）。

- 增加Bass（低音）参数来填充低频率部分，这是一种给解说添加庄重感的常见方式。反之，减少Bass（低音）参数使音频声音更轻或更有距离感，它同样可以减少录制很糟糕的音频中的嗡嗡声。
- 减少Treble（高音）参数可降低解说声音中的刺耳的、破裂的、嘘声部分。反之，增加Treble（高音）可以提高模糊音频中的清晰度。

高级音频

After Effects具有最初级的音频操纵工具。对于更高级的音频处理，我们建议你单独采用某种音频软件，如Adobe Audition。本章的05-Video Bonus文件夹包含两个采用After Effects和Audition一起制作的电影。

Comps_Finished>11_Audio Mixing_final中包含了我们的版本，带有随时间编辑的视频和音频。我们还启用了Apollo声道的关键帧，使得背景声音淡入淡出，而不是突然被切断。

▽ 小知识

避免失真

Levels（增益）的工作方式和Scale（缩放）类似，所以低值减小音量，高值增加音量。与Scale（缩放）一样，超过“100%”（0分贝的音频）通常不是好办法——特别是在预览期间Audio（音频）面板顶部的红条发亮时，这表示音频发生了失真。

文本动画预设

在第3章中，我们介绍了动画预设，它是一种保存个性效果和关键帧动画的极好方式。除了提供了一种保存自己作品创作方式外，Adobe 公司给After Effects推出了好几百个预制的动画预设，你可以搜索并使用它们。对于我来说最有意义的一个就是文本预设。

应用文本预设

1 打开Comps>09-Apply Preset。它包含一个文本图层和一个音频图层。在当前时间设置为00:00时，选择文本图层Jazz It Up!。

2 单击Effects & Presets（效果和预设）面板右上角的Options（选项）箭头，选择Browser Presets（浏览预设）。[如果该面板没有打开，从Window（窗口）菜单中选择它。] 选择Browser Presets（浏览预设）就会打开Adobe Bridge（参见“入门”部分）并为你定位到Presets文件夹。

3 双击文件夹Text。其内部是表示预设种类的子文件夹，如Animate In、Blurs和Rotation。你会看到一些表示预设的缩略图。单击选中一个预设，在Preview（预览）面板中就会开始播放它的动画。继续并预览几个预设。如果需要，单击Go Back（后退）按钮（左上角），还可以查看其他的文本预设分类。

4 一旦你发现了自己喜欢的预设，双击它。Bridge会让你返回到After Effects中，并将该预设应用到文本上。（如果在应用预设时没有选中文本图层，就会得到一个新的名为Adobe After Effects的图层来代替。如果看到它，撤销，选择Jazz It Up!，返回Bridge，再试一次。）按U键可显示该预设创建动画时所采用的关键帧属性。

RAM预览该合成，查看动画是如何实现与文本的大小完全相同的效果的。如果并不满意，单击Undo（撤销）来移除该预设，按Home键调回到00:00处，返回Bridge，选择另一个预设。当你略微满意后，撤销并应用预设Curves and Spins>Counter Rotate.ffx，因为我们将在下一部分中使用它。

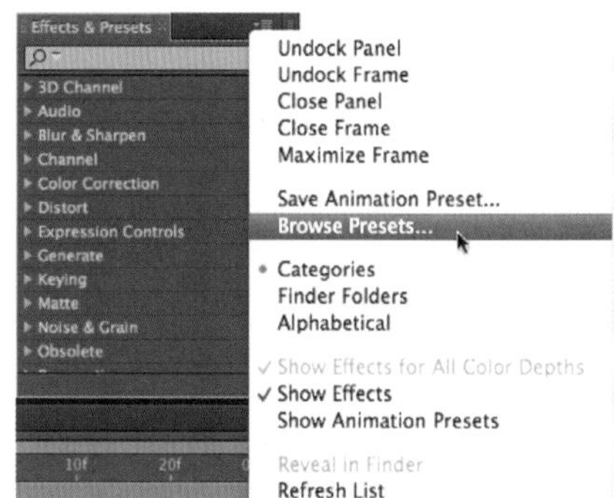

3 从Effects & Presets Option（选项）菜单（上图）中选择Browse Presets（浏览预设），打开Adobe Bridge（下图）窗口，可以很方便地预览Adobe支持的预设。双击一个预设可将它应用到选中的图层上。如果不需要查看动画预览，可以直接应用Effects & Presets（效果和预设）面板中的预设。

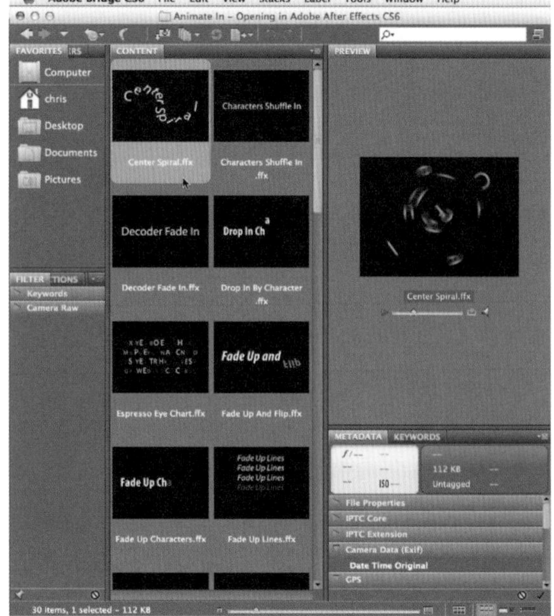

编辑预设

应用动画预设不是最后的操作，你可以在后期随意编辑图层。我们对步骤4中应用的Counter Rotate预设制作了几个自定义的形式。

5 在观察合成窗口的同时，拖曳当前时间指示器，直至你看到几个字符发生重叠。

展开Jazz It Up!的参数，直至打开Text>More Options（文本>更多选项）部分。里面有一个Inter-Character Blending（中间字符混合）选项。它采用混合模式来影响字符相互重叠的方式。试验一下，并选择一个你喜欢的方式。我们认为Multiply（正片叠底）和Add（相加）方式都很有趣。

6 现在，将文本动画和音乐紧密联系在一起。选中Layer 2 CoolGroove.wav，并按L L键来显示它的声波。RAM预览该合成，注意声波的尖峰和击鼓声联系的方式，以及萨克斯声开始和停止的时间。你可以添加图层标记来提醒自己这些事件所处的位置。

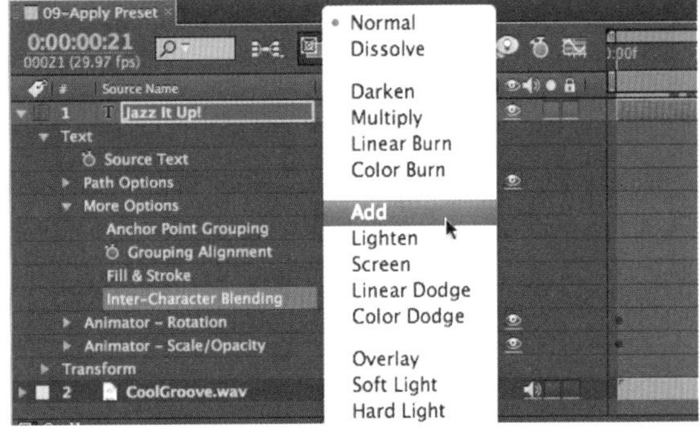

5 使用更多选项>中间字符混合（顶图），在字符重叠时，创建一些不同的外观。此处，我们展示了它们正常相互作用的效果（A图），以及采用正片叠底（B图）和相加后的效果图（C图）。

7 再次选择Jazz It Up!，按U键看到它的关键帧。根据时间滑动它们，使其和音乐中的时间相对应。由于这些关键帧应用了缓和效果，在滑入和返回位置时，它们似乎不会和音乐中的节拍“撞击”。可以随意调整它们的时间来抵消这一点，或者通过按⌘（Ctrl）键+单击将它们改为线性关键帧。完成后保存项目。我们的最终版本可以在Comps_Finished>09-Apply Preset_final中找到。

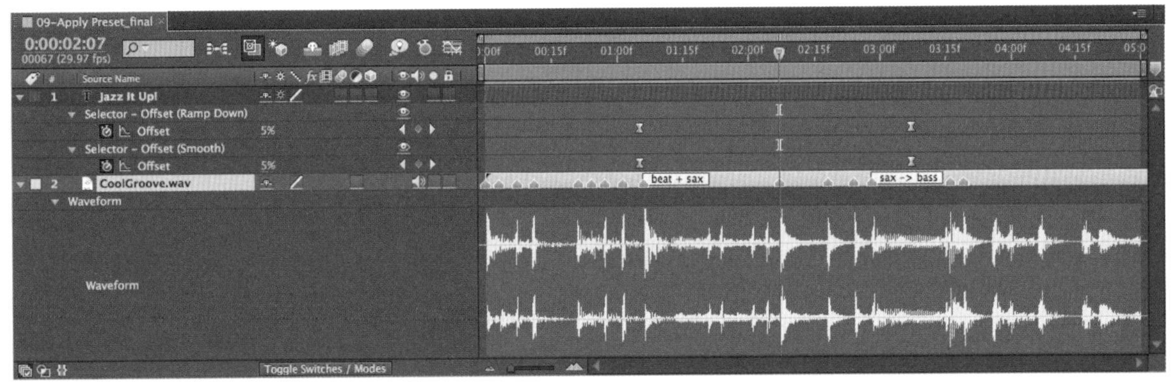

7 在我们的作品中（上图），我们设置了动画的关键帧来跟随萨克斯声音的升调和降调。

保存文本动画

如前所述，你可以保存自己的动画预设，包括修改过的预设。但是，文本图层可能需要大量其他的预设。如果保存文本图层的所有内容，也会保存它的Source Text（源文本）——这就意味着每次应用它时，它将用旧文本替换目标图层中的任何文本。所以我们做一些练习来有选择地保存预设中的属性。

1 打开Comps>10-Save Preset。它包含在本章前面创建的the Mystery of Light动画中。

2 一个能提醒你对图层进行了哪些操作的极好方式是，选中图层并按U U键（快速连续地按两次U键）来显示其默认值发生了改变的所有参数。对The Mystery of Light进行上述操作。你会看到Source Text（源文本）、Path Options（路径选项）和Animator 1中的参数所做的修改，以及应用了一个遮罩作为效果。

- 在这种情况下，你不想保存Source Text（源文本），所以不要单击它。
- 单击Path Options（路径选项）来记住Path（路径）和First Margin（第一个边缘）的参数设置。
- 按⌘（Ctrl）键+单击Animator 1会默认记住其内部所有的参数设置，如Range Selector 1和添加到动画上的属性。
- 按⌘（Ctrl）键+单击Mask 1（包含遮罩路径）来记住文本打算跟随的路径。
- 最后，按⌘（Ctrl）键+单击Radial Shadow（放射阴影）来选择整个效果。

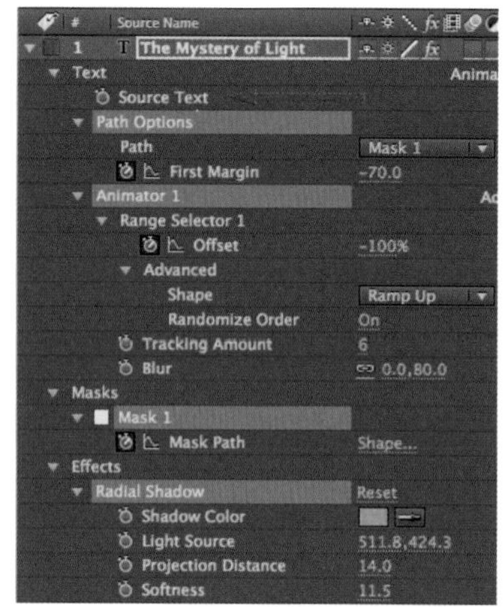

2 仔细选择要在动画预设中记住的参数和参数组。选择项的所有关键帧将自动包含进来。注意，我们没有选择Source Text（源文本）。

▽ 小知识

不变的效果

如果你将一个效果应用到图层上，但是没有改变它的任何参数，在你选择图层并按U U键时，After Effects可能不会显示该效果。按快捷键Shift + E还可以在时间轴中显示效果。

3 选择Animation>Save Animation Preset（动画>保存动画预设）来保存预设。记住，首选把它放在Presets文件夹中，它和After Effects应用程序一起存放在计算机硬盘上。如果需要，可以在Presets文件夹中创建自己的子文件夹。（参见第3章中的保存和应用动画预设。）

▼ 源文本

Source Text（源文本）参数和一些信息一起绑定到一个关键帧上：你的真实文本，加上在Character（字符）和Paragraph（段落）面板中对文本进行的设置。如果需要，可以在时间方面关键帧Source Text（源文本），尽管只有Hold（保持）关键帧（第2章中介绍）允许这样做。

由于你不能将真实的文本和它的样式分开保存，因此在保存预设时要仔细考虑是否包含Source Text（源文本）。如果预设的实质是动画，就不用考虑实际的文本，然后在保存预设时，不选择Source Text（源文本）即可。

另一方面，如果文本的样式（大小、颜色和类似的方面）很重要，就需要包含它。在对新文本图层应用预设后，只要准备好替换底下的文本即可。

▼ 编辑Photoshop文本图层

尽管我们主要关注在After Effects内部创建和动画文本，但你可能最后使用一个带文本的Photoshop文件。没关系，你可以导入分层的Photoshop文件作为一个合成，然后将Photoshop文本转换为可编辑的文本。

对于最后的练习，需要随After Effects安装时可选的Myriad Pro Condensed 和Bold Condensed字体。(如果目前没有安装这些字体，在Photoshop中打开本章的RightWrongPoll.psd文件，并根据喜好替换字体。)

1 在Project（项目）面板中，选择PSD Text_starter文件夹，这样PSD文件就会导入到该文件夹中。

2 使用File>Import（文件>导入）并从硬盘上的05_Sources>text中选择RightWrongPoll.psd文件，单击Open（打开）。

在弹出的选项对话框中，设置Import Kind（导入类型）菜单为Composition-Retain Layer Sizes（合成—保留图层大小）(使图层和内容大小一样)。单击OK（确定）按钮，现在文件夹包含一个合成和一个独立图层的文件夹。

3 打开PSD Text_starter文件夹内部的RightWrongPoll合成。网络图形部门已经设置了带名字的模板，并为日期和百分比设置了虚拟文本。你的任务就是编辑和动画这些文本。问题是，你不能编辑由Photoshop创建的文本。现在是实施小魔法的时候了。

要改变日期，选择图层2的<month/day>，并选择菜单项Layer>Convert to Editable Text（图层>转换为可编辑文字）。现在图层出现一个T图标，表示它是一个After Effects文本图层。双击并输入今天的日期，完成后按 Enter 键。

要强制已编辑的文本图层和输入的新文本具有相同的名称，在时间轴面板中选中该图层，依次按 Return 键、Delete 键、Return 键。

现在，将本内容作为一种开发自己设计灵感的“方法角”。将你想要的任何其他图层转换成编辑或应用动画预设。例如，转换图层3的poll标题为可编辑文本，然后尝试一些本章前面使用的文本预设。

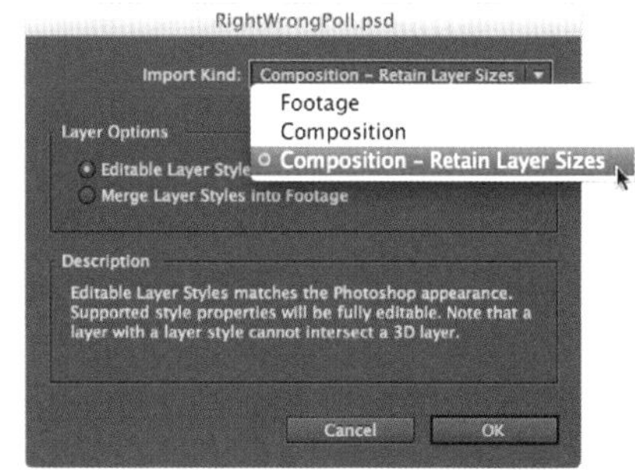

2 导入分层的Photoshop文件作为一个合成，使用Retain Layer Sizes（保留图层大小）选项来自动剪裁图层。

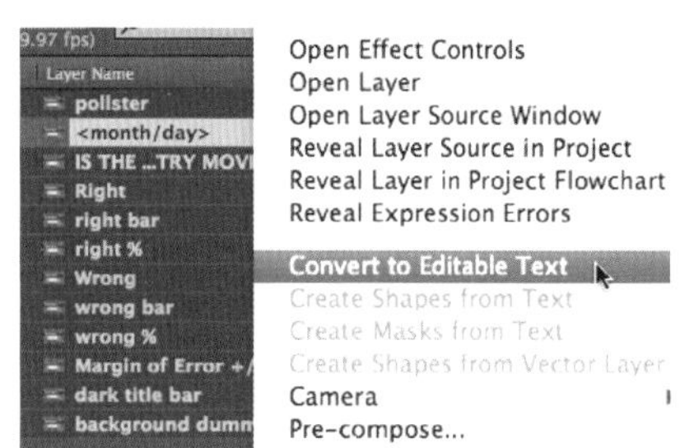

3 选择After Effects内部的任一Photoshop文本图层，并在Layer（图层）菜单下选择Convert to Editable Text（转换为可编辑文字）(上图)。结果将成为一个After Effects文本图层，旁边标有一个T图标（下图）。

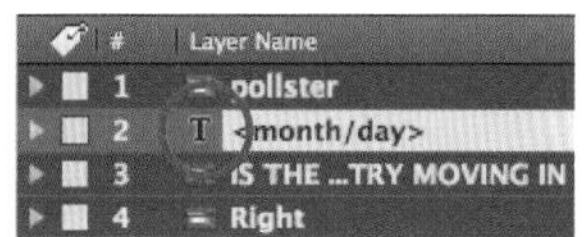

4 图形设计器使用形状图层特性在Photoshop中创建了dark title bar、right bar和wrong bar。将它们导入After Effects中时，会自动转换成带遮罩的固态图层。选中right bar和wrong bar，并按 M 键显示它们的遮罩。动画它们的遮罩路径，使其长条超出最终值。你还可以使用Effect>Transition>Linear Wipe（效果>变换>线性修改）来实现相同的效果，正如我们在PSD Text_finished>RightWrong-Poll_finished中所做的那样。(可以随意打开我们的最终合成，采用其他方法应用或者修改为你自己的合成。)

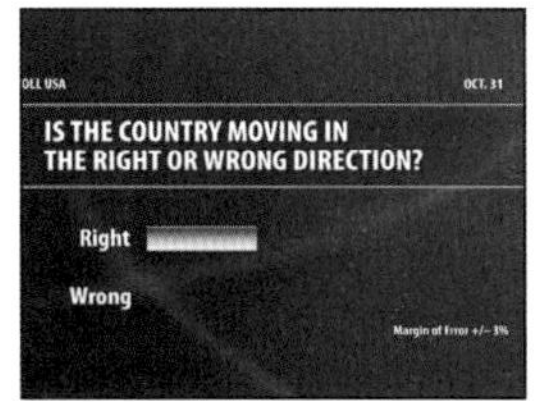

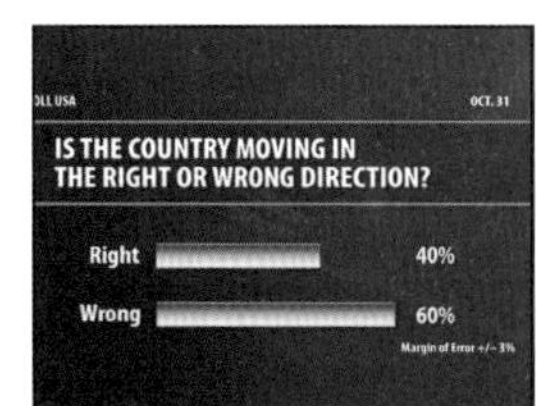

4 在最终合成中，我们转换了一些文本图层，并改变内容来适应我们的需要，然后动画一些图层来建立图形。背景图像由12 Inch Design/ProductionBlox Units 3 and 8授权使用。

第6章 父级和嵌套

对图层进行分组，使它们更易于协调。

▽ 本章内容

- 定义父级、嵌套和表达式
- 父级、不透明度和效果
- 嵌套以组合图层，使用参考线
- 导航合成的层次结构
- 调整预合成的大小
- 预合成一组图层
- 解释渲染顺序
- 比较预合成选项
- 持续栅格化
- 复合效果
- 指定父级
- 空对象的父级
- 编辑预合成
- 嵌套一个常用源
- ETLAT（编辑这个，查看那个）
- 预合成单一图层
- 拆分合成之间的工作
- 使用预合成进行重新排序
- 塌陷转换

▽ 入门

确保你已经从本书的下载资源中将Lesson 06-Parent and Nest文件夹复制到了硬盘上，并记下其位置。该文件夹包含了学习本章所需的项目文件和素材。

本章不再使用单一的项目文件，因为我们提供了几个不同的项目文件来简化跟踪正在创建和使用的合成。

没有图层或者合成是一个孤岛——至少不是复杂的动画。在本章中，你将学习如何组合图层和建立合成层次关系，使创建和管理复杂动画变得更容易。首先是父级，它的图层动画可能影响其他图层。之后我们将使用嵌套和预合成：绑定图层、关键帧和效果到一个合成的方式，以及将结果作为另一个合成中的单一图层来处理。

分组方法

在After Effects中有三种常用的分组方法：定义父级图层、嵌套合成和预合成，以及对单个参数应用表达式。以下是它们的优缺点和用法概述。

【父级】采用该技术，你可以为多个子图层设置父级图层。在附加子图层的同时，子图层会记住和父级图层的关系。在父级图层中的任何位置、缩放或者旋转的改变都会导致沿路径拖曳子图层。子图层也可以有自己的动画，但是不会传回给父级图层。为了更好地观察这种效果，想象一个人带几只狗散步。狗可能围绕主人跑步，但是当它们的主人下坡时，所有的狗也会跟下去。

父级的优点是涉及的所有图层位于相同的合成中，跟踪它们会变得更容易。缺点是不透明度的改变不会从父级传递到子级，所以不能使用父级来同时淡出一组图层。效果也不能从父级传递到子级。

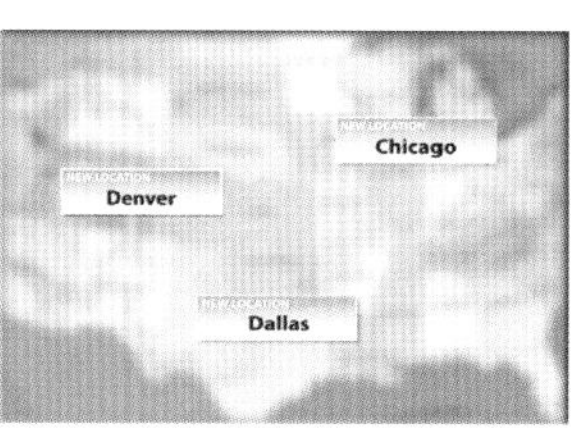

在本章中，你将学习分组图层的几种方法，目的是更方便地创建复杂动画，并在同一合成中多次重用那些元素。

【嵌套】将一个合成添加到另一个合成叫作嵌套合成。嵌套的合成（通常称为预合成）在第二个合成中看起来就是它的一个图层。你可以像处理一个普通的电影文件一样动画、淡化并应用效果到嵌套的合成图层上。主要区别在于它是“活的”：你仍然可以返回到第一个（嵌套的）合成中进行改变，而且这些变化会立刻出现在第二个合成（主合成）中，无需提前渲染预合成。

嵌套的另一个用处是一个单一的素材合成可以嵌套在一个或多个主合成中。相同的素材合成也可以在同一主合成中嵌套多次。通过这些操作，可以轻易地改变初始的嵌套合成，而且这些变化可以传递到它所嵌入的任何合成中。这是一种非常理想的重复元素创建（和更新）方式，这些重复的元素（如动画标志）在一个项目中可能使用多次。一些动画师可能将这种处理过程看作创建一个“实例”。

【预合成】创建一连串嵌套的合成时，理想的情况是预先考虑所有方面：使用几个图层来创建合成中的一个元素，然后将该结果嵌套到第二个合成中。尽管如此，这种创造性的处理方式缺乏有序和逻辑性。你可能创建一个复杂的合成，只是出于后面使用的考虑，“你知道，如果我能够将这些图层分组放到它们自己的嵌套合成中，工作将变得容易许多……”

当然，你可以使用预合成。可以在当前合成中选择一个或多个图层，然后将它们发送回自己的合成中（称为“预合成”），它会自动变成当前合成中的一个嵌套图层。就像提前计划了该方法。一旦这样做了，就After Effects而言，得到的预合成和正常的嵌套合成没有任何区别。

【表达式】After Effects还允许你将任意参数连接起来。包括创建小的JavaScript代码段，它们称为表达式。我们将在下章介绍表达式，但是简言之，基本表达式可以看作父级的一种高针对性形式，此处只是单个的参数发生了关联，而不是一次连接所有变换参数。好处是你可以关联任何想要设置关键帧的参数——不仅仅是位置、缩放和旋转。

▽ 提示

效果和子级

应用到父级的效果不能传递到子级上。要给通过父级创建的图层组应用相同的效果，可使用一个调整图层（第3章），或者将父级和子级合成到一个预合成，并应用效果到结果图层中。

▽ 小知识

家族树

你可以创建父级链，第一个图层是第二个图层的父级，第二个图层是第三个图层的父级，以此类推。这就使父级成为角色动画中的必要工具：例如，你可以附加一个手到前臂，前臂附加到上臂，而上臂附加到身体上。

父级

使用父级让文本和星球作为一组缩放，同时文字环绕星球旋转。背景由Artbeats/Line Elements授权使用。

在第一个父级练习中，你将组合两个图层，使它们很容易作为一个单位来实现动画。在该练习中，子级将保持它的动画，但也会被父级影响。

1 对于最初的两个练习，打开项目Project Files<06a-Parenting.aep。在Project（项目）面板中，展开Comps文件夹，然后双击合成Parenting1*starter将它打开。

按数字键盘上的0键RAM预览该合成。它由一个旋转星球电影和一个环形路径上的Photoshop静态文本图像组成。

对于该动画，我们将文本和星球作为一组进行缩放，同时让文本环绕星球旋转。然后我们尝试将它们作为一个单元淡出。

2 选择最初的两个图层，然后按S键显示它们的Scale（缩放），按快捷键Shift+R显示Rotation（旋转），按快捷键Shift+T显示Opacity（不透明度）。如果为每个图层修改这些值，它们将独立动画。执行Undo（撤销）返回初始状态。

3 要建立一个父级组，需要在时间轴面板中显示Parent（父级）列。如果没有看到，可以在时间轴面板的任何列标题上单击鼠标右键并选择Column>Parent（列>父级），或者使用快捷键Shift+F4。我们往往将Parent（父级）列拖曳到图层名字旁边，就可以很轻松地看出谁和谁进行了关联。

下一步是决定谁是子级，并将它附加到想要跟随的图层上。在本实例中，我们想让文本脱离星球旋转。因此，最好将文本作为子级，这样它的旋转不会传递给星球。

▼ 选择一个可靠的父级

采用父级来组合图层时，很重要的一点是考虑谁将成为父级，以及谁成为子级。

一个父级的动画可以传递到子级上。因此，产生最少动画的图层通常（但不总是）成为最好的父级。这样，子级就可以自由环绕父级运动，而它们的动画不会传递给父级。

如果无法找到一个合适的父级，可使用一个空对象。

4 有两种指定父级的方式。

- 在预期的子级Text on a circle.psd的Parent（父级）菜单上单击，并从出现的列表中选择新的父级——planet.mov。
- 或者，在子级的Parent（父级）列上单击螺旋图标（关联器工具），并将它拖曳到想要成为父级的图层名称上。

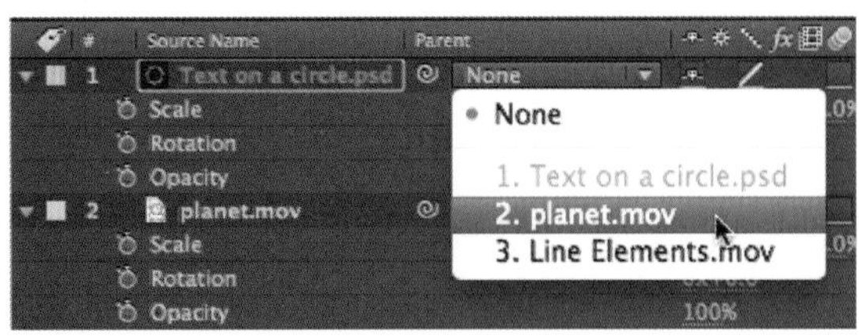

4 将子级附加到父级有两种方式：使用父级菜单（左图），或者使用关联器工具指向父级（右图）。

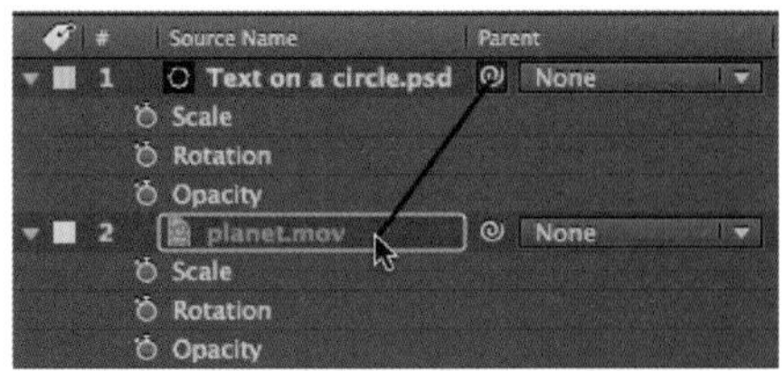

5 只修改Text on a circle.pad图层的Scale（缩放）值，将它设回100%，然后修改planet.mov的Scale（缩放）值：缩放父级时，两个图层作为一个组一起缩放。注意Text on a circle.psd的Scale（缩放）值不会改变，现在它的Scale（缩放）值显示与父级关联。

- 按Home键确保当前时间指示器定位在00:00处，然后单击planet.mov的Scale（缩放）秒表来启用关键帧。输入一个值0%，两个图层都会消失。

- 将时间指示器移到02:00处，并将Scale（缩放）值设回100%，将父级和子级图层都恢复全尺寸。按F9键将它作为一个Easy Ease（缓和曲线）关键帧。

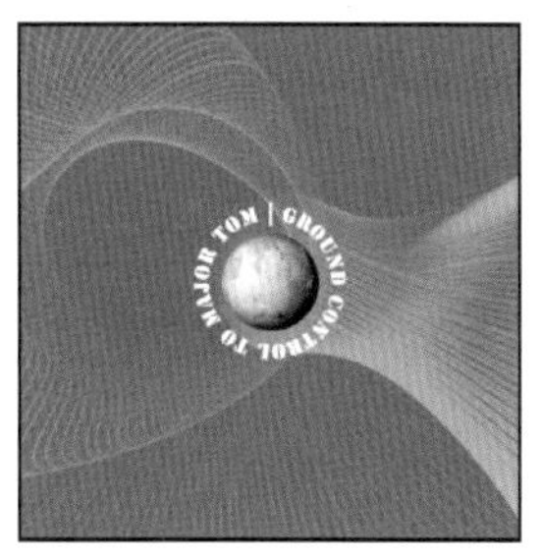

5 当父级（星球）按比例放大时，子级（文本）也会以相同的比例放大。

6 现在我们旋转子图层。

- 修改Text on a circle.psd的Rotation（旋转），它会旋转，但是它的父级不会旋转。
- 再次按Home键，并启用Text on a circle.psd的Rotation(旋转）关键帧。将其值恢复为0度。
- 按End键，并输入Revolutions（周期）的值为2［Rotation（旋转）的初始值］。第二个关键帧应该读为2X+0.0度。

RAM预览。两个图层同时开始放大时，文本旋转，然后继续渲染，不会影响父级图层。

6 应用到子级上的内容没被传递到父级上，例如本图中应用到文本上的旋转或者颜色填充效果。

7 从父级到子级传递缩放、位置和旋转，但没有其他变化。

- 移到10:00处，选择planet.mov，并按快捷键⌥+T（Alt+T）显示Opacity（不透明度）并启用关键帧。
- 按End键，并设置planet.mov的Opacity（不透明度）为0%：文本依然可见。你将不得不单独淡出文本图层。

除了不透明度，效果也不会从父级传递到子级。继续尝试添加一个效果（如模糊）到planet.mov上，文本不会受影响。这可能是一个好事，也可能是个坏事，取决于你尝试完成的内容。

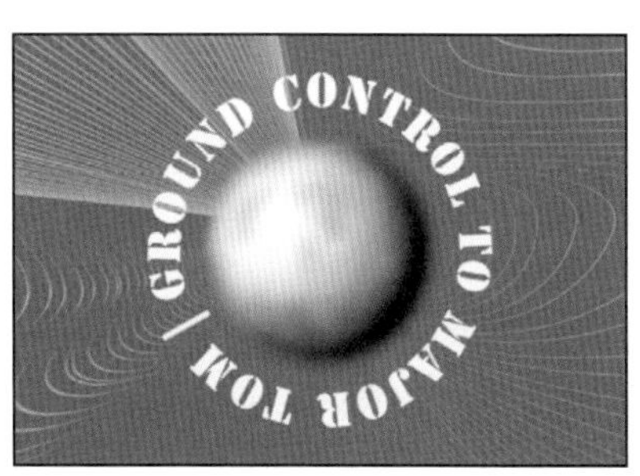

7 无论好坏，效果（左图左）和不透明度（左图右）都不会从父级传递到子级。后者表示仅当父级不会淡出成组的两个图层时，子级才淡出。

使用空对象设置父级

有时候哪个图层适合作为父级并不明显。解决方法是采用一个辅助工具：空对象。空对象是无需渲染的图层，但是仍具有普通的变换属性，如位置、缩放和旋转。

1 激活Project（项目）面板，打开Finished Movies文件夹，播放Parenting2.mov并查看你要创建的对象。完成后关闭电影。

2 双击Comps>Parenting2*starter将其打开。如果时间轴面板中的Parent（父级）列不可见，按快捷键Shift + F4显示该列。

1 播放最终电影。你将使用父级将文本和Planet标志“9”作为一组一起动画。（在下个练习中创建背景动画。）

父级链

3 开始确定父级时，首先创建可作为一个元素控制的子组。在这种情况下，数字9和星球构成了一个标志。单击Nine的Parent（父级）菜单，选择planet.mov作为它的父级。现在当你移动星球时，数字保留在原位。

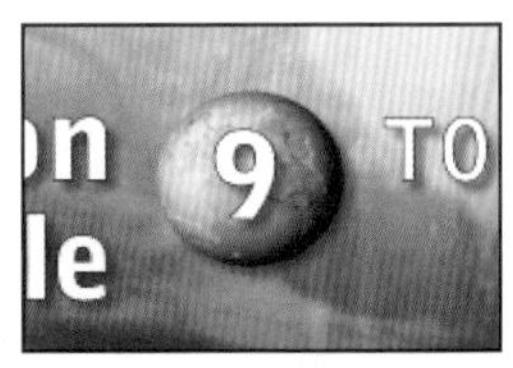

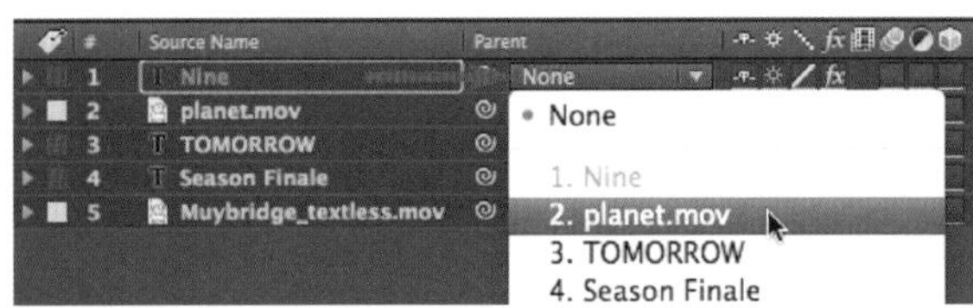

3 数字9和星球构成了一个标志（左图左），所以使用父级附加Nine图层到planet.mov图层上，并制作一个子组（左图右）。然后拖曳任意选中图层的关联器工具到Title Parent Null上，子图层将附加到Title Parent Null上。

4 我们用一个空对象来将其余的标题图层作为一组移动。仍然在时间00:00处，选择Layer>New>Null Object（图层>新建>空对象），它将添加到时间轴上。

要重命名空对象，将其选中，选择Layer>Solid Settings（图层>固态层设置），输入一个名字，如Title Parent Null，并单击OK（确定）按钮。在Comp（合成）窗口中，空对象显示为一个方形的轮廓。空对象很难看到，所以暂时关闭Muybridge_textless.mov的Video（视频）开关。你还可以改变它在时间轴中的Label（标签）颜色。注意空对象的定位点默认在左上角。

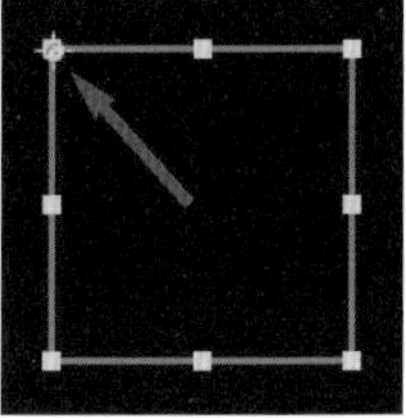

4 空对象作为方形的轮廓出现在Comp（合成）窗口中，定位点位于左上角。你可以使用Solid Settings（固态层设置）对话框改变空对象的大小，而不会影响子图层。

5 由于缩放和渲染是围绕父级的定位点进行的，在将子图层附加到父层之前，将父层移动到预期位置非常重要。星球的中心为缩放该组创建了一个很好的中心，所以我们借用它的Position（位置）值。

- 选择planet.mov，按P键显示它的Position（位置），单击Position（位置）选中它，并使用菜单命令Edit>Copy（编辑>复制）。
- 然后选择Title Parent Null并选择菜单Edit>Copy（编辑>粘贴）。现在星球的中心定位在空对象的左上角。

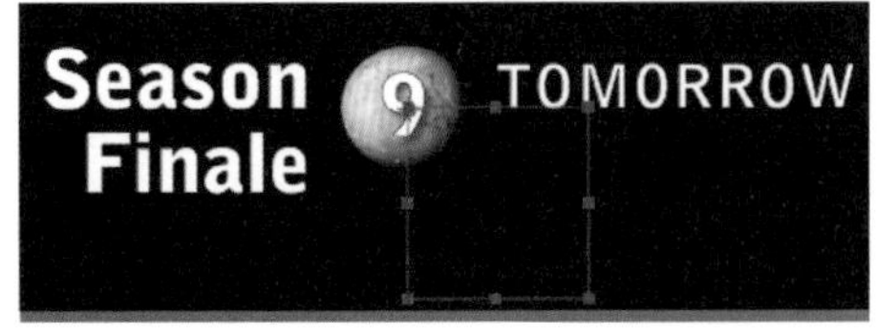

5~6 将星球的位置值复制到空对象的位置上（左图）。然后选择并附加剩余的子图层到空对象上（右图）。

6 现在该附加其他图层了。单击选中planet.mov。然后按Shift键+单击Season Finale来选择图层3到图层5。（不要选择图层2，因为它已经附加到图层3上了。）然后拖曳任一选中图层的关联器工具到Title Parent Null

上，它们将附加到Title Parent Null上。

动画空对象

由于我们已经准备好了一切，现在可以动画该组了。计划让它们向前移动，使得标志“9”和“Tomorrow”突出显示。

7 选择Title Parent Null。按P键显示它的Position（位置），然后按快捷键Shift+S显示Scale（缩放）。移到02:00处，然后单击Position（位置）和Scale（缩放）的秒表来启用这些参数的关键帧，并设置它们的初始关键帧。

8 按'（撇号）键打开Action（动作）和Title Safe（标题安全）网格。它们帮助你将文本定位在屏幕的有效区域内。

9 将时间指示器移到02:15。将Title Parent Null的缩放值增大为150%，整个图层组会变大，并创建第二个Scale（缩放）关键帧。

父级和缩放

通常缩放图层超过100%会降低画面质量。但是，父级的Scale（缩放）值和它的子级会组合到一起，然后After Effects再计算如何绘制每个图层的像素。因此，如果一个子图层已经缩小了，你可以成功放大空对象，而不损失子图层的图像质量——只要组合的Scale（缩放）值少于或等于100即可。

然后在空对象轮廓内部单击，将它向左侧拖曳，直到星球正好位于Title Safe（标题安全）线内。图层组会一起移动，并创建第二个Position（位置）关键帧。（如果只有一个图层移动，可能是你无意中选择了另一个图层而非空对象，撤销并再次尝试。）

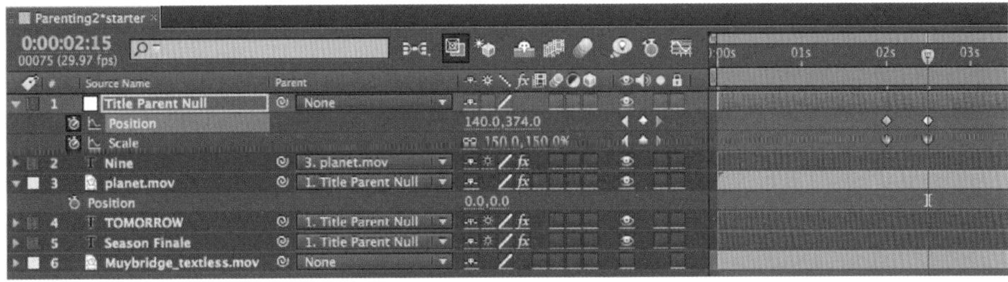

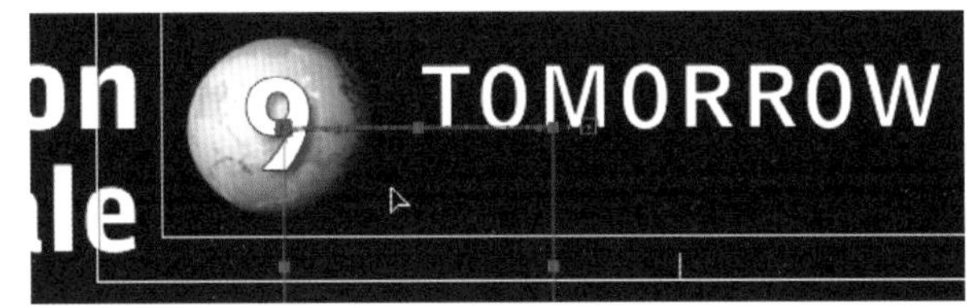

7~9 关键帧空对象实现从100%增大到150%（上图），并将星球标志放在第二个关键帧的Title Safe（标题安全）区域的边缘（右图）。

10 要整理标题，让单词从左侧淡入：将Season Finale的不透明度从02:00处的100%到02:15处的0%启用关键帧。

现在主体工作已经完成，你可以使用子图层，不必担心影响父级和整个合成的移动。根据喜好动画planet、Tomorrow和Season Finale子图层。打开MuyBridge_textless.mov的Video（视频）开关查看上下文中的标题。

我们的作品保存在Comps_Finished>Parenting2_final中。我们放大了星球子图层组，滑入Season Finale，并给Tomorrow应用了一个Text Animation Preset（文本动画预设）效果，都进行了时间交错，使每个单词轮流出现在焦点的中心。

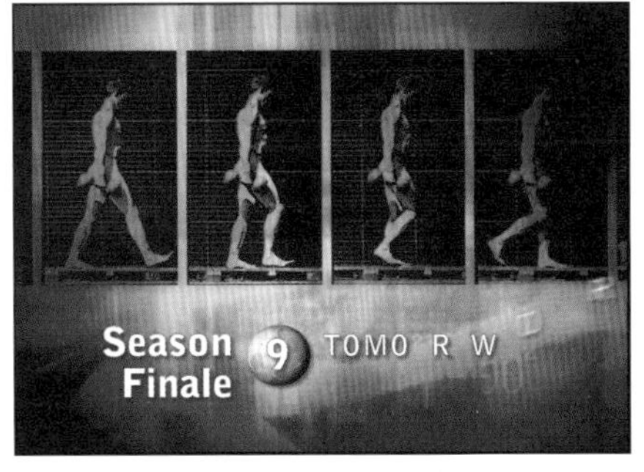

在Parenting2_final中，我们单独动画了每个子图层，并给Tomorrow标题添加了一个文本动画预设。Muybridge图像授权Dover使用，背景素材由Artbeats授权使用。

嵌套图层组

After Effects的强大特性之一就是可以将一个合成作为另一个合成的图层来处理。这种处理方式称为嵌套，也是一种分组图层的好方法。

最终合成包含在一个嵌套图层中的Muybridge“走路的人”动画的多个副本。

创建宽合成

1 打开项目Project Files>06b-Nesting1.aep。在Project（项目）面板中查找Finished Movie文件夹，播放Human Figure in Motion.mov文件：这就是你要制作的视频。可以从创建一个宽合成开始，它可以容纳Muybridge人物图像序列的多个副本。该宽合成将嵌套到含有所有其他图层的第二个合成中。

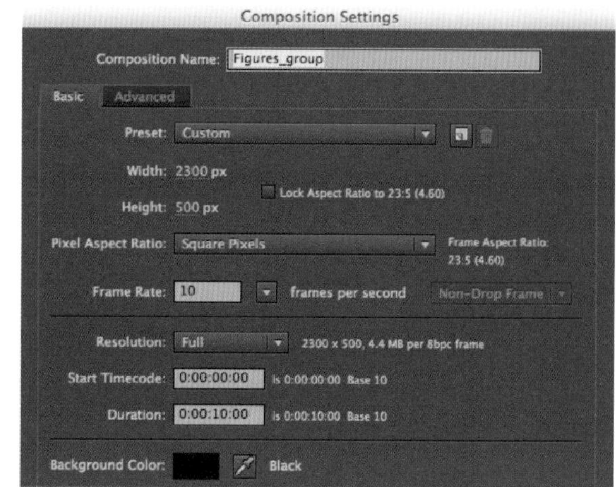

2 创建一个大合成来容纳Muybridge序列的多个副本。

2 在Sources文件夹中，单击序列Muybridge[00-09].tif，将其选中。Project（项目）面板的顶部显示其尺寸为270像素×500像素，帧速率为10fps（帧/秒）。该图片序列仅有10个独一无二的图片，所以在它的Interpret Footage（解释素材）对话框中会循环10次。你的首要任务是创建一个合成来容纳这些图片序列的副本。

选择Comps文件夹，新合成会自动排列到其中，然后按快捷键⌘+N（Ctrl+N）创建一个新合成。在Composition Settings（合成设置）对话框中输入设置以下参数。

- 禁用Lock Aspect Ratio（锁定纵横比）。设置Width（宽度）为2300像素（比图片序列的宽度大8倍），Height（高度）为500像素（图片序列的高度）。
- 设置Pixel Aspect Ratio（像素纵横比）弹出菜单项为Square Pixels（方形像素）。
- 设置Frame Rate（帧速率）为10，Start Timecode（开始时间码）为0，持续时间为10:00。
- 输入名字Figures_group，然后按OK（确定）。

调整用户界面窗口的大小，给Comp（合成）面板提供尽可能多的空间，并设置它的Magnification（放大率）为Fit up to 100%（自适应到100%）。

▽ 提示

标尺和参考线

除了Align（对齐）面板，After Effects还提供了Rulers and Guides（标尺和参考线）。按快捷键⌘+N（Ctrl+N）打开标尺，然后单击并向外拖曳标尺来创建一条参考线。其他选项位于View（视图）菜单下，包括Lock and Snap to Guides（锁定和吸附参考线）功能。

3 从Project（项目）面板中拖曳Muybridge_[00-09].tif到Comp（合成）窗口的左边缘，它会吸附到该空间中。

4 我们想要Muybridge动画的8个副本分布在该合成中。依然选中Muybridge_[00-09]，按快捷键⌘+D

（Ctrl + D）7次将它复制。检查在时间轴面板中是否有8个图层，为实现该目标，必要时删除或复制图层。

5 在Comp（合成）面板中，单击并拖曳其中的一个副本到右侧。接近Comp（合成）面板的右边缘时，添加快捷键⌘ + Shift（Ctrl + Shift）使其吸附在合成的右侧。

6 按快捷键⌘ + A（Ctrl + A）选择所有图层。打开Window>Align（窗口>对齐），再单击Horizontal Center Distribution（水平居中分布）按钮（右边最后一行第二个）。现在图层平均分布在合成中。

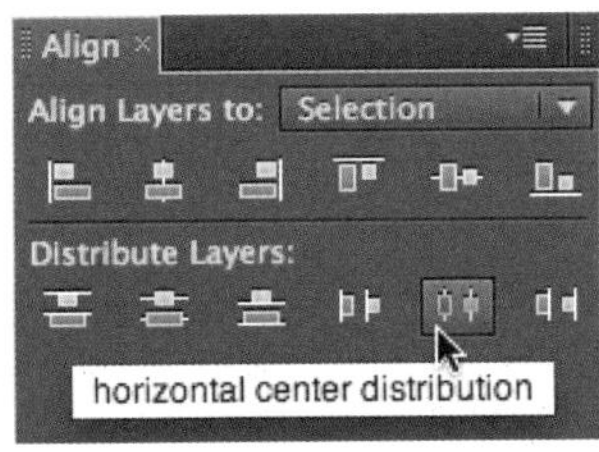

4~6 创建Muybridge图层的8个副本，第1个和最后1个正好位于合成的边缘（下图上）。选中所有图层，单击Align（对齐）中的Horizontal Center Distribution（水平居中分布）按钮（左图），然后它们会平均分布（下图下）在合成中。

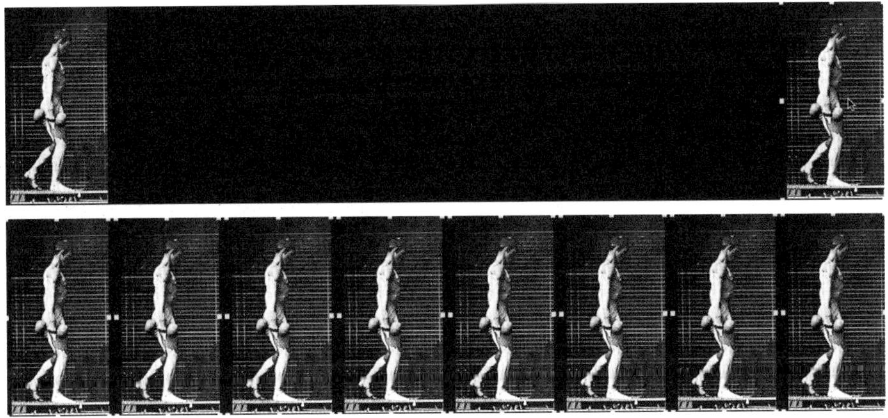

嵌套宽合成

接下来，我们创建一个主合成来嵌套Muybridge序列组。

7 在Project（项目）面板中，选择Comps文件夹并单击New Comp（新建合成）按钮。设置Preset（预设）菜单为NTSC DV。将持续时间改为06:00，重命名为Figures Main，单击OK（确定）按钮。[如果Parent（父级）面板出现，可以将其隐藏。]

8 要嵌套合成，有两种选择方式。你可以拖曳第一个合成到新合成中，类似于在合成中添加任何素材项。或者在Project（项目）面板中，拖曳Figures_group到Figures Main合成的顶部图标上，释放鼠标实现嵌套。选择任一种方式移动后，Figures_group合成变成Figure Main的一个单独的图层。

9 下一步是动画嵌套的合成，实现从左向右的滑动。

- 选择Figures_group图层。按S键显示Scale（缩放），按快捷键Shift + P显示Position（位置）。设置初始Scale（缩放）值为50%。
- 按快捷键⌘ + R（Ctrl + R）显示Comp（合成）面板中的Rulers（标尺），并确保Window>Info（窗口>信息）窗口打开作为参考。沿顶部标尺单击并向下拖出一条参考线，将它定位在约Position（位置）Y=50处[Info（信息）面板会显示出坐标]。向上拖曳图层直到其顶

8 要将一个合成嵌套到另一个合成中，你只需将它拖曳到Project（项目）面板中的目标合成上。然后它将作为一个带有合成图标的图层出现在目标合成中。

部吸附到参考线上。然后按快捷键⌘+R（Ctrl+R）隐藏标尺。

- 将Align（对齐）面板的Align Layers To（对齐图层到）菜单改为Composition（合成），然后单击Horizontal Right Alignment（水平右对齐）按钮。启用Position（位置）秒表创建第一个关键帧。
- 按End键返回合成的结束处（05：29）。然后依然选中Figures_group，Align（对齐）面板的菜单项仍然设置为Composition（合成），单击Horizontal Alignment Left（水平左对齐）按钮，就会自动创建第二个关键帧。

进行RAM预览，人会前进到右侧（如果没有，核实是否将图层平移到其他方向）。问题是，他们总是以固定的步伐前进，看起来很无聊……

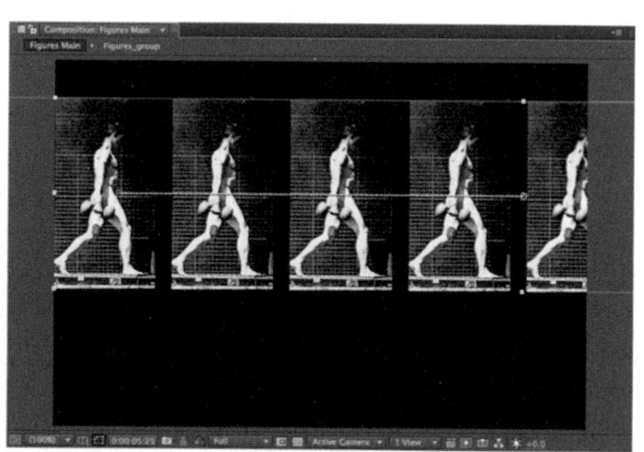

9 Figure_group合成嵌套后变成一个单独的图层，所以可以设置Position（位置）关键帧，实现将8个图层作为一组移动。动画嵌套的合成，使其平移通过新合成。（我们将它的标签颜色改为黄色，使其在本图中的运动路径更清晰。）

▽ 提示

打开Precomps（预合成）

在主合成中双击一个预合成的图层可打开该预合成。按⌥（Ctrl）键的同时双击来打开它的Layer（图层）面板。

编辑预合成

通常将一个嵌套的合成称为预合成，因为它会首先进行渲染，然后将结果包含到主合成中。尽管主合成看起来像有了一个可用的“平滑”图层，预合成仍然是活动的：你对预合成所做的任何改变都会波及主合成。

10 双击图层Figures_group打开它的嵌套合成，或者在时间轴面板中选择Figures_group选项卡。

11 让我们交错排列Muybridge序列的时间，使图层不再是同步的。

- 在时间轴面板中，用鼠标右键单击任何列标题，然后选择Columns>In（列>入点）。
- 对于图层7，单击In(入点)值，在Layer In Time(图层入点时间)对话框中输入-1，单击OK(确定)按钮。In（入点）时间将变为-0:00:00:01。
- 设置图层6的In（入点）时间为-2。继续将每个图层的时间提早一帧，图层1结束值为-7。

现在图片序列的每个副本看起来各不相同。将图层向前滑动后，在合成结束前它们就到达了终点。在此情况下，该效果是对的，因为主合成比预合成短得多。

12 激活Figures Main合成，并进行RAM预览。图片序列时间的交错已经自动传递到主合成上。

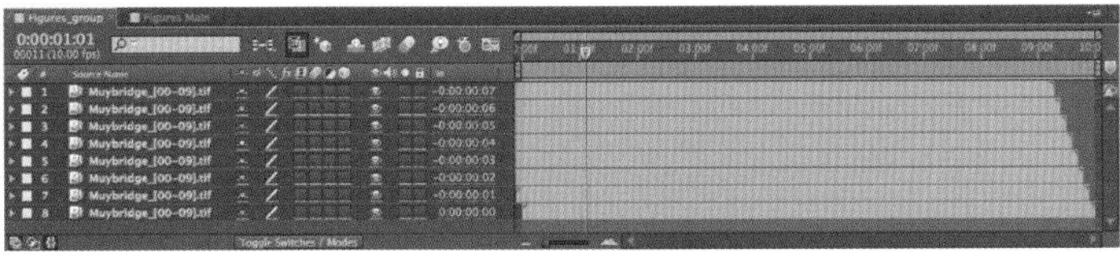

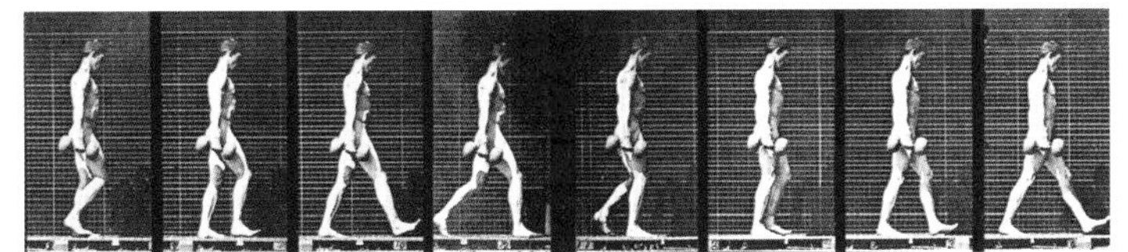

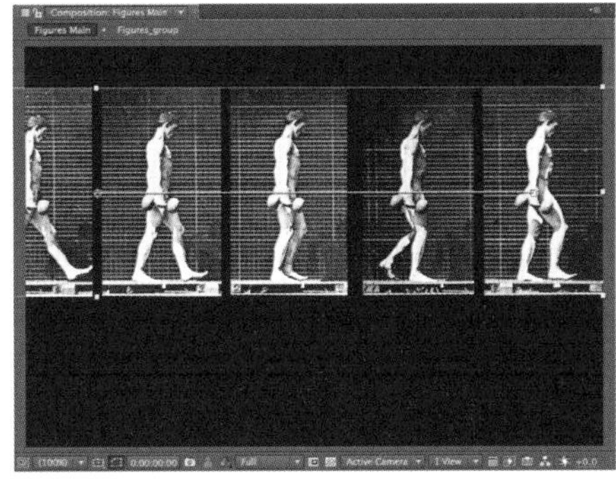

11~12 在预合成中，偏移每个图层的In（入点）时间（上图左上），使它们在时间上交错排列（上图左下）。此编辑内容将自动显示在主合成中（上图右）。

完成项目

祝贺你，你已经完成了主要的步骤（保存项目……）。下面是一些修饰最终合成的方法，请采用你艺术灵感并使用自己的资源来创建自己的设计。

13 在Project（项目）面板中找到Sources>Digital Web.mov和Code Rage.mov，并将它们作为背景图层添加到Figures Main中。根据喜好进行混合。

14 为更好地匹配背景，我们给灰色的Figures_group图层增加一些暖色，并给它添加一些立体感。

- 选中Figures_group，并应用Effect>Color Correction>Channel Mixer（效果>颜色校正>通道混合）。根据喜好进行设置，我们将Red-Red（红-红）增加到149，并将Blue-Blue（蓝-蓝）减少为80。
- 添加Effect>Perspective>Drop Shadow（效果>透视>阴影）效果，并根据喜好设置。应用到嵌套合成图层上的效果影响了合成中的所有元素，好处是只编辑一组效果即可。

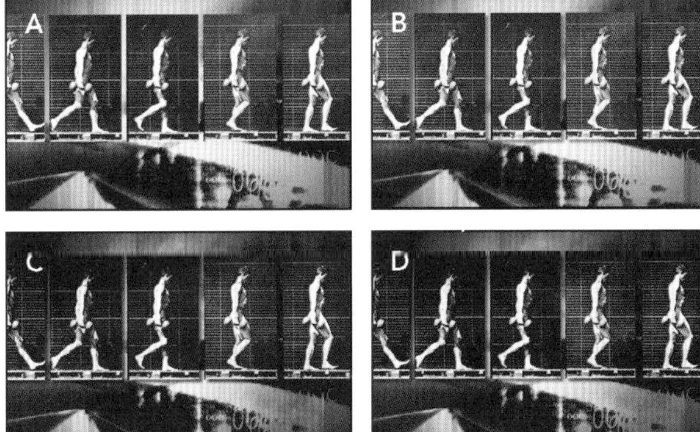

13~15 为主合成添加一个背景（A图），然后淡化并添加一个阴影到嵌套的预合成上（B图）。采用Vivid Light（亮光）混合模式将Alien Atmospheres添加到顶部（C图），有选择性地将它转换为灰度来移除蓝色（D图）。

15 现在我们添加一个浅色处理：选择Sources>Alien Atmospheres.mov，这次将它添加到Figures Main中其他图层的顶部。按F4键打开Modes（模式）面板，并设置其模式为Vivid Light（亮光）。这样就创建了一个更丰富的外观，带有一些新图层上的蓝颜色。如果不喜欢这些蓝色，在Alien Atmospheres.mov上应用Color Correction>Tint（色彩调整>浅色调）：它的默认设置会将图层转换为灰度。可为每个图层随意尝试其他模式，直至得到一个你喜欢的混合效果。

16 如果你完成了第5章的学习，此时是一个应用新技能的机会。添加自己的标题到本合成上。选择一种你认为效果最好的字体（我们采用了缩小的字体，使它能放到一行中，但高度仍然很高），并添加Effect>Perspective>Drop Shadow（效果>透视>阴影）使它脱离背景。然后应用一个Text Animation Preset（文本动画预设），或者采用Text Animators（文本动画器）来创建你自己的设计。

完成后保存项目。如果想比较一下，我们的作品版本保存在Comps_Finished >Human Main_final中。

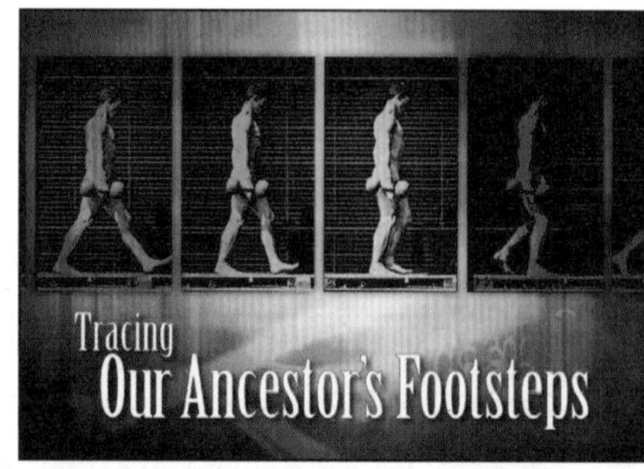

16 最后，添加一个文本动画到合成上（左图）。我们的版本保存在Comps_Finished >Human Main_ final中（下图）。

▼ 导航合成的层级结构

创建更复杂的层级结构时，面临的新挑战是显示合成互相融入的方式以及它们之间导航的方式。After Effects提供了几个工具来帮助你完成该工作。

合成导航器

Composition（合成）面板的顶部是一些按钮，它们表示当前打开的合成以及合成的相互链接链，如果有的话。[如果看不到这些按钮，单击Comps（合成）面板右上角的Options（选项）菜单，启用Show Composition Navigator（显示合成导航器）。] 单击任意按钮可打开相应的合成。如果多于一个合成链接到当前合成上，在Navigator（导航器）中只会显示1个，After Effects会自动选择显示哪个合成（通常显示你最近打开过的嵌套合成）。

△ 合成导航器位于合成面板的顶部，并给你提供了快速访问嵌套合成的方式。你将使用该工具在下个练习的合成之间进行导航。

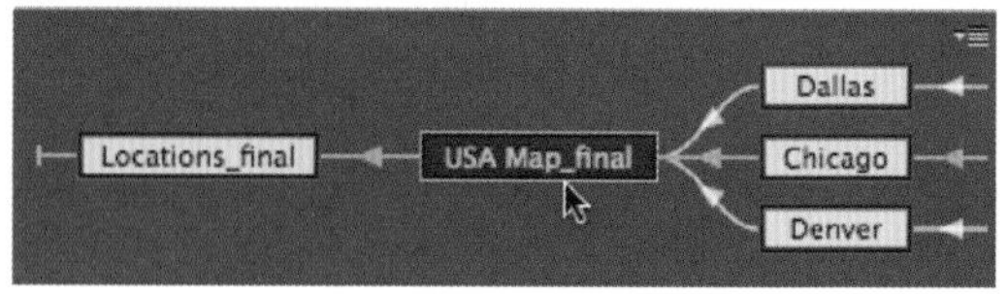

△ 该Mini-Flowchart（微型流程图）显示了合成层次结构中的三个步骤。

微型流程图

Mini-Flowchart（微型流程图）是一个浮动窗口，它比Composition Navigator（合成导航器）提供更多的细节——例如，它显示了一个合成中的所有嵌套图层，而不是只显示一个。有几种打开微型流程图的方式，如下所示。

- 单击时间轴面板顶部的Composition Mini-Flowchart（合成微型流程图）按钮。

- 激活Comp（合成）或时间轴面板时按Shift键。
- 单击Composition Navigator（合成导航器）中合成名字右侧的箭头。
- 选择Composition>Composition Mini-Flowchart（合成>合成微型流程图）。

△打开Mini-Flowchart（微型流程图）有多种方法，包括在时间轴面板中单击其图标。

在所有情况中，Mini-Flowchart（微型流程图）会在光标附近打开，它显示了合成层次结构的三个阶段。要上下移动较长的层次结构，单击合成之间的箭头。单击合成的名称可打开合成。

▼ 完整流程图

完整流程图（下图）显示了所有相互联系的合成，还有这些合成内部的一些图层和效果。完整流程图可以从Comp（合成）或时间轴面板中的Options（选项）菜单中打开，也可以通过选择Composition>Composition Flowchart（合成>合成流程图）打开。它有自己的Options（选项）菜单，可以选择信息显示的方式。此外，在Project（项目）面板（显示项目中的所有合成）（插图）垂直滚动条的顶部有一个Flowchart（流程图）按钮。完整流程图是一个很好的工具，可以帮助将你不熟悉的项目分类。尽管如此，不像其他提供“节点”流程图的程序，你不能从该流程图窗口中实际排列各个合成。

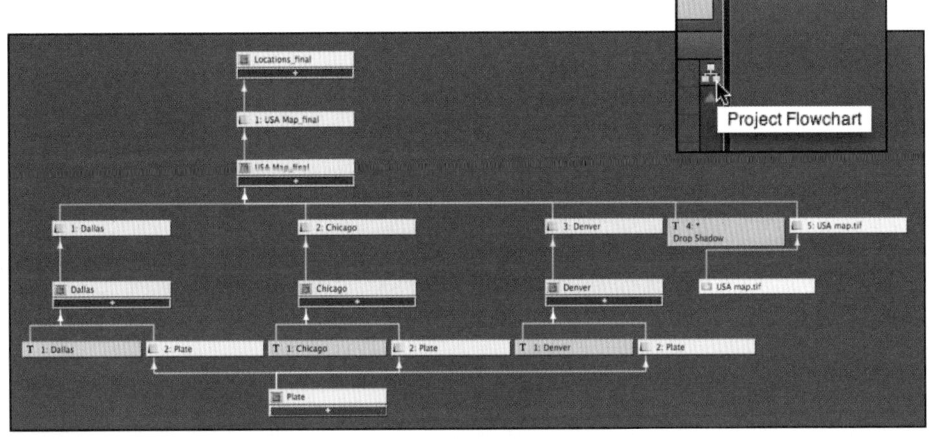

嵌套一个常用源

在本练习中，你将创建一个更复杂的合成层次结构。作为它的一部分，你会看到一次更改可以更新项目中的几个元素——从而节省时间。

常用元素

1 本练习的思想是客户在美国的3个新区域开设分公司，他们想在一个5秒的动画中高亮显示这些位置。

打开项目文件Project Files>06c-Nesting2.aep。在它的Project（项目）面板中打开Finished Movie文件夹，并播放

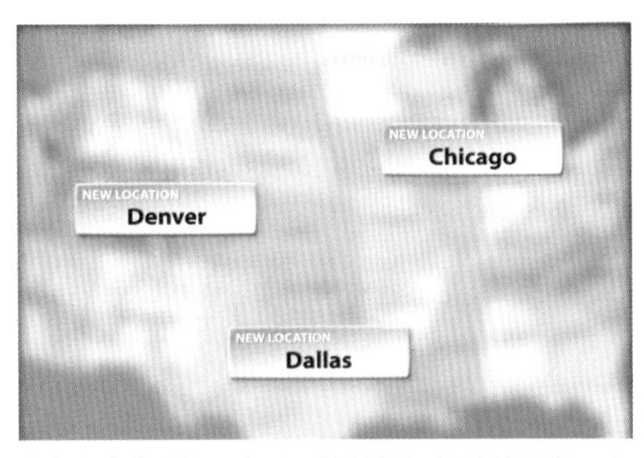

当合成中有重复元素时，嵌套的合成就很有用处，如每个城市名字后面的“背板”。地图由National Atlas of the United States授权使用。

2 MyPlate合成中背板上的标记将在每个City合成中重用。

Locations.mov。注意彩色背板和单词NEW LOCATION对三个城市都是常用源。有一个与此类似的重复元素时，可计划合成的层次结构，让元素在单独的预合成中分离出来，然后将它嵌套多次。完成后关闭电影。

2 在Comps文件夹中，双击名为MyPlate的合成将其打开。它的尺寸为300像素×100像素，是客户要求尺寸的两倍。通常，将预合成的长度创建成比所需的长度长一些，这是一种好方法，因为后期再通过多个预合成返回并将每个合成变长是非常困难的。

MyPlate合成包含两个图层：文本图层New Location和形状图层Rectangular Shape（形状图层将在第11章中讲解）。由于要把MyPlate合成嵌套到3个City合成中，你可以在一个预合成中编辑文字或矩形框的特性，这些改变会传递到所有的City合成上。

创建第一个City合成

现在我们创建3个City合成中的第一个，并在常用背板的顶部添加各自的城市名称。

3 在Project（项目）面板中，将MyPlate拖曳到Project（项目）面板底部的New Comp（新建合成）图标上。一个新合成就会打开，MyPlate嵌套在其中。按快捷键⌘+K（Ctrl+K）将打开Composition Settings（合成设置），将新合成重命名为City1，然后单击OK（确定）按钮。然后在时间轴面板中，单击嵌套的MyPlate图层的Lock(锁定）开关，这样在创建文本时，就不会无意中将它移动。

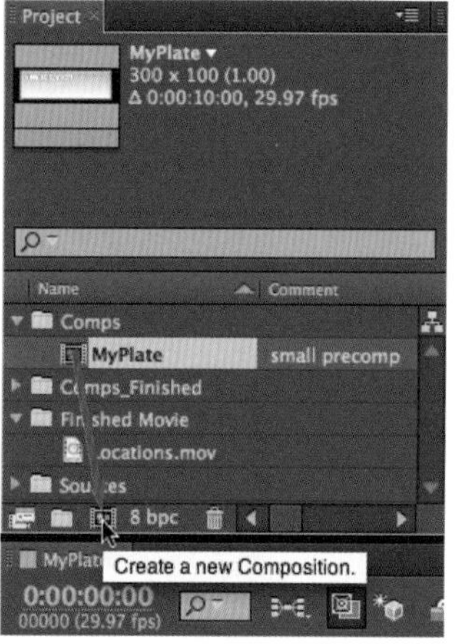

3 将MyPlate以相同数据嵌套到新的合成中，方法是将它拖曳到New Comp（新建合成）图标上（右图）。锁定嵌套图层（下图）使其不会发生移动。

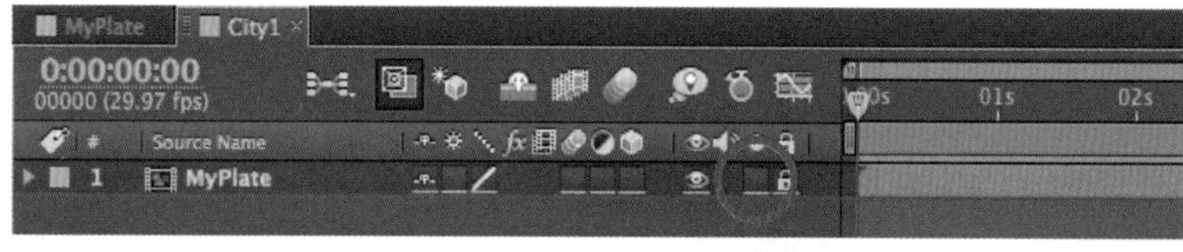

4 单击应用程序窗口右上角的Workspace（工作区）弹出菜单项，选择Text（文本）可打开相关工具，会出现Character（字符）和Paragraph（段落）面板。如果没有，选择Workspace>Reset "Text"（工作区>重置文本），并单击OK（确定）按钮。

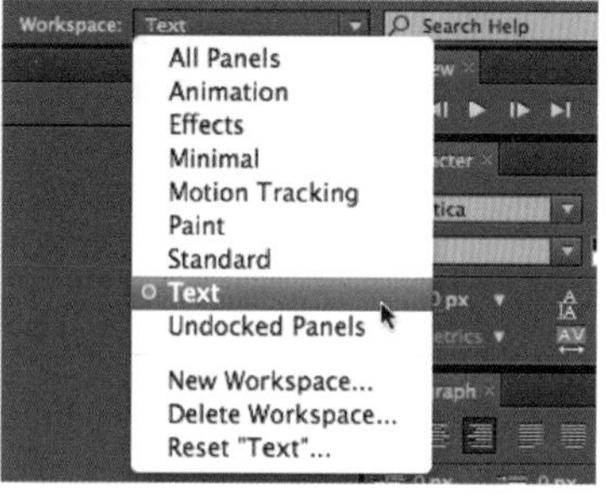

4 将Workspace（工作区）改为Text（文本）（左图），在背板中心输入城市的名称，然后根据喜好设置文本样式（下图）。

将Paragraph（段落）面板设为Center Text（文本居中）选项。双击Type（类型）工具，在合成中间创建一个空白文本层。输入你想使用的城市名称。完成后按Enter键，必要时向下移动图层，并花几分钟利用你在第5章学到的方法来选择字体、字号和颜色。其他城市将基于该样式创建。

复制合成

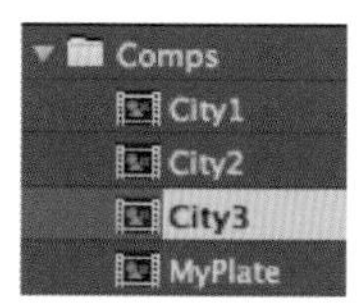

5 一旦对City1合成中的文本效果感到满意了，就选中Project（项目）面板中的City1，按快捷键⌘+D（Ctrl+D）将它复制。After Effects会自动增加名字末尾的数字，标为

City2。再次用复制方法来创建City3。

6 打开City2合成。双击文本图层选中文本并输入第二个城市的名称。完成后按Enter键。

7 打开City3合成，编辑文本图层并创建第3个城市。完成后，按V键返回Selection（选择）工具状态，然后保存项目。

如果喜欢，可重命名每个城市合成的名称，以更好地跟踪它们。你可以直接在Project（项目）面板中操作：选择一个合成，按Return键（不是Enter键）使名字高亮显示，输入城市的名称，并再次按Return键。

6~7 为City2和City3合成输入所要求的城市名称。文本样式和初始的City1合成中的样式相同。

创建USA Map合成

现在该将每个城市合成放到地图中了。

8 在Project（项目）合成中，找到Sources>USA map.tif并将它拖曳到New Comp（新建合成）图标上。就会创建一个名为USA Map的合成，其尺寸和静态地图图像相同［必要时，设置Comp（合成）面板的Magnification（放大率）为Fit up to 100%（自适应到100%）］。它将创建到Sources文件夹内部，将它向上拖曳到Comps文件夹中。

仍然选中USA Map，打开Composition Settings（合成设置）：确认它的持续时间为10秒，帧频率为29.97fps。完成后单击OK（确定）按钮。

9 从Project（项目）面板中拖曳一个合成到USA map合成面板，放在它属于的州上面（当然，这是一个地理知识测试）。对另外两个城市执行相同的操作。不要急于立刻动画它们，让我们首先把合成的层次结构建立起来。

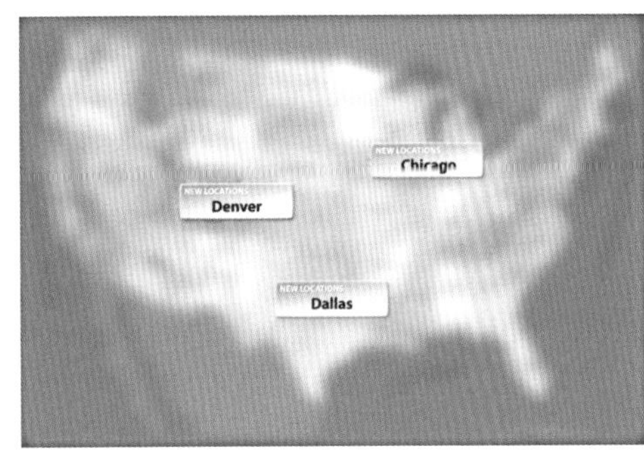

9 为地图图形创建一个新合成并嵌套3个城市合成，将它们放在各自的州上面。

创建主合成

既然城市已经放到地图上，你可以将USA Map合成作为一个组来处理。所以我们将它嵌套到最终合成中，并作为一组进行动画。

10 选择Comps文件夹，并按快捷键⌘+N（Ctrl+N）创建一个新合成。在打开的Composition Settings（合成设置）对话框中，从Preset（预设）弹出菜单中选择NTSC DV。输入持续时间的值为05:00（比预合成稍短），将默认名称改为Locations Main，单击OK（确定）按钮。

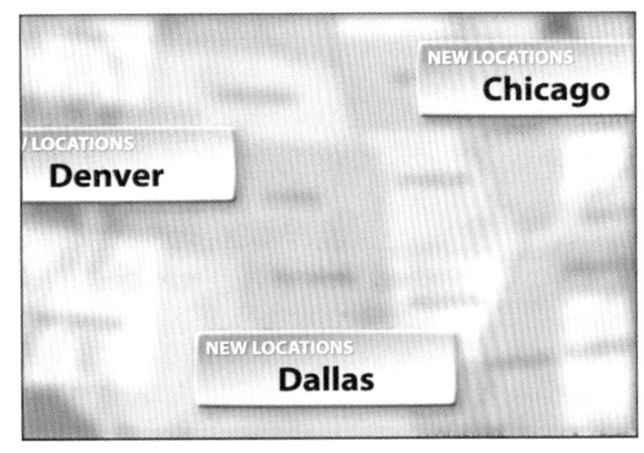

11 将USA Map合成从Project（项目）面板中拖到Locations Main的时间轴面板左侧，实现嵌入到Locations Main中，并位于在合成的中心（参见右图）。必要时，设置Comp（合成）面板中的Magnification（放大率）菜单为100%（自适应到100%）。

让我们花些时间完成你创建的合成层次结构。观察Locations Main所在的Comps（合成）面板顶部的Composition Navigator（合成导航器），你会看到嵌套的合

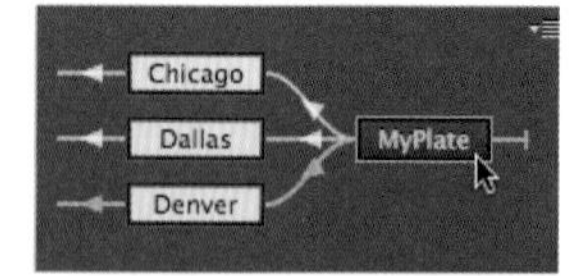

成流是从MyPlate到USA Map中的一个城市合成，再到Locations Main。单击其中任意一个导航按钮，After Effects会激活该合成。

选择MyPlate，并按Shift键打开Mini-Flowchart（微型流程图）（右图）。它显示MyPlate流入每一个城市合成中，表示对MyPlate所做的修改会影响下一阶段的所有合成。

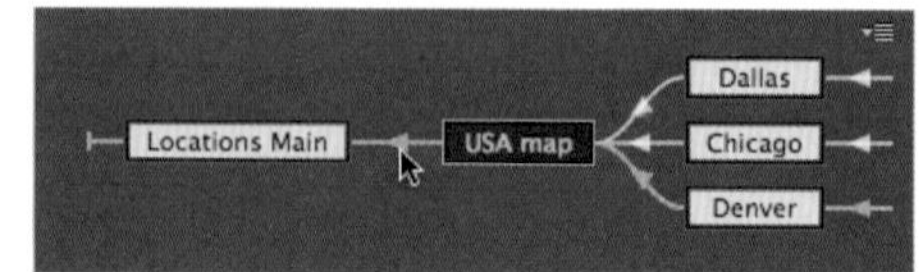

转到USA Map，再次按Shift键：Mini-Flowchart（微型流程图）（右图）会显示所有的合成流入USA Map，然后流入Locations Main。注意，你可以在Mini-Flowchart（微型流程图）中单击合成之间的箭头来沿链条导航。

单击Locations Main再次将它激活。

▼ 预合成的尺寸应该为多大

预合成不需要与它们要嵌入的合成大小相一致。但它们应该为多大尺寸呢？答案是多数靠经验、直觉和折中决定，而不仅仅是一个简单的规则。

第一条：你不必将嵌套的预合成放大100%以上，否则很可能会损失图像质量。后面给你提供了几个其他尺寸来决定放大或平移嵌套合成的程度（本练习中将USA Map嵌套到Locations Main中就是这种情况）。

第二条：你制作的预合成不用超过它必需的尺寸。大的预合成需要花费更多的RAM（内存）和时间来渲染。如果它只是一个小按钮（例如本练习中的Plate合成），没有必要像最终合成那么大的尺寸。

通常，有一个复杂的合成链时，尝试进行一次合成层次结构的测试，然后再花些时间在每个尺寸可能错误的预合成中修改动画。

▽ 未来愿景

3D修饰

在3D空间中完成第8章的练习后，返回本练习并考虑如何使用3D功能得到更有趣的效果。例如，不用动画城市背板的缩放进行放大，而是将它们前移到Z空间中，可能带有3D阴影或透明及折射光。或者取代在最终合成中的平移和缩放，使用3D照相机沿你所在的世界坐标系移动。

12 下面在较小的合成内部动画大的地图。

- 依然选中USA Map图层，按P键显示Position（位置），然后按快捷键Shift+S添加Scale（缩放）。
- 按快捷键Shift+PageDown跳到00:10处，并启用Position（位置）和Scale（缩放）的关键帧秒表。
- 改变Scale（缩放）的值为50%或者更大一点，并将地图放在看起来像起点的地方。
- 移到04:20处，增大Scale（缩放）的值为约70%，必要时将地图恢复到包含三个城市的窗口大小。如果城市紧密组合在一起，这种简单的“推入”动画就足够了。如果城

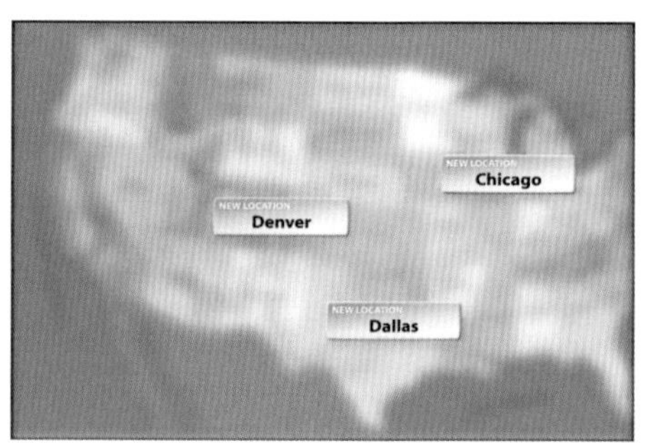

12 在Locations Main内部平移和缩放USA Map来实现以缩略图开始（上图），并在结束时放大三个城市（下图）。

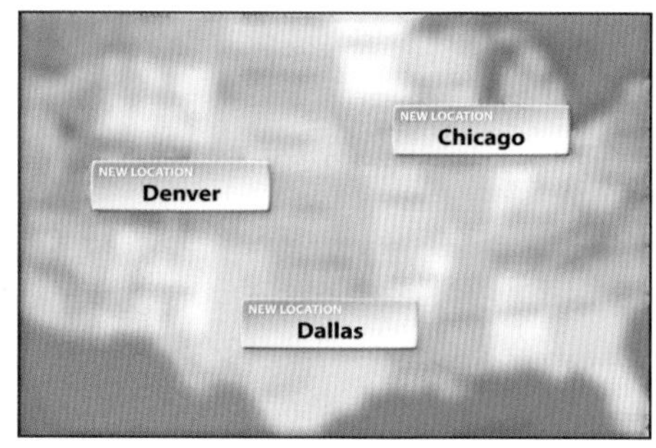

市比较分散，你可能需要做一个“拉出”动画（从放大一个标题到恢复包含整个地图的动画）。在现实生活中，这样的动画可能被解说（旁白）控制，这种情况下，你可能需要做一个更复杂的“运动控制”移动来结束操作（第3章）。

13 这是在实际项目中发生的事情，客户打电话说“我们改变主意了——它不能叫New Locations，它应该叫NEW CITIES。”幸运的是，那些单词在一个单独的预合成中，支持所有城市合成。

- 单击Comp Navigator（合成导航器）中的MyPlate将它激活。双击图层New Location，输入NEW CITIES，再按 Enter 键。
- 单击Comp Navigator（合成导航器）中的Locations Main：所有的城市预合成被更新为NEW CITIES。

这正是嵌套合成以及打造智能层次结构的强大之处。

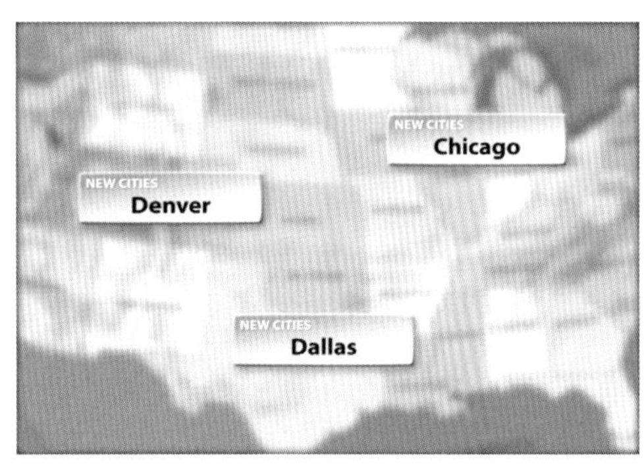

13 通过嵌套的作用，对MyPlate（上图）的任何修改都会自动传递到最终合成中（顶图）。

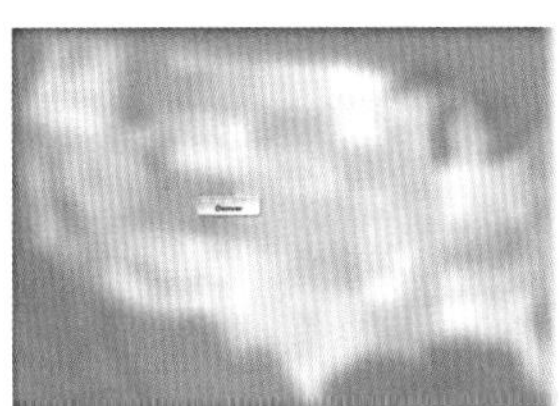

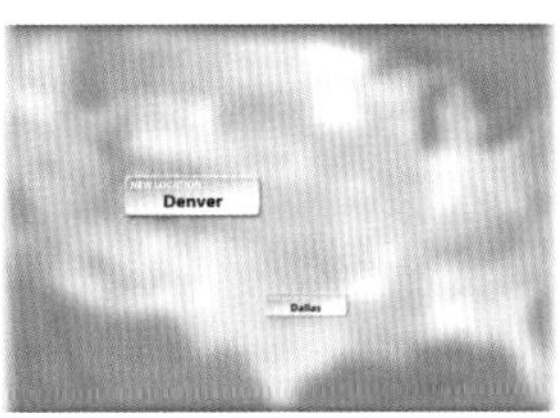

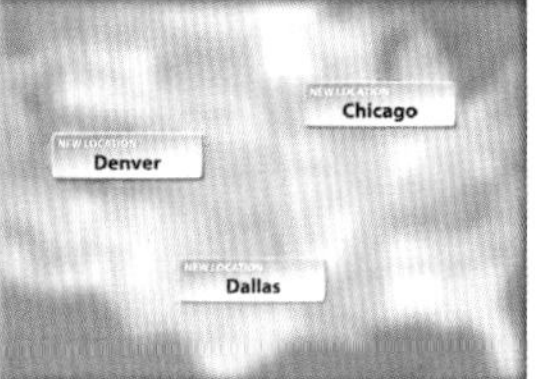

在我们的最终作品中，放大了每个城市，并实现了交错出现。

最终的修饰

预览动画。一旦完成基本的向下移动后，激活USA Map合成并尝试动画三个城市图层，使它们在不同的时间出现。

在Comps Finished>Locations_final中，我们在20个帧上将每个城市图层从0%缩放到100%，当我们自西向东穿越国家时，让它们交错在01:00、02:00和03:00处开始。当然，还可以让它们带有一个巨大的光晕旋转而下。

尤其要注意的是，该项目展示了高级视频设计师采用的另一个常用技巧：在一个充满细节动画的巨大合成中创建了一个复杂的世界，然后将该世界嵌入沿它们的世界移动的最终合成中。这比在单一合成动画所有单个合成图层要容易得多。

预合成一组图层

到目前为止，我们已经演示了将嵌套合成用于提前计划和决定合成层次结构的情况。生活似乎一直不错……更多的时候，你会在设计中途发现如果主合成的一些图层实际在自己的一个嵌套合成中，那么效果要更好。这就是预合成出现的地方。

▼ 编辑这个，查看那个

假设你需要改变MyPlate合成中矩形背板的颜色，并在Locations Main中观察颜色和地图图层匹配的效果。如何才能一次看到两个效果呢?

打开MyPlate合成，选择Rectangular Shape图层，并按F3键打开它的Effect Controls（效果控制）面板。单击左上角的挂锁图标将面板锁定。然后激活Locations Main合成。就可看到MyPlate中Rectangular Shape的Effect Controls（效果控制）面板。现在你可以编辑应用到Rectangular Shape上的Hue/Saturation（色相/饱和度）效果，同时在Locations Main中查看相关效果。

如果在预合成中锁定一个图层的Effect Controls（效果控制）面板，它会一直保持激活状态，即使在Comp（合成）面板中显示了一个不同的合成也是如此。

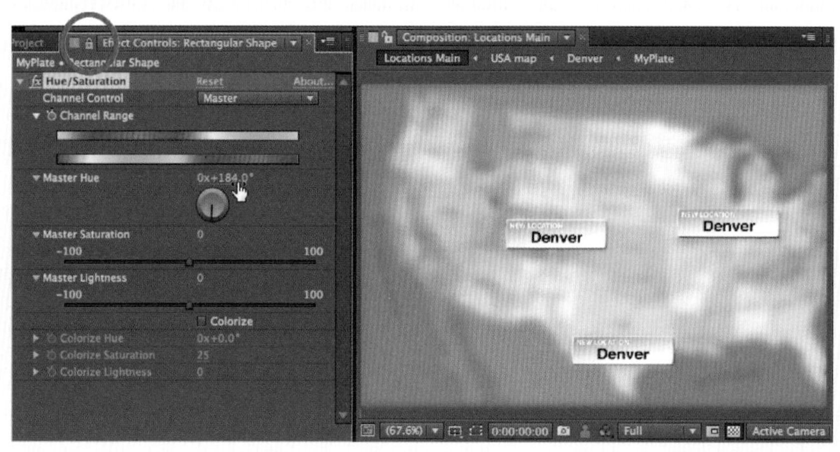

1 保存当前项目，并打开项目文件Project Files>06d-Precompose-Move.aep。在Comps文件中的是wiredfruit*starter，双击将其打开。

该合成包含5个图层：3个图层组成标题和标志，2个图层组成背景。创建之后，你已经想到将标题和标志作为一个单元扭曲会很酷。但是，如果采用一个带变形效果的调整图层，或者将该合成嵌套到另一个合成中并应用变形效果，一些元素（包括背景）将发生变形。

解决方法很简单：返回时间轴面板。或者更实际地，选择要变形的三个图层。将它们返回各自的嵌套合成中。然后可以在当前合成中扭曲所得到的单一图层。这做起来很容易。

创建一个基本的设计之后（顶图），要决定如果文本和标志（不是背景）在开始时就有一个疯狂的扭曲效果是不是看起来会更好一些（上图）。

2 在时间轴面板中，单击layer 1，然后按Shift键+单击layer 3。最初的三个图层将被选中。然后选择菜单项Layer>Pre-compose（图层>预合成）。

Pre-compose（预合成）对话框将会打开。选择多个图层时，可用的选项只有Move all attributes into the new composition（将所有属性移动到新合成中）。表示将会创建一个新合成（与当前合成的大小和持续时间相同），而且选中的图层（包含它们当前的变换、效果和所有动画）将原样传递到新合成中。

2 选择要在它们的自身合成中嵌套的图层（上图左）。采用Layer>Pre-compose（图层>预合成）（右下图），然后用单个图层（包含那三个图层的合成）代替它们（上图右）。

禁用Open New Composition（打开新合成）复选框，输入一个有意义的名称，如“apple group”，再单击OK（确定）按钮。在Comp（合成）面板中不会发生任何改变，但是在时间轴面板中，那三个图层现在将被指向新嵌套合成（或我们喜欢称为预合成）的一个单一图层所代替。

3 你可以像处理其他图层一样，处理该新预合成图层：对它进行变换、动画或应用效果。

3 预合成之后，Warp（变形）效果（右图）被应用到预合成组，而并没有影响背景（上图）。

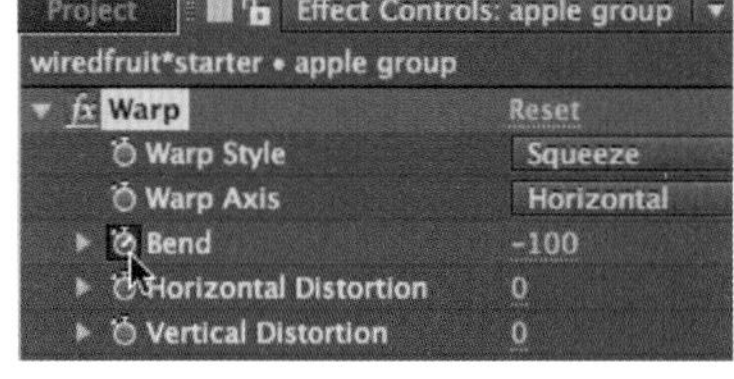

选择单一的嵌套图层apple group，并应用Effect>Distort>Warp（效果>扭曲>变形）。这会打开Effect Controls（效果控制）面板。设置Warp Style（变形样式）菜单项为Squeeze（挤压），Bend（弯曲度）为-100来得到一个挤压变形效果。要为效果添加动画，按 Home 键并单击Bend（弯曲度）的秒表启用关键帧。移动合成中的第二个或后两个图层，然后设置Bend（弯曲度）为0来取消该效果。

这是进行预合成的基本技术。激活预合成，注意到apple group预合成出现在Comps文件夹中。预合成仍然是活动的，就像其他嵌套合成一样。你可以随时双击它将其打开，而且所做的任何修改将传递到它嵌套的顶层合成中。

展开Comps_Finished文件夹，并花点时间查看我们在作品中设置的增强效果。

- 我们从预合成apple group_finished中的三个独立图层中移除Drop Shadow（阴影）效果，并将它应用到主合成wirefruit_finished的嵌套图层中。现在我们仅有一个效果要调整（并渲染），而不是三个。
- 我们将变形的第二个关键帧的时间和其中一个背景图层（线条变形朝向观看者的位置）的一个点对齐（查找图层标记）。
- 在合成wirefruit_finished中，选择图层apple group_finished的Bend（弯曲）值，并单击时间轴面板顶部的Graph Editor（图形编辑器）按钮。你会看到我们如何将它的数值曲线越过第二个关键帧的最终值，同时在落地时添加一点弹跳效果。进行RAM预览并查看效果，然后查看是否可以在自己的版本中重建相似的射击曲线。

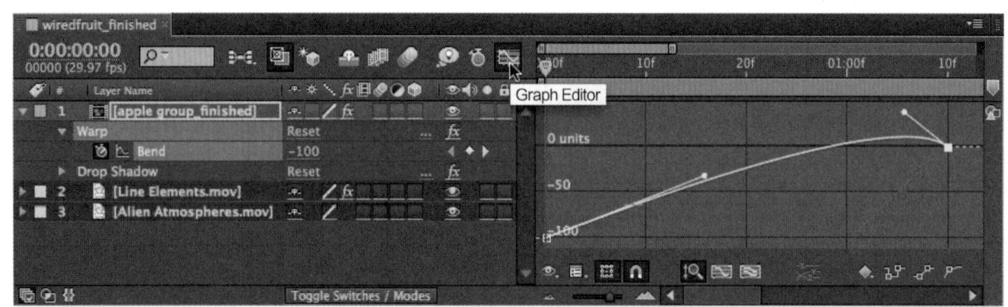

在我们的最终作品中，我们添加了一个Overshoot（过冲）到Bend（弯曲）的数值曲线上，为动画的尾部添加一点弹跳。

▽ 提示

定位点和预合成

在预合成一组图层之后，定位点默认位于结果图层的中心。如果想沿不同的位置缩放或旋转该预合成，可使用Pan Behind（轴心点）工具（第2章）来移动定位点。

预合成单一图层

预合成是一种非常好的图层组合方法。但是，单个图层采用该方法也很方便。有时候，你需要在一个合成上进行一系列处理，使其以某个特定的顺序发生。预合成可以让你在多个合成中划分任务，使你更容易决定何时发生何事。

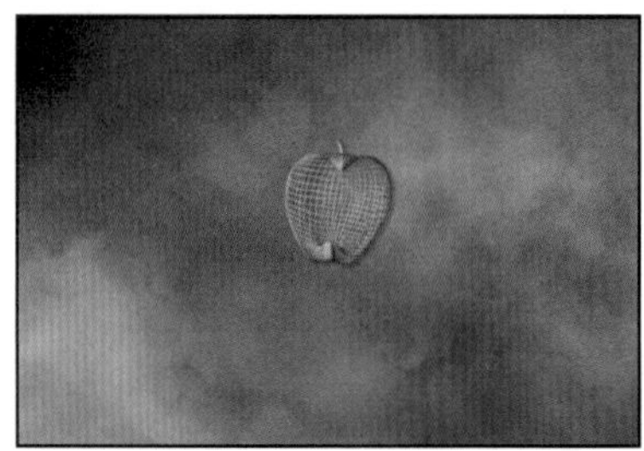

本练习的目标是给接近完成的合成中的苹果上添加一个轨道蒙版，使动画苹果时不必重新创建任何现有的关键帧。

1 打开项目文件Project Files>06e-Precompose-Leave.aep。在Comps文件中的是Red Apple*starter。双击将其打开，然后按数字键盘上的0键进行RAM预览。

在该合成中，苹果按比例放大并发生轻微的弹跳。[由于采用了Animation Presets>Presets>Wigglerama（动画预设>预设>Wigglerama）。] 但苹果中的灰色有点令人厌烦，所以将苹果作为一个Alpha蒙版（第4章）的方法吸引了我，并将它填充为一个彩色影片。

这个好方法有个问题，就是尝试让填充图层匹配苹果的动画。我们还需要按比例放大填充图层，并尽可能摆动它使其匹配。即使我们做不到这一点，还有需要在组合轨道蒙版后渲染另一个Drop Shadow（阴影）效果的问题。

你对轨道蒙版效果真正的要求是让其组合到一个单独的预合成中。该预合成将作为当前合成中的一个资源使用，此处它现有的属性（效果和关键帧）将继续被采用。预合成可解决此问题。

2 选择layer 1（wireframe apple），并选择Layer>Pre-compose（图层>预合成）。在Pre-compose（预合成）对话框中，选中Leave All Attributes（丢弃所有属性）选项。这样就只将下面的素材图层移到新的合成中，并在当前合成中保留所有的变换和效果。启用Open New Composition（打开新合成）（既然你想在新合成中工作），为新的预合成起一个清晰的名称，如“apple+matte”，并单击OK（确定）按钮。该预合成将在Comp（合成）和时间轴面板中打开。

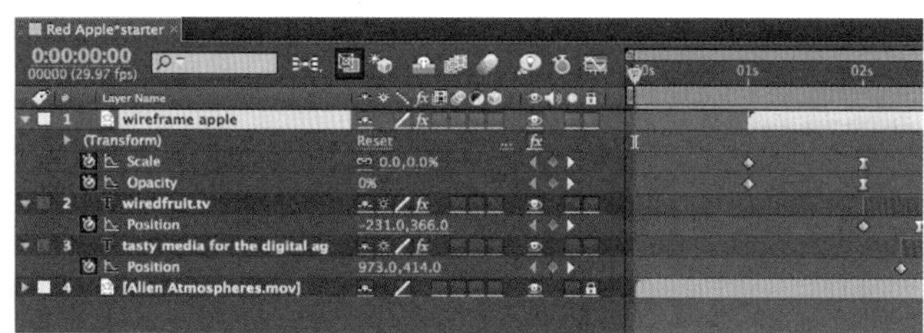

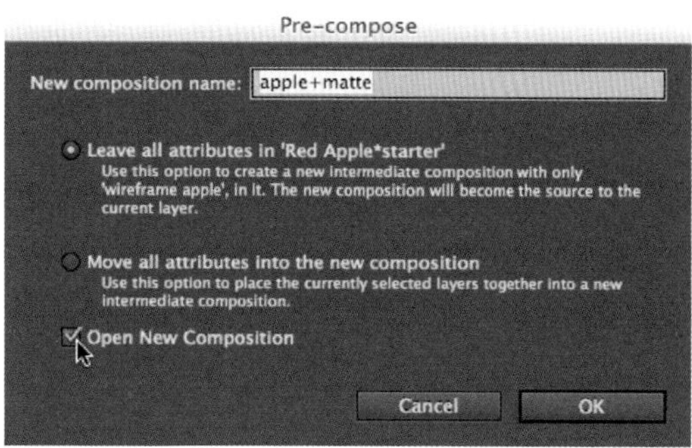

2 选择apple图层（上图）和预合成，应用Leave All Attributes（丢弃所有属性）和Open New Composition（打开新合成）选项（右图）。

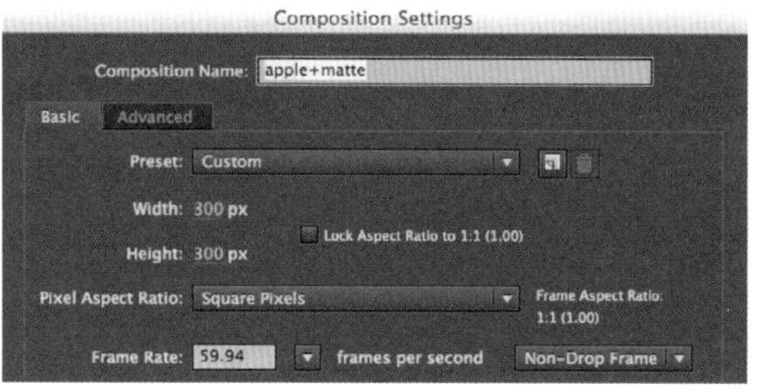

2 续 在预合成之后，结果是一个与苹果图层具有相同大小和持续时间的新预合成。

如果你为apple+matte打开Composition>Composition Settings（合成>合成设置），会看到该预合成和Apple_loop图层的素材具有相同的宽度、高度、帧频率和持续时间。[在CS6版本之前，Leave All Attributes（丢弃所有属性）会错误地采用原始合成的帧频率]。完成后关闭该对话框。

3 激活Project（项目）面板，并展开Sources文件夹。选择Light Illusions A.mov素材并将它拖到apple+matte合成中Apple_loop.mov图层的下方。

4 该彩色新图层的尺寸远远大于合成。这并没有什么错误，保留现状即可。但是为了给填充创建一个更复杂的形式，我们将它缩小为适合预合成大小。仍然选中Light Illusions A.mov，使用菜单项Layer>Transform>Fit to Comp（图层>变换>适合到合成）。

3~4 在预合成中，在苹果后面添加一个背景电影并用Transform> Fit to Comp（变换>适合到合成）来将它缩小。背景由Artbeats/Light Illusions授权使用。

5 现在是用该彩色电影填充苹果的Alpha通道的时候了。按F4键显示Modes（模式）列。然后设置Light Illusions A.mov的TrkMat菜单项为Alpha。苹果将被背景图片而不是灰色填充。

5 将背景上面的苹果设置为一个Alpha蒙版（下图），使Light Illusions填充到苹果的线框内（右图）。

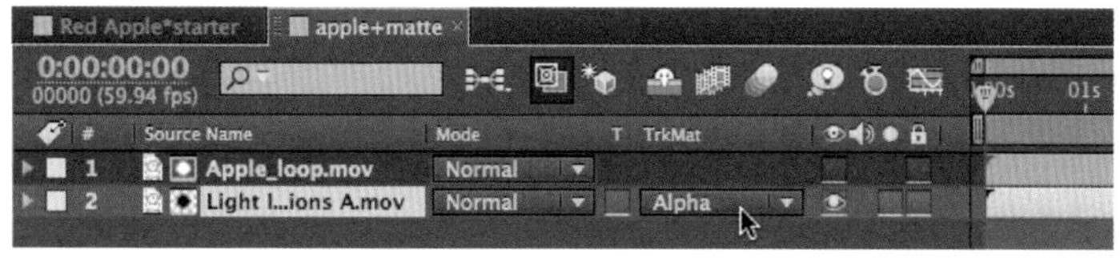

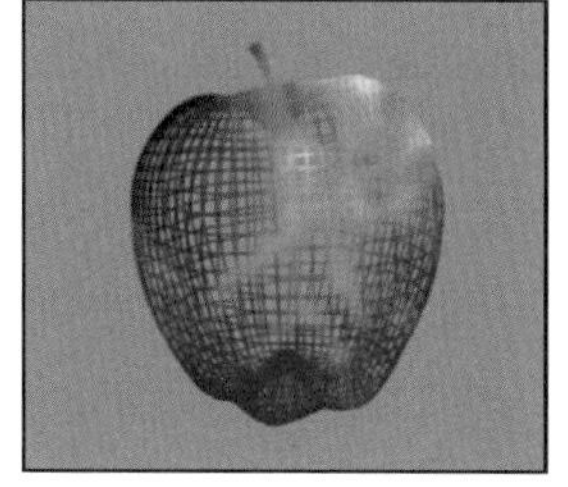

6 单击Red Apple*starter的选项卡并进行RAM预览。在预合成中创建的彩色苹果会出现在主合成中，带有原样的缩放、淡入淡出和摇摆效果。任务完成后，保存项目。

像往常一样，本练习中的作品版本保存在Project（项目）面板中的Comps_Finished文件夹内。它包含一些其他特点：我们应用Effect>Color Correction>Hue/Saturation（效果>颜色校正>色相/饱和度）到苹果上，并旋转它的Hue（色相）50度使苹果比粉色更红一些，并为动画图层启用了运动模糊。

6 我们的最终作品包含一个色相偏移。

渲染顺序

有时，After Effects看起来似乎有自己的想法：当你尝试按照某种方式处理图片时，但是得到的却不是预期的效果。发生这种情况的原因是After Effects在执行操作时有一个特殊的顺序，你需要知道并掌握该顺序。掌握该顺序是本章接下来几个练习的目的。

▽ 内幕知识

基本渲染顺序

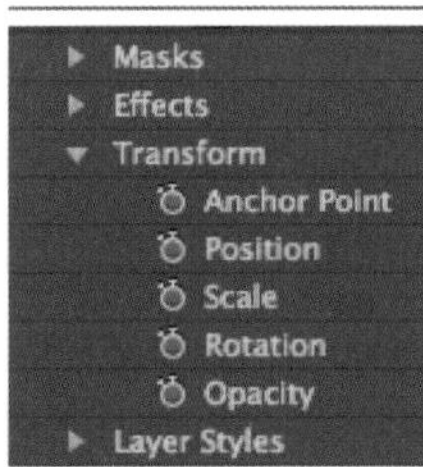

在时间轴面板中展开一个图层的属性时，After Effects会告知它的内部渲染顺序：遮罩、效果、变换，然后是图层样式。

渲染顺序对象

智慧之前往往是挫折。要帮助弄清楚接下来发生的事情，我们首先看一个会带来挫折感的实例。

1 打开项目文件Project Files>06f-Render Order.aep。Comps文件夹会展开，首先集中于嵌套的文件夹Render Example 1，其内部是合成Basic Order。双击它将其打开，它包含单个图层：Digidelic.mov。

2 选择Digidelic.mov并应用Effect>Distort>Wave Warp（效果>扭曲>波浪变形）。采用默认设置。按空格键播放，注意到效果甚至在自己动画。

3 依然选中Digidelic.mov，选择Rectangle（矩形）遮罩工具并沿图层中心画一个遮罩。不要切出一个整齐的矩形遮罩，画的遮罩边缘也可以变形。

从结果中，你可以推断出Wave Warp（波浪变形）（以及对该遮罩应用的任何效果）在遮罩之后发生渲染——尽管你可以在创建遮罩前应用该效果。

4 要查看Transform（变换）融入到混合中的方式，按R键显示Rotation（旋转）并修改它的值。电影、遮罩和波浪形式都会受到影响。证明变换在遮罩和效果被计算之后才被计算。

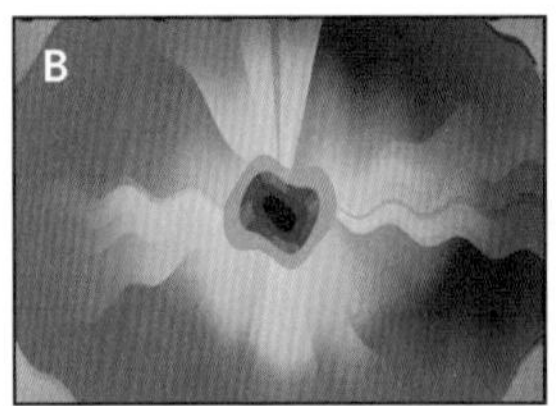

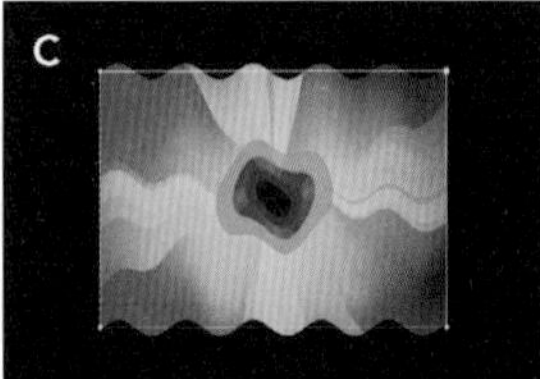

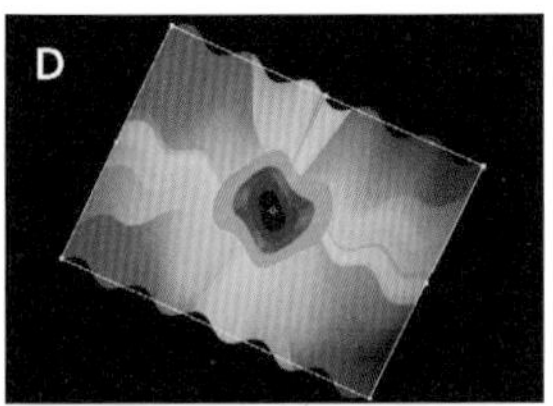

2~4 选择原始电影（A图）并应用Wave Warp（波浪变形）效果（B图）。然后画一个矩形遮罩：该遮罩会获得波形效果（C图），即使在变形之后应用它也是如此！编辑图层的Rotation（旋转）值，遮罩和效果都会发生旋转（D图）。

如果此时的效果是你想要的，那不错。但可能想要一个直边的遮罩并让图像在里面发生波浪变形。或者可能想只旋转下面的图像而不让遮罩旋转。谁将获得胜利？艺术家还是软件呢？

首先，非常重要的是掌握应用变换、遮罩和效果的顺序——After Effects会按照Masks（遮罩）、Effects（效果）和Transform（变换）的顺序来计算。而且在一个合成内部几乎不能改变基本渲染顺序——例如，你不能在Masks（遮罩）前拖曳Effects（效果）或者将Masks（遮罩）移动到Transform（变换）后。

两个合成优于一个合成

你可能会遇到数千个类似的渲染顺序问题，而且解决该问题几乎总是有多种方法。但是，最简单的解决方法经常是采用两个合成。

以Basic Order合成为例。如果将Digidelic图层伸展为跨越两个合成，然后就可以挑选要在一个合成中渲染的属性和第二个合成中渲染的属性。

5 在Project（项目）面板中，向下拖曳Basic Order合成到面板底部的Create New Composition（创建新合成）按钮上。就会将Basic Order嵌套到第二个称为Basic Order 2的合成上。新合成会自动打开。现在链关系如下：Digidelic.mov素材在Basic Order内部，而Basic Order嵌套在Basic Order 2内部（你可以在刚刚打开的合成中的时间线中看到它）。

6 两个合成的选项卡都应该是可见的。记住，Basic Order 2合成是第二个进行渲染的，所以如果想要在Wave Warp（波浪变形）和Rotation（旋转）之后渲染遮罩，需要将遮罩移动到第二个合成上。

- 单击时间轴面板中的Basic Order选项卡来激活该合成，必要时展开Masks（遮罩）。选择Mask 1并应用Edit>Cut（编辑>剪切）。遮罩就会被移除。
- 激活Basic Order 2合成，选择嵌套的图层，并应用Edit>Paste（编辑>粘贴）。遮罩就会被应用，但产生的是直边，因为效果和变换是在第一个合成中渲染的，不会影响到第二个合成。

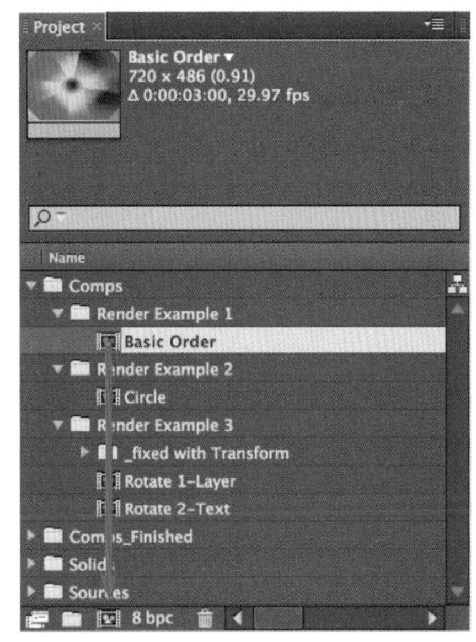

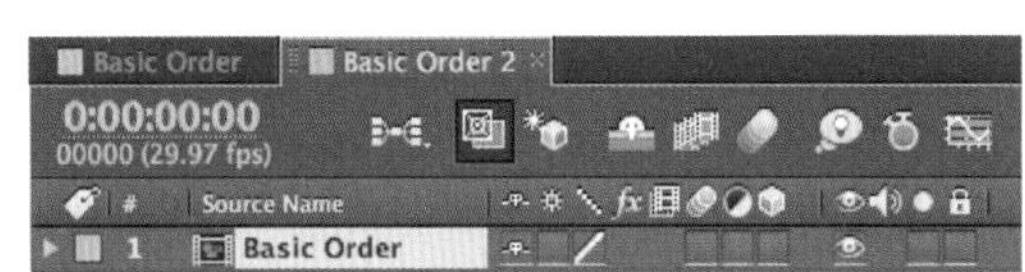

5 将Basic Order拖到项目面板的创建新合成按钮上（顶图），Basic Order会作为一个图层嵌套到新合成Basic Order 2中（上图）。

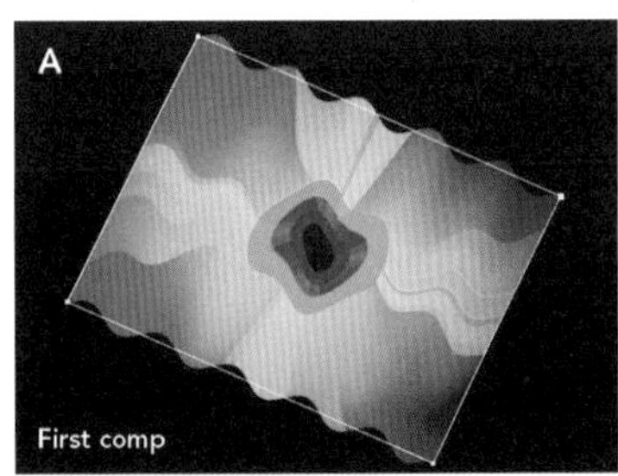

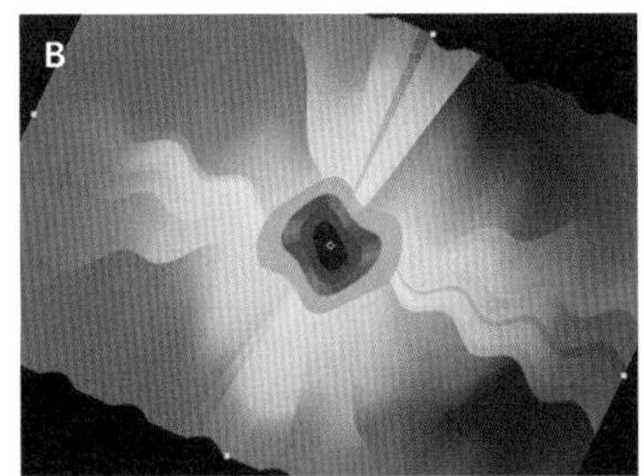

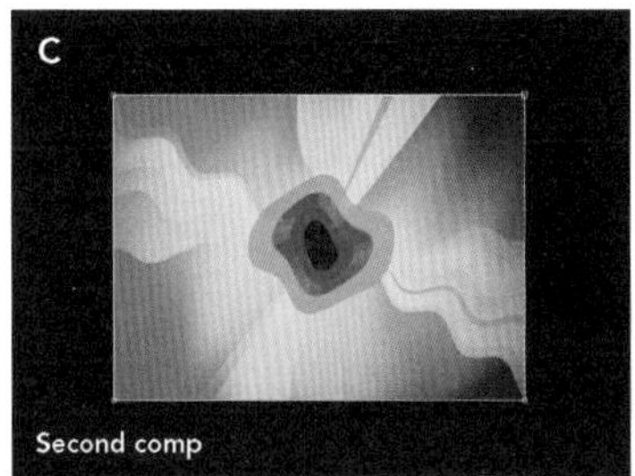

6 选择第一个合成Basic Order（A图）并从Digidelic.mov中剪切遮罩（B图）。然后选择第二个合成Basic Order 2并将遮罩粘贴到嵌套的图层上（C图）。现在素材将被旋转，而内部是一个整齐矩形的遮罩。

▼ 比较预合成选项

Pre-compose（预合成）对话框提供了两个选项，不同的结果取决于你选择哪个。项目属性表示遮罩、效果、变换、混合模式、入点和出点等。

Leave All Attributes（丢弃所有属性）

该选项只能应用于单个图层。

在预合成后，其内部只有一个图层，而且预合成的大小和持续时间与原始图层相同。在CS6中，帧频率还会匹配素材的帧频率。

在预合成前应用到图层上的所有属性将保留在初始合成中。

预合成将有一个新的渲染顺序，新预合成图层中所应用的任何属性将比初始合成中的属性先渲染。

Move All Attributes（移动所有属性）

单个图层和多个图层都可用该选项。

所创建的预合成将与原始合成具有相同的大小和持续时间。

预合成之前应用到图层上的任何属性都会被移动到预合成中。

原始合成中嵌套的图层也会有一个新的渲染顺序，而且应用到该图层的任何属性也会在预合成的属性之后渲染。

Open New Composition（打开新合成）

选择Open New Composition（打开新合成）选项，合成不会有任何效果，如果被选中，预合成在你单击OK（确定）按钮后会被激活，这样就可以轻松地对它进行编辑。如果没有选中，当前合成将保持活动状态。

使用预合成进行重新排序

在第一个实例中，通过将合成嵌套入第二个合成，再移动遮罩的方法解决了波形遮罩的视觉问题。如果正在工作的合成只有一个图层，该方法很有效。

在实际中，你可能会在项目过程中遇到渲染顺序问题，此时合成中已经有多个图层了。如果你要嵌套这个复杂的合成，将把所有图层作为一组嵌入到第二个合成中——可能不是你想要的效果。可以说，你需要一把解剖刀而不是小斧头，并且这是预合成可爱的地方。

不错的设计——糟糕的是圆形标志不是一个真正的圆。

▽ 小知识

重新排序效果

尽管你不能在遮罩前或变换后渲染效果，但可以通过在Effect Controls（效果控制）或时间轴面板中重新排序效果来决定效果的渲染顺序。

1 依然在06f-Render Order.aep中，从Comp（合成）面板的下拉菜单中选择Close All（关闭全部），关闭所有以前的合成。激活Project（项目）面板，并打开Comps>Render Example 2>Circle。

该合成有三个图层：带圆形遮罩和应用了效果的Digidelic.mov、一个标题和一个背景。客户喜欢该方式，但坚持要求结果是一个整齐的圆形，而不是波浪圆形。

2 选择layer 1。如果在时间轴面板中看不到遮罩和效果，按M键显示遮罩，然后按快捷键Shift+E显示效果。现在我们休息一下并思考该过程。

- 现在，Mask 1先渲染，然后是所有效果。但是Warp（波浪）效果需要在遮罩之前应用，这样遮罩就不会变成波浪边缘。
- Bevel Alpha（斜角Alpha）和Drop Shadow（阴影）效果需要在遮罩计算之后应用（如果提前应用，它们将会应用到矩形电影上）。
- 三个颜色调整效果处理整个图层，所以我们无需担心它们是在遮罩前应用还是在遮罩后应用。

所以如何完成该任务呢？如果预合成该图层，就会将图层延伸到两个合成上，然后选择应该在第一个合成（新的预合成）中渲染的属性和应该在第二个合成（当前主合成）中渲染的属性。

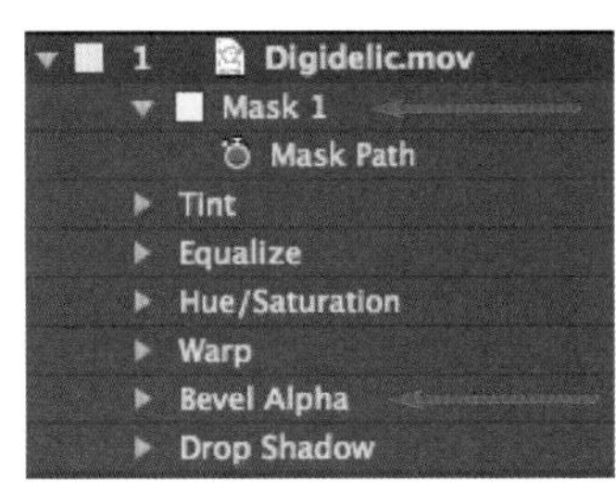

2 现在遮罩在所有效果之前被渲染。我们需要的是让遮罩在Warp（变形）效果之后渲染，但是在Bevel Alpha（斜角Alpha）和Drop Shadow（阴影）效果之前渲染。

3 选择layer 1 Digidelic.mov，然后应用Layer>Pre-compose（图层>预合成）。选择Leave All Attributes（丢弃所有属性）按钮（目前想要在主合成中保留的属性），并启用Open New Composition（打开新合成）。将新的预合成命名为“Digi_precomp”，并单击OK（确定）按钮。预合成将被激活，原样显示素材影片。

4 单击时间轴面板中Circle合成选项卡，再次激活主合成。Layer 1中的电影现在被Digi_precomp输出所代替。（注意在预合成之后，图层总会折叠。）

- 选择layer 1，按M键，然后再按快捷键Shift+E。由于预合成时设置了Leave All Attributes（丢弃所有属性）选项，遮罩和效果会保留在Circle合成中。我们将Warp（波浪）效果移回到预合成中，此处会首先渲染它。
- 只选中Warp（波浪）效果并选择Edit>Cut（编辑>剪切）。该扭曲将被移除。
- 单击Digi_precomp选项卡激活预合成面板。选择Digidelic并选择Edit>Paste（编辑>粘贴）。该图像将被扭曲。按E键展开效果并核实Warp（变形）效果现在应用在合成中。
- 再次单击Circle选项卡并查看Comp（合成）窗口：变形的影片现在被遮罩切成一个完美的圆。

预合成（首先渲染）仅被用来扭曲影片，原始合成（第二个渲染）应用于所有其他的效果和遮罩。

快速Quizzler：如果要在时间方面旋转该图层，在哪个图层上应用Rotation（旋转）关键帧有关系吗？[思考……对于在Bevel Alpha（斜角Alpha）和Drop Shadow（阴影）的光源方向会产生什么结果？用图层样式代替效果会得到不同的效果吗？]

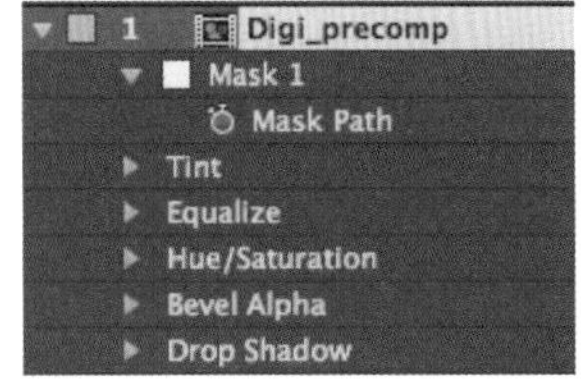

4 从主合成中剪切Warp（变形）效果并粘贴到预合成中（上图），导致影片发生变形（顶图）。

4 续 返回主合成，遮罩将应用到预合成中，随后是其他效果（顶图），呈现我们想要的效果（上图）。

持续栅格化

在最后的几个练习中，我们重点强调了After Effects处理图层的顺序：先计算Masks（遮罩），然后是Effects（效果），接着是各种Transforms（变换），如Rotation（旋转），最后是Layer Styles（图层样式）。

但是，每个规则都有例外。最大的例外是持续栅格化的图层：对于这些特殊图层，你看到的像素是After Effects随时计算的，而不是在素材项创建之前计算的。文本和形状图层自动归为此类，Illustrator、PDF和SWF文件，以及当设置了选择性开关后的固态层也是如此。

如果一个图层正在持续栅格化，渲染顺序会发生改变：首先计算Transforms（变换），然后是Masks（遮罩）和Effects（效果）。不幸的是，不能在时间轴面板中重新排序这些部分，以提供线索来显示遮罩下方的效果。要知道图层是否被持续栅格化，查找时间轴面板的Switches（开关）列下方的太阳图标（右图显示）。文本和形状图层的此开关总是开着的。对于电影和大多数其他图层总是禁用的，因为它们的像素已经被计算过了。对于Illustrator和PDF图层以及固态层，会看到一个中空的方框，表示它默认为关（图层正常渲染），但是可以切换为开（图层会像文本和形状图层那样表现）。开关的状态对最终图像的表现方式具有很大的影响。

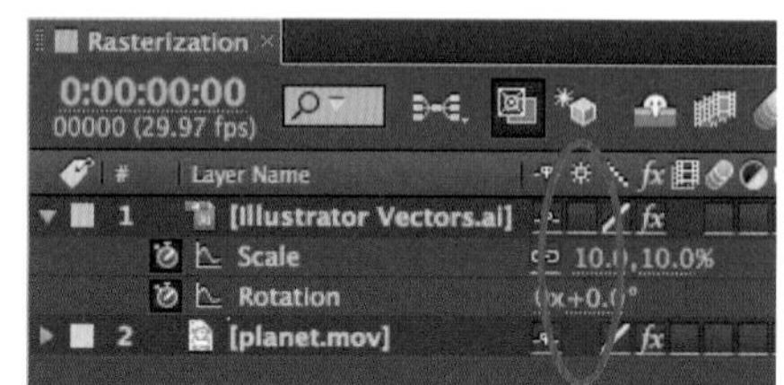

太阳图标表示一个图层的Continuously Rasterize（持续栅格化）开关是否已被启用。对Illustrator文件（图层1）而言，默认是未启用。对于基于像素的图层（如电影）（图层2），则是不可用的。

1 依然在06f-Render Order.aep中，关闭前面打开的所有合成，并打开Comps>Render Example 3>Rasterization。

2 该合成中的第一个图层是在Adobe Illustrator中创建的。选中它并按U键显示它的Scale（缩放）和Rotation（旋转）变换关键帧，再按快捷键Shift+E显示它的效果。它的Continuous Rasterize（持续栅格化）开关默认为关，表示After Effects会将它作为一个普通的基于像素的图层（如照片或者电影）来处理。

2 禁用Illustrator图层的持续栅格化功能后，会在变换之前计算效果，所以斜角和阴影会旋转。

修改时间线中的值，并注意阴影的方向：不幸的是，它和文本一起旋转。这是因为效果一般在变换（如旋转）之前计算。同时，查看阴影的大小以及与文本相关联的斜边：当文本放大时，阴影和斜边也会放大，这就是预期的效果。此时，变换发生在效果之后是一件极好的事情。

3 按End键并查看文本的质量：此处它被缩放为150%，看起来相当失真和虚假，就像After Effects将像素爆炸了一般。

4 为Illustrator Vectors.ai启用Continuous Rasterize（持续栅格化）开关。After Effects此时会将它作为一个基于矢量的图层来处理，如一个文本或者形状图层。它会用Transform（变换）值来缩放、旋转和位置这些矢量，将结果转换为像素，然后再应用遮罩或者效果。

在这种情况下，在时间04:29处，斜角和阴影的尺寸会变得更小，就像它们采用了100%的尺寸大小，而不是150%的缩放（因为缩放已经被计算）。图层也会显得更锐利一些——持续栅格化的图层在所有级别的缩放中都会看起来锐利一些。

4 启用持续栅格化状态下（右图），旋转和缩放将在斜角和阴影前被计算（下图）。

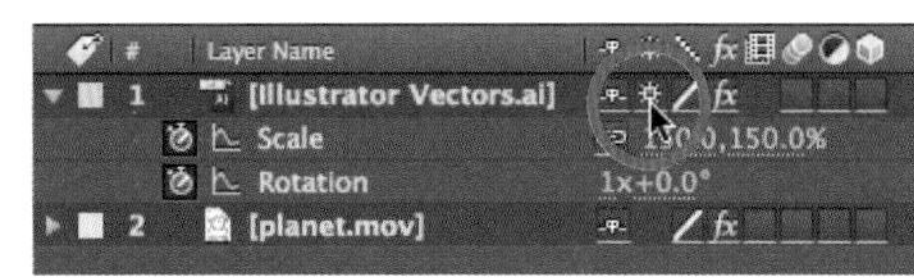

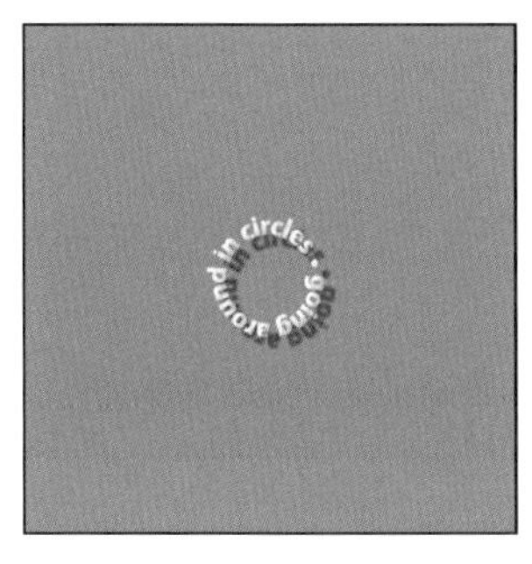

在时间线上修改值，还会观察到即使文本发生旋转，阴影仍然继续落在正确的方向，这是效果发生在变换后的有用效果。另一方面，当文本放大时，阴影距离和倾斜程度保持相同的大小，无论文本的尺寸如何，这产生了非常不真实的效果——新渲染顺序的不利方面。

你可以解决一些（但不必是全部）问题，方式是采用嵌套合成改变渲染顺序，或者利用Distort>Transform（扭曲>变换）效果，它可以让你在渲染顺序中的Effects（效果）阶段的任意点处插入变换。Comps_Finished>Ex.3_finished文件夹包含上述合成的两个版本，采用了Transform（变换）效果来执行选中的变换。（记住，当一个图层被持续栅格化后，不管在时间线中的顺序如何，所有常规的变换将在效果前被渲染。）

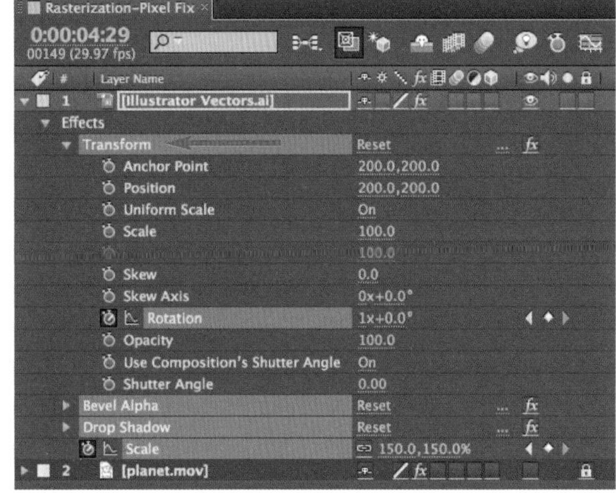

在Comps_Finished>EX.3_finished>Rasterization-Pixel Fix中，Transform（变换）效果在阴影和斜角计算前旋转图层，所以这些效果的方向保持静止不变。然后正常的Transform>Scale（变换>缩放）参数改变了整个效果图层的大小。不幸的是，图层缩放超过100%时仍然会变得柔化。要真正解决该问题，在Illustrator或者预合成中创建一个大的图片素材（启用持续栅格化）。

只为了事情更加复杂，Continuous Rasterize（持续栅格化）开关还会用到嵌套合成上。在这种情况下，它改变了功能，变成了Collapse Transformation（塌陷转换）开关——接下来将要讨论的内容。

塌陷转换

你应该意识到又有一个渲染顺序特例：在嵌套合成中塌陷图层转换的能力，使它们和应用到嵌套预合成图层中的其他变换一起计算。这样可以极大地提高图像质量，但也有一些警告。

1 仍然在06f-Render Order.aep项目中，关闭前面的所有合成，打开Comps>Collapse Transformations>Collapse*starter。它包含一个带有阴影的钟表面，在顶部采用混合模式组合了一个背景图层。

▽ 小知识

警惕平滑化

要给一个塌陷嵌套的合成应用遮罩或者效果，After Effects首先会在内部合并图层，使其变成一个简单的RGBA图像。这就是会损失掉一些塌陷转换特性的原因。

2 选择watch_face.tif并按S键显示它的Scale（缩放）。设置该值为10%。

3 用鼠标右键单击watch_face.tif，并选择Pre-compose。启用Move All Attributes（移动全部属性）选项，表示Scale（缩放）值、效果和模式将全部移动到预合成中。禁用Open New Composition（打开新合成）选项，给它一个合适的名称，如watch face precomp，并单击OK（确定）按钮。

4 你的新嵌套合成图层应该在原始合成中被选中。按S键显示它的Scale（缩放）并将其值增加为1000%。图像质量很糟糕，因为现在采用的是小图像但放大了它的像素。还会注意到钟表正面是不透明的，是由于丢掉了混合模式。

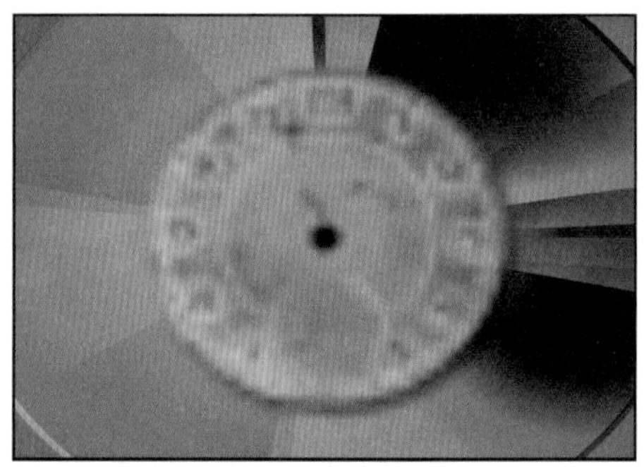

4 在预合成中缩小，然后在后期合成中放大的图层可能很难看，因为缩小的像素正在被放大。

5 确保Switches（开关）列可见（如果看不见，按F4键）并为你的嵌套预合成启用Collapse Transformations（塌陷转换）开关——它和前面练习中的持续栅格化处于同一位置。现在钟表表面又发生了锐化，而且它的模式将被采用。

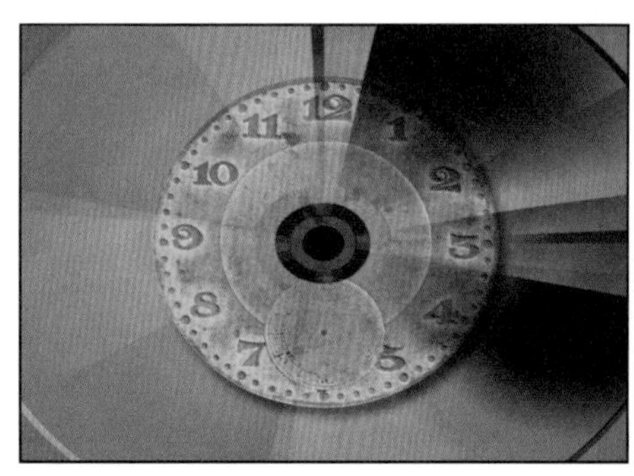

5 为该预合成启用Collapse Transformations（塌陷转换）开关（下图）可以恢复它的原始质量，以及其他设置，如应用在预合成中的混合模式（左图）。

为一个预合成启用Collapse Transformations（塌陷转换）开关时，After Effects会查看预合成中图层的Transform（变换）值，并将它们和当前合成中嵌套图层的Transform（变换）值组合到一起。这些转换之后会一次应用到预合成级别，之后是遮罩和效果。由于10%×1000%=100%，所以会以原始像素来显示图像。

此外，预合成中的图层看起来就像位于主合成中一样。这就意味着Modes（模式）[包括Stencil（模板）或Silhouette（轮廓）]下的设置会引起一个预合成图层和主合成中的其他图层相互作用。合成和预合成的分界线也会被忽略，所以如果要计算预合成的尺寸来裁剪图层，将会吃惊地发现前面剪裁的内容出现在主合成中。塌陷的Opacity（不透明度）值也会发生奇怪的事情，因为每个图层将采用各自的不透明值进行渲染。

6 如果对预合成图层应用遮罩和效果，相互影响会变得更复杂。按F4键在主合成中显示Modes（模式）列。它的选项将对你的预合成禁用。然后应用Effect>Blur & Sharpen>Box Blur（效果>模糊与锐化>方块模糊）到预合成图层上：应用到合成中的Overlay（叠加）模式将被忽略，Mode（模式）弹出菜单再次出现在主合成中。

本故事的意义是告诉我们不要盲目地对嵌套合成启用Collapse Transformations（塌陷转换）。尽管它可能确实仅通过变换图层一次就改善了图像质量，但也可能会产生其他无法预料的结果。例如，如果预合成包含3D摄像机和（或）灯光，在嵌套它时，会在最终图像中看到摄像机和灯光效果。尽管如此，如果塌陷了嵌套合成图层，图层将被第二个合成中的摄像机和灯光渲染（如果没有摄像机，就采用默认摄像机）。

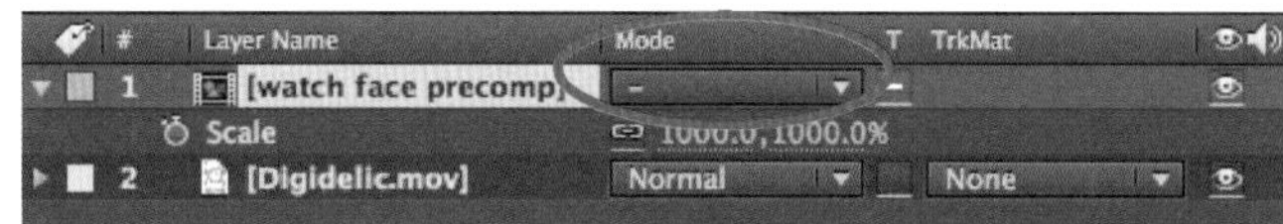

6 一般情况下，一个塌陷嵌套图层的Modes（模式）弹出菜单项是禁用的（上图），而应用到一个塌陷合成中每个图层上的模式是合适的。但是将一个效果应用到塌陷合成图层上时，预合成中的模式设置就会被忽略（右图），现在只能为整个塌陷预合成选择一种模式（下图）。

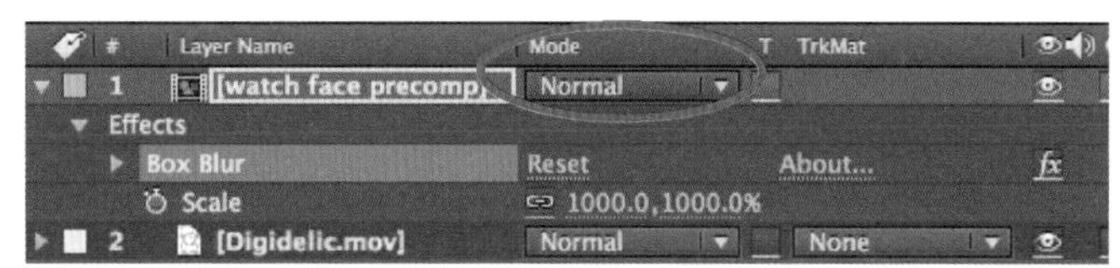

复合效果

另一个需要你关注内部渲染顺序的情况是何时应用复合效果。这些效果参照第二个图层的颜色或者Alpha通道的值来决定如何处理要应用到的图层。复合效果的典型实例包括Compound Blur（复合模糊）和Displacement Map（置换贴图），尽管带有Layer（图层）弹出菜单的任何效果都遵循相同的规则。使用复合效果的秘密是指在Mask（遮罩）、Effects（效果）和Transforms（变换）应用之前查看第二个图层的素材。

1 打开项目Project Files>06g-Compound Effect.aep。在Project（项目）面板中，展开Comps文件夹，然后双击合成Compound Effects*starter将其打开。它包含一个背景素材，还有一个充满吸引力的对象——老板认为它会给视频产生一个极好的浮雕装置。

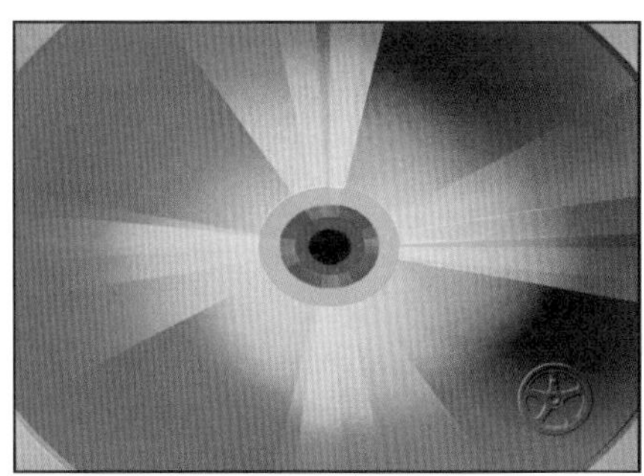

1 你的目标是将大的滑轮对象（上图左）转换为右下角的一个独立浮雕装置（上图右）。

▽ 提示

问题排除提示

你可以将一个复合效果应用到Movie A上并告诉它使用Movie B，但结果却不是预期的效果。打开Movie B的Layer（图层）面板，并设置View（视图）弹出菜单为None（无）：这就是复合效果正在使用的素材。

2 选择pulley.tif，按S键显示它的Scale（缩放），并缩小为原始大小的25%。按'（撇号）键打开Title/Action Safe（标题/动作安全）区域并将滑轮放在Action Safe（动作安全）区域内部的右下角处。再次按'键隐藏安全区域叠加。

3 选择Digidelic.mov并应用Effect>Stylize>Texturize（效果>风格化>纹理化）。这将打开Effect Controls（效果控制）面板，将Texture Layer（纹理图层）弹出菜单项改为pulley.tif。最初，你会看到一个网格滑轮。尝试不同的Texture Placement（贴图放置）选项，都无法实现预期的效果。问题是效果不知道Texture Layer（纹理图层）已经被缩放并移到合成内部，因为它在素材中只看到了图层1。解决方法是在一个预合成中执行这些转换。将Texture Placement（贴图放置）恢复为Center（居中），这对你要创建的合成链是最好的选择。

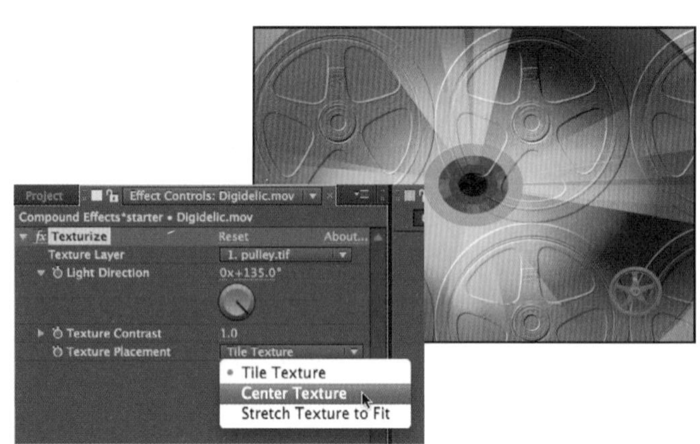

3 复合效果通常有一些选项处理参考图层和下面图层间尺寸匹配的问题。最好的解决方法是确保没有错误的匹配。

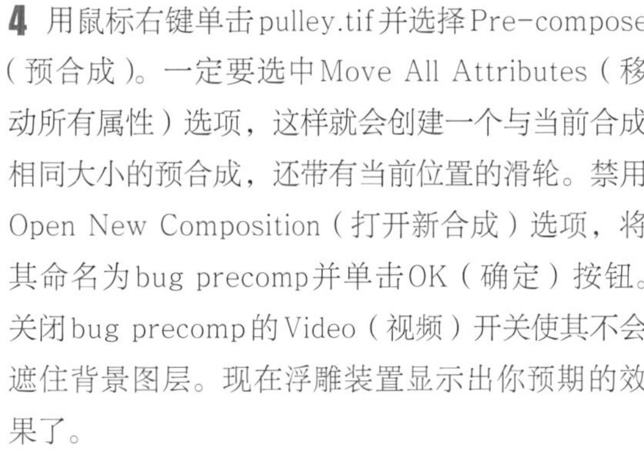

4 用鼠标右键单击pulley.tif并选择Pre-compose（预合成）。一定要选中Move All Attributes（移动所有属性）选项，这样就会创建一个与当前合成相同大小的预合成，还带有当前位置的滑轮。禁用Open New Composition（打开新合成）选项，将其命名为bug precomp并单击OK（确定）按钮。关闭bug precomp的Video（视频）开关使其不会遮住背景图层。现在浮雕装置显示出你预期的效果了。

5 注意，只有应用复合效果的素材与所创建的预合成大小完全相同时，该方法才能正常工作。如果背景图层大小不一样，可以将它预合成到一个与主合成相同尺寸的合成中（确保你将复合效果应用到最终合成的预合成图层上）或者利用我们在Comps_Finished>Compound Effects_final中使用的Adjustment Layers（调整图层）。无论对下面图层进行什么操作，对一个与合成具有相同尺寸的调整图层应用复合效果可以保证它正确对齐。（在遮罩下方，调整图层应用效果到下面所有图层组合的一个副本上，该组合被剪裁为合成大小。）这同样使它可以轻松地在该装置下方交换素材，甚至在调整图层下方创建一个编辑图层。

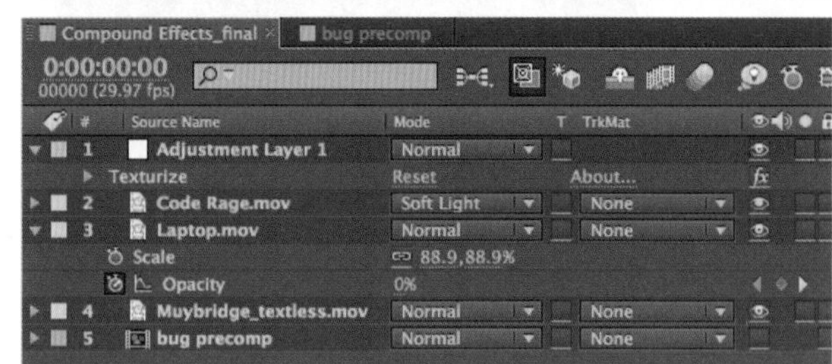

5 通过给一个合成大小的调整图层应用复合效果并确保参考图层具有相同的尺寸，你可以使用图层完成你想做的事情，而不必担心对齐的问题。

Quizzler

如果你学会了如何操纵渲染顺序，就不用试图折中设计或者改变主意。这种独立性会帮助你发现自己作为一名After Effects设计师的全部潜力。

所以下面有两个谜语考验你新学习的渲染顺序知识，可在项目06q-Quizzler.aep中找到。

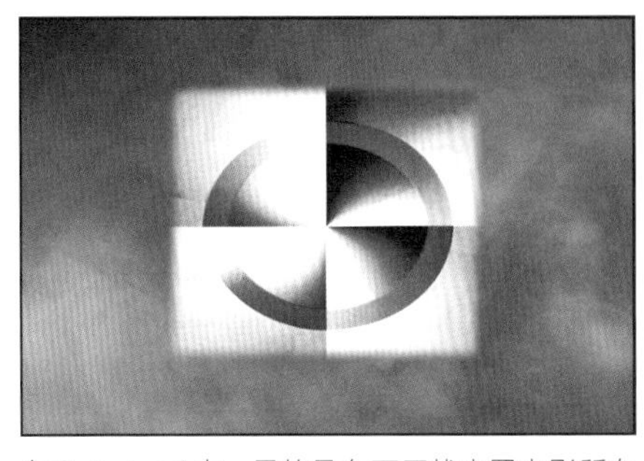

在Quizzler 1中，目的是在不干扰内置电影所在的正方形方块（下图）的前提下，使其发生变形（上图）。试一试，然后在Quizzler Solutions>Quiz 1文件夹中寻找答案。

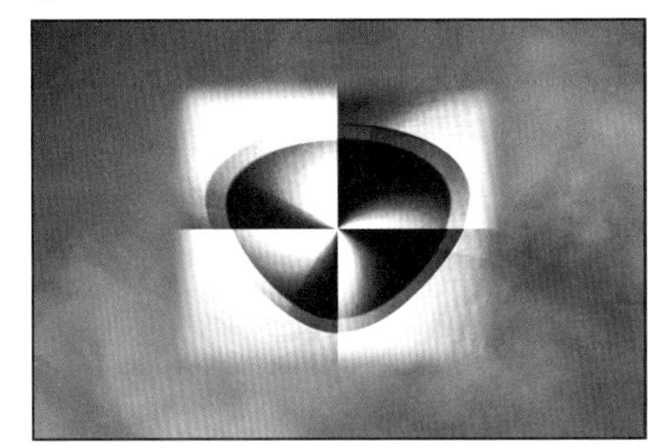

Alien问题

查看Project（项目）面板中的Quiz 1文件夹。其中有两个合成：Alien-1包含两个图层，并嵌套到设置了遮罩的Alien-2中。总而言之，与你前面在Render Order（渲染顺序）部分所用的合成链没有太多差别，只不过第一个合成有两个图层，而不是一个。

你的任务（自己决定是否接受）是将一个扭曲效果应用到Alien-1的图层上，方法是采用Effect>Distort>Warp（效果>扭曲>变形），不会影响Alien-2中遮罩的形状。你可以只应用一种Warp（变形）效果（采用任何你认为不错的设置），而且你不能创建其他预合成。有两种可能的解决方法，使用前面课程中讲解的特性来完成。

画中画效果

现在将注意力转到Project（项目）面板的Quiz 2文件夹中。

按⌥（Alt）键+双击Quiz 2.mov，打开它的Footage（素材）面板并播放该电影。注意，现在熟悉的Digidelic.mov图层在一个小的画中画带棱角的形状中平移，并在背景上漂动。一种Fast Blur（快速模糊）效果从非常模糊动画到零模糊，同时一种Drop Shadow（阴影）效果将图层设置为远离背景。看起来够简单吗?

保留Footage（素材）面板打开作为参考，然后打开Quiz 2*starter合成，它只有背景图层。创建新的效果，你会在Sources文件夹中发现Digidelic.mov。你做什么没有限制，只要结果一样就行。

尝试一次之后，查看Quizzler Solutions>Quiz 2_solution——我们认为这是一种相当简洁的问题解决方式。

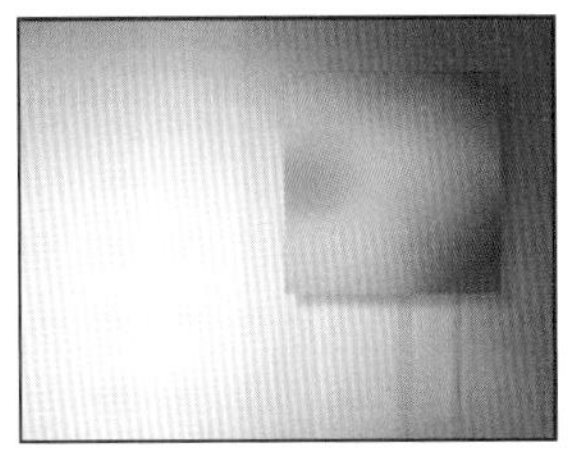

在Quizzler 2中，计划是模糊并平移内置电影的同时保持操作尽量简单。

▽ 提示

变换欺骗

Effect>Distort>Transform（效果>扭曲>变换）效果具有Transformation（转换）部分全部甚至更多的特性。因为你可以在其他效果之前拖曳Transform（变换）效果，所以可用它操纵渲染顺序，甚至在一个图层上设置两个Position（位置）或Rotation（旋转）等关键帧。

第7章 表达式和时间游戏

使用表达式并灵活运用时间。

▽ 本章内容

- 使用关联器（pick whip）创建表达式
- 稳定阴影
- 循环关键帧
- 摇摆表达式
- 制作摇摆表达式的关键帧
- 将声音转换为关键帧
- 像素运动
- 保持帧速率
- 时间重映像
- 修改表达式
- 匹配值范围（线性表达式）
- 表达式技巧
- 表达式控制器
- 使用一个空对象创建主控制器
- 帧混合
- 停止运动的窍门
- 创建冻结的帧
- 了解有关表达式更多信息的参考资料

▽ 入门

确保你已经从本书的下载资源中将Lesson 07-Expressions and Time文件夹复制到了硬盘上，并记下其位置。该文件夹包含了学习本章所需的项目文件和素材。

在本章中，你将熟悉After Effects两种公认的思想延伸。首先我们要介绍表达式：少量的代码可以帮助节省你大量的动画时间。掌握表达式后，我们将向你展示如何让时间准确地保持静止，以及加速、减速和变得更加平滑。

表达式

表达式的通俗解释就是一段基于程序语言的JavaScript，该程序允许你在After Effects中操作基于时间的流。艺术家认为它是一种制作与正在使用的另一参数相关的任何参数关键帧的简易方式——如让两个图层一起旋转或者缩放，而不必复制和粘贴它们之间的关键帧。

尽管表达式含义很深且功能强大，但实际上大多数表达式非常简单，因此很容易创建。的确，After Effects已经为你做了大部分工作：在很多情况下，你要做的就是采用关联器（Pick Whip）工具逐个地将一个参数指向另一个参数。除此之外，你需要做的最普遍的任务是添加几个数学参数，如“2倍”或者“减180”。我们还会展示3个可随时重复使用的简单函数（基本代码块）。表达式不仅会节省你的大量时间和精力，它们还经常产生一些新动画方法——怪才和艺术家都热衷的事情。

问题

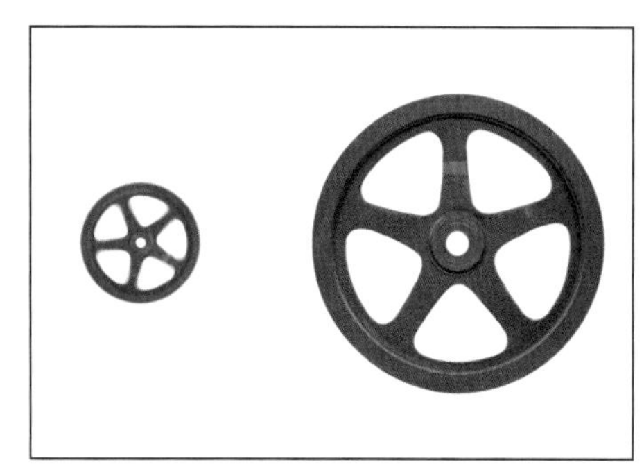

你的目标是让这两个滑轮演示相同的动画。你可以复制、粘贴和随手编辑关键帧……或让表达式为你完成大量工作。

1 打开本章的项目文件Lesson_07.aep。在Project（项目）面板中，Comps文件夹应该为展开状态（如果没有，单击它的旋转箭头）。在该文件夹中，找到并双击01-Pick Whip*starter将它打开。

按数字键盘上的0键，RAM预览该合成。左侧的蓝色滑轮缩放并旋转，右侧的红色滑轮只是待在那里。客户说他想让它们都进行相同的运动。按照旧方式做很容易实现。

2 Blue Pulley的Scale（缩放）和Rotation（旋转）关键帧在时间轴面板中应该可以看到，如果看不到，选中图层并按U键显示它的动画属性。

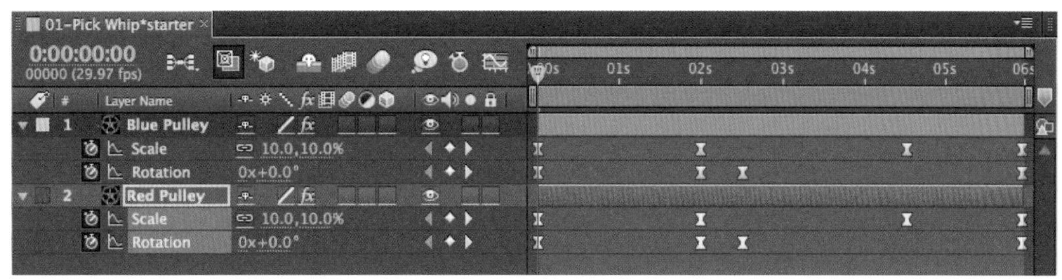

2 选择Blue Pulley的关键帧并复制，选择Red Pulley并粘贴。它们的动画目前是相同的。

- 单击Blue Pulley的Scale（缩放）字样，就会选中所有的Scale（缩放）关键帧。按住Shift键并单击Rotation（旋转），它的关键帧也会被选中。然后按快捷键⌘+C（Ctrl+C）来复制选中的关键帧。
- 按Home键确保当前时间指示器位于00:00处，然后再粘贴，因为粘贴关键帧总是从当前时间开始。选择Red Pulley并按快捷键⌘+V（Ctrl+V）粘贴，按U键显示它的新关键帧。
- 进行RAM预览，两个滑轮以相同的方式缩放和旋转。

3 现在客户看到两个滑轮一起运动，他决定让滑轮在缩放回来前完成旋转。可以将最后的Rotation（旋转）关键帧返回04:15处。

4 进行RAM预览。现在客户认为滑轮平移速度太快，所以将两个滑轮的最后的Rotation（旋转）关键帧编辑为一个旋转，而不是两个。

你可以快速查看目标变化的方式，只有两个图层。现在想象如果有10个或100个图层该怎么办。这是一个典型的表达式可轻松改变生活的实例。

关联器

创建表达式采用的主要工具是关联器。该工具使得参数之间的连接变得很轻松。

5 关闭Red Pulley的Scale（缩放）和Rotation（旋转）秒表，并删除它们的关键帧。按F2键取消选择那些参数。

- 按⌥（Alt）键，并单击Red Pulley的Scale（缩放）秒表，就会启用相关属性的表达式。Scale（缩放）会展开，显示一条线来表示表达式：Scale（缩放）并在其旁边带有一些新图标。Red Pulley的Scale（缩放）值会从金色变为红色，表示现在它被一个表达式所控制。你还会看到一些文本：transform.scale。表明

Red Pulley的Scale（缩放）现在是用表达式表示自己的Transform（变换）属性——Scale（缩放）。

- 单击Expression：Scale（表达式：缩放）旁边的螺旋图标——这就是关联器工具。将它向上拖曳到Blue Pulley的Scale（缩放）处，该词会在关闭时高亮显示。拖曳时会有一条线连接两个属性。

释放鼠标，表示Red Pulley缩放的文本会变为thisComp.layer（“Blue Pulley”）.transform.scale。表达式代码看起来像一种外国语言，但是不难读懂：在该合成中是一个名为Blue Pulley的图层。采用它的Transform（变换）属性Scale（缩放）。

- 要接受该新的表达式，按数字键盘上的Enter键（不是常规键盘），或者单击面板的其他地方。

5 按⌥（Alt）键+单击一个动画秒表来启用表达式。单击螺旋图标并将它拖曳到你想要复制的参数上（上图）。释放鼠标并按Enter键。After Effects会写出该表达式，值会被复制（下图）。

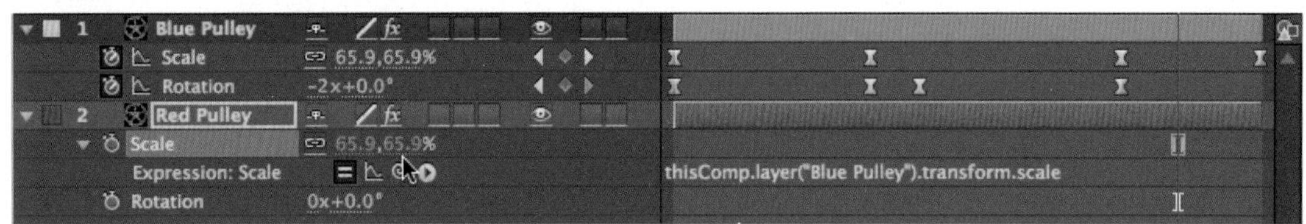

▽ 小知识

父级与表达式

父级（第6章）可以让应用到父级图层的所有变换反映到子图层上。父级的定位点（第2章）用于将子图层作为一组进行旋转和缩放。对于表达式，你需要为每个想要传递的属性创建一个表达式，随后的图层总会环绕它自己的定位点缩放和旋转。

进行RAM预览，Red Pulley现在具有和Blue Pulley完全相同的缩放——但是旋转不同。表达式被应用到单个属性上，而不是整个图层。如果想让Red Pulley跟随Blue Pulley旋转，需要为该属性创建一个表达式。

6 与对Scale（缩放）执行的操作类似，按⌥键+单击Red Pulley的Rotation（旋转）秒表，它就会展开并显示表达式。将它的关联器拖到Blue Pulley的Rotation（旋转）属性上。当它高亮显示时，释放鼠标并按Enter键。进行RAM预览，现在两个滑轮一起缩放和旋转。

7 编辑Blue Pulley的Scale（缩放）和Rotation（旋转）关键帧，然后预览：Red Pulley会忠实地跟随Blue Pulley运动。无论你对值进行了多少修改，或者是否在时间轴上过早或者过晚地移动关键帧，Red Pulley跟随它的领导者。与复制和粘贴相比较，当客户要求进行其他改变时，这种方式的工作量要少得多。

简单数学运算

我们知道很多人将词“简单数学运算”看成是一种运算，但是多次的相加或者除以一个数会极大地增加使用表达式的工作量。

继续使用在上一步中的合成，或者打开Comps>02-Simple Math*starter。

8 将当前时间指示器移到02:00处。选择Blue Pulley，并应用Effect>Perspective>Drop Shadow（效果>透

视 > 阴影）。增加Drop Shadow（阴影）的Distance（距离）参数使其更加明显。

8 效果［如Drop Shadow（阴影）］在变换［如Rotation（旋转）］前被计算，导致阴影和滑轮一起旋转。

预览，你会注意到阴影和滑轮一起旋转。要取消图层的渲染，需要将阴影的Direction（方向）动画为以相反的方式旋转。可用表达式解决该问题。

9 确保Blue Pulley的Rotation（旋转）属性在时间轴面板中显示出来（如果不显示，按R键），这样在该面板中就有多余的空间来查看更多的属性。

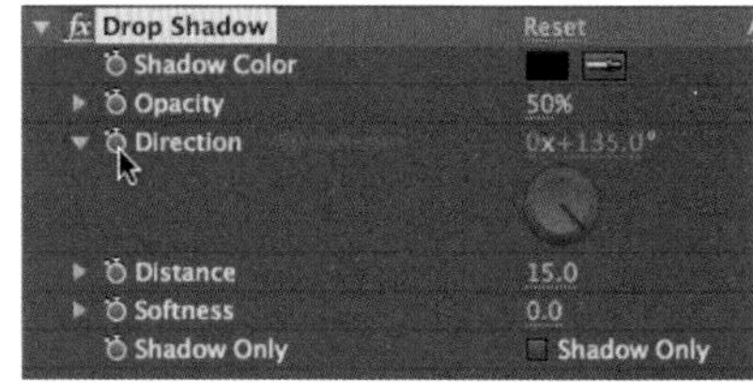

9 按⌥（Alt）键+单击Drop Shadow（阴影）的Direction（方向）参数的秒表。

在Effect Controls（效果控制）面板中，按⌥（Alt）键+单击Drop Shadow（阴影）的Direction（方向）参数的秒表。Direction（方向）参数会在时间轴面板中显示出来，并启用了表达式。

9 启用Shadow（阴影）的Direction（方向）表达式，并使用关联器将它和图层的Rotation（旋转）（上图右上）连接起来。然后在尾部添加文本*-1，让Direction（方向）以与Rotation（旋转）（上图右下）不同的方式旋转。应用初始表达式之后，阴影直接朝向为0度（上图左）。

▽ 小知识

不太圆

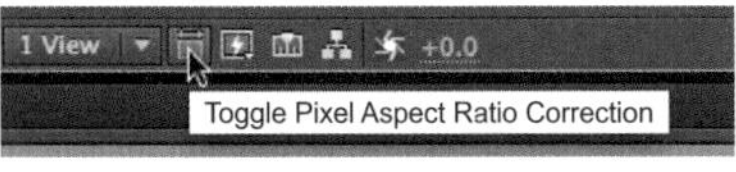

你会注意到"圆形"的对象（如这些练习中的滑轮和钟表表面）看起来有点扁。这是本章中在NTSC DV合成中工作的副作用，它具有非方形像素——在计算机屏幕上宽一些，看起来有点不自然，但是在视频中播放时就没有问题了。如果感到不舒服，可以尝试使用Comp（合成）面板右下方的Toggle Pixel Aspect Ratio Correction（切换像素纵横比调整）功能。

- 在时间轴面板中，拖曳Direction（方向）的关联器到词Rotation（旋转）处。释放鼠标，但不要按Enter键。

- 要让阴影以相反的方向旋转，将光标定位在表达式transform.rotation的末尾处，输入“*-1”（乘以-1）。

▽ 试一试

固有值

如果想把一个参数的原始值添加到表达式中，在末尾处输入“+value”。亲自尝试一下：在第10步中，用+value代替+135。该方法的优点是可以修改Direction（方向）属性来改变阴影的角度，而不必编辑表达式。

按Enter键预览。现在阴影处于相同位置——但却是在错误的位置朝向上方。还可以用数学方法进行修改：

10 单击Direction（方向）的表达式将其激活，从而进行编辑。

- 为了保险起见，用括号将当前表达式括起来，使其类似（transform.rotation*-1）形式。括号内的表达式将作为一个独立的单元计算，所以这是一种保持对象独立的好方法。
- 按↓（向下的箭头）键移动到表达式尾部。然后输入“+135”将初始Direction（方向）值135度添加到当前计算式中。按Enter键预览——现在阴影位于它该在的位置。

如果你感到困惑，我们的版本保存在Comps_Finished>02-Simple Math_final中，此处我们同样给Red Pulley的阴影应用相同的调整效果。继续下一步之前保存项目。

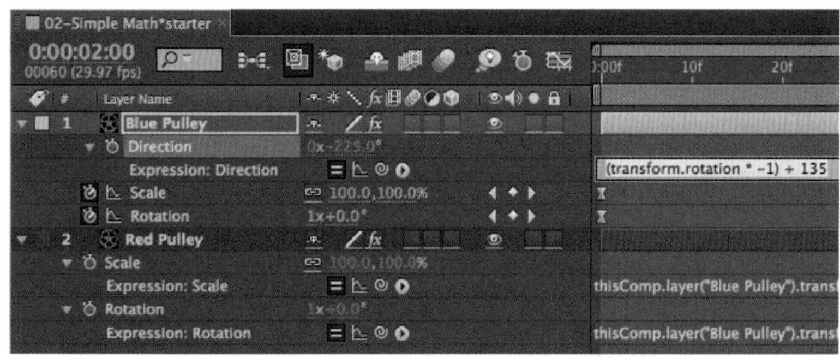

10 在表达式（上图左）末端添加偏移，现在它会朝向预期的角度（上图右）。

钟表

在下一个练习中，我们将扩展所学的钟表构建技能。你将使用关联器和一些简单的数学运算，然后采用线性函数进行放大，这会大大简化不同参数间的转换。

1 从Comp（合成）面板的下拉菜单中选择Close All（关闭全部），关闭所有前面的合成。激活Project（项目）面板，找到Comps>03-Clockwork*starter并将它打开。

该合成包含制作钟表的必要部分：钟面、时针、分针和秒针。还有两个背景图层。我们已经排列好图层并设置了它们的定位点，让所有对象恰当地排列和旋转。我们还设置了分针的旋转。

你的任务是让时针和秒针跟随分针运动。然后在两个背景图层（也跟随分针运动）间创建一个过渡。

我们已经为分针设置了动画，现在你必须动画时针和秒针来跟随分针，采用表达式代替关键帧。背景由Artbeats/Alien Atmospheres授权使用。

2 选择minute、hour和second图层，并按R键显示Rotation（旋转）属性。同样，只有图层1（分针）被启用关键帧。

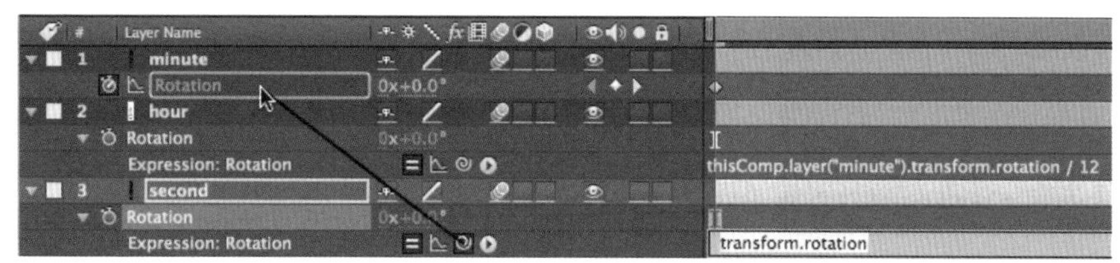

2 使用关联器将hour和second的旋转值和minute的旋转联系到一起。在必要时用简单的数学运算（如/12和*60）修改表达式。

想想你需要做什么。秒针的旋转速度应该为分针的60倍，而时针需要以分针旋转速度的1/12旋转。

- 按⌥（Alt）键+单击hour的Rotation（旋转）秒表，启用它的表达式。将它的关联器向上拖曳到minute图层的Rotation（旋转）字样处。释放鼠标，并输入“/12”将分针的旋转除以12。按Enter键。
- 按⌥（Alt）键+单击second的Rotation（旋转）秒表，启用它的表达式。将它的关联器向上拖曳到minute图层的Rotation（旋转）字样处。释放鼠标，并输入“*60”来将分针的旋转乘以60。按Enter键。

按PageDown键，用一次一帧的方式逐步通过时间轴观察三个图层的Rotation（旋转）值，从而核实数学运算。例如，将当前时间指示器移到01:15处时，分针旋转了90度（15分钟），秒针会旋转15圈，而时针仅旋转7.5度。

2 续 创建这些表达式后，现在时针和分针保持与分针的正确关系。

转换服务

现在让我们放松一下，并将在背景上发生的事情和分针的动画联系到一起。

3 选择Alien Atmospheres.mov，并应用Effect>Transition>Radial Wipe（效果>过渡>径向擦除），这会打开Effect Controls（效果控制）面板。修改Transition Completion（转场完成）值来了解擦过图层的方式，显示下面的图层。

4 按⌥（Alt）键+单击Transition Completion（转场完成）来启用它的表达式。在时间轴面板中，从Transition Completion（转场完成）拖曳关联器到minute图层的Rotation（旋转）处。释放鼠标，并按Enter键。

RAM预览，你会发现一个问题：该过渡比分针还超前。为什么呢？因为一个旋转是360度，而Transition Completion（转场完成）是从0到100。因此，在仅旋转100度之后它就完成了100%的转场。

▽ 提示

预设阴影

很多时候我们采用让Drop Shadow（阴影）效果和图层的Rotation（旋转）相互作用的技法，而不是每次使用时创建一个Direction（方向）参数的表达式，只设置一次，在Effect Controls（效果控制）面板中选中Drop Shadow（阴影），然后选择Animation>Save Animation Preset（动画>保存动画预设）。现在你可以在任何想用的时候应用该预设（带有原样的表达式）。

4 如果简单地采用关联器来表示Radial Wipe（径向擦除）的Transition Completion（转场完成）跟随minute的Rotation（旋转）（下图），过渡会超越分针（左图）。秒针背景由Artbeats/Digidelic授权使用。

这两者之间的数学转换太糟糕了［解决方法是将Rotation（旋转）值除以3.6］，但是还有大量其他不能直接转换的情况。因此，我们认为学习一种称为线性表达式的函数是有必要的，它可以为你进行转换。

5 要记住如何使用线性函数，熟记一句话：“当一个参数从A传到B时，我想从Y传到Z。”After Effects会帮助我们书写大部分代码。

- 单击Transition Completion（转场完成）的关联器工具右侧的箭头，弹出表达式语言菜单。选择Interpolation>linear（插值>线性）（t，tMin，tMax，value1，value2）。释放鼠标，文本将会替换由关联器创建的代码。
- 选择t（小心不要选择前面的圆括号或者后面的逗号）。它是你要跟随的参数——即minute的Rotation（旋转）。如前所做，使用关联器工具并将它拖到参数上。

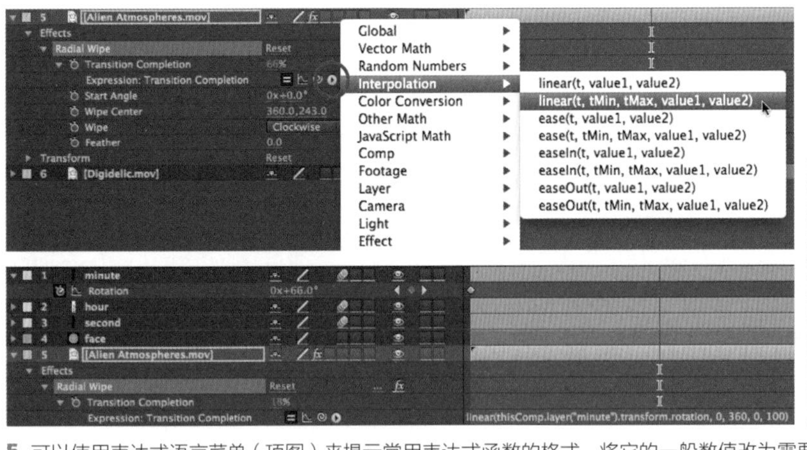

5 可以使用表达式语言菜单（顶图）来提示常用表达式函数的格式。将它的一般数值改为需要的数值（上图）。完成后，该擦除转场会正确跟随时针运动（下图）。一旦你熟悉了线性表达式的结构，可以直接输入该数值（我们将在后面的练习中采用该方法）。

- 选择tMin（你可以双击将其选中）并输入开始Rotation（旋转）值：0。
- 选择value1并输入想要的开始Transition Completionn（转场完成）值：0。
- 选择value2并输入需要的结束Transition Completionn（转场完成）值：100。

- 按 Enter 键，此时 Radial Wipe（径向擦除）会吸附到分针的直线上。进行RAM预览来检查效果，保存项目。

如果愿意，可以编辑minute的Rotation（旋转）的第二个关键帧，输入一个低点的值，如120度。时针、秒针以及转场会和分针的旋转同步更新。希望表达式的魅力变得更突出：一旦设置好后，只需编辑一个关键帧就可以更新一个复杂的动画。

在Project（项目）面板中，找到并打开我们的作品：Comps_Finished>03-Clockwork_final。我们添加了一些技巧，如采用线性函数动画Alien Atmospheres.mov图层的色相偏移。我们还给钟表添加了阴影，并使用表达式来稳定它们的位置，使其不会和针一起旋转。

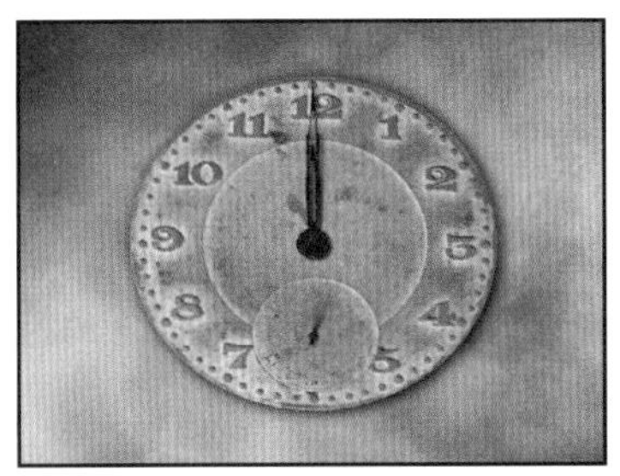

我们的版本（03-Clockwork_final）包括了其他的技巧，如启用运动模糊，并添加阴影到钟表上。所有的元素的动画都被两个关键帧驱动：它们跟随时针旋转。

寻找循环关键帧

现在讲解将另一个表达式引入作品中，在一个图层的持续时间内重复关键帧动画的能力。

1 打开Comps>04-LoopOut*starter。选择watch_widge.tif，并按 U 键显示其关键帧：有两个Rotation（旋转）关键帧，一个在00:00处，另一个在01:00处。RAM预览，它沿一个方向滚动，然后停止。

你的任务是让该部件在图层的持续时间内一直来回滚动。可以创建一些其他的Rotation（旋转）关键帧，但后期的编辑工作会很痛苦。所以，我们将介绍你使用loopOut（循环）函数。

小知识

Return与Enter

完成表达式后，记得按数字键盘上的 Enter 键，而不是普通键盘区的 Return（Enter）键——后者会在表达式中添加一个回车符，就像你要从另一行书写代码一样。

小知识

复制和粘贴表达式

如果在时间轴面板或Effect Controls（效果控制）面板中用鼠标右键单击一个参数名，而且如果该参数没有应用表达式，你会看到一个选项Copy Expression Only（仅复制表达式）。它可以大大简化图层间表达式的复制和粘贴工作。

2 按 ⌥（Alt）键+单击Rotation（旋转）的秒表，启用它的表达式。认真输入（注意大小写）：

loopOut（“pingpong”）

按 Enter 键，这将告诉After Effects跟随从第一个关键帧到最后一个关键帧的动画。然后它会重复该动画直到图层的出点。RAM预览，该部件现在持续来回滚动。

2 关键帧组合和loopOut（循环）表达式（左图）都可以创建从第一帧到图层出点的重复动画（下图）。

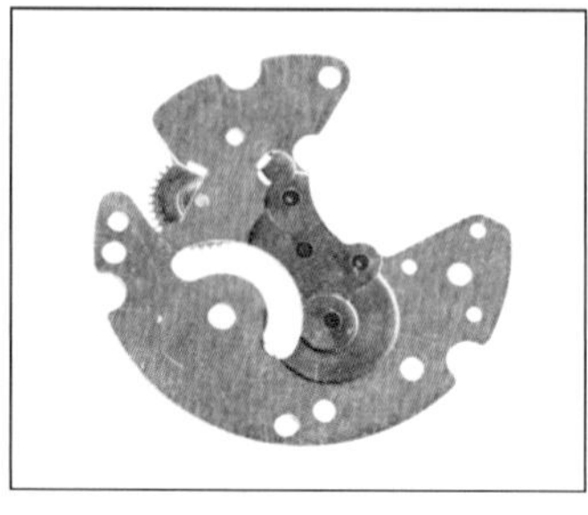

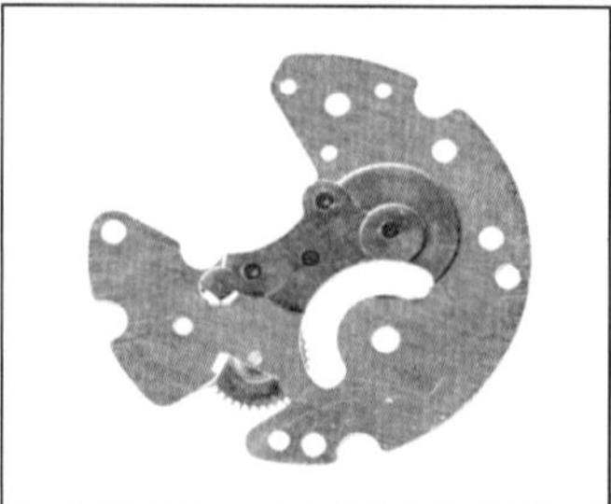

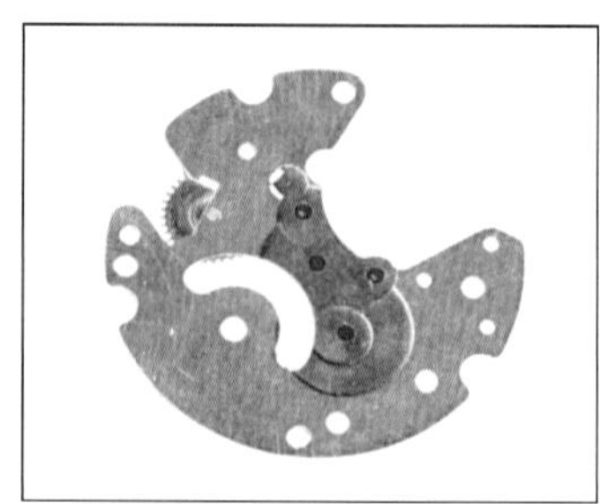

3 对于loopOut（循环）表达式，还有其他可用的选项。

- 单击表达式文本将其选中，并用词cycle替换pingpong（不要误删掉圆括号）。按Enter键进行RAM预览，动画会从第一帧前进到最后一帧，然后突然跳回第一帧。
- 用词cycle替换词offset，按Enter键，并进行RAM预览。动画会从第一个关键帧前进到最后一个关键帧，记下最后一个关键帧的位置。然后再从第一个关键帧前进到最后一个关键帧，但是旋转会偏移最后一个关键帧的位置，产生连续运动。

4 在时间轴中前后滑动最后一个关键帧，并再次进行RAM预览。动画的速度会变为持续匹配图层的持续时间。

我们的作品保存在Comps_Finished>04-LoopOut_final中。我们创建了watch_widget.tif的几个副本，然后移动它们的最后一个关键帧来改变速度。

▼ 交替循环

有几个循环函数的变体。

- LoopOut()函数重复从第一个关键帧到最后一个关键帧的动画直到图层末尾。LoopIn()函数反向重复从第一个关键帧到最后一个关键帧的动画直到图层的开始处。
- 如果不想重复所有的关键帧，可以说明重复几个。例如，loopOut（“cycle”，3）只在动画中重复最后三个关键帧。
- 还可以定义重复时间，而不是关键帧的数量。LoopOutDuration（“cycle”，1.5）只重复最后1.5秒的关键帧动画。

▼ 表达式技巧

以下是在使用表达式时很有用的快捷键和小提示。

- 要删除表达式，再次按⌥（Alt）键+单击秒表。还可以选择表达式文本并将其删除。
- 要暂时禁用一个表达式而不删除它，单击它的=图标，该图标会变成≠。要重新启用，单击≠即可。
- 选择一个图层并按U键会显示具有关键帧或者表达式的属性。如果只显示带表达式的属性，选中图层并按E E键。
- 表达式使用和计算机数字键盘上相同的字符来表示数学函数：*表示乘（不要输入“x”），/表示除。
- After Effects可以将表达式转换为普通的关键帧：选择你想要转换的属性，并使用菜单项Animation>Keyframe Assistant>Convert Expression to Keyframes（动画>关键帧助手>转换表达式为关键帧）。
- 在同一项目中关键帧可以应用到多个合成中。要实现该操作，需要排列Effect Controls（效果控制）面板或时间轴面板——以同时看到两个面板，然后采用关联器工具在它们之间传递表达式。

如果在创建表达式时无意单击了错误的位置，After Effects会认为你已经完成工作，但实际并没有。然后会发生下面两件事情之一。

- 如果你书写的表达式片段有意义，After Effects会确认所表示的含义并启用表达式。
- 如果表达式片段产生的是无效代码，After Effects会给出错误信息并关闭表达式。

在任何一种情况下，修改表达式都很容易。在看到代码的位置单击，删除它并重新开始，或者添加所缺失的代码段。按Enter键时，After Effects会重新启用更新的表达式。

摇摆表达式

我们认为你应该学习的第三个表达式是摇摆表达式。这个简单的表达式可以给任意参数添加随机变化。要使用摇摆表达式，只需考虑两件事：我真正想要摇摆多快，以及摇摆的数量。

提示

Behaviors

如果要对图层改变位置、旋转或者进行其他的转换时，我们建议应用一个动画预设（第3章中介绍）。查看有关预设的文件夹Behaviors内部，它以“Wiggle”开头。可用的预设基于摇摆表达式。

1 从Comp（合成）面板的下拉菜单中选择Close All（关闭全部），关闭所有前面的合成。在Project（项目）面板中，找到并打开Comps>05-Wiggle*starter。它包含两个图层：一个背景图层和一个不断打开和关闭的黄色线框。

2 选择Gizmo.mov并按P键显示其Position（位置）。按⌥（Alt）键+单击Position（位置）的秒表来启用表达式。在表达式文本区域，输入以下内容。

- 输入“wiggle(”（没有引号）开始表达式。
- 你希望对象摇摆多快，每秒多少次摆动？输入数字，后跟一个逗号，如“1,”作为1摆动/秒。
- 你希望该值摇摆到多少？输入数字和一个右括号，如输入“200)”表示可达200像素。最后表达式应该是wiggle(1, 200)。

按Enter键进行RAM预览，线框会在合成中四处游荡。

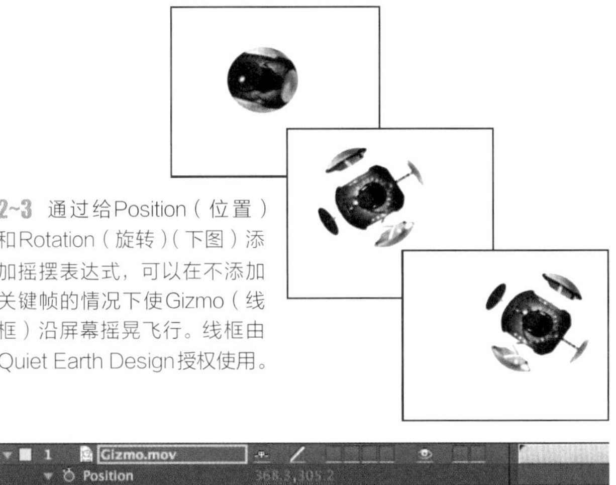

2~3 通过给Position（位置）和Rotation（旋转）（下图）添加摇摆表达式，可以在不添加关键帧的情况下使Gizmo（线框）沿屏幕摇晃飞行。线框由Quiet Earth Design授权使用。

3 我们让线框在游荡时进行旋转，就像它很难稳定一样。例如我们让它仅摇摆一半（0.5摆动/秒）并旋转45度。

- 依然选中Gizmo.mov，按快捷键Shift+R同样显示Rotation（旋转）参数。
- 启用Rotation（旋转）的表达式。
- 输入“wiggle(0.5, 45)”（我们选定的值）并按Enter键。

进行RAM预览，并观看线框摇摆的飞行过程。

4 好像不够酷……还可以根据应用到哪个图层来随机产生摇摆动作。选择Gizmo.mov并复制几次，现在你有一组失去控制的线框。我们的版本保存在Comps_Finished>05-Wiggle_final中。

4 复制线框几次。每个副本会自动以不同方式摇摆。背景由Artbeats/Light Alchemy授权使用。

表达式和效果

像摇摆这样的表达式效果很棒，但比较痛苦的是每次调整其值时，必须编辑表达式文本。解决方法是采用一组称为Expression Controls（表达式控制）的特殊效果。这些效果不会改变图像的外观，但是，它们提供了控制表达式的用户界面元素。

1 打开Comps>06-Effects*starter。进行RAM预览，然后选择underwater并按E E键显示所应用的表达式。我们添加了摇摆表达式到Twirl（扭转）效果的Angle（角度）参数上来动画文本图层。

表达式控制使调整和关键帧（应用到文本变形上的）摇摆数量变得更轻松。素材由Artbeats/Under the Sea1授权使用。

2 你会发现我们的初始摇摆值有点疯狂。如果想调整它或关键帧摇摆的数量和速度，应该怎么办？解决方法是为该表达式定义自己的用户界面。

- 选中underwater，应用Effect>Expression Controls>Slider Control（效果>表达式控制>滑块控制），Effect Controls（效果控制）面板就会打开。选择名为Slider Control（滑块控制）的效果，按Return键使其高亮显示，输入一个有意义的名称，如“Wiggle Speed”并再次按Return键。
- 然后应用Effect>Expression Controls>Angle Control（效果>表达式控制>角度控制）。重命名效果为“Wiggle Amount”。
- 在时间轴面板中打开这些控制。你需要显示它们的参数来将关联器拖曳到其上。还可以拖曳关联器到Expression Controls（表达式控制）面板中的参数上。

2 添加一个滑块和角度控制，并重命名它们来反映想要控制的表达式参数。

3 回到时间轴面板。单击表达式文本将其激活。

- 小心选择括号内部的3，你要替换它。拖曳Angle（角度）的关联器工具到Wiggle Speed（摇摆速度）的Slider（滑块）（不是效果的名字）字样处。表达式代码effect(“Wiggle Speed”)(“Slider”)此时会出现在时间轴中。
- 选择逗号后面的60，注意不要选中逗号或者右括号。拖曳Angle（角度）的关联器到Wiggle Amount（摇摆数量）的Angle（角度）字样处，也可以实现替换。按Enter键接受新表达式。

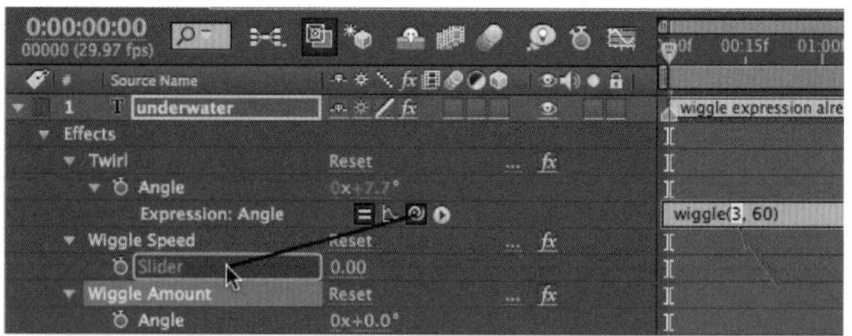

3 选择表达式中的第一个值，然后拖曳关联器到Wiggle Speed>Slider（摇摆速度>滑块）参数（不是效果名称）。你可以拖曳到时间轴面板的Slider（滑动）参数上或者Effect Controls（效果控制）面板的相同参数上。

4 尝试关键帧Wiggle Speed（摇摆速度）和Wiggle Amount（摇摆数量）的值，执行RAM预览，检查结果。我们的版本保存在Comps_Finished>06-Effects_final中。

主控制器

Expression Controls（表达式控制）的另一个很大用处是为多个图层设置一个主控制器——如用于选择颜色。

1 打开Comps>07-Master Control*starter。它包含几行文本，还有一个形状图层（这些图层会在第11章中演示，它们是固态图层的出色替代对象）。我们将所有图层创建为白色。但是，客户要求它们为彩色。不用单独改变每个图层的颜色（每次客户改变想法时），让我们设置一个可控制所有图层颜色的主颜色。

2 选择Layer>New>Null Object（图层>新建>空对象），然后选择Layer>Solid Settings（图层>固态层设置）来打开Solid Settings（固态层设置）对话框。将其名称改为“MASTER CONTROL”使其容易找到。单击OK（确定）按钮，然后关闭它的Video（视频）开关（眼睛图标）。

3 应用Effect>Expression Controls>Color Control（效果>表达式控制>颜色控制）到新图层上。按E键在时间轴面板中显示它，并展开显示它的Color（颜色）块。

4 选择第一个文本图层：REASONS TO UPGRADE。

- 要给它着色，应用Effect>Generate>Fill（效果>生成>填充）。文本会变为Fill（填充）的默认颜色红色。
- 按⌥（Alt）键+单击Effect Controls（效果控制）面板中Fill（填充）的Color（颜色）旁边的秒表，会在时间轴中显示它并启用它的表达式。
- 拖曳它的关联器工具到Color（颜色）[应用到MASTER CONTROL上的Color Control（颜色控制）效果]字样上。然后按Enter键接受该表达式。

4 用关联器将文本图层的Fill（填充）效果的Color（颜色）参数附加到MASTER CONTROL图层的Color（颜色）参数上。

5 单击MASTER CONTROL的Color（颜色）块改变颜色（还可以在时间轴中单击它直接修改）。选择一种与背景互补的颜色，如金黄色。文本也会发生改变。

6 现在使其他图层跟随该效果：在Timeline（时间轴）中，单击Reasons to upgrade的Fill（填充）字样并按快捷键⌘+C（Ctrl+C）复制该效果。收起Fill（填充）效果，在时间轴面板中留出更多空间。

- 单击dividing line选中Shape（形状）图层，然后按Shift键+单击24/7-commerce，选中它下方的其他所有文本项。
- 按快捷键⌘+V（Ctrl+V）粘贴Fill（填充）效果（带有指向MASTER COLOR的表达式）到所有选中的图层上。它们将全都变为黄色来实现匹配（如果没有，可能只是暂时的缓存问题）。
- 设置MASTER CONTROL的Color（颜色）后，所有的文本和形状图层也会更新。

6 在将其他图层框起来，让主图层控制它们后，只需修改主图层的色块（顶图）就可以改变它所框住的所有图层的颜色（上图）。背景合成由Artbeats' Digital Aire and Digital Biz授权使用。

通过声音驱动

如果将视觉和音频联系起来，运动图形的设计会更有魅力。表达式和一个特殊关键帧助手的组合可以轻松完成该任务。

1 打开Comps>08-Audio*starter。它包含一个电影配音、背景电影和扬声器的静态图像。我们的目的是让扬声器的低音随音乐在时间方面上下跳跃。

2 表达式不能直接使用声音。但是，After Effects有一个关键帧助手，它可以将合成的音频转换成应用到Expression Controller（表达式控制器）上的关键帧。

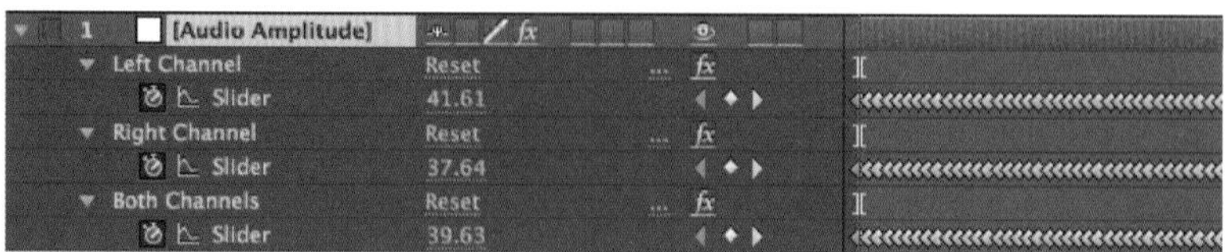

2 Convert Audio to Keyframes（转换音频为关键帧）创建了一个带有三个Slider Control（滑块控制）效果的空对象。它们的关键帧匹配合成音频的振幅。

选择Animation>Keyframe Assistant>Convert Audio to Keyframes（动画>关键帧助手>转换音频为关键帧）。一个名为Audio Amplitude的空对象被创建在图层堆栈顶部。选择它并按U键来显示它的关键帧。

沿时间轴拖曳当前时间指示器，同时观看Both Channels（双声道）（左右声道振幅的平均）的值。一些波峰超过50，但是它的大多数值在30以下。[还可以使用图形编辑器更清楚地查看关键帧变化的方式，在时间轴中选择Both Channels>Slider（双声道>滑块）参数来查看它的图表。完成后关闭图形编辑器。]

3 选择speaker.jpg并按F3键打开它的Effect Controls(效果控制）面板。我们已经给它应用了一个Bulge(凹凸镜）效果并将膨胀集中在低音扬声器上。修改Bulge Height（凹凸程度设置）参数并观察扬声器的收缩。获取一个比较合适的值范围——也许是-1.0~+1.0。

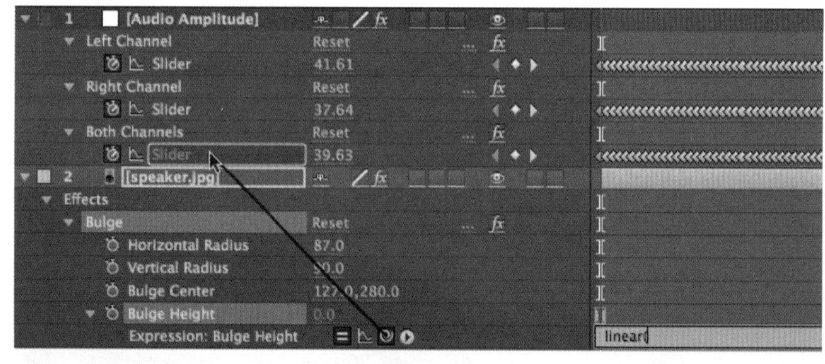

3 使用关联器帮助将Bulge Height（凹凸程度设置）连接到其中一个Slider（滑块）参数上。

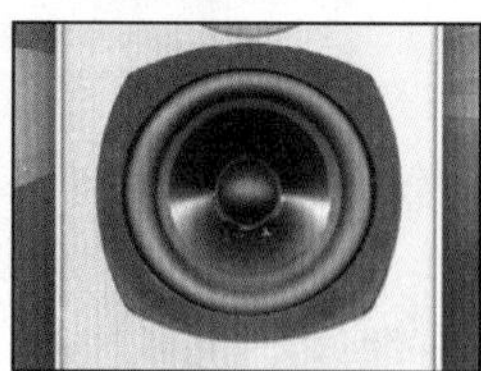

3 完成 如果有问题，可以在Comps_Finished>08-Audio_final中查看我们的版本。

4 在几个练习以前，我们向你展示了如何使用线性表达式在不同值范围间进行转换。记住一句话：当一个参数从A传到B时，我想从Y传到Z。

- 按⌥（Alt）键+单击Bulge Height（凹凸程度设置）旁边的秒表来启用表达式。
- 输入“linear(”来开始表达式。
- 将关联器拖曳到想要跟随的参数上：Both Channel>Slider（双通道>滑块）。然后输入一个逗号来分隔后面的数字。

- 当音频振幅从0变为40时，想要Bulge Heigh（凹凸程度设置）t的值从-1变为+1。所以输入“0，40，-1，1”，后面跟一个右括号“)”。

按 Enter 键预览——现在低音会跟随音乐发生变化。如果想更有趣一些，复制扬声器，并且不将表达式连接到Both Channels（双通道），而是将一个扬声器连接到Left Channel（左通道），另一个连接到Right Channel（右通道）。

同样的技巧可以用来驱动实际中的任何音频相关参数。如果感到困惑，我们的版本保存在Comps_Finished>08-Audio_final中。

如果喜欢该方法，可查看更有效的第三方插件Trapcode Sound Keys或Boris Beat Reactor。

时间游戏

我们要改变主题。现在要处理时间：如何让它变得更平滑或者分开时间。还会看到如何改变速度。

帧混合

在有些情况下，你希望素材中的动作发生得快一些或者慢一些。“拉伸”素材相对要比较容易，但是当帧重复或者跳跃时会导致锯齿形运动。要进行修改，After Effects提供了帧混合来平滑最终的运动。

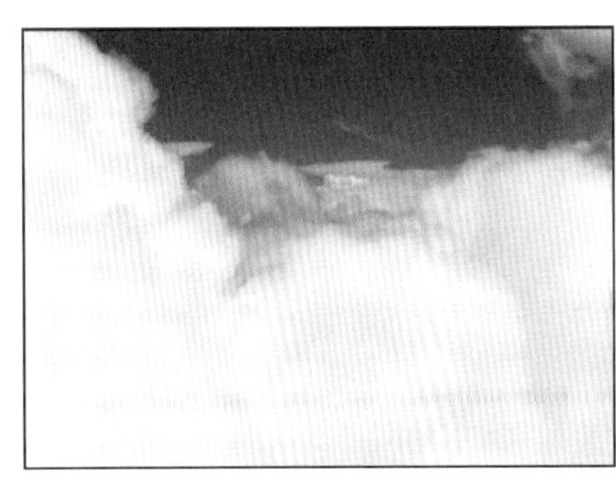

软对象（如云和模糊的背景）是极好的关键帧混合的候选对象。素材由Artbeats/Aerial Cloud Backgrounds授权使用。

1 项目文件Lesson_07.aep应该仍然处于打开状态。从Comp（合成）面板的下拉菜单中选择Close All（关闭全部），关闭所有以前的合成。在Project（项目）面板中，查找并打开Comps>09-Frame Blending*starter，进行RAM预览。该合成包含一个图层，是关于在云上飞行的素材。

2 假设你想将该剪辑减慢为原始速度的1/3。在时间轴面板中，用鼠标右键单击其中一个列标题。选择Columns>Stretch（列>拉伸）打开其他的参数列。单击当前值（100%），这会打开Stretch(拉伸）对话框。将Stretch Factor（拉伸系数）改为300%，并注意到持续时间延长三倍的方式。单击OK（确定）按钮。

RAM预览，你会注意到云层运动更慢了（每个帧播放了三帧的时间），但在运动中也发生了抖动。平滑该效果是一些帧混合功能的擅长之处。

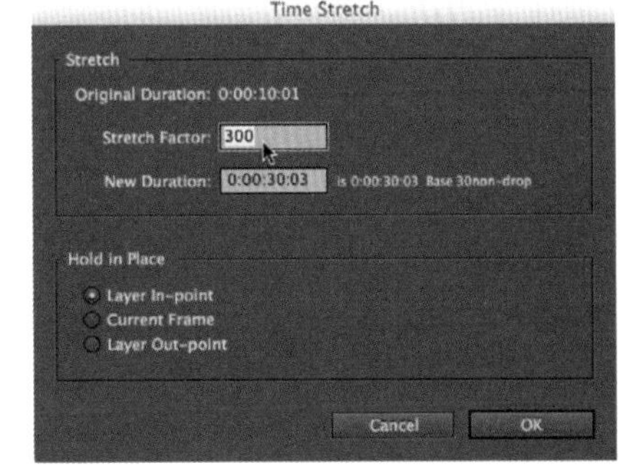

2 在Time Stretch（时间拉伸）对话框中，将Stretch Factor（拉伸系数）改为300%，将持续时间延长3倍。

3 在Switches(开关）列标题中间有一个看起来像电影胶片的图标。这就是Frame Blend（帧混合）开关。在Aerial Clouds.mov该图标下方的空心区域单击一次，启用基本的帧混合。一个马赛克反斜线会出现在该空心区域中，表示该图层在渲染时有帧混合需要计算。

在渲染前，如果想在Comp（合成）面板视图中查看帧混合效果，还需要启用时间轴面板顶部的主Frame Blending（帧混合）开关。要实现该操作，单击大的电影胶片图标。再次进行RAM预览，云层的运动将平滑多了。

如果每个剪辑都正常工作就好了……不幸的是，你会发现许多剪辑几乎没有被平滑。

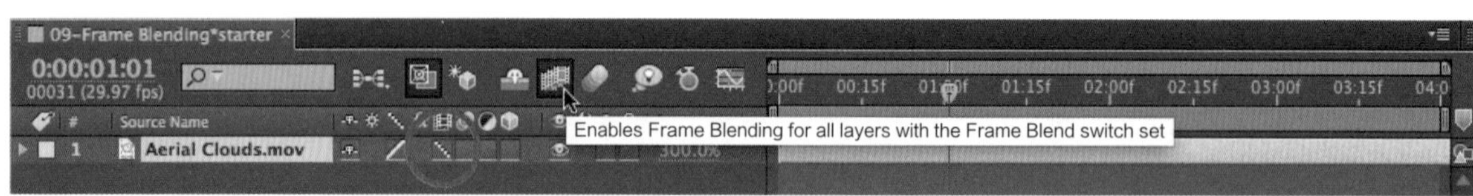

3 为图层和整个合成启用Frame Blending（帧混合），在Comp（合成）视图中查看效果。

4 打开Comps>10-Pixel Motion*starter。该合成包含一个人走过一个汽车的素材。它的Stretch（伸展）列应该可见，你会看到它已经被减慢为300%。RAM预览，会注意到进行帧复制时运动中有大量的锯齿形。

5 单击Business on Go.mov的Frame Blend（帧混合）开关一次，得到马赛克反斜线。然后启用大的Enable Frame Blending（启用帧混合）开关。

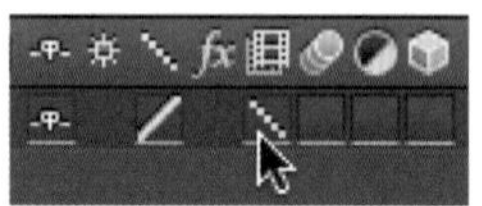

5 沿尖边缘在图层之间淡入淡出时，一般的帧混合会创建可视的重影（右图）。素材由Artbeats/Business on the Go授权使用。

RAM预览。该结果看起来不再像一个停止运动动画，但是仍然有点粗糙。停止预览并按PageDown键来逐帧播放，你会看到在明暗交界处（如夹克周围）的重影效果。帧混合只是将相邻的帧混合到一起，你可以在锐化后的素材中清楚地看到该渐变效果。

像素运动

6 转到你看见重影的00:08处。在变成实体的前倾姿势处，再次单击Frame Blend（帧混合）开关。这种加强的帧混合模式称为Pixel Motion（像素运动）。重影会消失。Pixel Motion（像素运动）会研究帧之间每个像素的运动，并计算每个像素在要求的时间应该在何处创建新的中间帧。

RAM预览，它花费了更长的时间，因为Pixel Motion（像素运动）需要大量的计算能力。运动（尤其是在影片的开始和结束处）现在更加平滑。尽管如此，但并非总是很好……

6 再次单击一个图层的帧混合，将其变为一个反斜线，它会导致出现像素运动。这会创建全新的中间帧，产生更清晰的图像（右图）。

7 将当前时间指示器移到01:20处，此处人的手臂开始从他的身体挥舞出去并越过汽车引擎盖。Pixel Motion（像素运动）和其他类似的时间差值算法更难决定当一组像素通过另一组时应该做什么。按PageDown键缓慢地逐步播放接下来的30左右的帧，观察人手臂周围发生的情况：有大量的变形。Pixel Motion（像素运动）当然不是完美的，应该仔细研究所用的每个影片。但如果它工作，那就不错。

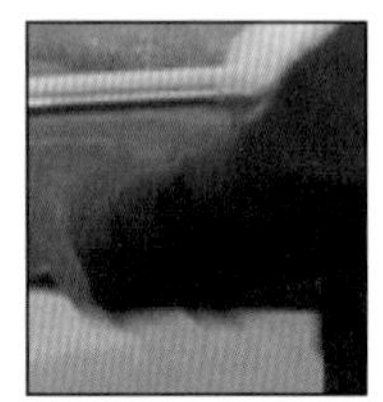   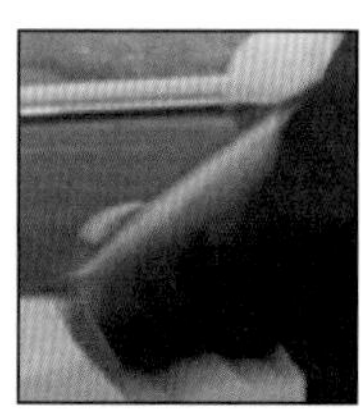  

7 当目标穿过彼此运动时，Pixel Motion（像素运动）会引起奇怪的变形。注意在人挥舞手臂时（上图），挡风玻璃处发生的事情。

提示

After Effects从Time>Timewarp（时间>时间扭曲）开始，执行的是与Pixel Motion（像素运动）类似但具有更多用户控制的任务。还有第三方可用的解决方法。我们喜欢RE：Vision Effects的Twixtor（插件）。

停止运动的窍门

有时你不想让动画平滑播放——例如，如果正在尝试模仿低帧速率的“停止运动”效果，或者正在尝试减慢每个帧中显得过于紧张的效果。

保持帧速率

首先，我们需要展示After Effects如何阻碍你创建一种停止运动效果。然后我们展示如何阻止After Effects这么做。

1 在Project（项目）面板中，找到并打开Comps>11a-Preserver Rate*starter，进行RAM预览。它包含特殊的、步行到前面练习中所看到位置的素材。我们计划让该素材看起来像一个秘密监视的一系列静态图片、影片。

我们的目标是让视频看起来像一系列静态图像，同时保持平滑的文字动画。

2 按快捷键⌘+K（Ctrl+K）打开它的Composition Settings（合成设置）对话框。你会注意到它（和素材）采用的是一个类似电影的频率23.976fps。将Frame Rate（帧速率）改为1fps，并单击OK（确定）按钮。RAM预览，会看到After Effects“保持”一些帧并跳到其他帧来创建停止运动效果。

3 打开Comps>11b-Output Rate*starter。它里面嵌套了以前的合成。它的帧速率同样设置为23.976fps，以模拟最终渲染在最终合成中的观看方式。RAM预览，该运动再次平滑了。发生了什么事?

每个合成中的帧速率实际是一个预览速率，它只有在那个合成中工作时才起作用。如果你将它嵌套到另一个具有不同速率的合成中，After Effects会执行第二个合成的速率并在新速率下处理所有嵌套的资源。进行渲染时，After Effects会在Render Settings（渲染设置）中执行该速率，并以该最终速度计算全部动画。但是还有一种方式……

4 在时间轴面板中，单击合成11a-Preserve Rate*starter的选项卡再次将它激活。按快捷键⌘+K（Ctrl+K）再次打开它的Composition Settings（合成设置）对话框。然后单击该对话框中的Advanced（高级）选项卡。选择文本Preserve frame rate when nested or in render queue（在嵌套或者渲染队列时保留帧速率）旁边的方框并单击OK（确定）按钮。这会锁定该合成的帧速率，无论后期你要用它做什么都是如此。

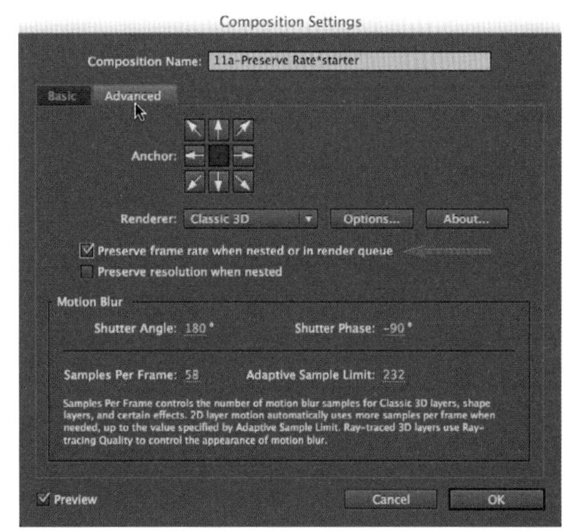

4 如果想在一个预合成中采用较低的帧速率通过一个项目，在Composition Settings>Advanced（合成设置>高级）中启用它的Preserve Frame Rate（保持帧速率）选项。

再次激活11b-Output Rate*starter并进行RAM预览，现在你再次拥有了监视效果。注意文本动画使用与以前相同的速率前进，它遵从其所在合成的帧速率——不是嵌套合成的帧速率。

稳定效果

现在我们用Preserve Frame Rate（保持帧速率）窍门来改变效果的行为。

1 打开Comps>12a-Numbers*starter，并进行RAM预览。这个小合成包含一个应用了Effect>Text> Numbers（效果>文本>数字）的固态层：这是一种创建数据读出和相似图形的简易效果。

2 选择numbers图层并按F3键打开它的Effect Controls（效果控制）面板，你会注意到我们已经选中了它的Randomize（随机化）选项。RAM预览，数字在每帧上都会出现变化，使结果实际上无法读出。

像数字等的效果可以随机化每个帧。要减慢它们的速度，需要将它们放在自己的预合成中，采用的是较低的帧速率并启用合成设置>高级>保持帧速率。

856.493

90.364

259.069

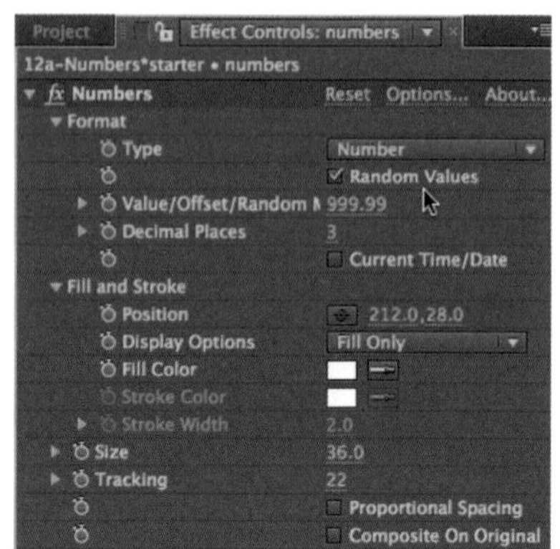

3 按快捷键⌘+K（Ctrl+K）打开它的Composition Settings（合成设置）对话框，输入一个较低的帧频率，如5fps，并单击OK（确定）按钮。RAM预览，现在可以在每个数字变化前选取它。

4 打开Comps>12b-Nested*starter。它的帧速率是29.97fps。12a-Numbers*starter合成嵌套到其中。RAM预览，你会看到在每个帧上再次出现数字随机化。这与你在前面练习中观看的素材有着完全相同的问题。

5 再次激活12a-Nested*starter，打开它的Composition Settings（合成设置）对话框，单击Advanced（高级）选项卡，启用Preserve Frame Rate（保持帧速率）选项，并单击OK（确定）按钮。现在RAM预览12b-Nested*starter时，较低的帧速率会稳定数字。

在Comps_Finished文件夹中打开我们这两个作品的最终版本——其中有一个小窍门。在12a-Nested_final中，我们保持全帧速率29.97fps，但是启用了Preserve Frame Rate（保持帧速率）选项来锁定它。在12b-Nested_final中，我们复制预合成几次，然后给每一个副本设置了不同的Stretch（拉伸）值来减缓速度，同时保持停止运动外观。

在我们的最终作品中（左图），我们将嵌套的数字预合成复制了几次，并使用Stretch（拉伸）来改变它们的结果帧速率（右图）。该方法的效果不错，是由于Preserve Frame Rate（保持帧速率）选项的使用，预合成的帧速率锁定在29.97fps。

#	Source Name	Stretch
1	12a-Numbers_final	500.0%
2	12a-Numbers_final	700.0%
3	12a-Numbers_final	600.0%
4	12a-Numbers_final	900.0%
5	12a-Numbers_final	450.0%
6	12a-Numbers_final	1000.0%
7	12a-Numbers_final	667.0%
8	12a-Numbers_final	875.0%
9	12a-Numbers_final	525.0%
10	12a-Numbers_final	750.0%

▽ 提示

混合的运动

要创建一个有趣的、梦幻般的效果，合并停止运动和帧混合。渲染一个停止运动动画的中间影片，导入该渲染，将其添加到一个合成中，并为新影片启用帧混合。

时间重映像

在After Effects中，你可以几乎为任何事物制作关键帧——包括时间本身。方法是时间重映像。该参数允许你定义素材的哪个帧在合成中的特殊帧上播放。必要时，After Effects会在关键帧之间加速或者减速素材，从而实现时间重映像。

提示

冻结帧

如果希望将单个帧上的剪辑在整个持续时间冻结，确保禁用了Time Remapping（时间重映像）。将当前时间指示器移到想要的素材帧上，选择图层，并选择Layer>Time>Freeze Frame（图层>时间>冻结帧）。这会在选定的时间创建单个Time Remapping Keyframe（时间重映像关键帧）。你可以在时间轴面板中修改其值来改变它。

添加控制柄

在变疯狂之前，我们先从一个普通的任务开始：用一个冻结帧延长一个影片的持续时间。

1 继续在Lesson_07.aep中操作。如果已经实践了前面的练习，通过从Comp（合成）面板的下拉菜单中选择Close All（关闭全部）来关闭旧合成。

在Project（项目）面板中，找到并打开Comps>13-Freeze Frame*starter，并进行RAM预览。它包含一个穿过最高法院表面的平移。问题是，新编辑师想让影片更长一些，这样就可以在其上创建并持有一个标题动画。

2 选择Supreme Court.mov。然后选择菜单项Layer>Time>Enable Time Remapping（图层>时间>启用时间重映像）。Time Remapping（时间重映像）属性会出现在时间轴面板中，关键帧设置在图层原始持续时间的开始和结束处。

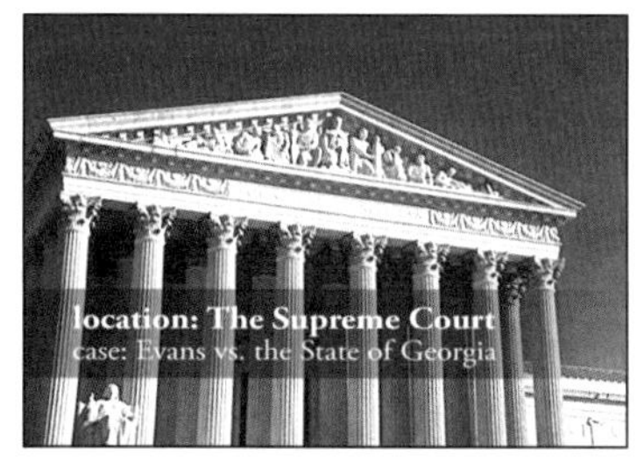

2 选择 Layer>Time>Enable Time Remapping（图层>时间>启用时间重映像），图层的Time Remapping keyframes（时间重映像关键帧）就会出现。如下图所示，然后可以向后拖曳图层的出点来延长剪辑。左图来自Comps_Finished文件夹中的最终版本。素材由Artbeats/Washington DC授权使用。

3 你还会注意到时间轴中超出图层末端的区域从空的变为一个灰色长条，它表示有更多的剪辑要显示。拖曳剪辑的出点（图层条的末端）到合成的尾部。沿时间轴末端修改当前时间指示器，剪辑会冻结到最后一个关键帧上。

4 如果你还需要额外控制剪辑的头部怎么办？单击时间轴中的Time Remapping（时间重映像）来选中它的关键帧，并在时间上向后拖曳它们（确保它们一起运动，在两个帧之间保持相同数目的关键帧），或者，你可以在时间上向后拖曳图层条，然后将图层入点在时间上向前拖曳。在任何一种情况下，剪辑会在第一帧处冻结，并当它穿过第一个Time Remapping（时间重映像）关键帧时开始播放。

有趣的时间重映像

本章的学习几乎完成了，所以我们变得大胆一些：使用时间重映像来制作一杯牛奶跳舞的动画。

1 打开Comps>14-Time Remap*starter，它包含一个超慢速的牛奶洒落影片。RAM预览它或反复播放来了解该影片。

你的任务是改变剪辑播放的方式，使其在真实时间中开始，当撞击桌子后减速到停止，然后在那里反复跳动。

2 选择Milk Drop.mov，然后选择Layer>Time>Enable Time Remapping（图层>时间>启用时间重映像）。Time Remap（时间重映像）关键帧会出现在时间轴面板中剪辑的开始和结束处。我们设置一些其他的Time Remapping（时间重映像）关键帧来标记原始剪辑中重要的帧。

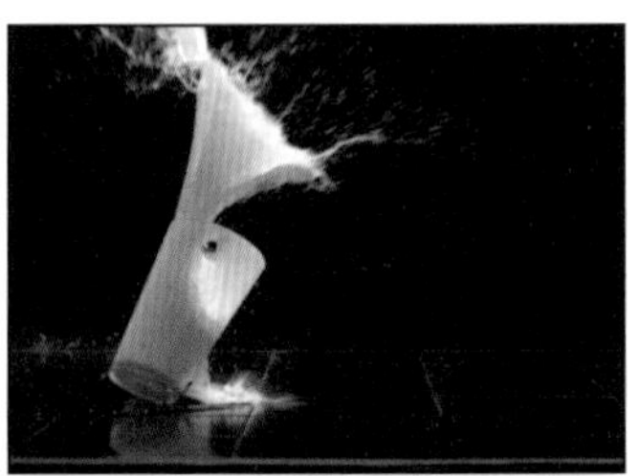

2 通过修改值在素材的时间上寻找素材的有趣点（右图），并在这些点处放置Time Remap（时间重映像）关键帧（下图）。时间出现在Switches（开关）列下方表示源素材的帧。素材由Artbeats/Ultra Motion授权使用。

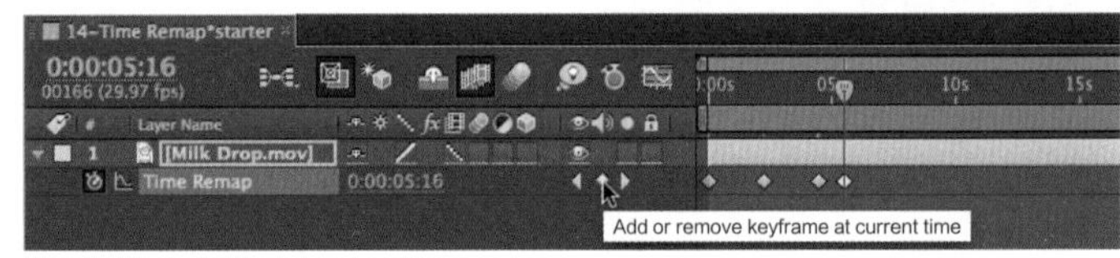

- 改变时间指示器的同时查看Comp（合成）视图，寻找杯子刚好出现前的帧（约02:07处）。在时间轴面板中，单击关键帧导航箭头之间的空心菱形，在此处设置一个关键帧。菱形会变为金色。注意到时间出现在Switches（开关）列的下方，该关键帧正在记忆素材的帧数。
- 一直修改直到杯子撞到桌子，约在04:13处。在此处添加另一个Time Remap（时间重映像）关键帧。
- 继续修改。直到飞溅的牛奶产生一个良好的形态，如当低处的飞溅物离桌子约在05:16处。设置另一个关键帧。
- 再选择一个好的姿势（如在约07:16处）再设置一个关键帧。这些关键帧对于产生有趣的效果应该足够了。

3 将当前时间指示器移到约05:00处，并按N键结束此处的工作区域。然后按Home键，在时间轴上放大一点。确保Info（信息）面板可见。如果看不到，按快捷键⌘+2（Ctrl+2）。

4 删除第一个Time Remap（时间重映像）关键帧，并将其余的关键帧向回拖曳，使创建的第一个关键帧（在原始剪辑中的02:06处）位于合成的00:00处。

4 牛奶杯子出现前的时间很令人厌烦，所以删除00:00处的第一个Time Remap（时间重映像）关键帧。单击Time Remap（时间重映像）选择其余的关键帧，并将它们向回拖曳，直到所创建的第一个关键帧00:00处。（开始拖曳后按Shift键，关键帧会吸附到时间指示器上。）

5 接下来的想法是让物体掉落时就像发生在正常速度下——即使原始素材是以慢动作拍摄的也是如此。要加速播放，需要减少Time Remap（时间重映像）关键帧之间的时间数量。

确保所有其他Time Remap（时间重映像）关键帧仍然选中，然后按Shift键+单击第一个时间重映像关键帧，取消选中它。将第二个关键帧拖到时间的00:10处。Info（信息）面板会确认你拖曳的位置。

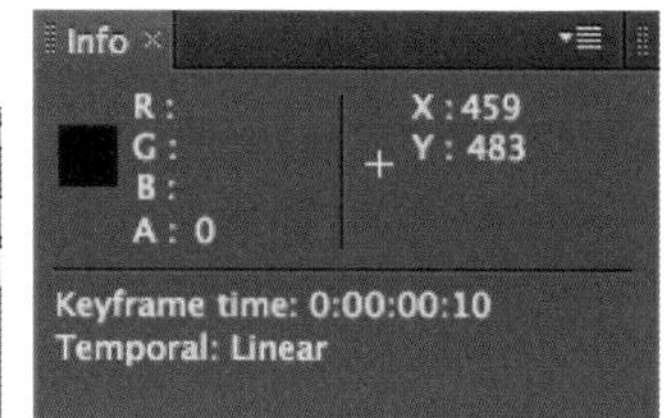

5 取消选中第一个关键帧，并拖曳其余关键帧，使它们开始位于合成的00:10处（上图左）。拖曳时Info（信息）面板会核实时间（上图右）。注意关键帧的值是04:13——这是源素材帧将要播放的时间点。

RAM预览，杯子会快速下降，然后在撞到桌子时（即通过第二个关键帧时）减速。既然已经修改了第二个关键帧和之后关键帧的距离，剪辑会继续以未变化的速度从此处播放。

▽ 提示

变速

尽管时间重映像和帧混合可以创建在广告和音乐视频中快速/慢速播放的效果，但要牢记高速的大型作品为了获取高质量会减慢运动。

6 现在我们要减慢牛奶的飞溅速度，直到它停止，冻结它的第一个姿势。

- 按Shift键+单击第二个关键帧来取消选中它，其他的Time Remap（时间重映像）关键帧仍然选中。
- 增加Time Remap（时间重映像）关键帧之间的时间会减速播放。在时间上向后拖曳其余的关键帧，直到第三个关键帧位于整个时间轴的02:00处。
- 取消选择第三个关键帧，并向后滑动第四个关键帧到05:00处。现在播放将从前面的第二个关键帧开始减速。
- 只选择第三个关键帧，并按F9键为其应用Easy Ease（缓和曲线）。这样播放到该帧时开始减速，在此停留一会儿，然后通过它后再次加速。

进行RAM预览，检查目前的进度。牛奶的飞溅会减速，直至遇到第三个关键帧，然后再次恢复播放速度。（我们已经启用了帧融合，所以播放看起来不会太糟糕……）

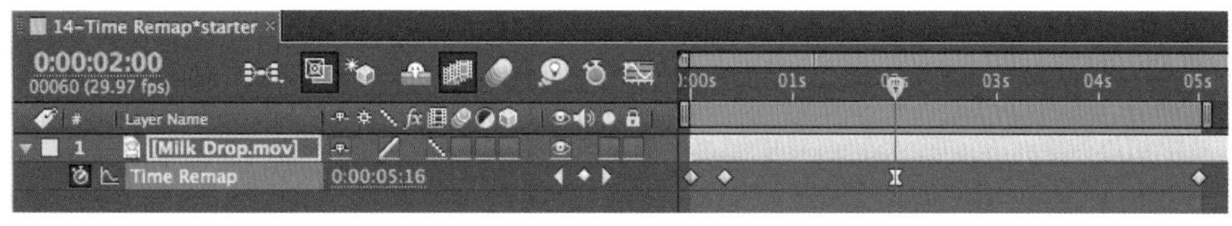

6 在第6步之后你的时间轴看起来应该是这样的。通过给第三个关键帧应用Easy Ease（缓和曲线），播放会在此帧处减速，然后再次加速。

7 现在该向后播放，使牛奶跳舞。要实现该操作，我们需要创建一个Time Remap（时间重映像）关键帧，它比以前的关键帧存储了更早的时间。

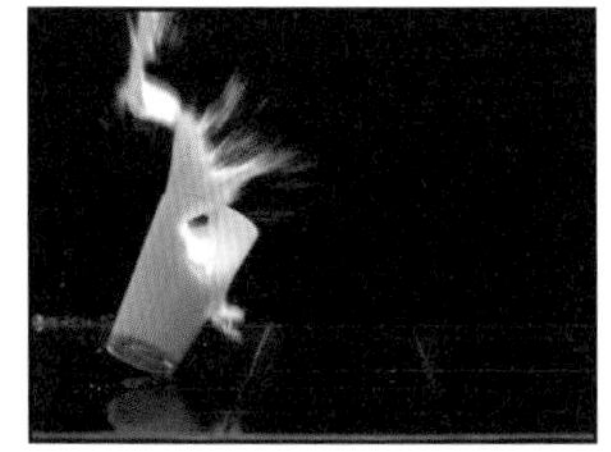
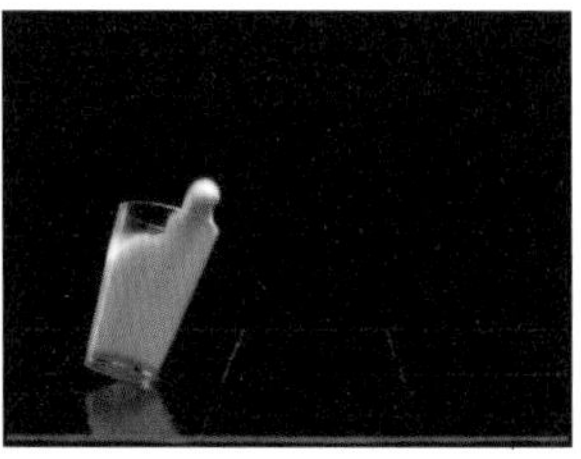

7 通过在后面的关键帧处粘贴一个早期的Time Remap（时间重映像）关键帧，你可以对时间重新排序实现向后播放，然后再次向前播放。

- 选择第二个关键帧，它存储了一个源时间04:13，此时杯子第一次撞击桌子。复制它。

- 移动当前时间指示器到03:00处（超过了牛奶飞溅位置的关键帧），粘贴。

RAM预览，并看看正在发生的事情：最初播放速度很快，减速到停止，向后播放［撤回到一个早期的Time Remap（时间重映像）关键帧处］，然后恢复到向前的方向，此时播放前进到在第2步中创建的最后一个Time Remap（时间重映像）关键帧处。

8 要以图形方式查看所发生的事情，选择Time Remap（时间重映像），并按快捷键Shift + F3打开图形编辑器。单击底部的眼睛图标并确保启用了Show Selected Properties（显示选定的属性）。然后单击Choose Graph Type（选择图表类型）右侧的图标，确保选中了Auto Select Graph Type（自动选择图形类型）或者Edit Value Graph（编辑数值图形）。

白色曲线表示时间在合成中前进的方式。它从剪辑播放2秒后开始（你在第2步中创建的第一个关键帧），快速移动到剪辑的4秒处，更慢地移动到05:15处［此处它遇到应用了Easy Ease（缓和曲线）的关键帧］，然后反向播放（向下的弧线）到4秒处。该关键帧之后向上的斜坡表示播放再次向前。

然后再次单击Choose Graph Type（选择图形类型）按钮，选择Show Speed Graph（显示速度图形）。沿曲线移动光标，就可以读出图层在该时间点的速率。在查看另一种图形类型时，你可以打开Graph Type>Show Reference Graph（图形类型>显示相关图形），出现的灰色线条会显示出其他的图形类型作为对比。

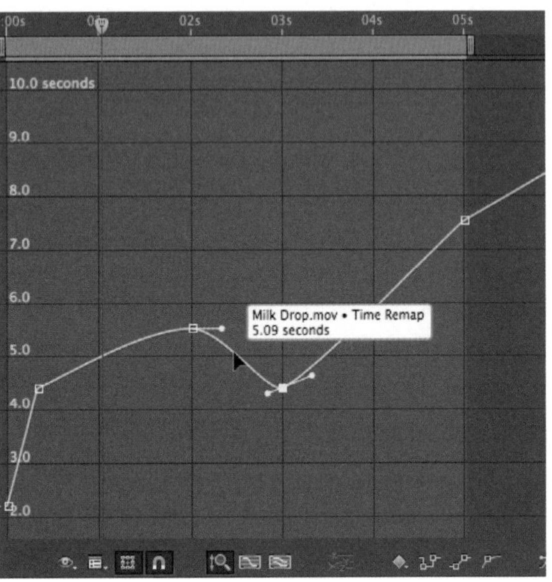

8 图形编辑器提供了一个更形象的视图来展示剪辑在播放时发生的事情。陡坡表示快速播放，向下的斜坡表示反向播放。我们还将第4个关键帧转换为Auto Bezier（自动Bezier）来平滑反向播放曲线。

目前为止，该合成保存在Comps_Finished>14-Time Remap_so far中。可以通过关闭图形编辑器并从此处继续操作，进一步操纵Time Remap（时间重映像）关键帧，或随意应用时间重映像到自己的素材上。

方法角

你在本章中学到的一个最有用的工具（除了关联器工具）可能是摇摆表达式。它是我们在整个过程中一直使用的工具，创建了从自动动画到运动中的人为缺陷等一切元素。

要探索的一个内容最丰富的领域是采用摇摆表达式来控制效果参数。在本章项目文件所在的Idea Corner文件夹中，包含几个将摇摆和效果组合使用的简单示例。

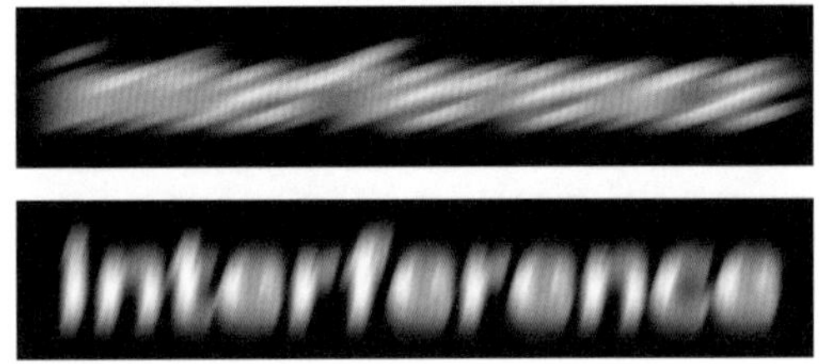

在Idea1-Nervous Text中，Directional Blur（径向模糊）的Blur Length（模糊长度）和Direction（方向）都被摇摆表达式所控制。

【方法1-Nervous Text】我们为一个文本图层应用了Directional Blur（径向模糊）效果，然后使用摇摆表达式来随机改变模糊的Direction（方向）和Blur Length（模糊长度）参数，创建一个“振动与能量”外观。我们为摇摆速度、最大化模糊长度和角度添加表达式控制器，尝试使用它们查看所创建的不同外观。

预览该合成时，在一半时间处会看不到模糊。这是因为当你设置模糊长度的摇摆数量（例如100）时，摇摆生成的是-100到+100之间的数字。但是Directional Blur（径向模糊）不理解负数的模糊长度，所以当该值小于0时，它计算为无模糊。你会发现将摇摆应用到图层的Opacity（不透明度）上时会发生类似的结果：由于Opacity（不透明度）不能小于0或者大于100，它会剪掉这些值。

【方法2-Lens Flare】我们在Flare Brightness（光晕亮度）参数上应用一个摇摆表达式来引起光晕闪烁。

摇摆的随机值总是被添加到参数下面的值中。我们制作该值的关键帧，即Flare Brightness（光晕亮度），从而减少间隔拍摄的素材淡入黑夜中的亮度。

然后通过该值上摇摆的参数个数（括号中的第2个数）为基础再添加一个技巧，所以该摇摆添加的数字也会随时间消退。

【方法3-Electric Arcs】我们将Advanced Lightning（高级闪电）效果应用到一个固态图层上。使用该效果，你可以定义闪电开始的位置和运动的方向。我们将开始设置到合成的中间，然后让摇摆决定应结束的位置，产生一个蜿蜒的弧线穿过整个窗口。

▽ 小知识

表达式路径

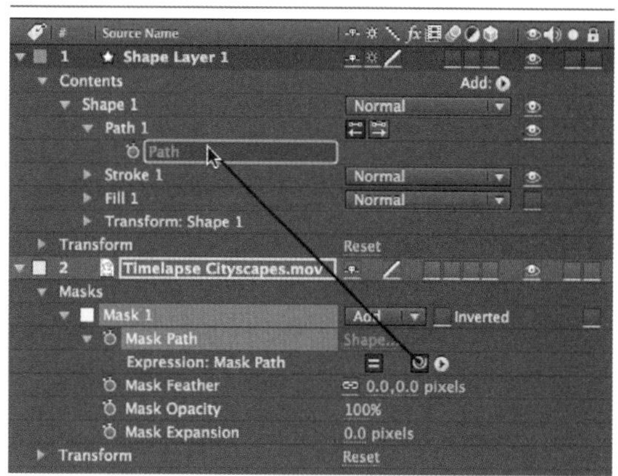

除了链接表达式，还可以链接遮罩路径、绘画路径（第10章）和用Pen（钢笔）工具创建的形状路径（第11章）。确保启用了它们的表达式并在名为Path（路径）的参数间拖曳关联器工具。

在Idea2-Lens Flare中，摇摆引起镜头光晕闪烁。素材由Artbeats/Timelapse Cityscapes授权使用。

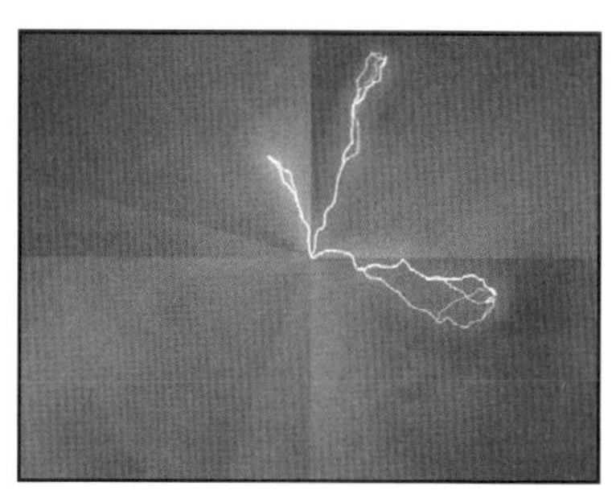

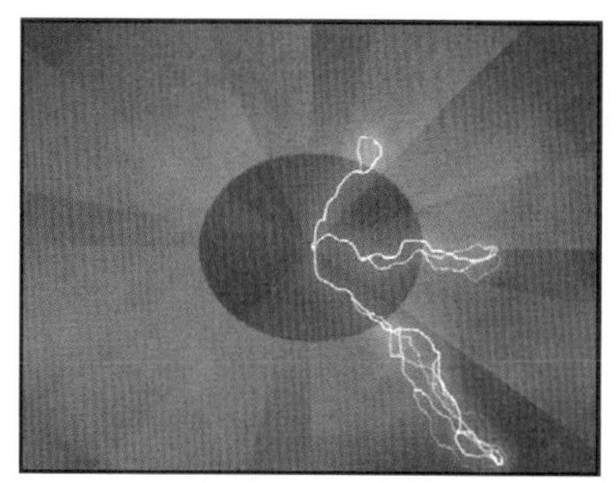

在Idea3-Electric Arcs中，采用摇摆来随机设置一组Lightning（闪电）效果的结束点。

我们给速度和数量添加Expression Controls（表达式控制）效果，采用了一个空对象。然后复制具有闪电效果的固态图层，而所有的副本会指向相同的主控制器图层。同样记住，每个图层应用的摇摆表现方式不同——所以产生的结果就是三个独立的弯曲电流弧线。

Quizzler

当轮子接触时，它们以相反的方向旋转。而它们的速度取决于相应的尺寸。你能创建必要的表达式来制作该作品吗？

- 播放影片Quizzler>Quiz_Gears.mov。其中有三个轮子，缩放分别为100%、50%和25%。只有最大的轮子有关键帧，但是它们保持完美的同步。如何使用表达式产生这种效果呢？使用合成Quizzler>Quiz_Gears*starter，两种不同的解决方法保存在Quizzler Solutions文件夹中。
- 在第3章中，你学习了如何循环素材。本章中，你学习了如何循环关键帧。可以循环整个合成吗？当然，可以将它嵌套，然后复制成首尾相连。还可以渲染它，导入结果影片，并在Interpret Footage（解释素材）窗口中循环它。但是在本章中你还学习了可组合使用两种技术来循环一个嵌套的合成，该合成作为一个单一的图层而不必先渲染它。看看是否可以采用Quiz_Looped Comp*starter合成来解决问题。答案保存在Quizzler Solutions>Quiz_Looped Comp中。

▼ 有关表达式的更多信息

关于表达式和JavaScript，有大量可用的参考信息。我们的收藏夹中包含以下内容。

After Effects Expressions，作者Marcus Geduld（Focal Press）

该书是目前唯一可用的After Effects表达式讲解图书，从基本概念开始，以创建实际模拟实例技术。

JavaScript: A Beginner's Guide，作者John Pollock（Osbourne）

在相关的众多书籍中，本书包含我们曾在JavaScript语言中看到的一些最简单、最清楚、最有用的解释。

第8章 3D空间

将新的维度添加到动画中。

本章内容

- 启用3D图层
- 多平面效果
- 多个视图
- 使用摄像机工具，自定义3D视图
- 构建一个摄像机绑定
- 摄像机景深模糊
- 投射阴影
- 光线跟踪3D渲染器（CS6中的新特性）
- 弯曲素材图层
- 反射
- 光线跟踪图像质量
- 在3D空间中移动和旋转图层
- 3D运动路径
- 添加摄像机，摄像机设置
- 移动和动画摄像机
- 图层和摄像机的自动定向
- 3D灯光
- 光线衰减（CS5.5中的新特性），材质选项
- 挤压和斜角
- 透明度，折射指数
- 环境图层
- 快速预览

入门

确保你已经从本书的下载资源中将Lesson 08-3D Space文件夹复制到了硬盘上，并记下其位置。该文件夹包含了学习本章所需的项目文件和素材。

3D空间是After Effects中最值得探索的区域。一个简单的开关就可以让每个图层在*Z*坐标系中移动，距离观看者更近或者更远，当然还有左右移动。图层也可以在3D空间中旋转，它提供了从新的角度查看图层的能力。你可以选择性地将摄像机和灯光添加到合成中，实现在虚构的3D世界中投射阴影和移动的效果。而自从After Effects CS6版本开始，可以对某些图层文字进行挤压或者弯曲，这可以提供深度感。

After Effects中3D的魅力之处就是你不必用它创建整个世界坐标系——可以有选择地在此处添加一点透视效果，那边添加一点灯光。如果对3D不熟悉，不必着急，我们将逐步地增加你的技能。

基本3D知识

任何After Effects图层都可以放到3D空间中。即使没有添加灯光或摄像机，也可以使用一些小的透视技巧，而且它可以让对象在合成中实现动画时运动得更加自然。

只要启用了3D Layer（3D图层）开关，一些规则就变为如何在Comp（合成）和时间轴面板中移动和排列图层。我们将通过第一个练习让你快速掌握这种新方式。

1 打开本章的项目文件Lesson_08.aep。在Project（项目）面板中，找到并双击Comps>01-Basic 3D*starter将其打开。它包含两个叠加的文本图层。首先，我们巩固与这些图层交互的方式。

- 使用2D图层，时间轴中的堆栈顺序决定了谁在顶部渲染。在该合成中交换Enter a New和Dimension的顺序，在时间轴面板中位置较高的图层在Comp（合成）视图中将最先绘制。
- 使用2D图层，只能在*X*（左右方向）和*Y*（上下方向）坐标系中移动它们。要使一个图层显得更近或者更远，需要使用它的Scale（缩放）值。
- 2D图层像一个纸风车一样环绕它们的定位点旋转。（我们已经将定位点集中在文本图层上，以得到一个更好的旋转。）

掌握3D空间开启了多平面的大门，使插图更有生活气息，而且可以创建具有深度和维度的3D徽标或者其他对象。

2 Undo（撤销）在第1步中进行的所有尝试，将Enter a New返回到Dimension顶部，两个图层都设置为100%缩放。确保时间轴面板中的Switches（开关）列可见。（如果看不到，按F4键。）

选中这两个图层，然后单击三维立方体图标下方的空心方框：这是3D Layer（3D图层）开关。在Comp（合成）视图中的图层不会改变大小或者位置。但是，你将看到红色、绿色和蓝色坐标轴箭头出现在选中图层的定位点上。按P键显示它们的Position（位置）值：现在出现了第三个值，称为Z。默认为0.0。

2 启用它们的3D Layer（3D图层）开关时，图层得到了第三个位置值：Z（下图）。在Comp（合成）面板中，选择的3D图层会带有一组红色、绿色和蓝色坐标轴箭头显示在定位点处（上图）。

▼ 缩放、质量和3D

将图层放大超过100%通常会降低图像质量。但是对于3D图层，你不能只看它们的Scale（缩放）值，它们的尺寸同样决定了图层距离实际摄像机的远近。

要知道一个图层是否被放大到100%以上，复制它，关闭副本的3D Layer（3D图层）开关，并设置它的Scale（缩放）为100%。如果副本的大小和3D版本相同或者大一些，你做的就是对的。如果副本较小，那么正在放大3D版本：找到一个更高分辨率的资源，或者将图层进一步远离摄像机。

持续栅格化的图层（第6章介绍）是你在3D空间中的朋友，因为After Effects可以根据需要渲染它们，使其保持锐化，包括文本和形状图层（第11章）。你还可以为Illustrator图层启用Continuous Rasterization（持续栅格化）开关（太阳图标）。根据本章的需要我们已经为你做好了这些。

3 按F2键取消选中这些图层。同时仔细观察Comp（合成）视图，修改Dimension的第三个Position（位置）值。修改左侧的值来减少Z Position（Z位置）值时，Dimension看起来变得更大，就像在朝着你走来一样。修改右侧的值［增加Z Position（Z位置）］时，它看起来变得更小，就像正在远离你一样。

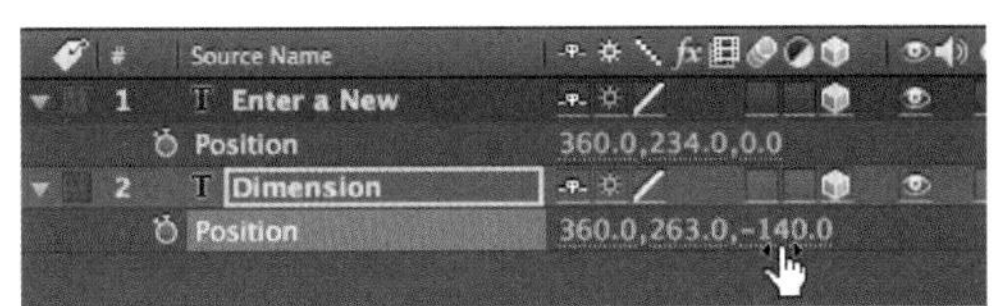

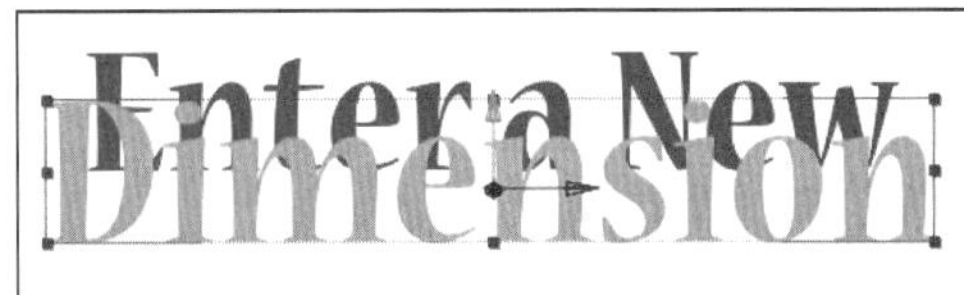

3 减少一个3D图层的Z Position（Z位置）值时（上图左），它会朝你移动，包括在其他具有较高Z Position（Z位置）值（上图右）的图层之前移动，而不考虑在时间轴面板中的堆栈顺序。

核心概念#1： 所绘制的3D图层的尺寸是由它的Scale（缩放）值和距离摄像机的远近来决定的。（如果你没有直接创建摄像机，After Effects会使用一个不可见的默认为50mm的摄像机。）

还有一种现象你可能已经注意到了：如果Dimension的Z Position（Z位置）值小于Enter a New的Z Position（Z位置）值，Dimension会突然出现在Enter a New前面，即使Dimension在时间轴中时位于Enter a New下方也是如此。

核心概念#2： 对于3D图层，时间轴中的堆栈顺序不再决定哪个图层绘制在Comp（合成）窗口的顶部。现在起决定作用的是距离摄像机的远近。（如果它们具有相同的距离，堆栈顺序才起作用。）

▽ 小知识

两个渲染器

从After Effects CS6开始，就有两个3D渲染引擎可供你选择：Classic 3D（经典3D）［原来的Advanced 3D（高级3D）］渲染器和Ray-traced（光线跟踪）3D渲染器。该设置在Composition Settings>Advanced（合成设置>高级）选项下并显示在Comp（合成）面板的右上角。为这些初始练习采用Classic 3D（经典3D）渲染会快速得多。

4 除了改变3D图层的Position（位置）值，还可以在Comp（合成）面板中拖曳图层。但是，尝试该操作时要注意光标。

- 如果将光标放在图层的定位点附近，而且没有在光标尾部看到其他文字，可以在任意方向随意拖曳图层。
- 如果在光标旁边看到X、Y或者Z，拖曳操作将局限在该维度中。为了保证得到专用的光标，将它放在目标坐标轴箭头附近。

4 如果看到光标旁边出现X、Y和Z，拖曳操作就会限制在该维度中（X是红色，Y是绿色，而Z是蓝色）。

5 将Dimension的Z Position（Z位置）值设回0。依然选中Dimension，按R键。

不再只是发生Rotation（旋转），你将看到4个参数。下面介绍这些参数。

- Orientation（方向）用来在3D空间中设置一个图层的姿势，如面朝上还是朝右。该参数不会像你预期的那样动画，所以不要使用它创建关键帧。
- Z Rotation（Z旋转）与你熟悉的普通2D旋转相同。
- Y Rotation（Y旋转）使图层环绕垂直（上/下）坐标轴旋转。继续修改它。
- X Rotation（X旋转）使图层环绕水平坐标轴旋转。

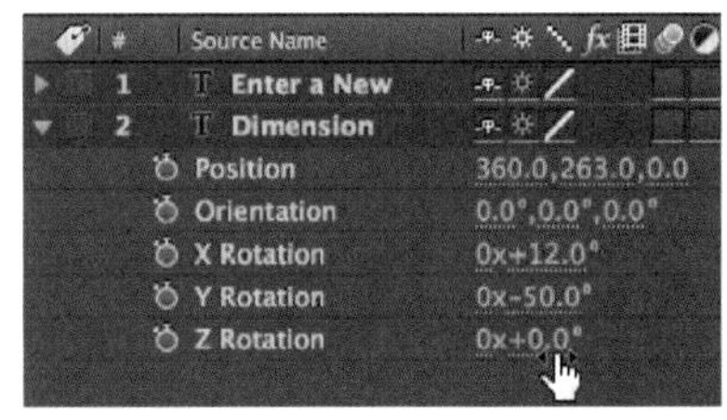

5 3D图层有4个旋转参数：Orientation（方向），以及X、Y和Z的Rotation（旋转）。

可以修改这些Rotation（旋转）值，或者按W键选择“Wotate”［Rotate（旋转）］工具并直接在Comp（合成）

面板中操纵它们［留意坐标轴文字而不是圆形光标——像Position（位置），它们表示你的拖曳会限制在这个维度中］。

使用X和Y Rotation（旋转）时，注意Dimension会穿过Enter a New作为交叉的一部分——3D空间的另一个特色。（如果图层没有如你预期那样进行交叉，检查是不是插入了一个2D图层。）

5-6 你可以使用Rotation（旋转）工具在三个维度中旋转3D图层。注意Dimension和Enter a New在相交时的交叉方式。

6 修改Dimension的X或Y Rotation（旋转）值为90度，同时观察Comp（合成）视图：看到边缘时它们就会消失。

关键概念#3： 默认情况下，After Effects中的3D图层没有任何厚度。After Effects CS6中的一个主要的新特性就是挤压文本和形状图层的能力。在本章稍后会介绍该内容。

按V键返回Selection（选择）工具状态。继续试验Enter a New和Dimension的Position（位置）和Rotation（旋转）值，包括启用它们的关键帧并试验一两个动画。

如果现在你更喜欢观看而不是操作，展开Project（项目）面板中的Comps_Finished文件夹，双击01-Basic 3D_final将其打开。按数字键盘上的0键进行RAM预览。我们已经为这两个文本图层动画了Z Position（Z位置）和Y Rotation（Y旋转），使其飞行并旋转到位置上。

一旦你理解了该方法，打开01-Basic 3D_final2并进行RAM预览。在该合成中，我们移除了Position（位置）动画，并将一个3D文本动画预设应用到每个文本图层上。（如第5章所述，文本图层中的单个字符也可以出现在3D空间中。）

▽ 技巧

避免旋转反转

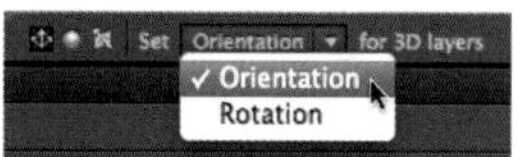

Rotation（旋转）工具被选中时，在Tools（工具）面板的右侧会出现一个弹出菜单。此处你可以对工具编辑3D图层的Orientation（方向）和编辑Rotation（旋转）值之间的行为进行切换。尽管如此，如果使用Rotate（旋转）工具来改变Y Rotation（旋转）或者Orientation（方向）超出了±90°，X和Z的值会变为180度（试一试！）。这就是我们更喜欢在时间轴面板中直接修改值的原因。

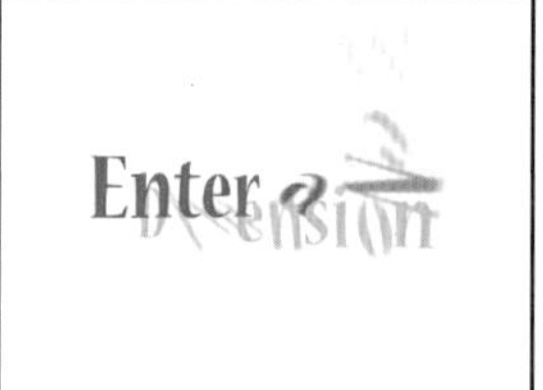

在Comps_Finished>01-Basic 3D_final2中，我们给旋转的文本应用了3D Text Animation Presets（3D文本动画预设）。

▽ 小知识

迪斯尼和多平面

迪斯尼由于发明了多平面摄像机来创建更真实的卡通动画而闻名。多平面摄像机可以在真实摄像机的不同距离处放置动画板。

多平面

3D中的透视图不仅是将对象安排得更紧密、更远或者与摄像机呈现某个角度。另一个重要的3D技巧称为多平面，此时距离你近的对象会快速运动，而那些远处的对象看起来移动得更慢一些。该现象在2D中可以通过手动动画每个对象来伪造。在3D空间中，它会自然发生。在展示该技巧时，我们还会向你展示一些非常有用的其他方式来查看作品。

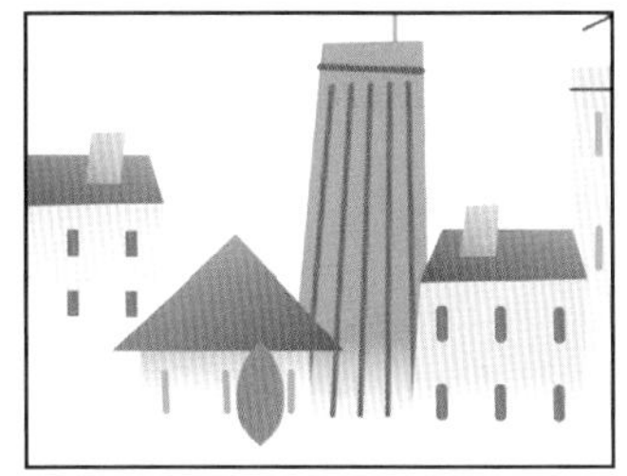
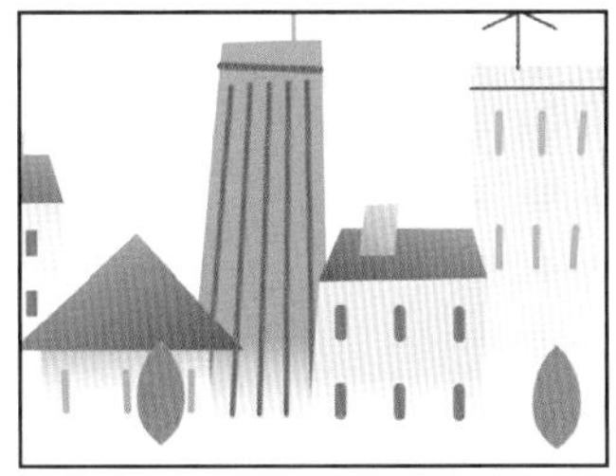
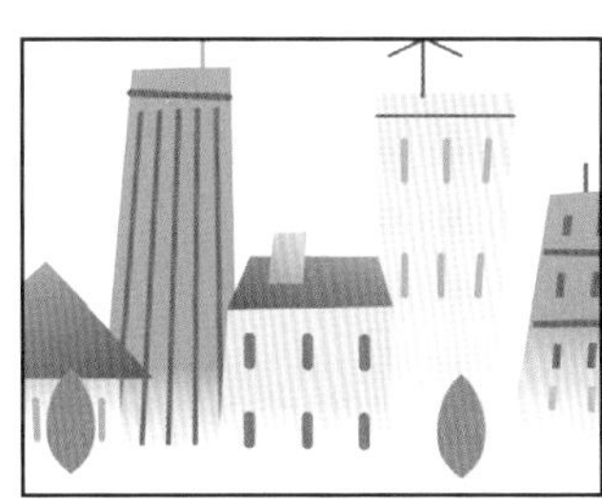

▽ 提示

3D视图快捷键

你可以使用F10键、F11键和F12键快速地在各种3D视图间进行切换。要修改视图所指派的键，选中目标视图，按Shift键，然后再按F10键、F11键和F12键。

1 在Project（项目）面板的Comps文件夹中，双击02-Multiplaning*starter将其打开。该合成包含一组10个图层，它们的父级是一个空对象（第6章）——这是一种分组图层的好方法。RAM预览该合成：所有建筑物从左侧漂移到右侧，就像锁定到一起一样。

2 你的计划是用距离虚构的摄像机不同的距离来安排每个建筑物和树木。按Mac系统下的快捷键⌘+A（Windows系统下的Ctrl+A）来选择所有图层。按P键，直到所有图层的Position（位置）全部显示。然后按F2键取消选中它们——否则，你可能无意中同时编辑了所有图层。

只查看结果时，很容易迷失在空间中。因此，After Effects提供了几个其他的3D 视图。你还可以同时查看两个视图，这样更容易理解正在发生的情况。

3 在Comp（合成）面板的底部是Select View Layout（选择视图布局）弹出菜单，当前显示为1 View（单视图）。单击它并选择2 Views-Vertical（双视图—垂直排列）。Comp（合成）面板会分成两个。[如果使用宽屏显示器，可能2 Views-Horizontal（双视图—水平排列）更合适。如果这样做，单击Comp（合成）面板的右部分]。

4 激活Selection（选择）工具，单击Comp（合成）面板的上半部分——在Comp（合成）面板的角上有黄色三角形来确认选择。现在查看Select View Layout（选择视图布局）左侧的3D View（3D视图）菜单：它应该显示为Active Camera（活动摄像机）（如果不是，设为该项）。Active Camera（活动摄像机）是你的3D摄像机所看到的内容，而且是最后要渲染的视图。

单击Comp（合成）面板的下半部分，然后单击3D View（3D视图）菜单。Active Camera（活动摄像机）下面的前6个选项称为正交视图。它们是标准的制图视图，它们从特殊的边缘查看你的3D场景，没有透视变形。现在选择Top（顶视图），将它看作从上向下观看的舞台。

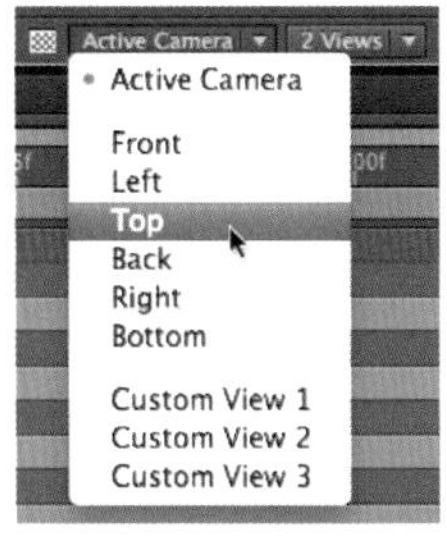

4 3D View（3D视图）菜单提供了6个正交视图和3个自定义视图，以及Active Camera（活动摄像机）视图。只有Active Camera（活动摄像机）视图可以渲染。

单击Comp（合成）视图中的一个图层，它会在时间轴面板中高亮显示。将该图层的Z Position（Z位置）（第三个值）改为一个负值：你会在Top（顶视图）中看到它向下运动（朝向摄像机），同时该对象在Active Camera（活动摄像机）视图中向前运动。

选择较低的视图并再次单击3D View（视图）菜单。最后的3个选项是在重排图层时暂时可用的摄像机角度。选择Custom View 3（自定义视图3）。此时在修改图层的Z Position（Z位置）时，可以更清楚地知道舞台上发生的事情。

5 在Z方向来回移动建筑物、树和云层（但不是空对象），创建一个你喜欢的排列方式。必要时按Home键和End键来查看Active Camera（活动摄像机）视图中的全部图层。

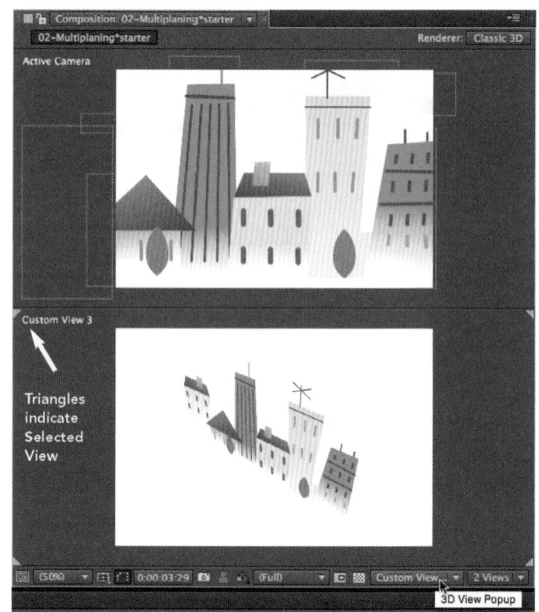

3~5 要更好地在3D空间中查看对象的位置，设置View Layout（视图布局）为2或者4视图会很有帮助，然后为每个视图设置不同的3D Views（3D视图）。此处我们设置顶视图为Active Camera（活动摄像机），底视图为Custom View3（自定义视图3）。

6 在你认为已经接近一个不错的排列时，进行RAM预览：Active Camera（活动摄像机）视图（顶视图）会计算并播放动画。现在当建筑物漂移时，距离虚构的摄像机近［较低的Z Position（Z位置）值］的对象运动得更快，而那些距离远［高处的Z Position（Z位置）值］的则运动得更慢，使它们的关系在动画过程中发生改变。注意，不必创建任何额外的Position（位置）关键帧就能实现该效果。

继续调整。想要以全尺寸查看最终动画时，设置Select View Layout（选择视图布局）为1 View（单视图），Active Camera（活动摄像机）视图为3D View（3D视图），并再次进行预览。要进行对比，我们的版本保存在Comps_Finished>02-Multiplaning_final中。在继续操作前保存项目。

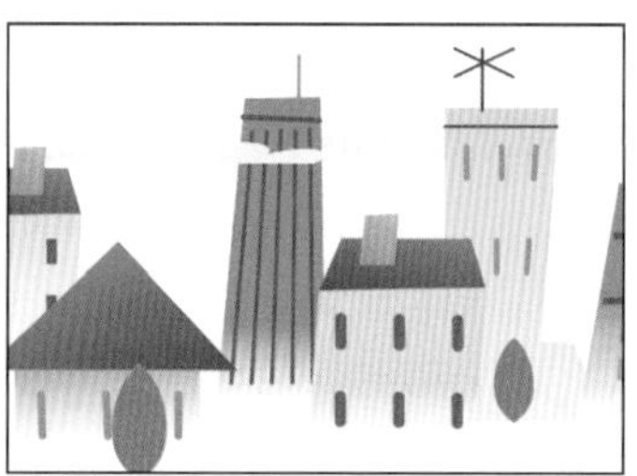

6 在3D空间中，图层（在Z空间中安排在不同的位置）间的关系在移动时自动转移。

3D动画

我们经常告诉客户“它称为3D是因为它占用了3倍的长度”。开始编辑一个3D图层的运动路径时，这种说法完整正确，因为你需要从多个角度查看路径，以充分理解所发生的事情。

1 从Composition（合成）面板的下拉菜单中选择Close All（关闭全部），关闭前面所有的合成。返回到Project（项目）面板中，打开Comps>03-3D Animation*starter。

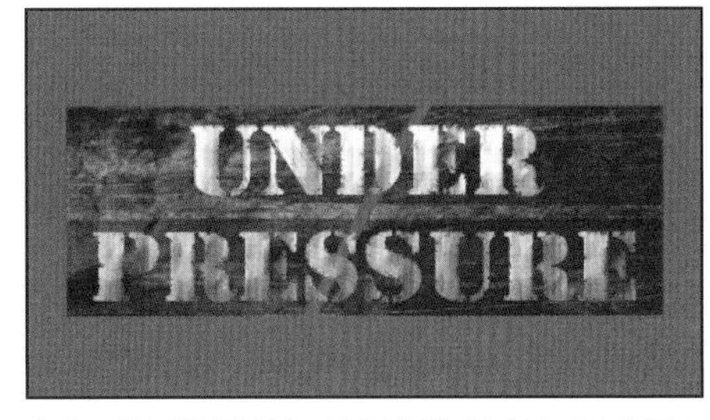

本练习的目的是让这两个词曲线进入并在3D空间中减速。编辑它们的运动路径比在2D中要灵活得多。

该合成包含4个已经启用了3D Layer（3D图层）开关的小图层，而且在Z空间中稍微地分开。你的目的是让图层Under和Pressure向下飞入到它们的当前位置。

2 既然Under和Pressure图层已经在它们的“静止”位置，此处就是设置关键帧的好位置。

- 将时间指示器移到01:00处。
- 选择Under和Pressure，按快捷键⌥+P（Alt+P）打开Position（位置）的秒表并在时间轴面板中显示该属性。

3 考虑让图层从哪个位置飞入。例如，让Under从左上角飞入，Pressure从右下角飞入，都从接近观看者的位置开始就是一个不错的效果。

- 按Home键返回到00:00处。
- 按F2键取消选择图层。
- 将光标悬停在Under的蓝色坐标箭头的上方，直至你看见其旁边出现一个Z。单击并向下拖曳，会将Under拖曳到Z空间 [可以通过在时间轴面板中查看它的Position（位置）Z值来确认]。
- 拖曳Under到窗口的左上角，这是在X和Y方向移动它。
- Comp（合成）面板中的点线是Under的运动路径。寻找稍微大一些的点，它们是关键帧的控制柄。单击并拖曳这些点来创建一个曲线运动路径。如果你看不到它们，按⌘（Ctrl）键，单击Comp（合成）面板中的关键帧图标并向外拖曳控制柄（可能需要在时间上进行移动才能更清楚地看到图标）。
- 对Pressure重复相同的操作，让它在不同的位置00:00处曲线进入，并改变它的Position（位置）Z的值。

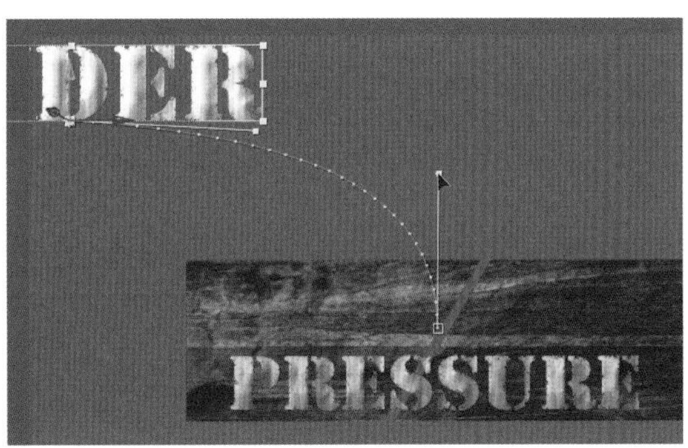

3 将Under向前拉动到Z空间中（上图左），并拖曳到左上角。然后拖曳它的关键帧控制柄来创建一个曲线运动路径（上图右）。

在多个视图中编辑

通过只在Active Camera（活动摄像机）视图中工作，你只能看到真实运动路径中的部分图像。

4 设置3D View（3D视图）弹出菜单项为Left（左视图），以从边缘查看图层的侧面。选择Under查看它的运动路径。修改时间指示器，你会看到图层正在从上方滑入，而不是直接减速。

要进行交互式编辑，设置Select View Layout（选择视图布局）菜单为4 Views（四视图）。单击左上方的视图，并设置它的3D View（3D视图）菜单为Top（顶视图）。设置右上方的视图为Front（前视图），左下方视图为Left（左视图），右下方视图为Active Camera（活动摄像机）视图。按照此方式，你可以从所有角度看见路径和最终效果。

[很有可能需要将每个视图的Magnification（放大率）减少为50%来容纳所有对象。如果仍然很难看到所有的图层，翻过该页并阅读“使用摄像机工具”相关内容。]

5 再次选择Under显示它的运动路径。在左视图中拖曳运动路径句柄，同时查看其他视图中的结果。尝试直接进入第二个关键帧，同时保持原始的下降运动。这就需要一些反复编辑来实现所要的方式。按0键进行RAM预览，Active Camera（活动摄像机）视图会播放你的结果。对效果感到满意后，单击Pressure的Position（位置）字样高亮显示它的运动路径，并进行调整。

可以随意创造性地修改该运动，如让单词完全从屏幕外开始。我们的版本保存在Comps_Finished>03-3D Animation_final中。当然，你的作品不必和我们的一样——只要你觉得自己充分掌握了在3D空间中编辑运动路径的方法即可。保存项目然后继续操作。

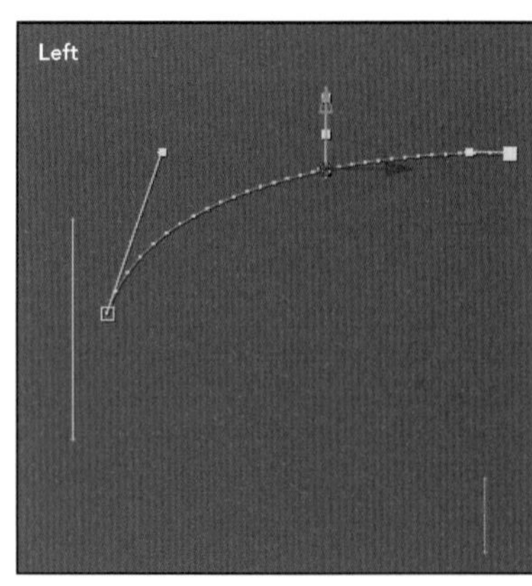

4 从Left（左视图）中查看运动路径时，会发现它没有按照计划曲线进入最终位置。这就是只在Active Camera（活动摄像机）视图中编辑路径的风险所在。

设置动画之后，选择一个图层并选择Layer>Transform>Auto-Orient（图层>变换>自动定向）。选择Orient Along Path（沿路径定向）选项并单击OK（确定）按钮。现在当图层缩小到位置时会倾斜并转弯。我们在合成03-3D Animation_final2中采用了该技巧。

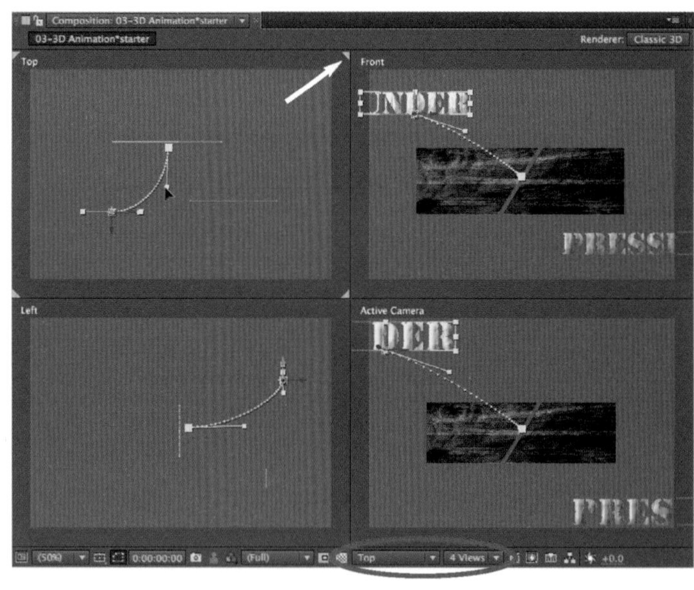

5 在一个视图中编辑，同时在其他视图中查看结果（选中视图的角上会有黄色三角形）。它会进行一些妥协，直到获得满意的路径。记住，真正起作用的是Active Camera（活动摄像机）视图中的结果。

3D摄像机

在3D中移动图层是非常有用的，但是在该空间中移动一个摄像机时才会发生真正有趣的事情。一旦知道如何动画一个3D图层后，就已经掌握了动画摄像机的大部分知识。主要区别有以下几点。

- 移动和查看摄像机有一组不同的工具。它们在下面的“使用摄像机工具”部分中介绍。
- 它有View（视图）和Zoom（缩放）的Angle（角度）参数（两个连接到一起），会影响合成和相关透视图的可见部分的多少。

- 它有一个“定位点”，称为“目标点”。不是中心点，该目标点是摄像机对准的位置。

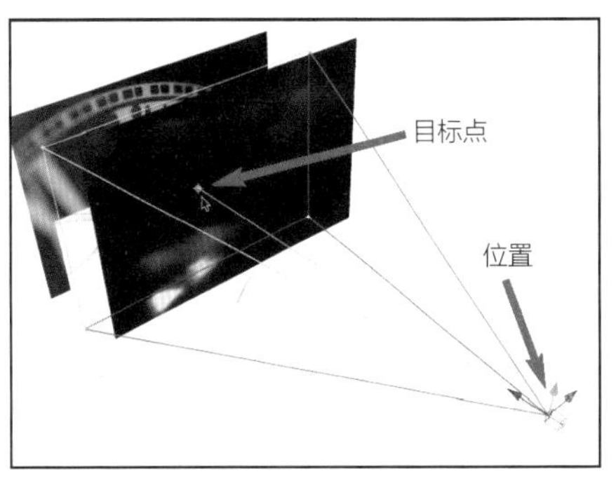

一个摄像机的Position（位置）值定义了机身所在的位置。它可以随意选择第二个称为Point of Interest（目标点）的值，该点可以帮助对准相机。其视图场被从相机主体辐射处的线条标识。

添加摄像机

1 从Comp（合成）面板的下拉菜单中选择Close All（关闭全部），关闭所有前面的合成。

返回Project（项目）面板并打开Comps>04-Basic Camera* starter——它包含一个前面练习中徽标的扩展版本。组成该徽标的图层已经为你排列在3D空间中。不是动画这些图层，这次要动画一个图层周围的摄像机。它们应该显示出Position（位置）值，我们已经将它们排列在Z=0.0周围，因为这将是我们3D空间的中心。

2 选择Layer>New>Camera（图层>新建>摄像机），这会打开Camera Setting（摄像机设置）对话框。设置左上角的Type（类型）菜单项为Two-Node Camera（两点摄像机），就会显示出它的Point of Interest（目标点）。

顶部的Preset（预设）菜单模拟了一些常用镜头。数值高的是长焦镜头，表示相机具有一个大的Zoom（缩放）值和更小的透视变形。数值小的是广角镜头，它会转化为一个小的Zoom（缩放）值并增加透视变形。50mm的预设可匹配该合成不可见的默认摄像机，所以现在选择它。禁用Enable Depth of Field（启用景深）选项，然后单击OK（确定）按钮。

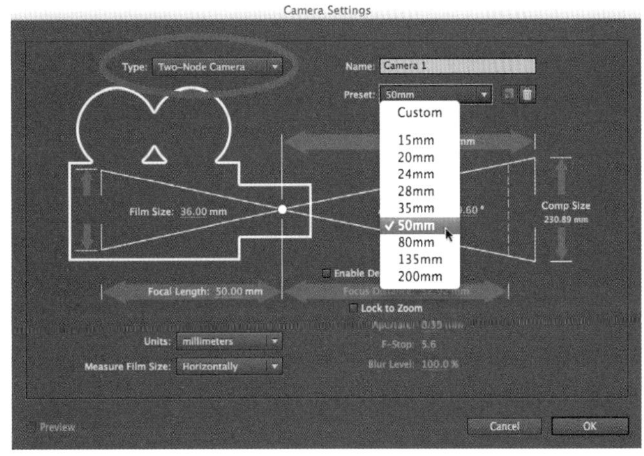

2 选择New>Layer>Camera（新建>图层>摄像机），设置Type（类型）为Two-Node Camera（两点摄像机），并选择50mm的预设。

3 确保新的Camera图层被选中。按P键显示它的Position（位置），然后按快捷键Shift+A显示它的Point of Interest（目标点）。注意Point of Interest（目标点）的Z值是0.0，该值将摄像机定位在标志图层的中心。

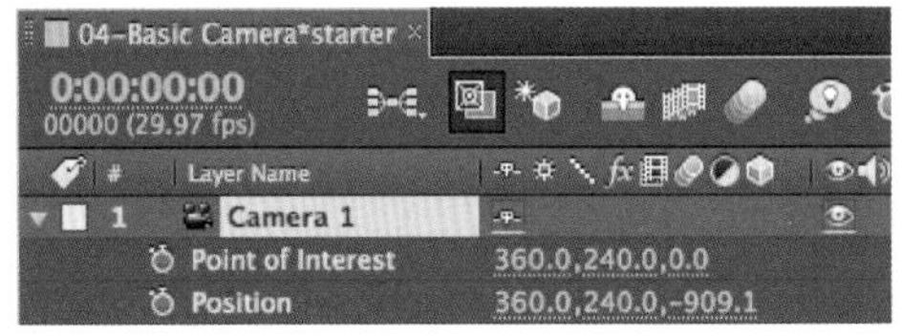

3 最初，摄像机的位置和目标点的X和Y值位于合成的中间。位置的Z等于缩放值，而目标点的Z设置为0.0。

▼ 使用摄像机工具

After Effects提供了一组摄像机工具来移动3D摄像机以及围绕变化的3D视图进行平移和缩放。可从Tools（工具）面板中选中它们，还可以按C键在它们之间进行切换。

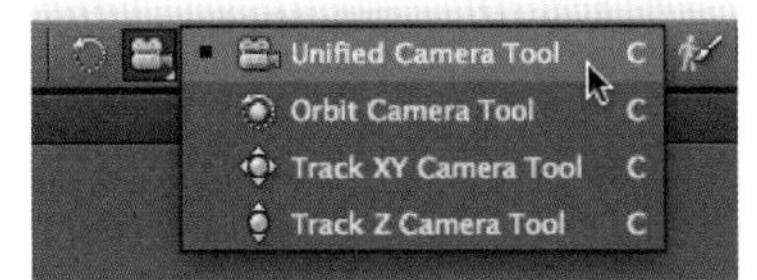

△ Camera（摄像机）工具用于在Active Camera（活动摄像机）视图中移动摄像机，以及编辑其他视图中的布局。

移动摄像机

要使用这些工具来操纵摄像机，你需要位于摄像机视图［如Active Camera（活动摄像机）或Camera 1（摄像机1）］中并选中一个摄像机图层。

Orbit Camera tool（旋转摄像机工具）：使用该工具来旋转摄像机查看场景的方式。如果该摄像机的Auto-Orientation（自动定向）设置为Orient Towards Point of Interest（朝向目标点）（默认值），你将移动摄像机的主体［它的Position（位置）］，而且会以Point of Interest（目标点）为轴心转动。如果该摄像机的Auto-Orientation（自动定向）关闭，你将编辑摄像机的Orientation（方向）值。

Track XY Camera tool（水平或垂直移动摄像机工具）：该工具通过向上下左右移动摄像机来平移场景。它编辑Position（位置）和Position of Interest（目标点）的X值和Y值。

Track Z Camera Tool（缩放摄像机工具）：使用该工具将摄像机推入或者拉回场景中。通常它只编辑摄像机的Z Position（Z位置）。如果你单击并按住⌘（Ctrl）键，然后拖曳，它会同时编辑Z Position（Z位置）和Point of Interest（目标点）。

为摄像机的Position（位置）创建一个关键帧时，最大的“技巧”出现了，到时间上的另一个点处，并用Orbit Camera（旋转摄像机）工具创建第二个Position（位置）关键帧。尽管在Comp（合成）视图中移动摄像机时，你可能已经看见了一条不错的弧线，但结果运动路径将是一条关键帧之间的直线。编辑它们的Bezier控制柄来创建一个圆弧线条。

视图导航

如果处于任意一种正交（前视图、左视图、顶视图、后视图、右视图、底视图）或自定义视图下，这些工具不能编辑摄像机的值。相反，出于预览的目的，它们严格围绕这些视图缩放和平移。

Orbit Camera tool（旋转摄像机工具）：使用该工具将这些暂时的视图放在3D场景中。它在Orthographic（正交）视图中不能工作。

Track XY Camera tool（水平或垂直移动摄像机工具）：它代替Hand（手形）工具围绕视图平移。

Track Z Camera Tool（缩放摄像机工具）：它作为一个持续缩放工具使用，可以让你平滑地放大和缩小目标视图，不需要改变摄像机图标的尺寸。

标准摄像机工具

如果你有一个三键鼠标，尝试使用Unified Camera（标准摄像机）工具。这三个键在Orbit（旋转）、Track XY（水平或垂直移动）和Track Z（缩放）模式键切换。确保你给鼠标的中键指派了“中键单击”行为。

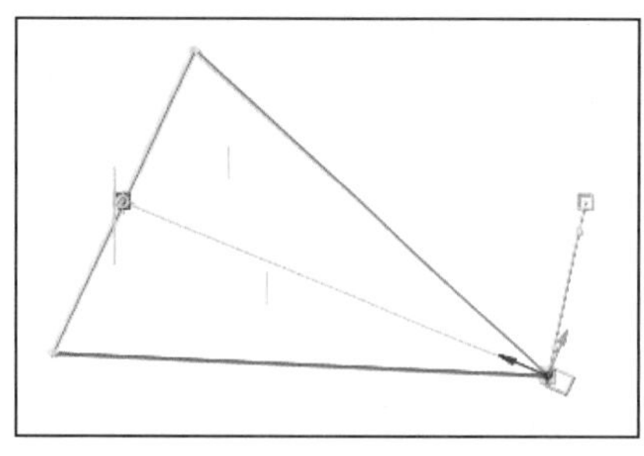

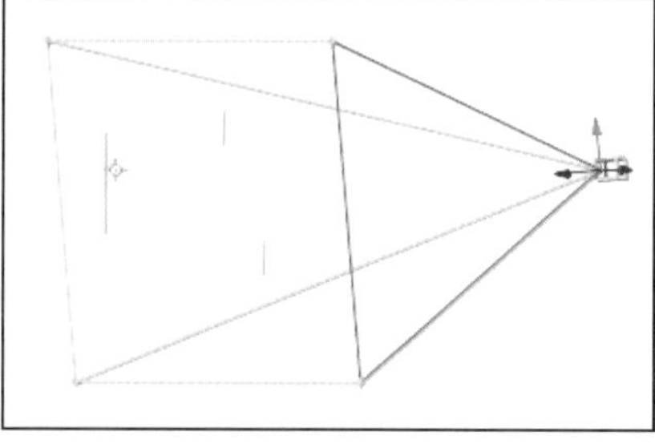

◁如果发现在一个视图中的放大比例太大（左图左），使用Track Z Camera（缩放摄像机）工具进行缩小，并用Track XY Camera（水平或垂直移动摄像机）工具回到视图的中心位置（左图右）。

4 在Comp（合成）视图中，选择2 Views-Vertical（双视图—垂直排列）。设置上方的视图为Active Camera（活动摄像机），下方的图层为Top（顶视图）。你可能需要将两个视图的Magnification（放大率）设为50%。

Top（顶视图）是不是放大得太近，导致无法看到摄像机和图层？将光标悬停在Comp（合成）面板上并按C键，直到光标变为双向箭头［Track Z（缩放）工具］。在较低的视图中，向下或向左拖曳，直到摄像机的景深为视图宽度的一半宽。按C键三次将光标变为四向箭头［Track XY（水平或垂直移动）工具］并向上拖曳，直到图层和摄像机聚集在视图中心。（这些工具将在“使用摄像机工具”部分中讨论。）

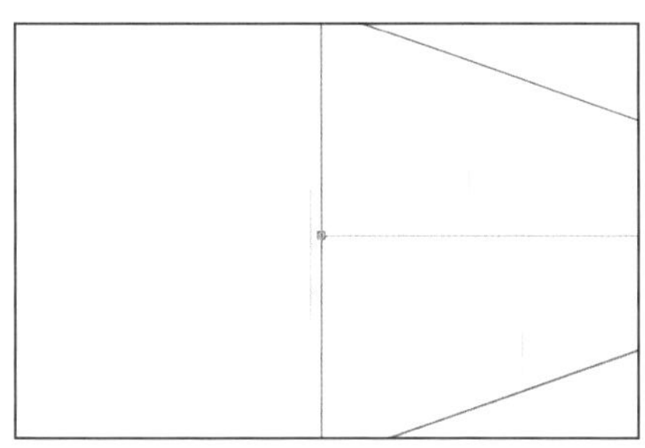

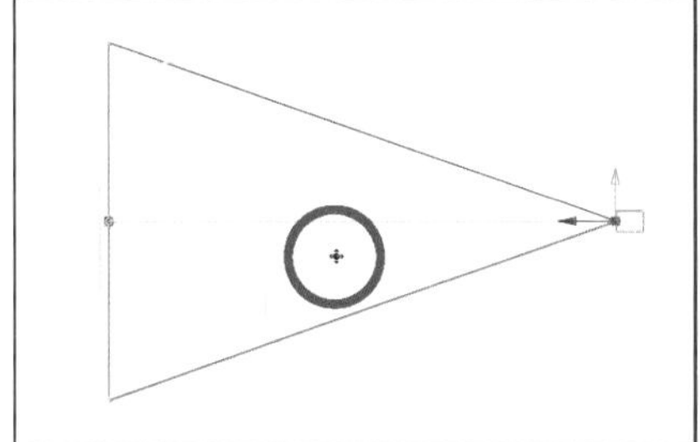

△ Orbit Camera（旋转摄像机）工具影响了默认的两点摄像机的Position（位置）（顶图）或者单点摄像机的Orientation（方向）（上图）。

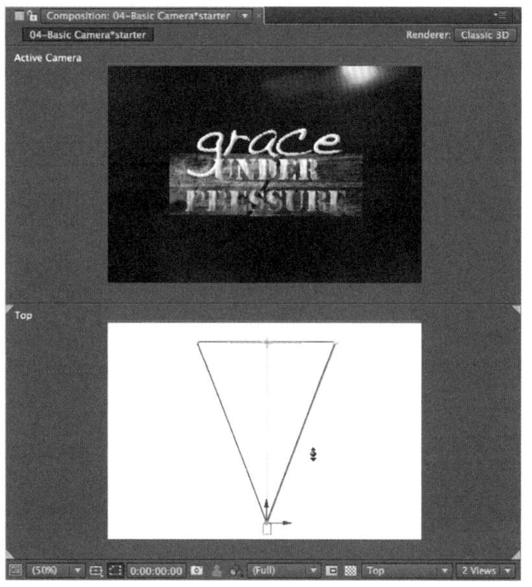

4 在合成面板中设置2 Views（双视图）：活动摄像机（上方）和顶视图（下方）。使用摄像机跟踪工具来缩小和平移顶视图，直到你可以看到摄像机和图层。背景由Artbeats/Liquid Abstracts授权使用。

▼ 摄像机设置对话框

该初始对话框只问你两件事情：摄像机视图景深的宽窄，以及该将失焦图层模糊多少。

如果熟悉摄像机和镜头，该对话框会给你提供一些方法来精确定义摄像机，包括设置Angle of View（视角）（一个常用的3D程序参数），或者Focal Length（焦距长度）和Film Size（胶片尺寸）（摄像机传感器尺寸）。你还可以通过光圈或者f-stop来定义景深。

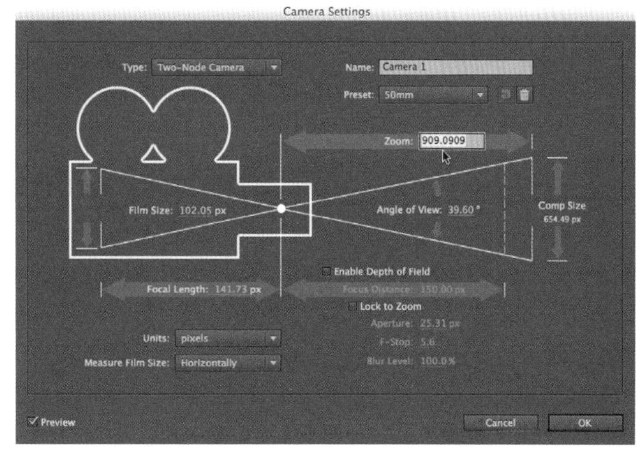

如果你是一个摄像机新手，最感兴趣的参数可能是Zoom（缩放）。设置Units（单位）为Pixels（像素）：当摄像机设置的是图层的Zoom（缩放）值的距离，图层的缩放在3D空间中不会改变。所有其他的图层会变得更大还是更小取决于它们距离摄像机的远近。Zoom（缩放）值越小，效果越夸张。

移动摄像机

5 与任何3D图层一样，你可以在时间轴面板中改变摄像机的值或者在Comp（合成）面板中直接拖曳它（对于应用坐标系限制具有相同的规则）。

要获得更多的交互使用经验，选择Orbit Camera（旋转摄像机）工具，将光标放在Comp（合成）面板中，按C键直到它变为带弯曲箭头的球形。在Active Camera（活动摄像机）视图（上方的视图）中拖曳并观察摄像机在下面的Top（顶视图）中移动的方式。你还可以观察时间轴面板中的Position（位置）值的变化。

按V键切换为Selection（选择）工具状态。在Top（顶视图）中，拖曳方形摄像机图标[这是它的Position（位置）]，注意移动它时如何改变Active Camera（活动摄像机）视图中的透视图。

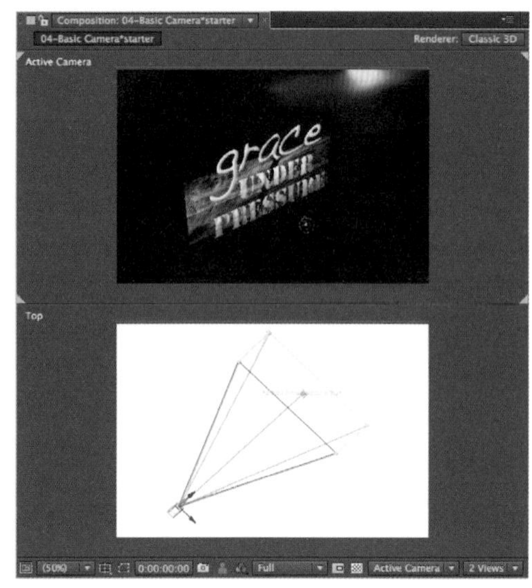

5 使用Orbit Camera（旋转摄像机）工具来摆放摄像机，使其偏离徽标的轴心。

6 确保选中较低的视图——在它的角上有黄色三角形。将它的3D View（视图）菜单项设为Front（前视图）。

在Front（前视图）中，小心单击十字：这是摄像机的Point of Interest（目标点），它决定了所瞄准的对象。拖曳它同时观察上面Active Camera（活动摄像机）视图中的结果，这样可了解其工作方式。同样尝试在其他视图中拖曳它，如Custom View 3（自定义视图3）。

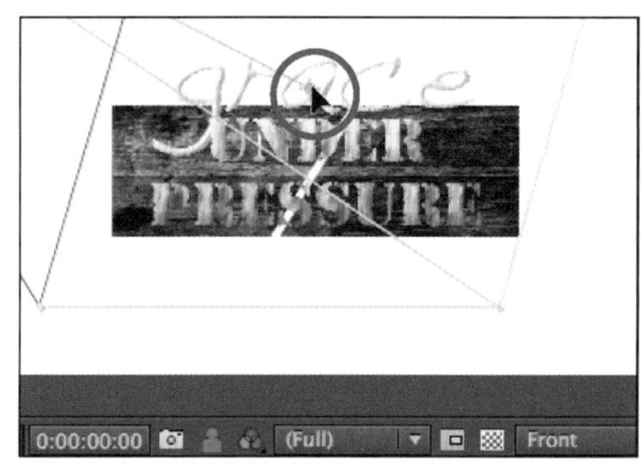

6 使用Selection（选择）工具移动Point of Interest（目标点），改变集中在摄像机中心的对象。

7 现在该行动了，设置一个摄像机移动。

- 按Home键确保你位于00:00处。
- 单击Camera的Point of Interest（目标点）和Position（位置）的秒表来启用关键帧。
- 任意组合喜欢的工具和视图来设置想要的摄像机姿势。
- 按End键移动到合成的尾部并设置一个新的摄像机姿势。

RAM预览并查看摄像机的运动。即使你设置了开始和结束姿势，也可能对中间效果不满意。不用添加第三个关键帧，尝试调整摄像机的Position（位置）和Point of Interest（目标点）的运动路径。它们是普通的Bezier路径，就像在前面练习中为3D图层编辑的那些路径。你可以切换Select View Layout（选择视图布局）为4 Views（四视图），从而得到一个更好的路径图片，或者一次选择一个视图来处理。

我们的版本保存在Comps_Finished>04-Basic Camera_final中。我们决定让Point of Interest（目标点）位于徽标的中间，并创建一连串交替的快速和慢速Position（位置）移动来产生惊奇的效果和趣味。我们给徽标图层启用运动模糊来进一步增加速度效果。

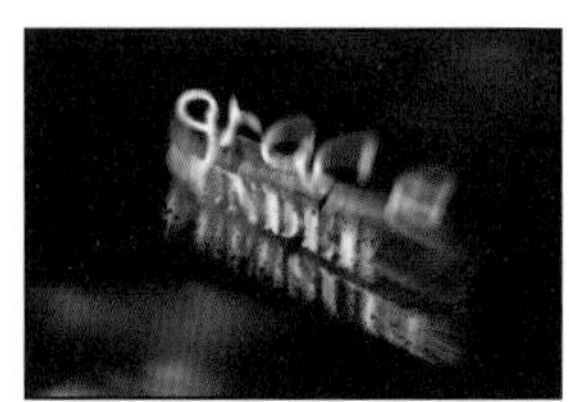

运动模糊加强了快速3D摄像机运动的效果——但是会有渲染困难问题。

▽ 提示

查看图层快捷键

要自动缩放并居中视图来查看所有目标图层，使用View>Look at Selected Layers or View>Look at All Layers（视图>查看所选图层或视图>查看全部图层）。如果其中一个Camera（摄像机）工具被选中，按F键选择Look at Selected Layers（查看所选图层），而按快捷键⌘+Shift+F（Ctrl+Shift+F）选择Look at All Layers（查看全部图层）。你可能仍想使用Camera（摄像机）工具调整结果视图，但是用快捷键是一个好的开始！

摄像机绑定

使用Camera（摄像机）工具和Bezier路径按照你想要的方式来精确移动摄像机是一个很大的挑战。一些高级动画师会创建摄像机绑定，其中摄像机采用父级方式附属到一个或多个空对象上（第6章）。这样就可以将复杂动画分解为更简单的部分，用每个空对象表示一个特定的运动，如旋转。

正如在“使用摄像机工具”中所提到的，要充分利用方便的工具，旋转（摄像机圈住空间中的一个目标或点时）是较难的运动之一。尽管如此，一个旋转摄像机绑定是最容易创建的绑定之一——尤其是自从Adobe在After Effects CS5.5为它添加了一个菜单命令之后。

1 返回Project（项目）面板并打开Comps>04b-Camera Rig*starter。它包含一个与前面练习类似的场景，此处所有图层被安排在一个Position（位置）附近，即“360，240，0”。确保时间轴面板中的Parent（父级）列已显示。如果没有显示，按快捷键Shift+F4。

2 添加一个Layer>New>Camera（图层>新建>摄像机）。确保Type（类型）设为Two-Node Camera（两点摄像机），选择35mm的预设，然后单击OK（确定）按钮。注意图层在空间分离的方式：它们的Position（位置）值不会改变，3D透视图通过使用一个较短镜头和较宽的Angle of View（视角）（默认摄像机是50mm）来放大。

3 按P键，然后按快捷键Shift+A显示摄像机的Position（位置）和Point of Interest（目标点）（POI）。注意到Point of Interest（目标点）也在“360，240，0”处：要让旋转工具像预期那样工作，POI必须定位在你希望绕其旋转的位置。如果在创建绑定之前，Camera（摄像机）的X和Y Position（位置）值与它的POI相同，工作将变得容易许多。

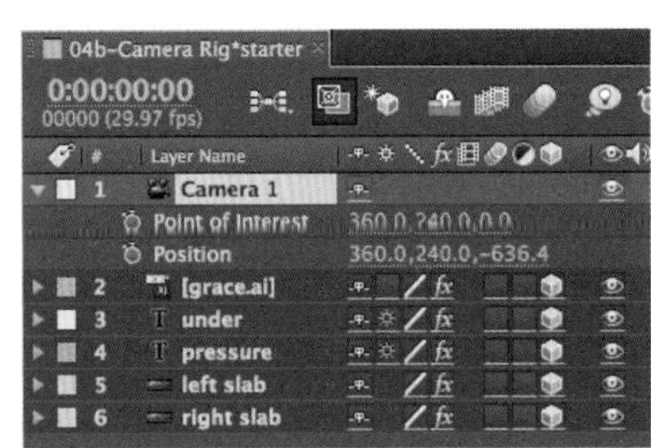

3 为获得最好的效果，确保Camera（摄像机）的Point of Interest（目标点）位于你想要围绕它旋转的位置。

4 依然选中Camera 1，选择Layer>Camera>Create Orbit Null（图层>摄像机>创建旋转空对象）（CS5用户查看下面的注意事项）。一个名为Camera 1 Orbit Null的图层会添加到合成中，而且摄像机会采用父级连接到其上。按P键显示空对象的Position（位置）。注意摄像机原始的Point of Interest（目标点）的值被复制到Camera 1 Orbit Null的Position（位置）上。摄像机的Point of Interest（目标点）被归零，Position（位置）只反映了它偏离父级的程度。

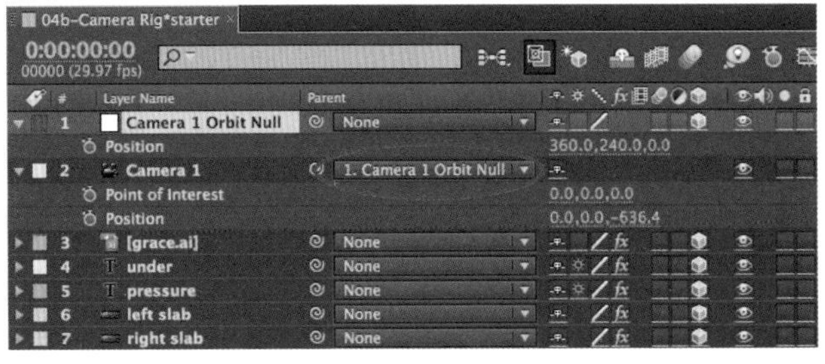

4 采用一个旋转摄像机绑定，摄像机被父级连接到一个空对象上，其Point of Interest（目标点）与空对象的Position（位置）值相等。

注意：如果使用CS5，创建一个空对象，方法为选择Layer>New>Null Object（图层>新建>空对象），启用它的3D Layer（3D图层）开关，并确保空对象和摄像机的POI具有相同的Position（位置）值。然后将Camera 1

父级连接到新的空对象上。

▼ 渲染中断

注意2D和3D图层在时间轴中的排列方式。只有那些在时间轴堆栈中彼此相连的3D图层才可以作为一组在3D渲染器中渲染。它们位于同一组时，可以彼此交叉和投射阴影。

可以通过在3D图层之间放置某些类型的图层来轻松地打断交叉效果。这些图层包括2D图层（除了空对象），灯光（即使启用了3D开关也是如此）以外的任何调整图层，以及应用了图层样式的所有图层。必要时，在时间轴中重新排列这些图层。

5 将Select View Layout（选择视图布局）菜单项改为2 Views-Horizontal（双视图—水平排列）。必要时，设置左视图为Top（顶视图），并使用Camera（摄像机）工具来移动，直到你可以看见中间的徽标图层和视图底部的摄像机。按V键返回Selection（选择）工具状态。

6 选择Camera 1 Orbit Null并按快捷键Shift+R，在时间轴中显示它的Rotation（旋转）和Orientation（方向）值。将当前时间设置为00:00，启用Y Rotation（Y旋转）的关键帧。然后定位到时间的3:00处，修改Y Rotation（Y旋转）的值：摄像机会环绕空对象摆动，就像在桅杆的尾部一样。

设置Y Rotation（Y旋转）的值为1x+0度（精确旋转到1度）。按PageUp键将一个帧返回到02:29处，再按N键回到此处的Work Area（工作区域）尾部。RAM预览，现在有了一个精确循环的旋转动画。

7 修改摄像机的Z Position（Z位置）值。因为它父级连接到Camera 1 Orbit Null，现在该值控制摄像机距离旋转中心的远近。启用摄像机Z Position（Z位置）的关键帧，在旋转期间创建出推入或拉回效果。

8 修改Camera 1 Orbit Null的Y Position（Y位置）值。该练习用摄像机升降架模拟了一个电梯运动，相对于你所在空间中的物体来上下运动。同样对该参数启用关键帧。RAM预览，并想象用Bezier运动路径创建相同的运动会有多么困难。

我们的结果保存在Comps-Finished>04b-Camera Rig_final中。不要忘记你可以交错安排单个属性运动的时间，还可以使用图形编辑器（第2章）来添加速度变化。

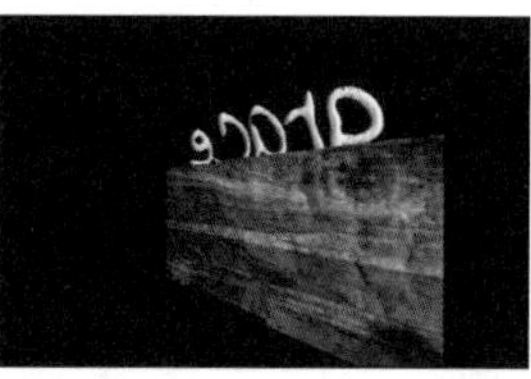

8 摄像机绑定使创建复杂精确的运动变为可能，采用的是一连串非常简单的动画，如Y Rotation（旋转）或者Z Position（Z位置）。

摄像机和自动定向

2D和3D图层都可以沿它们的运动路径自动设置自己的方向。3D摄像机还有其他两个旋转方式。

1 在Project（项目）面板的Comps文件夹中，双击05-Orientation*starter将其打开。该合成包含几个悬浮在3D空间中的音乐符号、一个3D摄像机、一个2D背景和电影配乐。RAM预览，摄像机缓慢移过该音符。

2 设置Select View Layout（选择视图布局）为2 Views-Horizontal（双视图—水平排列）。核实左视图设置为Top（顶视图），右视图设置为Active Camera（活动摄像机）视图。

选择摄像机并研究其路径：我们已经设置Point of Interest（目标点）集中在最后的符号处并为它的Position

(位置)(摄像机的主体)设置动画。当摄像机主体左右移动时，它总会朝向其Point of Interest(目标点)。

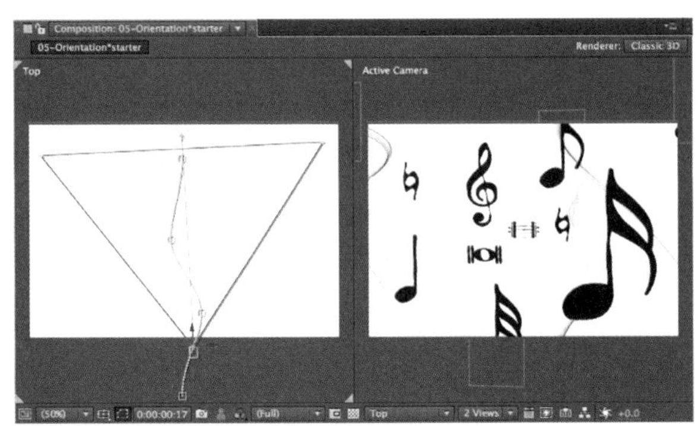

2 在布局2 Views-Horizontal(双视图一水平排列)中，选中Camera图层，你可以从Top(顶视图)(左图左)和Active Camera(活动摄像机)视图(左图右)内的结果中看到摄像机路径的概貌。最初，摄像机总是朝向它的Point of Interest(目标点)，一条线将摄像机的主体连接到该点上。背景由Artbeats/Dreamlight授权使用。

其他定向方法

假设我们想要一个更有趣的动画。最初选择的Two-Node Camera(两点摄像机)类型对于动画复杂的飞行路径可能有点棘手，因为必须考虑两条运动路径，所以我们尝试其他方式。

3 摄像机类型设置决定了它具有(Two-Node)(两点)目标点还是(One-Node)(单点)目标点。

3 选择Camera(摄像机)图层并按P键，然后再按快捷键Shift+A显示它的Position(位置)和Point of Interest(目标点)。双击它打开Camera Settings(摄像机设置)对话框。将Type(类型)修改为One-Node Camera(单点摄像机)并单击OK(确定)按钮。Point of Interest(目标点)参数以及Comp(合成)视图中连接摄像机的线条都会消失，只留下摄像机主体的Position(位置)值。修改当前时间指示器，注意摄像机是如何总是朝向前面的。

如果摄像机是一个汽车或飞机，它将变为跟随运动路径，而不是总朝向同一方向。可以动画摄像机的旋转来模拟该变化。或者，可以让After Effects替你完成这项工作。

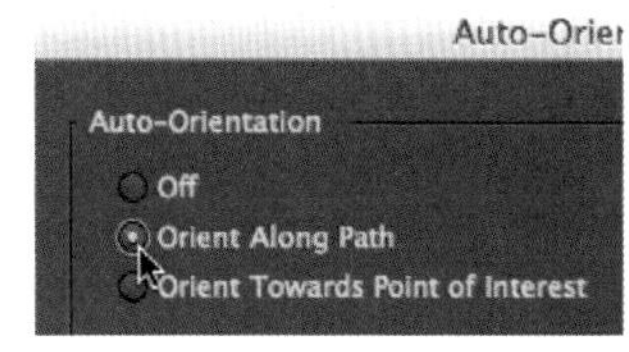

4 Auto-Orientation(自动定向)对话框提供了用其他方式来决定摄像机朝向的位置。

4 依然选中摄像机，打开Layer>Transform>Auto-Orient(图层>变换>自动定向)。Off(关闭)方式与One-Node Camera(单点摄像机)相同。选择选项Orient Along Path(沿路径定向)并单击OK(确定)按钮。

在时间轴上拖曳当前时间指示器时，在Top(顶视图)中会看到摄像机自动变为跟随它的路径。在Active Camera(活动摄像机)视图中，当摄像机四处运动时，运动效果会更明显。这样就可以轻松创建动感形式的3D摄像机动画。

尽管如此，要注意使用Orient Along Path(沿路径定向)选项经常需要你进行更多的操作。确保当摄像机移动时，总可以看到有趣的事物。你还可能需要平滑运动路径上的扭结点，它们会引起剧烈的摄像机运动。

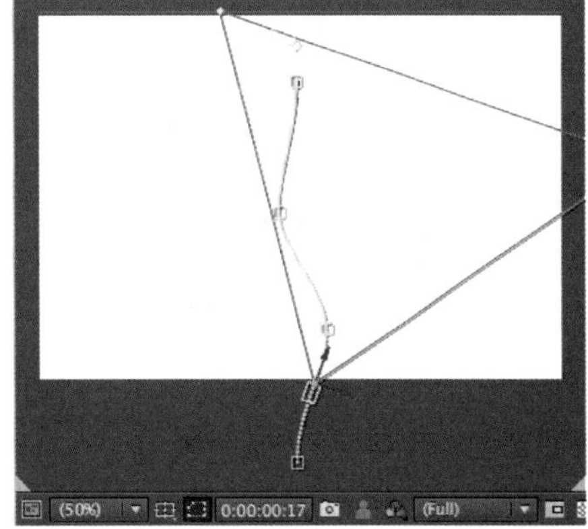

4 续 设置摄像机为Orient Along Path(沿路径定向)表示它会沿自己的运动路径自动前进，在飞行期间产生更明显的运动。[尽管如此，它不会让摄像机转弯来进入转弯处(飞行员或者骑车人可以)。要模拟该效果，需要手动为摄像机设置Z Rotation(Z旋转)关键帧。]

这是控制图形编辑器和使用平滑关键帧（都在第2章中讲解）选项的地方。

对准摄像机

RAM预览或者在时间上修改当前时间指示器。当摄像机沿它的路径转动时，会偶尔从非常倾斜的角度看到一些音乐符号。得到的透视图变形经常看起来很有趣。其他时间，会根据客户的喜好扭曲对象，如客户的徽标，以及在从它们那一侧查看图层时，打破3D空间景象。因此，有另一个你需要知道的自动定向窍门。

5 单击图层2（repeat），然后按Shift键+单击图层14（demisemiquaver），选择所有音乐符号。研究Comp（合成）面板，尤其是音符的坐标轴箭头是如何全部朝向同一方向的。

再次打开Layer>Transform>Auto-Orient（图层>变换>自动定向）——这次用于3D图层，而不是摄像机。选中Orient Towards Camera（对准摄像机）选项，并单击OK（确定）按钮。观察Comp（合成）面板中发生的情况：所有的音符转为直接对准摄像机。修改当前时间指示器时，可以真正看到该行为。（如果不确定是否正确跟随我们的方向，可以将得到的结果与保存在Comps_Finished>05-Orientation_final中的版本进行对比。）

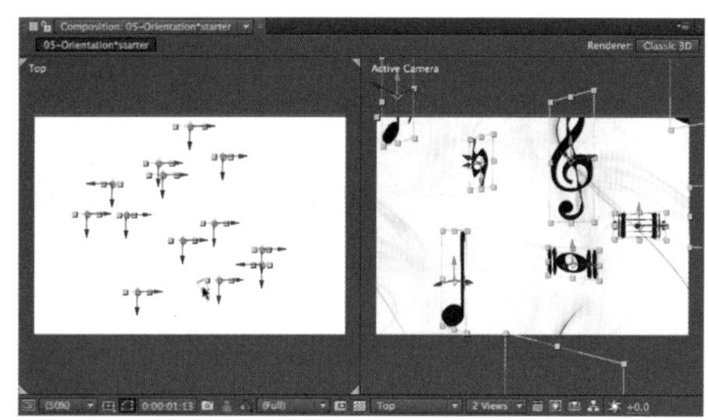

5 通常，图层指向哪里是由它们的Orientation（方向）和Rotation（旋转）参数决定的（上图左）。但是，3D图层可以设置为移动时自动对准3D摄像机（上图右）。（红色箭头指向摄像机。）

摄像机景深模糊

一个重要的视觉提示在于让空间中的一个点非常清晰，而且模糊其他远近的图层。After Effects很早就支持模糊景深技术，它的质量和速度在After Effects CS5.5中得到了极大的提高。我们练习一个启用Depth of Field（景深）并将它集中在特定图层上的实例。

▽ 提示

锁定缩放

摄像机的Zoom（缩放）参数定义在多大距离处图层被3D透视缩放为100%。你可以选择性地启用Camera Settings（摄像机设置）对话框中的Lock to Zoom（锁定缩放），使景深模糊的焦平面匹配为100%缩放平面。

1 打开Comps>05b-Depth of Field*starter。它包含一个前面练习中使用的场景变体，采用一个Two-Node（两点）摄像机。最初，所有的音乐符号图层（以及2D背景）轮廓非常清晰。如果没有准备好，设置View Layout（视图布局）为Two Views-Horizontal（双视图—水平排列），左侧视图设置为Top（顶视图），而右侧视图设置为Active Camera（活动摄像机）视图。

2 双击Camera图层，打开它的Camera Settings（摄像机设置）对话框。为了更好地模拟一个真实摄像机的测量方式，将左下角的Units（单位）菜单改为mm。注意Film Size（胶片尺寸）参数默认为36mm，它匹配传统的35mm静态图像电影的宽度。该参数同样也匹配Canon 5D摄像机（拍摄视频和一些电影的流行工具）的传感器尺寸。

3 选中对话框右下部分处的Enable Depth of Field（启用景深）开关。就会启用下面的一组参数，包括Aperture（光圈）尺寸和F-Stop（F级）。确保禁用了Lock to Zoom（锁定缩放）[你要在下面几步中设置Focus Distance（焦距）]，并设置F-Stop（F级）为4，这是对于非常浅的Depth of Field（景深）效果的常用设置。完成后单击OK（确定）按钮。

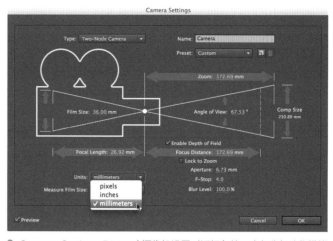

3 Camera Settings Dialog（摄像机设置对话框）的下半部分帮助你模拟真实的摄像机。

4 依然选中Camera，按A A键（快速连续按两次A键）打开时间轴面板中的Camera Options（摄像机选项）。这些参数与你在Camera Settings（摄像机设置）对话框中看到的参数几乎一样，但具有设置关键帧的能力。

将当前时间指示器移到01:14处。修改Focus Distance（焦距）参数，同时观察两个Comp（合成）面板视图。在Top（顶视图）中，你会看到一条新的线垂直穿过Point of Interest（目标点）线条。这就是焦平面：沿该线条放置的图层会完美地对焦。可以通过查看Active Camera（活动摄像机）视图从视觉上进行确认。图层距离该线越远，会变得越模糊。如果该模糊很难看到，可以通过增加Blur Level（模糊程度）来放大模糊效果。

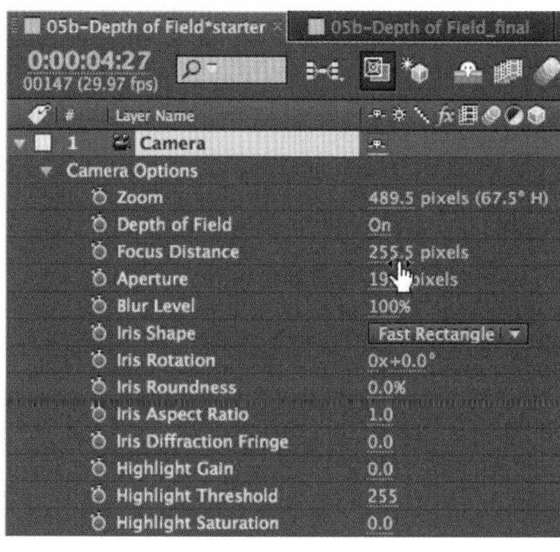

4 大多数摄像机的参数还可以在时间轴面板中直接编辑（和设置动画）。

5 After Effects可以帮助设置Focus Distance（焦距）参数。设置当前时间为04:27或稍后一点，此时是结束处。选择repeat图层（#2）并按Shift键+单击Camera图层。然后选择Layer>Camera>Set Focus Distance（图层>摄像机>设置焦距）为Layer（图层）[在After Effects CS5中，你将不得不手动修改Focus Distance（焦距），直到焦平面和最后主要图层对齐]。Repeat图层会变得清晰。修改当前时间指示器，注意焦平面在动画过程中经过各个图层时，这些图层逐步清晰和失焦的方式。

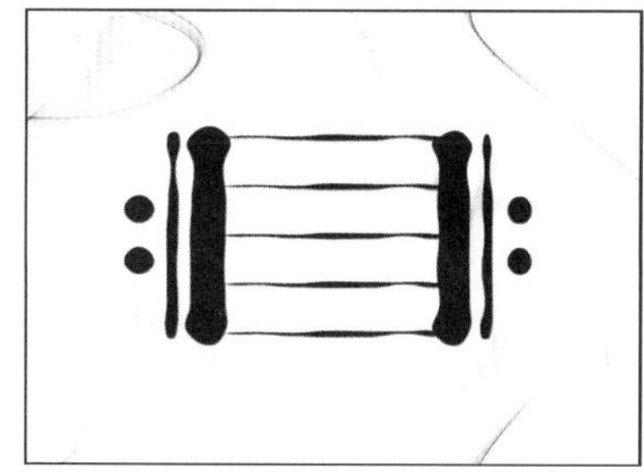

5 选择性地使用景深模糊可以在动画期间帮助指示用户的焦距。

6 假设你想要固定焦点，使repeat图层总是清晰的。依然选中Camera和repeat图层，选择Layer>Camera>Link Focus Distance（图层>摄像机>链接焦距）为Layer（图层）。After Effects会创建一个表达式，通过动态调整Focus Distance（焦距）参数来保持选中图层位于焦平面上。[注意，该功能仅应用在Two-Node（两点）摄像机中，而且是在After Effects CS5.5及以后版本中。]返回1 View（1视图）并进行RAM预览，还可以从Comps_Finshed>05b-Depth of Field_final中打开我们的作品。

在After Effects CS5.5及以后版本中，还可以使用一些Iris（光栅）和Highlight（高光）参数来调整模糊的视觉质量——如将Iris Shape（光栅形状）从Fast Rectangle（快速矩形）改为更真实的Hexagon（六边形）。这些参数在Blur & Sharpen>Camera Lens Blur（模糊与锐化>摄像机镜头模糊）效果中已被复制，可以应用到2D素材中。尝试Comps_Finished>05c-Camera Lens Blur_final中的效果设置，并根据喜好进行修改。

△ Iris（光栅）参数［在3D摄像机和2D Camera Lens Blur（2D摄像机镜头模糊）效果中都有］可以创建漂亮的外观和明亮的高光。素材由Artbeats/Timelapse Cityscapes授权使用。

3D灯光

如果没有为场景添加灯光，After Effects会自动照亮所有3D图层，使它们和2D图层一样明亮。但是，添加3D灯光可以极大地提高场景的意境。

1 保存项目。从Comp（合成）面板的下拉菜单中选择Close All（关闭全部），关闭所有前面的合成。然后打开Comps>06-Basic Lights*starter。它包括单个2D视频图层。

1 如果没有显示灯光，3D图层是均匀照亮的。素材由Artbeats/Time & Money授权使用。

2 要查看3D灯光效果，至少需要一个3D图层。

- 为Clock.mov启用3D图层开关（立方体图标）。
- 然后启用图层的Lock（锁定）开关，这样你在使用灯光时不会无意中移动它。

3 选择菜单项Layer>New>Light（图层>新建>灯光）。此时会打开Light Settings（灯光设置）对话框。我们看看它的一些参数。

- Light Type（灯光类型）决定了光线投射的方式。Ambient（环境光）方式会均匀照亮所有事物；Parallel（平行）方式投射直射线，类似来自远处光源的光线。更有用的是Spot（聚光）和Point（点光）方式，Point（点光）方式类似空间中悬挂的灯泡，Spot（聚光）方式在控制cone（灯罩）投射光线的有限范围时最常用。此时选择Point（点光）。
- Intensity（强度）是指灯光的亮度。可将其设置为100%以上来照亮场景，或者是0%以下来创建复杂场景中的黑暗效果。现在将它设置为100%。
- Cone Angle（灯罩角度）和Cone Feather（灯罩羽化）仅在Spot（聚光）灯光类型［在Point（点光）灯光中被禁用］中

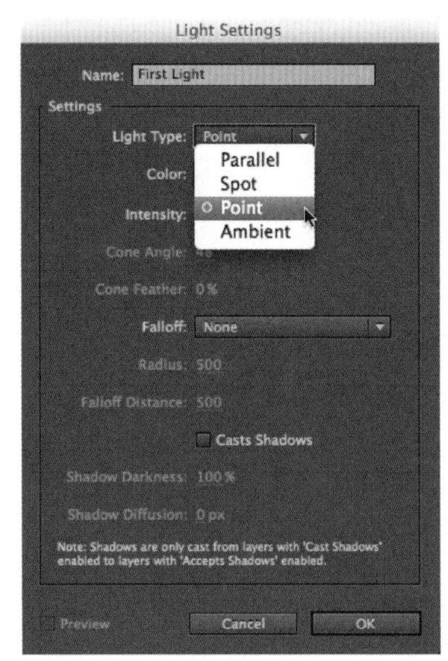

3 制作新的灯光时或者稍后在项目中的任何时间，都可以编辑Light Settings（灯光设置）。同样可以在时间轴面板中编辑这些设置。

可用。它们控制灯光在一个区域投射的宽度和灯光边缘的柔和度。

- Color（颜色）是灯光的颜色。开始为白光。稍后你可以将它改为淡蓝色来冷化场景，或者改为浅橙色来提升暖色调。
- 在接下来的两个练习中，我们会处理光的衰减和阴影，所以现在将它们搁置。
- 为灯光起一个有意义的名称，如“First Light”并单击OK（确定）按钮。（如果出现一个警告对话框，那是因为你没有执行第2步。）

4 当灯光消失时，Clock.mov的角处会深一点，产生一个细微的虚光。First Light将被选中，按P键显示它的Position（位置），然后按快捷键Shift+T显示它的Intensity（强度）。

- 修改First Light的Z Position（Z位置）参数。当灯光靠近图层时，照亮的区域将变得更小更集中；远离时，图层被照亮的区域会更宽和更均匀。
- 还可以修改X和Y Position（位置）值或者在Comp（合成）视图中拖曳来交互式放置灯光。为其他3D图层应用灯光规则相同：如果单击其中一个坐标轴箭头或者在光标旁边看到一个坐标字符，拖曳将局限在该维度中。
- 修改Intensity（强度），它控制图层被照亮的亮度。（现在将它设回100%到120%之间的某个数。不用担心，以后也可以编辑它。）

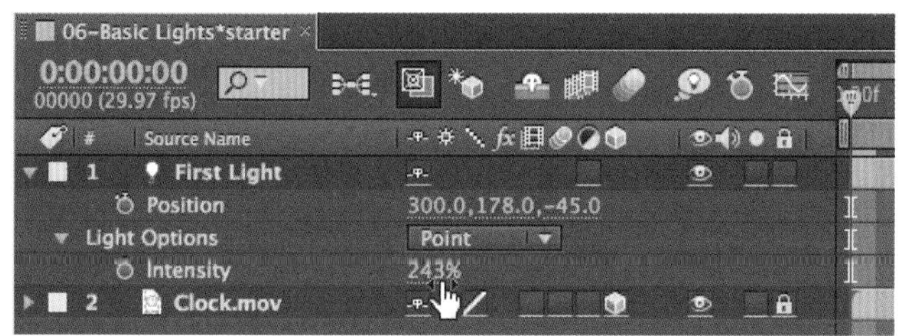

4 使用Point（点光）的位置并增加它们的强度可以创建简单的虚光和热点。

5 双击灯光图层（First Light），重新打开它的Light Settings（灯光设置）。设置Light Type（灯光类型）为Spot（聚光），Cone Angle（灯罩角度）为60，Cone Feather（灯罩羽化）为0，并单击OK（确定）按钮。现在你将有一个轮廓清晰的光带，而不是一个柔和的虚光。[如果光带很小，设置灯光的Z Position（Z位置）为-400使其退出图层。]

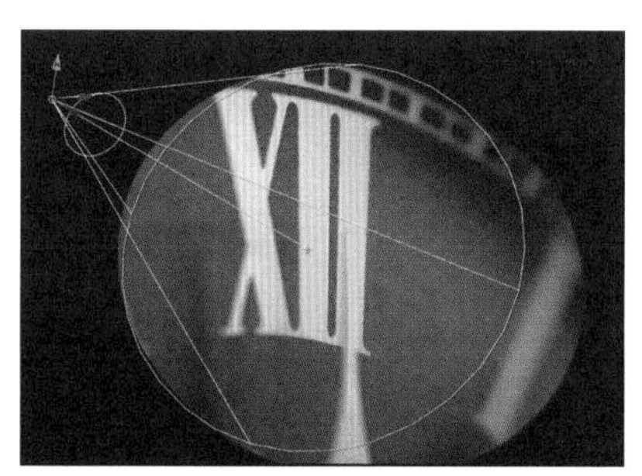

5 可以用Spot（聚光）灯实现各种有趣的外观。

一个很长的参数列表会在时间轴面板中展开。你会看到Spot（聚光）灯和普通的3D摄像机灯光类似，因为它们都有一个Position（位置）和一个Point of Interest（目标点）。正如摄像机一样，Point of Interest（目标点）帮助对准灯光。如果灯光被选中，会在Comp（合成）面板中看到灯光主体及其类似定位点的Point of

Interest（目标点）。沿四周拖曳它们来了解其工作方式。

现在尝试修改它的Cone Angle（灯罩角度）和Cone Feather（灯罩羽化）参数。你可以快速得到各种很酷的外观——特别是操纵它的Position（位置）和Point of Interest（目标点）来控制灯光投射的角度时。在Comps_Finished>06-Basic Lights_final中我们动画了灯光的参数。操作自己的灯光并在继续操作前保存项目。

▽ 提示

灯光设置

要编辑一个灯光的设置，双击它，或者选中图层并按A A键，在时间轴面板中显示它的参数。

▽ 提示

闪光灯

尝试给灯光的Intensity（强度）添加一个摇摆表达式（第7章）来使其闪烁。Cone Angle（灯罩角度）和Cone Feather（灯罩羽化）也可以采用该方式。将摇摆应用到Spot（聚光）灯的Point of Interest（目标点）上来创建一个自动搜索光。

投射阴影

After Effects中的灯光同样具有投射阴影的能力，要生成阴影，你需要三样东西。

- 启用一个灯光来投射阴影。
- 投射阴影的一个3D图层。
- 接收阴影的一个3D图层，比投射阴影的图层离灯光要远一些。

在本练习中，你会熟悉阴影的设置以及灯光、图层和阴影之间的交互。

1 返回Project（项目）面板并双击Comps>07-Shadows*starter。它包含两个已经启用了3D并在Z空间中伸展的图层：图层1（shadows）是一个文本图层，图层2（shadow catcher）是一个静态图片。

2 选择Layer>New>Light（图层>新建>灯光）。在Light Settings（灯光设置）对话框中，设置Light Type（灯光类型）为Point（点光），Intensity（强度）为125%。启用Casts Shadows（阴影）选项，现在设置Shadow Darkness（阴影暗度）为50%，Shadow Diffusion（阴影发散值）为0像素。单击OK（确定）按钮，一个新的Light图层会添加到合成中。图层的照明会发生改变，但是不会看见任何阴影……

默认情况下，3D图层可以接收阴影，但是不要投射它们。这是因为阴影需要大量的计算，而且如果你不希望使用阴影，After Effects也不希望减慢速度。但在目前的情况下，我们希望使用阴影。

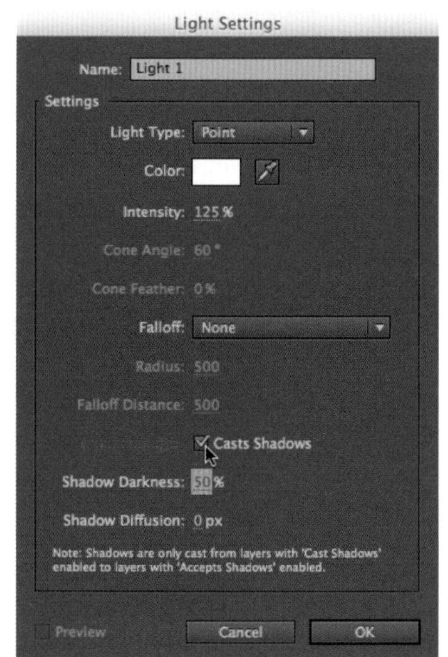

2 新建一个灯光并确保启用了阴影。

3 选择图层shadows并按A A键，显示它的Material Options（材质选项）。第一个参数就是Casts Shadows（阴影），如我们所暗示的，它默认为Off（关闭）。单击Off（关闭）将它切换为On（打开），对所选图层切换阴影开关的快捷键是⌥+Shift+C（Alt+Shift+C）。现在你可以在文本中看到一些相当大的投射阴影。

现在我们快速讲解两个其他有用的选项。

- 再次单击Casts Shadows（阴影）的值，它会切换为Only（仅显示阴影）。现在你将看到只有阴影，没有原始的图层。
- 将Casts Shadows（阴影）切换为On（打开），然后修改Light Transmission（光透射）参数。在0%处，阴影是黑色的；在100%处，它是图层投射的阴影的颜色。（顺便说一下，该参数还可以应用到彩色图层上，包括视频……）现在将它设回0%。然后按P键再次显示图层的Position（位置），只是为了记忆它在3D空间中的位置。

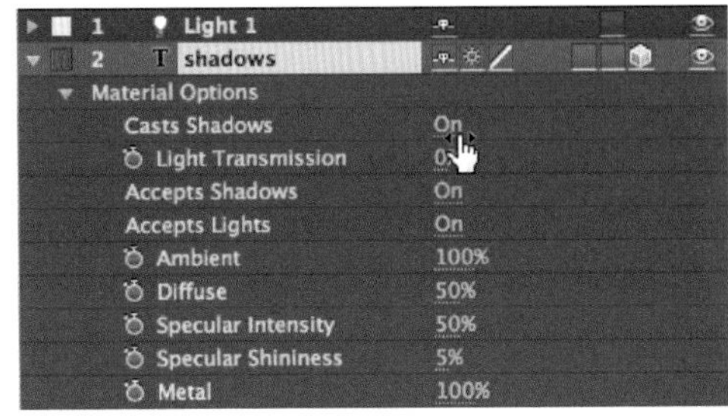

3 按A A键显示一个图层的Material Options（材质选项），包括Casts Shadows（阴影）。

- 选择shadow catcher并按A A键来显示它的Material Options（材质选项）。单击它的Accept Shadows（接受阴影）参数来关闭选项。After Effects CS6增加了一个Only（仅显示阴影）选项（放在第9章介绍）。完成后设回On（打开）。

3 续 Casts Shadows（阴影）可以在Off（关闭）（A图）、On（打开）（B图）和Only（仅显示阴影）（C图）键切换。背景由Artbeats/Exteriors授权使用。

4 选择Light图层，在Comp（合成）面板中查看它的轴心并按P键显示它的Position（位置）。通过修改它的Position（位置）值或者在Comp（合成）面板中来回拖曳它来移动灯光。这样操作时，阴影的大小和位置都发生了改变。注意，灯光距离投射阴影的图层越近，阴影变得越宽。将灯光后退到Z空间（高负值），阴影会变得更小。

▼ 合成视图

最初使用3D视图而不是Active Camera（活动摄像机）视图的一个令人担忧的特点在于：Comp（合成）面板中的一部分内容会渲染图层，而其余的（剪贴板）不会。该区域的尺寸对最终渲染没有影响，它仅反映了当前的缩放级别。这就是为什么我们建议保持Magnification（放大率）设置为Fit up to 100%（自适应到100%），并采用Camera（摄像机）工具在视图中缩放和平移。

5 修改shadows和shadow catcher的Z Position（Z位置）值。两个图层相距越近，阴影越密集。完成后将它们返回初始位置（shadows在“360，278，0”，shadow catcher在“340，42，250”）。

6 选择shadow catcher并按R键显示它的Orientation（方向）和Rotation（旋转）属性。修改它的X或者Y Rotation（旋转）值，使其相对于图层投射的阴影发生倾斜：阴影也应该倾斜。（如果将它旋转得太远，会看到图层的边缘。在3D动画期间有大量的时候需要放大图层来避免这种尴尬的局面。）

7 再次选择Light，并按A A键（快速连续地按两次A键）显示它的Light Options（灯光选项）。修改Shadow Diffusion（阴影发散值）参数：它控制阴影在长时间的渲染过程中的柔和度。然后修改Shadow Darkness（阴影暗度）：它控制阴影黑暗的程度（浓度）。

现在你已经知道了阴影交互的方式，使用新学的技能创建一个关于灯光也许还有3D图层的动画。

▽ 提示

只显示阴影

Shadow Only（只显示阴影）选项是CS6中新增的功能，对于创建“阴影捕捉器”图层非常有用，它们可以模拟3D阴影降落在2D图层上。有关该技术的详细信息，请参见第9章。

6-7 你可以通过改变3D图层的位置和旋转以及灯光来快速创建有趣的外观。增加灯光的Shadow Diffusion（阴影发散值）参数可创建柔和的阴影，代价是花费更长的时间来渲染。

灯光衰减

到目前为止，你创建的灯光可以永远照亮合成中的所有图层。这是不真实的，实际灯光的强度会随着距离增大而逐渐衰减。After Effects CS5.5及以后版本增加了一个Light Falloff（灯光衰减）特性。

1 打开Comps>08-Light Falloff *starter。它包含一组距离摄像机各不相同的图层。你可以从数值上进行核实，具体操作是选择所有图层并按Ⓟ键显示它们的Position（位置）值，或者从视觉方面设置Select View Layout（选择视图布局）为2 Views-Horizontal（双视图—水平排列）并设置左侧视图为Top（顶视图）。

2 添加一个Layer>New>Light（图层>新建>灯光）。设置Light Type（灯光类型）为Point（点光），Color（颜色）为白色，Intensity（强度）为125%，并禁用Casts Shadows（阴影）。单击Falloff（衰减）菜单显示选项：None（无），Smooth（平滑）和Inverse Square Clamped（反向平方固定）。最后一个是更真实的现实呈现，此处灯光会随着距离的增加而逐渐变弱，所以现在选择Inverse Square Clamped(反向平方固定)。设置Radius（半径）为500并单击OK（确定）按钮。

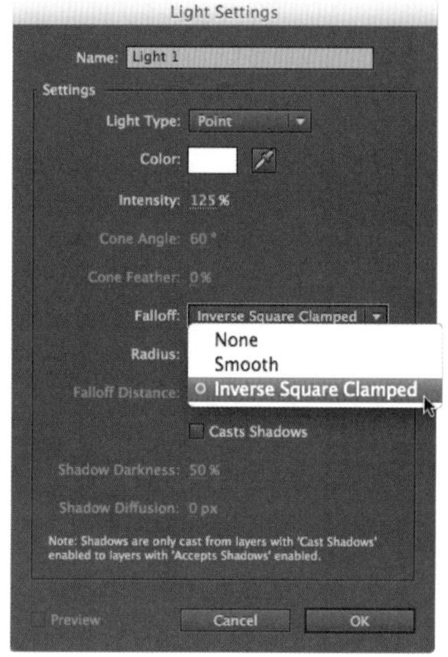

2 衰减参数帮助模拟真实的灯光。

3 你应该注意到光照穿过图层时会发生改变。选中灯光，按Ⓟ键显示它的Position（位置），设置Z Position（Z位置）为-500，并将灯光移到右侧，使其位于右边扬声器的前方。

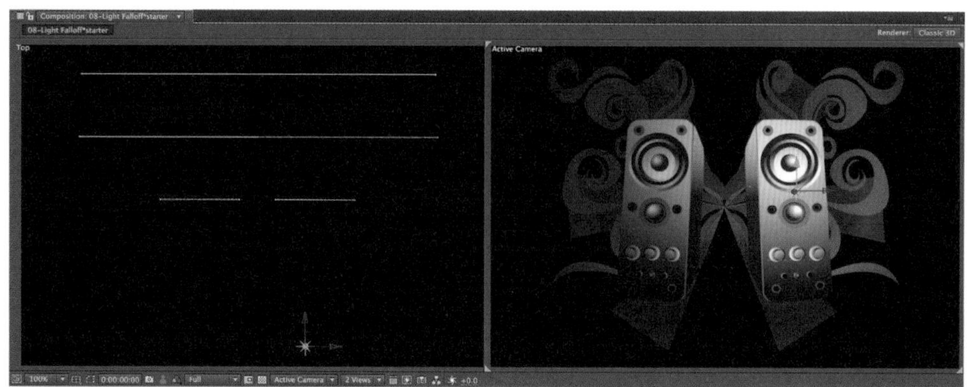

3~4 当Falloff（衰减）设置为Inverse Square Clamped（反向平方固定）时，在Radius（半径）值范围内的图层完全被照亮，而图层距离越远，光照则越模糊。插图由iStockphoto,exdez、Image #2066496授权使用。

4 按AA键，在时间轴面板中显示Light Options（灯光选项）。Radius（半径）决定了灯光的大小，灯光的Intensity（强度）从远处向外开始衰减。在它的初始值500处，刚好触及中间图层（Flourishes）。修改Radius（半径）值来掌握半径大小与各种图层的光照之间的交互方式。例如，值350表示全部光照的外边缘正好接触到右边扬声器的表面，并穿过表面的其他部分和场景中的其他图层而逐渐衰减。

5 将Falloff（衰减）改为Smooth（平滑）。该方式可以很容易地控制光的衰减：Radius（半径）仍然设置为光的尺寸，而Falloff Distance（衰减距离）决定了距离半径多远处灯光完全消失。

6 设置Falloff Distance（衰减距离）为10并修改Radius（半径）。现在当灯光扩大以触及并包含更多图层表面时，可以使用灯光来显示图层。可以用一个Custom Views（自定义视图）来更清楚地掌握灯光对远处图层所进行的操作。

6 Falloff（衰减）类型Smooth（平滑）让你可以控制一个灯光到达场景的距离。

7 尝试平衡Falloff Distance（衰减距离）、Radius（半径）和灯光的Position（位置）的值来控制显示图层的哪些部分。我们已经创建了一个动画来展示一些可能性，作品保存在Comps_Finished>08-Light Falloff_final中。

▽ 小知识

灯光默认值

新建的每个灯光的Light Settings（灯光设置）中，默认值是最后一次创建或者编辑的灯光的值。注意该值，特别是你为以前的灯光使用了不寻常的或者特殊的选项时。

▼ 材质选项

除了灯光设置，每个3D图层的Material Options（材质选项）可控制图层和灯光相互作用的方式。例如，Diffuse（发散）决定了一个图层接受来自大部分灯光的光照强度，Ambient（环境光）设置只被Light Type（灯光类型）为Ambient（环境光）的灯光所照亮的强度。如果很难照亮一个特殊图层，增加这些参数的值。灯光的Color（颜色）可影响图层的Diffuse（发散）和Ambient（环境光）的照度。

Ambient	100%
Diffuse	50%
Specular Intensity	50%
Specular Shininess	5%
Metal	100%

Specular Intensity（反射强度）决定了反射的高光（亮点）[添加到图层的Diffuse（发散）值中]的强度，而Specular Shininess（反射亮度）决定了高光的大小（紧密）。要创建更引人注目的灯光效果，增加这两个参数的值，使其大于默认值。[高值适用于Classic 3D Renderer（经典3D渲染器），低值用于Ray-traced 3D Renderer（光线跟踪3D渲染器）。]

Metal（金属色）决定了反射高光的颜色。默认值100%表示图层下面的颜色用于高光，值0%表示使用灯光的颜色。我们通常采用默认值100%，除非在照亮黑色图层有困难时（表示高光也将是黑色），然后减少Metal（金属色）来查看反射高光中更多的灯光颜色。

光线跟踪3D渲染器

很长时间以来，After Effects中的“3D”图层没有深度，从侧面查看图层时这会变得非常明显。下面的渲染引擎在以前称为Advanced 3D Renderer（高级3D渲染器）。对于CS6，现在称为Classic 3D Render（经典3D渲染器）。

▽ 提示

动画和挤压

你可以使用在第5章中学到的任何一种文本动画技巧来创建挤压和光线跟踪文本，每一帧的新3D几何体将随时进行渲染。

After Effects CS6引入了一个新的光线跟踪3D渲染引擎，它可以挤压和变形基于矢量的文本与形状图层（第11章），为它们设置厚度。基于像素的图层（如电影或者图片）可能在CS6中无法被挤压，但它们可以被弯曲，依然可以给场景添加维度。光线跟踪3D渲染器提供的其他特性包括为3D图层设置透明和反射，以及沿合成周围使用图层来作为一个环境贴图的能力。

采用新的Ray-traced 3D Renderer（光线跟踪3D渲染器）确实需要付出一定的代价。

▽ 提示

草稿模式

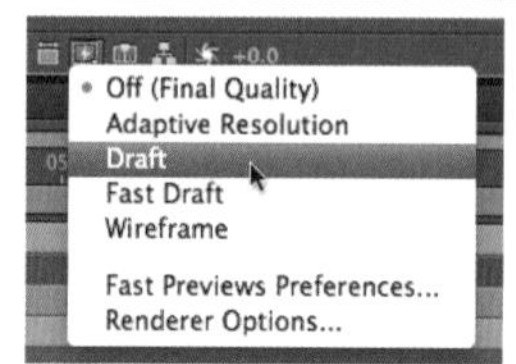

如果发现计算机运行速度太慢而无法进行这些练习，单击Comp（合成）面板底部的Fast Preview（快速预览）按钮并选择Draft（草稿）模式。它可以降低光线跟踪器的质量，加速交换。我们将在本章稍后讨论Fast Preview（快速预览）和光线跟踪质量。

- 它比Classic 3D Render（经典3D渲染器）的计算量更高，这非常明显。一旦你引入透明或者反射等特性，渲染时间就会猛增。对于CS6，解决方法是使用一个带有Adobe-approved NVIDIA显卡或芯片（GPU）的计算机，它支持CUDA程序语言。在购买新计算机或者显卡之前检查一下，因为该列表会随着时间更新。注意，许多Mac笔记本没有NVIDIA CUDA兼容的芯片，这严重阻碍了该特性的使用。
- 对于CS6，不支持许多2D相关的合成特性，如效果、遮罩、蒙版、模板和混合模式。在相同合成内部的其他图层可以使用这些特性，只要选中Ray-traced 3D Renderer（光线跟踪3D渲染器）时，没有使用3D图层就行。

After Effects CS6引入的Ray-traced 3D Renderer（光线跟踪3D渲染器）使用了许多新外观。

每个合成都可以使用Classic 3D Render（经典3D渲染器）或者Ray-traced 3D Renderer（光线跟踪3D渲染器），但是不能两者都用。你会发现两个渲染引擎之间的选择取决于所需的特性（如混合模式与挤压）和速度。在接下来的几个练习中，我们探索Ray-traced 3D Renderer（光线跟踪3D渲染器）独一无二的特性。

挤压和斜角

如果你有After Effects CS6及以上版本，打开项目文件Lesson_08_RT并在其中进行操作。

1 打开Comps>RT1-Bevel & Extrude*starter。它包含一个已启用了3D图层开关的文本图层，以及一个放在文本某个角度的摄像机。甚至从很浅的阴影角度，你就能说出图层没有厚度。在时间轴面板中展开图层extrude，会看到参数种类Text（文本）、Transform（变换）和Material Options（材质选项）。

2 该宽屏合成是采用Classic 3D Render（经典3D渲染器）创建的，可以通过查看Composition（合成）面板右上角来确认，它包含一个新的Render（渲染）按钮。当前表示Classic 3D（经典3D）。要改变渲染引擎，单击该按钮，打开Composition Settings（合成设置）的Advanced（高级）选项卡。将Render（渲染）菜单改为Ray-traced 3D（光线跟踪）并单击OK（确定）按钮。

如果这是你启动After Effects后第一次选择Ray-traced 3D Renderer（光线跟踪3D渲染器），会看到一个Alert（警告）对话框。阅读该对话框的内容，了解选择各选项的结果，然后再次单击OK（确定）按钮。一个名为Geometry Options（几何体选项）的新参数种类会出现在时间轴面板的extrude中。

3 展开extrude>Geometry Options（几何体选项）并缓慢修改Extrusion Depth（挤压深度），同时观看Comp（合成）面板：文本会变得更厚。但是，该效果很难看见，因为文本的边缘和表面具有相同的颜色。要让它们的颜色不同，你需要至少添加一种灯光。

4 添加一个Layer>New>Light（图层>新建>灯光）。将它的名字改为Light 1-Key，设置Light Type（灯光类型）为Point（点光），Color（颜色）为白色，Intensity（强度）为200%（光线跟踪场景往往需要更多的光），Falloff（衰减）为None（无）。启用Casts Shadows（阴影）并设置Shadow Darkness（阴影暗度）约为60%。单击OK（确定）按钮，现在边缘和表面明显不同。向Composition（合成）面板的右上角拖曳灯光，这样就可以更清楚地看到文本的边缘。

1 该合成最初采用Classic 3D Render（经典3D渲染器）[显示在Composition（合成）面板的右上角]，意味着字符没有厚度。

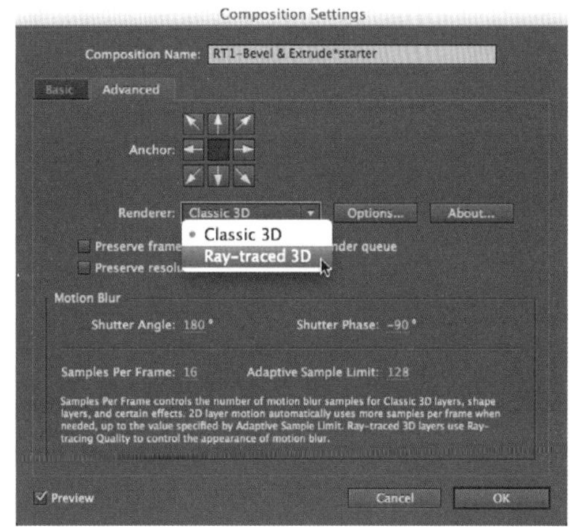

2 在Composition Settings>Advanced（合成设置>高级）对话框中将Renderer（渲染器）改为Ray-traced 3D（光线跟踪3D）渲染器时，会看到一个关于启用和禁用该特性的警告。

3~4 最初挤压文本时，很难区别字符表面和边缘（上图左）。至少需要添加一种灯光，让这些表面的渐变方式不同，显示图层真实的维度（上图右）。

▽ 提示

斜角和字体

注意，斜角增加了每个字符的尺寸，在某些点它们可能互相连接。可能需要使用一个比预期字体粗细更小的值，增加整个词或者行的跟踪，或者增加有问题的字符间的间距。其中一些概念在第5章介绍过。

5 用一种单一的普通灯光照亮一个挤压图层的前面、后面和所有边缘是不可能的。至少需要在相反的边缘添加一个其他的Point（点光）、Parallel（平行光）或者Spot（聚光）灯来照亮黑色区域，或者使用一个Ambient（环境光）均匀照亮所有图层的各个部分。添加Layer>New>Light（图层>新建>灯光），设置Light Type（灯光类型）为Ambient（环境光）,Intensity（强度）为一个低值如15%。将名字改为Light 2-Ambient Fill并单击OK（确定）按钮。[注意，环境光没有Position（位置）值。]

6 要给文本添加一些样式以及增强它捕捉灯光的方式，可改变extrude>Geometry Options>Bevel Style（挤压>几何体选项>斜角样式）为Angular（角形），它会将一个平面的凿形斜角添加到挤压文本上。修改Bevel Depth（斜角深度）的值以得到一个喜欢的外观。

6~7 After Effects CS6提供了三种基本的斜角类型［除了None（无）］：Angular（角形）、Concave（凹形）和Convex（凸形）。

7 尝试其他的Bevel Style（斜角样式）选项。Convex（凸形）产生一个圆角斜角，可以有效地柔化外观。Concave（凹形）产生一个铲式的斜角，可以提供更多的机会捕捉灯光并以多种方式产生阴影。下面几步采用Concave（凹形）。

8 增加Bevel Depth（斜角深度）为10。注意字符“e”和“d”的内部是如何开始膨胀闭合的？减少Geometry Options>Hole Bevel Depth（几何体选项>斜角孔深度）：该参数只将那些闭合的形状缩放为原来的Bevel Depth（斜角深度）值，在印刷术中称为counters（字谷）。[随意减少那些看起来没有膨胀的元素的Bevel Depth（斜角深度）的值。]

9 为了实现更好的外观，尝试较低的Bevel Depth（斜角深度）和Extrusion Depth（挤压深度）值，并增加Material Options（材质选项）下面的Specular（反射）值。同样为该文本图层启用Cast Shadows（阴影）。

9 要使灯光效果更有吸引力，利用Material Options（材质选项）（前面的侧边栏讨论）：展开挤压的该参数部分，增加Specular Intensity（反射强度）为100%，并稍微增加Specular Shininess（反射亮度），直到反射亮点看起来更像小的亮点。同样设置Cast Shadows（投射阴影）为On（打开），因为字符可能采用Ray-traced 3D Render（光线跟踪3D渲染器）投射阴影到自己和其他字符上。围绕合成拖曳Light 1-Key，查看灯光离开这种表面的方式。

弯曲图层

尽管不能在After Effects CS6中挤压视频或者静态图像图层，但依然可以弯曲它们。

1 打开Comps>RT2-Bend Layers*starter。它包含一个已经启用了3D Layer（3D图层）开关的静态图像序列。我们也增加了它的Specular Intensity（反射强度）、Specular Shininess（反射亮度）和Metal Material Options（金属材质选项）来提供一个明显的来自合成中的金黄色灯光的反射高光。可以随意移动灯光来查看反射高光的反映方式，然后通过Undo（撤销）将它返回到初始位置。

▽ 小知识

Live Photoshop 3D

在After Effects CS6中不再支持本书第二版中演示的Live Photoshop 3D图层。

2 打开Muybridge_[01-10].tif图层，显示它的Geometry Options（几何体选项）。修改Geometry Options>Curvature（几何体选项>曲率）的值，并观察图层弯向你和远离你的方式。在最大的曲率下，图层形成了一个半圆柱，从它的原始表面向前或者向后推。[要使该效果更加明显，可以启用Camera 1图层的Video（视频）开关。]

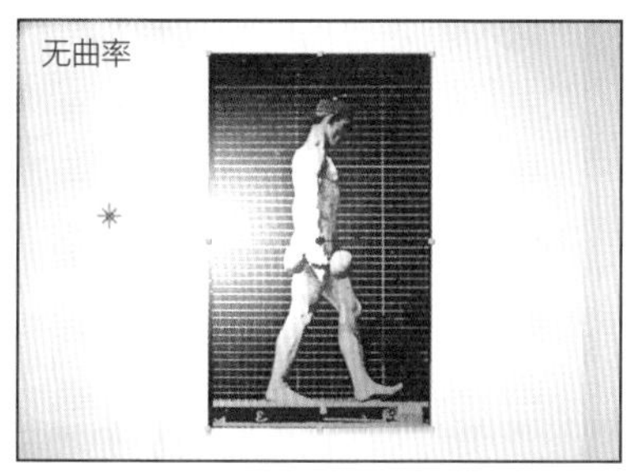

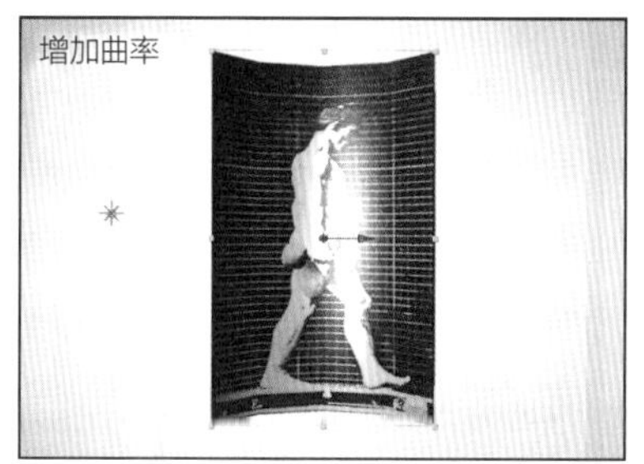

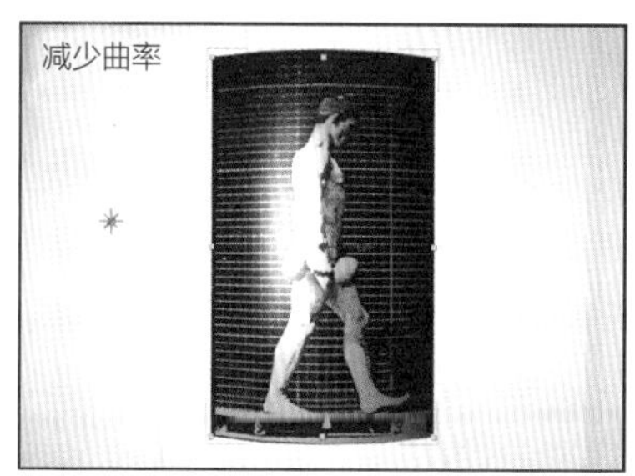

2 平面图层往往具有宽阔的反射高光。增加或者减少Curvature（曲率）时，高光移动并变细，因为它照亮了更少的弯曲表面区域。Muybridge系列图像由Dover授权使用，背景由Artbeats/Digital Web授权使用。

这样操作时，反射高光还显示它穿过了图层，即使灯光、摄像机和图层没有改变位置也是如此。这是由于灯光、图层表面和摄像机间的角度发生变化的结果。的确，一个普通的3D技巧是将一个曲率添加到其他平面图层上，这样动画灯光、摄像机或者图层会产生更有趣的灯光类型的运动。

3 你可能注意到，增加Curvature（曲率）值时，图层包含明显的扇形。要创建一个更平滑的圆角表面，增加Geometry Options>Segments（几何体选项>扇形）的值。一个20左右的值可以解决大多数弯曲问题。

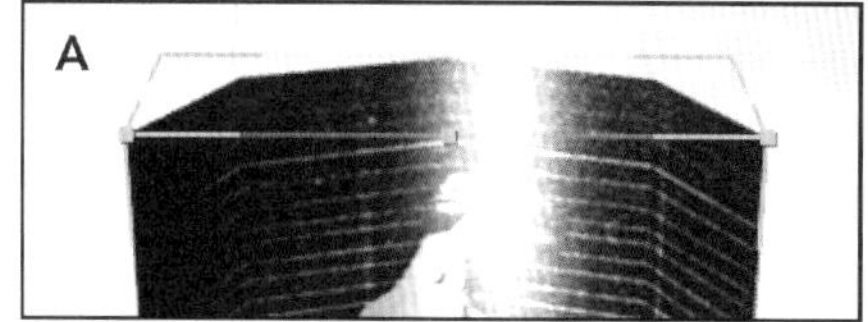

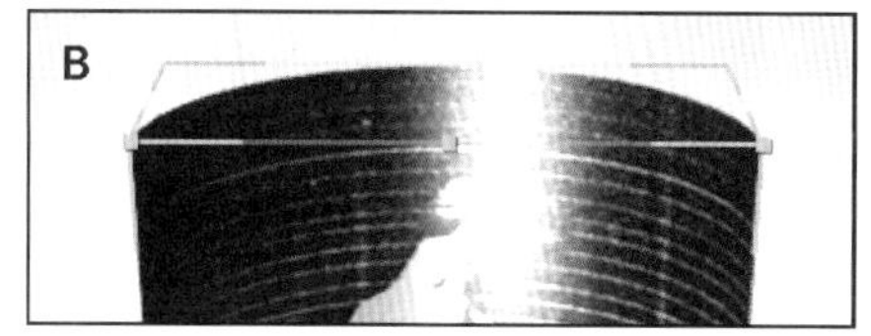

3 在最大曲率下，图层呈现一些折叠面板的外观（A图）。增加它的Segments（扇形）参数值将其平滑（B图）。

4 依然选中Muybridge_[01-10].tif，按 R 键显示它的Rotation（旋转）和Orientation（方向）值。随意改变姿势并以各种方式动画图层。注意图层仅沿*Y*坐标轴弯曲。要沿不同坐标轴弯曲，需要首先将图层放在一个预合成中（第6章），然后在最终合成中弯曲并重定向图层。在Comps_Finished文件夹中查看我们的示例。

透明度

Ray-traced 3D Renderer（光线跟踪3D渲染器）超越Classic 3D（经典3D渲染器）的另一个方面是与简

单的不透明相比，它支持真正的透明。

RT3-Transparency的目的是让该文本半透明但依然可读出。

1 关闭前面的合成，然后打开RT3-Transparency*starter。它包含一个已经挤压的3D文本图层，位于当前2D背景的前面。注意该文本图层中的宽阔发散光，以及斜角中的反射光电和i中的点。

2 选择Cairns文本图层并按T键，显示它的Opacity（不透明度）。修改其值来了解它如何影响挤压文本的每个图层，从而让你看到后表面。注意反射高光如何与Opacity（不透明度）值一起消退。设置Opacity（不透明度）为50%，单击Composition（合成）面板底部的Take Snapshot（拍快照）（摄像机图标）按钮来获得该外观的快照，快捷键是Shift + F5。

3 将Opacity（不透明度）设回100%，依然选择Cairns，按A A键显示它的Material Options（材质选项）。逐渐修改Transparency（透明度）参数并注意到当文本上的发散光消退时，该反射光点保持原始亮度。设置Transparency（透明度）为50%，并按Show Snapshot（显示快照）按钮（头和肩膀图标，快捷键是F5），将以前的快照和新外观进行对比。

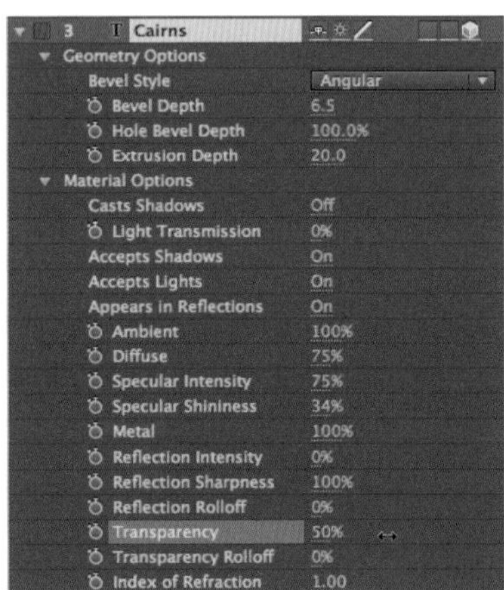

3 设置Transparency（透明度）为50%，然后将该外观与你早期设置Opacity（不透明度）为50%的快照进行比较。

4 设置Transparency（透明度）为100%。现在只看到反射高光，就像你的文本是由一种抛光的、完全透明的物质组成的那样。要给图层增加更多的清晰度，增加Transparency Rolloff（透明度溢出）：该参数减少了以某个角度朝向摄像机表面的透明度。在100%时，文本的边缘（摄像机的侧面）重新出现。

4 将一个挤压图层的Transparency（透明度）设置为100%（上图左）时，它的发散灯光消失，只留下反射高光。要增加清晰度，增加Transparency Rolloff（透明度溢出），它使倾斜的表面更加不透明（上图右）。

5 在现实世界中，光线遇到两种不同物质（如空气和玻璃）之间的过渡区域时，角度会发生倾斜。要模拟这种效果，After Effects有一个Index of Refraction（折射指数）参数。逐渐增大它，并查看当它们的光线被图层的前面弯曲时，后面的斜角如何看起来距离更近的。

6 2D图层通过透明的3D图层是可见的，但是反过来不行。要得到一个更吸引人的外观，为Whimsical.jpg启用3D Layer（3D图层）开关。现在当通过透明的、折射的文本进行查看时，部分背景图片发生偏移。当Cairns图层的Index of Refraction（折射指数）为1.00时没有变化，逐渐增加该值以更清楚地查看效果。（注意，折射的影响在After Effects CS6的最初发行版中被夸大，在后期发行版本中折射应该变得更为精细和逼真。在后期版本中打开早期的项目时要注意该问题。）

7 图层越远，折射效果越明显。选择Whimsica.jpg并按P键显示它的Position（位置）。修改Z Position（Z位置）到右侧，将它推离摄像机并注意它通过透明文本进行变形的方式。设置它的Z Position（Z位置）值为1400，然后缓慢修改Cairns的Index of Refraction（折射指数）来查看背景3D图像在透明文本表面的内部发生偏移的快慢。

尽管由玻璃或者丙烯颜料制作的文本很酷，但是很难读出。幸运的是，After Effects提供了一种设置不同颜色和Material Options（材质选项）（一个挤压物体的每个表面）的方式。

7 光线通过透明对象时，Index of Refraction（折射指数）会弯曲光线。图层距离越远，该变形越显著。（我们暂时设置Specular[反射]强度为0%，这样就可以更轻松地看到文本。）

8 折叠Cairns图层并再次展开，直到你在时间轴面板中看到Text（文本）种类副标题。在副标题Text（文本）同一行上是一个Animate（动画）按钮——你可能记得该按钮，在第5章中使用Text Animators（文本动画工具）时出现过。单击Animate（动画）并选择Bevel>Transparency（斜角>透明度）。这会在时间轴中创建一个新Animator（动画工具）和Range Selector（范围选择器），同时Bevel Transparency（斜角透明度）默认为0%。这就让斜角不透明，给另外的透明挤压文本提供了一个清晰的轮廓。使用和Animator 1同一行上的Add（添加）按钮来添加其他属性或者处理其他的表面。

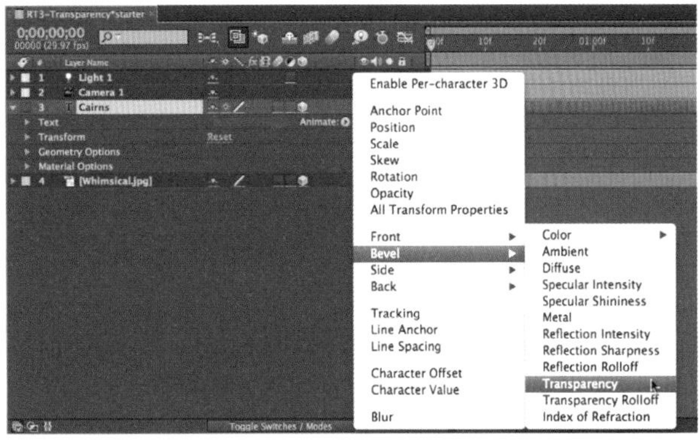

8 可以使用Animate（动画）和Add（添加）按钮来设置文本图层表面各个组的颜色和Material Options（材质选项）（上图）。此处我们采用斜角不透明度为文本添加清晰度（下图）。

反射

另一种通过图层查看后面内容的方法是查看其他图层的反射，这些图层可以是正在使用图层前面的图层或者边缘的图层。

1 打开Comps>RT4-Reflections*starter。我们已经设置了一些斜角和挤压文本，在后面设置了一个大的静态图像。目前文本前面仅有的图层是一个摄像机（带有一个短焦镜头来放大透视变形效果，使我们能看到挤压文本的边缘）和一个Point light（点光灯）（带一点橙色来帮助提升文本的暖色调）。

由于After Effects CS6中的光线跟踪图层不支持纹理贴图，可能需要使用反射来给那些糟糕的文本或形状表面添加更多趣味。

2 选择Reflect图层并按A A键来显示它的Material Options（材质选项）。逐渐增加Reflection Intensity（反射强度）到100%，文本将会变黑。接下来做什么呢？

After Effects采用了能量守恒定律。这表示当Reflection

Intensity（反射强度）增加时（一般会增加图层上的照度），发散和环境光的效果以及透明度会减少，帮助避免过度照亮场景。[注意反射高光保持它们的强度，它们会被Reflection Rolloff（反射溢出）所影响，本练习中我们将保持反射溢出的值为0%。]文本前面没有其他图层时，没有物体可以反射。组合使用光的衰减，这意味着图层会变得更黑。

尽管如此，查看文本的挤压边缘：根据光线从图层后面离开边缘并弹向摄像机，你会看到一些反射。效果不错，但显然我们需要的是文本前面的一个图层来进行反射。

2 After Effects中的反射是“能量守恒”的——增加反射强度时，发散和环境光就会减少。如果没有物体来反射，图层会变黑。尽管如此，可以在文本的挤压边缘上看到反射。

▽ 提示

光线跟踪质量

如果注意到任何不满意的部分，可以通过增加Ray-tracing Quality（光线跟踪质量）来处理。

3 选择一种视图布局2 Views-Vertical（双视图—垂直排列），较低视图设为Top（顶视图）。

4 选择图层Toadstool Rock.jpg并按P键显示它的Position（位置）。修改Z Position（Z位置）到左侧来向前拉动图层。最初，图层将在摄像机和文本之间，会挡住视图，按Shift键同时快速移动图层。一旦它位于摄像机后面，就可以再次看到文本，但是可能没有看到反射，需要照亮它的反射源来将浅光线弹回文本。一直修改值，直到Toadstool Rock.jpg也位于灯光后面。

4 要查看默认Material Options（材质选项）设置的反射，反射源必须位于摄像机和所查看的图层之间。它还必须被照亮，从而将光线弹回主要图层上。

5 此处是避免遮蔽和光照问题的两个技巧：依然选中Toadstool Rock.jpg，按A A键显示它的Material Options（材质选项）。切换Appears in Reflections（在反射中显示）为Only（只显示源），它解决了摄像机遮蔽问题。然后切换Accepts Lights（接受灯光）为Off（关闭）：它会将图层转换为原始颜色值，而不考虑场景的灯光。

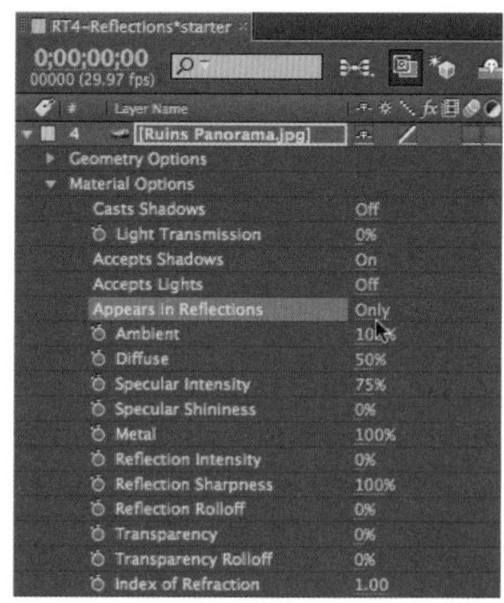

5 要降低反射源位置的重要性，设置Appears in Reflections（在反射中显示）为Only（仅显示源），并将Accepts Lights（接受灯光）设为Off（关闭）。

6 依然选中Toadstool Rock.jpg，再次按P键显示它的Position（位置），并修改它的值，或者在3D视图中移动它。它相对于Reflect图层的位置（包括旋转）决定了反射的尺寸和帧。

7 在实际世界中，反射不总是镜面直射，通常它们会被物体表面的缺陷柔化。对于Reflect文本图层，逐渐减少Reflection Sharpness（反射清晰度），反射会逐渐变得模糊。该参数与被反射图层的距离相互作用：反射源越近，它的反射表现就越清晰。如果很难得到喜欢的柔和的反射，将反射源移远一些，并有选择地缩放它来得到想要的反射类型。

7 减少Reflection Sharpness（反射清晰度）来创建模糊反射。

你可能已经注意到柔和的反射看起来很混乱。这是因为在Ray-traced 3D Renderer（光线跟踪3D渲染器）中没有足够的光线。我们后面会处理类似的图像质量问题。但是首先要向你再展示一个使用反射的技巧。

▽ 提示

最优环境

环境图层最好的候选是360度全景图像，还可以从上到下覆盖180度。它应该具有2：1的纵横比，而且非常大：标准质量视频至少为6KB，高质量为18KB。你可以使用预合成中的多个图像创建一个环境贴图。

环境图层

另一种简化反射源（或者背景图像）分布的方式是将图层全部放在空间中。

1 打开Comps>RT5-Environment Map*starter。

2 静态图像Ruins Panorama.jpg是特殊的：它包含一个无缝的全景图像。选中它并选择菜单项Layer> Environment Layer（图层>环境图层）。现在你只看到图像的一小部分，因为它已经被拉伸为环绕3D空间旋转360度。

3 选择enviro文本图层并按AA键，显示它的Material Options（材质选项）。增加它的Reflection Intensity（反射强度），摄像机背后的环境图层部分将被反射。

2 设置Layer>Environment Layer（图层>环境图层），将一个选择的无缝图像沿3D空间完全旋转。废墟图片由iStockphoto,bischy、Image #1350819授权使用。

▼ 贴图数学运算

要计算环境图层的可见范围，采用Camera（摄像机）的Angle of View（视角），除以360度，并乘以图像的像素宽度。在Ruins Panorama.jpg（6000像素宽）和Camera 1-28mm [具有65.5度Angle of View（视角）] 情况下，计算方式是65.5÷360×6000=1092，一次可见1092像素：超过了872像素宽的合成，但是不降级的话在1920像素宽的高清视频帧中拉伸是不够的。

禁用Camera 1-28mm的Video（视频）开关，采用合成的默认50mm、39.6视角的摄像机。在这种情况下，只有660像素可见。注意现在它看起来有点柔和。完成后将Camera 1设回原样。

4 打开Ruins Panorama.jpg，会看到它的普通Transforms（变换）和Material Options（材质选项）部分已经被一小组Options（选项）所代替。修改Y Rotation（Y旋转）：背景图像将沿一个方向平移，反射将在另一方向平移。

5 打开Ruins Panorama.jpg的Appears in Reflections（在反射中显示）参数。它可以让你选择环境图层是否仅用作一个背景［Off（关闭）］，仅作为一个反射源［Only（只显示源）］，还是两者都显示［On（打开），默认值］。

5 使用一个环境图层的Options（选项）（下图）根据需要来定向背景和反射（右图）。

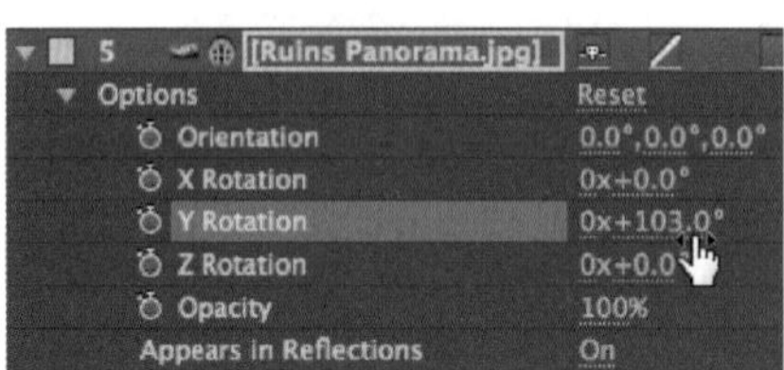

光线跟踪图像质量

你可以调整由Ray-traced 3D Renderer（光线跟踪3D渲染器）产生的质量。因为提高质量会极大地增加渲染时间，所以这一步最好留在最后，仅在渲染最后输出前进行。

1 打开Comps>RT6-Ray-tracer Quality*starter。它包含一些高度反射的文本。尽管反射的图像很清晰，但如果离近看，会发现边缘看起来有点混乱和走样。这是你需要提高质量设置的第一个线索。

2 选择文本图层rays并按AA键显示它的Material Options（材质选项）。减少Reflection Sharpness（反射清晰度）为50%左右。反射将变得更加模糊和混乱。

3 单击Comp（合成）面板右上角的Ray-traced 3D（光线跟踪3D）按钮，或者打开Composition>Composition Settings（合成>合成设置）并单击Advanced（高级）选项卡。和Renderer（渲染器）菜单位于同一行上的是一个标记为Options（选项）的按钮——单击它。会打开一个Ray-traced Renderer Options（光线跟踪渲染器选项）对话框。

Ray-tracing Quality（光线跟踪质量）决定了每像素计算的光线数量。在柔和反射和运动模糊以及挤压边缘中，效果会更明显。设置为3表示将采用3×3的光线框（共9个）。

Anti-aliasing Filter（抗锯齿过滤器）影响光线在相邻像素间重叠的程度。Box（方形）为默认值。高级设置［Tent（暗箱）和Cubic（立方体）］将它们一起模糊，这会平滑锯齿形的边缘，代价是稍微柔化最终图像。从主观上讲，Ray-tracing Quality（光线跟踪质量）设置对图像质量具有更大的影响，Anti-aliasing Filter（抗锯齿过滤器）用于设置最后的光泽并且经常保留为Box（方形）。

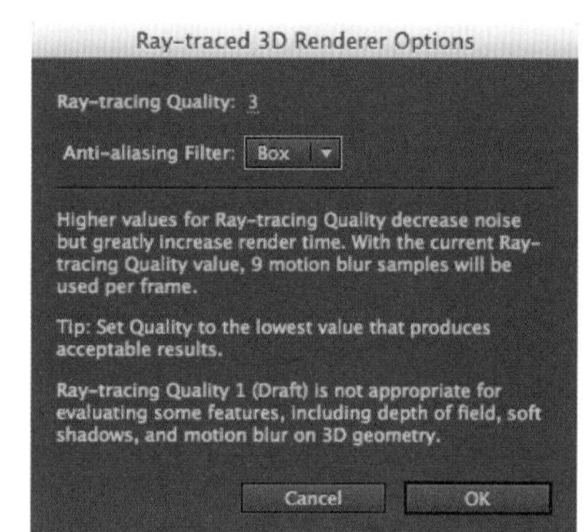

3 通过合成>合成设置>高级>选项打开光线跟踪的渲染器选项对话框，它控制图像质量。

4 Ray-tracing Quality（光线跟踪质量）默认设置值3经常在柔和的反射和边缘中产生视觉上的混乱（上图），高级设置（如9或者10）提供了大多数场景可以接受的效果（下图）。

4 增大Ray-tracing Quality（光线跟踪质量）为10（每像素100光线）并单击OK（确定）按钮，但不要关闭Composition Settings（合成设置）对话框——Comp（合成）面板会在背景中更新［假设Preview（预览）开关已经启用］。稍等片刻，图像会明显改善。调整Ray-tracing Quality（光线跟踪质量）来找到产品可接受效果的最低值，然后单击Composition Settings（合成设置）对话框中的OK（确定）按钮。

快速预览

光线跟踪渲染看起来很漂亮，但是它需要密集的计算。即使用一个Adobe认可的启用了CUDA的NVIDIA GPU，降低计算机的运行速度也是非常容易的——而且没有GPU，基于CPU的渲染更会慢很多倍。因此在尝试草绘一个光线跟踪的场景或动画时，使用After Effects会令人非常沮丧。因此，After Effects补充了一组新的Fast Preview（快速预览）模式，它们可以让你在工作的同时交替使用质量与交互。下面我们了解交替使用的过程。

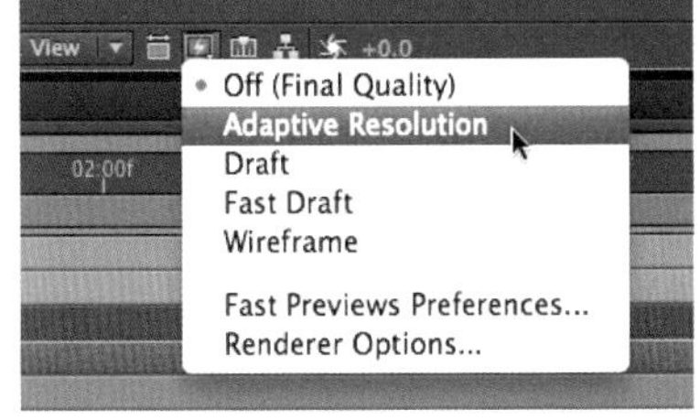

在合成面板底部设置Fast Previews（快速预览）模式。无论Fast Previews（快速预览）设置为什么，渲染总是发生在最终质量中。首选的工作流是在创建项目，在必要时使用Fast Previews（快速预览），然后在渲染前调整Ray-traced Renderer Options（光线跟踪渲染器选项）。

1 依然在Lesson_08_RT.aep项目中，打开Comps>RT7-Fast Previews* starter。它对Ray-traced 3D Renderer（光线跟踪3D渲染器）采用了几个专门的特性，包括柔和反射、透明度、环境图层以及3D阴影。Fast Previews（快速预览）模式当前设置为Off（关闭），表示After Effect始终以其最终图像质量进行渲染。

2 单击应用程序窗口顶部Tools（工具）面板中的Camera（摄像机）图标。如果有一个三键鼠标，选择Unified Camera（标准摄像机）工具，否则选择Orbit Camera（旋转摄像机）工具。[有关Camera（摄像机）工具的使用，参见前面内容。]

3 在Comp（合成）面板中单击并拖曳，从而沿着视图旋转。除非你有一个特别高端的视频卡，否则Fast Previews（快速预览）设置为Off（关闭）[Final Quality（最终质量）]时更新将非常缓慢。

3~5 3种Fast Previews（快速预览）模式：Off（Final Quality [关闭（最终质量）]、（1/4分辨率拖动时的）Adaptive Resolution（动态分辨率）和Draft（草稿）。

4 释放鼠标并单击Comp（合成）面板右下方的Fast Previews（快速预览）按钮，会出现一个选择菜单。选择Adaptive Resolution（动态分辨率）：正在拖曳一个图层或者修改参数时，该模式随时降低图像的分辨率；一旦释放鼠标，After Effects会重新以最终质量来渲染场景。单击并沿Comp（合成）面板拖曳，After Effects会更具有交互性——拖曳时交替使用图像可能看起来有点小。注意在动态分辨率启用时，Fast

Previews（快速预览）图标会变为黄色。

你可以通过单击Fast Previews（快速预览）和选择Fast Previews Preferences（快速预览参数）来设置该模式的最小分辨率：这会打开Preferences>Previews（参数>快速预览）对话框。如果发现默认设置1/8太小，可以设置Adaptive Resolution Limit（动态分辨率）为1/4。对于更大的帧尺寸，可能想要设置1/16来让该模式更具有交互性。

5 单击Fast Previews（快速预览）并将其设置为Draft（草图）。该选项仍然使用Ray-traced 3D Renderer（光线跟踪3D渲染器），但将Ray-tracer Quality（光线跟踪质量）减少为每像素1光线。仍然具有挤压、反射和透明效果，但反射或透明的图像看起来非常混乱。尽管如此，After Effects将比Fast Previews（快速预览）设置为Off（关闭）时响应更快一些，而且图像质量在拖曳时不会改变。注意Fast Previews（快速预览）图标现在总是黄色的，表示你正在观看一个预览，而不是最终渲染质量。

CS6之前版本中的快速预览

如果你仍然使用After Effects CS4、CS5或者CS5.5 [Ray-traced 3D Renderer（光线跟踪3D渲染器）引入之前出现的版本]，Fast Previews（快速预览）有一组完全不同的选项。我们在本书第二版中作为视频系列的一部分展示了这些选项。你可以在Lesson08>08-Video Bonus文件夹中找到该影片。如果想在观看时跟着做，可打开Lesson_08.aep，并使用08-Light Falloff*starter合成。

前面三个Fast Previews（快速预览）模式采用支持的NVIDIA CUDA GPU来加速。如果依靠的是基于CPU的渲染，After Effects将依然非常缓慢。接下来的两个模式通过任何流行的OpenGL GPU来加速，不用考虑设备制造商。

6 设置Fast Previews（快速预览）为Fast Draft（快速草图）。该模式无需反射、透明、阴影和环境图层，只保留挤压、颜色和基本的灯光。尽管这些是基本元素，它依然可以安排你的场景并设计一个动画运动，而且对于那些没有认可的NVIDIA CUDA GPU的人而言，它可能是唯一的选择。

7 最后，设置Fast Previews（快速预览）为Wireframe（线框）。此时只会用轮廓框表示图层，但它保证是快速预览。

6~7 快速草图模式（左图）不需要过多的光线跟踪细节，但是非常敏感。Wireframe（线框）模式（右图）仅用在非常复杂的场景和缓慢的计算机中。

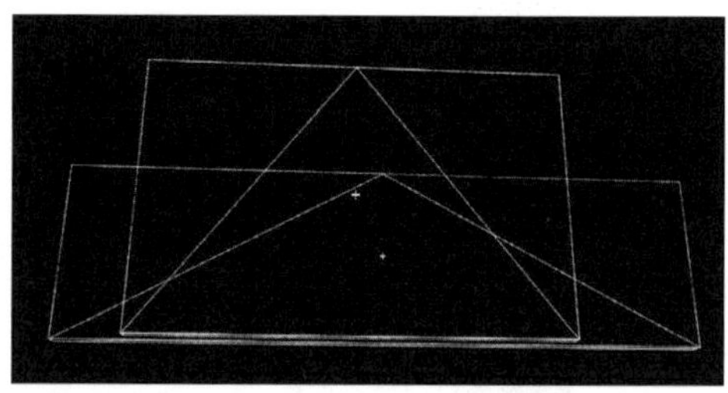

要在Fast Previews（快速预览）模式间进行快速转换，有相应的快捷键⌘+⌥（Ctrl+Alt）。同时按1键对应Off（关闭），2键对应Adaptive Resolution（动态分辨率），3键对应Draft（草图），4键对应Fast Draft（快速草图），5键对应Wireframe（线框）。

▽ 提示

共享视图选项

Fast Previews（快速预览）通常是针对当前活动视图设置的。如果多个3D视图打开而且想让它们一次执行相同的设置，打开Select View Layout（选择视图布局）菜单，并选择Share View Options（共享视图选项）来启用它。

Quizzler

在本章前面的合成RT2-Bend Layers中，你学习了如何弯曲平面图形，如扫描图像。作为挑战，使用项目文件Lesson_08_RT.aep并打开合成Quizzler>Butterfly* starter。它包含一个扫描的蝴蝶插图，而且我们已经替你将它安排在3D空间中，包括设置一个灯光和一个摄像机，并设置Butterfly_2.psd的Material Options>Light Transmission（材质选项>光投射）为100%，这样光线会穿过蝴蝶。

▽ 提示

3D草图按钮

如果发现计算机在3D中工作时特别慢，而且设置Fast Previews（快速预览）也没有多大帮助，可打开时间轴面板顶部的Draft 3D（3D草图）开关：该开关禁用了灯光和摄像机景深。如果阴影消失了，确保你没有无意中打开该开关！

你的工作是让蝴蝶轻拍翅膀并飞过场景中郁金香的顶部，并保持某个高度不变。观看影片Quizzler>Butterfly.mov作为参考。作为另一个挑战，考虑如何让它看起来像飞过某些花瓣的后面。我们将在第10章中展示一种此类问题高级解决方法。

蝴蝶由Dover授权使用，素材由Artbeats/CrackerClips CC-FH101-74授权使用。

方法角

此处是几个关于如何更好地应用你在本章中学到的技能的想法。第一个想法可以通过CS6在After Effects 5.5中尝试，其余的需要After Effects CS6中引入的Ray-traced 3D Renderer（光线跟踪3D渲染器）。

Lesson_08.aep

- 为保持02-Multiplaning练习的简单性，我们没有使用Russell Tate原始插图中的所有建筑物。在Project（项目）文件中，展开Sources>Illustrations文件夹，Cityscape_full合成有两倍多的元素供你使用。除了将它们排列在水平线上，还可以尝试将它们排列成一条街道，以在Z空间中穿行，类似05-Orientation中音乐符号的飞行。同样尝试使用Depth of Field（景深）模糊来将建筑物集中在中间，同时越近或者越远的建筑物逐渐模糊。

源文件中有很多建筑物供你使用，以创建自己的城市场景。复制图层可以创建更多的建筑物。

Lesson_08_RT.aep（CS6）

- 展开Idea Corner文件夹，然后打开Camera Rig_RT合成。使用真正的挤压和斜角（而不是采用2D效果）来扩展摄像机绑定练习，这样从侧面查看图层时，它们具有真实的厚度。确实，既然Ray-traced

3D Renderer（光线跟踪3D渲染器）不允许应用效果到3D图层上，就需要做一点工作来给grace图层着色。记住，不能挤压平面图形，如岩石纹理，但是可以弯曲它。

对于After Effects CS6版本，你不再需要使用2D效果来模拟3D场景中的深度和维度。

▽ 提示

多个摄像机

可以在一个合成中创建多个摄像机。图层堆栈中的顶层摄像机是当前摄像机。可以剪裁摄像机图层，从而在各个摄像机间进行编辑。

我们的版本保存在Idea Corner>Camera Rig_RT。通过选择grace的原始Illustrator图层并使用另一个After Effects CS6中的新特性：Layer>Create Shapes from Vector Layer（图层>从矢量图层创建形状）减弱了一点效果。[Shape（形状）图层将在第11章讲解。]

- 使用RT2-Bend Layers工作时，学到了可以将单个图层弯曲180度形成一个半圆柱。尝试将两个图层放在一起形成一个全圆柱。一旦进行了该操作，可将它们父级连接到一起（第6章）并将它们作为一个单一对象动画。

After Effects CS6不支持创建“原始”形状，如圆柱体和立方体，但是可以通过排列单个的3D图层来重新创建许多形状。此处的两个平面图层被弯曲并父级连接到一起，形成一个旋转的圆柱体。

我们在Idea Corner>RT2-Bend & Spin Layers中有一个关于此概念的示例。技巧是将圆柱体的一部分设为透明，这样就能看到另一边。在第4章中已经学习了创建透明的几种技术。在我们此处的示例中，使用Effect>Channel>Set Matte（效果>通道>设置蒙版）将灰度Muybridge扫描图的亮度转换为图层自己的Alpha通道。一旦完成了该操作，尝试放置或者动画物体，如一行文本通过圆柱体的中心。

- 可以将文本动画和3D文本组合到一起。尝试创建一行文本，使用本章中学到的方法挤压和倾斜它，然后应用一个文本动画预设（或者更好的做法是，利用第5章中学到的知识创建自己的文本动画）。试验添加阴影、透明和反射来使字符动画到空间中时，在字符间添加一些交互。

第9章 跟踪和抠像

掌握创建特殊效果的几个基本技能。

▽ 本章内容

跟踪概述
基于点的跟踪和稳定
应用稳定化
2D运动跟踪
跟踪隔行扫描素材
跟踪效果点
将摩卡跟踪粘贴到After Effects中
3D摄像机跟踪器（CS6中的新特征）
创建一个跟踪空值，父级
稳定位置、旋转和缩放
创建垃圾蒙版
变形稳定器（CS5.5中的新特征）
创建跟踪点
修复坏跟踪
应用运动跟踪
无线电波效果
使用摩卡AE进行平面跟踪
Bezier变形效果
定义平面，移动目标
添加3D文本和阴影捕获器
使用关键光效果实现抠像
起伏的快门修复（CS6中的新特征）

▽ 入门

确保你已经从本书的下载资源中将Lesson 09-Track and Key文件夹复制到了硬盘上，并记下其位置。该文件夹包含了学习本章所需的项目文件和素材。

当你按照设想的方式捕捉一切事物时，生活将变得很轻松。但现实中经常发生各种情况：也许摄像机晃动太多，或者它不具备在精确的背景前或者所要求的计算机屏幕前完成工作的能力，而且你可能不允许通过一个峡谷拍摄电流的弧线，或者在摩天楼上悬挂一个横幅。

因此，如果你对创建专业的视觉效果感兴趣，需要学习如何稳定素材、素材中的运动跟踪对象，以及抠像素材（用来创建一个Alpha通道）（在蓝色或者绿色背景上拍摄，以便可以将它放在一个新背景上）。在本章中，你将有机会练习这三种技能。

跟踪概述

运动跟踪和稳定跟踪（简称跟踪）后面的基本概念是跟随拍摄中的具体特征从一帧移动到另一帧。一旦该项完成后，就可以实施一些不错的技巧。

- 稳定素材。如果知道一个特写被认为是在相同位置上进行的从帧到帧的拍摄，而实际上它是运动的（也许因为摄像机是手拿着的，而不是放在三脚架上），After Effects可以跟踪该运动，然后从相反方向变形或者动画该图层，使拍摄看起来是稳定的。

- 让一个物体跟随另一个物体。如果知道一个特征在场景中的移动方式，可以让另一个图层遵循完全相同的路径。例如，可以将一个计算机屏幕、牌照或者海报替换为另一个，或者让文字跟随周围的人。也可以动画效果控制点来跟随拍摄中的一个特写。
- 重建摄像机的位置。After Effects CS6 引入了一个3D Camera Tracker（3D摄像机跟踪器），它可以自动识别数千个特征，并分析它们的运动。它使用相关的运动来逆向还原摄像机最初的位置，它在场景中移动的方式，以及各个表面（如墙）距离摄像机的远近。

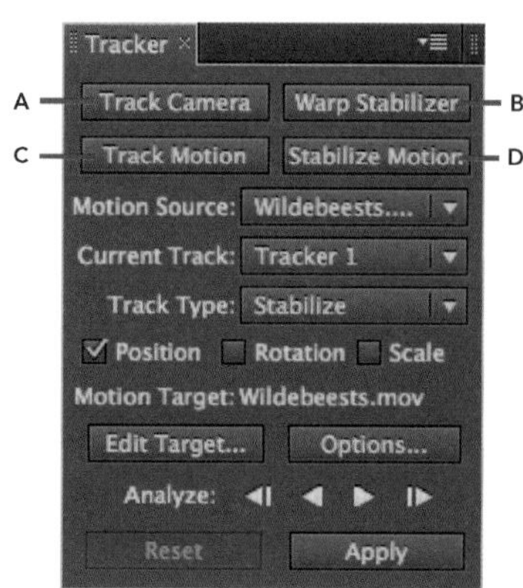

After Effects CS6包含两个跟踪器和两个稳定器：CS6中引入的3D Camera Tracker（3D摄像机跟踪器）（A），CS5.5中引入的Warp Stabilizer（变形稳定器）（B），以及遗留的基于点的运动跟踪器（C）和稳定器（D）。前两个在Composition（合成）面板中使用，后两个必须在Layer（图层）面板中使用。
Tracker（跟踪）面板中的其他选项应用到遗留的跟踪器和稳定器上。（注意，该对话框在早期版本中稍有不同。）
来自Imagineer Systems的第三方平面跟踪器摩卡AE也捆绑在After Effects中，在CS6中可从Animation（动画）菜单中访问它（以前它是一个单独的应用）。

After Effects提供了多种跟踪工具，各个工具都有其优点、缺点和工作方式。其中的两个新工具是Warp Stabilize（变形稳定器）和3D Camera Tracker（3D摄像机跟踪器），可代替你自动选择跟踪的特征。相比之下，After Effects保留下来的点跟踪器需要你识别脚本中的一个或多个特征，然后再跟踪。相似但不同的是，第三方的平面跟踪器摩卡AE（来自Imagineer Systems）需要你识别一个平面来跟随一个拍摄。

在所有情况中，最佳的跟踪特征具有清晰描绘的形状和明显的边界，不会随着时间改变下面的形状（尽管透视图可能改变，只要那些变化不太大）。这些特征还应该同周围的像素具有对比的颜色或者亮度。一旦After Effects（或者摩卡AE）决定了寻找目标，它会在素材的下一帧中搜索相同的特征。只要它发现相同的特征，就会更新特征位置和现在的外观信息，并继续在下一帧中寻找。

跟踪一个特征一般就足够了。但是，有时有必要跟踪多个特征。如果跟踪两个点，After Effects会计算它们之间的角度和距离，让你可以旋转并缩放要附属或者稳定的图层。如果跟踪四个点（如一张海报的四个角）或整个平面，然后After Effects或者摩卡AE可能会考虑透视变形并在跟踪的目标上边角定位一个新对象。如前所述，Warp Stabilizer（变形稳定器）和3D Camera Tracker（3D摄像机跟踪器）可跟踪数千个点。这是因为Warp Stabilizer（变形稳定器）可以构造一个网格来将移动的图像变形为所需的形状，而3D Camera Tracker（3D摄像机跟踪器）可以重构这些特征所在的原始3D空间。

在本章中，我们将探讨每一个跟踪和稳定工具，建议使用它们可完成哪些特殊的任务。最后，我们将该知识和抠像组合起来，以替换绿色屏幕拍摄中的背景。我们还将介绍Rolling Shutter Repair（起伏的快门修复）效果，它可以从特定的素材中移除图像变形部分。

变形稳定器

随着摄像机变得越来越小，许多可以随身携带或者放在特殊位置上，如汽车侧边或者自行车车把上。尽管许多摄像机有一些内在的图像稳定形式，该反复摇晃的结果依然令人不满意。After Effects CS5.5引入了一个高度自动化工具，称为Warp Stabilizer（变形稳定器），它可以平滑许多（但不是全部）拍摄中的摄像机晃动。

1 打开本章的项目文件：Lesson_09.aep。在Project（项目）面板中，Comps文件夹应该是展开的（如果没有，现在将它展开）。在该文件夹中，找到并双击WS-Warp Stabilizer*starter将其打开。

2 该合成包含一个图层：Elephant.mov。按数字键盘上的0键RAM预览该剪辑并密切观察它：尽管摄像机操作者尽最大努力创建一个平滑的平移，但在运动中仍有晃动——尤其是接近剪辑的结尾处，此时摄像机停止移动。

▽ 小知识

多任务

分析和稳定一个剪辑可能会占用Warp Stabilizer（变形稳定器）的一些时间——尤其是对于更大或者更长的剪辑。因此，After Effects会让你继续在其他合成中工作，同时在后台完成这些计算工作。

3 选择Elephant.mov并按Home键返回它的起始处。打开Window>Tracker（窗口>跟踪器）。在After Effects CS6中，单击Warp Stabilizer（变形稳定器）；在CS5.5中，单击Stabilize Motion（稳定运动）。（在CS5.5以前的版本中不提供该特性。）

执行该操作后，Effect Controls（效果控制）面板会打开并显示应用到剪辑的Warp Stabilizer（变形稳定器）。最初，一条蓝色横幅会显示在Composition（合成）面板上方——表示Warp Stabilizer（变形稳定器）正在逐帧分析该剪辑，Effect Controls（效果控制）面板中会更新它的进度。接下来，当After Effects稳定该剪辑时，会出现一条橙色横幅。

3 打开Tracker（跟踪器）面板并应用Warp Stabilizer（变形稳定器）（顶图）。After Effects会自动分析（A）然后稳定（B）该剪辑。素材由Artbeats/ASC 113授权使用。

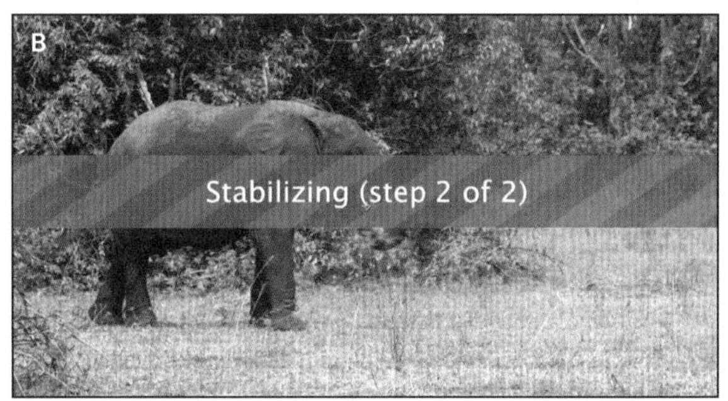

4 分析和稳定工作完成后，剪辑看起来像稍微放大了。再次RAM预览，平移运动将更加平滑，尤其是在剪辑的末尾处。

实际上After Effects处理了该镜头的多个特征，决定了什么区域包含主要的运动（通常是背景）和什么区域具有反向的运动（通常是前景，如大象），指出背景的运动路径，然后平滑该运动。之后平移和放大该剪辑来确保它总是覆盖整个取景框，缩放的数量显示在Warp Stabilizer>Borders>Auto-scale（变形稳定器>边

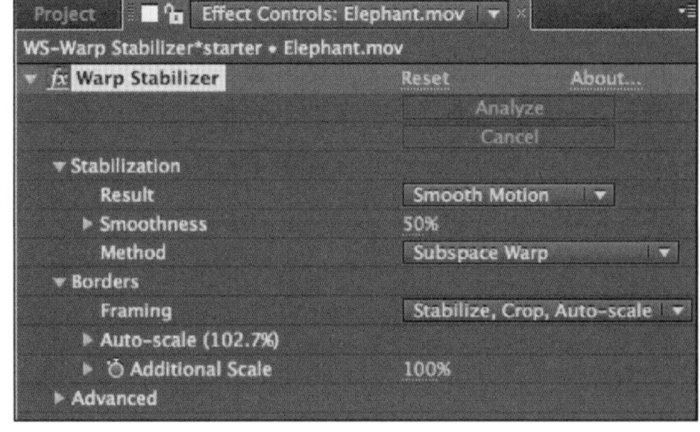

4 Warp Stabilizer（变形稳定器）效果包括一些参数，你可以调整它们来改善最终的稳定镜头效果。

缘>自动缩放）中。

查看这个梦幻般的运动结果后，你可能会说“太好了，我做到了！”——但是如果你愿意，还可以进一步调整该镜头。

5 在Effect Controls（效果控制）面板中，将Warp Stabilizer>Stabilization>Smoothness（变形稳定器>稳定>平滑度）从其默认值50%增加为200%。After Effects会重新稳定该剪辑（要求它再一次轻微放大），再次RAM预览。平移运动将更加稳定。根据喜好调整该参数。

6 Stabilization>Method（稳定>方法）控制After Effects如何重新排列像素来创建平滑的运动。默认值Subspace Warp（子空间变形）能够采用不同于前景的方式来变形背景，目的是修正两者之间的视差错误。如果该结果有一个显著的弹性外观，尝试简单的方法：Perspective（透视图）将整个帧作为一个单位进行变形，其他两个选项不会引起变形，只是偏移图层的变化属性（缩放、旋转和位置）。选择至少看起来不太糟糕的选项。

7 Borders>Framing（边缘>帧）决定After Effects如何处理稳定的图像，使其呈现更多内容。

- Stabilize, Crop, Auto-scale（稳定，裁切，自动缩放）（默认值）实施最少的缩放来确保整个帧被部分原始图像覆盖。
- Stabilize, Crop（稳定，裁切）保持缩放在100%（最大化图像质量），以不占满整个帧为代价。的确，它实施最少的裁切来保持边缘的稳定。
- Stabilize Only（只稳定）让你处理稳定进程所展示的边缘（注意下图中的粉色背景）。

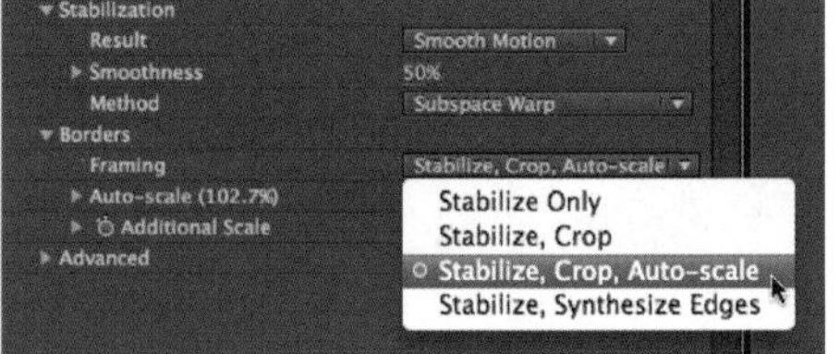

7 默认的帧方法Stabilize, Crop, Auto-scale（稳定，裁切，自动缩放）（右图）通过平衡平滑的运动和自动缩放（A图）来填充帧。Stabilize, Crop（稳定，裁切）不会缩放结果，但是会裁切边缘，使它们和拍摄内容的持续时间保持一致（B图）。Stabilize Only（只稳定）没有任何缩放、裁切或再构造（C图）。

8 设置Borders>Framing（边缘>帧）为Stabilize, Synthesize Edges（稳定，合成边缘）。该模式会关闭Auto-scale（自动缩放）并通过在临近帧（能够复制并粘贴到当前帧中来填充丢失的区域）中寻找可视信息来处理边缘问题。在剪辑的开始，对于帧的左边缘没有其他信息——但是到达00:22处时，它在某处发现了足够的像素来及时填充空白。要查看Synthesize Edges（合成边缘）正在合成多少区域，将Framing（帧）的值在Stabilize Only（只稳定）与Stabilize, Synthesize Edges（稳定，合成边缘）间切换。

当Synthesize Edges（合成边缘）没有找到足够的材料来覆盖整个帧时，可以互相平衡三个参数来帮助弥补该差异。

- 减少Smoothness（平滑度）。该参数减少了After Effects必须偏移原始图像的程度来补偿不需要的运动。
- 增加Borders>Additional Scale（边缘>其他缩放），直到边缘被覆盖。
- 展开Advanced（高级）部分并增加Synthesis Input Range（合成输入范围）。这就允许Warp Stabilizer（变形稳定器）迟早会进行搜索，以找到替换的像素。对于该剪辑，设置Smoothness（平滑度）和

Additional Scale（其他缩放）为100%，并定位到时间的04:00处：在帧的顶部有一个小的空白。增加Advanced>Synthesis Input Range（高级>合成输入范围），更多空白被填充。

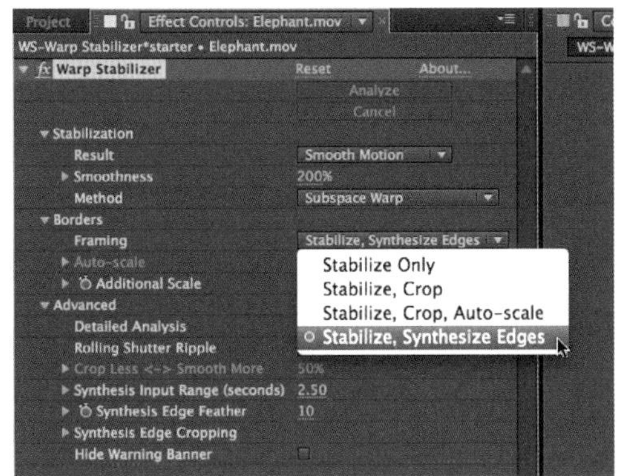

8 Framing（帧）选项Stabilize, Synthesize Edges（稳定，合成边缘）（上图左）及时从邻近帧中复制像素来填充边缘，也可能没有缩放（上图右）。

▼ 锁定向下的摄像机

大多数传统运动稳定器在镜头中会移除所有的摄像机运动，而Warp Stabilizer（变形稳定器）尝试着平滑该运动。尽管如此，Warp Stabilizer（变性稳定器）还可以移除所有运动。按下述步骤操作。

设置Stabilization>Result（稳定>结果）为No Motion（无运动）。

忽略当前的边缘，通过Stabilization>Method（稳定>方法）选择产生最少视觉缺陷的方法。

设置Borders>Framing（边缘>帧）为处理丢失的边缘信息所需的方法。由于Warp Stabilizer（变形稳定器）不再允许平移图像来帮助重新定位，所以需要更多的精确裁切或者缩放。

例如，对于WS-Warp Stabilizer*starter，Framing（帧）方法Stabilize, Crop, Auto-scale（稳定，裁切，自动缩放）需要我们展开Borders>Auto scale（边缘>自动缩放）部分并将Maximum Scale（最大缩放比例）增加为239%。这是Synthesize Edges（合成边缘）真正起作用的地方——只要你有许多After Effects早晚要使用的其他原素材。

有时初始剪辑在边缘周围有缺陷，那么就不要使用这些边缘来填充丢失的像素。可以使用Advanced>Synthesis Edge Cropping（高级>合成边缘裁切）功能裁切掉不需要的像素。Advanced>Synthesis Edge Feather（高级>合成边缘羽化）决定了新边缘混合到现存帧的柔和程度。

还有两个Advanced（高级）参数在本示例中不需要，但是仍然需要注意。

- Detailed Analysis（细节分析）跟踪原始剪辑中更多的元素，以增加计算时间和文件大小［Warp Stabilizer（变形稳定器）的所有内部数据和效果存储在项目文件中］为代价。
- Rolling Shutter Ripple（起伏的快门波动）尝试移除由于手机、DSLRS和一些其他摄像机中使用的图像传感器类型引起的对焦缺陷。如果在稳定后这些晃动依然可见，尝试将它设置为Enhanced Reduction（增强降低）功能。

如果Warp Stabilizer（变形稳定器）产生意外的效果，常见的错误是After Effects正在尝试稳定应该被忽略的部分图像——如一个走过的路人。该问题经常通过在预合成中暂时遮罩意外元素、使用Warp Stabilizer（变形稳定器）分析预合成，然后移除遮罩的方法来修正。

点跟踪器和稳定器

有很多时候希望明确地决定要跟踪镜头中的哪些特征，以及如何处理结果信息。这是遗留的基于点的运动跟踪器和稳定器的用武之地。它们都需要相似的工作流程来执行初始跟踪。学习完基本的设置后，我们将向你展示如何应用该跟踪来稳定一个剪辑，然后让其他图层和效果跟随剪辑中的一个特征。

1 打开Comps>01-Stabilization*starter。

2 该合成包含要稳定的单一图层。进行RAM预览并密切观察Comp（合成）面板：图像有点上下跳动。如果该运动不明显，将光标放在地面附近，会看到当剪辑播放时地面漂移。

预览素材时，查找那些可能产生好特写的特征作为稳定的基础：那些具有高对比度的元素，在拍摄中保持大致相同的形状和位置的元素，以及没有被另一个对象遮挡的元素。

2 双击Wildebeests.mov图层，在Layer（图层）面板中打开它。具有高对比度的特征是跟踪器要跟随的不错候选对象。素材由Artbeats/Animal Safari授权使用。

3 在应用程序窗口的右上角，单击Workspace（工作区）弹出菜单，选择Motion Tracking（运动跟踪），这会打开Tracer（跟踪器）面板。设置基于点的跟踪器和稳定器需要在Layer（图层）面板中进行，双击Wildebeests.mov打开它的Layer（图层）面板。

▽ 提示

停靠图层面板

在前几章中，我们让你取消停靠Layer（图层）面板，使其可以轻松地定位在Comp（合成）面板旁边。在本章中，最好让Layer（图层）面板和Comp（合成）面板停靠在相同的窗口中，必要时你可以在两者间切换。

▽ 提示

平移和缩放

要放大或者缩小一个布局，如Layer（图层）面板，可以使用⌘（Ctrl）键与数字键盘上方的+键和-键，或者使用鼠标的滑轮。保持按Z键可以临时切换为Zoom（缩放）工具，然后单击进行放大。要沿布局平移，按空格键或者H键，然后单击并向布局内拖曳。

跟踪点

4 单击Tracker（跟踪）面板中的Stabilize Motion（稳定运动）按钮。[在CS5.5中，单击Track Motion（跟踪运动）并设置Track Type（跟踪类型）为Stabilize（稳定）。] 这样就会创建一个跟踪点，它由两个方框和一个十字组成。

- 内部方框是特征区域，用于放置你打算跟随的特征。
- 外部方框是搜索区域，它告诉After Effects在下一帧中对一组像素（匹配前面帧中特征区域的内容）进行搜索的范围。
- 方框中间的十字是连接点。它是所有稳定发生的中心。在跟踪时，它定义了将要放置的新图层的定位点。

4 在Tracker（跟踪器）面板中单击Stabilize Motion（稳定运动）（上图左），就会创建一个i跟踪点（上图右）。

5 计划要开始跟踪时，需要设置跟踪点，按Home键回到00:00处。将光标悬停在跟踪点上，直到它变为一个黑色的尾部带有四个箭头的指针，表示你可以将整个跟踪点作为一个单位来移动。

将跟踪点拖曳到你在第2步中标识的特征上。白色的云形碎片就是很好的候选者，我们将从左侧选取一个。将跟踪点聚集在所需特征的中心。在拖曳时，会注意到跟踪点变成了一个放大镜，使拖曳更加容易。

6 我们选择要跟踪的特征区域比特征区域的默认尺寸大一些。拖曳特征区域的角部直到它容纳整个云形碎片以及周围的小边缘。同样确定搜索区域足够大，能够用来计算帧之间移动的特征数量。必要时放大Comp（合成）面板。

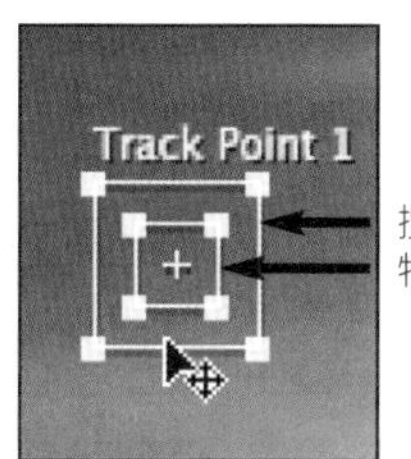

5 看到一个尾部带四个箭头的光标时，可以将跟踪点作为一组来移动（上图左）。拖曳跟踪点时，它变成一个放大镜（上图右）。

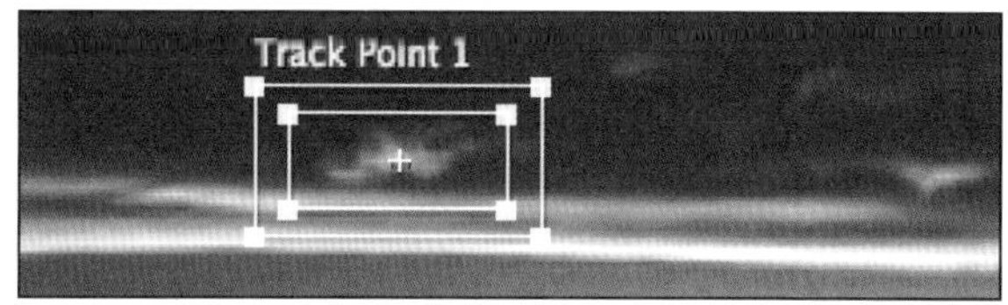

6 将内部特征区域拖曳到足够大，以正好容纳你的特征。将搜索框拖曳得比特征框大一点。注意拖曳特征框或搜索框的一个角将环绕中心对称地移动所有的角。要只移动一个角，拖曳的同时按⌘（Ctrl）键。

执行跟踪

7 在跟踪器中单击Options（选项）。错误的选项会导致糟糕的跟踪。

- 最重要的部分就是Channel（通道）。设置该项以你的特征表示周围像素的方式为基础。在这种情况下，云具有全部相同的基本色相，但是明亮的点比周围的点明显具有不同的亮度——所以选择Luminance（亮度）。
- 通常会禁用Process Before Match（匹配前进行处理），只有在跟踪遇到困难时才使用它。如果素材模糊不清，启用它并尝试Enhance（增强）；如果混乱，尝试使用Blur（模糊）。
- 我们始终希望让Subpixel Positioning（子像素匹配）为打开，而且大部分时间让Track Fields（跟踪场）为关闭（参见后面的侧边栏内容“当跟踪发生错误”）。仅当你的特征在每帧中持续改变形状或者尺寸时，才应启用Adapt Feature On Every

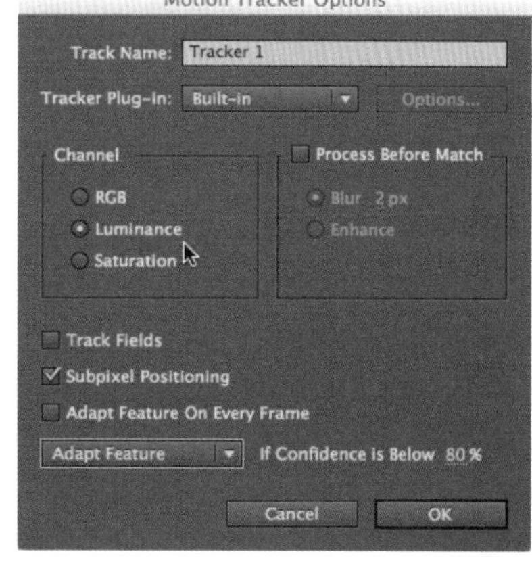

7 在执行跟踪之前，始终要检查跟踪器的Options（选项）。最重要的是根据所选特征的唯一之处来设置Channel（通道）。

Frame（适配全部帧特征）。我们通常设置下面的弹出菜单为Adapt Feature（适配特征），并让Confidence（可靠性）在80%——这就让After Effects保持寻找相同的特征，除非它认为改变了太多。

完成后单击OK（确定）按钮。

8 单击Tracker（跟踪器）中的Analyze Forward（向前分析）按钮。After Effects会搜索已经定义特征的每一个帧。

完成后，将看到一条为Track Point 1创建的运动路径。此时，它的单个点会全部绑定到一起，因为特征不会移动那么多。按U键，在时间轴面板中将看到大量的关键帧应用到Track Point 1上。

执行完一个成功的跟踪之后就保存项目是个好办法，这样如果后期某些事情发生错误，也可以恢复原状。之后，下一步是选取这些关键帧并用它们做一些有用的事情。

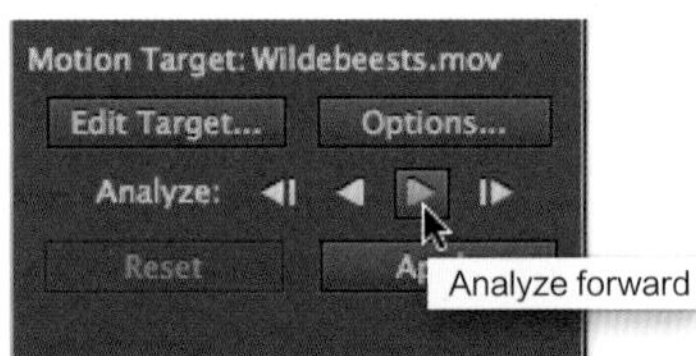

8 单击Analyze Forward（向前分析）（左图）。然后After Effects将围绕镜头逐帧跟踪。完成后，会在Layer（图层）面板中看到一条跟踪点的运动路径（左下图），在时间轴面板中看到大量关键帧（下图）。

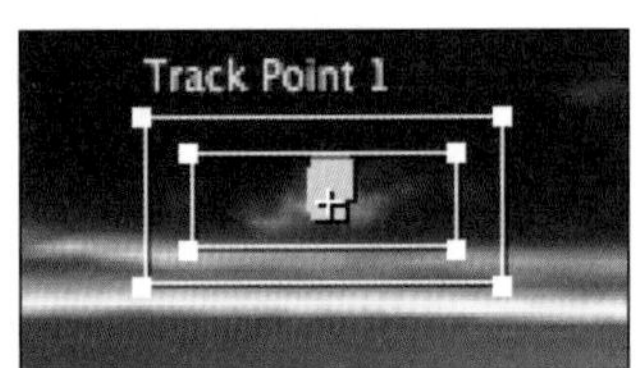

▽ 提示

加入运动模糊

稳定一个剪辑不会移除原始镜头中存在的运动模糊。带有大量运动模糊的镜头如果变成稳定的晃动可能看起来更奇怪，除非是模糊的。

应用稳定化

9 在Tracker（跟踪器）中，确保Track Type（跟踪类型）设置为Stabilize（稳定），Motion Target（运动目标）设置为Wildebeests.mov［如果不是，单击Edit Target（编辑目标）］。然后单击Apply（应用）。一个Motion Tracker Apply Options（运动跟踪器应用选项）对话框会打开，设置Apply Dimensions（应用维度）为X和Y Dimensions（维度），并单击OK（确定）按钮。

After Effects会激活Comp（合成）面板，按快捷键Shift + A在时间轴面板中显示新的定位点关键帧。这些关键帧会偏移为特征区域所检测到的移动，使素材实现稳定。

要检查稳定化工作情况，进行RAM预览。你可能想要将光标放在Comp（合成）视图的一个特征上来检验素材不再像以前摇摆得那么大，它可能只是稍微有点晃动。得到一个完美的跟踪是很难的——尤其是第一次尝试。

祝贺你，现在你具备了执行大多数运动跟踪和稳定任务的基本技能。

9 检查Tracker（跟踪器）设置，单击Apply（应用）（左图左），并保持引用默认的X和Y维度值（左图右）。然后将创建图层定位点的关键帧，以稳定剪辑（下图）。

▽ 提示

匹配模糊

要创建一个更逼真的合成，一个不错的主意是对跟踪剪辑中一个特征的新图层启用Motion Blur（运动模糊）——尤其是在跟踪对象的运动速度很快时。

改进

现在听听坏消息：修改时间线上的当前时间指示器，并观察Comp（合成）视图的顶边。你看到的粉色区域是合成的背景色（我们将它设置为一个糟糕的颜色，目的是让它更明显）。由于图层正在被移动，让背景看起来像稳定的，它不再是居中的，因此不需要覆盖整个帧。

我们尝试几种方法来修复该问题。最好的解决方法将是一步步更改，这取决于图层移动的多少和外观效果。

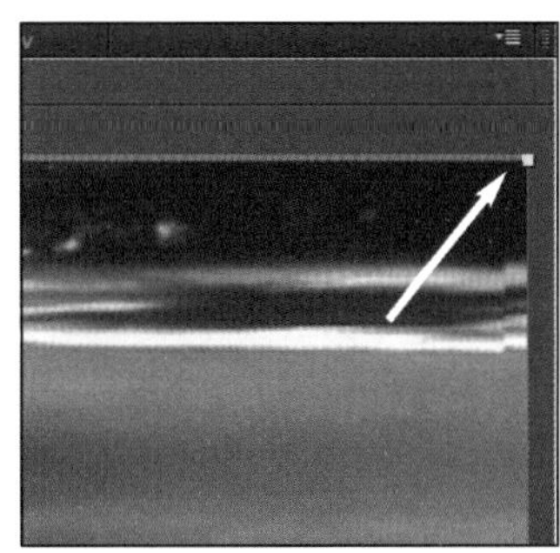

在稳定后，你可能看到一些背景色（本例中的粉色）环绕在Comp（合成）视图的边缘。

10 选择Wildebeests.mov并按S键显示它的Scale（缩放）。稍微放大素材，直到它盖住整个时间轴上的整个帧。这种做法的代价是将图像缩放超过100%时，画面会稍微有点柔化。如果不需要的空白向特定的边缘偏离，必要时在该方向稍微移动剪辑的Position（位置），以减少所需的额外Scale（缩放）量。[这是Warp Stabilizer（变形稳定器）早期出色的方面，因为它会自动缩放和重新居中稳定后的镜头。]

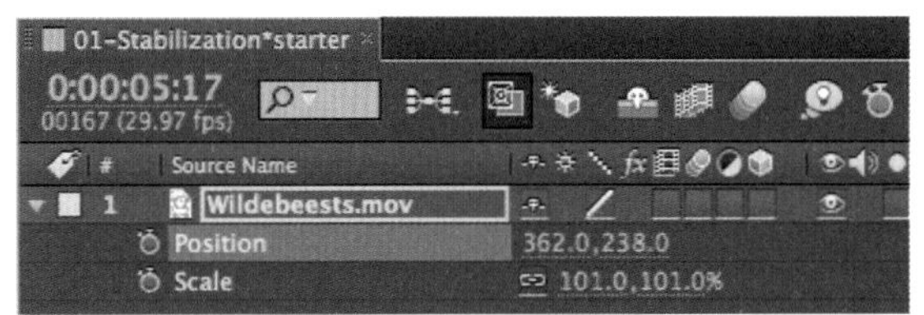

10 一种解决方法是放大素材，直到它覆盖住整个帧。

11 将图层的Scale（缩放）返回为100%，并按'（撇号）键显示Action（动作）和Title Safe（标题安全）网格。如果糟糕的区域位于Action Safe（动作安全）区域外，可以依靠电视的边框将其切出。尽管如此，你应该用某些东西填充这些区域，以防万一。下面是几种方法。

- 用一个固态层覆盖背景。选择Layer>New>Solid（图层>新建>固态层）。单击Make Comp Size（使用合成大小）按钮，并从素材边缘拾取一种颜色。单击OK（确定）按钮并将新固态层向下拖曳到图层堆栈中，让它位于跟踪素材的后面。这就创建了一个固态层颜色边界来填充所显示的区域。

- 选择Wildebeests.mov并按快捷键⌘+D（Ctrl+D）将其复制。选择底部的副本（图层2），按Home键，然后按A键显示它的定位点，它的值应该是“360，243”（合成中心的初始位置）。单击定位点的秒表来删除由于应用稳定化而创建的关键帧。现在显示区域有一个素材的反射。这是我们在作品Comps_Finished> 01-Stabilization_final中采用的方法。

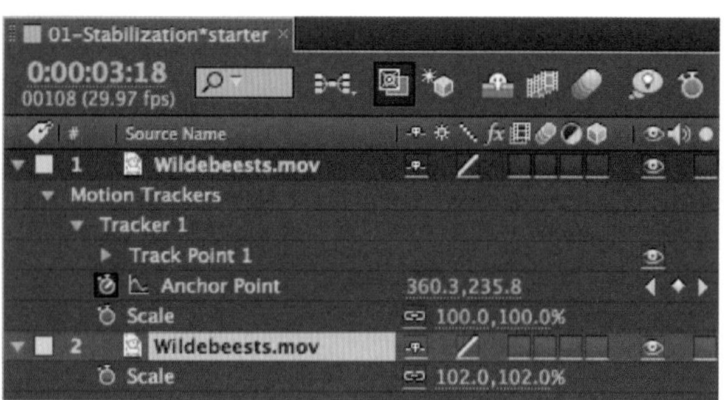

11 还可以通过使用一个细微的颜色固态层或者原始素材的副本来改进边缘。

- 如果需要进行大范围的修改，考虑在一个预合成中裁切掉稳定后的剪辑，然后围绕它创建一个带有画中画效果的帧。

▼ 当跟踪出现错误

并不是所有素材都可以被正确地跟踪，要准备接受一些失望和妥协。如果注意到跟踪点在分析过程中逐渐偏离目标特征，按任意键停止，然后尝试下面这些补救动作。

- 修改Layer（图层）面板中的时间标记，直到跟踪点看起来正确，然后再次单击Analyze Forward（向前分析）。
- 如果该方法不起作用，返回开始处，修改跟踪点，尝试不同的Options（选项），或者尝试跟踪一个不同的特征。
- 如果特征随时间逐渐变大，可能需要删除该跟踪，按End键，将跟踪点设置在此处，然后单击Analyze Backward（向后分析），而不是Forward（向前）。
- 如果在整个剪辑中没有好的特征来跟踪，跟踪一个特征直到After Effects迷失方向，按快捷键⌥+Shift（Alt+Shift），并拖曳跟踪点到一个新的特征上，同时将附属点留在原位。（否则，结果跟踪会突然跳到该点。）
- 如果要跟踪的特征离开屏幕，可能需要手动创建一个屏幕外关键帧，并让After Effects在该帧和最后一个好的跟踪关键帧之间进行插值。

2D运动跟踪

既然你了解了老式点跟踪器的运动方式，我们将在一个典型的运动跟踪练习中应用新学的技能。

1 从Comp（合成）面板的下拉菜单中选择Close All（关闭全部），关闭前面所有的合成。在Project（项目）面板中，双击Comps>02-Tracking Objects*starter将其打开。它包含三个图层：来自前面练习中的羚羊素材、一个文本图层和一个小指针。计划让文本和指针跟随其中一个羚羊的头部运动，就像我们从它的头脑中读出信息一样。

2 确保Tracker（跟踪器）面板可见后，按Home键。选择Wildebeests.mov图层，然后单击Tracker（跟踪器）面板中的Track Motion（跟踪运动）。这会在它的Layer（图层）面板中打开你的剪辑并创建一个跟踪点。

在跟踪点的某处单击，会看到带有四向箭头尾部的黑色光标，然后拖曳跟踪点直到它集中在左侧羚羊的角上。按照此方式进行时，特征区域的默认尺寸可以很好地容纳角，所以不需要修改Track Point（跟踪点）框的大小。

3 单击Tracker（跟踪器）中的Options（选项）按钮，并改变Motion Tracker Options（运动跟踪器选项）对话框的位置，使你依然能够看到羚羊。

首先设置Channel（通道）。在羚羊角和后面的天空间有什么类型的对比呢？Luminance（亮度），所以选中该选项。

其次是Adapt Feature（适配特征）设置。你要跟踪的特征（羊角）在羚羊前后转动头部时，会随拍摄过程而改变。此时，启用Adapt Feature On Every Frame（适配全部帧特征）选项。设置下面的弹出菜单为Stop Tracking（停止跟踪），这样如果After Effects不再跟随该特征时，效果将非常明显。然后单击OK（确定）按钮。

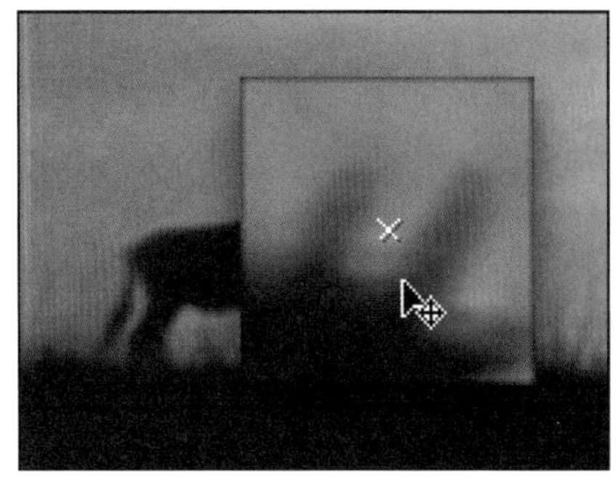

2 拖曳跟踪点时，它将放大特征区域内部的内容。将该区域集中在较小的羚羊角上。

按 Home 键并单击Tracker（跟踪器）中的Analyze Forward（向前分析）按钮。当它完成后，After Effects会在Layer（图层）面板中显示跟踪路径。

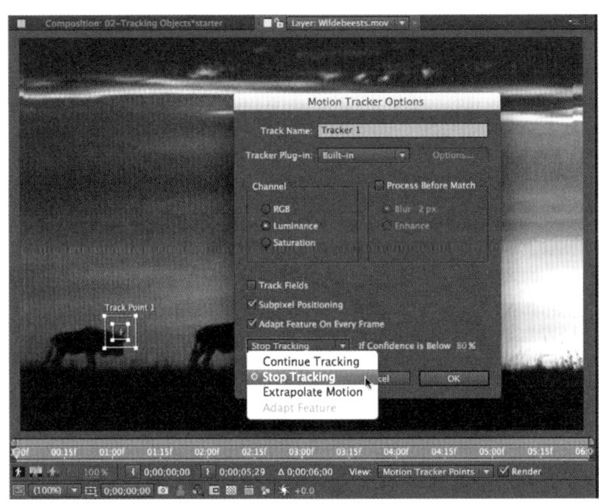

3 既然羊角在拍摄过程中改变，启用Adapt Feature On Every Frame（适配全部帧特征）（左图）。要知道After Effects是否失去了线索，设置下面的弹出菜单为Stop Tracking（停止跟踪）。单击Analyze Forward（向前分析）按钮。完成后，会看到跟踪的运动路径（下图）。

应用跟踪

现在该应用运动跟踪的结果了。可以采用一个快速但笨拙的方法，还有一个更聪明的方法。

4 要决定哪个图层接收运动跟踪，单击Tracker（跟踪器）面板中的Edit Target（编辑目标）按钮。在打开的Motion Target（运动目标）对话框中，有一个关于Layer（图层）的弹出菜单。有两个图层想获得跟踪，而你只能选择一个。可以应用跟踪两次，或者采用第6章中介绍的技巧：使用父级和空对象。

5 单击Motion Target（运动目标）对话框中的Cancel（取消）。作为代替，创建一个虚假图层来将跟踪接收到后面你要附属（像其他图层一样多）的图层上。

选择Layer>New>Null Object（图层>新建>空对象），它会出现在时间轴面板中。它的初始位置并不重要。返回Tracker（跟踪器）面板，再次单击Edit Target（编辑目标），并在此时选中空对象。单击OK（确定）按钮并核实空对象的名字出现在Motion Target（运动目标）的旁边。

在出现的Motion Tracker Apply Options（运动跟踪器应用选项）对话框中单击Apply（应用），再单击

OK（确定）按钮。就会激活Comp（合成）面板。选择空对象，此时将在Comp（合成）面板中看到它的新运动路径。

按F2键取消所有选择并整理布局。修改当前时间指示器的值，并注意空对象的左上角跟随羚羊头部的方式。

5 新建一个空对象，并在Tracker（跟踪）的Motion Target（运动目标）对话框中选中它（上图左）。单击Apply（应用），此时空对象将跟随第二只羚羊的头部（上图右）。

6 现在应该将其他图层父级连接到空对象上。

选择文本图层I have no idea where，然后按Shift键+单击pointer图层，将它选中。将它们拖曳到相对于第二只羚羊头部的目标位置。

6 使用父级连接将其他图像图层附加到空对象上（下图），现在它们将全部跟随羚羊的旅程一同移动（右图）。

- 按快捷键Shift+F4显示Parent（父级）面板（如果看不到）。依然选中这两个图层，单击其中一个图层的Parent（父级）菜单，然后选择空对象。（可以关闭表示空对象的眼睛图标，它将依然作为一个父级图层工作。）
- RAM预览，文本和指针会跟随羚羊穿过合成。我们的作品保存在Comps_Finished>02-Tracking Objects_final——我们将添加第二行文本来让画面更有趣。而且不要忘记保存项目……

效果跟踪

除了制作一个图层跟随另一个图层中的对象外，还可以使用运动跟踪来让效果跟随图层周围的一个特征，具体操作是将跟踪运动指派给一个效果点。在本练习中，你将跟踪一个山峰点并使用结果来从山峰点发射出无线电波。

1 在Project（项目）面板中，双击Comps>03-Effect Track*starter将其打开。它包含一个图层，是电波经过一群山峰时遭遇阻挡的形式。RAM预览它，思考哪个山峰将作为跟踪的候选。

2 选择Mountain Peaks 2.mov。然后应用Effect>Generate>Radio Waves（效果>生成>无线电波）。[必要

时，将Effect Controls（效果控制）面板停靠到Project（项目）窗口中。］执行RAM预览。山峰素材将被一连串同心的从中心发散的蓝色圆环所代替。现在按End键，你会在屏幕上看到几个波形，并逐渐熟悉Radio Waves（无线电波）控制方式。

在该练习中，将在飞过一个山峰时跟踪它，并应用一个效果使其看起来像无线电波信号从此处开始传播。素材由Artbeats/Mountain Peaks 2授权使用。

- 在Effect Controls（效果控制）面板中，确保Wave Motion（波形运动）部分已经被展开，并增加Frequency（频率）来增加波形的数量（我们采用2.00）。或者，也可以降低Expansion（伸缩）值来减缓波形飞离屏幕的速度。然后尝试减少Lifespan（期限）（我们使用2.000）：过一段时间后，波形会开始消失。
- 必要时展开Stroke（笔画）部分。减少Start Width（开始宽度）并增加End Width（结束宽度）（我们使用1.00和20.00，但可以根据喜好来设置它们）。现在将看到波形开始时比较小，随着时间的增加逐渐变厚。
- 按Home键并单击Producer Point（效果起始位置）［在Effect Controls（效果控制）面板的顶部附近］旁边的秒表来启用关键帧。将时间指示器后移几秒，单击Producer Point（效果起始位置）旁边的十字图标，然后单击Comp（合成）视图中的某处。多做几次该操作，直至你到达合成的尾部。RAM预览，你会注意到波形记住了出现的位置，产生一条有趣的随时间变化的跟踪。

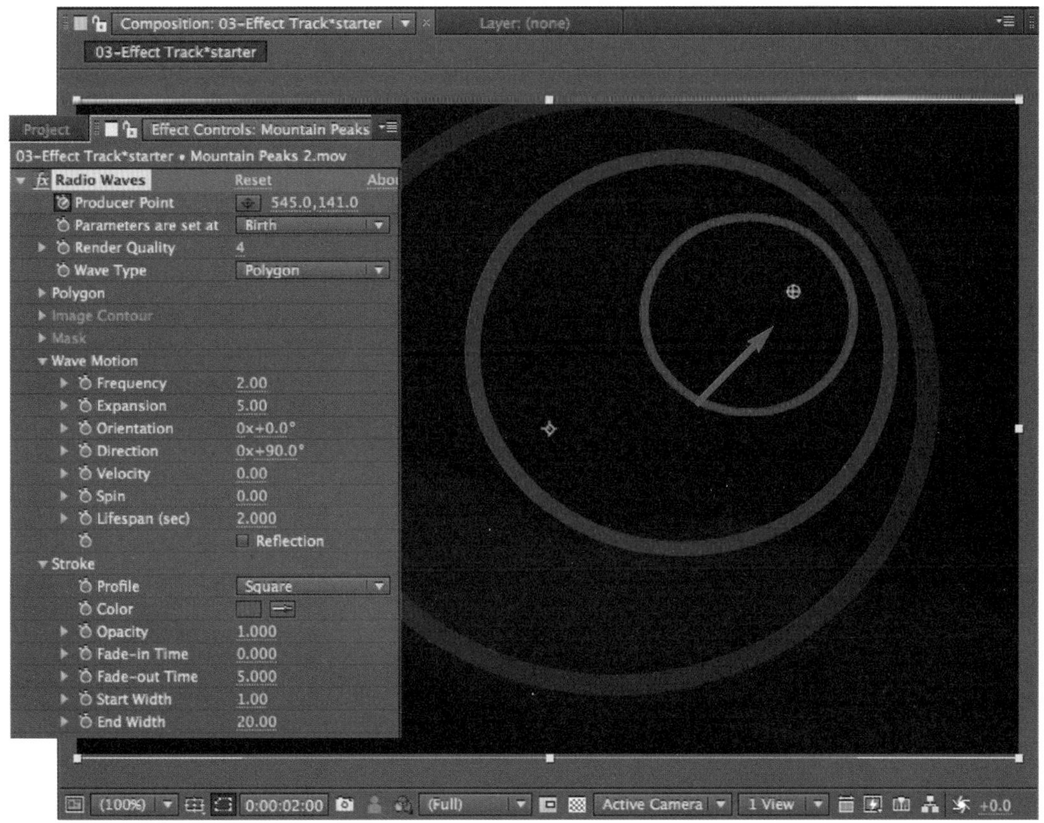

2 Radio Waves（无线电波）效果（插图）创建了一连串形状，看起来像从可移动的Producer Point（效果起始位置）自然产生的一样（上图）。这些形状可以随着时间的推移而改变尺寸和不透明度。

▼ 跟踪隔行扫描素材

通常我们需要分离场［启用Preserve Edges（保持边缘）］，移除出现的折叠。然后可以对大部分素材禁用Motion Tracker Options（运动跟踪选项）中的Track Fields（跟踪场）。但是，如果在跟踪特征的运动中有突然的变化（此处一个场和另一个完全不同），可能需要启用Track Fields（跟踪场）来更精确地跟随该路径。相反，如果很难锁定一个特征来进行跟踪而且在特征中有很少的运动，尝试在跟踪时关闭场分离。

3 确定Tracker（跟踪）面板可见。如果看不到，选择Motion Tracking Workspace（运动跟踪工作区）或者打开Window>Tracker（窗口>跟踪器）。确保Mountain Peaks 2.mov仍然选中，然后单击Tracker（跟踪器）面板中的Track Motion（跟踪运动）。

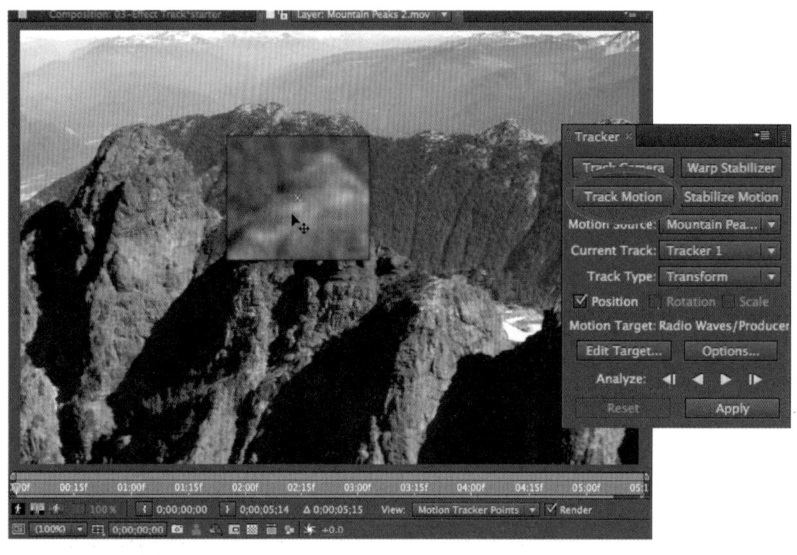

3~4 单击Tracker（跟踪器）面板中的Track Motion（跟踪运动）按钮，并从Layer（图层）面板的View（视图）菜单中选择Motion Tracker Points（运动跟踪点）。将跟踪点放在其中一个山峰上，寻找一个带有整齐边缘和高对比度的区域。

Layer（图层）面板将会打开。现在又可以看到原始素材，即使仍然应用了Radio Waves（无线电波）效果。它由Layer（图层）面板底部的View（视图）菜单控制：将它切换为Radio Waves（无线电波）［Producer Point（效果起始位置）的运动路径变为可见］，然后设回Motion Tracker Points（运动跟踪点）。

4 按Home键确保位于剪辑的开始处。将光标悬停在跟踪点上，直到熟悉的带四向箭头尾部的黑色指针出现。单击并在其中一个山峰上拖曳跟踪点。我们选择窗口中间附近的尖峰，因为它在整个镜头中可见，并在拍摄期间与背景保持高对比度。确保放大跟踪和搜索区域，以容纳山峰的重点部分。

5 单击Tracker（跟踪器）中的Options（选项）。前景中的山峰和后面的山脉具有相同的亮度，但是颜色不同，因此，设置Channel（通道）为RGB。在拍摄期间，山峰形状仅改变了一点，所以继续进行并禁用Adapt Feature On Every Frame（适配全部帧特征），然后设置下面的弹出菜单为Adapt Feature（适配特征）（表示仅当特征发生很大改变时，

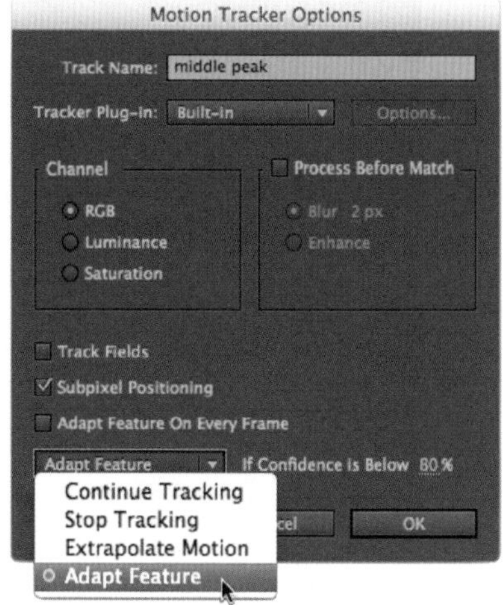

5 在Motion Tracker Options（运动跟踪器选项）中，设置Channel（通道）为RGB，禁用Adapt Feature On Every Frame（适配全部帧特征），并设置底部的弹出菜单为Adapt Feature（适配特征）。

它才调整它的搜索区域）。最后，在对话框顶部为跟踪点起一个名字，如middle peak。单击OK（确定）按钮。

▽ 提示

存储多个跟踪

如果有一个你认为可以使用的跟踪或者稳定，但是想要尝试另一个，再次单击Track Motion（跟踪运动）或Stabilize Motion（稳定运动）。以前的和新的跟踪会作为关键帧保存到相同的图层中，而且稍后你可以应用任何一个。在Options（选项）对话框中重命名跟踪，这样能知道哪个跟踪是哪个。

6 单击Tracker（跟踪器）中的Analyze Forward（向前分析）。如果跟踪在剪辑结束前停止，再次按Analyze Forward（向前分析）——此时会刷新并继续跟踪。完成后，单击Edit Target（编辑目标）来打开Motion Target（运动目标）对话框。确保Effect Point Control（效果点控制）选项被选中，相邻菜单中的Radio Waves（无线电波）/Producer Point（效果起始位置）被选中。单击OK（确定）按钮。

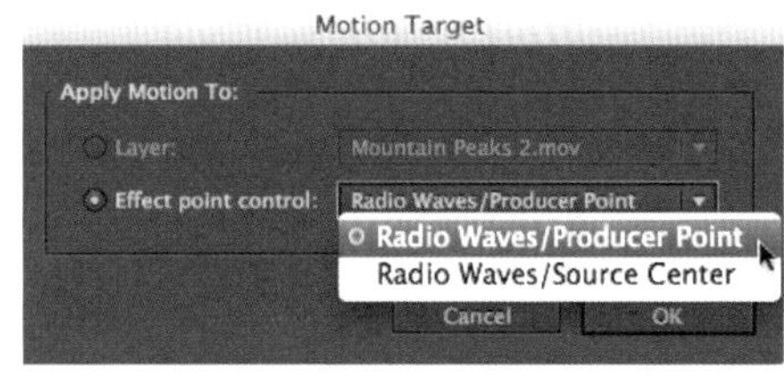

6 完成跟踪后，确保Motion Target（运动目标）是效果的Producer Point（效果起始位置），然后尝试应用跟踪。

返回Tracker（跟踪器），单击Apply（应用），设置Apply Dimensions（应用维度）为X和Y，然后单击OK（确定）按钮。这会用运动跟踪器的数据代替第2步中的试验动画。

7 RAM预览，Radio Waves（无线电波）会创建一组出色移动的圆圈。但山脉在哪儿呢？ Radio Waves（无线电波）没有任何合成选项来让你看到它及其下面的图层。没问题，只需复制图层并用它进行以下操作。

- 在时间轴面板中折叠已打开的参数，目的是减少混乱。选择Mountain Peaks 2.mov并使用Edit>Duplicate（编辑>复制）。
- 选择底部的Mountain Peak 2.mov部分，并选择Effect>Remove All（效果>全部移除）。

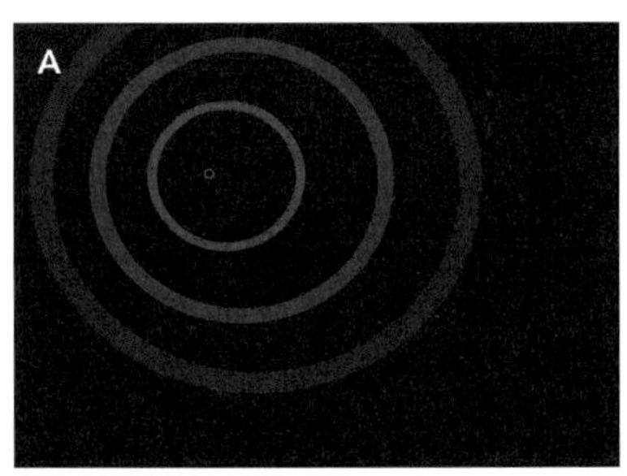

7 应用跟踪后，Radio Waves（无线电波）将动画穿过屏幕（A图）。要在山脉上合成电波，复制图层，删除来自底部副本的效果，并在顶部图层上使用一个混合模式进行混合（B图和左图）。

根据喜好调整顶部图层的Radio Waves（无线电波）效果。按F4键显示Modes（模式）列，并尝试使用不同模式来合成波形，如Add（添加）或者Overlay（叠加）。我们的作品保存在Comps_Finished>03-Effect Track_final中。

确保你保存了项目。在本章最后的方法角中，我们还会要求你继续使用该合成来工作，并跟踪第二个山峰，将结果应用到带两个效果点的效果上。

将跟踪应用到效果点上是在运动图形和视觉效果中都很有用的一个技能。例如，可以将跟踪应用到一个径向模糊效果的中心，创建一个有趣的选择焦点外观。跟踪现实场景或3D渲染器中的光源，并将它们应用到镜头光晕的中心也是非常普遍的。

接下来，你将面临一个更有挑战性的任务，它包含平面跟踪和边角定位效果。

使用摩卡AE进行平面跟踪

一个常见的跟踪任务是跟随一个计算机屏幕或者移动设备屏幕、车辆或者墙上的海报，或者其他的矩形图像，并用一幅新图像代替。要执行该任务，使用After Effects遗留的点跟踪器，你需要跟踪源矩形的四个角——意味着有四次犯错的机会。一个更好的工具是摩卡AE，从CS4开始它已经绑定到After Effects中。摩卡跟踪目标矩形（或其他平面）的整个形状，而不是单个角，这经常能实现出色的效果。但是，它的用户界面明显不同于After Effects。让我们用一个练习来熟悉摩卡工具。

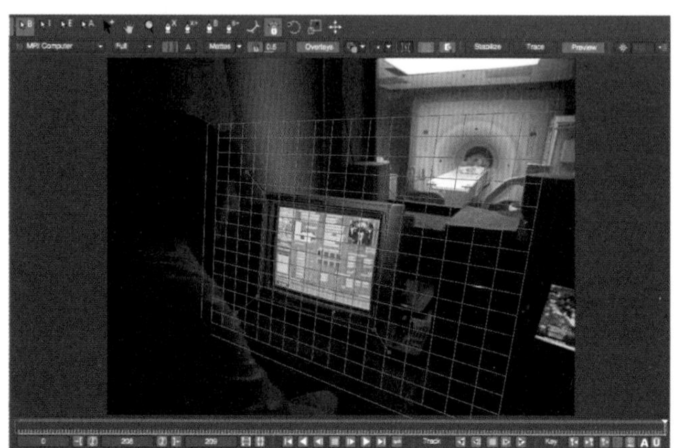

摩卡是一个强大的跟踪和稳定系统，可以优化跟踪二维平面。素材由Artbeats/Medical Montage授权使用。

摩卡跟踪

1 关闭前面所有的合成，打开04-mocha AE*starter。它包含两个视频图层：MRI Computer.mov（你要跟踪的对象），以及Heart Monitor.mov（你的置换屏幕）。开始时我们禁用了Heart Monitor.mov的Video（视频）开关，所以它不会遮盖MRI Computer.mov。

2 在After Effects CS6中，选择MRI Computer.mov，并选择菜单项Animation>Track in mocha AE（动画>在摩卡AE中跟踪）。此时会打开一个New Project（新建项目）对话框，指向该剪辑，已经加载了持续时间、帧速率、像素纵横比和其他数据。如果已经剪裁了剪辑，还会在摩卡内部发生反射。

在After Effects CS4到CS5.5中，摩卡AE是一个独立的应用程序，保存在After Effects文件夹中。启动它，选择File>New Project（文件>新建项目），单击Import Clip（导入剪辑）的Choose（选择）按钮，并定位到Lesson 09-Track and Key>09_Sources>movies>MRI Computer.mov。顺便提一下，用户界面在CS5和CS5.5之间发生了变化。

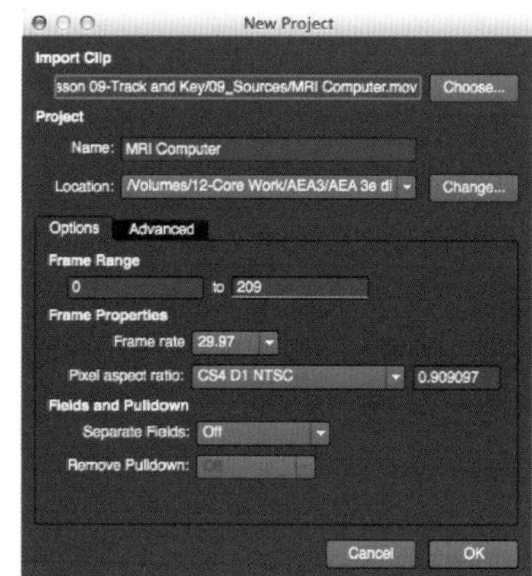

2 摩卡项目以你要跟踪或者稳定的剪辑为基础。因此，New Project（新建项目）对话框包含了源剪辑的细节信息。

单击OK（确定）按钮，在摩卡中打开剪辑。使用View（视图）菜单将剪辑缩放为100%或者适合可用的显示空间。要平移图像的帧，拖曳的同时按X键。

▽ 提示

摩卡资源

要访问摩卡AE文档，在摩卡内部时，按F1键。对于初学者，Tracking Basics（跟踪基本知识）部分尤其值得阅读。

3 你可以通过绘制一个形状来定义要跟踪的平面。摩卡具有针对Bezier遮罩（类似After Effects中的遮罩）和X-Spline（X曲线）的工具。要使用后者进行练习，选择Create X-Spline Layer（创建X曲线图层）。

- 将当前时间指示器位于剪辑的开始处，并沿显示器表面的四个角单击。操作可能不太精确，但是注意不要容纳一个单独平面的太多内容，如左侧的公告栏。单击第一个点关闭形状。
- X-Spline（X曲线）默认创建圆角，这对很自然的形状很有帮助。要把角做成正方形，从每个点处向外拉伸蓝色句柄，通过角来改变形状的张力。
- 单击并拖曳角来改进它们的位置。在图像左边会显示一个放大的版本。

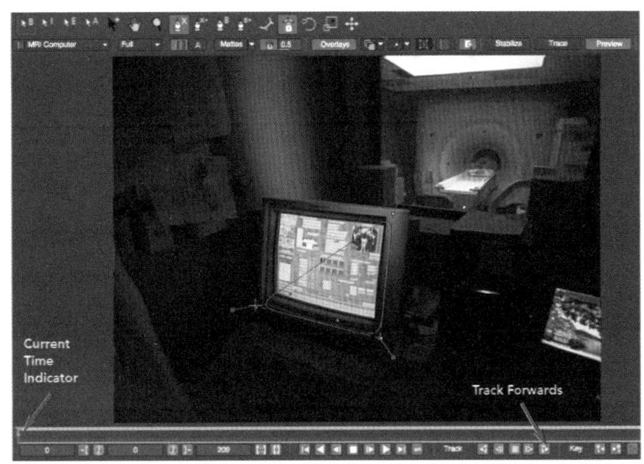

3 选择Create X-Spline Layer（创建X曲线图层）工具并沿显示器外边缘单击（顶图）。调整四个角的张力和位置（上图）。

摩卡的一部分魅力是你可以绘制其他的形状来定义更多的跟踪区域，采用的工具是Add X-Spine to Layer（添加X曲线到图层）。当在展开的相同平面上仅有几个可识别的特征来跟踪时，该工具尤其方便。形状间的重叠部分通过跟踪被挤压，对于挤压反射、阴影和在平面前方移动的人是非常有用的。你可以定义并动画形状来移除那些所谓的遮蔽。幸运的是，该剪辑很容易使用摩卡来跟踪。

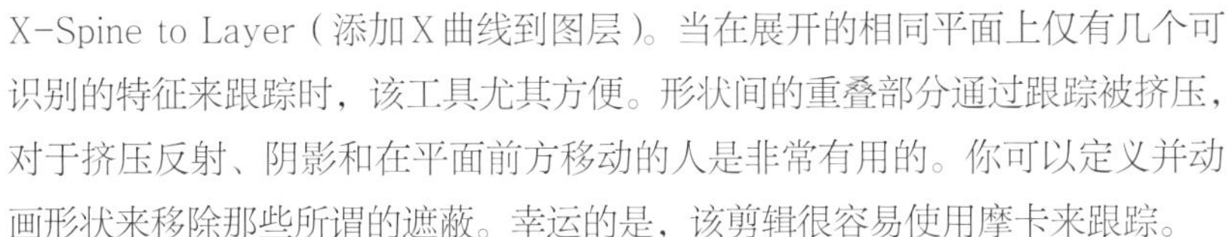

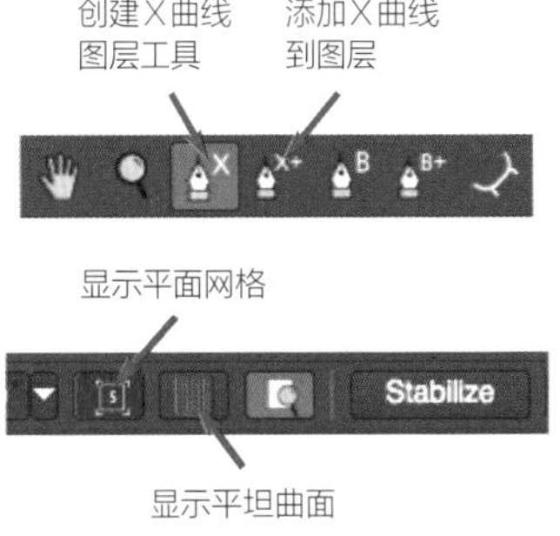

4 单击摩卡时间轴右下方的Track Forwards（向前跟踪）按钮。摩卡完成分析镜头后，修改其当前时间指示器的值，并检查你绘制的形状如何附着在显示器表面。

5 下一步是定义你想要在其上粘贴新图形的表面。启用Show Planer Surface（显示平坦曲面）（参见右图），一个蓝色矩形会叠加在剪辑顶部。移动矩形的四个角来匹配显示器上图像的相应角。想让新图形完全覆盖住该图形时，将角恰好放在图像中亮蓝色的旁边。（我们将返回到After Effects中，处理显示器表面的变形。）

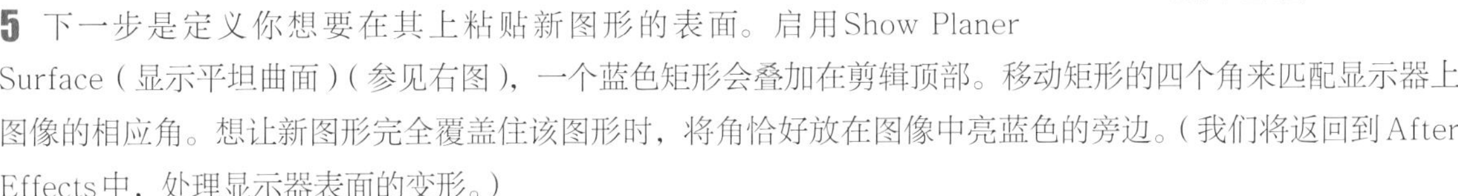

6 要更好地显示你是否有一个固态跟踪，启用Show Planar Grid（显示平面网格）：一个粉色的网格会附加到平坦表面，并延伸出边界。当前网格空间对于查看场景也许不是最理想的。打开View>Viewer Preferences（视图>视图参数）并调整网格分隔器的尺寸。不像After Effects，你不能修改左侧和右侧的值，你可以以循环方向单击并移动鼠标来改变其值，或者直接输入值。值“18，16”工作起来很方便。

修改当前时间指示器或者按空格键来实时播放，并观察跟踪的硬度。如果跟踪来回游荡，有两种方式来纠正它（简称为从头执行新的跟踪）。

- 你可以移动Planar Surface（平坦曲面）的位置，摩卡会替你自动设置关键帧并进行插值。
- 在摩卡屏幕底部有一个专用的Adjust Track（调整跟踪）面板，其中的工具可以帮助你进行精细调整。这些高级特性的用法在摩卡在线文档中详述（按F1键访问）。

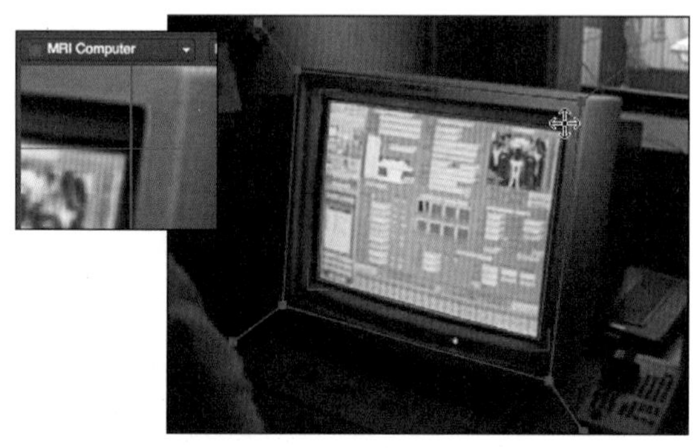

5-6 设置Planar Surface（平坦曲面）来和现在屏幕（上图左）保持一致，并查看Planar Grid（平面网格）以确保透视视图正确，并且跟踪是固态的（上图右）。

7 现在该导出跟踪了。选中摩卡屏幕左下方的Track（跟踪）选项卡，并单击Export Tracking Data（导出跟踪数据），或者使用File>Export Tracking Data（文件>导出跟踪数据）。选择中间的Format（格式）选项After Effects Corner Pin（supports motion blur）[After Effects边角定位（支持运动模糊）]。单击Save（保存），一个文本文件会保存到硬盘上，以便归档。如果准备现在返回After Effects，再次打开Export Tracking Data（导出跟踪数据），并单击Copy to Clipboard（复制到剪贴板）。

7 你可以将跟踪数据导出到一个文本文件上，或者直接输出到剪贴板上，然后在粘贴到After Effects中的一个图层上。

如果需要，可以退出摩卡程序。退出时将询问你是否想要保存项目，摩卡已经及时自动将结果保存到09-Sources>Results文件夹中（摩卡正在使用的源剪辑旁边）。

将跟踪粘贴到After Effects中

如果没有在摩卡中成功执行跟踪（或者现在仍然感到困惑），我们保存了跟踪项目和结果。要查看我们设置项目的方式，打开摩卡，然后打开Lesson 09-Track and Key>09_Sources>Results>MRI Computer_prebuilt.mocha（将提示你重新链接Sources文件夹中的原始影片）。如果想使用我们已导出的跟踪，在文本编辑器中打开Results>mocha screen track.txt，选中全部，并复制。

8 再次激活After Effects。由于粘贴的关键帧从当前时间指示器处开始，选择MRI Computer.mov并按I键定位到它的入点。

选择Heart Monitor.mov（你的置换屏幕），启用它的Video（视频）开关，并粘贴。按U键显示它的关键帧，你将看到Corner Pin（边角定位）效果被应用到该图层上，四个角都被设置了关键帧。Transform（变换）特征Position（位置）、Scale（缩放）和Rotation（旋转）也被设置了关键帧。通过选择“支持运动模糊”导出选项，摩卡会计算跟踪表面中心的位置及其随时间移动的方式。这就允许你对新图层启用运动模糊（尽管在这个慢速运动的镜头中是不必要的）。

8 将跟踪数据粘贴到新图层上。它将被粘贴到原始显示上（左图），两个Corner Pin（边角定位）和普通的Transform（变换）属性都被设置了关键帧，以匹配下面图层的运动（下图）。数据显示素材由Artbeats/Control Panels 1授权使用。

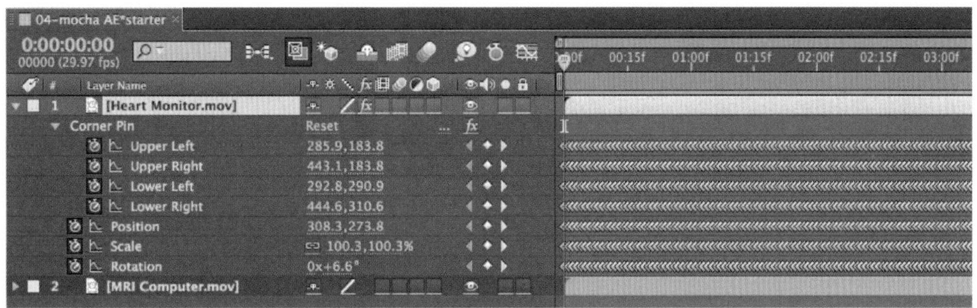

9 如果图层和合成的尺寸不匹配，新图形开始不会和下面的剪辑对齐。按A键显示Heart Monitor.mov的定位点，按住⌘（Ctrl）键，并缓慢修改它的值，直到新屏幕和旧屏幕更好地对齐——在我们的案例中，我们必须调整Y为246.0。现在只担心角部的对齐，稍后将处理原始屏幕的凸出部分。

改进

RAM预览当前合成：你应该有了一个漂亮的实体跟踪。尽管如此，蓝色部分仍有问题，旧屏幕超出了新屏幕图形的边角，尽管已仔细定义了Planar Surface（平坦曲面）。你看到的是显示器老式的玻璃管向外弯曲的效果。因此，该合成需要再进行一些修改才能让结果更可信。

10 选择Heart Monitor.mov并选择Effect>Distort>Bezier Warp（效果>扭曲>Bezier变形）效果。查看Comp（合成）面板：应用该效果后，你的新显示将飞入空间中。这是由效果被应用的顺序引起的。在Effect Controls（效果控制）面板中，拖曳Corner Pin（边角定位）到Bezier Warp（Bezier变形）的下方，现在看起来正确了。

11 Bezier Warp（Bezier变形）效果允许你使用熟悉的Bezier控制柄（从遮罩形状到运动路径）来仔细变形一个图层。我们发现最好在Layer（图层）面板中进行编辑的同时查看Comp（合成）面板中的结果。选择View>New Viewer（视图>新视图），然后双击Heart Monitor.mov在未锁定的视图中打开它的Layer（图层）面板。还可以向外拖曳Layer（图层）面板，以便同时看到它和Comp（合成）面板。

在Layer（图层）面板中，设置View（视图）菜单为Bezier Warp（Bezier变形）。你会看到在它的轮廓四周有12个十字。将角上的十字（变形顶点）单独留下。沿左侧向外缓慢拖曳控制柄，查看Comp（合成）面板中的结果。继续拖曳，直到蓝色边缘覆盖在最终合成上，而且一个弯曲适度的透视图被添加到新屏幕图形上。

对变形效果感到满意时，关闭锁定的Comp（合成）视图（或者重置工作区），激活Comp（合成）面板，并进行RAM预览。我们的作品保存在Comps_Finished>04-mocha AE_final中。我们添加了你在第3章中学习的“电影发光”窍门来帮助实现统一，并添加生产值到最终合成的外观上。而如果你感到好奇，Comps_Finished>04L-Corner Pin_final中是相同的合成，但采用的是传统的点跟踪器，设置Track Type（跟踪类型）

为Perspective Corner Pin（透视边角定位）（它需要更多的工作量才能获得每个角可接受的跟踪）来执行的。

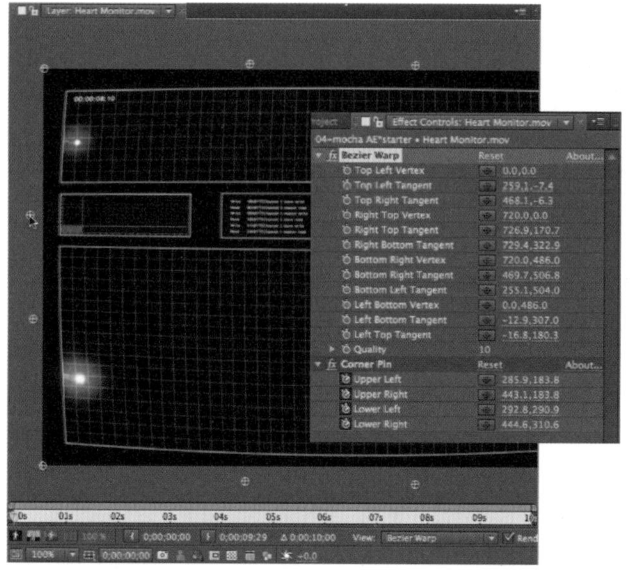

11 在Corner Pin（边角定位）前应用Bezier Warp（Bezier变形），并向外拖曳它的切线句柄（上图左），从而弯曲新屏幕以匹配原始CRT显示器的扭曲形式（上图右）。

最终的合成，带有一些其他处理，以统一并增强合成。

3D摄像机跟踪器

3D Camera Tracker（3D摄像机跟踪器）（After Effects CS6中引入的）从根本上不同于目前为止你在本章中使用的其他跟踪器：不再访问素材中单个特征的运动，它计算原始摄像机在场景中移动的方式，并创建一个3D摄像机来复制这些运动。此外，它提供了原始素材中的各种点的静态3D坐标。通过在这些坐标处放置新的3D图层，它们看起来像和原始剪辑中的透视图一起运动。这就让它可以将新的符号添加到墙上，在这些空间中飘动文本，以及执行其他技巧。

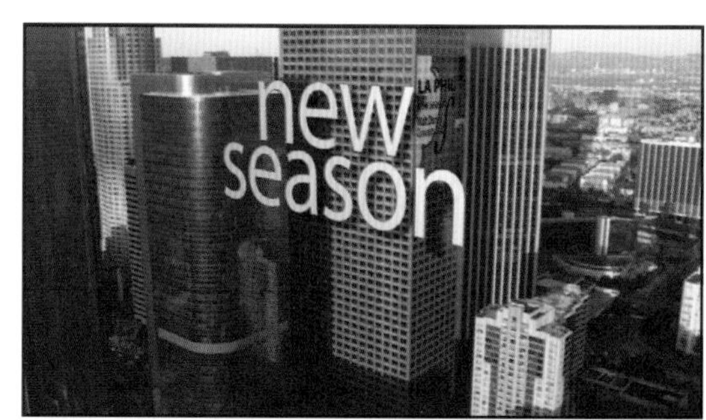

可用3D Camera Tracker（3D摄像机跟踪器）将其他图像或文本添加到已经拍摄的素材中。剪辑由Artbeats/C032v1授权使用，照片由iStockphoto/Kativ/image #20039696授权使用。

为了得到一些使用3D Camera Tracker（3D摄像机跟踪器）的练习，我们将使用美国洛杉矶的空拍素材作为开始，开发一些新的LA Philharmonic推广想法。

▽ 提示

失败的原因

尝试解决摄像机的位置问题时，如果3D Camera Tracker（3D摄像机跟踪器）失败，最可能的错误是采用了错误的默认摄像机定义。改变Shot Type（拍摄类型）菜单为Variable Zoom（可变焦距）或者输入视图的固定角度（如果知道的话）并再次进行分析。如果仍然失败，尝试不同的Advanced>Solve Method(高级>解决方法）选项。对于更精确的跟踪，采用Distort>Optics Compensation(变形>镜头修正）去除预合成中的镜头变形。

悬挂海报

我们的第一个想法是在其中一个建筑物上悬挂一幅大海报或横幅。在本练习中，我们将涵盖使用3D Camera Tracker（3D摄像机跟踪器）的基本知识。我们假定在进行下一个练习前，你已经完成了该合成。

1 关闭前面的合成并打开Comps>CT_1-Poster*starter。它包含我们的空拍素材，以及一个拥有海报实体模型的预合成。现在，我们关闭LA Phil Poster的Video（视频）开关。

2 确保Window>Tracker（窗口>跟踪器）打开。选择Los Angeles Aerial.mov并单击Track Camera（跟踪摄像机）。（再次提醒：该功能在CS6以前的版本中不存在。）

2 单击Tracker>Track Camera（跟踪器>跟踪摄像机），After Effects会找到并跟踪剪辑中的数千个特征。它将使用这些跟踪来重新创建摄像机的位置并在Comp（合成）面板中显示所有的跟踪点。

Effect Controls（效果控制）面板会打开，并包含剪辑中已应用的3D Camera Tracker（3D摄像机跟踪器）效果。类似于前面展示的Warp Stabilizer（变形稳定器），会看到一些横条告诉你分析该剪辑时的处理过程。该处理需要一些时间，当3D Camera Tracker（3D摄像机跟踪器）在背景中工作时，你可以处理其他合成。

After Effects完成计算后，会看到许多彩色的十字叠加在剪辑上。这些十字表示After Effects在剪辑跟踪的点。只有在Effect Controls（效果控制）或时间轴面板中的3D Camera Tracker（3D摄像机跟踪器）效果被选中时，这些点才会显示。点的大小表示与摄像机的相对距离，注意背景建筑物中的十字更小一些。按你的要求如果十字太大或者大小，可以调整3D Camera Tracker>Track Point Size（3D摄像机跟踪器>跟踪点尺寸）的值。

修改时间轴，当After Effects采用或者删除跟踪点时，跟踪点会出现和消失。如果看到任何跟踪点沿表面滑动，它们就是错的。选中并删除那些虚假点来提高计算质量。

3 按End键回到你清楚看到中心建筑物右边的位置。要在3D空间［匹配该（或任意）墙的方向］中的某个位置放置一个新图层，你必须至少选择三个点来定义目标平面。有三种方式执行该操作。

- 在Track Points（跟踪点）可见的情况下，将光标悬停在Comp（合成）面板上（不是直接在点上）。After Effects会将附近的三个点组成三角形并在中心显示一个红色靶心。单击该靶心，将选中这三个点以便操作。
- 单击并拖曳来包围一些点。After Effects会将它们平均分配来定义目标平面。如果这些点距离太近，你需要减少Track Point Size（跟踪点尺寸）来查看位于后面的结果目标。
- 单击第一个需要的点，然后按Shift键+单击其他点。同样，After Effects会平均分配它们来定义目标平面。

我们往往将第二种和第三种技术组合使用。为了更加准确，选中距离较远的点，确保它们在目标墙上。然后在中心添加更多的点来实现一个更好的平均效果。靶心的方向会暗示你是否选择了合适的点。如果看它歪成一个与平面不匹配的角度，就取消选择最近的点并尝试其他点。

3 可以定义要在其上创建图层的平面，具体做法是将光标悬停并让After Effects为你选择三个点（A图），围住一些点（B图），或者通过Shift+单击来手动选择点（C图）。为了更清楚地查看我们的操作，我们将Track Point Size（跟踪点尺寸）减少为50%，并增加Target Size（目标尺寸）为150%。

4 将光标悬停在目标区的中心，直至看到一个四头箭头出现在光标底部。这表示可以移动靶心，它将位于你要创建的新图层的中心。拖曳靶心到你要放置海报的位置。看到该光标时，还可以按⌥（Alt）键并修改来重新改变靶心的大小。

5 在定位目标后，在你选择的点之间（注意不要单击，否则会失去所选对象）重影的白色形状上的任何位置单击鼠标右键。此时会出现一个选项列表，询问是要创建文本、固态层还是空对象图层，以及是在目标中心创建一个图层还是为选中的每个点创建一个图层。当3D Camera Tracker（3D摄像机跟踪器）没有创建一个与本剪辑中摄像机位置相一致的摄像机时，每个选择都包含该选项“and Camera（和摄像机）”。选择Create Null and Camera（创建空对象和摄像机）。

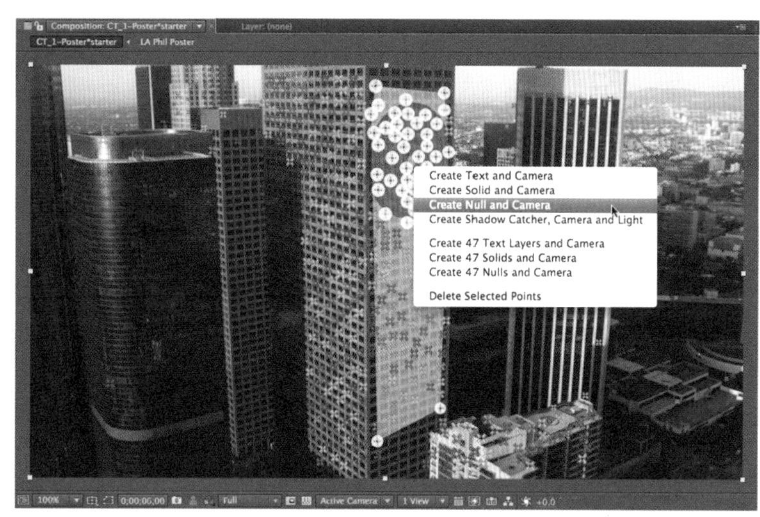

5 在选择一组点，以定义需要的平面并重新定义目标到该平面上的期望位置后，单击鼠标右键并选择想要After Effects采用这些信息创建的新图层。

6 为LA Phil Poster预合成图层启用Video（视频）和3D Layer（图层）开关。按快捷键Shift + F4显示Parent（父级）列。单击LA Phil Poster的Parent（父级）菜单，在右边会看到一个提示，可以按Shift键来直接移动透视图子层到空对象的位置处（与保持偏移的正常行为相比，目前空对象位于两者之间）。由于我们想移动子层，所以添加Shift键并选择Track Null 1。释放鼠标后，海报出现在建筑物的一侧。

6 为海报预合成启用Video（视频）和3D Layer（图层），并按住Shift键同时将它父级连接到由3D Camera Tracker（3D摄像机跟踪器）创建的Track Null（跟踪空对象）上。海报会出现在目标定位的地方，尽管有点倾斜！

7 最初海报看起来是歪的。3D Camera Tracker（3D摄像机跟踪器）没有地面的概念，所以它创建的图层Z方向可能不正。选择Track Null 1并按R键显示它的Orientation（方向）和Rotation（旋转），并设置Z Orientation（Z方向）为0度。

- 选择LA Phil Poster并将它拖到Track Null 1的下面，从视觉上将图层在时间轴上分组。按S键显示它的Scale（缩放）。将它修改得更大一些，使海报覆盖住建筑物那侧宽度的大部分或者全部。不要担心缩放超过100%，因为图层正在减少它在3D空间中的大小。我们编辑海报的Scale（缩放）来代替空对象，是因为我们更喜欢让空对象保留为100%，后期我们会父级连接不同尺寸的图层到空对象上。
- 如果海报还是有点歪，按住⌘（Ctrl）键并小幅度改变Track Null 1（不是海报）的X和Y Rotation（旋转）值，直到海报与窗口和墙侧面比起来呈现不错的方形。此处，我们改变空对象的位置，以防后期父级连接其他图层。
- 依然选中Track Null1，在Comp（合成）面板中拖曳它的*X*或者*Y*坐标轴箭头，将海报滑动到墙上的预期位置。在Comp（合成）面板中而不是时间轴面板中进行编辑时考虑了空对象的方向，所以拖曳一个坐标箭头沿建筑物而不是世界坐标系来滑动海报。

7 要使海报看起来倾斜得更少，将空对象的Z Orientation（Z方向）归零，然后仔细调整它的X和Y Rotation（位置）（上图）[在这种情况下，我们发现Rotation（旋转）比Orientation（方向）的操作方式更直观]。在Comp（合成）面板中拖曳空对象的X和Y 3D坐标箭头，将其滑动到建筑物表面的位置上（左图）。

8 RAM预览。海报看起来像粘到建筑物一侧。如果注意到Position（位置）发生了一些轻微的滑动，那是由于跟踪中的错误产生的。可以尝试调整空对象的Z Position（Z位置），直到获得更好的效果，使用不同的跟踪点创建其他的空对象。或者，删除当前空对象和摄像机，启用3D Camera Tracker>Advanced>Detailed Analysis（3D摄像机跟踪器>高级>详细分析）并再次尝试。经验总结：动画跟踪不可能是完美的，必要时寻找可以接受的折中方式并手动调整结果。

9 返回到有趣的素材中：让海报完全遮盖住建筑物是不现实的。这些横幅中经常有一个带洞的网格，允许人们从建筑物内部向外看，也可以减少兜风。

要像这样改进合成，可以使用混合模式。按F4键显示Modes（模式）面板，并为LA Phil Poster图层尝试各种模式，如Overlay（叠加）、Soft Light（柔光）、Hard Light（强光）。采用模式的优点是在拍摄中经过建筑物窗户的反射在最终合成中依然可见，这增加了真实性。Soft Light（柔光）最接近我们自己想象的效果，为了加强它，我们复制LA Phil Poster图层，设置它的模式为Normal（正常），并减少它的Opacity（不透明度），直到我们得到预期的外观。

9 混合模式帮助在原始素材的顶部合成新图层。我们还添加了Channel Blur（通道模糊）效果，并且只模糊了Alpha通道来柔化边缘。

注意，在After Effects CS6中，只有Classic 3D Renderer（经典3D渲染器）支持3D图层的混合模式。如果已经设置Composition Settings>Advanced>Renderer（合成设置>高级>渲染器）为Ray-traced 3D（光线跟踪3D渲染器），模式（以及遮罩、蒙版、效果和其他处理）将被禁用。你对3D Camera Tracker（3D摄像机跟踪器）使用哪个渲染引擎取决于要实现的最终效果。

文本和阴影

接下来我们将拓展3D Camera Tracker（3D摄像机跟踪器）的使用，即添加文本并让它飘动在建筑物前面的空间中，同时添加一个阴影捕捉器，使2D素材看起来像接收了一个来自3D文本和适当透视图的阴影。可以使用前面练习中用到的合成，或者打开Comps>CT_2-Text*starter。

1 我们将文本添加到建筑物表面而不是侧面，所以按Home键定位到00:00处，此处可看到大部分表面。

2 选择应用到Los Angeles Aerial.mov上的3D Camera Tracker（3D摄像机跟踪器）效果。可以在时间轴面板中（按E键显示效果）或者Effect Controls（效果控制）面板中（按F3键激活）进行该操作。Track Points（跟踪点）将重新出现在Comp（合成）面板中［如果不能轻松地看到它们，增加Track Point Size（跟踪点尺寸）］。

3 在建筑物正面选择一组跟踪点。我们用套索方法来抓取大量的点进行平均分配。将目标拖曳到你认为想要放置文本的中心处。

4 用鼠标右键单击目标，并选择Create Text（创建文本）。［如果正在使用CT_2-Text*starter合成，或者已经关闭并重新打开了你的合成，也会看到and Camera（和摄像机）附加在选项中，因为3D Camera Tracker（3D摄像机跟踪器）不能识别早期创建的摄像机。没关系，只要删除该摄像机副本即可。］选择Text（文本）图层，按R键，并为它的Z Orientation（Z方向）值输入0度。

5 双击Text图层选中文本，输入你喜欢的词，如“new season”并按Enter键。然后选择Window>Workspace>Text（窗口>工作区>文本），打开Character（字符）和Paragraph（段落）面板。在Paragraph（段落）面板中，单击Center Text（中心文本）选项。在Character（字符）面板中，根据喜好设置Font Family（字体）和Style（样式）、Font Size（字体大小）、Leading（行距）、Fill（填充）和Stroke Color（描边颜色）。我们选择Myriad Pro字体来匹配海报并从周围建筑物中拾取颜色。完成后按V键返回Selection（选择）工具。

6 再次选择3D Camera Tracker（3D摄像机跟踪器），像第3步所做，在建筑物表面选择一些点，并将目标移动得比文本中心稍低一点（阴影落下的地方）。单击鼠标右键，这次选择Create Shadow Catcher and Light（创建阴影捕捉器和灯光）。3D Camera Tracker（3D摄像机跟踪器）效果会创建一个启用了Casts Shadows（投射阴影）的灯光，以及一个阴影捕捉器图层，它的Material Options（材质选项）设置为仅接收阴影，否则就会不可见。

7 选择Shadow Catcher1，按R键，并设置它的Z Orientation（Z方向）为0度。然后按S键并修改它的Scale（缩放），直到阴影捕捉器的轮廓和建筑物正面的右边缘对齐。

8 选择文本图层并拖曳它的Z坐标箭头（蓝色那个）到左侧，直到文本从建筑物前面分离出来。你将看到一个阴影出现在建筑物上。

9 文本很有可能亮度不够，而且阴影的方向与场景的其他部分不匹配。利用交替的3D Views（视图）（第8章）将灯光移动到更有利的方向。你还可以调整Light 1［和文本图层的某些其他Material Options（材质选项）］的Intensity（亮度）和Shadow Darkness（阴影暗度）来得到预期的外观。完成后可以返回到正常的单个Active Camera（活动摄像机）视图。

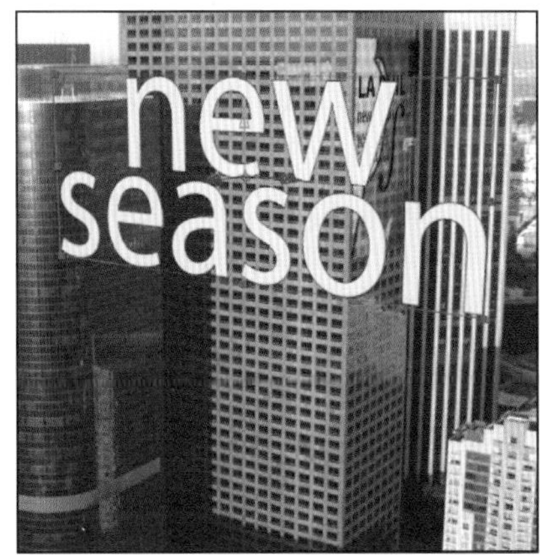

4~5 使用3D Camera Tracker（3D摄像机跟踪器）创建一个新的文本图层（上图）并根据喜好编辑它（下图）。

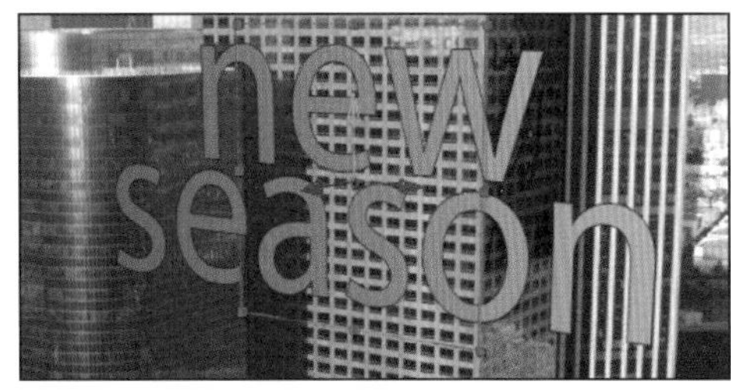

7 将阴影捕捉器的轮廓和建筑物的边缘对齐。

8 采用文本的Z坐标轴箭头将它从建筑物上拉走。

9 利用其他3D视图来调整灯光的位置，以得到好的亮度和有趣的阴影。

10 现在在建筑物前面（不是侧面）有一个不错的阴影。没问题，重复第6步和第7步，这次为建筑物右边缘创建一个Shadow Catcher（阴影捕捉器）。小心缩放并重新定位阴影捕捉器，使其正好覆盖在右边缘并位于阴影降落的下方。必要时，拖曳阴影捕捉器图层的控制柄来将它们缩放得更高一些，以捕捉全部阴影。（如果在建筑物侧边看不到阴影，可能需要在正X方向移动Light 1，将它置于建筑物的角上。）

11 在调整灯光位置和其他细节（如文本跟踪和位置）后的最终作品。

11 你可能已经注意到海报不再被照亮了。这是因为灯光没有直射它。使它再次可见的最简单方法是选择海报图层，按AA键显示它的Material Options（材质选项），并设置Accepts Light（接受灯光）为Off（关闭）来恢复它的2D颜色值。如果你感到好奇，我们的最终作品保存在Comps_Finished>CT_2-Text_final。

背景替换

在最后的练习中，你将手持摄像机在绿屏场景中拍摄一组演员，稳定影片剪辑、移除（关键帧移除）绿屏，并将结果放在一个新背景上，使它看起来像最初在户外拍摄的。

还有额外的挑战，该合成是以高清分辨率1920像素 × 1080像素创建的。由于该窗口比大部分显示器更大一些，必要时要改变面板的放大率。注意，我们已经保存了源素材（采用普通的HDV帧大小1440像素 × 1080像素）。这些像素发生失真，因为它们应该被加宽显示，放弃了与正常HD帧1920像素 × 1080像素相同的结果，你将看到最初挤压后的图像。

稳定位置、旋转和缩放

这将是本章中最具有挑战性的跟踪，因为需要稳定的不仅仅是位置，还有旋转和缩放。好消息是绿屏场景上已经放置了不错的跟踪点。坏消息是其中的一个演员走在你需要的点的前面……

1 关闭前面的合成。在Project（项目）面板中，双击Comps>05-Keying*starter将其打开。如果可以，排列面板让你可以用50%的Magnification（放大率）查看Comp（合成）面板；如果不能，设置Magnification（放大率）为33%。设置Resolution（分辨率）为Auto（自动），它会优化要计算的像素数。

RAM预览该影片，尤其注意跟踪点。在影片中离开屏幕的任何点都没有多大用处。注意在拍摄中摄像机移动得很近，并发生了一点旋转。你要在上面放置动作的新背景不会移动。因此，你需要稳定位置、旋转和缩放。

源影片由Pixel Corps提供，来自它的电影Europa作品。Pixel Corps在绿屏场景中拍摄了大部分动作，意图稍后在3D环境中放置演员。

1 由于HD帧太大，设置Comp（合成）面板的Magnification(放大率）为50%(必要时更小一些），采用Auto Resolution（自动分辨率）。

2 选择PXC_Europa.mov并按Home键。在Window>Tracker（窗口>跟踪器）可见的情况下，单击Stabilize Motion（稳定运动）[在CS5.5中，单击Track Motion（跟踪运动）并设置Track Type（跟踪类型）为Stabilize（稳定）]。影片会在Layer（图层）面板中打开并带有一些默认的跟踪点。

在Tracker（跟踪器）面板中，启用Rotation（旋转）和Scale（缩放）的复选框以及默认的Position（位置）。这将创建第二个跟踪点。要稳定旋转和缩放，After Effects需要测量在时间上两个点之间的距离和角度。

2 选择影片，单击Tracker（跟踪器）中的Stabilize Motion（稳定运动），然后启用Position（位置）、Rotation（旋转）和Scale（缩放）。

3 仍然在00:00处，从左边的Track Point 1开始。在左上方的跟踪点上拖曳Track Point 1，因为它在整个拍摄中保持可见。拖曳特征区域（内框）的一个角，使其只比背景上的绿色矩形大一点。在这个过程中，将搜索区域（外框）增大为特征区域的两倍左右。

对于Track Point 2，考虑一下跟踪哪个点。它应该是距离Track Point 1尽量远一些：跟踪点之间的距离越大，缩放和旋转跟踪越精确。在整个拍摄中希望它也保持可见。第二个演员走在右边所有点的前方，上面行的中间点遮住了最后的点——所以将Track Point 2放在它的上方。

重新调整Track Point 2的大小。同样，不要让跟踪点超过必要的大小。如果超过了，它会减慢跟踪，而且当演员在该点前面走路时，After Effects会有更多问题。

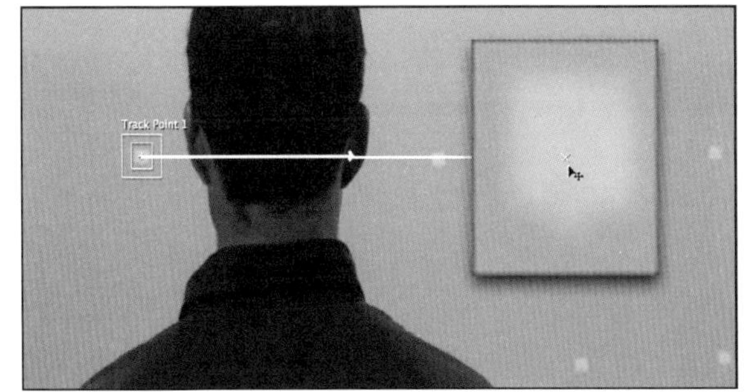

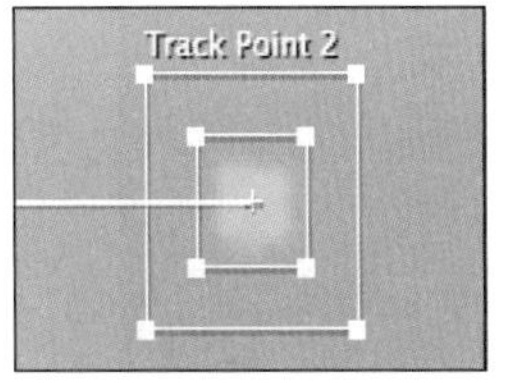

3 将跟踪点增大为刚好适合明亮的方形点。将它们放在一组点的上方，这组点距离比较远，但是在拍摄过程中没有完全被遮盖住（上图左）。为获得最好的效果，确保Track Point 2是正好适合周围的点（上图右）。

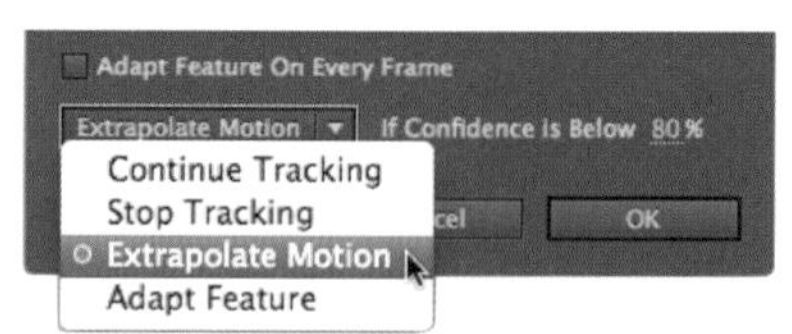

4 在Motion Stabilization Options（运动稳定选项）中，设置Confidence（可靠性）菜单为Extrapolate Motion（外推运动）。这就告诉After Effects当演员走过我们正在跟踪的点前面时要执行什么操作。

4 在Tracker（跟踪器）面板中单击Options（选项）。点和背景的颜色相同，但是更亮一些，所以为Channel（通道）选择Luminance（亮度）。下一步，Adapt Feature On Every Frame（适配全部帧特征）应该关闭。单击下面的弹出菜单。由于我们知道要跟踪的一个特征在跟踪中会部分被覆盖，选择该选项来Extrapolate Motion（外推运动）。这会告诉After Effects如果它找不到要跟踪的特征，保持相同的前进方向，希望它重新出现。单击OK（确定）按钮。

5 现在进行一些实验并修改错误。单击Analyze Forward（向前分析）并同时观察Track Point 2，尤其是演员走在点前面时。

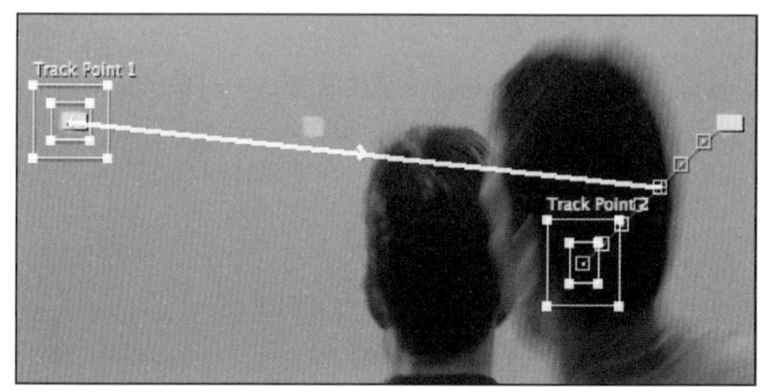

5 如果Track Point 2的搜索区域（外面的长方形）太大，它将跟随演员而不是重新找到它的点。

- 如果设置了一个好的跟踪点，当演员走过它前面时，它会暂时徘徊，但是当演员走过几帧后，它的点会再次出现。
- 当演员走过点前面时，如果跟踪点跟随或者看起来弹离演员，那是因为跟踪点太大了。首先Undo（撤销）来移除旧的跟踪、拉小特征区域，然后再次分析。
- 如果跟踪点在演员通过后找到了点，但是之后又失去了这些点，是因为搜索区域太小了。Undo（撤销），稍微增大外部矩形，并再次尝试。

如果尝试了几次后仍然不能得到一个好的跟踪，打开Comps>05-Keying*starter2，用该合成继续操作。双击layer 1打开它的Layer（图层）面板并设置View（视图）为Motion Tracker Points（运动跟踪点）。

6 选中PXC_Europa.mov，按U键显示全部跟踪器的关键帧。当演员经过点的前面时，在Track Point 2的Attach Point关键帧中有一个明显的空白。让我们确保After Effects通过该区域正确插入运动。

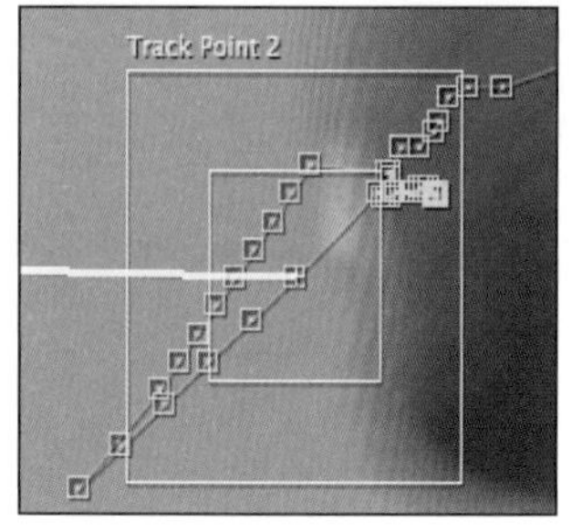

6 当Track Point 2中心的附属点开始游荡（左图），那就是一个坏的关键帧。删除它（上图）以及任何其他的坏关键帧（空白中间的单独关键帧，有可能是仅有的其他坏关键帧）。

在时间轴面板中缓慢修改当前时间指示器的值，同时查看Layer（图层）面板。当演员的下巴越过01:11的Track Point 2时，会看到它从跟踪的点处离开。停在该帧处，并删除相关的Attach Point关键帧。

稍后修改时间的值，直至你看到Track Point 2返回它在点上的正确位置——那是一个好的关键帧。删除这个关键帧和上面已删除的关键帧之间的所有关键帧（在空白中间可能只有一个）。现在通过该区域修改时，Track Point 2的方框仍然晃动，但是附属点（在连接Track Point 1和2的线条末端）会留在影片中。保存项目。

7 根据你的技能或者运气，结果可能会令人沮丧。现在享受该结果和最后的变形，然后移动到绿屏中。

- 确保Motion Target（运动目标）仍然设置为PXC_Europa.mov并单击Apply（应用），然后单击OK（确定）按钮。After Effects会激活Comp（合成）面板。
- RAM预览，目前演员是静止的。但是当After Effects补偿摄像机的运动时，它们的图层将变得更小，在合成的底部留下一个空白。按End键，此处空白为最大化。
- 按F2键Deselect All（取消全选），并折叠时间轴面板中的Motion Tracker（运动跟踪器）部分以节省空间。仍然在时间03:23处，禁用Position（位置）的关键帧，然后重新定位PXC_Europa.mov到合成底部的位置（Y=482左右）。

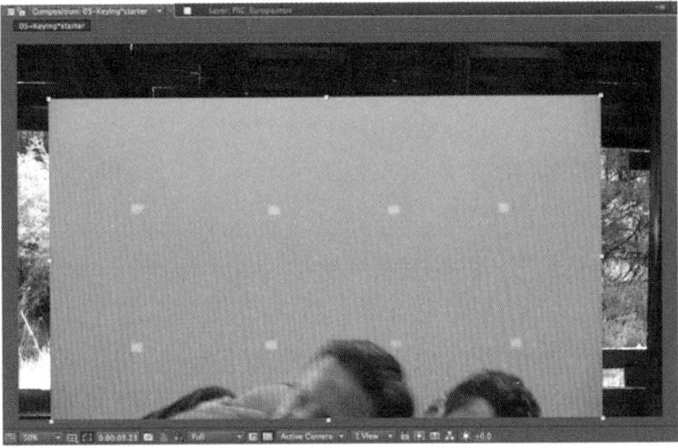

7 执行稳定后，图层在合成尾部会变得更小，因为After Effects必须减少它的缩放来移除摄像机移动。禁用位置的关键帧并移动图层，使它接触到屏幕的底部。

下一个任务是在PXC_Europa.mov中抠出绿色，使你可以看见后面的新背景图层。术语“抠像”是一个简称：创建一个剪切图像，使你能够通过一个对象查看另一个。

关键光

继续使用在先前部分中创建的合成，或者用我们位于05-Keying*starter3中的合成。

8 选择图层PXC_Europa.mov，按Home键并应用Effect>Keying>Keylight（效果>抠像>关键光），会出现After Effects绑定的一个高级抠像插件。然后按照这些步骤来美化抠像。这是一个交互式的过程，所以要有耐心并准备重复一些步骤来平衡预期的效果：

- 在Effect Controls（效果控制）面板中，单击Screen Colour（屏幕颜色）的滴管并在演员附近的绿色区域中单击。这就是你的初始抠像。不错。但是，如果观察演员颈部的右侧，有部分是透明的，透出背景图层。现在关闭layer 2，这样可以集中在抠像上。如果未启用，打开Transparency Grid（透明网格）来更好地检查抠像的透明度。
- 返回Effect Controls（效果控制）面板，将View（视图）菜单改为Status（状态）。这会放大显示抠像的透明度。
- 展开Screen Matte（屏幕蒙版）部分。逐渐增加Clip Black（黑色剪辑）直到演员外部的大部分灰色消失。按⌘（Ctrl）键以更细微的增量修改。可以在背景上留一些灰色方块（否则将开始切入他的头部）。

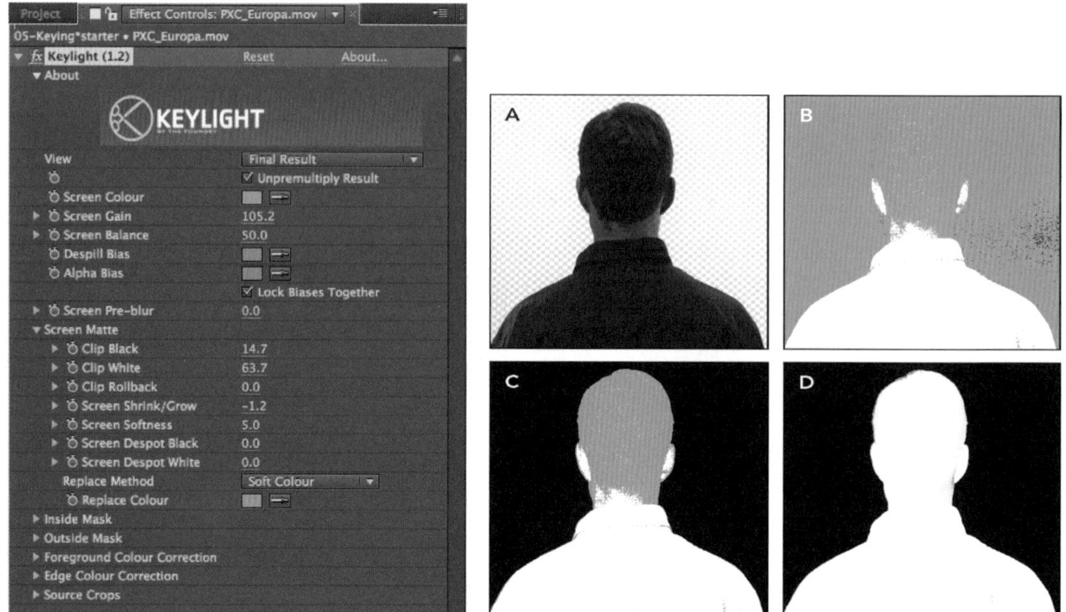

8 拾取第一个演员附近绿色区域中的颜色来获得一个初始的抠像（A图）。改变Keylight（关键光）的View（视图）菜单项为Status（状态）（B图）。小心增加Clip Black（黑色剪辑）和Screen Gain（屏幕增益），直到演员的外部区域变为黑色（C图）。减少Clip White（白色剪辑）来保留演员中的实体区域，在半透明区域保持一个灰色边缘（D图）。我们的初始设置数值都显示出来（上图左），有多个有效的数值组合。

- 缓慢增加Screen Gain（屏幕增益），直到其余的灰色刚好消失。平衡这两个值，直到你在消除灰色时，只用了最小的总增量。
- 缓慢减少Clip White（白色剪辑），直到演员头部的灰色变为白色或者浅绿色。不用将它推得太远，你可以在头发边缘以及演员运动时的运动模糊区域保留一些灰色（表示透明）。
- 通过时间线修改当前时间指示器，检查黑色区域仍为黑色，浅色区域保持浅色。
- 将Keylight（关键光）的View（视图）改回Final Result（最终效果）并预览你的作品。如果演员的边缘太硬，稍微增加Clip White（白色剪辑）。

9 再次打开layer 2的Video（视频）开关，可以在新背景中看到抠像。还不错，但是有一些区域需要改进。

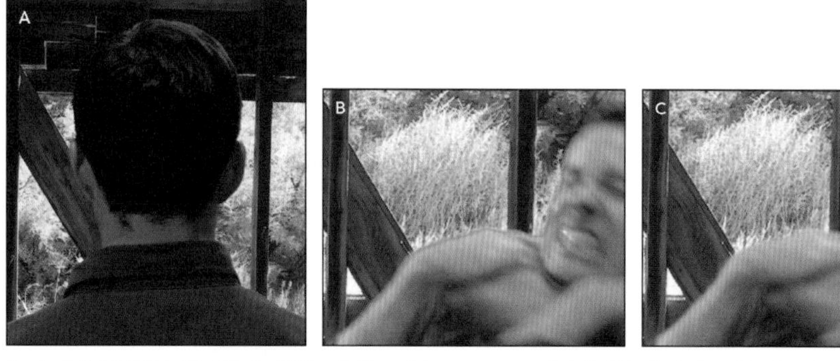

9 合成效果看起来很不错（A图）。但是，减少Clip White（白色剪辑）太多可能引起过硬的边缘，如移动时演员胳膊上的黑色边缘（B图）。增加Screen Softness（屏幕柔和度）并减少Screen Shrink/Grow（屏幕收缩/放大）来帮助解决该问题，并改进整体合成的效果（C图）。

- 移到02:18左右处。看到第一个演员胳膊上的黑色边缘了吗？这是减少Clip White（白色剪辑）太多造成的。但是，如果增加Clip White（白色剪辑），可能开始通过第二个演员的头部才能看到背景。微调该参数，实现一种折中。

- 演员周围的边缘有点硬，尤其是当他们快速移动时。稍微增加Screen Softness（屏幕柔和度）来将他们更好地混合到场景中。如果开始出现太多边缘，可以通过减少Screen Shrink/Grow（屏幕收缩/放大）来平衡。（这两种调整方法还可有助于解决黑色边缘问题。）

10 最后的步骤包含一点颜色调整，更好地将演员匹配到新环境中。仍然位于帧02:18处（此处可以看见演员的皮肤）时，单击Despill Bias的滴管图标，然后单击一个浅桃色区域，如左边演员的前额。这会移除一些绿色特征或者由在绿屏场景中拍摄引起的溢出。

10 原始素材偏绿色（A图）。在它们的外观色调上使用Despill Bias滴管，可以帮助将其移除（B图）。在我们的最终版本中，我们使用Levels（色阶）亮化演员并使用Hue/Saturation（色相/饱和度）来调整他们的颜色（C图）。

此时通常的做法是花些时间调整前景和/或背景颜色，以实现更好的互相匹配，让人感觉在素材拍摄时演员是真正位于这个新空间中。最低限度也要尝试用Levels（色阶）调整gamma以及用Hue/Saturation（色相/饱和度）调整色相。对于更高级的颜色调整工作，了解Synthetic Aperture（合成孔径）的Color Finesse（颜色校正），它绑定在After Effects中。

RAM预览。不错，此时也许是保存项目的好时机。

▼ 使用遮罩辅助抠像

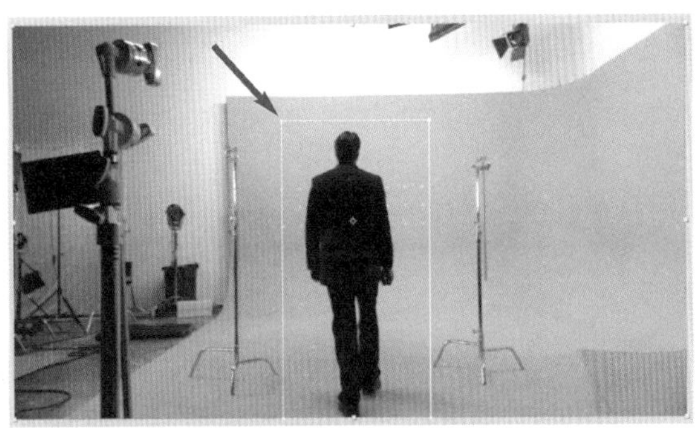

△ 创建一个动画的“垃圾蒙版”（黄色轮廓线），它包含演员在内，移除无关的细节并减少需要抠像的区域。

用绿屏素材时，可能有些无关的对象你不希望在最终合成中看到它们，如麦克风、灯架、道具、舞台边缘等。如果它们没有被画成绿色，就需要创建一个垃圾蒙版来遮住它们。

创建垃圾蒙版的另一个理由是轻松地减少需要抠像的区域。例如，也许帧的角部没有像前景中心那么亮，使你的抠像工作更复杂。

一个垃圾蒙版可能像在前景周围创建一个松散的矩形遮罩形状那么简单，该遮罩不需要紧密跟随边缘，因为抠像会考虑到它。必要时，通过为遮罩路径设置关键帧，在整个剪辑中动画该遮罩。

对于更复杂的形状，创建一个带Pen（钢笔）工具的松散遮罩（遮罩和动画遮罩的相关内容在第4章）。包含多个演员时，甚至可以为每个演员创建一个遮罩。

很多时候使用一个Keylight（关键光）应用程序无法得到一个满意的抠像。在复杂的影片中，可能需要将帧分成多个部分——例如遮罩头部并用一种设置对其抠像，然后单独抠像身体。

我们的版本保存在Comps_Finished>05-Keying_final中。其中我们还对Screen Softness（屏幕柔和度）启用了关键帧，让开始部分比较锐利，此时演员非常近并在后面拍摄中变得更加柔和。当然，你可以花更多的时间进一步修改该影片。

这些基本的抠像知识可以应用到大多数影片中。总体目标是对你要保留的目标轮廓进行最少的破坏。这需要练习和妥协。有些采用相同演员、灯光和设置拍摄的影片，可以重复使用抠像设置，但是大部分时间必须处理每个新的影片。

要成为一名优秀的视觉效果艺术家，需要很多耐心和注意力，所以它不适合每个人——但是电影越来越多地依靠视觉效果，所以它是一个值得拥有的好技能。

▽ 提示

精细控制

修改如Clip Black（黑色剪辑）、Clip White（白色剪辑）和Screen Gain（屏幕增益）的值时按⌘（Ctrl）键可进行精细控制。

▼ 起伏的快门修复

带有CMOS传感器的数码摄像机（包括手机中的摄像机到视频拍摄DSLR到RED ONE）的典型特征是，具有称为起伏（rolling）快门的设备，它一次在一条扫描线上捕捉一帧视频。由于扫描线间的时间延迟，并不是图像的所有部分都可以同时记录，引起运动在帧上出现逐渐下降的情况。如果摄像机或者主体正在移动，起伏快门可能引起变形，如倾斜的建筑物和其他歪斜的图像。处理这种素材可能会引起头痛——尤其是当你试图将素材和未变形的图像（如3D图层和文本）合成时。

After Effects CS6引入了一个Rolling Shutter Repair（起伏的快门修复）效果，包含一组用户可选择的算法来帮助修改有问题的素材，如手持拍摄和三脚架平移。要查看它的工作情况，打开Comps>RS-Wobbly Buliding*starter。它包含一个主要的建筑物剪辑，是我们故意用很多摄像机运动拍摄的，采用的相机是Canon 5D Mark II。按PageDown键逐帧的方式查看剪辑，并注意当摄像机上下移动时，建筑物压缩和伸展的方式。选择一组相邻的帧，此处变形尤其明显，如00:09和00:10处。

选择Wobbly Building.mov并应用Effect>Distort>Rolling Shutter Repair（效果>变形>起伏的快门修复）。使用PageUp键和PageDown键在有问题的相邻帧间切换。一些变形帧已经被移除，但不是全部。在Effect Controls（效果控制）面板中，增加Rolling Shutter Rater（起伏的快门比率）并再次逐步经过有问题的帧，现在建筑物将变得更加结实了（但是摄像师可能生气了）。需要根据每个剪辑的拍摄方式来调整该值。

该建筑物是用Canon 5D Mark II拍摄的，带有大量的摄像机运动。它展示了带有起伏快门的摄像机的变形特征。如果以一次一帧的方式查看剪辑，就可以看见该变形。After Effect CS6引入了一个Rolling Shutter Repair（起伏的快门修复）效果来帮助修复这样的问题拍摄。

将Advanced>Method（高级>方法）弹出菜单改为Pixel Motion（像素运动）：而默认的Warp（变形）设置只扭曲了现有的图像，Pixel Motion（像素运动）根据它们的运动重建了新的像素。对于该影片，这些新像素实际上看起来更锐利，而建筑物甚至更结实——代价是更长的渲染时间。Detailed Analysis（详细分析）（Method=Warp）（方法=变形）的Advanced（高级）选项和Pixel Motion Detail（像素运动细节）（Method=Pixel Motion）（方法=像素运动）帮助以独立的方向运动（如果在帧中有对象的话）。

Rolling Shutter Repair（起伏的快门修复）不能修改每一个影片——例如，如果摄像机锁定（没有运动）而且在场景中有强大的运动，该方法就有问题了——但是它可以提高很多剪辑的产品价值。

方法角

- 如果可以使用摄像机，拍摄人们步行穿过校园或者街道的素材。然后尝试处理这些素材并在人物的头部及类似位置放置文本或其他物体。然后使用3D Camera Tracker（3D摄像机跟踪器）在影片中的建筑物边缘放一些新符号。
- 打开Idea Corner文件夹中的Lightning_starter合成，并跟踪另一个山峰点，但这次从背景中的山脉中开始跟踪。然后应用Effect>Generate>Advanced Lightning（效果>生成>高级闪电），将跟踪应用到Lightning（闪电）的两个效果点上，并设置Lightning Type（闪电类型）为Strike。我们的作品是Lightning-final合成。或者，添加一个电影配音到合成中，并在Lightning（闪电）位置使用Generate>Audio Spectrum（生成>音频频谱）或者Audio Waveform（音频波形）。
- 对于3D Camera Tracker（3D摄像机跟踪器），使用Ray-traced 3D Renderer（光线跟踪3D渲染器）（第8章），以便于挤压和倾斜文本，并使它部分透明。缺点是你不能对海报使用混合模式。

跟踪Mountain Peak 2中的两个山峰点，利用它使Generate>Advanced Lightning（生成>高级闪电）效果从一个山峰点跳到另一个山峰点。

更现实的Ray-traced 3D Renderer（光线跟踪3D渲染器）和3D Camera Tracker（3D摄像机跟踪器）组合起来的效果更好。

Quizzler

- 在Quizzler>Quizzler 1文件夹中，打开Mask problem*starter合成并进行RAM预览。Wildebeests素材有一个已添加的矩形遮罩。但是，即使素材被稳定化了，遮罩仍然在摇晃。你的任务是让稳定后的动物在静态遮罩内部玩耍，使其和同一文件夹中的Mask_fixed.mov类似。尽力得到最好的影片，然后将它和Quizzler Solutions>Quizzler 1_Solution中的解决方法进行对比。
- 在第二个练习中，你学习了如何稳定Wildebeests.mov影片；在第三个练习中，你学习了如何跟踪它并让其他图层跟随其中一个动物。你将如何稳定并跟踪该影片呢？使用合成Quizzler 2>Stable+Track*

starter作为一个开始点。最终的影片位于相同的Quizzler 2文件夹中。一个可能的答案在Quizzler Solutions——但是不要偷看，自己先尝试解决它。

- 在最后的练习中，你要稳定绿屏影片来匹配新背景，它不会移动。该结果是一个锁定的影片，它可能缺少手持拍摄的力量。所以，我们不会稳定前景影片PXC_Europa.mov，你将如何使新背景和前景中呈现相同的摄像机运动？同样，我们为你提供了该结果的一个影片来学习（在Quizzler 3文件夹中），以及一个开始合成。一个可能的解决方法保存在Quizzler 3_solution文件夹中。

如何跟踪和稳定相同的影片，并仍然得到新的图层来匹配结果运动？尝试在Quizzler 2中找到解决方法。

第10章　绘画、旋转笔刷和木偶

探索Paint（绘画）、Roto Brush（旋转笔刷）和Puppet（木偶）工具。

本章内容

基本绘画	擦除笔画
绘画通道	绘画混合模式
笔刷持续时间条	动画笔画
显示一个图层	创建有机纹理
平板设置	仿制
变换笔画	基本的旋转笔刷
旋转笔刷工作流，基础帧	传播笔画
修正笔画	精修蒙版
木偶变形工具	动画木偶变形
木偶重叠工具	录制木偶动画
木偶固定工具	多种形状

入门

确保你已经从本书的下载资源中将Lesson 10-Paint, Roto and Puppet文件夹复制到了硬盘上，并记下其位置。该文件夹包含了学习本章所需的项目文件和素材。

本章重点介绍操纵和增强图层的高级技术：Paint（绘画）、Roto Brush（旋转笔刷）和Puppet（木偶）工具。

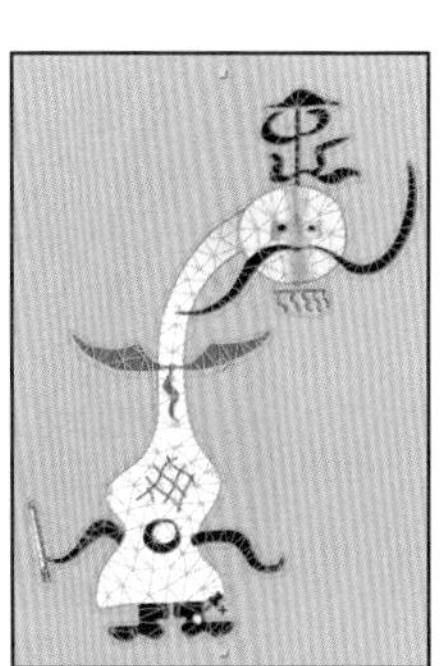

After Effects的Paint（绘画）基于Adobe Photoshop绘画工具的简化版本，带有增加的时间元素。它允许你在图层上进行无损绘画，并显示或者擦除底下的部分图像。Paint（绘画）还可以将一个图像的某个区域仿制到另一个区域，也可以从不同的帧中仿制。Paint（绘画）只在Layer（图层）面板中工作，但每一个单一的笔画都会显示在时间轴面板中，允许你调整时间、编辑并动画笔刷设置，以及确定完成后笔画的位置。

Roto Brush（旋转笔刷）是一种智能绘画工具，它可以辅助自动计算从背景中分离前景目标（如一个演员）的耗时工作，允许一些新图像留在其后面。要完成该操作，会绘制一些定义前景和背景的简单笔画，而且After Effects限定了两者之间的界限。

Puppet（木偶）工具提供了另一种变形图层的方法。想象将图像印刷在一张橡胶上，它可以自动进行剪裁来展示图层的轮廓。然后想象用别针固定住图层的某些区域，如头部和脚部所在位置。然后想象沿某个位置拖曳那些别针……

绘画基本知识

首先我们将熟悉After Effects的Paint（绘画）基本知识。它包含3个工具：Brush Tool（笔刷工具）、Clone Stamp Tool（仿制图章工具）和Eraser Tool（橡皮擦工具）。在本练习中，我们将使用这三种工具。

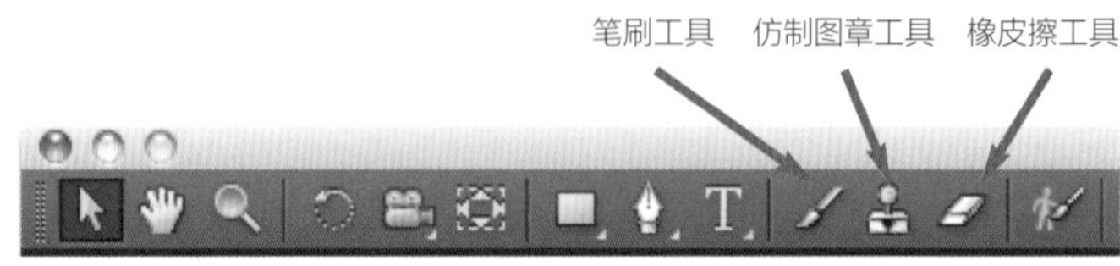

有三种主要的Paint（绘画）工具：Brush Tool（笔刷工具）、Clone Stamp Tool（仿制图章工具）和Eraser Tool（橡皮擦工具）。

1 打开项目文件Lesson_10.aep。在Project（项目）面板中，确保展开了Comps文件夹，然后双击合成01-Paint Basics*starter将其打开。该合成包含一个带有奇异遮罩的静态图像，该遮罩具有一个Alpha通道。

2 选择Window>Workspace>Paint（窗口>工作区>绘画），这会打开Paint（绘画）和Brushes（笔刷）面板，你可以用它们来控制并自定义Paint（绘画）工具。它还会重新排列视图窗口，使Comp（合成）面板占据Project（项目）面板的位置，Layer（图层）面板成为视觉中心。这是因为After Effects的Paint（绘画）必须在Layer（图层）面板中使用。如果使用该布局，确保选择Window>Project（窗口>项目）并将Project（项目）面板停靠在Comp（合成）面板的左侧，这样在操作过程中很容易打开其他合成。当然，也可以自定义包含Paint（画笔）、Brushed（笔刷）和Layer（图层）面板的工作区。

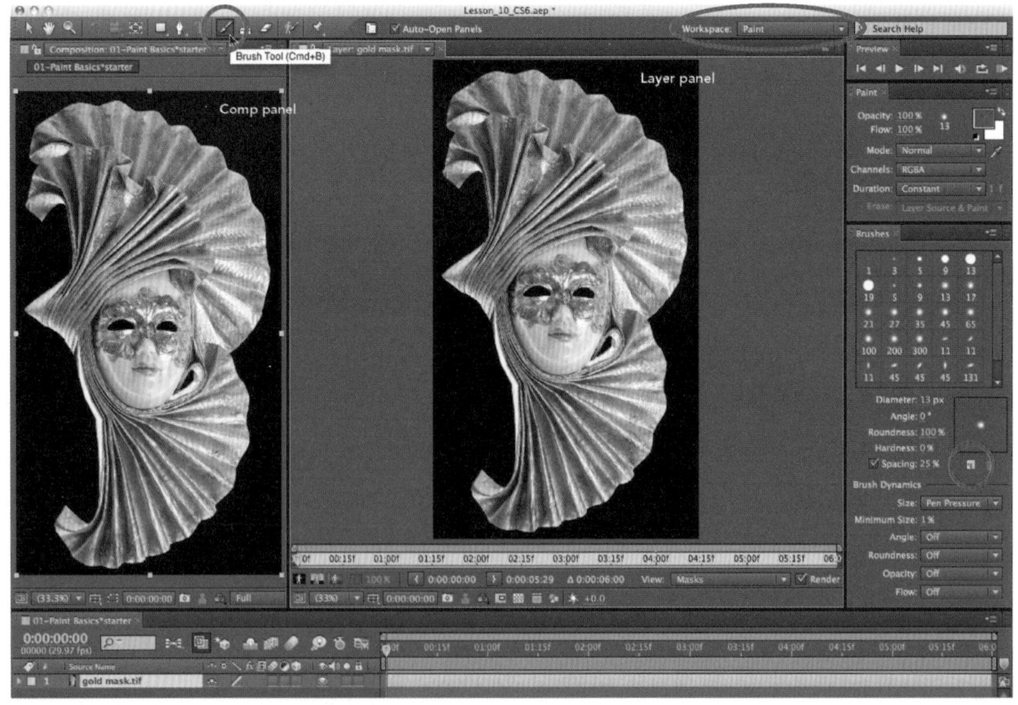

2 打开或者创建一个包含Paint（绘画）和Brushes（笔刷）面板的工作区。这些是使用After Effects Paint（绘画）进行工作的必要工具。你可以选择通过单击红色圆形圈住的图标来Save Current Settings（保存当前设置）作为New Brush（新笔刷）的属性。注意，Paint（绘画）工具必须在Layer（图层）面板中使用。

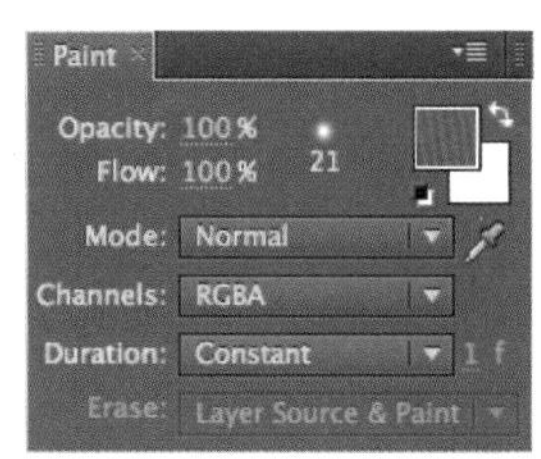

提示

快速设置尺寸

要用交互式方法为After Effects或者Roto Brush（旋转笔刷）改变笔刷末端的大小，按⌘（Ctrl）键并拖曳来设置直径，释放辅助按键并继续拖曳来设置羽化数量［Hardness（硬度）]。

3 双击gold mask.tif，在Layer（图层）面板中打开它。然后选择Brush（画笔）工具。按快捷键⌘+B（Ctrl+B），就可以在3个Paint（绘画）工具间进行切换。注意Paint（绘画）面板将呈现灰色，除非选择了其中一个绘画工具。

每个工具都有自己的Paint（绘画）面板属性设置。例如，为Brush（笔刷）工具改变笔刷大小时，不会影响Eraser（橡皮擦）的尺寸。当Eraser（橡皮擦）工具被选中后，Erase（擦除）菜单才被激活。Paint（绘画）面板下半部分中的Clone Options（仿制选项）将显示为灰色，除非选中了Clone Stamp（仿制图章）。

如果这是你首次使用Paint（绘画）工具，此时采用默认设置比较好。可以随意选取一种亮红色之外的前景颜色，以及一种不同的笔刷尺寸。但是，确保Paint（绘画）面板的Mode（模式）菜单设置为Normal（正常），Channels（通道）设置为RGBA，Duration（持续时间）设置为Constant（常数）。Opacity（不透明度）也应该设置为100%。

4 在图层面板中，一旦使用笔刷工具创建了一个笔画，视图弹出菜单会变为绘画。尝试不同的笔刷并用不同的颜色绘画。面罩图像由iStockphoto，JLGutierreaz、image #1914878授权使用。

4 检查Layer（图层）面板的底部：Render（渲染）开关应该被启用。然后在Layer（图层）面板的金黄色面具图像上画一些笔画来形成悬挂的元素。尝试几种不同的Brush Tip（笔尖）尺寸和前景颜色。

▼ 擦除笔画

如果在绘画时产生了错误，可能要使用Eraser（橡皮擦）工具。注意，该工具还会在时间轴面板中创建基于矢量的Eraser（橡皮擦）笔画，导致有更多的项需要管理。

尽管如此，如果在Paint（绘画）面板中设置Erase（擦除）选项为Last Stroke Only（只擦除最近的笔画）并选择一个小的笔尖，那么无需创建新的Eraser（擦除）笔画也能擦除最近笔画的某些部分。尝试这两种方法以便进行比较。

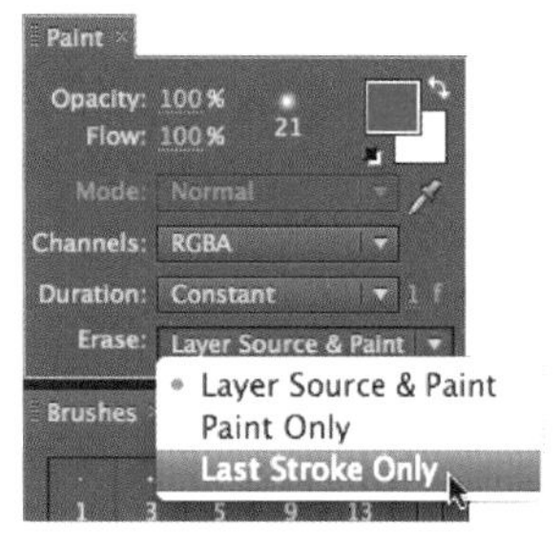

△ Erase（橡皮擦）选项中的Last Stroke Only（只擦除最后的笔画）允许你擦除最后一笔的某些部分，而不会在时间轴中创建Eraser（橡皮擦）笔画。

通过按快捷键⌘+Shift（Ctrl+Shift）选中Brush（笔刷）工具时，可以调用Erase Last Stroke Only（只擦除最近的笔画）模式，然后进行擦除。注意，在这样做的时候，用来擦除的Brush Tip（笔尖）尺寸是由Eraser（橡皮擦）工具的最后一个笔刷的尺寸来定义的，而不是Brush（笔刷）工具的当前尺寸！如果想用这种快捷方式，我们建议你首先将Eraser（橡皮擦）设置为一个较小的笔画尺寸，它与开始绘画前的Brush（笔刷）工具拥有相似的Hardness（硬度）。然后就能快速切换模式并在绘画时擦除像素。

主要概念：在Paint（绘画）面板中改变设置只会影响新的笔画，不会对已经存在的笔画产生影响。但是所绘制的每个笔画会出现在时间轴面板中。按P P键在时间轴面板显示Paint（绘画）参数。

对After Effects而言,Paint（绘画）是一种“效果”。但是，如果打开Effect Controls（效果控制）面板，会发现Paint（绘画）仅有的选项是Transparent（透明度），在时间轴中也可使用该选项。Layer（图层）面板中的View（视图）菜单确认在渲染顺序中Paint（绘画）在Masks（遮罩）后面渲染。

描绘眼睛

既然有足够的时间，那我们完成一些练习并探索可用的各种选项。要快速删除全部练习笔画，使用菜单命令Effect>Remove All（效果>移除全部）。按Home键确保当前时间指示器位于00:00处。设置Layer（图层）面板的Magnification（放大率）为100%（或者更高），从而更好地查看你正在进行的操作。记住，可以按住空格键并在Layer（图层）面板中拖曳图像对其进行重新定位。

5 首先我们在面具的眼皮处添加一些眼睛的阴影。确保选中Brush（笔刷）工具。在Paint（绘画）面板中选择你喜欢的任何颜色。在Brushes（笔刷）面板中，选取一种尺寸约在20到30像素的软笔刷。

在左边的眼皮周围绘画，确保在空的眼眶上稍微有一点重叠。注意，如何在眼眶内部进行绘画呢？这是因为Paint（绘画）面板的Channels（通道）菜单默认为RGBA：RGB颜色通道加上Alpha透明通道。因此，绘制笔画的Alpha通道被添加到下面图层的Alpha上。

通过Undo（撤销）来移除第一个笔画，将Paint（绘画）面板中Channels（通道）菜单改为RGB，并再次绘画左眼皮。现在笔画只限制在RGB通道中。

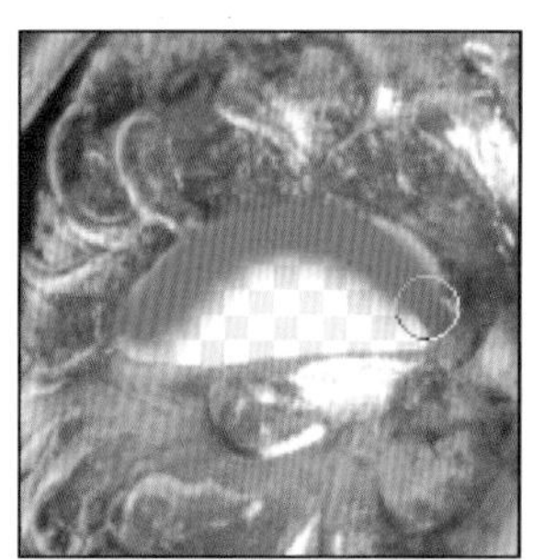

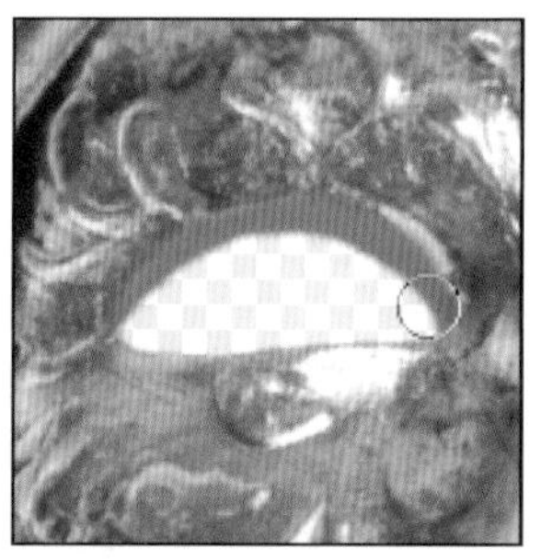

5 Channels（通道）设置为RGBA的绘画会使得笔画超出一个图层原始Alpha通道的外边缘（上图左）。设置Channels（通道）为RGB（上图中），笔画将被限制在下面图层的Alpha通道内进行绘制（上图右）。

6 按P P在时间轴面板中显示Brush 1。Brush 1的右侧是单个笔画的Blending Mode（混合模式）菜单［不要与整个图层的Mode（混合）模式混淆］。要更好地将笔画和下面的图像混合，选择Overlay（叠加）或者Color（颜色）模式，或者另一个符合意愿的模式。通过选择Brush（笔刷），你还将看到一条细线出现在Layer（图层）面板中，它标识笔画的中间部分。

进行到此时，展开Brush 1>Stroke Options（笔画选项）。注意你可以改变创建好的任何笔画的尺寸、颜色和不透明度。［甚至还可以改变Channels（通道）——不必撤销笔画。］

7 在画右眼皮之前，将Paint（绘画）面板中的Mode（模式）菜单设置为与Brush 1相同的模式。Channels（通道）仍然设置为RGB。

注意，按F2键取消选择Brush 1——否则，你的新笔画会替换它。现在使用新设置在右眼皮上绘画。完成后，Brush 2会出现在时间轴中，带有已经设置的Mode（模式）。

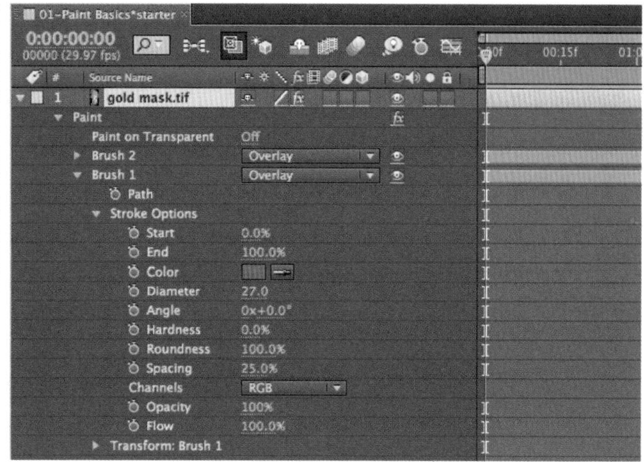

6~7 设置Brush（笔刷）的模式为Overlay（叠加），笔画将被融合到下面的图像中（上图）。每个笔刷笔画的许多Paint（绘画）和Brush Tip（笔尖）参数会出现在时间轴面板中，用于后期进行编辑和动画（右图）。

▼ 笔刷持续时间条

由于Paint（绘画）面板中的Duration（持续时间）菜单设置为Constant（常数），两种Brush（笔刷）笔画将出现在图层的整个持续时间内。但是，可以拖曳这些灰色持续时间条在时间上向前或者向后移动，并进行裁切——仅在你操作普通图层条时。通过动画Stroke Options（笔画选项）中的Opacity（不透明度）参数，还可以绘制单独的淡入淡出笔画。

✓ 提示

绘画顺序

由于Paint（绘画）是一种效果，你可以在同一图层上应用多个Paint（绘画）实例，并将它们和其他效果组合在一起。可以通过在Effect Controls（效果控制）面板或时间轴面板中上下拖曳效果来改变它们的渲染顺序。

描绘嘴唇

8 在Paint（绘画）面板中，为嘴唇选择一种合适的红色并设置Mode（模式）菜单为Color（颜色）。在Brushes（笔刷）面板中，再次选择一个小点的笔刷。[我们采用的是Soft Round 21 pixels brush（21像素的柔软圆头笔刷）。]

按 Home 键确保位于00:00处。检查没有选中现有的Brush（笔刷）笔画（如果选中了，按 F2 键）。使用一种连续的笔画来画上嘴唇，继续沿下嘴唇绘画，直到嘴唇全部画完。释放鼠标时，Brush 3将被添加到时间轴面板中。

9 完成绘画笔画的创建后，按 V 键返回Selection（选择）工具状态。最好不要激活Brush（笔刷）工具来编辑，因为用一个选中的笔画代替非常容易。

- 在时间轴面板中，展开Brush 3>Stroke Options（笔画选项）。
- 修改Stroke Options>Start（笔画选项>开始）参数：当值增加时，笔画将被擦掉。将Start（开始）值设回0%。
- 现在修改Stroke Options>End（笔画选项>结束）参数，减少该值会反向擦除笔画。
- 设置End（结束）为0%并启用它的动画秒表以在00:00设置第一个关键帧。

- 在时间上向后移动到01:00处，并设置End（结束）为100%。

按数字键盘上的0键进行RAM预览，唇膏将在1秒内动画，跟随绘画它时所用的相同路径。注意，如果选中了时间轴面板，预览将在Comp（合成）面板中播放；要在Layer（图层）面板中播放，确保在按0键前将它选中。

9 在Brush（笔刷）的Stroke Options（笔画选项）下修改Start（开始）或者End（结束）值时（右图），笔刷将按此绘画（下图）。

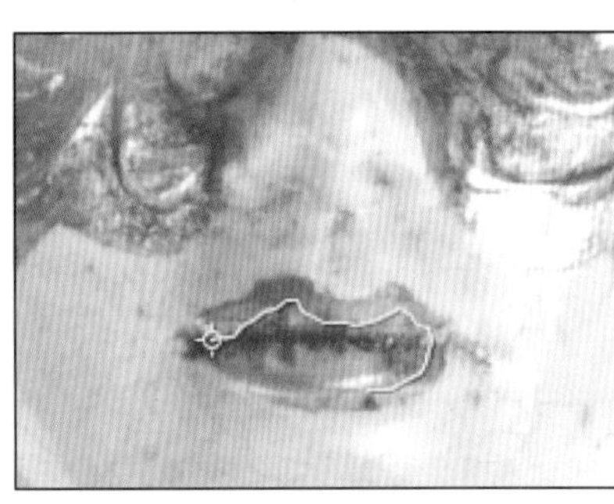

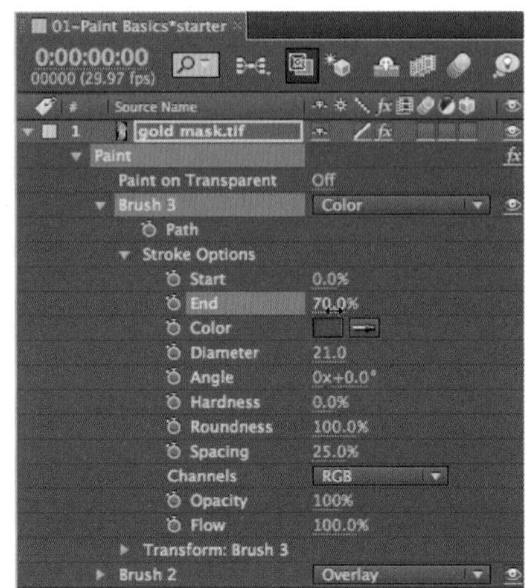

10 还可以随意动画Brush 1和Brush 2，从而逐步绘画眼部阴影。你的笔画已经画完，所有剩下的笔画用来动画End（结束）参数。

- 单击Brush 3的End（结束）字样，选择两个笔刷的关键帧并执行Edit>Copy（编辑>复制）。
- 按Home键（因为关键帧粘贴在当前时间的开始处）。
- 选择Brush 1，然后按Shift键+单击Brush 2也将它选中。
- Paste（粘贴），两个笔刷都会得到End（结束）关键帧。

RAM预览，三个笔刷的所有笔画将同步动画。要在时间上进行偏移，在时间轴上拖曳笔画条使它们在时间上错开。一个方便的快捷方式是移动当前时间指示器到笔画预期开始的位置。首先拖曳笔画条，然后在接近结尾处时按Shift键，它会吸附到此时间点处。

10 在时间轴面板中折叠一个Brush（笔刷）时，时间条周围的点表示它下面的关键帧所在的位置。注意在我们的最终作品中，我们动画了Brush 1的Start（开始）参数来反转动画。我们还移动Brush 3的持续时间条，使其在稍后时间开始。要命名一个笔画，选中它，按Return键，输入一个新名称，然后再次按Return键。

采用绘画显示图层

很多时候，你不会采用Paint（绘画）来直接创建可视的笔画，而是用Paint（绘画）来显示已经创建的其他图层。这就可以产生在更复杂的图像上面绘画的感觉。该技巧是下一个练习的重点。

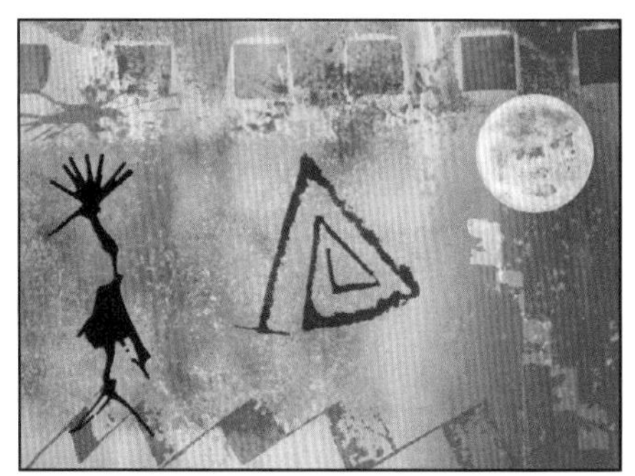

本练习的目标是使用Paint（绘画）在彩色动画期间显示一系列形状。

1 从Comp（合成）面板的下拉菜单中选择Close All（关闭全部），关闭前面所有的合成。按快捷键⌘+O（Ctrl+O）重新打开Project（项目）面板。[如果Project（项目）面板占据了重要的空间位置，你可以将Project（项目）面板停靠到Comp（合成）面板所在的窗口中。] 双击Comps>02-Write On*starter将其打开并进行RAM预览。（该项目很大，所以需要用一点时间来渲染。）

选中除了彩色合成外的任何图层并按U键显示它的关键帧，还可以随意选中独奏图层来单独查看它们。这些单个图层是手动创建的（查看“创建纹理”侧边栏内容），然后采用前面课程中学到的技法组合到一起，这些技法包括混合模式、轨道蒙版、帧混合和摇摆表达式。

2 要显示一个图像，它的图层必须变为可见，然后逐渐显示出来。在不可见图层上绘画很难——所以需要在后续步骤中将图层变为透明。你将在新的Alpha通道中开始绘画。

2 要快速查看Alpha通道，按⌥（Alt）键+单击窗口底部的Show Channel（显示通道）开关。我们小鸟图像中的Alpha显示了所用的粗糙纸张纹理。

- 双击layer1-auto-bird.tif——将其在Layer(图层)面板中打开。按快捷键⌘+J（Ctrl+J）确保合成显示为Full Resolution(全分辨率)。
- 按⌥（Alt）键+单击Layer（图层）面板底部的Show Channel（显示通道）开关，快速查看Alpha通道。你会在黑色背景上看到一个带纹理的白色形状。
- 选择Brush（画笔）工具。在Paint（绘画）面板中，确认Opacity（不透明度）和Flow（流动）都已设置为100%。将Mode（模式）设置为Normal（正常）。
- 从Channels（通道）菜单中选择Alpha，颜色变为黑白。单击双向箭头图标来打开颜色，使Foreground（前景）色为白色。只在图层的Alpha通道中绘制这些笔画是非常重要的，在RGB通道中绘画会消除图层的原始颜色。
- 设置Duration（持续时间）菜单为Write On（写入）。Write On（写入）选项将自动为笔画的End（结束）参数设置关键帧（基于你绘画的快慢）。
- 在Brushes（笔刷）面板中，选择一个直径约为50像素的圆头笔刷。将它的Hardness（硬度）值设为80%左右。
- 按Home键确保从00:00处开始。在Layer（图层）面板中，在几秒内用一个连续的笔画从下向上绘画，必要时移动笔刷以在最后覆盖整只鸟。

释放鼠标时，绘画笔画将消失。这是因为Write On（写入）自动为End（结束）创建关键帧，开始时End（结束）=0%。按U键在时间轴面板中显示这些关键帧，然后修改时间指示器查看笔画动画。如果对笔画不满意，Undo（撤销）并再次尝试。

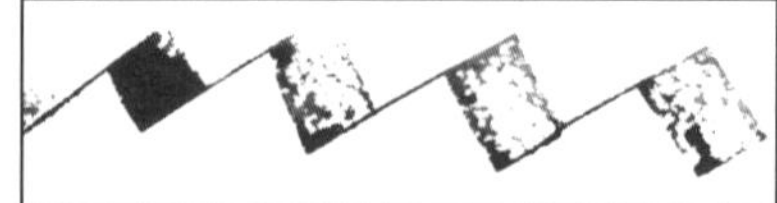
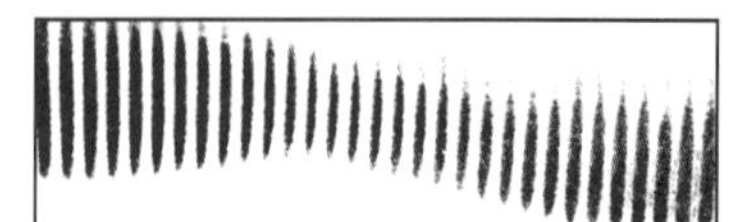

创建纹理

对于本练习，我们使用便宜的美术工具创建了各种有趣的资源。当它们变干后，我们将其扫描到计算机中。它们包含在Sources>Stills>Crish Design文件夹中。以下是其中几个构成方法。

- Ink texture是在纸上涂抹印刷油墨并用油灰刀刮出的。
- Waxpaper matte的创建方法是在蜡纸上滚动印刷油墨，并将它压到纸上。
- 以“auto”开头的4种资源是采用墨汁和一种称为自动钢笔的书法工具创建的。它们将在几秒内一步涂画而成——对于用这种方式获得的外观最好不要想得太糟糕！扫描后，我们创建了一个Photoshop动作来反相这些黑白图片并将它们移动到一个Alpha通道中，这样它们的背景在After Effects中将是透明的。
- 该“rough”图标是用一个folden笔（另一种书法工具）蘸墨汁创建的。在粗糙的水彩纸上绘画实现了边缘纹理，它比另一种受人喜爱的Stylize>Roughen Edges（风格化>边缘粗糙化）插件更自然一些。
- Sunprint sequence包含一组10个图片，它们是从模糊抽象的水彩画中裁切出来的。该序列逐渐减速并在Interpret Footage（解释素材）设置中循环，然后在合成中进行Frame Blended（帧混合），从而实现淡入淡出效果。
- 我们还创建了一些自己的图章，采用的方法是加热一些特殊的海绵并将创建的目标按压进去。

随意创建一些自己的纹理和标记。从当地图书馆和精美艺术品和工艺品世界中创建纹理方式的网站中查找相关信息。自动笔、折叠笔和直线笔都可以创建不错的标记，利用网络搜索还能找到如何用易拉罐制作一个折叠钢笔。

注意，如果使用了10秒以上的时间绘画笔画，可能会看不到第二个End（结束）关键帧。在时间轴面板中，向左侧拖曳Brush 1的条，直至你看到第二个关键帧，并将它在时间上向前移动。然后将Brush 1条返回到从00:00处开始。

3 按V键返回Selection（选择）工具状态。将Layer（图层）面板的Channels（通道）菜单设回RGB模式，并修改时间轴。一只黑鸟上的黑斑点不是我们的本意。现在该完成这个画面了。

- 依然选中auto-bird，按F3键打开它的Effect Controls（效果控制）面板，它会显示Paint（绘画）效果。切换Paint on Transparent（绘画透明）选项设置为On（打开）。现在图层将从透明度开始。
- 剩下的问题是原始Alpha已经被绘画笔画所代替。要恢复它，应用Effect>Channel>Set Matte（效果>

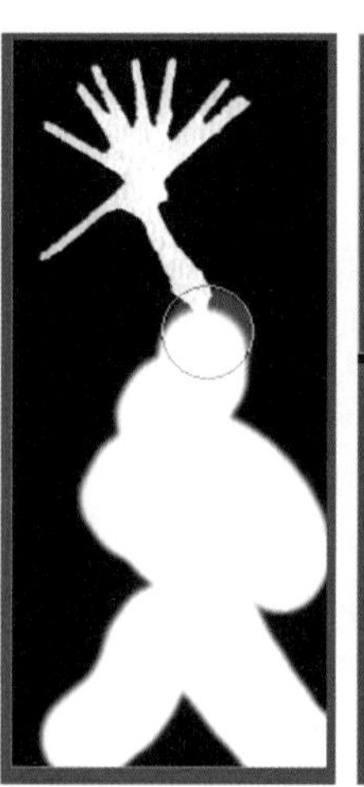

◁ 可以随意拖曳笔刷面板的顶部来覆盖Clone Options（仿制选项）。

2 续 配置一支粗糙的50像素的笔刷在Alpha通道上绘画，Duration（持续时间）为Write On（写入），并在图像上从底向上绘制。

通道>设置蒙版）。默认选项会重新应用图层资源中的Alpha。

RAM预览并根据喜好调整Stroke Options>End（笔画选项>结束）参数的时间。激活Comp（合成）面板并在其他图层的背景中预览效果。

不要在此处停止。对rough-triangle图层（你可能需要对该图层的笔刷直径设置关键帧，因为它仅从中心开始，随着展开而变厚）、stairs图层［调节Brush Tip Roundness（笔尖圆滑度）来创建一个平刷画笔，以获得更多的擦除效果］和zigzag图层［尝试调整Brush Tip Angle（笔尖角度）参数］重复上述步骤。

我们的版本保存在Comps_finished>02-Write On_final中，此处我们还交错了图层的时间，缩放并旋转rough-triangle，而且添加一些摇摆表达式来强化紧张效果。

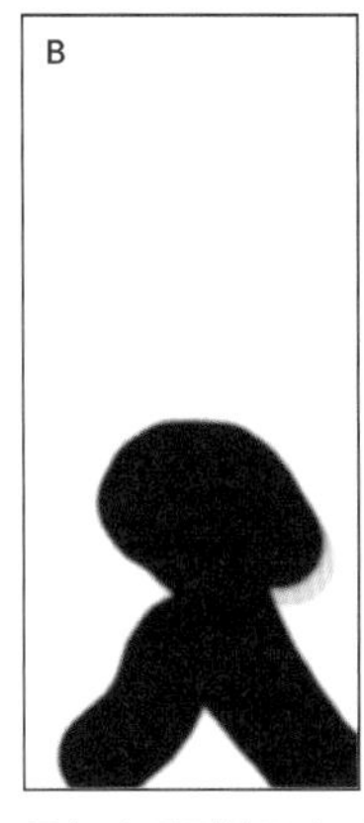

3 查看RGB通道时，最初会看到绘画鸟时的痕迹（A图）。切换绘画透明选项设置为On（打开），将只看到笔画（B图）。应用效果>通道>设置蒙版和鸟的初始Alpha：通道将从笔画中切出，得到预期的效果（C图）。

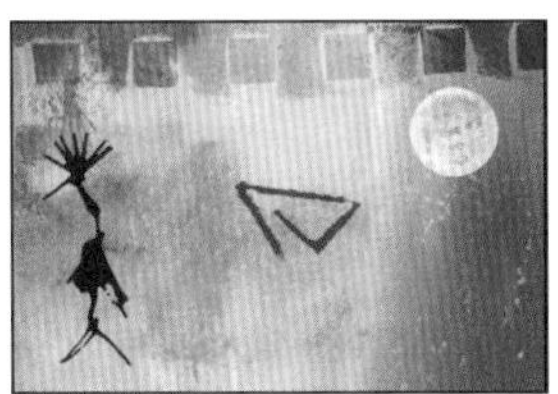
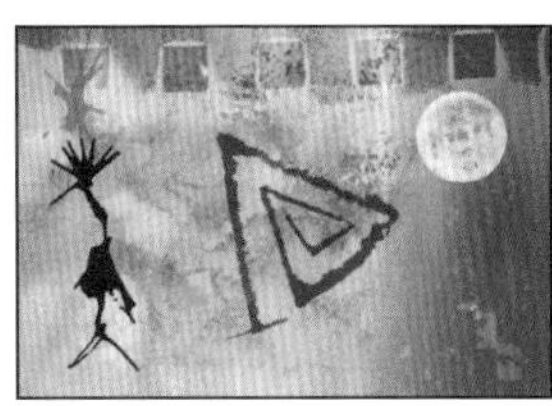

如果想进行比较，我们的版本保存在Comps_finished>02-Write On_final。

▼ 平板设置

一个压力敏感平板（如Wacom）是绘画的极佳辅助工具。Brushes（笔刷）面板底部的Brush Dynamics（动态笔刷）部分允许你设置钢笔的压力、倾斜度或者笔轮来影响笔刷绘画的方式。单击Save Current Settings as New Brush（将当前设置保存为新笔刷）按钮来保存你喜爱的配置。

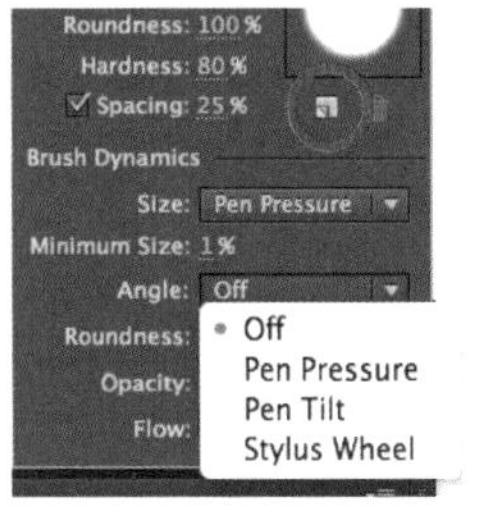

使用仿制图章工具

如果你熟悉Photoshop中的仿制图章工具，会发现After Effects中的Clone Stamp（仿制图章）工具也是以相似的方式工作：它从图层的某个部分提取像素并将它们复制到另一部分。但是在After Effects中，还可以设置仿制笔画的时间以及对其进行变形。

1 关闭前面所有的合成并打开Comps>03-Cloning*starter。对于本练习，我们建议你继续使用Workspace>Paint（工作区>绘画），这样就可以同时查看Comp（合成）与Layer（图层）面板了。

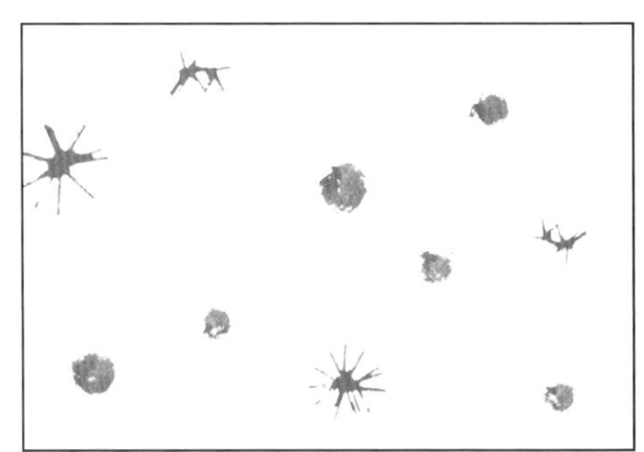

在该练习中，你将仿制一些墨迹来创建一个复杂的图层，并动画它们使其出现在不同的时间。

背景是一连串帧混合的静态图像，主要集中在misc splats.tif图层。各种样式的油墨分散在素材周围。你将使用Clone Stamp（仿制图章）工具添加更多的墨迹，并进行变换。

2 正如其他的Paint（绘画）工具一样，只可以在Layer（图层）面板中使用Clone Stamp（仿制图章）工具。按 Home 键返回到00:00处，然后双击misc splats.tif打开它的Layer（图层）面板。核查Layer（图层）面板底部的Channels（通道）选项已经设置为RGB。

3 选择Clone Stamp（仿制图章）工具。Paint（绘画）面板将更新，显示该工具使用的最新设置。Opacity（不透明度）和Flow（流动）应为100%，设置Mode（模式）为Normal（正常），Channels（通道）为RGBA，Duration（持续时间）为Constant（常数）。

- 验证Paint（绘画）面板底部的Clone Options（仿制选项）可见。Aligned（对齐）开关应该禁用，这样就可以仿制多个部分而不必重置原点。
- 设置Brush（笔刷）大小为一个大的Diameter（直径），如80，这样可以轻松仿制飞溅的墨迹。增加Hardness（硬度）值来降低选取意外像素的可能性。

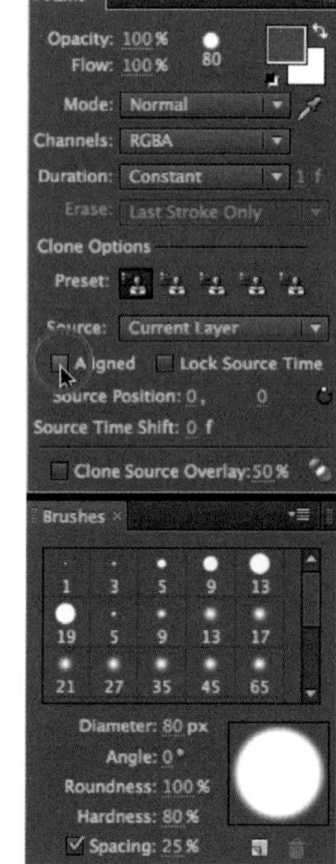

3 选择Clone Stamp（仿制图章）工具（上图）。Clone Options（仿制选项）将在Paint（绘画）面板激活（右图）。使用上面的Paint（绘画）和Brushes（笔刷）相应设置。对于该练习，应该禁用Aligned（对齐）（圆形部分）。

4 最后，准备好开始仿制。

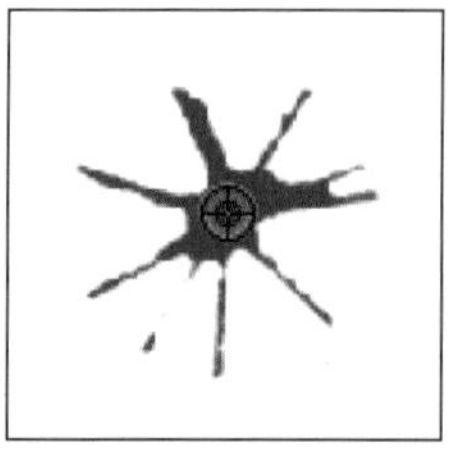

- 按 ⌥（Alt）键，光标变为十字图标（右图）。单击想要复制的第一个墨迹。Source Position（源位置）将在Paint（绘画）面板中更新。
- 释放 ⌥（Alt）键，然后在打算滴下墨迹的地方绘画。由于Aligned（对齐）开关关闭，可以在一个新位置再次单击，从而在图层的其他位置重复同样内容。
- 只要创建了第一个笔画，就应用了Paint（绘画）效果。[如果激活了Effect Controls（效果控制）面板，将它和Comp（合成）面板停靠在一起，并再次激活Layer（图层）面板。]

▽ 提示

笔画中的内容

在After Effects中，Mask Paths（遮罩路径）和Brush Paths（笔刷路径）都是基于矢量的，而且可以在它们之间进行复制和粘贴。还可以从Illustrator中复制路径。但在粘贴之前，要确保单击了现有的属性名[如Brush 1>Path（路径）]来选中它。还可以使用表达式链接所有路径，这些路径是用Pen（钢笔）工具创建的。

▽ 技巧

替换笔画

注意，如果一个Brush（笔刷）笔画已经在时间轴面板中被选中，你可以画一个新笔画，选中的笔画将被替换。按 F2 键取消选择所有笔画，然后再画新的笔画。

随意仿制其他的点，直到图层和这些斑点完美结合（参见右图），可以练习这些斑点动画。

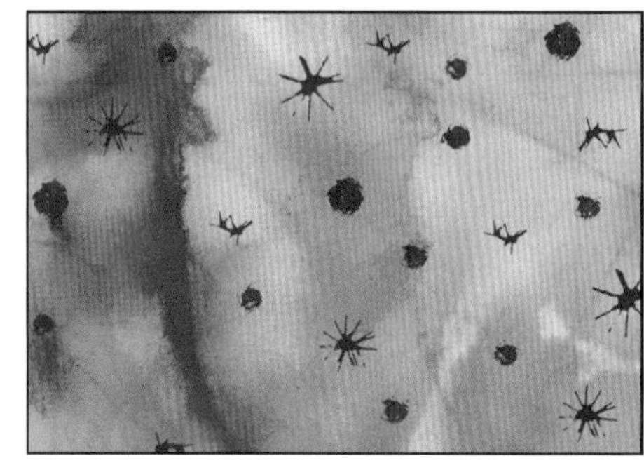

5 按PP键在时间轴面板中显示Paint（绘画）效果，可能需要改变帧的大小，以便能看到全部单独的Clone（仿制）笔画。然后可以编辑单个笔画的参数。

- 按V键返回Selection（选择）工具状态。要在之后移动一个仿制的对象，选择时间轴面板中的一个Clone（仿制）笔画，它的定位点（以及你创建的任何笔刷的中心）会出现在Layer（图层）面板中。将它拖曳到一个新位置，释放鼠标时，Comp（合成）面板将更新，显示它在背景中的新位置。
- 要在仿制的原物上制作变化，在时间轴面板中展开一个Clone（仿制）笔画，然后打开它的Transform（变换）设置。修改Rotation（旋转）和Scale（缩放）设置，同时观看Comp（合成）面板。继续操作，为这些参数设置关键帧，并为这些仿制对象设置动画。
- 尝试在时间轴面板中补画一些Clone（仿制）动画，使它们可以在不同的时间点开始。这样它们就会出现跳跃。要实现淡入淡出效果，动画它们的Stroke Options>Opacity（笔画选项>不透明度）参数。
- 要删除一个仿制笔画，选中它（在Layer[图层]面板或时间轴面板）并按Delete键。
- 要在原始图层上删除一个斑点，使用Eraser（橡皮擦）工具：设置Channels（通道）为RGB，背景色为白色，然后可以在不产生“洞”的情况下进行擦除。笔画的渲染顺序在时间轴面板中是从底向上，所以确保After Effects有机会渲染仿制笔画，然后再擦除它的源。
- 还可以仿制一个仿制的对象，就像你在Photoshop中所做的那样。如果你仿制的是一个动画Clone（仿制）笔画，第二个仿制将仍然拥有动画。

5 在时间轴面板中，可以在时间上滑动Clone（仿制）笔画并变换每个笔画绘画的方式。还可以动画Transform（变换）属性。

继续仿制、擦除和变换，直到你获得一个均匀排列的墨迹。如果想对比结果，打开Window>Project（窗口>项目）（在列表底部附近）并查看我们的版本Comps_finished>03_Cloning_final。

旋转笔刷

Roto Brush（旋转笔刷）是一种智能绘画工具，它可以帮助自动完成为对象（前景）创建Alpha通道的过程，从而将它与四周（背景）其他图片分开。要完成该操作，你需要画一些简单的笔画来描绘前景和部分背景的轮廓，而After Effects定义了两者之间的边界。之后After Effects使用运动预测以及你描绘的矫正笔画来跟踪边界随时间变化的方式。它不算完美，但比尝试手动绘制或者遮罩每一帧要好得多。

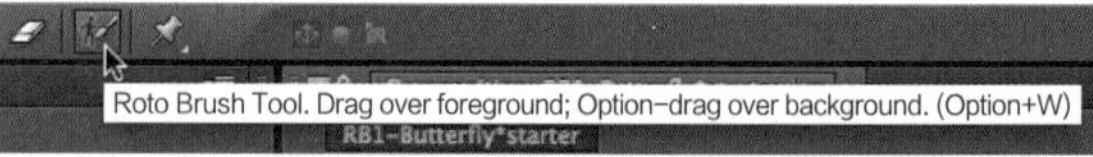

Roto Brush（旋转笔刷）工具位于Paint（绘画）工具的右侧。与Paint（绘画）工具相同，必须在Layer（图层）面板中使用它。

我们将从一个简单的任务开始，让你能熟悉Roto Brush（旋转）笔刷基本工具。然后将继续进行一个更有挑战性的练习，指导你掌握实现最理想效果的首选工作流。掌握该工作流会给你提供比简单应用默认设置的Roto Brush（旋转笔刷）更有价值的经验。

暂时的满足

1 关闭前面所有的合成并打开Comps>RB1-Butterfly*starter。进行RAM预览，一只蝴蝶在郁金香花园中翩翩飞舞。问题是蝴蝶看起来像在花前面飞舞，这很不自然——从摄像机角度看它应该在前景中郁金香的后面。要实现该效果，需要裁剪前景中的花，并在蝴蝶前面粘贴它们的一个副本。

1 我们的目标是在不必绘画或者遮罩每个帧的情况下，让蝴蝶在前景花后面飞。郁金香图片由Artbeats/CrackerClips CC-FH101-74授权使用，蝴蝶图片由Dover授权使用。

2 选择Tulips.mov并按快捷键⌘+D（Ctrl+D）将其复制。按Return键高亮显示复制图层的名字并将它改为Tulips-Forground。再次按Return键接受新名字。

3 使用Roto Brush（旋转笔刷）可能比较耗时和枯燥，所以除非有必要，你不会想在其他任一帧上使用它。修改当前时间指示器，直至到达蝴蝶翅膀第一次接触到郁金香花瓣的帧处。依然选中Tulips-Forground，按快捷键⌥+[（Alt+[）剪裁该图层的入点。然后修改时间指示器到最近一帧处，此处蝴蝶接触到一片花瓣，并按快捷键⌥+]（Alt+]）来剪裁该图层的出点。

▽ 小知识

转描

术语转描（rotoscoping）最初用来描绘跟踪生活真人的运动来创建动画的过程。现在通常用来描绘从背景中切出前景物体（如一个演员）的过程。

4 在时间轴面板中，在Butterfly Flight.mov上拖曳Tulips-Forground。将当前时间指示器放在01:10处，目前前景剪辑遮住了蝴蝶。

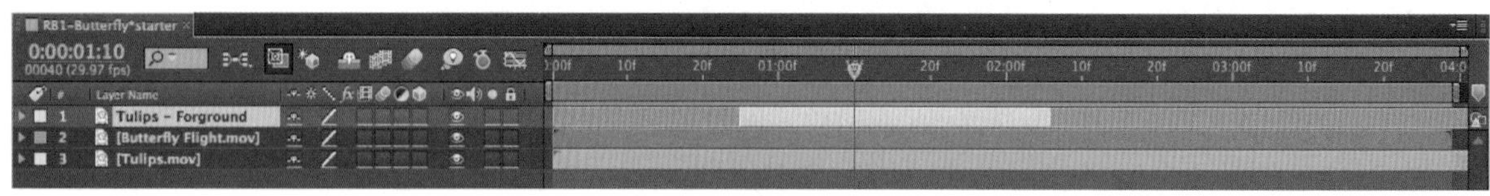

4 裁剪背景的一个副本来覆盖希望花在Butterfly Flight图层前面的时间间隔。

5 确保Comp（合成）面板的Resolution（分辨率）设置为Full（全分辨率），这是精确使用Roto Brush（旋转笔刷）工具所要求的。然后双击Tulips-Forground，在Layer（图层）面板中打开它：因为Paint（绘画）、Roto Brush（旋转笔刷）必须在该面板中使用，这样将有源图层的原样视图。

6 选择Roto Brush（旋转笔刷）工具（是一个人被一个大绘画笔刷轻触的图标）。在Layer（图层）面板上移动光标，会出现一个中间为+号的绿色圆圈。如Paint（绘画）工具一样，可以按⌘（Ctrl）键改变笔刷的大小，然后单击并拖曳。将它设置为前景郁金香花茎的宽度的2倍左右。

7 在前景郁金香的中间花瓣顶部附近单击，并向下拖曳到花瓣底部。不必十分准确，但关键是，笔刷只接触到花瓣（前景），而不能接触到天空（背景）。释放鼠标，在花瓣周围会画出一个粉色的Segmentation Boundary（分段边界）。Effect Controls（效果控制）面板也会打开，并在该图层上应用了一个Roto Brush（旋转笔刷）效果。

8 记住，蝴蝶翅膀接触到了不只一朵花。单击并拖曳通过右侧第二个前景花瓣，在它周围也会出现一个Segmentation Boundary（分段边界）。

9 将注意力转向Layer（图层）面板的时间轴。你会在时间标记处看到一个宽黄条。它表示一个Base Frame（基础帧），包含前景和背景界限——Roto Brush（旋转笔刷）将用它来预测剪辑其余部分的运动。现在寻找指向Base Frame（基础帧）的带箭头的灰条：它定义了Roto Brush Span（旋转笔刷跨度）——这是After Effects将尝试在Base Frame（基础帧）前后多远处传播笔画。注意，它不会完全覆盖该图层的裁剪部分。

正如使用Paint（绘画）工具一样，当Roto Brush（旋转笔刷）为活动时，可用❶和❷键在图层面板中逐步后退或前进。按❷键前进：过一会儿，一个绿条将从Base Frame（基础帧）扩展到标记处。表示After Effects已经计算了帧之间的运动，而且更新Segmentation Boundary（分段边界）来匹配。精修该扩展过程是使用Roto Brush（旋转笔刷）实现完美效果的秘密方法，我们将在下个练习中详细讨论。

10 单击Composition（合成）面板的标签将其激活。蝴蝶位于花瓣后面——太好了。但是在非常开心之前，进行RAM预览，在Roto Brush（旋转笔刷）计算每一帧后，蝴蝶从02:00处开始暂时消失。这是因为Roto Brush Span（旋转笔刷跨度）在该图层的持续时间内不会延续。

11 单击Layer（图层）面板的标签再次将其激活，并将它的时间标记恰好定位在Roto Brush Span（旋转笔刷跨度）末端的后面。Segmentation Boundary（分段边界）会环绕整个帧。由于Roto Brush（旋转笔刷）看起来到该点处一直工作良好，你可以向右拖曳Roto Brush Span（旋转笔刷跨度）的右侧末端，直到它覆盖该图层的整个裁剪部分。再次激活Comp（合成）面板并进行RAM预览，现在蝴蝶按照预期飞在前景花的后面。

12 将当前时间指示器移到01:12处，并密切观察花瓣和翅膀间的边缘：可以看到一条模糊的黑色“蒙版线条”。要改善该情况，在Effect Controls（效果控制）面板中启用

7~8 在要保留的区域内部，拖曳Roto Brush Foreground（旋转笔刷前景）工具。添加尽量多的笔画来完全描绘目标前景（上图）。After Effects会在它认定的前景和背景之间画一条粉色的Segmentation Boundary（分段边界）（下图）。

9 短黄条是你的Base Frame（基础帧）（上图），此处开始画一些线条来描绘前景和背景的轮廓。Roto Brush Span（旋转笔刷跨度）表示该信息传播的Base Frame（基础帧）前后的帧数。窄绿条表示Roto Brush（旋转笔刷）已经计算的帧，必须按先后顺序计算。

11 必要时，裁剪Roto Brush Span（旋转笔刷跨度）来将其扩展为预期的帧数。

Roto Brush（旋转笔刷）的Refine Matte（改善蒙版）。这就使用了Roto Brush（旋转笔刷）效果的另一半，它处理色彩杂质并计算运动模糊。最后一步，稍微减少Tulips-Forground的Opacity（不透明度）使花瓣呈现半透明。

相信我们，使用Roto Brush（旋转笔刷）很少有这么轻松——但是现在你了解了该工具的可能性以及值得学习的原因。所以我们继续展示一个更典型的、更有挑战性的实例。

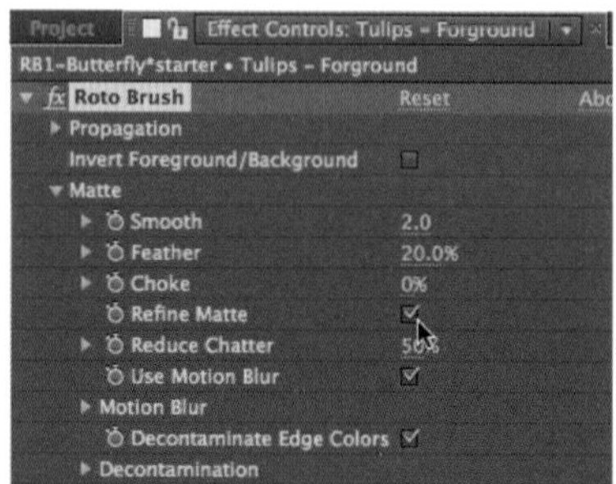

12 最初，Roto Brush（旋转笔刷）可能在前景形状（如此处的花）周围创建了硬边缘（A图）。启用它的Refine Matte（改善蒙版）部分（中间）来改善这种情况。在Comps_finished>RB1-Butterfly_final中，我们还减少了图层的不透明度来产生半透明的花瓣（B图）。

用屏幕替换旋转笔刷

下一个练习以在计算机中替换屏幕图形为基础。屏幕替换部分相对容易一些，我们已经使用摩卡跟踪方法（第9章介绍）替你完成了。现在的任务是演员遮挡了部分屏幕以及一些无用的部分。

我们想用一个非常有趣的数据处理屏幕替换原始的字处理器屏幕（上图）。要进行该操作，需要切出手和手臂部分，使它们出现在显示器的前面（下图）。屏幕图片由Artbeats/Control Panels 2授权使用，素材由Artbeats F129-02授权使用。

工作流

尽管对于不同的任务，操作细节有所变化，但仍有一个使用Roto Brush（旋转笔刷）实现最佳效果的通用工作流。

- 识别你想要从背景中分离出的前景。
- 选择一个有代表性的Base Frame（基础帧）——此处可以看到最大范围的前景。
- 使用前景和背景Roto Brush（旋转笔刷）笔画的集合来描绘Base Frame（基础帧）。
- 从基础帧中移动一些帧并调整Propagation（传播）参数，优化该影片的Roto Brush（旋转笔刷）跟踪效果。
- 返回到基础帧，然后从此处一次一帧前进，必要时添加前景和Background Strokes（背景笔画）。
- 调整Matte（蒙版）参数来精修结果的Alpha通道。

创建基础帧

1 打开Comps>RB2-Screen Replacement*starter。该合成包含3个图层：已经跟踪的替换屏幕（Control Panel.mov）、原始影片（Laptop.mov）和Shape Layer Gradient来控制屏幕上的模糊效果。在影片中修改当

前时间指示器，注意演员的哪些部分被新屏幕遮盖：他的手以及右手腕和右上臂的某些部分。

2 复制主素材（Laptop.mov）并重命名为Actor Roto，在它应该出现在其前面的图层（Control Panel.mov）上拖曳。

2 你的目的是创建该原始影片的一个新版本，它只包含遮蔽的部分，用来粘贴在新屏幕的前面。复制Laptop.mov，重命名为Actor Roto，并将它在时间轴面板的Control Panel.mov上拖曳。

3 双击Actor Roto使其在Layer（图层）面板中打开。修改Layer（图层）面板中通过该剪辑的时间标记来熟悉它。

一个理想的Base Frame（基础帧）位于前景显示得最清楚的地方。Roto Brush（旋转笔刷）发现与所出现的新细节（如分开的手指）相比，当细节消失时（例如，当单个手指间的空隙闭合时），传播Segmentation Boundary（分段边界）更容易一些。

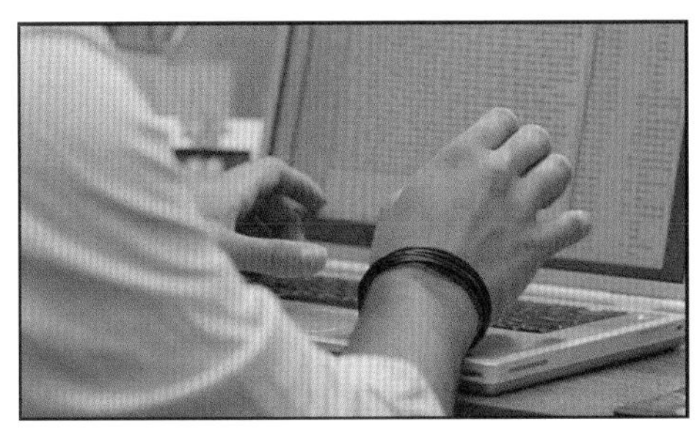

3 01:04处的帧会产生一个不错的Base Frame（基础帧），因为我们可以在此处看到大部分的手和单个手指间的空隙。

你可以在拍摄过程中创建多个Base Frames（基础帧）。在这种情况下——当手指间的空隙打开然后再次闭合时，有多种情况的地方——我们将选取一种情形作为目前要进行的操作。01:04处的帧是一个不错的候选，因为在左手的食指和中指间有一个空隙，而且我们还可以看到右手上小手指的绝大部分。

4 选择Roto Brush（旋转笔刷）工具。在Layer（图层）面板上移动光标，按⌘（Ctrl）键，然后拖曳调整笔刷的大小，使其正好比右手腕小一点。

我们的重点是为手和右边袖子创建一个好的蒙版（Alpha通道），因为它们真实地在屏幕前面移动。既然将要抓取部分衣袖，我们需要继续选择整个衬衫作为前景元素；否则，如果衬衣的这些部分移回原始影片中的上部时，结果蒙版边缘可能会出现视觉上的人工痕迹。幸运地是，我们不需要像处理手那样严格地剪切衬衫的其余部分。

5 在演员中间的三个手指顶部附近单击，并沿手臂拖曳一条连续的笔画向上穿过肩膀。绿色表示正在画一条Foreground（前景）笔画。释放鼠标时，一条粉色Segmentation Boundary（分段边界）会松散地环绕演员，此处Roto Brush（旋转笔刷）检测到前景和背景的边缘。

5 沿手臂和衬衫拖曳出一条宽的绿色前景笔画（左图左）。该分段边界会松散地环绕演员，而在图层面板的时间轴上会创建一个基础帧和Roto Brush Span（旋转笔刷跨度）（左图右）。

6 Roto Brush（旋转笔刷）最初描绘了太多剪辑作为前景，你需要告诉它那些区域实际上是背景部分。将笔画调整得更小一些，然后按住⌥（Alt）键：笔刷将变为红色，中间带有一个“-”标记，表示你将要画一条Background（背景）笔画。从背景区域开始，在也被认为是背景的区域中拖曳（不包含剪切部分），包括笔记本窗口和键盘。有可能一些前景现在被选为了背景。下一步是微调该问题。

7 放大为200%或者400%来查看细节，按住空格键并拖曳，在屏幕上平移。继续修正手指：如果它们位于Segmentation Boundary（分段边界）的外面，拖曳Foreground（前景）（绿色）笔画穿过它们。如果手指间的空隙也被Segmentation Boundary（分段边界）环绕，将笔画改得更小一些，按住⌥（Alt）键，并小心拖曳手指间的Background（背景）（红色）笔画。如果在操作的同时无意中接触到了手指，执行Undo（撤销）并再次尝试。

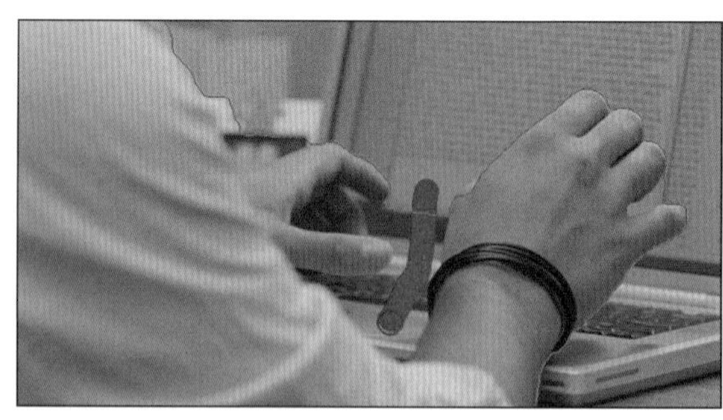

6 按住⌥（Alt）键并拖曳一条红色Background(背景）笔画，从Segmentation Boundary（分段边界）上移除计算机。注意当扩展背景时，笔画从背景区域开始。

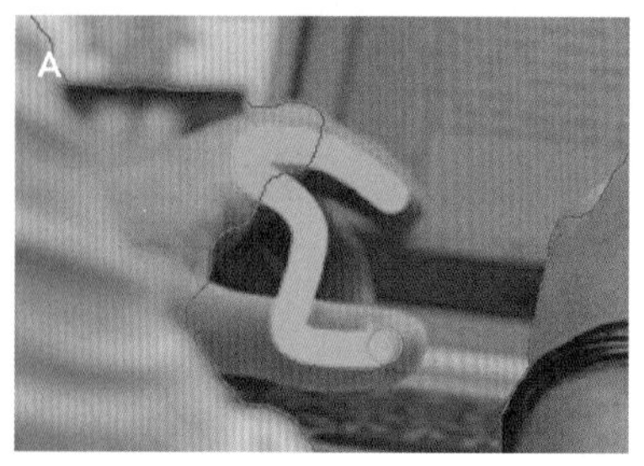

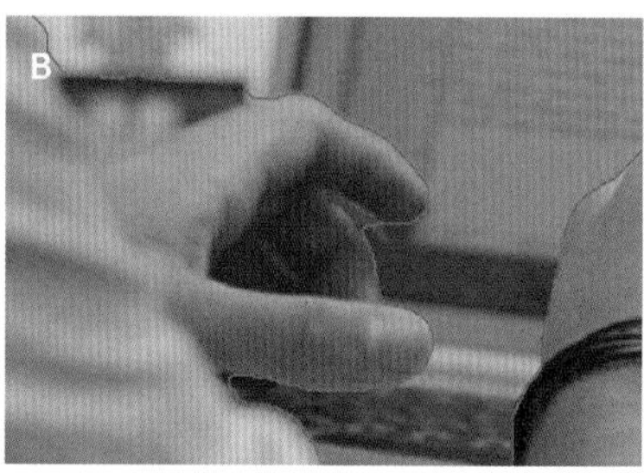

7 使用Foreground（前景）笔画来包含Segmentation Boundary（分段边界）内部的手指（A图），注意我们的新笔画重叠在现有的前景区域上。使用Background（背景）笔画来排除手指间以及其他不想要的细节区域（B图）。花些时间认真精修手周围的边界，除了屏幕，我们只对不同颜色间的一致边缘感兴趣（C图）。

必要时再画一些Foreground（前景）和Background（背景）笔画来创建一个真正合适的Base Frame（基础帧），以特别关注手指。不要过于被Segmentation Boundary（分段边界）上的小瑕疵分心，它只是前景和背景间一条粗略的中间线——只要它在预期边缘的一个像素左右内，就不用担心。

▽ 提示

宽笔画

不像传统的转描需要仔细沿物体边缘来描绘，采用Roto Brush（旋转笔刷）最好一开始就创建宽笔画来经过物体中间。使用更细的笔画来补画或者排除细节，只要确保每个笔画停留在前景或者背景内部即可——不要跨越两者之间的边界。

传播

现在你已经了解了Roto Brush（旋转笔刷）会区别前景和背景，下一步就是精修Roto Brush（旋转笔刷）在相邻帧间传播信息的方式。

8 将缩放设回100%，让你可以看到整个图像。按1键或者2键将一些帧移动得比Base Frame（基础帧）早或者晚一些，并检查Roto Brush（旋转笔刷）传播原始输入的程度。依靠精修Base Frame（基础帧）的方式，你可能看到突然出现了一些问题，如左手指间的空隙重新出现。

9 在Effect Controls（效果控制）面板中，展开Roto Brush（旋转笔刷）效果的Propagation（传播）部分。启用View Search Region（查看搜索区域），图像将转换为灰度图像，黄色区域显示Roto Brush（旋转笔刷）正在前景和背景间寻找的边界位置。有3个参数控制Search Region（搜索区域）。

- Search Radius（搜索半径）控制Roto Brush（旋转笔刷）从帧到帧间的运动搜索的远近。前景运动时，如果Segmentation Boundary（分段边界）出现在左后方，就增加Search Radius（搜索半径）。如果前景正在缓慢移动，而Segmentation Boundary（分段边界）向外伸出并抓取了不应该抓取的区域，就减少Search Radius（搜索半径）。在我们作品的01:00处，丢掉了右手小手指尖部的区域，将Search Radius（搜索半径）增加为33来纠正该问题。

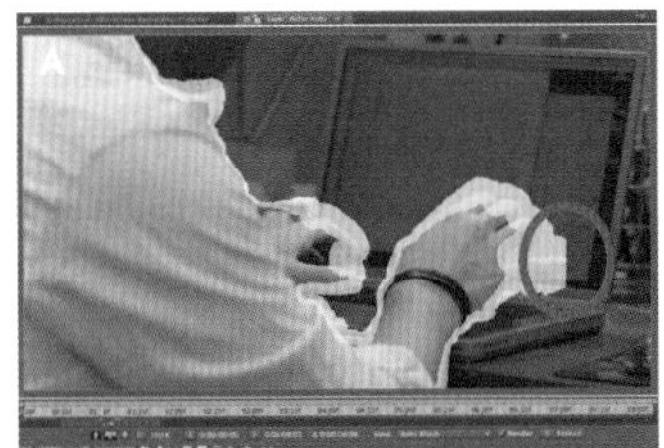

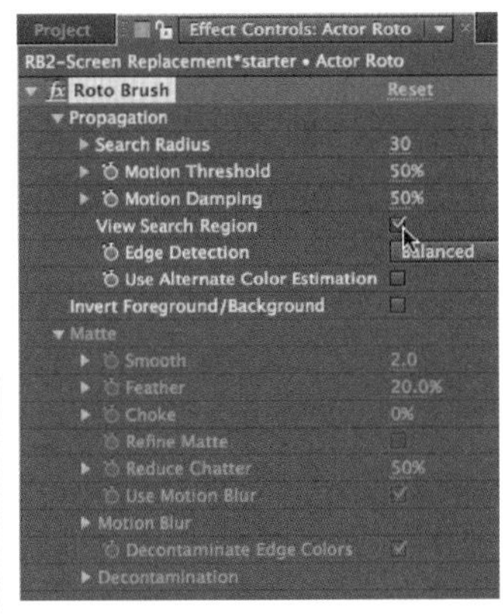

9 启用Roto Brush>View Search Region（旋转笔刷>查看搜索区域）（上图右）来查看旋转笔刷在何处寻找前景和背景前面分段中的运动。
一个快速运动的手指伸到黄色轮廓线外面（A图）可能表示Search Radius（搜索半径）需要变大一些。
黄色轮廓线中的空隙（B图）表示我们需要减小Motion Threshold（运动阈值）来产生细微的运动。

- Motion Threshold（运动阈值）影响Roto Brush（旋转笔刷）在边界运动时定义的方式。在我们的作品中，在01:07处右手左侧周围的黄色区域消失，表明Roto Brush（旋转笔刷）可能沿该边缘失去缓慢运动。这就表示Motion Threshold（运动阈值）设置得太高了，所以将它慢慢减小，直到边缘周围的黄色全部可见——对于我们来说30%就可显示。
- Motion Damping（阻尼运动）控制Roto Brush（旋转笔刷）使正在缓慢运动的边缘的Search Region（搜索区域）形成的紧密程度。杂乱的素材可能使Roto Brush（旋转笔刷）误将没有移动的边缘认为在移动。在这种情况下，增加Motion Damping（阻尼运动）。如果Segmentation Boundary（分段边界）没有成功拾取细微的运动，减少Motion Damping（阻尼运动）。对于该影片，采用默认设置即可。

调整完这些参数后，禁用View Search Region（查看搜索区域）。

10 现在我们处理实际的Segmentation Boundary（分段边界）计算的方式，看看我们是否可以改善左手中的空隙问题。

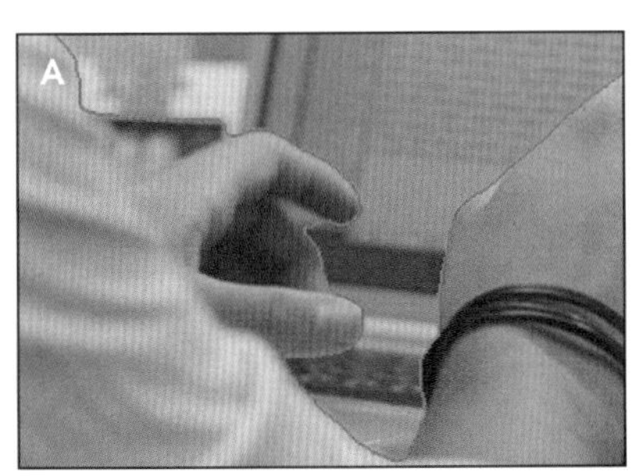

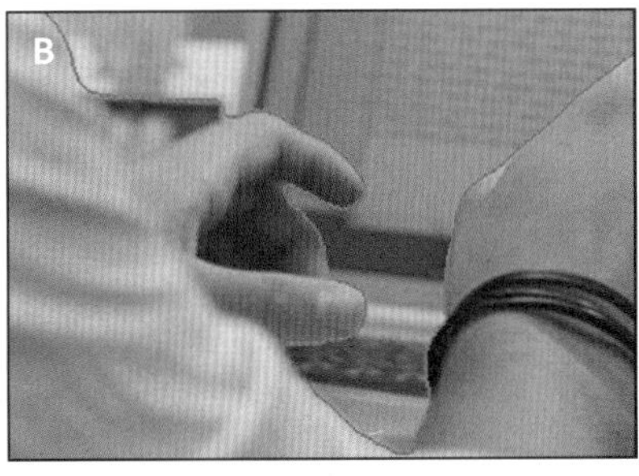

10 设置Edge Detection（边缘检测）为Balanced（平衡）或者Favor Current Edges（首选当前边缘）会引发左手的空隙问题（A图）。将它设置为Favor Predicted Edges（首选预测边缘）更好一些（B图）。

- Edge Detection（边缘检测）设置Roto Brush（旋转笔刷）限定前景和背景间的Segmentation Boundary（分段边界）的方式。Favor Predicted Edges（首选预测边缘）选项以相邻帧的边缘位置为基础来预测边缘的位置，并在此方式下有效工作。Favor Current Edges（首选当前边缘）选项主要关注当前帧中找到的边缘，它可以和快速变化的图像（而不是该影片）更好地协同工作。Balanced（平衡）选项将上述两者等价设置。

- 使用Alternate Color Estimation（交替颜色预测）改变用来定义前景和背景内容的内部算法。在该影片中，启用它来解决一些问题并创建其他内容，然后再禁用它。

随时间进行修正

你已经尽自己所能帮助Roto Brush（旋转笔刷）自动处理传播穿过相邻帧的Base Frame（基础帧）。从此开始，你必须进行一些手动操作来修正错误的Roto Brush（旋转笔刷）。

所有修正都是从Base Frame（基础帧）沿Roto Brush Span（旋转笔刷跨度）向外传播的。因此，非常重要的一点是尽量离Base Frame（基础帧）近一些来捕捉并修正错误，以减少后期或者早期必须执行的修正量。

▽ 小知识

越多越好

不必担心制作了太多的Roto Brush（旋转笔刷）笔画：更多的信息可帮助Roto Brush（旋转笔刷）执行更精确的计算。只要不保留穿过前景和背景的错误笔画即可。如果产生了错误，Undo（撤销）就可以了。如果没有Undo（撤销），错误的笔画会污染Roto Brush（旋转笔刷）正在工作的信息池，很有可能引起麻烦。另一方面，如果Roto Brush（旋转笔刷）误判了一个正确的笔画，通过额外添加小的笔画来给Roto Brush（旋转笔刷）增加更多的信息。

11 将Layer（图层）面板的时间标记返回到创建Base Frame（基础帧）（01:04）的位置。按1键在时间上提早一步。仔细查看Segmentation Boundary（分段边界），寻找它从手轮廓上偏离的位置。例如，在01:03处我们注意到左手指间的空隙更容易描绘。所以仔细放大，将Roto Brush（旋转笔刷）调整得足够小，以适合留下的空隙，按住⌥（Alt）键并在该空隙中画一条Background（背景）笔画。

对尖角区域（如手指间隙）创建小的修正笔画时，看到Segmentation Boundary（分段边界）没有描绘出应该定义的轮廓，你可能会感到失望。部分原因是边界线正在显示大致的中心线，它稍后可能定义为一个柔化的半透明区域。另一部分原因是平滑边界的代价太高。

12 确保Effect Controls（效果控制）面板中的Roto Brush>Matte（旋转笔刷>蒙版）已展开，逐渐减少Matte>Smooth（蒙版>平滑化）的值，同时观察Segmentation Boundary（分段边界）的变化。目的是让边界在必要时可到达该窄空间的尽可能远处，而不会引起前景和背景边界的其余部分参差不齐。必要时可以调整Matte（蒙版）参数。现在，将它设置为1.6左右，会给你呈现一个更满意的轮廓。

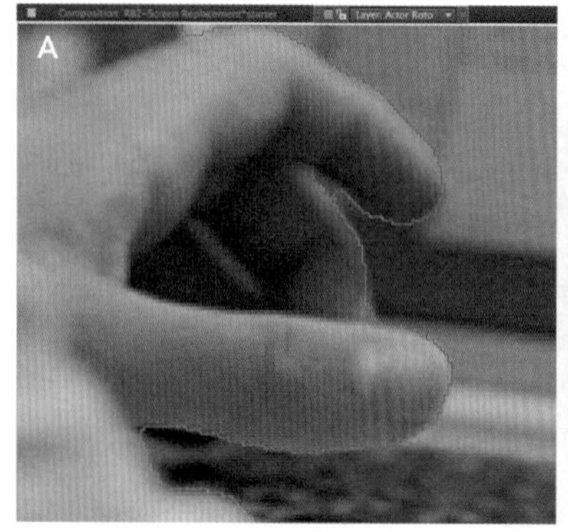

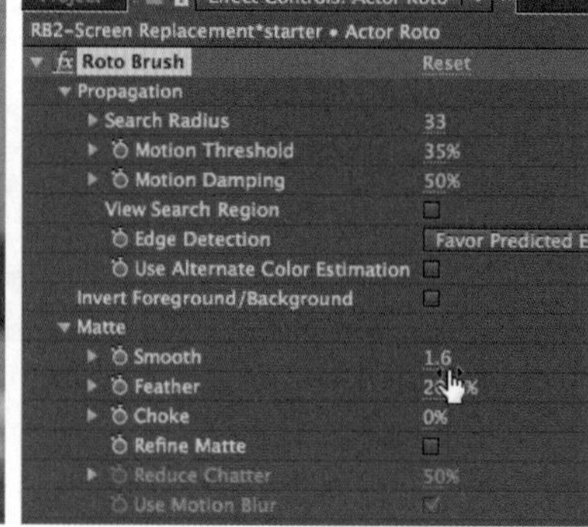

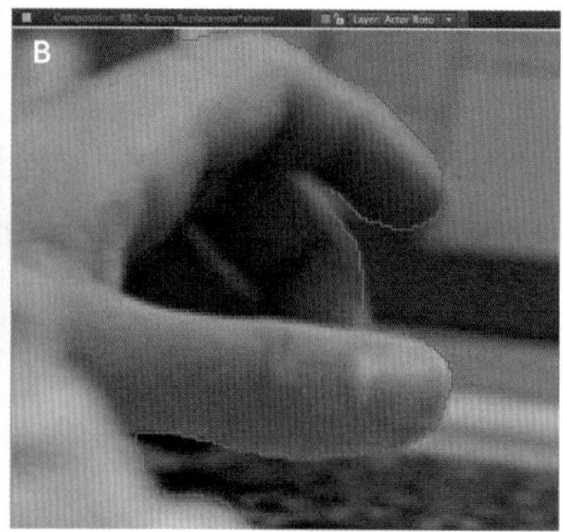

11~12 让Segmentation Boundary（分段边界）适合带有尖角的紧密空间，需要组合使用小的Roto Brush（旋转笔刷）笔画（A图）并明智地减少Matte>Smooth（蒙版>平滑化）的值（B图）。

13 继续逐步提前时间，仔细查看每个不规则帧的Segmentation Boundary（分段边界）。在该剪辑中，手指间的手镯、指甲和缝隙都是敏感的问题所在——特别当心在01:00前左手张开和闭合的空隙。另外使用Foreground（前景）和Background（背景）笔画来修正所有问题。主要精力放在手上，但要确保你没有突然忘记衬衣或键盘部分。

你的修正笔画将被传播到Roto Brush Span（旋转笔刷跨度）箭头正在指向［背离Base Frame（基础帧）］的方向中随后的帧上。如果发现新的且以前没有看到的问题突然出现，后退一两帧并核实它在以前的帧（离基础帧较近的帧）中确实没有出现过。同样，发现修正错误的时间越早，后期必须进行的工作量就越少。

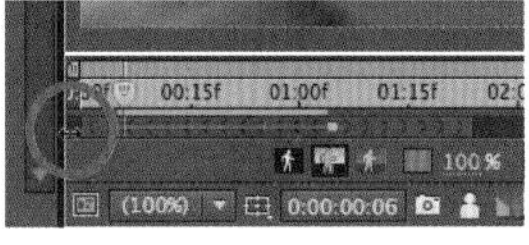

13~14 修正笔画将沿Roto Brush Span（旋转笔刷跨度）箭头指向的方向［背离黄色Base Frame（基础帧）］在时间上提前或者稍后传播。如果Segmentation Boundary（分段边界）描绘了整个帧的轮廓（顶图），必要时将Roto Brush Span（旋转笔刷跨度）拖曳得更长一些来覆盖住额外的帧（上图）。

14 每添加一个修正笔画，Roto Brush Span（旋转笔刷跨度）将沿它所含箭头表示的方向扩展。如果你足够幸运，可以沿一行前进20步而没有任何修正，最终可超过跨度的末端，Segmentation Boundary（分段边界）将环绕整个帧。没问题，可以后退一帧创建一条新的修正笔画，也可以拖曳Roto Brush Span（旋转笔刷跨度）的末端来覆盖住额外的帧。

15 一旦对该剪辑第一部分创建的Segmentation Boundary（分段边界）感到满意，就将时间标记返回到01:04处的Base Frame（基础帧）并一次前进一帧来重复该处理过程。记住沿整个Segmentation Boundary（分段边界）查看并尽可能早地进行修正。

15 当左手的手指再次从02:29处开始上升时，停止在原始Roto Brush Span（旋转笔刷跨度）上工作，而从另一个跨度开始可能是好方法。

在01:27处创建一个良好的Segmentation Boundary（分段边界）并按N键结束此处工作区域的编辑。在该帧之后，左手开始再次上升，在手指间创建了新的空隙。在真实的产品工作中，在稍后的时间（可能在02:09左右）创建一个新的Base Frame（基础帧）并开始创建第二个Roto Brush Span（旋转笔刷跨度）来覆盖新的运动是一个不错的方法。Roto Brush（旋转笔刷）将把Layer（图层）面板中时间轴上互相接触的跨度无缝地连接到一起。

精修蒙版

你已经做了很多冗长乏味的工作，现在该让Roto Brush（旋转笔刷）清理边缘了。（如果你在前面步骤中放弃边缘了，打开Comps_finished>RB2-Screen Replacement-Step 16来选取本练习中的这部分。）

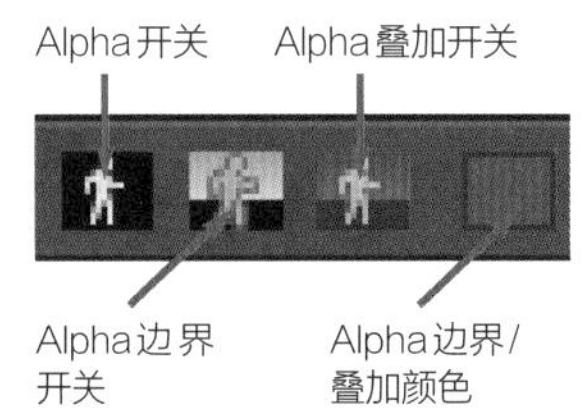

16 返回到01:04处的原始Base Frame（基础帧），设置Magnification（放大率）为200%，并将中心设置在Layer（图层）面板中的手上。单击Layer（图层）面板左下方的Toggle Alpha Boundary（Alpha边界开关）来禁用对Segmentation Boundary（分段边界）的查看并观察剪切的手部分。此时看到的是Roto Brush（旋转笔刷）蒙版的原始效果。

17 在Effect Controls（效果控制）面板中，启用Refine Matte（精修蒙版）。现在启用的效果有局部透明、运动模糊和颜色净化（从前景中的半透明区域移除背景色）。

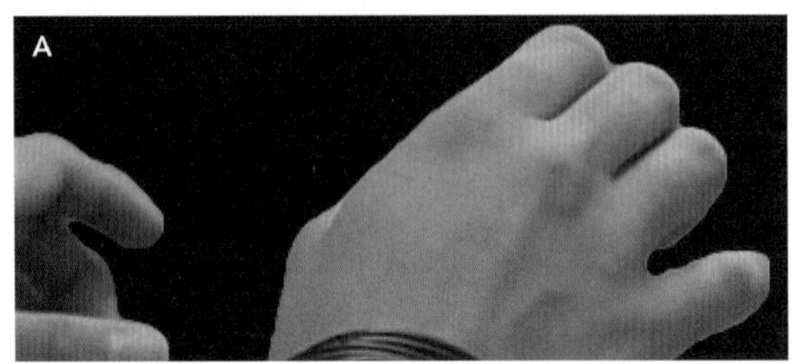

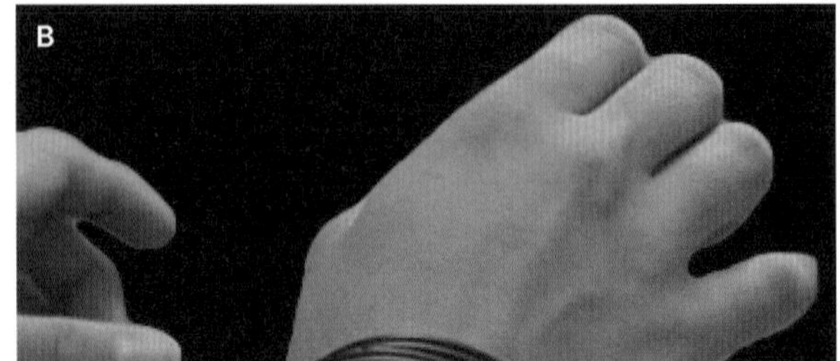

16~17 单击Toggle Alpha Boundary（Alpha边界开关）关闭Segmentation Boundary（分段边界）并查看原始蒙版（A图）。启用Roto Brush>Matte>Refine Matte（旋转笔刷>蒙版>精修蒙版），让Roto Brush（旋转笔刷）效果执行自动清理（B图）。

18 单击Composition（合成）面板标签，查看合成的图像。早些时候我们建议你减少Matte>Smooth（蒙版>平滑化）来让Segmentation Boundary（分段边界）进一步切入手指间的间隙，结果是一个略微粗糙的蒙版轮廓。既然你已经完成定义彼此之间的边界，平衡Smooth（平滑度）、Feather（羽化）和choke off（切断）来创建一个平滑的反锯齿（略微柔和）的边界，没有意外的颜色出现在边缘周围。

18 在一些帧上进行少量的Smooth（平滑）设置效果可能更好一些，但是可能引起其他帧上出现难看的边缘（上图圈起来部分）。始终要及时通过多个点检查所进行的编辑工作。

检查时间上不同的点，确保你选择的参数在任何地点看起来表现良好。例如，我们发现在01:03处，Smooth（平滑度）值为2.0时效果良好，但在00:15处很糟糕。我们设置Smooth（平滑度）=4.0来排除不可见的失真，Feather（羽化）=50%来创建一个更加柔和的边缘，以及Choke（抑制）=20%来抵消大幅度的羽化所显示一点背景——但是你的结果可能由于所创建的Segmentation Boundary（分段边界）而改变。还要记住，你可以在时间方面关键帧这些值，这由影片的需求决定。如果焦点在拍摄中改变，该方法非常方便。

如果前景没有移动，但是边界周围的蒙版正在从帧到帧进行改变，增加Roto Brush>Matte>Reduce Chatter（旋转笔刷>蒙版>减少颤动）。相比之下，如果Roto Brush（旋转笔刷）看起来正在忽略细微的运动或者如果它损坏快速移动的边缘，尝试减少Reduce Chatter（减少颤动）。

19 移动到00:26处左右，此处右手正在快速移动，并注意手顶部的部分透明的运动模糊。展开Matte>Motion Blur（蒙版>运动模糊），这是你可以进一步调整其外观的位置。对于该影片，我们发现启用Higher Quality（高质量）就放弃了右手指尖周围的一点更自然的外观。

20 展开Matte>Decontamination（蒙版>消除）并启用View Decontamination（查看消除）。白色的手是Roto Brush（旋转笔刷）执行色彩调整的地方。该区域会改变尺寸，取决于多少运动模糊或者其他的局部透明存在。如果可见的颜色溢出了该区域，使用Increase Decontamination Radius

20 启用旋转笔刷>蒙版>消除>查看消除时，白色区域显示旋转笔刷正在执行平滑和色彩调整的位置。禁用该选项并在最终合成中检查这些区域中的潜在问题，如着色的轮廓。

（增加消除半径）来调整一个更宽的区域。

禁用View Decontamination（查看消除）并根据每个单独影片的需要调整这些设置，以增加或者减少Roto Brush（旋转笔刷）执行的消除量。对于该影片，我们还发现启用Extend Where Smoothed（扩展平滑位置）可以在小范围内（如手指聚拢的位置）产生细微的改善。

21 RAM预览并观察合成以正常速度工作的方式。场景移动时，静态帧上显示的顽固瑕疵可能更不引人注意。另一方面，你可能发现一些区域的Segmentation Boundary（分段边界）不是十分准确，或者需要调整设置。

21 最终合成看起来整洁自然。此处花费了一些时间，但是比替换少一些。

用户使用Roto Brush（旋转笔刷）犯的两个最大错误就是认为你创建初始Foreground（前景）描边后它会完全自动执行，以及认为结果将是完美的。这两方面都不对，一些影片需要你进行大量的工作，包括使用Paint（绘画）工具在Alpha通道中修整边缘，Roto Brush（旋转笔刷）不能做到。一些影片可能需要你简单地重新开始（我们执行了4次旋转后才得到满意的结果）或者将影片分成多个更小的部分。但在最后，与必须手动绘画或者遮罩每个帧的每个细节相比，Roto Brush（旋转笔刷）仍然可以节省大量的时间。

木偶工具

After Effect包含一套三个变形工具，统称为Puppet（木偶）工具。它们提供了另一种变形图层的方式。正如你可能从名字中猜到的那样，它们尤其适合字符动画，但也可以用于其他类型的图层应用效果。

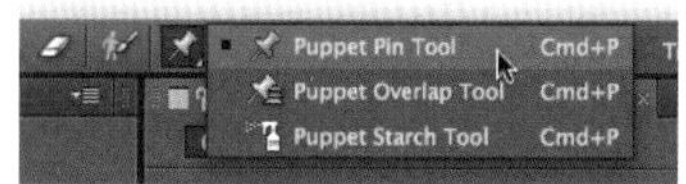

三种Puppet（木偶）工具在变形图层方面提供了新的可能性。

Puppet（木偶）工具的核心元素是Pin（图钉）的应用。Pin（图钉）有两个目的。

- 它们稳定你不想移动的元素，如脚应该停留在地面上。
- 它们作为控制柄拖曳你想要移动的元素，如伸开或者挥动的手。

放置好图钉后，Puppet（木偶）工具会变形静止别针和移动的控制柄之间的图层。它还包括其他有用的选项，如Starch（固定）工具可以减少一个区域变形的程度，Overlap（叠加）工具保证正在拖曳的图层部分将穿过同一图层另一部分的前面或者后面。

小知识

单一的网格

可以给一个电影或者嵌套的合成图层应用Puppet（木偶）工具时，注意网格只能创建一次而且是基于当前帧的Alpha通道。

木偶变形工具

1 Close All（关闭全部）前面的合成。如果以前使用的是Paint（绘画）工作区，重置Workspace（工作区）

弹出菜单为Standard（标准）[如果布局看起来仍然奇怪，选择Workspace>Reset “Standard”（工作区>重置“标准”工作区）]。在项目面板中，找到并打开Comps>04-Puppet*starter。选择MiroMan.psd，使用了一些修饰的虚构字符。

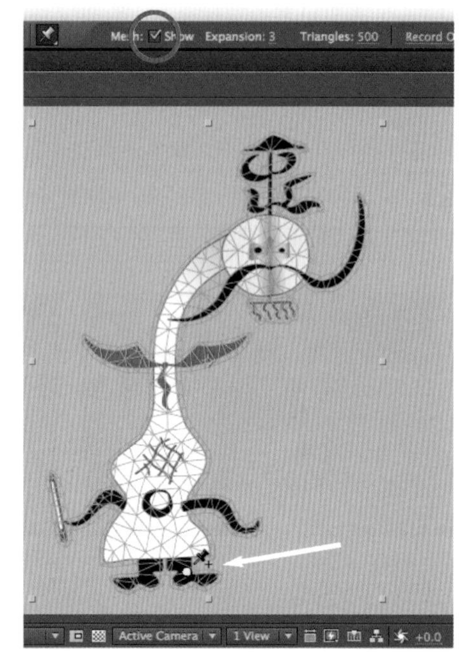

2~3 选择Puppet Pin（木偶变形）工具并启用网格：显示（圈起来的部分）。用该工具单击图层来放置一个黄色别针（箭头正指向的位置），并显示三角形网格，Puppet（木偶）工具用它们分解和变形图层。致谢：我们在Adobe Illustrator中绘制该字符，同时参照Dover公共艺术品图书Treasury of Fantastic and Mythological Creatures中的一幅图像。他以Joan Miro在1924—1925年绘制的The Harlequin's Carnival（Le Carnaval d'Arlequin）中的字符为基础。

2 选择Tools（工具）面板中的Puppet Pin（木偶变形）工具，一组选项将出现在工具面板的右侧。启用Mesh: Show（网格：显示）开关，Expansion（扩展）为3，并设置Triangles（三角形）值为500左右。

按Home键确保位于00:00处——这点很重要，因为不像After Effects内部其他的大多数参数，只要你创建一个别针，Puppet（木偶）工具就启用动画并创建一个关键帧。

3 单击MiroMan的一个踝关节，将它钉在合适的位置。一个黄色的别针会出现在你单击的位置。MiroMan.psd也会重叠一个三角形网格，它标识如何划分图层用于变形。单击另一个踝关节，将它们钉到空间中。

4 单击左侧的手臂，此处它和前臂相遇。这是一个我们要移动的控制柄。

现在为了更有趣，单击刚刚创建的别针的黄点（光标会变成白色，尾部带有一个四向的箭头）并将它沿Comp（合成）面板拖曳。MiroMan会变形为跟随你的拖曳，脚踝保持钉在原位。

注意在拖曳时，超出脚踝部分的脚轻微反相旋转的方式，帮助产生了字符在他的歪脚趾上伸展的印象。如果不想让脚趾移动，撤销一个预伸展的姿势，同样钉住脚趾，然后返回来拖曳并用铅笔延伸手臂。

4 拖曳手臂上的别针变形整个角色，以没有移动的别针（脚踝处）为轴心旋转。

5 单击铅笔的顶部添加另一个别针。将光标悬停在新别针的上方，它会变为四向箭头的指针。拖曳新的别针，铅笔将会弯曲。

动画别针

6 现在让我们为手臂和铅笔设置动画。

- 按住Shift键并按PageDown键向前移动10帧。将铅笔的尖端移向一个新位置。
- 按End键移到合成的末端。选择两个铅笔尖端的别针和手臂与铅笔相接的位置。可以环绕它们拖曳一个选取框，或者按Shift键+单击它们。将这两个一起拖曳到一个新位置。

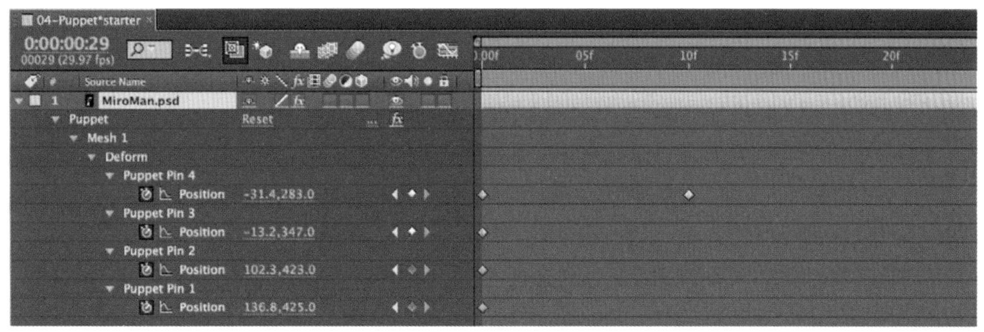

6 After Effects自动启用每个Puppet Pin（木偶变形）来设置关键帧。

按数字键盘上的0键进行RAM预览并查看简单的动画。记住，After Effects替你自动启用关键帧，让你不用进入时间轴面板中来追逐每一个单一的别针。选中图层，按U键会看到关键帧。

在我们的版本Comps_finished>04-Puppet_final中添加了更多图钉，在时间轴面板中选择MiroMan>Puppet（木偶）来查看这些别针。

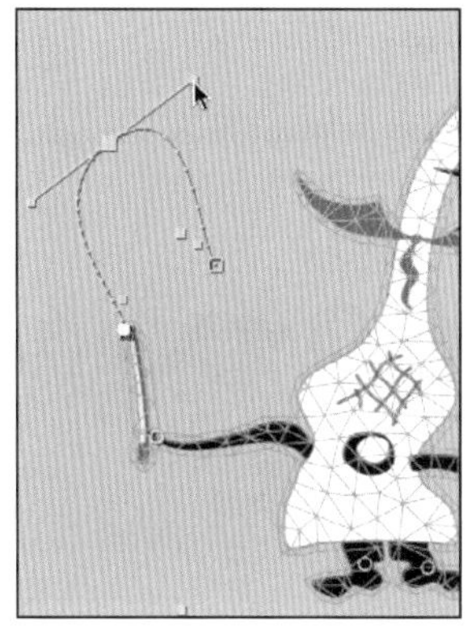

◁ 选择一个单独的别针时，它的运动路径显示在Comp（合成）面板中。拖曳控制柄进行编辑。

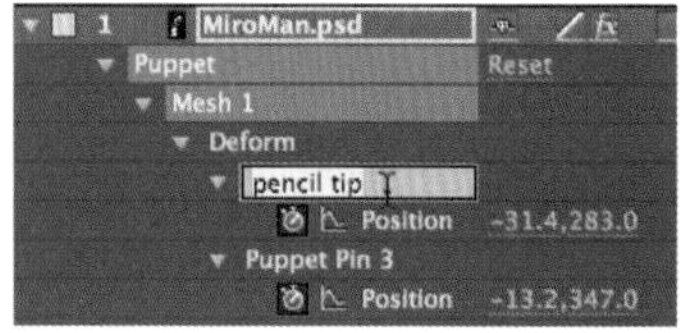

△ 可以在时间轴面板中为每个别针起一个有意义的名称：按Return键输入一个新名称，然后按Return键接受输入。

木偶重叠工具

Puppet（木偶）工具的一个重要特性是在拖曳身体一部分重叠到另一部分时，控制角色行为的能力。

▼ 木偶部分堆栈顺序

你已经控制了哪个图层块在其他图层的前面或者后面。使用Puppet Overlap（木偶重叠）工具，单击身体上的特定部分，然后增加或减少Extent（范围）的值来增加或者减少该区域。[增加Mesh Triangle（网格三角形）的值用于更细微的增量。] 一旦设置了Overlap（重叠）区域，每个图钉的In Front（前面）值就定义了一个图钉区域在堆栈中的优先级。

在Comps_finished>05-Puppet-overlap_final中，左手臂在身体前面移动，但是右手臂到了后面，因为In Front（前面）的值为负值。

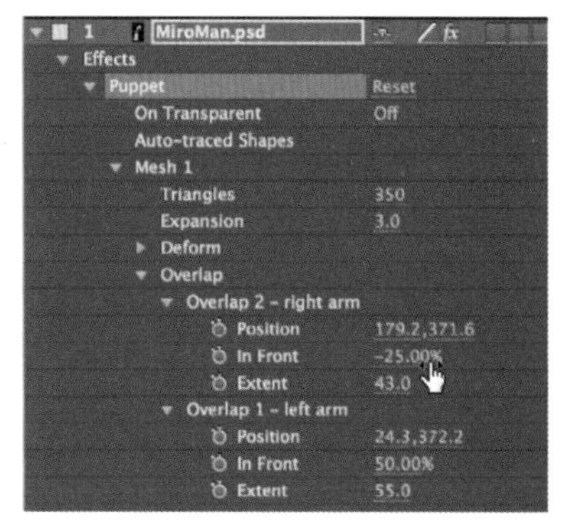

1 打开Comps>05-Puppet-overlap*starter。这是要使用的相同角色。

2 选择MiroMan.psd。如果在时间轴面板中看不到Puppet（木偶），按E键显示效果。在时间轴面板中选择Puppet（木偶）字样，你会在Comp（合成）面板中看到三个黄色的圆形，此处是我们为你放置图钉的位置：两个脚踝处和左手手腕处（拿铅笔的手）。

3 选择Puppet Pin（木偶变形）工具并禁用网格，以便更容易地看到正在发生的事情。拖曳手腕上的别针，使其穿过左侧臀部：变形的元素会移到身体后面。现在向上拖曳别针越过肩膀：铅笔会移动到身体前面。你可以控制哪些元素移动到前面或者后面。

- Undo（撤销）来返回正常状态。选择Puppet Overlap（木偶重叠）工具。就会出现未变形身体的灰色轮廓。在该灰色轮廓内部，单击铅笔中间部分。这会出现一个蓝点，轮廓将添加白色阴影，并遵循网格三角形的尺寸。阴影区域的尺寸由Tools（工具）面板中的Extent（范围）参数决定。默认值为15，增加Extent（范围）值，直到填满整个左手臂。
- 按V键返回Selection（选择）工具。将手腕上的图钉拖曳到角色的臀部上——现在手臂和铅笔都移到身体前面［注意设置In Front（前面）参数为负值会将它移到后面。］

这是一个相当简单的动画。对于更复杂的运动，可能还需要在身体上设置Overlap（重叠）图钉。In Front（前面）参数控制哪部分在另一部分的前面，必要时甚至可以设置关键帧。

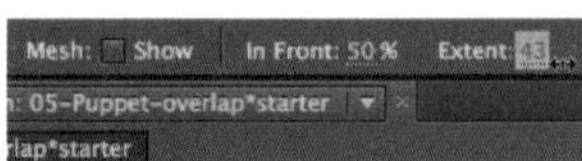

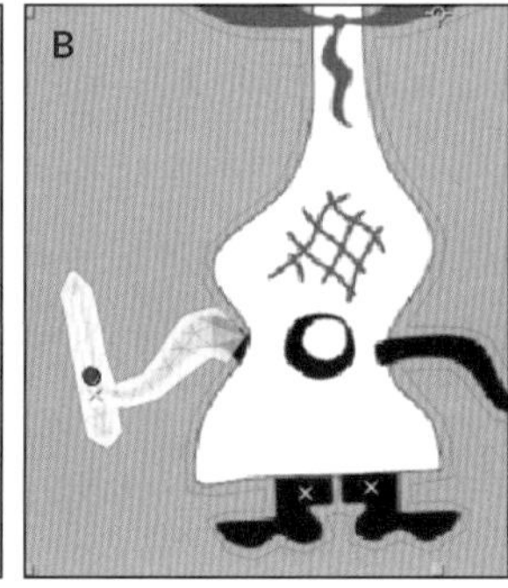

3 通常，在臀部后面拖曳手臂时，它会移动到身体后面（A图）。

在铅笔上放一个Overlap Pin（重叠图钉），并设置Extent（范围）值（参见上图）来覆盖铅笔和手臂（B图）。现在它将移到身体前面（C图）。

录制木偶动画

Puppet（木偶）工具有一个Motion Sketch（运动速写）（第2章中讨论），可以很容易地动画别针。要练习该操作，打开Comps>06-Puppet-sketch*starter。

4 选择MiroMan.psd。如果在时间轴面板中看不到Puppet（木偶），按U键显示，我们已经在脚踝处和左臂上放置了图钉。选择左臂的图钉，再按⌘（Ctrl）键并将光标悬停在左臂上的黄色图钉上：光标看起来像一个秒表。

仍然按住⌘（Ctrl）键，同时单击该图钉并开始四周拖曳。拖曳时After Effects会开始录制动画。释放鼠标时或时间超过合成时，录制就会停止。

在Comp（合成）面板中，你将看到所拖曳的别针的运动路径和时间轴上的关键帧。按数字键盘上的0键进行RAM预览。

4 拖曳别针的同时按住⌘（Ctrl）键，它的动画将自动录制。

如果不喜欢该结果，始终可以执行撤销操作并再次尝试，编辑运动路径或者使用图形编辑器（第2章）精修动画。还可以使用Smoother（平滑器）关键帧助手（第2章）来简化路径，使其更容易编辑。如果在实际中绘画路径有困难，选择Puppet（木偶）工具并单击Tools（工具）面板中的Record Options（录制选项）。这样就可以用不同于播放的速度进行录制，并控制画面显示和自动平滑发生的程度。

▷ 在合成04b-Puppet_final中，我们动画了手腕和铅笔，然后复制了Pin 4（铅笔尖端）的关键帧。这些关键帧粘贴到了一个固态层的Write On（写入）效果的Brush Position（笔刷位置）上。进行一些调整，然后我们的MiroMan就会写入。

木偶固定工具

有时，有些图层可能比预期的更加弯曲，或者可能出现扭结。一种解决方法是增加图层的三角形数量。另一种是使用Puppet Starch（木偶固定）工具。

1 打开Comps>07-Puppet-starch*starter。确保选中Puppet Pin（木偶变形）工具，然后选择图层MiroMan.psd。在Comp（合成）视图中，寻找黄色圆形：我们给它的脚添加了图钉，给大红领结加了三个别针。

2 单击领结末端的一个图钉，将它四处拖曳。移到尽头的位置时，会在颈部看到一些奇怪的扭结。

3 要修整这些扭结，选择Puppet Starch（木偶固定）工具。一条灰色轮廓线表示原始的未变形图层的形状。单击颈部中间的灰色区域，此处领结会穿过它——就会给图层添加一个红色固定图钉。在After Effects计算时等一会，颈部将拉直。返回Selection（选择）工具状态并尝试再次拖曳领结的尖端进行比较。

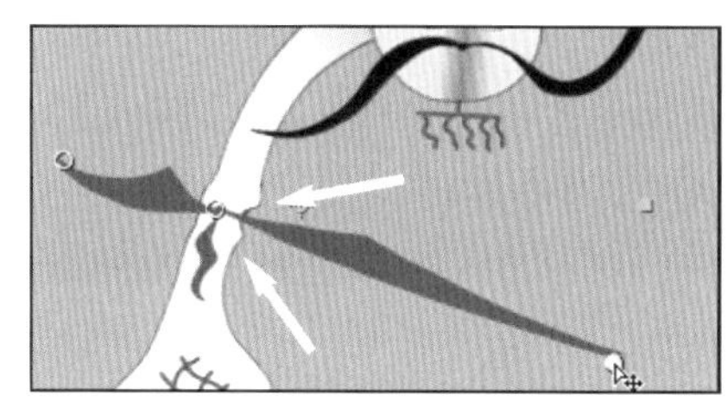

3 变形一个图层时，可能会出现扭结，如此处的颈部（上图）。用选中的Puppet Starch（木偶固定）工具单击问题区域，会硬化颈部（下图），帮助清理扭结。

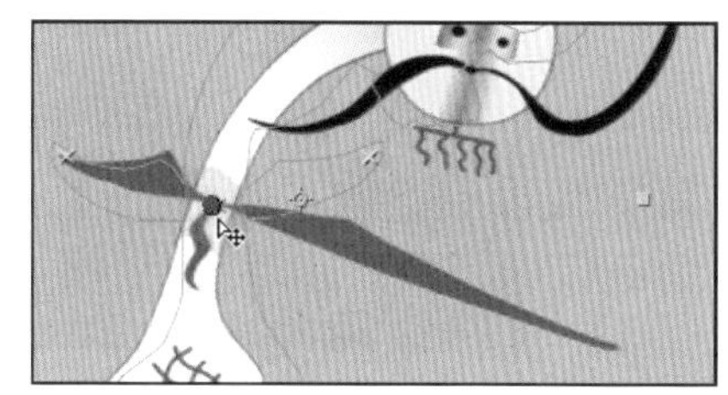

变形多个形状

很多时候，一个图层的Alpha通道定义了单个闭合的形状。为该形状应用一个Puppet Pin（木偶变形）时，会得到单个网格来变形。但是，一些图层具有复杂的Alpha通道，它们定义了多个不连续的形状。一个完美的示例就是文本：每个字符形成自己的形状，字母“i”和“j”包含多种形状。对于这些图层，可以使用Puppet（木偶）来单独变形每个形状或者让它作为单个形状变形整个图层。我们将使用这两种技术，并学习一点渲染顺序和效果的内容。

1 关闭前面所有的合成并打开Comps>08-Multiple Shapes*starter。它包含一个带有Ramp（渐变）效果的文本图层，该渐变效果用一个从上到下的线性渐变填充文本，随后用一个Bevel Alpha（斜角Alpha）效果来风格化边缘。

2 选择Puppet Pin（木偶变形）工具。确保在工具面板中启用了Mesh:Show（网格：显示），默认设置Expansion（扩展）=3，Triangles=350更好一些。

3 单击“r”底部附近放置第一个图钉。将用一个网格填充r字符（其他字符不是）。对其左上方和右上方添加别针，并随意拖曳这些别针来变形字符。让它处于一种变形状态。

4 打开Window>Effect Controls（窗口>效果控制）（快捷键为F3）。除了前面提及的Ramp（渐变）和Bevel Alpha（斜角Alpha）效果，你将看到Puppet（木偶）效果执行这些变形。取消选择所有效果（快捷键为F2）并查看Comp（合成）面板：尽管发生了变形，蓝白色渐变仍然从字符的顶部延伸到底部。这是因为Ramp（渐变）和Bevel Alpha（斜角Alpha）效果是在Puppet（木偶）效果前面计算的。按Take Snapshot（获得快照）（摄像

3 在一个文本图层的一个字符内部放置一个Puppet Pin（木偶变形），可以给该字符创建一个网格（A图）。添加多个图钉，就可以独立于其他字符单独变形一个字符（B图）。

机图标）按钮来抓拍该状态。

5 在Ramp（渐变）和Bevel Alpha（斜角Alpha）效果前拖曳Puppet（木偶）效果，并再次取消选择所有效果。现在渐变和斜角在变形之后渲染。注意渐变如何从r处开始并在其他字符相同的位置停止，而不考虑变形。按Show Snapshot（显示快照）按钮来调出快照并将该外观与原始排列进行比较。哪个更好一些取决于每个任务的要求。对于本练习，我们更喜欢原始排列，因为当形状重叠在临近字符上时，它有助于清晰地显示r。

4~5 效果渲染顺序非常重要——尤其是在使用Puppet（木偶）时。如果Puppet（木偶）跟随其他的效果（上图左），变形发生在图像处理之后；如果Puppet（木偶）是第一个，图像处理发生在变形之后（上图右）。研究这两个图形中的渐变和边缘来理解这种影响。

6 给i上部的点添加一个Puppet（木偶）图钉，并注意它接收了一个网格——但不是i的柄。After Effects不知道这两个形状是同一字符的两部分，所以它们将获得独立的网格。这就使得将整个字符作为一个单位动画时更加困难。

7 删除Puppet（木偶）效果，返回起始点。

- 依然选中图层，选择Rectangle（矩形）工具。环绕i拖曳一个常规的矩形遮罩，注意不要接触到相邻的字符。
- 遮罩形状外面的字符会消失。要使它们再次可见，在时间轴面板中显示Miro>Masks>Mask 1并将它的Mask Modes（遮罩模式）菜单从Add（添加）改为None（无）。这就禁用了遮罩操作同时保持了遮罩形状［记住Comp（合成）面板中遮罩轮廓的位置，因为有可能在下一步中让After Effects隐藏该轮廓］。

8 再次选择Puppet Pin（木偶变形）工具。小心单击遮罩轮廓内部，但不是i本身。After Effects会用一个网格填充整个遮罩形状。在网格的另一端添加另一个图钉，现在你可以将i作为一个整体进行变形。

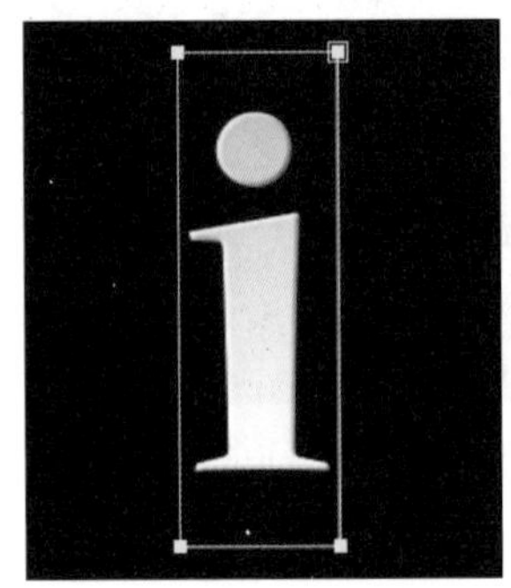

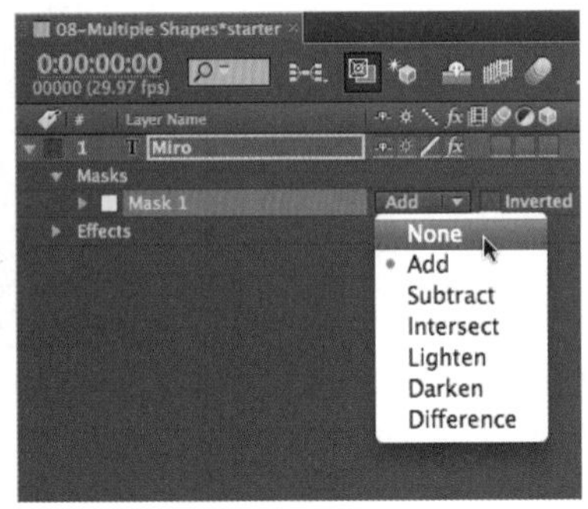

7~8 只对i设置遮罩（上图左），设置它的Mask Mode（遮罩模式）为None（无）（上图右）以阻止遮罩创建透明度，然后单击遮罩形状内部，而不是i本身（右图）。Puppet（木偶）会使用遮罩形状定义网格。

9 删除Mask 1和Puppet（木偶）效果。现在沿整个词画一个遮罩。在遮罩的一个角内部添加一个Puppet Pin（木偶变形）来定义网格。然后添加更多的别针并移动它们的位置：整个词就像在一张橡胶上发生变形，而不管每个字符的Alpha通道定义的形状如何。这些示例可让你发挥想象力，使用Puppet（木偶）工具创造各种可能性。

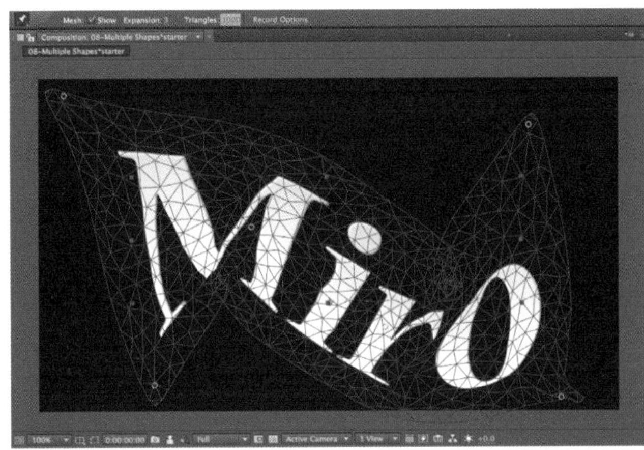

9 遮罩尽量多的字符，并在遮罩形状内部添加别针：现在整个图层可以作为一个整体变形，而不是作为单个字符。增加Mesh Triangles（网格三角形）的数量或者使用Starch（固定）工具平滑最终合成中的扭结。

第11章　形状图层

创建、动画和挤出基于矢量的形状。

▽ 本章内容

- 创建一个形状图层
- 多种形状
- 形状效果
- 形状复制器
- 渐变
- 抖动变换
- 动画描边
- 挤出形状图层（CS6中的新特性）
- 描边和填充设置，编辑形状
- 单双数填充
- 创建按钮
- 复合形状，合并路径
- 形状笔形路径
- 高级描边，虚线和间隙
- 根据矢量图层创建形状（CS6中的新特性）

▽ 入门

确保你已经从本书的下载资源中将Lesson 11-Shape Layers文件夹复制到了硬盘上，并记下其位置。该文件夹包含了学习本章所需的项目文件和资源。

正如前面第4章所述，Shape（形状）和Pen（钢笔）工具是上下文敏感的。

- 如果选中了形状图层以外的任何图层，After Effects会认为你想在选中图层上画一个遮罩。
- 如果没有选中任何图层，After Effects会认为你想创建一个新的形状图层。
- 如果选中了一个形状图层，你可以选择绘画新的形状或遮罩。

After Effects用途最广泛的特性之一就是形状图层。你可以随意绘画各种形状或者大量标准化的参数形状，每一个都有自己的Stroke（描边）和Fill（填充）特性。你还可以应用形状操作器（效果）来修改和动画这些形状。

可以使用形状创建一切元素，从简单的抽象物体到整个卡通动画。此处我们的重点是了解图形元素。首先我们将让你了解使用这些基本工具可以执行哪些操作。然后展示如何创建一些有用的物体，并执行常见的任务，包括创建抽象图像，一直到动画贴图中的路径。

创建形状

1 打开本章的项目文件Lesson_11.aep。在Project（项目）面板中，找到并双击Comps>01-Shape Play* starter将其打开。目前它是空的。

2 在应用程序窗口上部的Tools（工具）面板中单击Shape（形状）工具并按鼠标按钮，直到打开一个弹出菜单。选择Rounded Rectangle（圆角矩形）选项。选择该工具后，Tools（工具）面板的右侧会出现Fill（填充）、Stroke（描边）和Stroke Width（描边宽度）选项。你可以使用这些选项在创建形状前后改变其颜色。

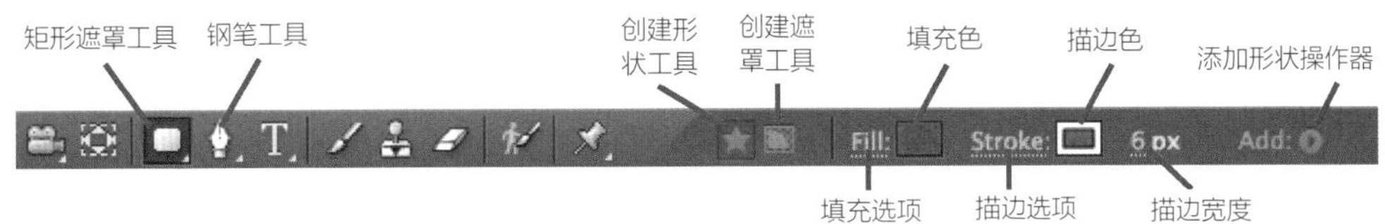

2 选择一个Shape（形状）工具时，Fill（填充）和Stroke（描边）选项将出现在Tools（工具）面板的右侧（上图）。要创建一个全帧形状，选中想要的形状，并双击Shape（形状）工具。

单击Fill（填充）或Stroke（描边）会打开一个选项对话框（右图），你可以在其中设置想要的类型、不透明度和模式。单击色块选择一种颜色。

- 单击Fill（填充）字样（不是色块）打开Fill Options（填充选项）对话框。此处你可以选择填充模式：None（无）、Solid（实色）、Linear Gradient（线性渐变）和Radial Gradient（径向渐变）。还可以设置填充的Blending Mode（混合模式）和Opacity（不透明度）项。选择Solid Color（实色）和Normal（正常）模式。设置Opacity（不透明度）为50%并单击OK（确定）按钮。
- Fill（填充）的右侧是其色块。单击色块选择颜色（选择你喜欢的颜色，我们用的是红色）。还可以按⌥（Alt）键+单击该按钮，在各种填充模式间进行切换。
- 下一个是Stroke Options（描边选项），它和填充选项具有相同的选择内容。选择一种Solid Color（实色）填充，Blending Mode（混合模式）设置为Normal（正常），Opacity（不透明度）=100%。
- 下一个是Stroke Color（描边色），它和Fill Color（填充色）具有相同的选择内容。选择你喜欢的任何颜色，我们将使用白色。
- 最后一个选项是Stroke Width（描边宽度），带有一个可修改的值。开始时采用6像素。

3 在Comp（合成）面板中单击并拖曳，你的形状就会出现。一个称为Shape Layer 1的对象将被添加到时间轴面板中，已经展开显示第一个形状组：此处是Rectangle 1。

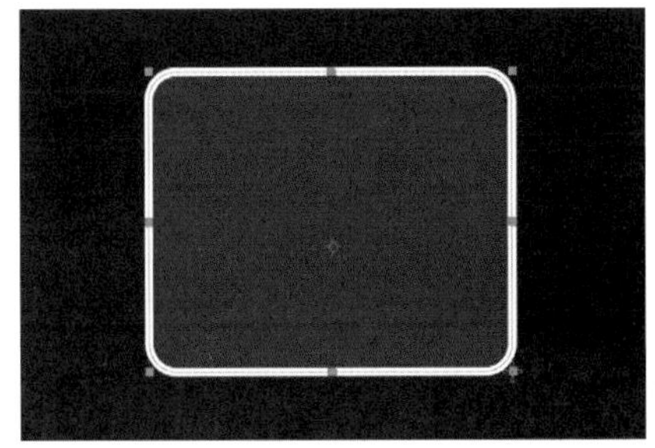

3 在Comp（合成）面板中单击并直接拖曳来创建一个新的Shape（形状）。

编辑形状

4 展开Rectangle 1，显示组成原始形状组的对象：Path（路径）、Stroke（描边）、Fill（填充）和Transform（变换）。

临时展开Stroke 1和Fill 1——你会在Tools（工具）面板中看到相同的甚至更多的参数。我们稍后将使用它们，现在将它们打开。

默认排列是Stroke（描边）在Fill（填充）之上。单击时间轴面板中的Fill 1并在Stroke 1的正上方拖曳，直到其上出现一条黑线。释放鼠标后，现在填充将在描边上方［你会看到描边的一些线条，因为在第2步中将Fill（填充）设

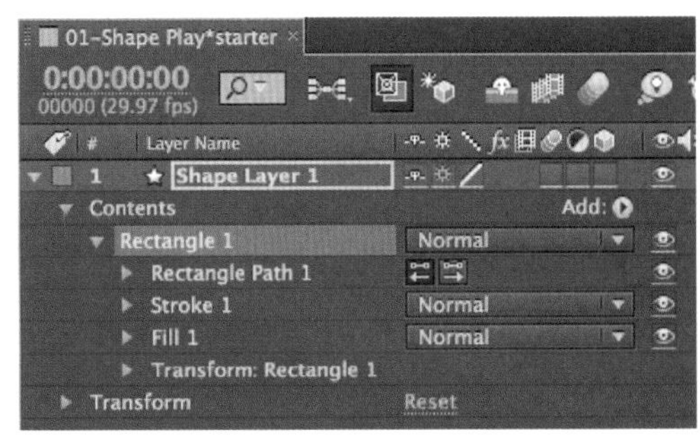

4 展开Rectangle 1。

置为50%]。执行Undo（取消）恢复为描边在填充之上。

▽ 提示

重塑你的绘制内容

拖曳形状时，可以使用上下箭头键或者鼠标滑轮来改变角部（圆角矩形）的圆滑度或者点的数量（多边形或者星形）。与遮罩路径的操作相同。详见第4章。

5 展开Rectangle Path 1并探索它的参数。

- Size（大小）与形状路径的缩放类似。修改它的值，在Constrain Proportions（约束比例）开关（链条图标）切换为开然后关的情况下进行试验。完成后，将它的值设置为“200，200”。
- Position（位置）在组（Rectangle 1）内部偏移了该路径（Rectangle Path 1）。将它保留为“0，0”。
- Roundness（圆度）控制矩形的倒角大小，从方形边缘到圆。根据喜好设置。

除非你对如何拖曳形状非常细心，否则它很有可能没有位于Comp（合成）面板的中心——尽管形状的Position（位置）值为“0，0”。这是形状组的Transform（变换）属性起作用的地方。

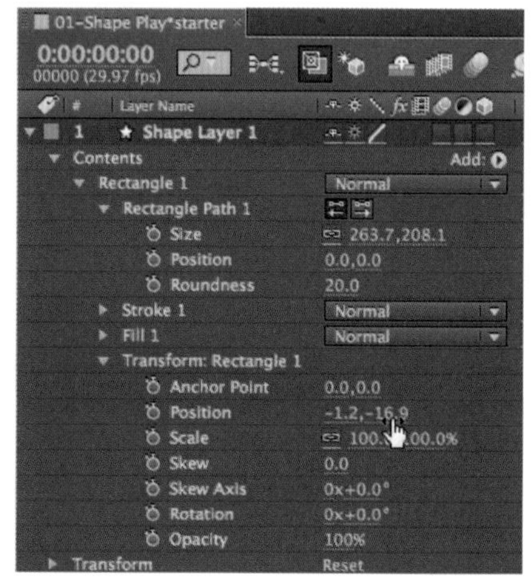

5-6 每个形状路径都有自己的大小和位置，以及控制形状的参数[如Roundness（圆度）]。此外，形状组具有自己的变换属性设置。

6 展开Transform（变换）：Rectangle 1。这些参数是对应整个形状组的。目前，在组中只有一个形状，但是创建更复杂的合成形状时，它们将很容易进入该组中。

试验这些参数来熟悉它们。然后设置Transform（变换）：Rectangle 1>Position（Rectangle 1>位置）为“0，0”，使矩形位于Comp（合成）面板的中心。

▼ 形状位置

在一个形状图层中，Position（位置）值[其实是Transform（变换）属性]有3种不同的类型，每一种都可以被编辑和动画。

- 每一个形状路径（如Rectangle Path 1）在形状组内部具有自己的Position（位置）。
- 每一个形状组（如Rectangle 1）具有自己的Transform>Position（变换>位置）。它的初始值基于所绘制的第一个形状路径的位置，并作为整个图层中心的偏移显示。要将一个新形状放在图层与合成的中心，将该值设置为“0，0”。
- 一个整体形状图层（包括全部组）还有一个普通的Transform（变换）部分，它包含Position（位置）。

多种形状

一个形状图层可以包含多个形状路径。

7 单击并按Rounded Rectangle（圆角矩形）工具，直到出现它的快捷菜单，然后选择Ellipse（椭圆）工具。根据需要调整Fill（填充）和Stroke（描边）设置。

确保Shape Layer 1仍然选中（否则将创建一个新图层）。在Comp（合成）面板中拖出新形状。

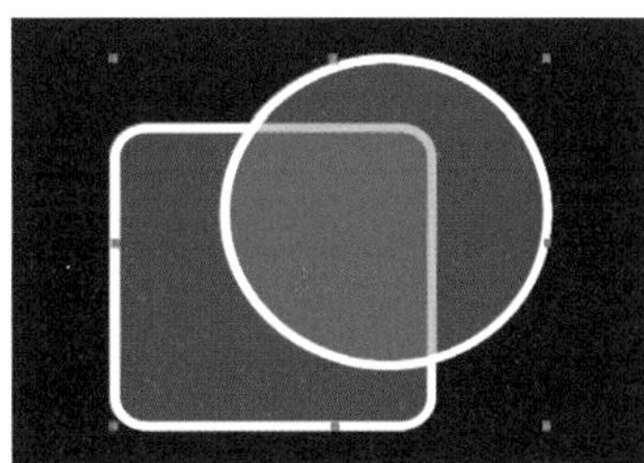

7 依然选中Shape Layer 1，在合成面板中单击并拖曳一个新形状（下图）。一个新的形状组将添加到时间轴面板中（左图）。完成后删除Ellipse 1。

释放鼠标时，一个新的称为Ellipse 1的形状组将被添加到时间轴面板中的Shape Layer 1中。展开Ellipse 1，会看到它有自己的Path（路径）、Stroke（描边）、Fill（填充）和Transform（变换）。需要时可以使用这些参数。

完成后，选中Ellipse 1并删除它。

8 不再创建新的形状组，可以在准备操作的组上添加一条新的形状路径。为此，在时间轴中选择该组的名字（如Rectangle 1），或者该组的一个成员（如Rectangle Path 1）。然后单击时间轴面板［Contents（内容）右侧］或者Tools（工具）面板［Stroke Width（描边宽度）右侧］中的Add（添加）按钮。为了有所区别，选择Polystar。它将和Rectangle Path 1分享相同的Fill（填充）和Stroke（描边）设置，因为它们属于相同的形状组。

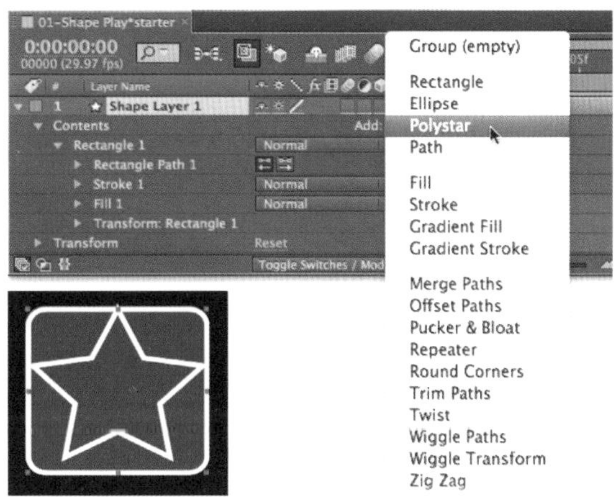

8 选择形状组单击Add（添加）按钮，并选择一个新的形状路径类型（上图）。新形状就会出现在Comp（合成）面板中（顶图）。

9 展开Polystar Path 1并试验它的参数。这是用途最广泛的形状路径之一：它有一个弹出选项可以将它转换成Star（星形）或者Polygon（多边形），你还可以充分控制它的点或者边数，以及角的圆滑度。

要创建有趣的环形，尝试设置Inner and Outer Roundness（内部和外部圆度）为非常大的正值或负值。试验一些有趣的效果后，构建一个形状，此处Polystar的轮廓形成了相互交织或者叠加的线条，要么在Polystar自己形状的内部，要么和Rectangle（矩形）交织在一起。

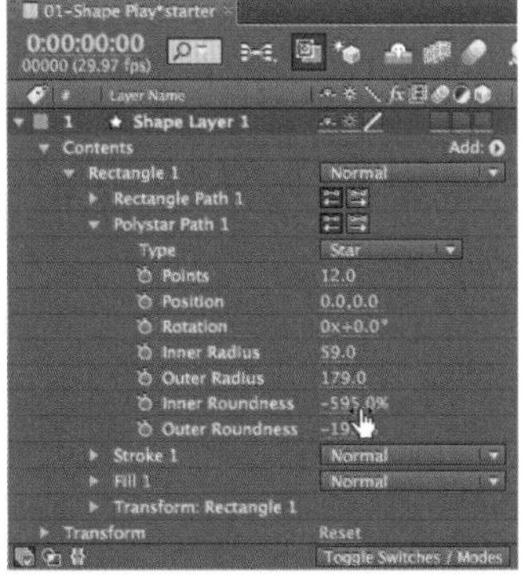

9~10 Polystar是用途最广泛的形状路径之一（左图）。调整它，直到部分叠加在下面的矩形上（A图），然后将Fill>Fill Rule（填充>填充规则）改为Even-Odd（单双数）来创建一种填充区域和填充孔图案（B图）。

10 展开Fill 1。将其Fill Rule（填充规则）菜单项设为Even-Odd（单双数）。现在叠加形状的交互部分将被填充，而不是整个形状。

对于组合形状可以进行很多操作，我们将在稍后的练习中探讨。现在，删除Polystar Path 1或者将它折叠，然后单击旁边的眼睛图标将它关闭。

在继续操作前保存项目。你还可以打开Comps_Finished>01-Shape Play_final1来选择此步中的练习，这样可以直接跳到使用形状操作器的部分（也称为形状效果）。

形状效果

除了创建形状路径，还有很多种形状操作器可以用来修改形状。继续使用你正在操作的合成，我们进行一些有趣的探索。

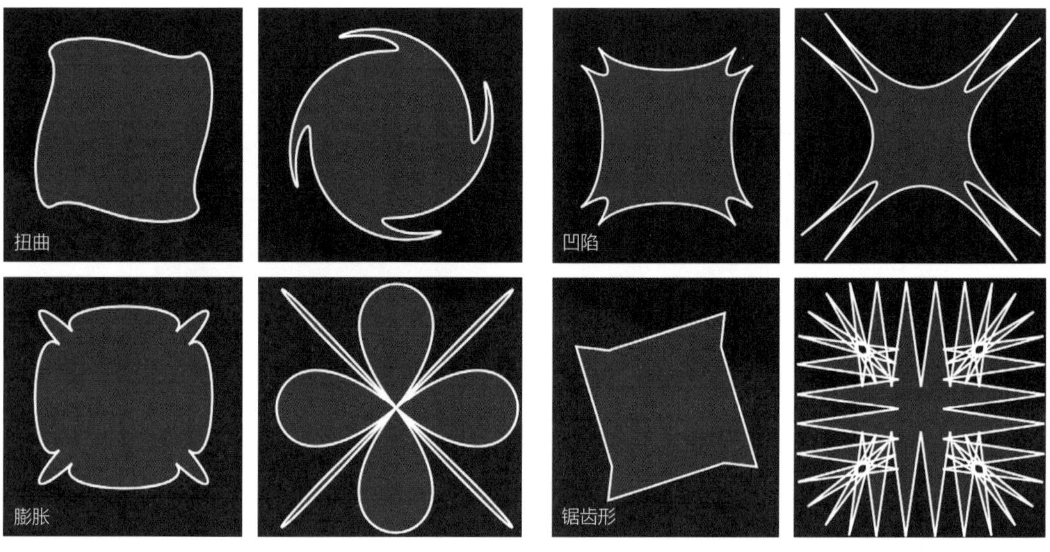

11 单击Add（添加）（右图），然后从弹出菜单中选择Trim Paths（裁剪路径）。在时间轴面板中展开Trim Paths（裁剪路径）并修改Start（开始）和End（结束）值，同时观察Comp（合成）面板：只绘制出一部分形状。设置一个或者两个0到100%之间的值，然后修改Offset（偏移）：形状看似在旋转或者追逐自己一样。没有填充时，该属性特别有用，因为它允许创建动画描边效果。完成后，折叠Trim Paths（裁剪路径）并关闭它的眼睛图标来禁用它。

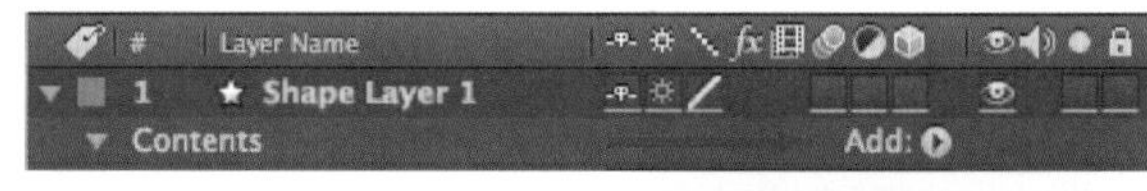

12 选择Add>Twist（添加>扭曲），将它打开，并修改它的Angle（角度）参数：这会给僵硬的形状添加一个好的自然变形。完成后将它折叠并禁用它。

13 选择Add>Pucker & Bloat（添加>凹陷和膨胀），矩形将呈现一个冗长的外观。该属性将路径片段在形状路径顶点间弯曲，此处是角和圆角之间的线条。展开Pucker & Bloat（凹陷和膨胀）并修改它的Amount（数量）（尝试正值和负值），你可以按照此方式创建一些真实的形状。完成后，将它折叠并关闭它的眼睛图标。

14 选择Add>Zig Zag（添加>锯齿形）。它可以看作Pucker & Bloat（凹陷和膨胀）的一个高级版本。将它展开并修改它的Size（大小）和Ridge（脊线）参数，可以创建任何物体，从疯狂的涂鸦到冷色的有棱角几何图像都可以。将Points（点）弹出菜单从Corner（角）改为Smooth（平滑）来创建一个更像手绘的外观。完成后将它折叠并关闭其眼睛图标。

15 选择Add>Wiggle Paths（添加>抖动路径）。最初它看起来是静态的，已经添加到形状路径中。将它展开，试验它的Size（大小）和Detail（细节）参数，以及Points（点）菜单项。

该效果很特殊，因为它是自己动画的。按数字键盘上的0键进行RAM预览，形状将开始跳舞。使用Wiggles/Second（抖动/秒）和Correlation（修正）值改变舞动的速度和形式。完成后，将它折叠并关闭其眼睛图标。

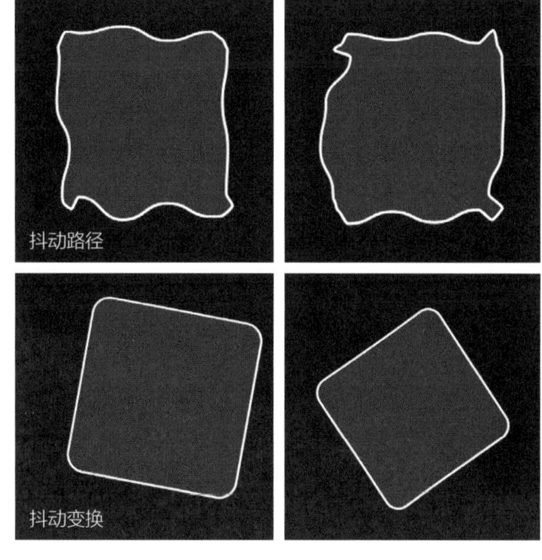

16 选择Add>Wiggle Transform（添加>抖动变换）。一开始什么也没有发生，Wiggle Transform（抖动变换）默认没有效果。展开Wiggle Transform 1，然后再展开下面的Transform（变换）部分。修改两个Position（位置）参数的值，你的形状将在Comp（合成）视图中发生偏移。就像Wiggle Paths（抖动路径）一样，Wiggle Transform（抖动变换）自动动画：RAM预览，现在形状将在合成中游荡。修改Wiggle Transform 1>Wiggles/Second（抖动/秒）的值来改变它移动的快慢（再次进行RAM预览来查看变化效果）。尝试其他的Wiggle Transform 1>Transform（变换）参数，如Scale（缩放）和Rotation（旋转）。

当Wiggle Transform（抖动变换）和Repeater（复制器）（下一个练习要使用的工具）组合到一起时，它才能真正发挥其作用。保存项目。

▼ 创建更好的按钮

形状图层和图层样式（第3章）的组合可以帮助你创建更有趣的按钮、文本条，以及其他图形元素。以下是几个值得探索的方法。

- 少量的Pucker & Bloat（凹陷和膨胀）可以给形状增加趣味，如给矩形按钮添加轻微的“弯曲”。同样还可以应用Twist（扭曲）和Zig Zag（锯齿形）。它们在简单形状（如矩形）上效果更好。
- 在Shape（形状）组的Transform（变换）属性内部有一个Skew（倾斜）属性，它可以使一个按钮或者长条发生倾斜。
- Gradient Fill（渐变填充）的Type（类型）设置为Radial（径向），可以用来模拟光线从中心向按钮边缘发散时的变化；Type（类型）设置为Linear（线性），可以使颜色沿长条改变。

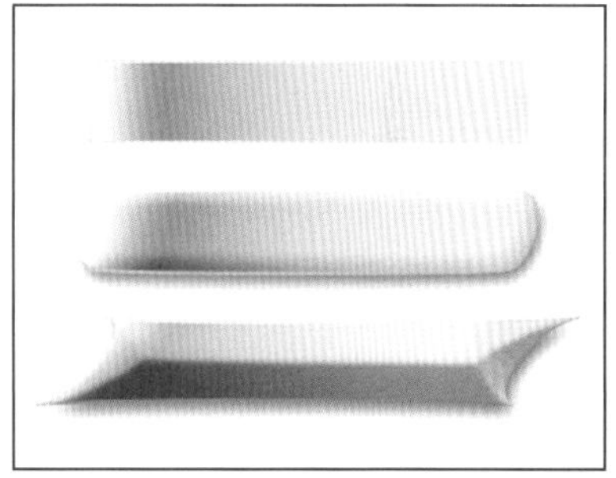

△ 顶层的长条是一个简单的带有渐变的矩形。下面的两个长条添加了Pucker & Bloat（凹陷和膨胀）、Skew（倾斜）、Bevel and Emboss（斜面和浮雕）、Inner Shadow（内部阴影）和Drop Shadow（阴影）效果来创建更立体的外观。

- Layer>Layer Styles（图层>图层样式）比普通的效果具有更多有趣的斜角和阴影。它们可以给按钮和长条提供外观上的厚度和透视感。
- 探索其他图层样式。例如Layer Styles>Inner Shadow（图层样式>内部阴影）可以给按钮增加有趣的颜色和渐变：改变Color（颜色），尝试不同的Blending Modes（混合模式），并试验Angle（角度）和Distance（距离）。同样尝试Bevel and Emboss>Altitude（斜面和浮雕>高度）：增大它的值可以给形状添加更强的反射高光。

复制器

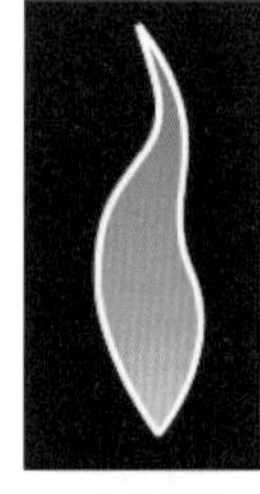

复制器可让你轻松地将单一形状（左图）转换为更多的复杂排列（下图）。

Repeater（复制器）是最有用的形状效果之一。它选择一个形状组的内容并进行复制，而每个副本具有一个不同的位置、缩放和/或旋转。

1 返回Project（项目）面板并双击Comps>02-Repeater*starter。它包含一个看起来有点像花瓣或火焰的形状图层。在时间轴面板中展开Shape Layer 1>Contents>Group 1：该图层包含一条用Pen（钢笔）工具创建的自由Path（路径），而且它采用Gradient Fill（渐变填充）。（不必担心，你在后面的练习中会学习它们。）

2 选中Shape Layer 1并选择Add>Reapter（添加>复制器）。展开Repeater 1并增加Copies（副本）的值为5，创建更多的花瓣。

3 折叠Group 1以节省时间轴面板中的空间，然后展开Repeater 1>Transform（变换）：Repeater 1。这些参数控制每个重复从原始图像变化的方式。每个副本的这些值都会累积。Position（位置）值默认为X=100和Y=0，表示每个副本向右偏移100像素。减少X值，将全部5个花瓣都显示在屏幕中。

缓慢修改Offset（偏移）值。将其设为负值时，花瓣将出现在原始图像的左侧，方向为负x方向。“负值副本”得到与正值副本相反的处理。

按⌘（Ctrl）键并修改Offset（偏移）值。修改器允许你使用比整数更精细的增量进行修改。副本看起来像通过原始花瓣的位置进行动画。

完成实验后，设置Copies（副本）为-1。现在将有5个花瓣集中在原始图像中间附近。

▽ 提示

更多形状

After Effects为形状图层提供多个动画预设。

4 稍微增加Transform（变换）值：Repeater 1>Scale（缩放）。原始图像前的副本将变得更小一些，原始图像后的部分将变得更大一些。修改Transform（变换）：Repeater 1>Rotation（旋转）并在此查看原始图像前后的副本行为方式。

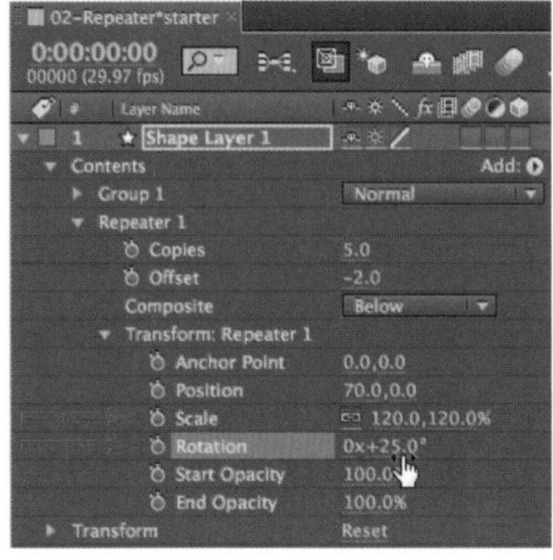

4 原始形状的“正值”副本（中间右侧）可接收连续应用的Repeater（复制器）的Scale（缩放）和Rotation（旋转）值，从而逐渐变得更大，旋转更多（左图和下图）。“负值”副本接收相反的处理，此时将变得更小，并以反方向旋转。

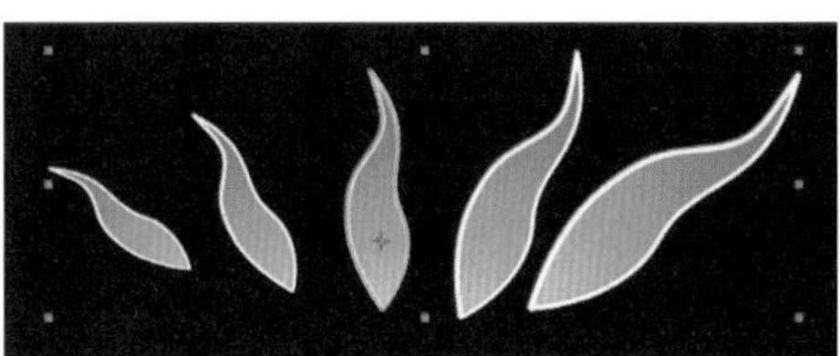

5 设置Transform（变换）：Repeater 1>Position（位置）为0，0，Scale（缩放）为100%。现在花瓣将堆积在彼此的顶部。接下来，设置Transform（变换）：Repeater 1>Rotation（旋转）为一些小的值，如30度，并注意它们如何以一个排列的形式环绕原始图层的定位点旋转。

6 修改Transform（变换）：Repeater 1>定位点的值，并观察移过该中心点的方式。Repeater（复制器）正在进行的操作是为原始图层的每个独立副本偏移定位点。

7 你输入Repeater（复制器）的形状会影响复制的效果。展开Group 1>Transform（变换）：Group 1。如果修改该组的Transform（变换）中的Scale（缩放）或Rotation（旋转）值，整个结果将会旋转或缩放，因为正在影响被复制的原始形状。将这些值设回起始点。同样重置Transform（变换）：Repeater 1>定位点为“0，0”。

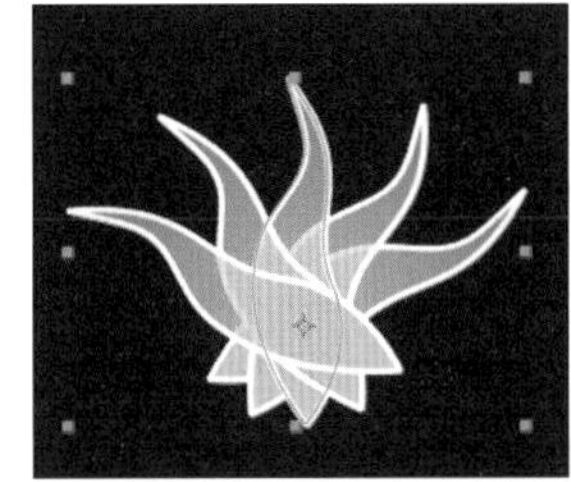

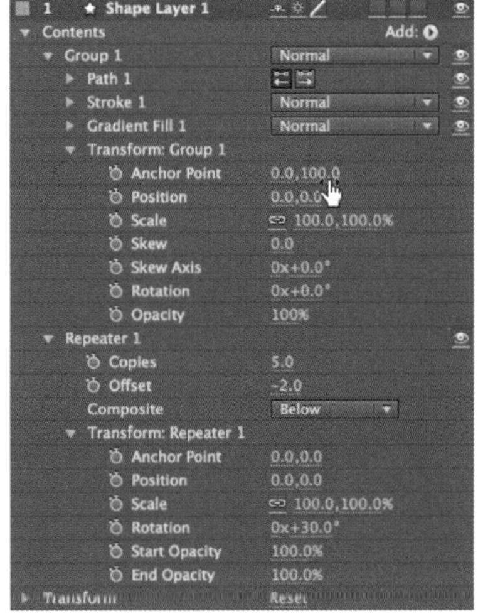

7 复制和旋转的形状没有位置偏移，堆积在彼此的顶部（右图左上）。偏移原始形状组的定位点（右图右）可帮助它们排列成 个圆形（右图左下）。

现在设置Transform（变换）：Group 1>定位点为X=0和Y=100，花瓣将展开为一个弧形。这是因为现在原始形状偏移形状组的中心，而Repeater（复制器）正在沿组中心旋转偏移的形状。返回Repeater（复制器）并尝试修改Copies（副本）和Rotation（旋转）的值，直到你创建出一朵向日葵花，根据喜好调整组的定位点。

8 将Wiggle Transform（抖动变换）添加到Repeater（复制器）前面时，所有花瓣进行同样的变换（A图）。当Wiggle Transform（抖动变换）放在Repeater（复制器）后面时，每个复制的花瓣获得一个不同的变换（B图）。

8 形状效果相对于Repeater（复制器）的顺序对最终效果有很大的影响。依然选中Shape Layer 1，选择Add>Wiggle Transform（添加>抖动变换），它会出现在时间轴面板中Repeater（复制器）的上方。展开Wiggle Transform 1>Transform（变换）并修改它的Position（位置）或Scale（缩放）值：所有的花瓣将被进行相同程度的移动或缩放。这是因为原始花瓣已经被变形了，然后一个花瓣被复制。RAM预览来查看所有花瓣一致跳动的方式。

现在，在Wiggle Transform 1上拖曳Repeater 1：所有花瓣将被单独变换。因为原始花瓣正在被复制，然后所有已复制的花瓣被单独抖动。RAM预览并注意它们彼此之间独立跳动的方式。Wiggle Transform 1>Correlation（相关）参数控制跳动统一或者不同的程度。我们的版本保存在Comps_Finished>02-Repeater_final中。

▼ 复合形状

一个更有用的形状效果是Merge Paths（合并路径）。该效果可帮助你制作复合形状——例如，字母中间剪切下来的部分像O。本练习中我们将使用它们创建一个齿轮。

1 单击Comp（合成）面板的视图菜单，选择Close All（关闭全部）来关闭前面的合成。在Project（项目）面板中，双击Comps>03-Gear*starter将其打开。目前为空。

2 我们将从制作齿轮的齿开始。

- Q是Shape（形状）工具切换的快捷键。按Q键，直到你在Tools（工具）面板中看到一个星形形状。
- 单击Tools（工具）面板中的Fill（填充）字样，确保选中了Solid Color（实色），设置Opacity（不透明度）为100%，并单击OK（确定）按钮。
- 单击Stroke（描边）字样。将它设置为Solid Color（实色），即100% Opacity（不透明度）。
- 根据喜好设置Fill Color（填充色）、Stroke Color（描边色）和Stroke Width（描边宽度）。
- 在Comp（合成）面板中间单击并向外拖曳，粗略地创建预期大小的齿轮，拖曳的同时按Shift键阻止形状旋转。释放鼠标，一个包含形状组Polystar 1的新形状图层将创建在时间轴面板中。
- 既然给该组添加形状就对它重命名：选择Polystart 1，按Return键，输入Gear Group并再次按Return键。

3 接下来，我们将默认的Star（星形）调整为更像齿轮的物体。

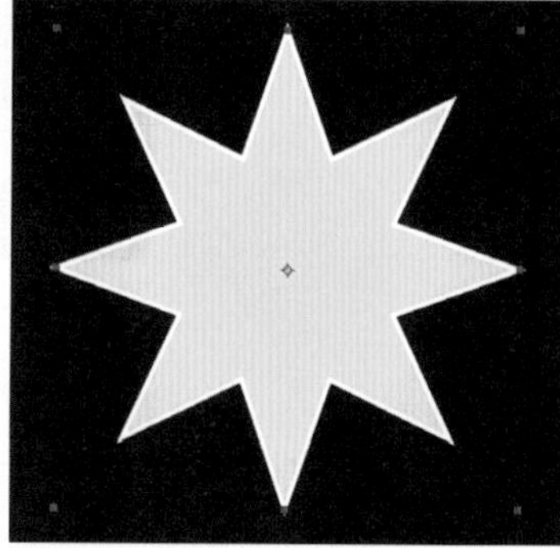

3 调整Polystar Path（星形路径）的参数来建立齿轮齿的数字、尺寸和斜率。

- 首先，将形状放在合成中心。在时间轴中展开Gear Group（齿轮组），然后展开Transform（变换）：Gear Group。设置Position（位置）为“0，0”并折叠Transform（变换）：Gear Group。
- 展开Polystar Path 1。设置Points（点）为齿轮中预计的齿数。
- 调整Inner（内半径）和Outer Radius（外半径）来创建齿轮齿的角度。我们发现将Out Radius（外半径）设置为Inner Radius（内半径）的两倍大，齿轮的效果更好。
- 将Roundness（圆度）的值归零，我们要求齿轮像尖锐的牙齿。完成后关闭Polystar Path 1。

4 下一步，修剪齿上的尖刺。

- 确保选中Gear Group（不是整个的Shape Layer），单击Add（添加）按钮，并选择Ellipse（椭圆）。

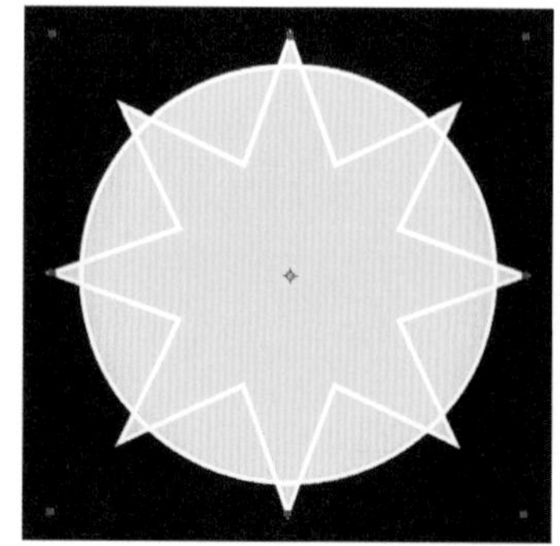

4 添加一条Ellipse（椭圆）形状路径。

- 展开Ellipse Path 1。修改Size（大小），直到椭圆正好在星形的外点内部。

5 此时，椭圆也正在被填充和描边，真正要使用它时，只要剪掉星形的点即可。现在该将它们合并到一条复合路径中。

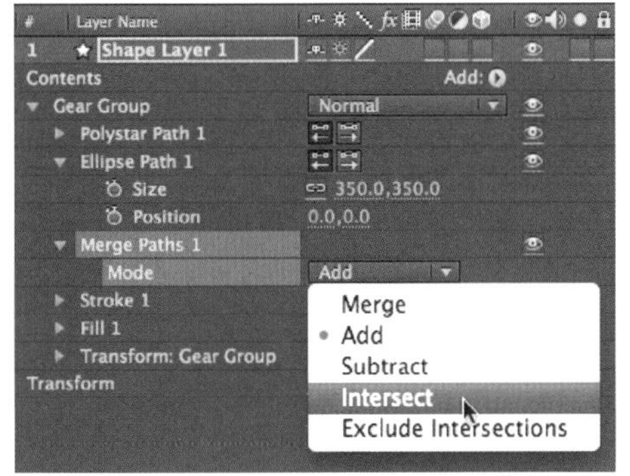

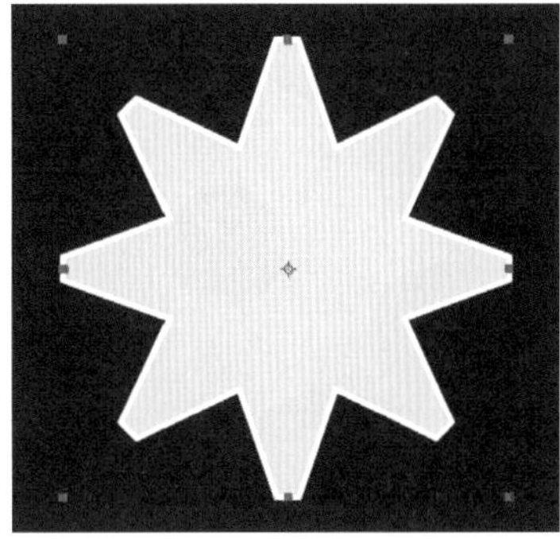

5 添加合并路径，并设置为相交。设置Merge Paths（合并路径）为Intersect（相交）时，椭圆剪掉星形的点。

- 确保选中Gear Group。选择Add>Merge Paths（添加>合并路径）。
- 展开Merge Path 1并设置它的Mode（模式）弹出菜单为Intersect（相交）。（当然，可以随意尝试其他选项。）
- 根据喜好进一步调整Ellipse Path 1的Size（大小）。然后完成后关闭Ellipse Path 1和Merge Paths 1。

6 现在，我们填充齿的底部。确保选中Gear Group（使你不会无意中新建一个组）。

- 再次选择Add>Ellipse（添加>椭圆）。在Merge Path 1下面拖曳Ellipse Path 2。
- 展开Ellipse Path 2，增加它的Size（大小）来填充齿的底部，然后将其关闭。新椭圆还被描边，Merge Paths（合并路径）也会固定好。
- 再次选择Add>Merge（添加>合并）。在Ellipse Path 2下面拖曳Merge Path 2。
- 展开Merge Path 2并核实它的Mode（模式）设置为Add（添加）。椭圆将添加到第一个Merge Paths（合并路径）属性的效果中，从而形成一个形状。

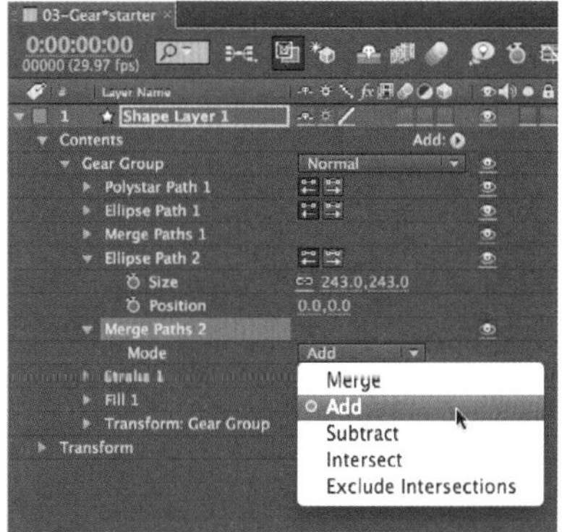

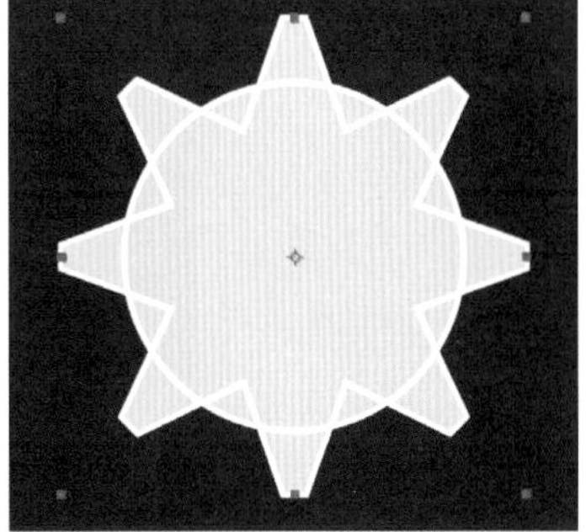

6 在原始Merge Paths（合并路径）后添加第二个Ellipse（椭圆）路径来填充齿轮齿的底部（上图）。

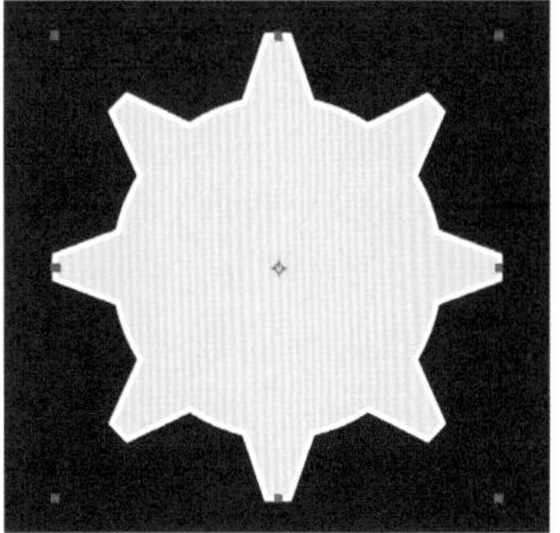

6 续 添加第二个合并路径并在新的椭圆后面拖曳它（顶图）。现在描边将跟随复合路径的结果，而不是单个形状（上图）。

7 最后一步是制作中间的孔。

- 确保依然选中Gear Groups（齿轮组）。然后选择Add>Ellipse（添加>椭圆）并在Merge Path 2下面拖曳Ellipse Path 3。根据喜好调整它的Size（大小），然后将它关闭。
- 选择Add>Merge Paths（添加>合并路径）。在Ellipse Path 3下面拖曳Drag Merge Paths 3。

- 展开Merge Paths 3并将它的Mode（模式）设置为Subtract（相减），从合成形状中切出最终的椭圆。

如果感到困惑，可以随时查看我们的作品。它位于Comps_Finished>03-Gear_final2中，我们用多边形代替椭圆来挫平并填充齿轮的齿，从而得到一个更结实的外观。

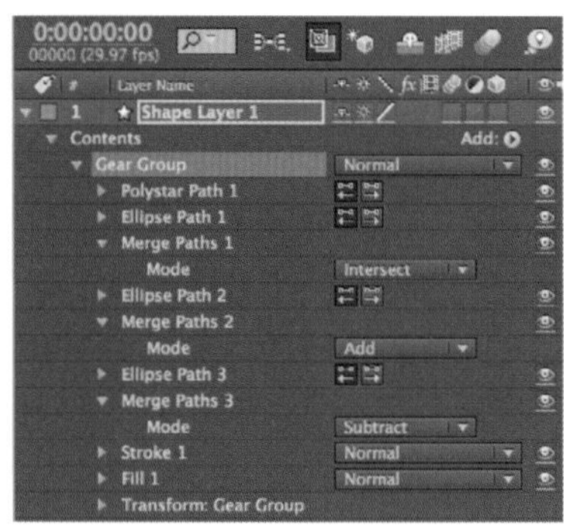

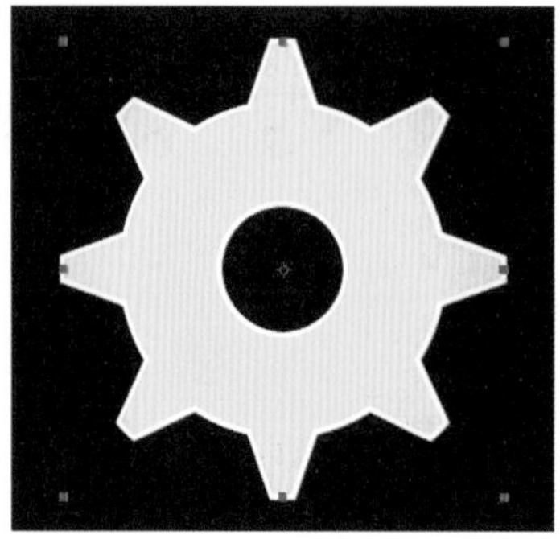

7 最后一步是添加第三组Ellipse Path（椭圆路径）和Merge Paths（合并路径）来剪出中间的孔。

十字形

转盘、十字形以及其他可以帮助你构建人为信息显示的物体都经常用到的。创建一个十字样本时，我们将使用其他的形状图层技巧：渐变、笔形路径和组。

我们在Comps_Finished>04-Display_final中用形状创建了一个十字形，然后用它来跟踪04-Display_final 2中的一个主题。素材由Artbeats/Business on the Go授权使用。

▽ 试一试

十字形

Rounded Rectangle（圆角矩形）是十字形的基础，可以很轻松地使用它组成一个方形、圆形或者两者之间的形状。在本练习中，展开Rectangle 1>Rectangle Path 1并使用Roundness（圆度）。

渐变编辑器

1 打开Comps>04-Display*starter。由于它是一个要在后面合成中使用的元素，所以我们将该合成制作成一个小一些而不是全帧视频大小的方形。我们还将背景色设置为浅灰色，这可帮助我们更好地看到透明度和颜色发生的变化。

我们还为你制作一个初始的圆角矩形。Rectangle 1将在时间轴面板中打开。如果没有打开，展开Shape Layer 1，再展开Contents，然后是Rectangle 1。

2 不再使用实色，我们用一个部分透明的渐变色填充十字形中心。

- 选择Shape Layer 1（图层的最高层）。
- 按住⌥（Alt）键+单击Tools（工具）面板中的Fill Color（填充色）色块。它将从一个实色变为渐变色。

2 Gradient Editor（渐变编辑器）允许你设置渐变的颜色和透明度。

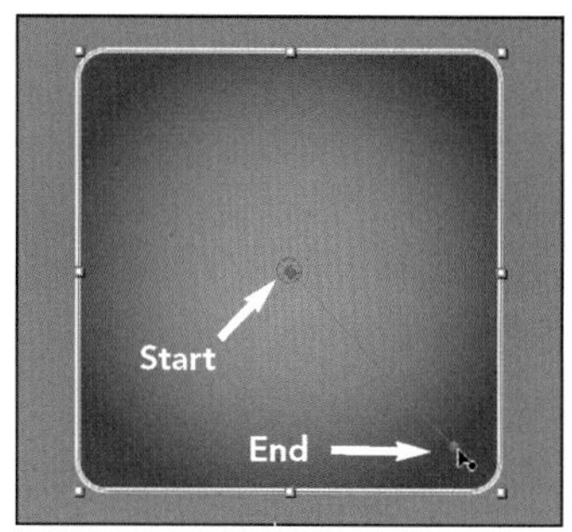

- 释放⌥（Alt）键并再次单击Fill Color（填充色）色块。将打开Gradient Editor（渐变编辑器）。改变其位置，使你还可以在编辑渐变的同时看到Comp（合成）面板。
- 单击左上角两个图标中的第二个，选择Radial Gradient（径向渐变）。
- 单击渐变条左上角的指针：Opacity Stop（不透明结束值）设置渐变中心的不透明度。我们想通过十字形中心来查看，所以设置它的Opacity（不透明度）为某个低值，如15%或更低。
- 沿右侧单击Opacity Stop（不透明结束值），用于设置渐变的外边缘。我们想在角部保持一些透明度，所以将它设置为50%左右。
- 单击渐变条右下角的指针：用于设置渐变外边缘的Color Stop（颜色结束值）。将它设为黑色。
- 最后单击左侧的Color Stop（颜色结束值）：用于设置中心的颜色。根据喜好选择一种颜色，并注意它给Comp（合成）面板中渐变的中心着色的方式。完成后单击OK（确定）按钮。

使用钢笔工具

为了更深入地查看如何绘制基于钢笔的形状，查看Lesson 11 Shape Layers>11-Video Bonus>Drawing Pen Shapes.mov，引自本书的视频特辑。

- 按V键确保激活Selection（选择）工具，并验证已选中了时间轴面板中形状图层的Gradient Fill 1。在Comp（合成）面板中，你会看到两个实心点，中间带有一条连接线：它们定义了渐变开始和结束的位置。拖曳外面的点，直到你对显示中渐变减少的方式感到满意。

钢笔工具

使用Pen（钢笔）工具创建形状路径与创建遮罩路径非常相似（第4章）。我们将使用Pen（钢笔）工具创建十字形。

3 为精确描绘线条，确保Window>Info（窗口>信息）面板打开并可见。同样确保选中Shape Layer 1（不是Rectangle 1）。

4 按G键选择Pen（钢笔）工具。在Tools（工具）面板中，确保启用了Tool Creates Shape（创建形状工具）。

我们想在400像素宽的合成中心画一条垂直线条，所以将光标在Comp（合成）面板上移动，直到Info（信息）提示X=200和Y=20，然后单击。向下移动光标到X=200和Y=380处，然后再次单击，就会出现你的线条。

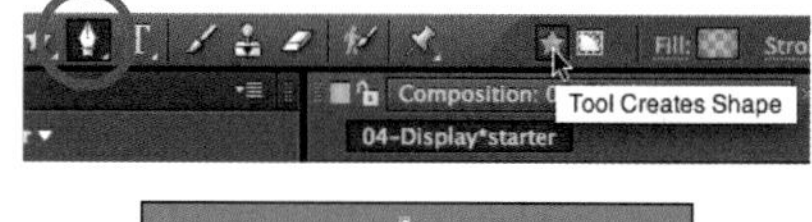

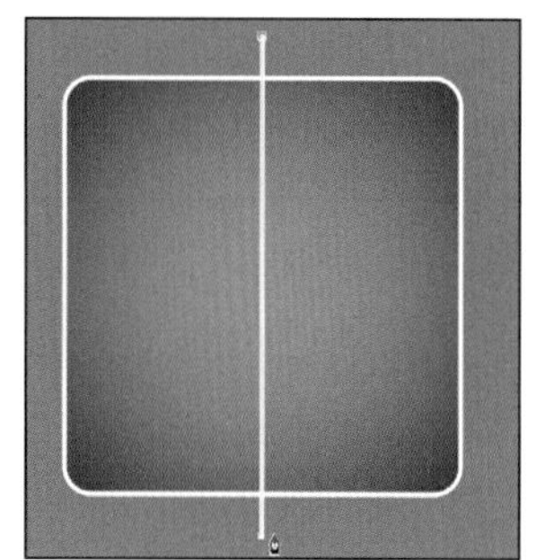

4 选择Pen（钢笔）工具并启用Tool Creates Shape（创建形状工具）（顶图）。在Info（信息）面板的辅助下，创建一条垂直线（上图）。

5 在时间轴面板中，一个新的称为Shape 1的组将出现。将它展开，包含新Path（路径）、自己的Stroke（描边）、Gradient Fill（渐变填充）和Transform（变换）。

你仍然需要创建水平十字，最好将它放在与垂直线条相同的组。选择Shape 1，然后单击Add>Path（添加>路径）。此时会出现Path 2。

在Comp（合成）面板中，依然选中Pen（钢笔）工具，将光标放在X=20和Y=200处，通过单击开始新的路径。然后将光标放在X=380和Y=200，并再次单击来完成水平十字。按V键返回Selection（选择）工具状态。

6 为十字使用一个单独的组的优点是，你可以对它们设置不同的颜色和宽度。展开Shape 1>Stroke 1（Path 2下方），并根据喜好改变Color（颜色）、Opacity（不透明度）、Stoke Width（描边宽度）和Line Cap（线帽）。现在你有了自己的十字。

我们十字形保存在Comps_Finished>04-Display_final中，然后用它来跟踪04-Display_final2中有趣的人。

6 通过在它们自己的组中放置十字路径，它们还可以拥有自己的描边设置（右图和下图）。

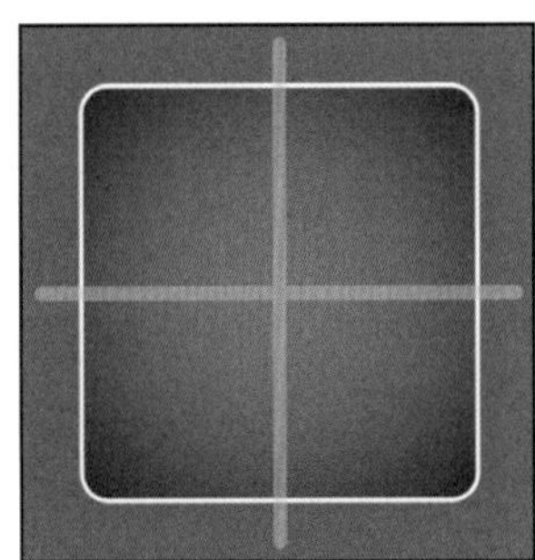

抽象图像

简单图形、Wiggle Transform（抖动变换）和Repeater（复制器）的组合可以用来创建随机的自动画纹理。应用一些效果或图层样式，然后就突然拥有了一个复杂的图形元素（否则可能需要花几个小时来创建）。

本练习的目标是选取单个形状（上图）并将它转变为进行左右动画的一群物体（下图）。

1 从Comp（合成）面板的下拉菜单中选择Close All（关闭全部），关闭前面所有的合成。打开Comps>05-Abstract*starter。它包含一个简单的圆角矩形。我们喜欢用Rounded Rectangles（圆角矩形），因为通过简单调整它们的Size（大小）和Roundness（圆度）参数可以很容易地将圆角线条变为方形线条。

2 展开Shape Layer 1>Contents（内容）。选择Rectangle 1，并选择Add>Wiggle Transform(添加>抖动变换)。Wiggle Transform(抖动变换）效果将出现在Rectangle Path 1的下方，Stroke 1的上方。我们发现抖动和复制一个已经着色的形状路径会更好一些，这样原始形状的副本可以相互交互。否则，你要为合成图像应用单独的填充和描边。因此，在形状属性堆栈中的Fill 1下方拖曳Wiggle Transform（抖动变换）。

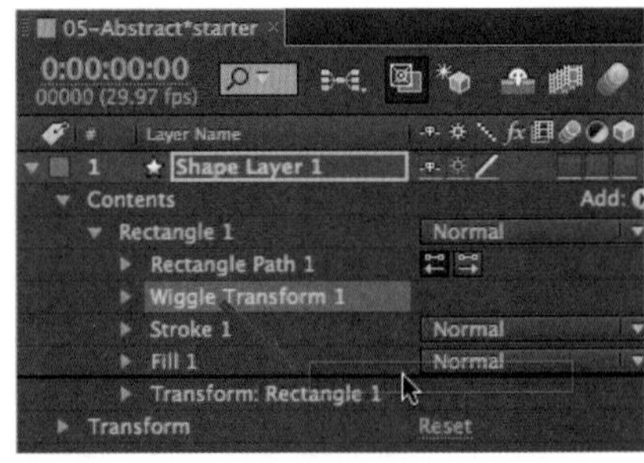

2 Add>Wiggle Transform（添加>抖动变换），然后将它在Stroke 1和Fill 1下面拖曳。

3 展开Wiggle Transform 1，然后展开效果内部[不是形状组，也不是图层的Transform（变换）]的Transform（变换）部分。该合成宽度为720像素，所以设置Wiggle Transform（抖动变换）的Position（位置）值为X=360，让形状随着移动尺寸发生改变，所以增加Wiggle Transform（抖动变换）的Scale（缩放）为100%。最后，我们想要一个更慢更神秘的运动，所以降低Wiggles/Second（抖动/秒）的速度为0.5左右。

Wiggle Transform 1
Wiggles/Second 0.5
Correlation 50%
Temporal Phase 0x+0.0°
Spatial Phase 0x+0.0°
Random Seed 0
Transform
Anchor Point 0.0,0.0
Position 0.0,0.0
Scale 100.0,100.0%
Rotation 0x+0.0°
Wiggle Transform 2
Wiggles/Second 0.5
Correlation 50%
Temporal Phase 0x+0.0°
Spatial Phase 0x+0.0°
Random Seed 0
Transform
Anchor Point 0.0,0.0
Position 360.0,0.0
Scale 0.0,0.0%
Rotation 0x+0.0°
Transform: Rectangle 1

4 按数字键盘上的0键进行RAM预览，并观察效果：形状确实在随机抖动。但是，当形状移动到左侧时，总会变得更小，而移动到右侧，它总是变得更大。不幸的是，Wiggle Transform（抖动变换）的属性抖动是一致的：它们一起向正值方向移动，然后一起沿负值方向移动。幸运的是，你可以对一个形状图层应用多个Wiggle Transform（抖动变换）副本，而且每个副本对于其他部分都独立运动。

5 选择Wiggle Transform 1并按快捷键⌘+D（Ctrl+D）将其复制。在Wiggle Transform 1，设置它的Position（位置）值为“0，0”，同时保持100%的Scale（缩放）。然后展开Wiggle Transform 2>Transform（变换）并设置它的Scale（缩放）为0%，同时保持Position（位置）值为X=360，Y=0。

5 要独立抖动一个以上的属性[如Scale（缩放）和Position（位置）]，你需要对每个变换属性添加一个Wiggle Transform（抖动变换）形状。此处我们复制Wiggle Transform 1。

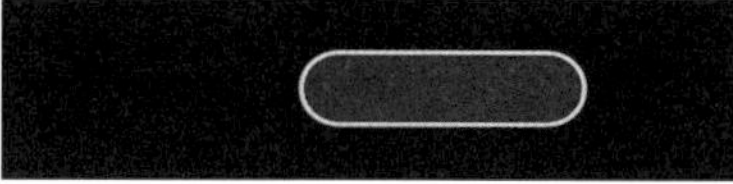
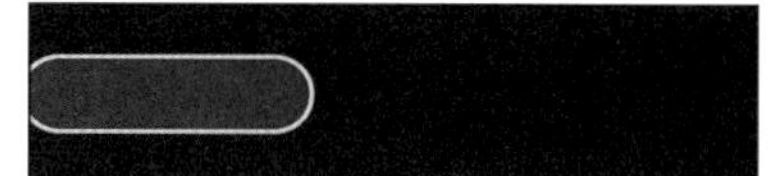

5 续 对Scale（缩放）和Position（位置）采用单独的Wiggle Transforms（抖动变换）可以提供我们所需的随机性。

再次RAM预览，现在你会观察到物体尺寸的变化不再和位置的变化联系起来。

6 现在该创建我们承诺的群：展开Wiggle Transform 1和Wiggle Transform 2，选择Rectangle 1，并选择Add>Repeater（添加>复制器）。它最初出现在Wiggle Transform 2的下方。

展开Repeater 1>Transform（变换）：Repeater 1，并设置它的Position（位置）值为X=0，Y=0。Wiggle Transform 2将提供位置偏移。

在Comp（合成）面板中只有一个形状，尽管Repeater（复制器）默认设置Copies（副本）=3。现在，复制正在抖动后发生。要让每个副本单独抖动，在Wiggle Transform 1上拖曳Repeater 1，使复制在抖动前发生。现在会看到3个副本。

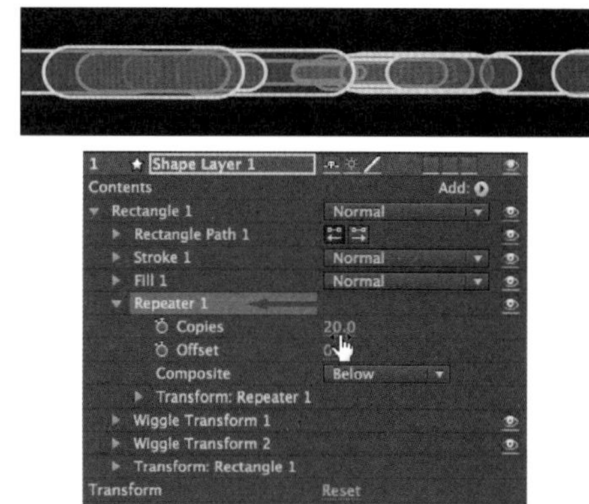

6 Add>Repeater（添加>复制器）并将它放在Wiggle Transform（抖动变换）效果（上图）的上方。增加Copies（副本）的数量并欣赏结果群（顶图）。

增加Repeater 1>Copies（副本）的数值，直到有一个不错的群。我们采用的值是20。RAM预览并欣赏该效果。

7 现在已经有了基本的运动，你可以进行几次修改来增强结束效果。

- 设置Stroke 1和Fill 1的Blending Mode（混合模式）菜单为某个更有趣的值，如Color Dodge（颜色减淡）、Pin Light（点光）或Vivid Light（艳光）。这样可以导致已复制形状的颜色彼此之间互相作用。
- 添加一个模糊效果，如Effect>Blur & Sharpen>Box Blur（效果>模糊与锐化>方块模糊），并增加Blur Radius（模糊半径）。Box Blur（方块模糊）的Iterations（迭代次数）默认值=1，结果是一个斜视效果，增加Iterations（迭代次数）来获得一个更平滑的模糊。当Iterations（迭代次数）值较高时，结果是一层飘动的薄雾。或者，减少Iterations（迭代次数）为1或2，并添加Layer>Layer Styles>

Outer Glow（图层>图层样式>外部辉光）。展开Outer Glow（外部辉光），并试验它的参数，如Size（大小）和Color（颜色）。

- 可以通过改变Rectangle Path 1的参数，或者增加其他形状效果来随意改变原始形状，如Pucker & Bloat（凹陷和膨胀）。

我们的结果保存在Comps_Finshed>05-Abstract_final中。

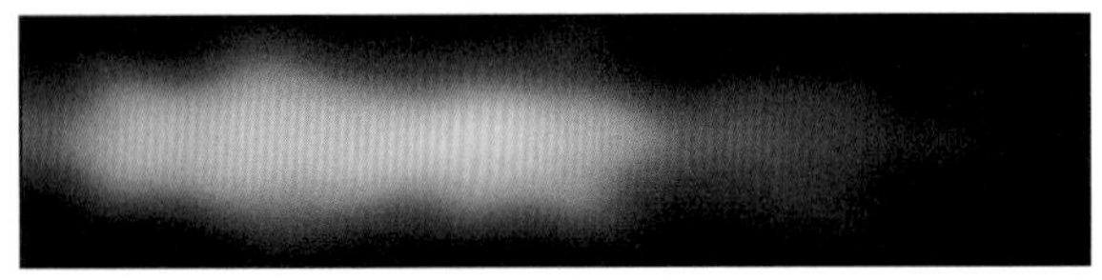
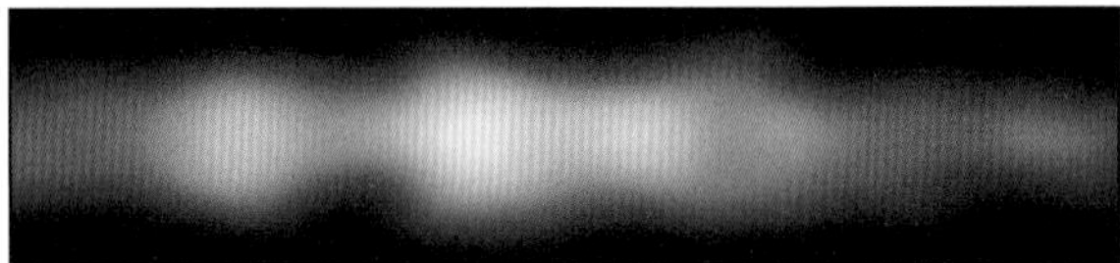

7 添加Box Blur（方块模糊）和一些形状效果创建了一个朦胧的不规则效果。

描边的路径

我们将通过处理另一个常见的任务来完成对形状图层的探索：在一个地图上画一条路径，或者在一个合成中的其他元素下面画一条线，然后对该路径进行描边。Shape（形状）图层尤其适合这种工作，因为你可以设计有趣的虚线来描边路径。

▽ 小知识

隐藏的路径

Comp（合成）面板左下方的Toggle Mask（遮罩开关）和Shape Path（形状路径）可视化按钮控制是否绘制选中形状的轮廓。它必须设为打开，以编辑一个笔形路径或者渐变，否则可以将它关闭。

▽ 试一试

活动的填充和描边

选中一个形状时，Tools（工具）面板中的Fill（填充）和Stroke（描边）参数仍然是“活动的”——编辑它们，形状就会更新。

1 保存项目并关闭前面的合成。然后打开Comps>06-Map Path*starter。

这个大合成包含19世纪90年代Indian Territories地图的一个扫描图。尝试调整Comp（合成）面板窗口的大小，以50%的Magnification（放大率）进行查看。

2 我们锁定了Indian Territory.jpg图层，使你在想要创建新的形状图层时，不会无意中在其上绘画遮罩。按G键选择Pen（钢笔）工具，然后使用Tools（工具）面板输入以下设置。

- 启用RotoBezier（旋转式曲线）选项轻松创建一个流畅的路径。
- 既然你正在绘制一个线条，就不需要填充形状。按⌥（Alt）键并单击Fill Color（填充色）色块，直到它变为有一条红线穿过的灰色盒子，表示“无填充”。
- 单击Stroke（描边），确保处于Solid Color（实色）模式，并设置它的Opacity（不透明度）为100%。单击OK（确定）按钮。
- 根据喜好设置Stroke Color（描边色），考虑什么颜色将对地图的颜色提供良好的补色。我们选择一种深绿松石的绿色。
- 要用粗线来描边路径的轮廓，所以增加Stroke Width（描边宽度）为16像素左右。

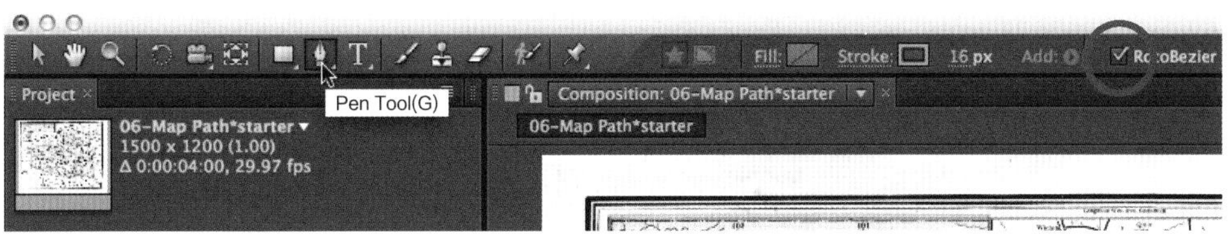

2 选择Pen（钢笔）工具，启用RotoBezier模式，设置Fill（填充）为None（无），并根据喜好设置Stroke（描边）。（后期你一直可以编辑它的颜色和宽度。）

3 显示一条你想要创建的穿过该地图的路径，也许这讲述了一个从东到西探险的故事。单击地图右边的深色线条，开始路径。然后单击经过地图的几个点，直至到达左侧边界。不需要单击和拖曳，RotoBezier（旋转式曲线）会自动计算所创建的点之间的曲线。要编辑路径，单击并拖曳现有的点。[在CS6版本之前，按住⌥（Alt）键然后单击。]

完成后按V键返回Selection（选择）工具。一条表示描边路径的线将向下画到描边的中间。[如果喜欢，关闭Mask（遮罩）和Shape Path Visibility（形状路径可见），这样可更清楚地查看描边。]

3 单击几个点，定义穿过地图的路径。可以单击Comp（合成）面板底部的Toggle Mask（遮罩开关）和Shape Path Visibility（形状路径可见）来隐藏黄色路径。

4 默认描边是一条实线，但有可能沿描边设计自己的图案。在时间轴面板中，展开Shape Layer 1>Contents（内容），之后是Stroke 1，然后展开Stroke 1显示Stroke（描边）的参数。

最后一个Stroke（描边）参数是Dashes（虚线）。将它展开，它不曾包含任何分段。单击“+”按钮，现在描边是一条虚线。

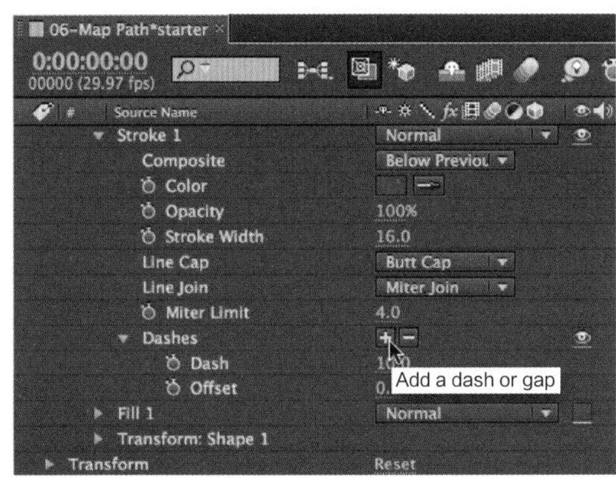

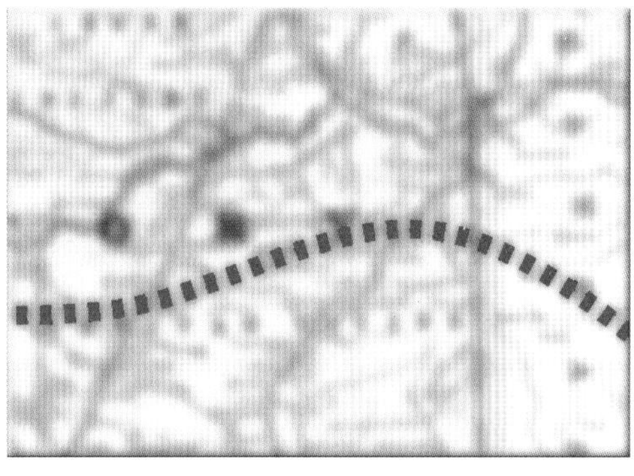

4 单击Stroke 1>Dashes（虚线）旁边的+开关将线条从实线改为虚线。

5 让我们获得描边的一个更好的外观。增加Comp（合成）面板的Magnification（放大率）为100%。在按空格键的同时，在Comp（合成）面板中单击并拖曳来重新定位显示，使你可以看到描边的起点。

默认笔画有方形边缘。单击Stroke 1>Line Cap（线帽）弹出菜单并将其设置为Round Cap（圆端点）。然后修改Stroke 1>Dashes（虚线）的Dash（虚线）值来扩展分段。

增加Dash（虚线）时，你可能注意到虚线的长度和它们之间的距离同时增大。如果想单独控制它们，再次单击+按钮。会出现几个称为Gap（间隙）的参数。调整Dash（虚线）和Gap（间隙），得到一个喜欢的分段/距离类型。

6 假设想要交替的点和虚线。单击两次或者更多次“+”按钮，添加另一个Dash（虚线）和Gap（间隙）。设置第二个Dash（虚线）的值为0来创建线段之间的点。将两个Gap（间隙）的值设为使两边的点具有平均距离的相同值。

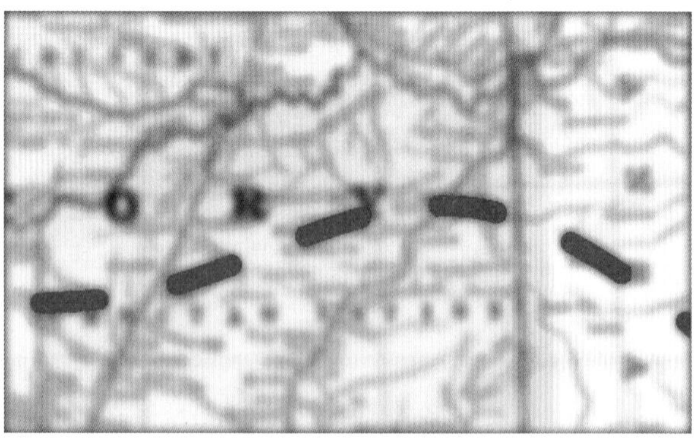

5 要创建更多优美的虚线，设置Stroke 1的Line Cap（线帽）弹出菜单为Round Cap（圆端点）。根据喜好调整Dash（虚线）和Gap（间隙）的值。

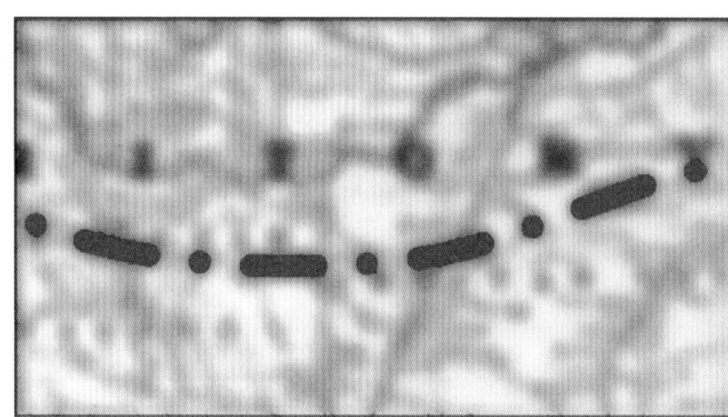

6 为描边添加两对Dash（虚线）和Gap（间隙）的值，将线段改为点。

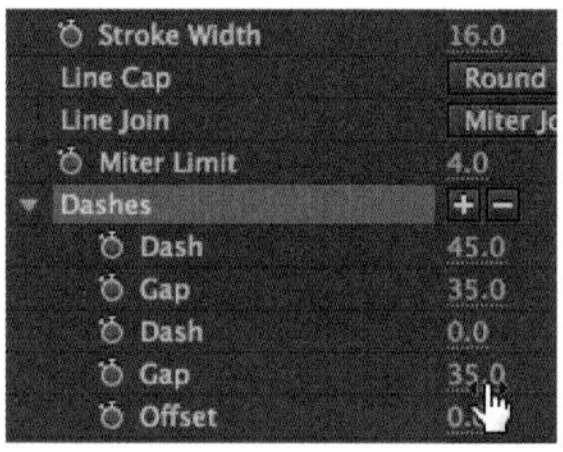

Stroke Width	16.0
Line Cap	Round
Line Join	Miter Jo
Miter Limit	4.0
Dashes	+ −
Dash	45.0
Gap	35.0
Dash	0.0
Gap	35.0
Offset	0.

7 按快捷键Shift+I再次在Comp（合成）面板中显示整个地图。修改Dashes>Offset（虚线>偏移）并观看描边沿路径行进。（思考为该路径设置动画的用法……）调整Dashes（虚线）设置以及Stroke 1的其他参数——直到你对线条感到满意，然后关闭Stroke 1。

▼ 公共领域

Indian Territories地图是从19世纪90年代印制的Cram's Unrivaled Family Atlas of the World中扫描来的。它已经足够古老，版权也过期了，因此它属于公共领域内容。

很多人不明白什么是公共领域，什么不是公共领域（称为痴心妄想）。我们推荐阅读Nolo Press的The Public Domain：它包含了对什么能用和什么不能用的合理合法建议，还包括大量的公共领域材料资源。

动画描边

线条告诉你要查看的内容，一条动画线条为你讲述了一个故事。回想第一个形状练习，快速浏览一些可用的形状属性。哪个会剪裁形状的路径？是Trim Paths（剪裁路径）属性。

8 选择Shape 1，然后选择Add>Trim Paths（添加>剪裁路径）。展开Trim Path 1并修改End（结束）参数：这样做时，路径将会缩短和加长。

- 按Home键确保位于00:00处，设置End（结束）为0%，然后单击它的秒表启用关键帧。
- 按End键并设置Trim Paths 1>End（结束）为100%。

- 这是一个需要加载到RAM中进行预览的大地图，而且你有可能已经以50%或者更小的Magnification（放大率）看过了——所以为什么还要渲染更多的像素呢？单击Comp（合成）面板底部的Resolution（分辨率）菜单［应该为Full（全分辨率）］并选择Auto（自动）。然后按数字键盘上的0键RAM预览动画，或者按快捷键Shift+0进行隔帧预览。

9 平面的虚线对于平面地图读起来可能有点困难。既然形状图层是单独的图层，你可以应用图层样式或效果来帮助它们与合成中的其他图层呈现不同的外观。

确保Shape Layer 1依然选中，然后应用Layer>Layer Styles>Drop Shadow（图层>图层样式>阴影）。在时间轴面板中将它展开，并增加Distance（距离）和Size（大小）参数，直到线条开始从地图中抬升。

如果跟随该练习有点困难，继续详细查看我们保存在Comps_Finished>06-Map Path_final中的作品。我们还添加了一个修饰：Layer>Layer Styles>Bevel and Emboss（图层>图层样式>斜面和浮雕），它进一步增加了立体感。

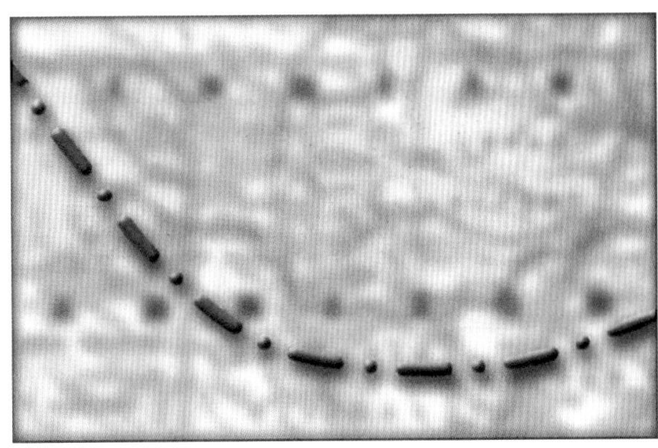

9 我们的最终地图，用动画的虚线表示我们的旅程。添加了Bevel Alpha（斜角Alpha）和Drop Shadow（阴影）图层样式。

根据矢量图层创建形状

After Effect CS6中添加了一个新特性，将一个基于矢量的图层——如来自Adobe Illustrator中的作品——转换成一个形状图层。一旦你这样做，就可以在After Effects内部改变它的颜色和编辑它的形状路径，以及添加形状效果并进行动画。

1 保存项目并关闭前面的合成。然后打开Comps>07-Vectors to Shapes*starter。它包含一个已经导入到After Effects中作为Footage（素材）［Merged Layers（合并图层）］的Illustrator文件。

2 选择Quarry Studios logo.ai并从Vector Layer（矢量图层）中选择Layer>Create Shapes（图层>创建形状）。（CS6以前的版本中没有该命令。）该图层的Video（视频）开关将被关闭，一个新的名为Quarry Studios logo Outlines的图层将会出现。Comp（合成）面板中的图像不会改变，因为After Effects已经准确地将Illustrator矢量作品转换为一个形状图层。并不是所有的尝试都能成功，如Illustrator渐变将转换为一个实色，而一些复合路径可能会有些问题。

2 在使用Layer>Create Shapes from Vector Layer（图层>根据矢量图层创建形状）后，原始图层的Video（视频）开关（眼睛图标）仍然关闭，一个新的形状图层将创建在它的上方。

3 打开Quarry Studios logo Outlines>Contents（内容），你会看到已经创建的18个形状组：一个组对应一个字母，一个组对应一个彩色形状和黑色描边。确保启用了Shape Path Visibility（形状路径可见），选中一个形状组时，将在Comp（合成）面板中描绘出其轮廓，而它的Fill（填充）或者Stroke（描边）色将显示在Tools（工具）面板上方。记住，你可以将形状组重命名为更有意义的名字。

4 选择Group 18，它是一个大的紫色形状。单击Add（添加）并选择Pucker & Bloat（凹陷和膨胀）：现在它会变成一个圆角形状。可以随意尝试其他形状效果来动画字母或者碎片，如Wiggle Paths（抖动路径）或Wiggle Transform（抖动变换）。

Comps_Finished>07-Vectors to Shapes_final中包含我们的版本，其中我们添加了渐变、抖动路径、混合模式和变换。我们还使用Add>Group（添加>组）并将全部字符拖曳到新的形状组中，以便可以轻松地管理它们。

4 转换之后，可以对结果形状组应用形状效果。此处，紫色形状已经应用了Pucker & Bloat（凹陷和膨胀）效果，与其他未接触的彩色形状相比，将它弄圆一些。

一旦矢量图层被转换成形状，就可以在After Effects内部动画和修改它们（如我们的最终合成）。

挤出形状图层

在第8章的3D空间中，我们阐述了对文本图层使用新的Ray-traced 3D Renderer（光线跟踪3D渲染器）的用法。形状图层使用这种渲染引擎（包括支持挤压、倾斜、透明和反射）同样工作得很精彩。如果你是Ray-traced 3D Renderer（光线跟踪3D渲染器）的新手，我们建议你首先练习第8章的“RT”示例［包括熟知各种Fast Preview（快速预览）选项部分］，然后再进行接下来的练习。

1 关闭前面的合成，并从Lesson_11.aep中打开Comps>08-Extruding Shapes*starter。我们已经安排了一个初始场景，包含一个启用了3D Layer（3D图层）开关的星形样的形状图层，一对灯光［一个Type（类型）为Spot（聚光），另一个为Ambient（环境光）］，一个Environment Layer（环境图层）（Ruins Panorama.jpg）环绕在我们空间中。Composition（合成）面板右上角的Renderer（渲染器）按钮标识我们已经给该合成设置为使用Ray-traced 3D Renderer（光线跟踪3D渲染器）（通过单击该按钮进行编辑）。如果没有设置该按钮，或者如果形状图层看起来正在和背景图像交叉，就选择Classic 3D Renderer（经典3D渲染器）——记住，CS6以前的版本不支持下面的特性。

1 初始形状位于3D世界中。你的目标是挤压它并制作成半透明和反光效果。注意Ray-traced 3D Renderer（光线跟踪3D渲染器）已经被选中。全景环境由iStockphoto，bishy、Image #1350819授权使用。

2 展开Shape Layer 1>Geometry Options（几何体选项）。修改Extrusion Depth（挤出深度），形状将变得更厚。

3 设置Bevel Style（斜角样式）为Angular（角形），一个斜角就会出现在形状的正面和侧边之间。尝试不同的样式：Convex（凸形）为形状提供一种柔和的圆角形式，Concave（凹形）创建一种凹陷的斜角。

4 增加Extrusion Depth（挤出深度）为5或者更大值。Bevels（斜角）增大了形状的体积。你也许发现需要减少形状的尺寸——或者至少减少Extrusion Depth（挤出深度）——来回到所需的整个尺寸。

5 原始形状参数仍然可用。例如，单击Tools（工具）面板中的Fill（填充）色块并使用滴管工具选择天空的颜色作为形状的颜色。

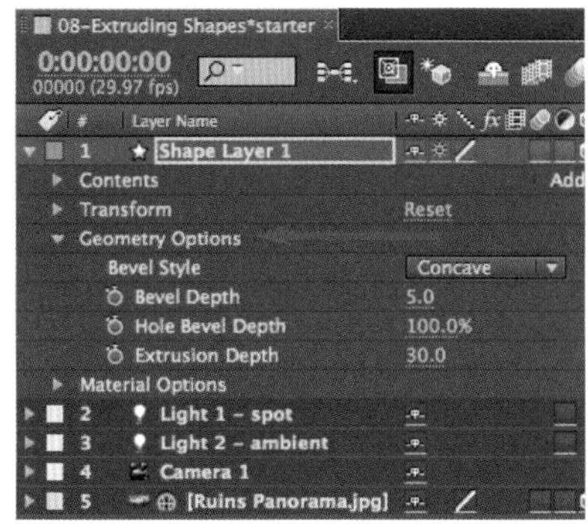

2~5 使用Geometry Options（几何体选项）（左图左）来挤出并倾斜形状（左图右）。

6 展开Shape Layer 1>Material Options（材质选项）并增加Transparency（透明度）的值。形状的Fill（填充）色变为半透明，但是它的反射高光依然可见。将其值设置为90%左右，这样仍然可以识别形状（参见下图左）。如果想添加更多细节，增加Transparency Rolloff（透明溢出）值：它改变了表面的透明度，这种表面对于摄像机来说具有更难实现的角度，如侧边。

6~7 透明物体就像重影。Index of Refraction（折射指数）（右图）使它们看起来更像玻璃（上图）。

7 增大Index of Refraction（折射指数）参数时，透明物体的真实魔力就显示出来了。在采用它的默认值1.00时，物体就是浅薄大气中的一个重影，没有真正改变所穿过的光线。但只要增加折射指数，3D图层的光线就会在角部倾斜，因为它们通过的是透明物体，会引起视觉上的变形。

8 增加Reflection Intensity（反射强度）：现在天空和环境图层空间中其他侧边的其他景物将被反射，被形状的Fill（填充）色着色。

9 默认情况下，Material Options（材质选项）影响形状的每个表面。但是，可以单独对准前面、后面、侧边和斜角。让我们为星形创建一个铬黄帧。

- 将Reflection Intensity（反射强度）设回0%。展开Contents（内容）并选择形状组Polystar 1并对准它。单击本章前面形状效果所采用的Add（添加）按钮并选择Bevel>Reflection Intensity（斜角>反射强度）。一个称为Material Options（材质选项）的操作器：Polystar 1将添加到该形状组的Transform（变换）部分的下方。增加Bevel Reflection Intensity（斜角反射强度）为100%。

8 增加Reflection Intensity（反射强度），在光线跟踪的物体中查看其他3D图层。

- 如果想从Fill（填充）色中移除淡蓝色，选择Add>Bevel>Color（添加>斜角>颜色）并设置Bevel Color（斜角颜色）为白色。

10 也可以添加普通的形状效果或为其设置动画。如依然选中Polystar 1，选择Add>Twist（添加>扭曲）来创建一个更有趣的形状，在Comps_Finished>08-Extruding Shapes_final中我们添加了额外的Polystar的Roundness（圆度）设置，在星形的点处创建环形的星形，然后将Offset Paths（偏移路径）设置为一个负值来分离星形，以创建小的水滴形。

9~10 你可以添加形状效果并为挤出形状图层的参数设置动画。

第12章　最终项目

从草稿到完成，构建一个演出开场式。

▽ 本章内容

- 交付规范
- 音乐定位
- 初始镜头移动，单独的维度
- 3D摄像机跟踪器
- 标题的类型设置
- 根据音乐制作计时动画
- 创建一个可重用的元素
- 替换占位符：ETLAT
- 创建动画的线条
- 启用动作模糊，渲染一个校样
- 提高最终项目的思路
- 音乐考虑因素，创建主合成
- 模拟3D世界，为颜色加标签
- 放置3D背景
- 时间延长，帧混合
- 应用文本动画预设值
- 使用形状来创建一个视频帧
- 起草一个高效的合成层次
- 填充背景
- 使用表达式来制作音乐的动画
- 交付一个广播包

▽ 入门

本书下载资源中的Lesson 12-Final Project文件夹包含了学习本章所需的项目文件和资源，将其复制到硬盘上。该项目文件包含多个中间合成，可用于比对自己完成的工作。

现在是时候集合在前面的课程中所学到各种技能，并在工作中应用它们了。本章的任务是为一个关于心脏病的演出构建开场式。首先模拟一个3D世界，测试摄像机的移动，然后用最终的元素替换每个点位符。

我们假设读者已拥有一些After Effects使用经验（如果需要，可以参考前面的各章），所以说明会比平常更零散一点。我们的重点是设计的考虑因素，以及如何计划一个项目，包括在计划行不通时如何恢复原先的工作。

在开始（任何工作）之前

开始任何动态图像工作之前，重要的是去了解客户的参数：最终渲染应该以何种格式交付，以及拍摄预算，或者获得可视化元素的预算。在本例中，我们被告知最终交付要求是1920像素×1080像素的高清晰度视频文件，时长20至30秒，每秒23.976帧，即相当于传统胶片帧速率的视频。（因为我们不想让计算机超负荷工作，所以将此项目缩小一半，即960像素×540像素，并且相应地缩小源素材。）虽然用16：9的宽屏图像宽高比来交付作品，但我们被告知要“保护”4：3中心切割，因为要从最终图像的缩小版中间裁剪出标准清晰度版本。我们也被告知预算很紧，所以准备只对“主角”镜头使用高清晰度素材，对其他元素采用低成本的标准清晰度视频。我们将从头开始创建各个元素。

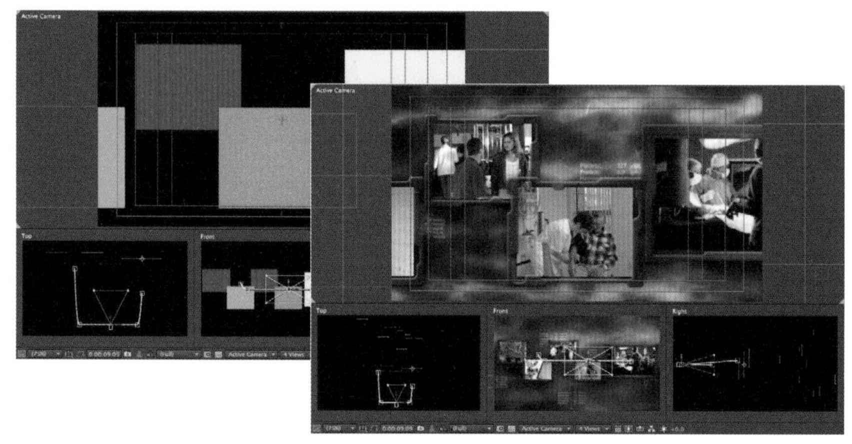

在这个最终项目中，我们将遵循一个典型的真实工作流，从概念证明模拟执行到完成的各个部分。视频由Artbeats and iStockphoto授权使用。

下一个任务是解决音乐问题。我们喜欢使用音轨作为我们动画的计时网格，所以我们越早确定音乐（至少确定音乐的节拍）就越好。我们研究了典型的心跳速率，并发现它们的范围是60至100次每分钟（bpm），男性的心率一般是72。然后，我们查看用于动画的“12-Magic-Tempos（魔力节拍）”图表（包含在Lesson 12-Final Project>12-Bonus Content文件夹中），我们发现，对于23.976视频，71.93bpm的音乐节拍可以产生良好的、干净的20帧每拍（fpb）动画速率。我们要求作曲人在音轨中使用这种节拍，他交回我们的音乐片段长度不足25秒，非常完美。现在，我们已经准备好开始，不必担心以后才了解这些细节可能会造成的大量工作浪费和重做。

▼ 预可视化辅助工具

在开始一个动态图像项目之前会被要求提供一系列风格图，这很常见。这些图往往是静态图片，显示整体设计的外观和感觉，包括字体选择和调色板。这些图也可能显示从开始到完成的进度，包括有关转场如何发生的说明。我们喜欢使用After Effects而不是Photoshop来创建这些风格图，因为我们可以获得在真实动画中将会使用的所有工具。通过尝试各种插件设置，可以在设计获得最终批准时节省研究时间。通过创建迷你动画来演示如何动画字体或效果，或转场如何发生，从而帮助客户更好地可视化设计思路。

客户也可能要求提供一个制作样片（一个动画的故事板），我们在本章的第1部分将创建它。这些样片可以拟定更复杂的动画或广告的主要部分和转场，并且它们可以在现场拍摄之前测试场景的进展。这有助于避免在最终被剪掉的房间地板上花时间实现动画或拍摄一个场景，也有助于发现故事所缺失的关键部分。制作样片可能是一系列带有说明文本的静态图像，或配有旁白的简单2D或3D动画，具体取决于每项工作的时间限制和预算。

企业视频项目往往包括一个剧本。与制作人一起研究剧本，突出显示需要为其创建动态图像的部分，并与视频编辑人员协调，确保所有图像都有人负责。

第1部分：概述主合成

在我们继续创建元素之前，明智的做法是先制作一个粗略版本的合成，进行音乐定位（第5章），然后测试3D镜头移动的时间（第8章），确保我们的整体思路是可行的。

创建主合成

1 打开项目文件Lesson_12.aep，将Workspace（工作区）设置为Standard（标准），然后Reset（重置）它。如果想简单看一下，并了解自己的进度，打开Finished Movies文件夹，在Footage（素材）面板打开Final Comp.mov，并进行RAM预览。[记住，按空格键将启动一个没有音频的Standard（标准）预览。]

2 在Project（项目）面板中选择Comps文件夹，在这里保存所创建的合成。然后选择Composition>New Composition（合成>新建合成）。将它命名为“ Final Comp”（我们在前面添加一个空格，让它可以在Comps文件夹中排在顶部）。根据客户的规范和音乐，输入Width（宽度）为960，Hight（高度）为540，Frame Rate（帧速率）为23.976，Start Timecode（开始时间码）为0:00，Duration（持续时间）至少为25:00。将Background Color（背景色）设置为黑色，然后单击Advanced（高级）选项卡，将Renderer（渲染器）设置为Classic 3D（在After Effects CS6之前被称为经典3D）。单击OK（确定）按钮。

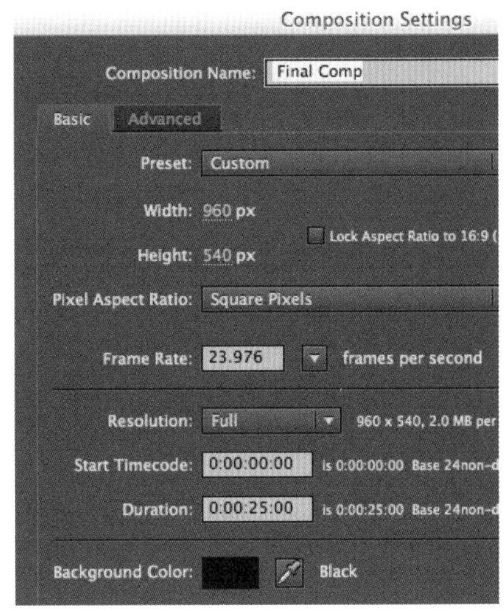

2 根据客户的交付规范和音乐的时间长度创建最终合成。让最终合成比自己认为所需的长度稍长一点，这是个不错的想法。缩短合成比在完成大量工作之后再延长它要更容易。

音乐定位

3 回到Project（项目）面板，向下滚动到Sources>music（源>音乐）。选中Final Beat.wav，按快捷键⌘+I（Ctrl+I），将它添加到Final Comp。

4 保持选中Final Beat.wav，按L L键（快速连续按两次L键）显示其音频波形。在波形上可以很容易看到一系列较高且间隔平均的尖峰。按.（数字键盘上的小数点）键（Mac用户可以按快捷键Ctrl+.）只预览音频，并注意心跳和鼓点与这些尖峰间的对应关系。

5 移动到00:05，这是这一次心跳的两拍中较强（较高）的一拍发生的位置。保持选中Final Beat.wav，Mac用户可以按快捷键Ctrl+8，Windows用户可以按*（数字键盘上的星号）键，放置一个Layer Marker（图层标记）。

现在，让我们看看作曲人是否满足了我们的要求：按快捷键Shift+PageDown两次，向前跳20帧，到达00:25。那里有另一拍，正好和我们的计划一致。按*键放置一个标记，继续在整个音轨中执行该操作。

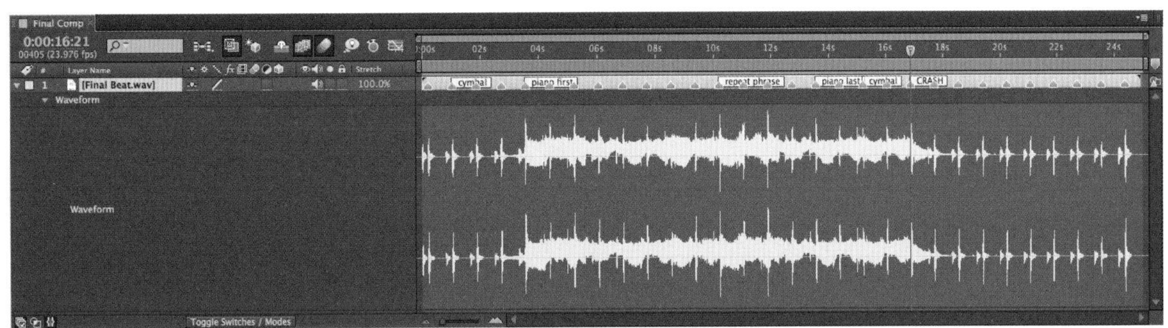

5~6 在大多数情况下，在波形中的高尖峰对应于每20帧一个的音频节拍。我们最后定位的音轨包含主节拍的标记，以及音乐变化位置的注释。

6 现在已经标记出主节拍，回去再次预览音乐，听听重要事件或段落变化（如音乐主体的开始和结束），以及突出的细节（如铜钹的击打或最后一个钢琴音符）。双击这些标记，打开它们的Layer Marker（图层标记）对话框，并输入简短的Comments（注释），对这些事件进行备注。然后向上滚动到Final Beat.wav层。我们的版本在Intermediate Comps>01_Spotted Music中。保存自己的项目，以免丢失这些工作。

模拟3D世界

我们的预算允许我们对最终的“主角”影片使用全帧高清晰度素材，但我们对其他视频剪辑必须使用较小的标准清晰度素材。将标清视频放大为高清画幅会很难看。常用的设计解决办法是在3D空间中放置多个较小的视频杂锦，也许增加一个风格画，使它们更有趣。

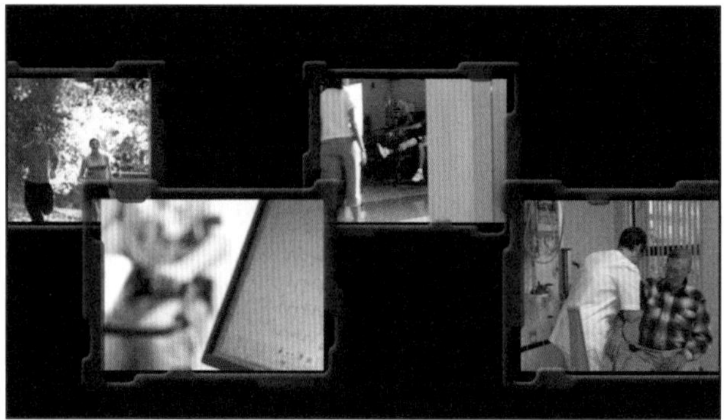

在高清晰度项目中有效地使用标清小视频甚至网络视频的方法是，在3D世界中排列它们，添加一些帧，让它们看起来更有趣。

我们开玩笑，在3D中工作要花三倍长的时间。尽管从一开始就打造一个视觉上很漂亮的世界可能是个很诱人的想法，但谨慎的做法是，先模拟一个世界，并测试镜头移动，在花太多时间实施之前确保设计是可行的。

7 让我们从主角开始。如前所述，我们制作的尺寸只有要求的一半，所以需要为高清主角创建一个替身图层，它至少是960像素×540像素。然后需要为它的帧预留空间。作为起点，让我们在整个帧中预留大约25%的高度（额外的140像素）。

7 将Label（标签）颜色（鼠标所指之处）设置为与固态层相同的颜色。这样做可以更容易地找到在Comp（合成）面板和时间轴面板中各个内容的对应关系。

选择Layer>New>Solid（图层>新建>固态层），输入Width（宽度）为1100，Height（高度）为680，并将颜色设置为黄色。将它命名为Hero Shot，单击OK（确定）按钮。它将自动在合成内居中，这是计划的最终位置。然后，在时间轴面板中，单击最左边的Label（标签）列中的色板，并选择Yellow（黄色）。

8 我们较小的视频是320像素×240像素（大约是标清NTSC视频的平方像素大小的一半）。同样，我们想为帧额外保留大约25%的高度（60像素）。选择Layer>New>Solid（图层>新建>固态层），输入Width（宽度）为380，Height（高度）为300，并将颜色设置为红色，将它命名为Extra 1，单击OK（确定）按钮。然后，将其Label（标签）颜色相应地改为Red（红色）。

9 复制Extra 1。选中复制的内容，然后选择Layer>Solid Settings（图层>固态层设置），After Effects将其名称自动修改为Extra 2。将其颜色修改为绿色，单击OK（确定）按钮，然后将其Label（标签）颜色修改为Green（绿色）。再重复此操作两次，生成Extra 3和Extra 4，将它们的颜色分别设置为蓝色和橙色。

10 接下来，让我们水平排列各图层。按快捷键⌘+-（Ctrl+-），将Comp（合成）面板缩小至25% Magnification（放大率），或直至Hero Shot小于Comp（合成）面板的1/3宽度。按空格键，临时调出Hand（手形）工具，并将合成的可见部分拖到右边，将空白的剪贴板留在左边。

▽ 提示

魔力节拍

特定的音乐节拍对应于音乐节拍之间简单的整数帧数。本书下载资源中的Lesson 12-Final Project>12-Bonus Content内包括了在多种帧速率下的这些节拍的一个图表，以及它们背后的原因。

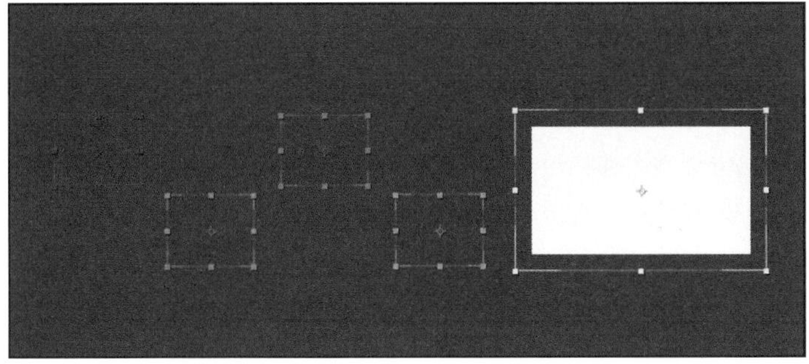

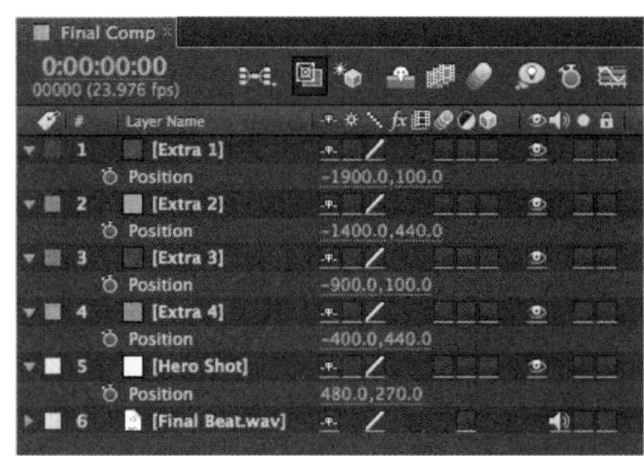

10 在剪贴板上排列Extra图层，作为一个图像的“画廊墙”，让摄像机可以平移拍摄（上图左）。如果想均匀地分布它们，使用Align（对齐）面板，或检查其Position（位置）值（上图右）。[注：对齐在2D图层有效，但对3D图层无效，所以先使用此工具，然后在步骤11中启用3D Layer（3D图层）开关。]

将Extra图层拖到左边，并将它们排列成好看的图案。按P键显示所选中图层的Position（位置），通过数字验证其排列。相对于Hero Shot的中心线，我们选择了将图层在X轴方向延伸至500像素，并在Y轴方向错开±170像素。可以对齐它们的顶部或底部边缘，也可以自由排列。只需确保Extra 4不会与Hero Shot重叠，因为在最后需要看到它是无阻挡的。

11 选中除Final Beat.wav以外的所有图层，并启用其3D Layer（3D图层）开关。将View Layout（视图布局）选项设置为4 Views-Bottom（四视图-底视图），并确认视图端口被设置为Active Camera（活动摄像机）、Top（顶视图）、Front（前视图）和Right（右视图）。记住，可以使用Camera（摄像机）工具来优化这些视图，快捷的解决方案是选中所有底部视口。然后选择View>Look at All Layers（视图>查看全部图层）。

11 我们的模型将我们的视频图层排列为一个画廊墙，在X轴方向均匀间隔，并在Y和Z方向错开。我们的版本在Intermediate Comps>02_3D Mockup中。

在Z空间排列图层Extra 1至Extra 4，当摄像机扫过它们时创建多平面。相对于Hero Shot，我们选择在Z轴方向错开±150像素，但在这里同样也有一些自由度。保持Hero Shot在其Z Position（Z位置），这将使下一节中的模拟镜头移动更容易。

创建镜头移动

我们与音乐制作人员进行沟通，想法是让镜头慢慢地平移扫过一堆视频，最后停在主角影片和标题上。利用此信息以及演出的标题，他提供了一个草稿，音乐开始时有着神秘的气氛，只有一次心跳，一记铜钹击打将这引入钢琴旋律。然后，旋律的末尾是另一记铜钹击打，并引入一下大力撞击，回到原来的心跳。

现在，动画可以在时间上与这些音乐重音实现同步：我们开始只查看一个抽象背景（我们稍后会构建它），在第一记铜钹击打期间拉回，揭示旋律开始时的视频画面。在旋律过程中，我们将平移扫过视频，在第二记铜钹击打时放大，最后在撞击时显示我们的主角视频，并显示标题。剩下的时间将让观看者有时间阅读主标题（也让编辑者可以淡出到黑屏，或交叉淡出到表演的第一个场景）。

12 Create a Layer>New>Camera（创建一个图层>新建>摄像机）。对于简单的平移、回拉和推进，单节点摄像机［没有Point of Interest（目标点）］更易于使用。从Type（文字）弹出菜单选中此选项，然后选择Preset（预设）为35mm（“短”镜头），以便在移动过程中夸大透视变形。禁用Depth of Field（景深）并单击OK（确定）按钮。创建新摄像机时，它默认以其原始大小显示Z值为0的所有图层，这非常适合于组织Hero Shot。

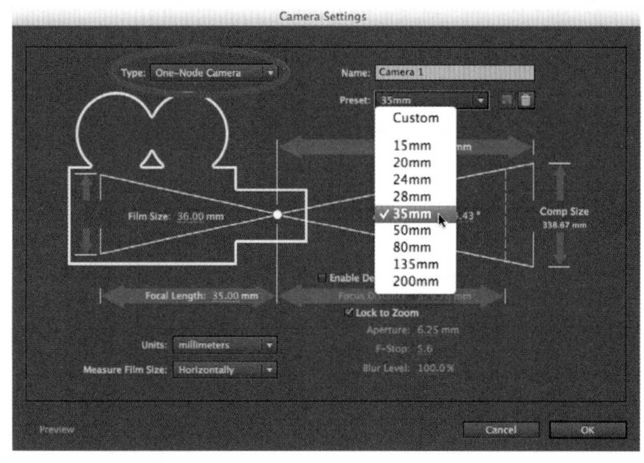

12 创建一个单节点摄像机，它使用短镜头长度。这将使其更易于控制简单的平移，并夸大3D中的透视变形，所以我们可以从相对简单的移动中获得更大的影响。

13 创建一个动画移动的良好策略往往是从结束的地方开始。在本例中，在撞击时以Hero Shot为中心。将当前时间指示器（CTI）定位到16:21，在这里，音轨中已经标记了撞击。选中Camera 1，按P键显示其Position（位置）。用鼠标右键单击Position（位置），并选择Separate Dimensions（单独的维度），然后启用X、Y、Z Position（位置）参数的关键帧。这样更易于分别确定拉出和推进（Z位置）的关键帧与平移（X位置）的关键帧。

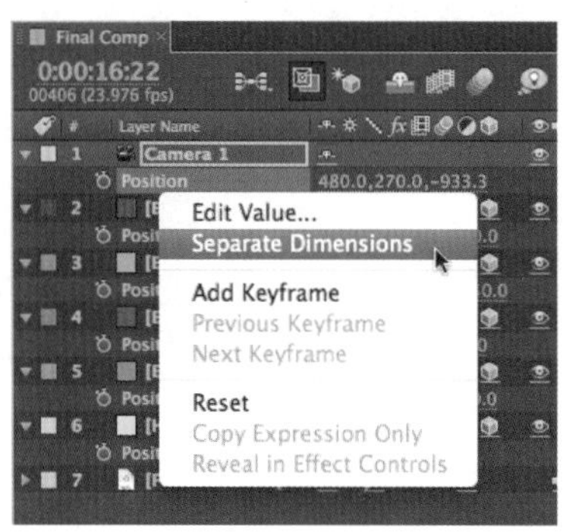

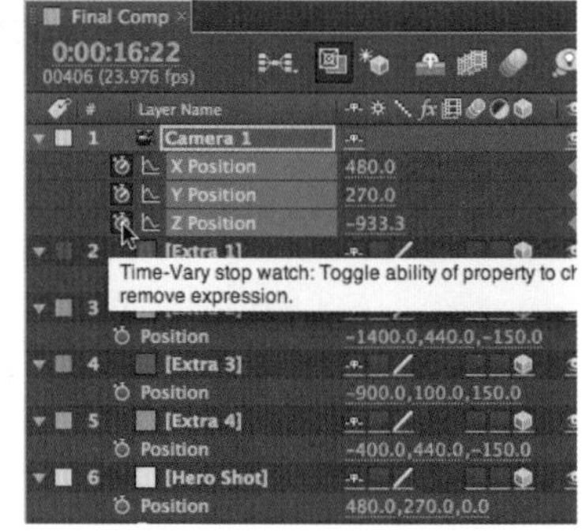

13 启用Separate Dimensions（单独的维度，右图左），使其更容易确定镜头移动的每个组成部分的关键帧。然后启用X、Y、Z Position（位置）的关键帧（右图右）。注意新建摄像机的X和Y位置与Hero Shot默认位置的匹配，这是按计划实现的，而不是意外。

▽ 小知识

哪个渲染器

在该项目中，我们预期使用混合模式和效果来构建更有趣的背景。因为模式和效果与After Effects CS6中的Ray-Traced 3D Renderer（光线跟踪3D渲染器）不兼容，可能需要用之前的版本，此处我们改为使用Classic 3D Renderer（经典3D渲染器）。

▽ 提示

不要放大

从摄像机的角度来看，为了确保图层的缩放不会超过100%，复制可疑图层，禁用其3D Layer（3D图层）开关，将它拖到视图中，将其Scale（缩放）值恢复到100%。如果3D版本是一样的大小或者更小，就没有放大像素，这意味着它将以全质量渲染。

14 我们已选择在Extra 1和Extra 3间的中心，以及Extra 2上方开始移动，那么，当我们拉回时，会看到三个视频帧。（你的空间安排可能与我们的不同，请按需要修改说明，以符合你的世界。）

- 移动到01:01，铜钹击打开始位置处的心跳。在我们的排列中，Extra 2（绿色）在X轴的中心，位于红色和蓝色固态层之间，所以将其X Position（X位置）值输入为Camera 1的X Position（X位置）。
- 然后将Extra 1和Extra 3的Y Position（Y位置）输入为Camera 1的Y Position（Y位置）。
- 最后，修改Camera 1的Z Position（Z位置），拉近场景，直到Extra图层消失在Active Camera（活动摄像机）视图的边缘。在此过程中，将设置所有三个值的关键帧。

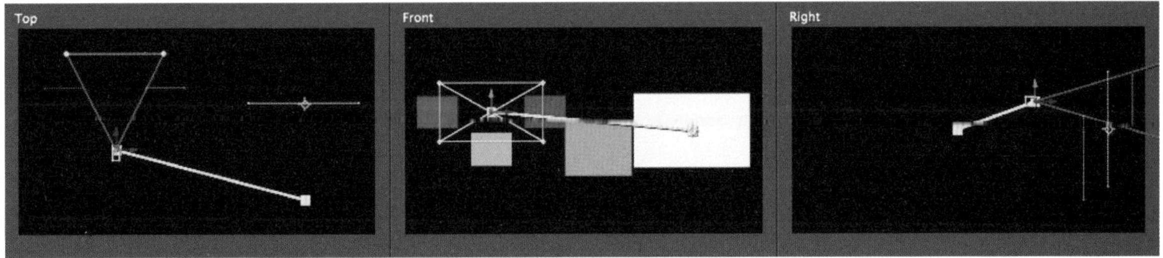

14 我们已经确定了开始和结束姿势的关键帧。下一步是创建两者之间的镜头移动。

15 按住K键，直到CTI（当前时间指示器）跳到钢琴旋律开始的标志（03:13）。如果走得太远，按住J键跳回准确的时间。

- 为了平移扫过屏幕的中心，将Camera 1的Y Position（Y位置）设回270。
- 选中Active Camera（活动摄像机）视图，并按'（撇号）键，展开Title/Action Safe Grids（标题/动作安全网格），修改Camera 1的Z Position（Z位置），直到所有可见的Extra屏幕都落入Action Safe（动作安全）网格的上下边界内。记住，客户要求我们保护内部4：3的中央剪裁区域，我们甚至将Z返回到-1800，确保所有观看者都能一次看见多个屏幕。不要修改X Position（X位置），我们想继续平滑地水平移动。

16 我们注意到，在刚刚设置的两个“拉回”关键帧之间有三个节拍标记。为了让最终的推进保持相同的速度，移动到14:09（在结束撞击之前的三个节拍），在前面3:13的Camera 1的Z Position（Z位置）关键帧单击一次并复制它，然后将它粘贴到当前时间。

17 应该保持选中Camera 1的Z Position（Z位置）。按Shift键并在时间轴面板中单击X Position（X位置），选中所有Position（位置）关键帧，按F9键，对它们应用Animation>Keyframe Assistant>Easy Ease（动画>关键帧助手>缓和曲线）。Mac用户可以按快捷键Ctrl+0（Windows用户可以按数字键盘上的0键），RAM预览动画。

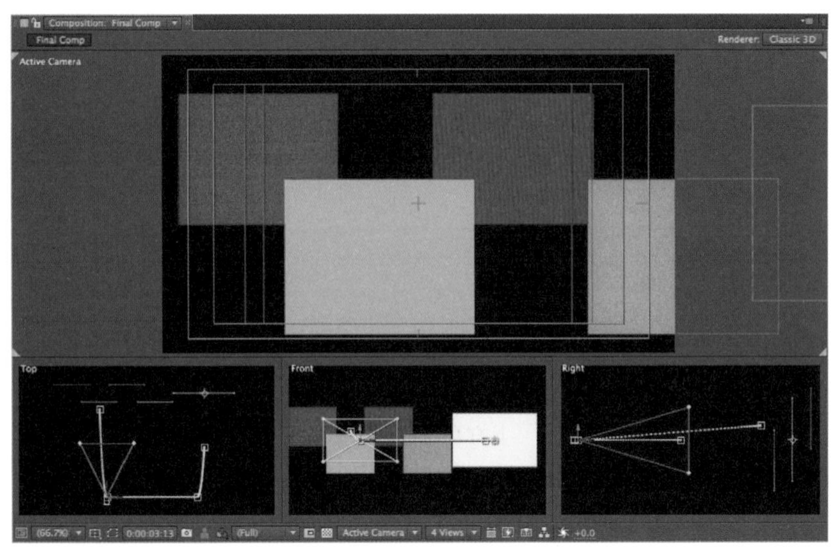

17 在最终的镜头移动中，Extra图层在被放大至165%后发生重叠。确保在Z轴上拉回足够远的距离，从而在安全区域内容纳多个屏幕。

随意调整各图层和摄像机的位置，直至找到自己喜欢的移动。在示例中，我们决定在平移扫过Extra图层时让它们重叠，我们还希望让Extra图层看起来比Hero Shot小一点。为了解决这两个问题，将Extra图层放大至165%，因为它们在3D空间中仍然在足够远的位置，所以不会放大它们的像素。这反过来要求我们将初始关键帧（在01:01）再推进一点，确保Extra图层不会占用我们的视图。

标记镜头的时间

在我们的版本中，该点的内容位于Intermediate Comps>03_Camera Move中，注意所添加的Composition Markers（合成标记）。解决镜头移动问题后，我们认为记下多个视频图层何时进出视图会有用。如果想对这些视频中的动作进行计时，它们何时出现在屏幕上，或者剪辑是否足够长，可以持续整个合成，这些记录将会帮助我们。要在自己的合成中添加这些记录。

18 将CTI定位到01:01处的第一个摄像机关键帧，此时所有视频图层都在视图之外。然后按PageDown键一次前进一个帧，直至到达Extra图层，进入视图的第一个帧。按F2键取消选中所有图层。按住⌥（Alt）键并按数字键盘上的*键，打开Composition Markers（合成标记）对话框。输入简短的Comment（注释），说明显示哪些图层，并单击OK（确定）按钮。在每个图层进入镜头视图时都重复此过程。

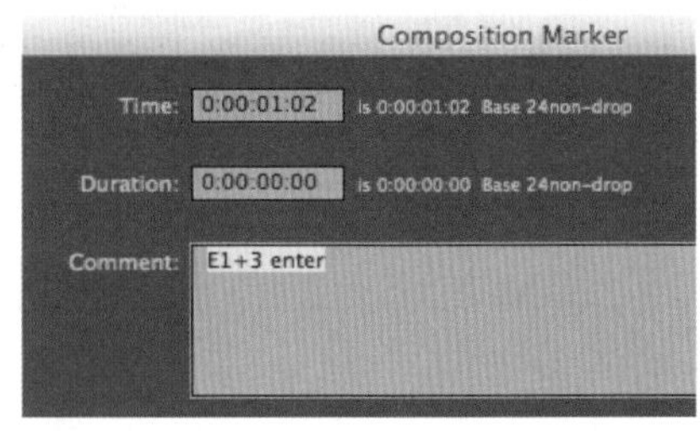

18~19 可以对Composition Marker（合成标记）（上图）和Layer Marker（图层标记）都添加辅助性的注释。创建Comp Marker（合成标记）（下图），记下每个图层何时进入和离开镜头视图。在以后需要剪裁或编辑这些图层的时间时，这些记录就很方便。

19 继续前进，直至第一个图层从视图上消失。按PageUp键后退一个帧，按快捷键⌥+*（Alt+*）创建一个新的Comp Marker（合成标记）。输入将要离开的图层的名称，并单击OK（确定）按钮。在剩下的每个Extra图层离开镜头视图时都重复此过程。

第2部分：背景和主角图层

现在，我们有了自己的3D世界，并已模拟了镜头移动，可以开始插入真正的图层。我们首先放置背景（因为这比较快，也很容易，有时觉得自己的工作有进展是一件好事），然后侧重于真正的主角影片和我们的表演标题。在深入操作之前，保存项目，然后使用File>Increment and Save（文件>增量保存），开始一个新的版本号。

如果刚刚才加入我们，我们的版本在Intermediate Comps>03_Camera Move。

▽ 小知识

拍摄自己的视频

是的，客户要求我们必须节省素材电影的成本，但我们自己创建了这个背景！在Lesson 12-Final Project>12-Bonus Content中，我们为Artbeats写了一篇关于创建此类背景的文章。

放置背景

1 回到Project（项目）面板，向下滚动至Sources>movies。选中Liquid Abstracts.mov，并拖曳到Final Comp，将它放在Extra和Hero图层下面。

使用软的全帧2D图层作为3D世界的背景往往很容易。但将它放进3D的工作量也不会很大，并且在3D中可以享受多平面的好处。

2 启用Liquid Abstracts.mov的3D Layer（3D图层）开关，按P键显示其Position（位置）。在Z中将它推远，让它看起来像是在很远的地方，并且不会像前景图层移动得那么多。我们使用的值是Z=5000。

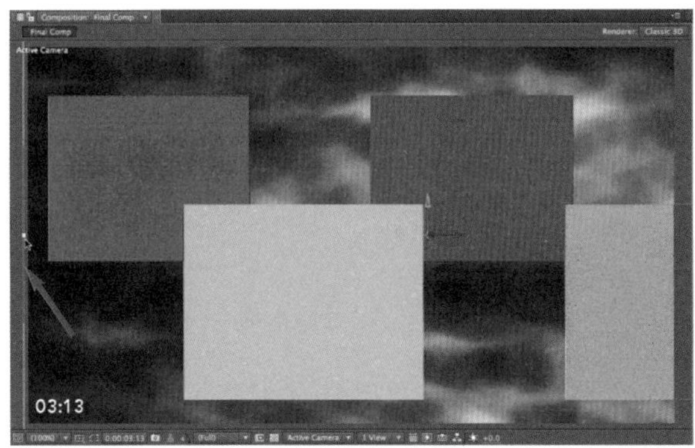

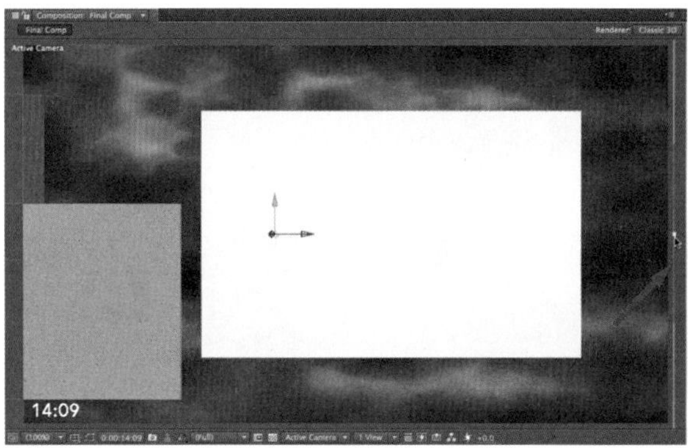

2 在Z中将背景图层推远，然后放大它并定位它，将其边缘（在两个图中都用红色箭头指示）保持在镜头移动的极限位置视图外部。如果之后调整镜头移动，请记得回来检查这一点，确保缺口不会再次出现。背景由Artbeats/Liquid Abstracts授权使用。

然后按快捷键Shift+S显示其Scale（缩放）并放大它，直至填满整个帧。（按住Shift键来修改，以更大的增量进行放大。）检查第二和第三个镜头关键帧（这里是你的世界中的最宽视图），确保背景图层保持在整个合成的视图中。为了尽量不将该图层放大，尝试在X中滑动它，在第二个关键帧中让它的左边缘刚好在视图外部，并且在第三个镜头关键帧中让它的右边缘刚好在视图外部。

通过移动我们的镜头，我们发现Scale（缩放）值刚刚超过900%就足够了（如在Intermediate Comps>04_Background中所见）。这意味着在观看时图层仍然大于其原始2D大小的100%，但因为有意让它成为焦点外的背景，我们不会像关心前景图层那样关心它。

跟踪主角摄像机

接下来，我们想在主角素材中跟踪原始镜头移动，让标题看起来也是移动的，就像存在于原始场景中一样。为此，我们准备使用在After Effects CS6中引入的3D Camera Tracker（3D摄像机跟踪器，第9章）。我们的主角素材对于跟踪并不理想，因为场景中有太多的人在移动，并且可以跟踪的静态物体太少，但是因为我们不需要执行非常严格的合成，只需要捕捉到移动的精神就足够了。

3 在Project（项目）面板中选中Comps文件夹，并创建一个合成，执行Composition>New Composition（合成>新建合成）。将其大小设置为960×540 Square Pixels（平方像素），将Frame Rate（帧速率）设置为23.976，将Duration（持续时间）设置为25:00，以匹配Final Comp。输入名称Hero+Title并单击OK（确定）按钮。现在，可以暂时将View Layout（视图布局）设置回1 View（单视图）。

4 展开Sources>movies文件夹，并将Surgery.mov拖进新的合成。保持选中Surgery.mov，如果使用CS6，则选择Animation>Track Camera（动画>跟踪摄像机）。将会看到一个蓝色的Analyzing（正在分析）横幅，后面是一个橙色的Solving（正在解析）横幅。

5 我们想将标题放在前景外科医生的前面。将CTI拖过剪辑的持续时间，寻找紧贴其身体的Track Point（跟踪点），最好是在画面中心的附近，我们的标题将在这里显示。选中该点，然后单击鼠标右键，并选择Create Null and Camera（创建空对象和摄像机）选项。一个动画的3D Tracker Camera图层以及一个静态的Track Null 1图层将被添加到时间线中。

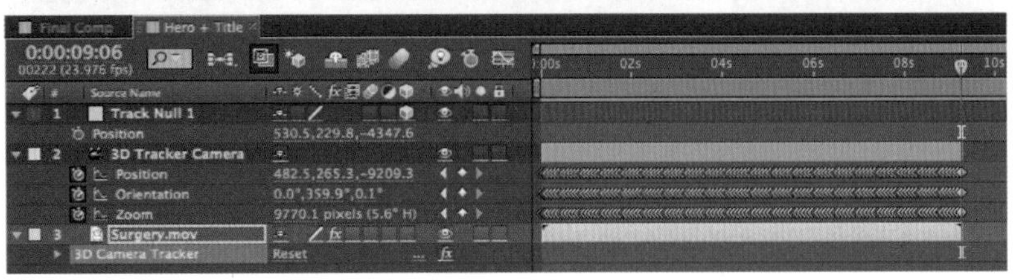

5 在前景外科医生上选择一个稳定的Track Point（跟踪点），单击鼠标右键，并创建一个空对象和一个摄像机（左图上）。它们将被添加到时间线（左图下）。（CS5和CS5.5用户可以复制我们的空对象图层和摄像机图层。）素材由iStock-photo，evandrorigon、image#17590052授权使用。

如果使用After Effects CS 5.5或更早版本，可以从Intermediate Comps>05_Tracked Hero复制3D Tracker Camera和Track Null 1图层，并将它们粘贴到自己的合成中。也可以尝试自己近似地移动，方法是创建一个Layer>New>Camera（图层>新建>摄像机），并确定它的关键帧。注意，3D Camera Tracker（3D摄像机跟踪器）将此场景解析为有一个小Angle of View（视角），使用5°~10°的值来匹配拍摄的透视图。

拉伸主角的时间

我们有一个问题：主角素材的持续时间只有09:07，但需要它在屏幕上保持的时间比这长得多。可以尝试寻找一个更长的、更合适的剪辑，也可以放慢我们现有的剪辑。由于音乐具有梦幻般的品质，所以我们选择后一种方法。

▽ 小知识

预览帧混合

为了RAM预览帧混合，别忘了在时间轴面板中启用Hero+Title和Final Comp的主Frame Blending（帧混合）开关。禁用它可以加快Final Comp的预览速度。为了确保使用Frame Blending（帧混合）渲染，打开Render Settings（渲染设置），并确保Time Sampling>Frame Blending（时间采样>帧混合）被设置为On For Checked Layers（对已选中的图层启用），在大多数模板中这是默认设置。

6 单击Final Comp的时间轴选项卡，并双击在Hero Clip第一次进入摄像机视图时的Comp Marker（合成标记）。记下它的Time（时间）。在我们的版本中，它是05:20。

7 回到Hero+Title合成。单击时间轴面板左上角的时间显示，输入在上一步中记下的时间。选中3D Camera Tracker和Surgery.mov图层，并按[键（左中括号），在此时间开始两个图层。按B键，在这里开始工作区域。

8 按End键，这样Comp（合成）面板显示合成的最后一帧。保持选中3D Camera Tracker和Surgery.mov（这样可以同时放慢两者），按快捷键⌘+⌥+,（逗号）（Ctrl+Alt+,），将它们的移出点拉伸到当前时间。为了检查所应用的时间拉伸量，用鼠标右键单击时间线中的一个列标题并选择Stretch（拉伸）。

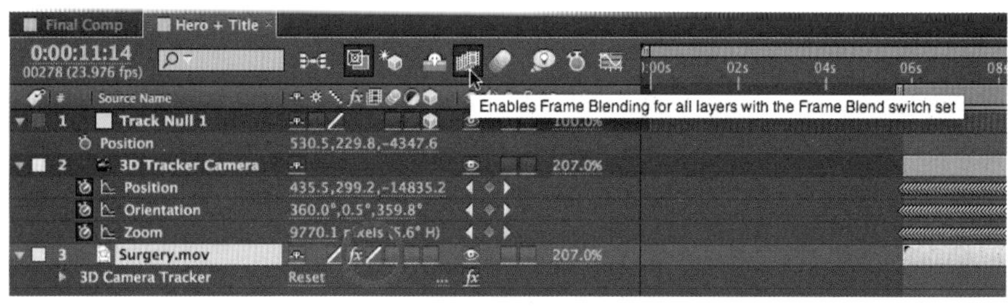

9 RAM预览。主角素材已变慢，但看起来有点卡。为了修正这一点，确保Switches（开关）列在时间轴面板中可见（如果不可见，按F4键），在Surgery.mov的Frame Blending（帧混合）开关中单击两次，为该图层启用Pixel Motion（像素运动）（第7章）。然后启用在时间轴面板顶部的主Frame Blending（帧混合）开关。再次进行RAM预览，在Comp（合成）面板中仔细观察是否有失真，例如，图像的部分看起来像融化了。如果这产生了干扰，就可能需要将Surgery.mov的帧混合模式设置为Frame Mix（帧混合）而不是Pixel Motion（像素运动）。我们的结果在Intermediate Comps>06_Stretched Hero中。

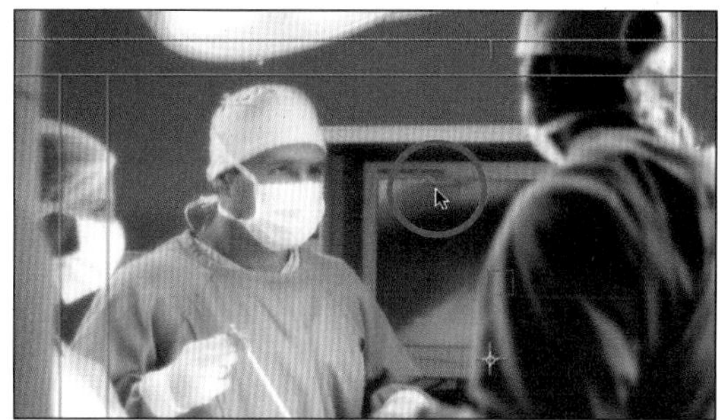

9 按需要拉伸素材和镜头移动，以覆盖此影片在Final Comp中可见的时间长度。然后启用Surgery.mov的Pixel Motion（像素运动）模式（顶图中被圈住部分），并启用合成的Frame Blending（帧混合）预览。可能会出现一些失真（上图），但我们认为失真度很小，可以接受。

创建标题文本

客户告诉我们这次表演的名称是Surviving a Heart Attack（熬过心脏病发）。我们决定将重点放在Heart Attack（心脏病发）上，以吸引观众的注意力。

10 随着镜头不断向我们的主角推进，并且标题将被绑定到此镜头移动，按End键跳到Hero+Title的最后一帧，各个对象在那里都是最大的。确保Title/Action Safe（标题/动作安全）网格可见。如果不可见，按'键。

11 双击Text（文本）工具，这将在合成的中心创建一个空白文本图层。Character（字符）面板和Paragraph（段落）面板应该自动打开。输入HEART并按Return键开始一个新行。然后输入ATTACK并按Enter键（不是Return键）接受文本。如果两个单词没有居中，将Paragraph（段落）面板调到前面，并单击Center Text（文本居中）按钮。

12 启用HEART ATTACK的3D Layer（3D图层）开关，然后按快捷键Shift+F4，打开Parent（父级）面板。单击HEART ATTACK的Parent（父级）弹出菜单，然后加上Shift键：加上Shift键将子图层准确地放在与父图层相同的位置，没有偏移（包括在Z空间中）。从弹出菜单选中Track Null 1，HEART ATTACK将向前跳至此位置。

13 保持选中HEART ATTACK，将Character（字符）面板重新调到前面，将文本颜色设置为白色，并将文本的风格设置为自己觉得合适的风格。由于我们受到Affter Effects自带字体的限制，所以选择了Myriad Pro Semibold，因为它显得有力、严肃。请随意选择不同的字体。

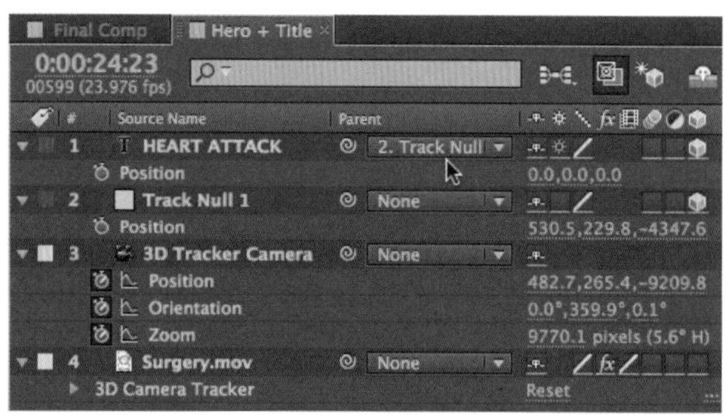

12 在将HEART ATTACK作为Track Null 1的父图层时按住Shift键，让文本层最初相对于空对象的位置没有偏移。这对于随着镜头在世界中的移动来保持空对象的Z Position（Z位置）不变特别重要。

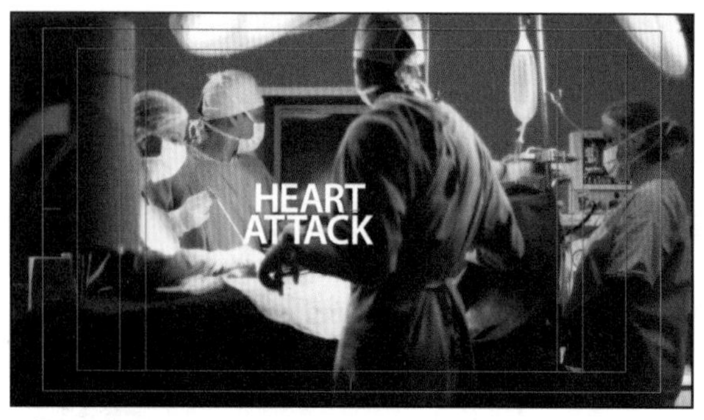

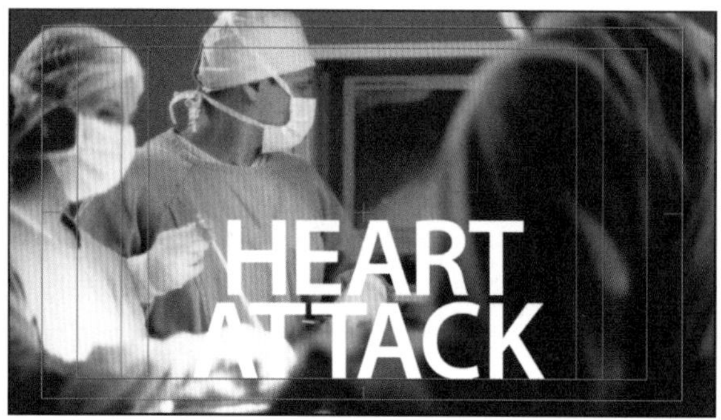

13 尝试设置文本，使用Font Size（字体大小）、Leading（行距）和Kerning（字距）。我们紧缩了一些空间，并对齐T和K的竖线。在镜头移动的全过程中，确保文本保持在Title Safe（标题安全）网格内。

按P键显示文本层的Position（位置），在X和Y方向使它偏离空对象，大约将它放在水平居中的位置，也就是在Title Safe（标题安全）网格上方，接近帧的底部。修改CTI，验证文本移动时就像真的在手术室中拍摄了此素材一样。

▽ 小知识

向导层

向导层（在步骤16中使用）对于尝试音频轨道、网格覆盖或FPO（For Position Only，仅适用于位置）模板图层很方便。可以在Render Settings（渲染设置）中有选择地渲染它们。

14 可以在同一个文本图层中混合搭配字体和大小，但通常最好是将单词和行拆分到各自的图层中。重复步骤11~13，创建第二个文本图层，这一次输入suviving a，中间没有按回车键。将它设置为较小的字体，并将其放在单词HEART上面。我们使用Adobe Garamond Pro Italic（较细的serif字体，也是与After Effects捆绑的），用于与主要单词形成对比。

15 我们在可读性方面遇到一点小麻烦，白色的文本与Surgery.mov中较亮区域的对比度不够。添加描边是一种解决方法，我们选择添加Effect>Perspective>Drop Shadow（效果>透视效果>阴影）。我们将Distance（距离）设置为0，将阴影居中，将Opacity（不透明度）增加至100%，然后增加其大小，直至在这些单词周围出现很好的黑色光晕。

保存项目。我们的版本在Intermediate Comps>07_Title Set中。

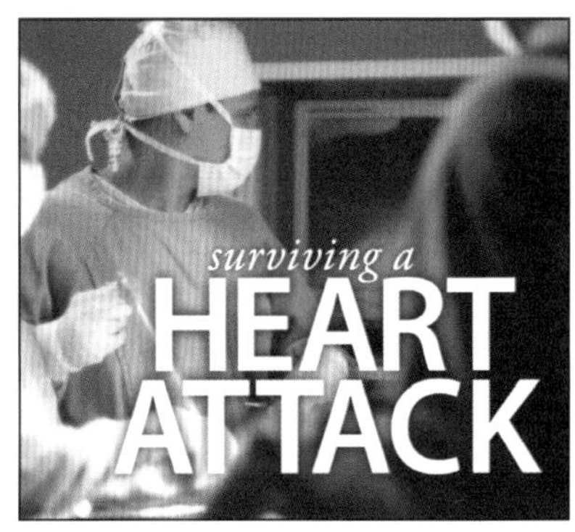

14~15 我们用单独的图层和形成鲜明对比的字体设置副标题，使其更易于实现各自的动画。为两个文本图层应用了一道较宽的投影，帮助将它们与底层的画面分开。

应用文本动画预设值

在我们的主角镜头中，标题可以跟随镜头一同移动，这非常好，但我们认为还可以添加一点戏剧效果，让它随着音乐的时间进行动画。为了节省时间，我们准备使用一对文本动画预设值，但请随意应用在第5章中学到的知识，并创建自己的动画。

16 再次将Final Comp调到前面，并选中已经带有花点的音轨图层Final Beat.wav。复制它，重新将Hero+Title调到前面，粘贴。为了确保此音轨副本只在预合成中播放，并且不会在Final Comp中播放，为Final Beat.wav启用Layer>Guide Layer（图层>向导层）。

17 在Final Comp中，我们在最后一个钢琴音符与第二次铜钹击打之间的拍子开始我们的最终镜头推进。这是一个不错的猜测，就像从哪里开始标题动画一样。将CTI定位到此标记（在14:09），因为所应用的动画预设值的关键帧从当前时间开始。

18 选择HEART ATTACK，然后单击Effects and Presets（效果和预设值）面板右上角的Options（选项）菜单，并选择Browse Presets（浏览预设值）。这将启动Adobe Bridge，它在Presets文件夹中打开。

双击Text文件夹打开它。因为我们的标题已经在3D空间中，我们先转到3D Text文件夹。浏览不同的预设值，选择一个适合的动画。选中一个预设值，这会播放一个动画预览。由于主题相当沉重，我们倾向于更简单的移动，如3D Fly Down Behind Camera.ffx。

双击所选择的预设值，After Effects将被调到前面，并将此预设值应用到HEART ATTACK上，在当前时间开始。按U键，查看已将预设值添加到文本图层的关键帧和RAM预览。

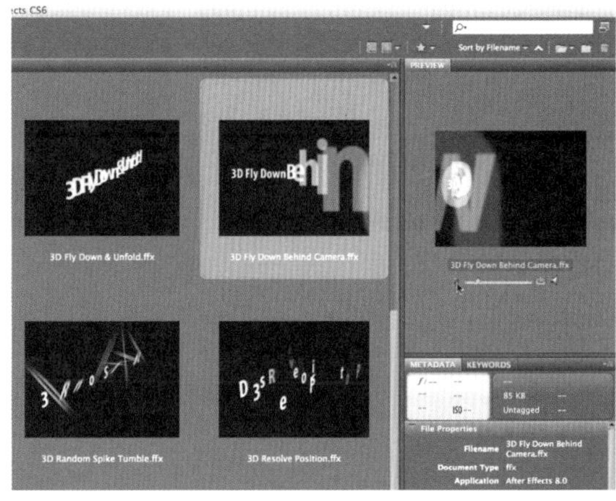

18 预览在Adobe Bridge中提供的多个文本动画预设值。双击其中一个，将它应用到在Affter Effects中选中的图层上。

19 重新定位到14:09，选中surviving a图层，并返回Adobe Bridge。为了将焦点保持在单词HEART ATTACK上，可能想对此副标题使用更简单的预设值，我们使用Text>Animate In>Fade Up Characters.ffx（文本>动画>Fade Up Characters.ffx）。双击所选择的预设值，将它应用到surviving a上。

20 RAM预览，文本动画完成得过早，在撞击铜钹之前就完成了。选中surviving a和HEART ATTACK，按U键显示它们的关键帧（如果尚未显示）。滑动它们的最终关键帧，对齐在16:21处的CRASH标记。我们看到为HEART ATTACK选择的预设值的第二个关键帧有一个Easy Ease（缓和曲线）图标。为了让动画着陆得更猛，按住⌘（Ctrl）键并单击它，将它转换为一个线性关键帧。

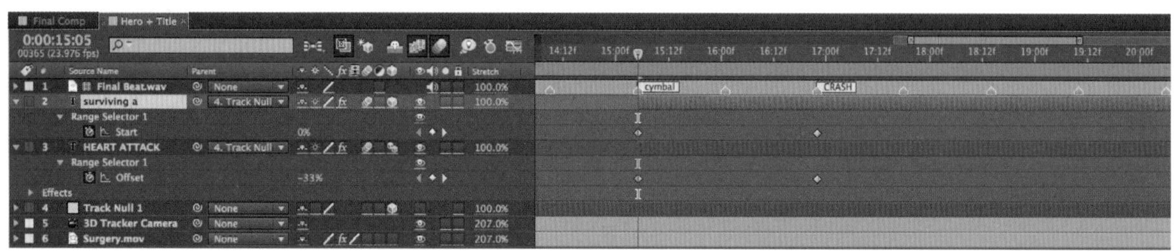

20 对动画关键帧计时，以匹配音轨。[无需将关键帧移动到后面的时间点，另一个选项是将它们转换为Easy Ease（缓和曲线）关键帧，以匹配Final Comp中摄像机的插值。]

再次进行RAM预览。对于我们来说，现在的动画看起来太慢悠悠的，所以我们将第一个关键帧向后移，对齐在15:05处的铜钹标记。

最后，定位到文本图层的第一个关键帧，选中两个图层，按快捷键⌥+[（Alt+[），将它们的点修剪到当前时间。现在，在文本开始其动画之前，After Effects都不会花时间计算文本。

21 是时候获得回报了：在Project（项目）面板中，选中已构建的预合成Hero+Title。然后单击Final Comp的时间轴面板选项卡，并选中占位符图层Hero Shot。按快捷键⌘+⌥+/（Ctrl+Alt+/），预合成将与占位符交换。RAM预览，实现了我们的目标难道不让人高兴吗？保存项目，然后执行File>Increment and Save（文件>增量保存），开始一个新的版本号。

我们的版本保存在Intermediate Comps>08a_Title Animated和08b_Hero Precomp Placed中。

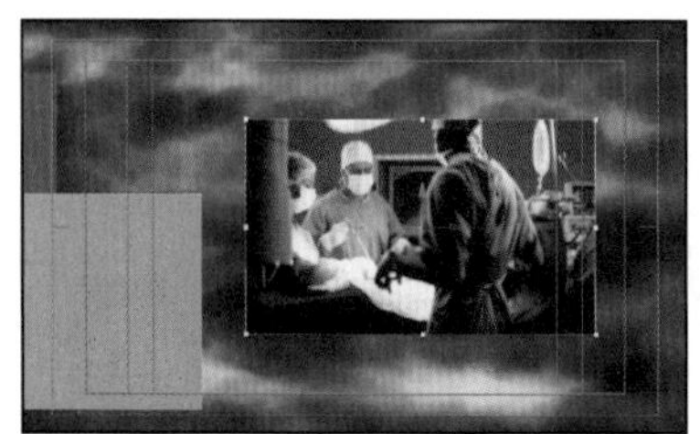

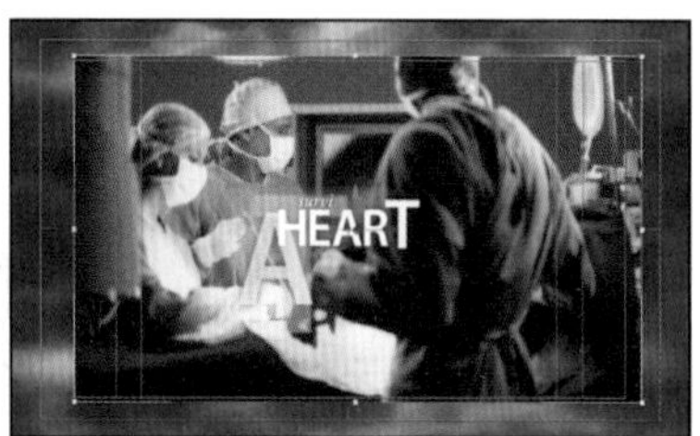

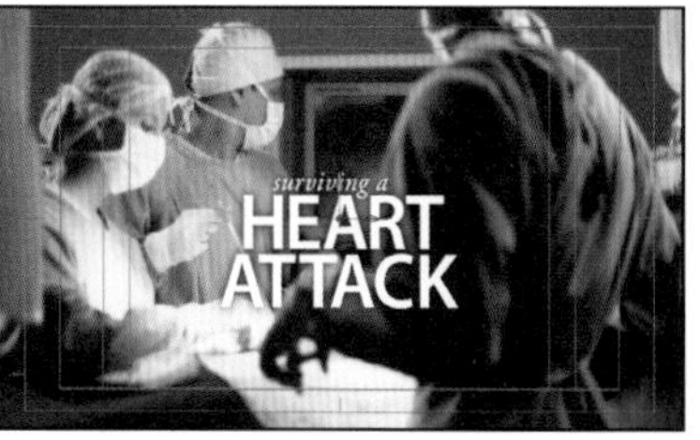

21 回到Final Comp，用固态层Hero Shot替换预合成Hero+Title。终于开始看起来像那么回事了……

第3部分：创建视频帧

现在已完成了主标题，注意力可以转移到如何让其他元素更好看。在这一部分中，我们将为Hero和Extra视频创建帧，并将Extra预合成替换到Final Comp中。

创建主角视频帧

1 将Hero+Title调到前面。我们最初以主角视频的大小来创建它，但现在我们需要一些额外的空间来添加帧。打开Composition Settings（合成设置），将Width（宽度）增加到1100，将Height（高度）增加到680，以匹配原始的模型。单击OK（确定）按钮，在Surgery.mov周围可以有更多的可见空间。然后关闭Title/Action Safe Grids（标题/动作安全网格），让显示比较整洁。

使用钢笔工具

如需更深入地探讨如何绘画基于钢笔的形状，请观看本书的视频系列Lesson 11-Shape Layers>11-Video Bonus> Drawing Pen Shapes.mov。

2 我们不想创建一个简单的矩形帧，让我们利用形状图层（第11章）来创建技术含量更高的外观。

- 确保没有选中任何图层，选择Pen（钢笔）工具，禁用RotoBezier（旋转式曲线）选项。按住⌥（Alt）键并在Tools（工具）面板中单击Stroke（描边）右侧的调色板，直到将它设置为None（无）（寻找红色斜线）。
- 单击Fill（填充），选择Radial Gradient（径向渐变）选项，将Opacity（不透明度）设置为大约70%，创建一个半透明的帧，单击OK（确定）按钮。
- 移动到大约15:00处（在这里可以看到完整的场景），单击Fill（填充）右边的调色板，打开Gradient Editor（渐变编辑器）。选中左边的Color Stop（颜色结束值），单击滴管，从外科医生的帽子处选择绿色。将Color Picker（颜色拾取器）的圆圈向右下拖曳，使其颜色更深且更饱满。然后，选中右边的Color Stop（颜色结束值），并用滴管选择盖住病人的深蓝色毯子。删除所有其他Color Stop（颜色结束值），将Opacity（不透明度）设置为100%，单击OK（确定）按钮。

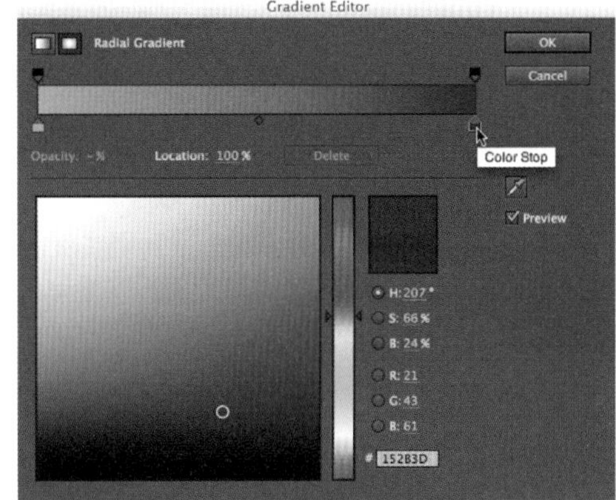

2 使用在Surgery.mov中提供的颜色，设置形状图层的径向渐变。

3 单击Comp（合成）面板的左上角，创建第一个点，将在合成的开始处创建一个Shape Layer（形状图层）。按住Shift键限制线条的角度，然后按住鼠标向右移动，划过面板顶部的大部分。仍然按住Shift键，将鼠标稍稍向下移动，直到Pen（钢笔）图标再次出现，然后再次单击，在帧中创建一个凹口。在合成的可见部分继续执行此方法。或保守或疯狂，你可以随心所欲。（我们知道此描述很模糊，请参看附图，了解我们的意图。）在结束路径时，按需要使用鼠标键轻推第一个点，以便在前后创建清晰的直线。（注意，我们将在步骤6中设置圆角。）

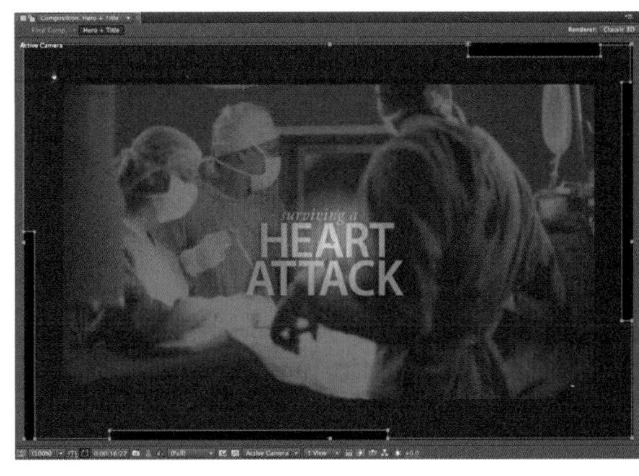

3 创建一个有趣的、有凹口的帧形状，刚好放到合成的边界内。在创建新点的时候按住Shift键，帮助限制边缘的角度。

4 重复此过程，这次创建的内容将会成为帧的内部边缘。在Surgery.mov的边缘外部创建线条，产生一个浮动帧的效果。偶尔加上与视频重叠的凹口或标签，以表明物理支持。在完成的时候按V键选择Selection（选择）工具。

5 After Effects认为这些操作表示要将两个形状组放在同一个形状图层中，但实际上，我们希望两个路径放在同一个组中，以创建一个复合形状。在时间轴面板中，展开Contents（内容）>Shape 2，并将其Path 1向下拖到Contents（内容）>Shape 1中，刚好放在另一条路径下。在完成的时候删除组Shape 2，并重新选中Shape 1。

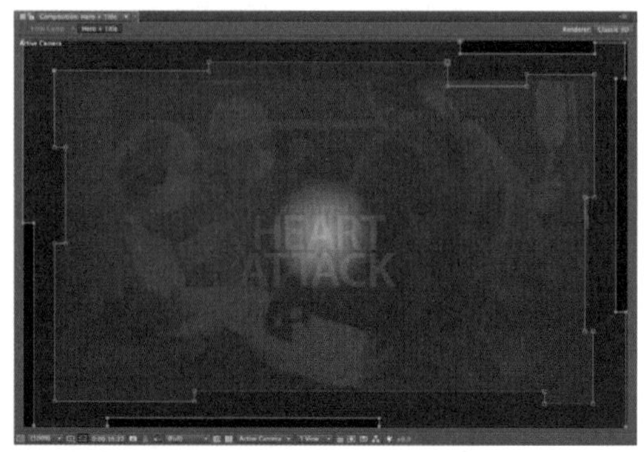

5 在创建完帧的内边缘和外边缘（上图左）后，将路径从第二个形状组拖曳到第一个组（上图右）中。然后，可以删除第二个组。

6 单击Shape Layer 1的Add（添加）按钮右边的箭头，并选择Merge Paths（合并路径），它将被添加到Path 2下面（如果有必要，将它拖到位）。打开它并将其Mode（模式）设置为Subtract（相减）：现在Surgery.mov将在帧的中心，清晰可见。

单击在Comp（合成）面板底部左侧的Toggle Mask and Shape Path Visibility（遮罩和形状路径可见性切换开关）按钮，隐藏路径。再次单击Add（添加），并选择Round Corners（圆角），打开它并慢慢修改其Radius（半径），设置角的圆滑程度。根据自己的喜好来设定。

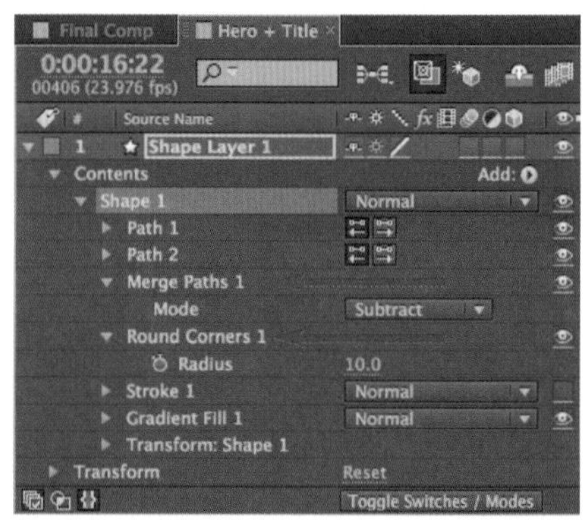

6 使用形状操作器Merge Paths（合并路径）从外部路径中裁掉内部路径，然后使用Round Corners（圆角）柔化复合路径的边缘。

7 选中Contents（内容）>Shape 1，并寻找Comp（合成）面板中心的蓝点，它们代表径向渐变的起点和终点。将终点（右边的点）向外拖，直到该帧可以出色地从绿色转场到蓝色。为了添加最后一点维度，添加Layer>Layer Style>Bevel and Emboss（图层>图层样式>斜面和浮雕），并根据喜好进行调整。

保存。我们的版本保存为Intermediate Comps>09_Hero Frame。

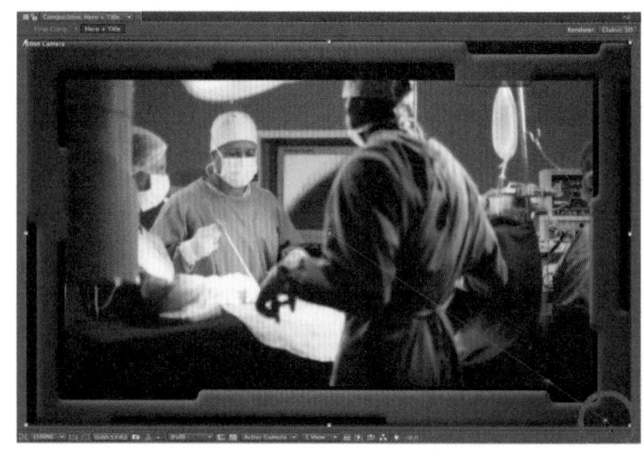

7 通过向外拖曳渐变手柄（红圈）完成该帧，并添加Bevel and Emboss（斜面和浮雕）图层样式。

创建额外的视频帧

现在已经创建了主角视频帧，只需要为额外的视频重复四次同样的过程，或者只重复一次，并聪明地重用该帧。

8 回到Project（项目）面板，选中Comps文件夹并按快捷键⌘+N（Ctrl+N）创建一个新合成。设置Size（大小）为380×300（匹配之前创建的占位符固态层）Square Pixels（平方像素），Fame Rate（帧速率）为23.976 fps，Duration（持续时间）为25:00。保持背景色为黑色，将它命名为Extra Video 1并单击OK（确定）按钮。

9 选中Sources>movies>Jogging.mov，它的详细信息将出现在Project（项目）面板的顶部。我们看见它的持续时间（10:09）有点短，并且它的帧速率是29.97。为了强化我们的梦幻气氛（并延长其运行时间），单击Project（项目）面板左下角的Interpret Footage（解释素材）按钮，确认其帧速率为23.976 fps，并单击OK（确定）按钮。然后按快捷键⌘+/（Ctrl+/）将它添加到新合成。由于视频本身只是320像素×240像素，它的周围已经有一些空间可供帧使用。

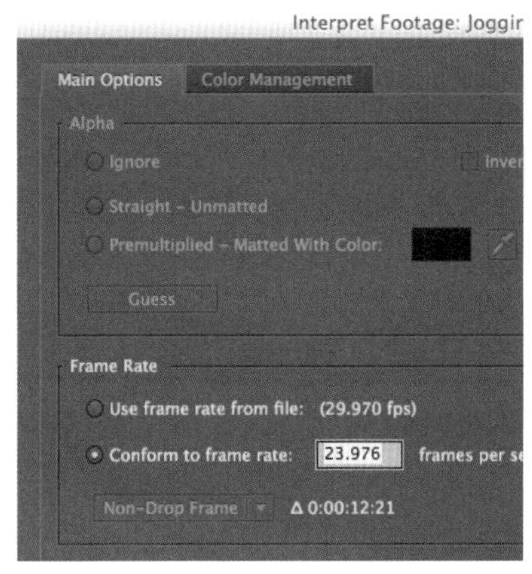

9 此额外的视频剪辑的帧速率仍然是23.976 fps，所以在Final Comp中播放时，没有一个帧会被跳过。其副作用是拖慢它，并延长其持续时间，这两点在我们的例子中都需要。

10 按F2键取消选中视频图层，并选择Pen（钢笔）工具。它的设置[径向渐变填充、无描边、RotoBezier（旋转式曲线）关闭]应该与在步骤2中最后一次使用它们时一致。由于这是较小的合成，将它放大至200%也没有问题。单击合成视图的左上角，开始确定帧轮廓，然后按住Shift键并在Comp（合成）视图边缘附近单击，偶尔以曲线形式移动，以创建凹口，就像在步骤3中对主角视频的操作一样。然后重复操作，创建第二条路径，刚好沿着视频的外轮廓，但偶尔与它重叠，表示结构性支撑。在完成后按V键回到Selection（选择）工具。

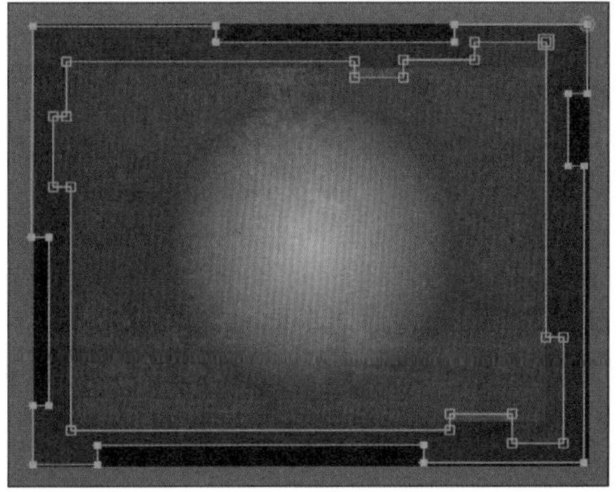

10 使用钢笔工具绘制内部和外部的帧路径，就像之前对主角帧的操作一样。如果看不到帧路径，请将形状图层的Lable（标签）颜色修改为更明亮的颜色。如果无意中在电影图层上创建了一条遮罩路径，剪切遮罩路径并将它粘贴到形状图层的Path（路径）属性。

11 练习与主角视频帧的练习相同。

- 展开Shape Layer 1>Contents（内容）>Shape 2，选中Path 1，并将它拖到刚好在Contents（内容）>Shape 1的Path 1下面。
- 取消选中Shape 2，并重新选中Shape 1。
- 执行Add>Merge Paths（添加>合并路径），确保它刚好显示在Path 1和Path 2下面。展开它并将其Mode（模式）设置为Subtract（相减）。
- 执行Add>Round Corners（添加>圆角），并按自己的喜好调整其Radius（半径）。
- 在Comp（合成）面板中，向外拖曳Gradient Fill End Point（渐变填充终点），直至看见整个帧已渐变着色。

如果无法看见这些点，请确保已激活Selection（选择）工具，而不是Pen（钢笔）工具。[可以打开时间轴面板中的Gradient Fill（渐变填充），并在那里修改其End Point（终点）值。]

11 使用Subtract（相减）模式合并内部和外部帧路径，并添加Round Corners（圆角），然后调整Gradient Fill End Point（渐变填充终点）。现在已经制作好原型帧。素材由Artbeats/FTN110授权使用。

12 在拥有自己喜欢的帧设计后，用鼠标右键单击其图层并选择Pre-compose（预合成）。After Effects将默认为Move All Attributes（移动全部属性）[Shape Layers（形状图层）没有

“源”，所以Leave All Attributes（丢弃所有属性）选项是灰色的］。禁用Open New Composition（打开新合成），将它重命名为Extra Frame，单击OK（确定）按钮。Shape Layer 1将被Extra Frame取代。对该图层应用Layer>Layer Styles>Bevel and Emboss（图层>图层样式>斜面和浮雕），并按自己的喜好进行调整。

13 在Project（项目）面板中，选择Comps（合成）>Extra Video 1，按快捷键⌘+D（Ctrl+D）复制它三次。After Effects将这些合成自动命名为Extra Video 2、Extra Video 3和Extra Video 4。预合成Extra Frame将由所有这些Extra Video合成使用。

14 双击Extra Video 2打开它。选中Extra Frame图层，按R键显示其Rotation（旋转），并将Rotation（旋转）设置为180°。这是聪明的骗子用来创建一个“新”帧的方法。因为图层样式是在Rotation（旋转）和Scale（缩放）等变换之后才进行计算的，在斜面上的光线方向保持不变。

13 在创建合成Extra Video 1（它使用Extra Frame为预合成）后，复制Extra Video 1三次，那么每个视频都将有自己的预合成，全部都引用相同的帧。

15 选中Jogging.mov。然后在Project（项目）面板中选择Sources>movies>Stress Test.mov。我们看到其帧速率为25fps。打开Interpret Footage（解释素材），并确认它使用23.976fps。然后按快捷键⌘+/（Ctrl+/），用这个新资源替换Jogging.mov。

14~15 在Extra Video 2预合成中，通过旋转帧创建其变形，然后使用Stress Test.mov替换视频图层。素材由iStockphoto/mvmkr/file #19041492授权使用。

▽ 小知识

Add>Path（添加>路径）

我们不需要建立两条单独的Shape Paths（形状路径），而是通过单击Add>Path to Shape 1（添加>到达形状1的路径）开始创建内部路径。然而，由于有“缺陷”，这在After Effects CS6的初始版本中不可用。

16 打开Extra Video 3。选中Extra Frame并按S键显示Scale（缩放）。禁用其Constrain Proportions（约束比例）开关（锁链图标）并将其Y Scale（Y轴缩放）设置为-100%，在原始帧上创建另一个变形。然后，选中Jogging.mov并将它替换为Sources>movies> Physical Therapy.mov。它会继续使用Jogging.mov较短的持续时间。单击并拖曳其图层条的末端，将它延长至完整的持续时间。

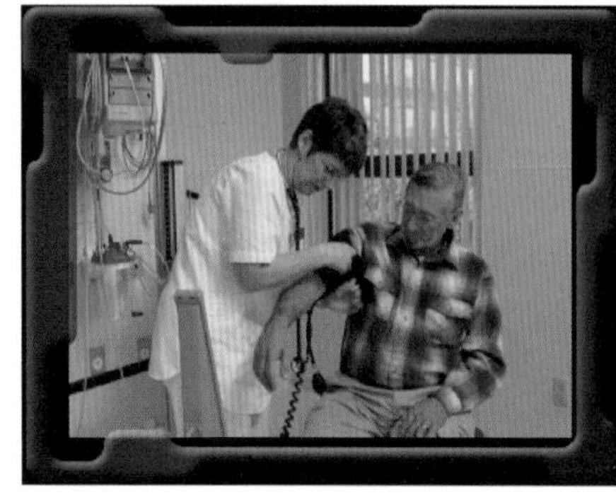

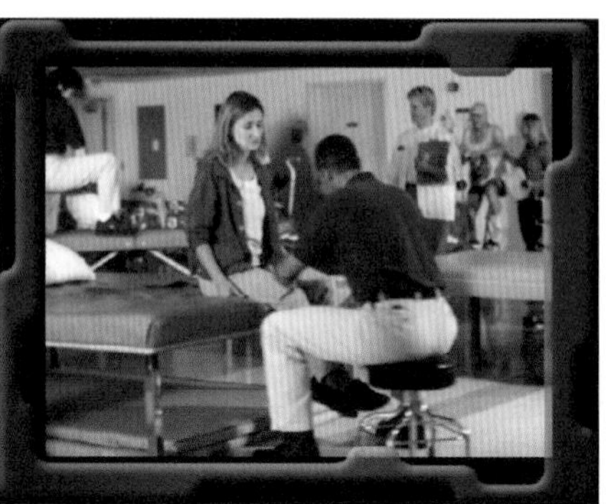

16~17 在Extra Video 3（上图左）和Extra Video 4（上图右）预合成中，通过缩放帧创建其变形，并分别替换其中的视频。素材由Artbeats/Healthcare授权使用。

17 最后，打开Extra Video 4。选中Extra Frame并按S键显示Scale（缩放）。禁用其Constrain Proportions（约束比例），这一次将其X Scale（X轴缩放）设置为-100%。然后选中Jogging.mov并将它替换为Sources>movies>Blood Pressure.mov。再次单击并拖曳其图层条的末端，将它延长至完整的持续时间。

18 再次打开Final Comp。选中占位符图层Extra 1。然后在Project（项目）面板中选择Comps>Extra Video 1并按快捷键⌘+/（Ctrl+/），用新的预合成替换固态层。对Extra 2、3和4重复此过程。修改CTI到Final Comp，或RAM预览它。如果喜欢的话，滑动Extra Video 1、2、3或4的图层条，更改它们相对于整体镜头移动的时间。

19 我们刚刚注意到Extra Frame有一个我们不喜欢的细节：其中一侧有一个扩大的向下缺口。没问题，ETLAT功能可以修复。单击Final Comp的Comp（合成）面板顶部的Lock（锁定）图标。打开View>New Viewer（视图>新视图），然后双击Comps>Extra Frame，在此视图中打开它。启用其Comp（合成）面板底部的Toggle Mask and Shape Paths Visibility（遮罩和形状路径可见性切换开关），然后向下滚动至Shape Layer 1>Contents（内容）。选中Shape 1，表示其形状路径的点将显示出来。激活Selection（选择）工具（V键）并选中烦人的点，使用鼠标键将它们推到所需的位置。在调整帧的时候，所有4个帧都将在Final Comp中更新。完成时关闭Extra Frame的Comp（合成）面板，然后禁用Final Comp视图的Lock（锁定）。如果有必要，再次将Final Comp调到前面。

19 在所有Extra Video预合成中重用相同的帧，编辑在Extra Frame中的形状，这自动将所有Extra Video预合成传播到Final Comp中。

RAM预览，该项目的核心部分完成了，做得很好。我们此时的项目版本保存在Intermediate Comps>10_Videos In Place中。保存，然后在添加最终细节之前先Increment and Save（增量保存）。

第4部分：填充背景

现在已经完成了最重要的元素，可以花时间装扮一下背景了。我们将采用“以文本为纹理”的方法来增加一点趣味，然后动画一组仿造的生命体征显示，以加强医疗的氛围。

背景文本

1 一位积极的实习生为我们将验血结果转录成一个分层的Photoshop文件。在Project（项目）面板中选中Sources>stills文件夹，双击Lab Results.psd。在所打开的对话框中，将Import Kind（导入类型）设置为

Composition（合成），并单击OK（确定）按钮。一个名称为Lab Results的合成（以及包含原始图层的文件夹）将被添加到stills文件夹中。

1 导入分层的Photoshop文件作为一个合成。这样就可以单独访问每个源图层。

2 展开Lab Results合成。最初什么也看不见，这是因为实习生创建了黑色的文本，而合成的Background Color（背景色）也是黑色。[切换到Transparency Grid（透明区域网格），可以看见黑色文本。]假设实习生没有将Photoshop文本栅格化为像素，就可以在After Effects中编辑这些图层。

按快捷键⌘+A（Ctrl+A）实现Select All（全选），并选择Layer>Convert to Editable Text（图层>转换为可编辑文字）。在Character（字符）面板中，单击Set to White（设置为白色）色块，修改选中文字的Fill Color（填充颜色），也可以修改其Font Style（字体风格）（粗细），让它们的笔画更粗或更细。然后按F2键来Deselect All（取消全选）。单独显示每个图层并检查它们。在完成之后，关闭所有Solo（独奏）开关。

Sodium:	135	mmol/L
Glucose:	81	mg/dL
Triglyceride:	127	mg/dL
Cholesterol:	178	mg/dL
HDL:	39	mg/dL
LDL:	144	mg/dL

Potassium:	3.9	mmol/L
Chloride:	102.1	mmol/L
Calcium:	9.7	mg/dL
Creatine:	1.1	mg/dL
CO^2:	27	mmol/L

Platlets:	327	x10E3/uL
Protein:	6.9	gm/dL
Hemoglobin:	14.8	g/dL
Hematocrit:	46.3	%

Granulocytes:	0.1	x10E3/uL
Monocytes:	0.6	x10E3/uL
Neutrophils:	4.7	x10E3/uL
Eosinophils:	0.2	x10E3/uL
Basophils:	0.1	x10E3/uL

2 使用Layer（图层）菜单，将4个Photoshop图层转换为可编辑的After Effects文字图层，它们在时间轴面板中以“T”图层图标进行标记（下图）。单独显示每个图层，并选择在镜头移动开始时的“主角”。

3 现在可以开始将这些图层添加到Final Comp。

- 选中Results 1并复制它。将Final Comp调到前面，按'键启用Title/Action Safe Grid（标题/动作安全网格），并将View Layout（视图布局）重新设置为4 Views-Bottom（四视图—底视图）。按Home键看看摄像机的初始姿势并粘贴。
- 启用Results 1的3D Layer（3D图层）开关，并按P键显示其Position（位置）。沿X方向将它向左滑动，直到它在摄像头的视图中可见，然后在Z空间中将它推回到Extra Video图层后面，直到觉得大小合适[也可以修改其Scale（缩放）]。确保它在Title Safe（标题安全）网格的中心，这样在镜头开始移动之前，视图中将有一些可以看见的内容。修改CTI，测试镜头移动。随着镜头从左到右的平移，文本应该在Extra Video图层后面很好地形成多平面。

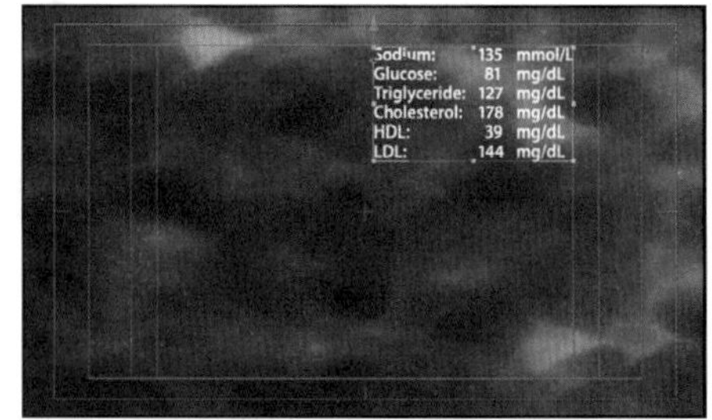

3 在镜头开始移动之前，至少将一个实验室结果图层放进Title Safe（标题安全）区域的中心。

▽ 提示

快速访问

如果想常常回到某些时间点（例如我们在03:13和14:09的摄像机关键帧），将CTI定位至所需的时间，并按Shift加上字母数字键盘（不是数字小键盘）顶部的0～9。这将设置一个带编号的Comp Marker（合成标记）。以后只需按该数字就可以跳转回那个时间点。

4 复制其他三个图层，并粘贴到Final Comp，将它们分散在3D世界中，那么在镜头移动时就可以在视频图层后面的多个位置隐约看到它们。为了降低这些图层的视觉重要性，我们让它们稍微模糊一点，降低其Opacity（不透明度），并使用Add（相加）混合模式。（我们的版本保存为Intermediate Comps>11_Wallpaper。）

4 在整个3D世界中排列实验室结果图层，镜头移动时可以在视频图层后面隐约看到它们。记住，此“文本作为纹理”旨在充当墙纸，而不是焦点。在我们的版本中，我们将其Opacity（不透明度）减少至30%，稍微增加了一点模糊，并使用了Add（相加）模式来帮助它们融合到背景中。

生命体征

现在我们想创建一系列“生命体征”跟踪，类似于在我们的世界中飞驰的EKG线条。我们知道，它们需要足够大，可以覆盖整个镜头移动，但我们还不知道要多大，所以使用Shape Layers（形状图层），无论如何放大它，它都会渲染得很清晰。

5 选中Comps文件夹，并按快捷键⌘+N（Ctrl+N）创建一个新合成，在其中测试我们的想法。将它的Width（宽度）设置为2000，Height（高度）为200，Frame Rate（帧速率）为23.976，还有Duration（持续时间）为25:00。将它命名为Vital Signs Test，单击OK（确定）按钮。为Comps（合成）面板提供尽可能多的空间，将View Layout（视图布局）重新设置为1 View（单视图）。

6 选中Pen（钢笔）工具。按⌥（Alt）键+单击Fill（填充）右边的色块，直到看见红色的“no（无）”斜线。然后按⌥（Alt）键+单击Stroke（描边）的色块，直到看见单色。正常地单击Stroke（描边）的色块，打开其颜色拾取器，将它设置为白色，并单击OK（确定）按钮。然后将Stroke Thickness（描边粗细，在色块右边的数字）设置为2px。

7 单击Comps（合成）面板可见区域的最左边一次，垂直居中。时间线中将出现一个新的形状图层。然后按住Shift键，单击Comps（合成）面板的最右边，将出现一条线。返回Selection（选择）工具。

8 展开Shape Layer 1>Contents（内容）并选中Shape 1。然后单击Add（添加）右边的箭头，选中Wiggle Paths（抖动路径），它将被添加到Path 1后面。展开Wiggle Path 1，将Detail（细节）增加到100（最大值），并将Size（大小）也增加至100左右。最初的线条非常凹凸不平，因为我们已为视频帧选择了一个比较柔和的圆滑外观，将Points（点）弹出菜单设置为Smooth（平滑）。按空格键，该路径将自动动画。

虽然这个“抖动的蠕虫”外观看起来很有趣，但通常生命体征监视器不是这样工作的，所以将Wiggles/

Second（抖动/秒）下降到0，将它冻结在适当位置。

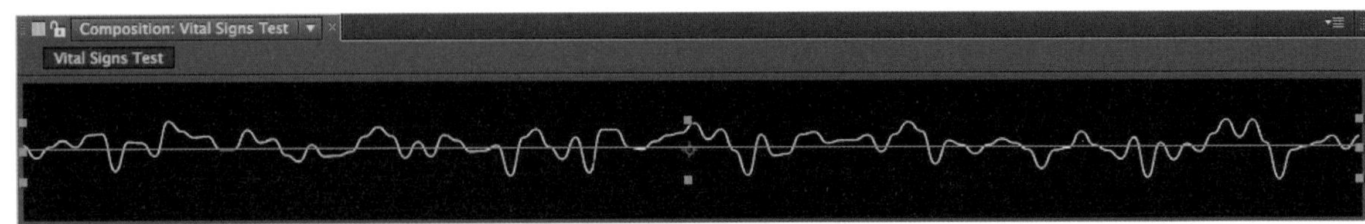

8 使用Wiggle Paths（抖动路径）操作符，将线条转换为随机波形。

9 选择Add>Trim Paths（添加>裁剪路径）。展开它，修改其End（结束）参数到大约5%。这样就可以只显示一小段路径。然后修改Offset（偏移）：这样可以让显示沿着路径移动，它更接近于我们所构想的效果。（注意，本章最后的“技术角”将演示如何创建更准确的EKG模式。）

- 按Home键，启用Trim Paths 1>Offset（Trim Paths 1>偏移）的关键帧。用鼠标右键单击Offset（偏移），从菜单选中Reset（重置），将其值恢复为0°。
- 然后按End键，将Offset（偏移）设置为4x+0.0°。RAM预览，调整第二个Offset（偏移）关键帧，以控制跟踪的速度。
- 临时禁用Trim Paths（裁剪路径）形状操作符（只需单击其眼睛开关，不要删除它），那么在下一步中就可以再次看到整条路径。

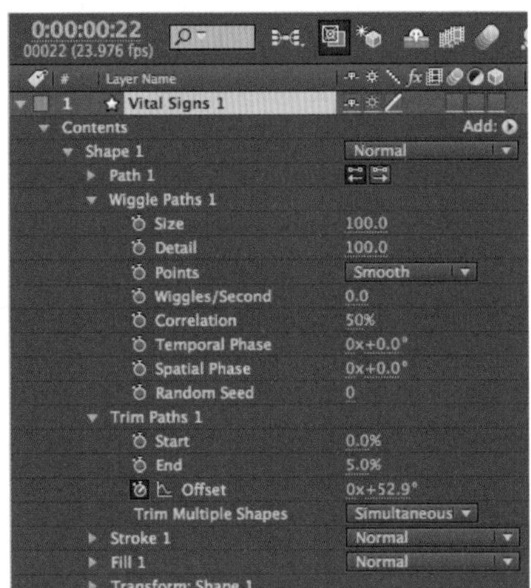

9 使用Trim Paths（裁剪路径）操作符（上图）隔离它的一部分，并使用Offset（偏移）动画该显示（下图）。

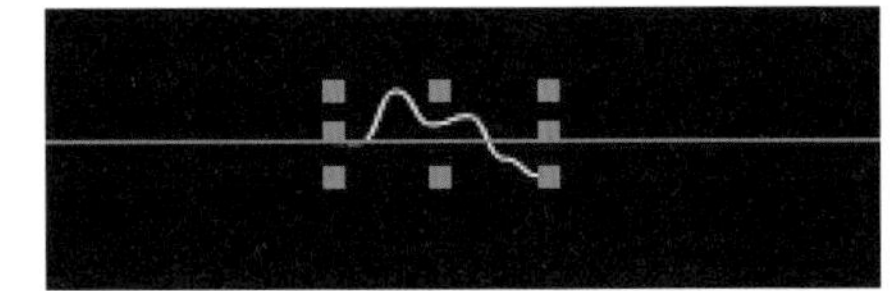

10 现在，让我们将该形状放进我们的Final Comp。

- 选中Shape Layer 1，按Return键突出显示其名称，将它重命名为Vital Signs 1。按Return键接受此名称，并Copy（复制）图层。
- 然后切换到Final Comp，Paste（粘贴），并启用其3D Layer（3D图层）开关［必要时按F4键切换到前面的Switches（开关）列］。
- 按P键显示其Position（位置），并按快捷键Shift+S显示其Scale（缩放）。在Z空间中将它向后推到放置Results图层的区域附近，并根据Top（顶视图）或Front（前视图）将它的初始位置放在世界的中心。现在，平衡它的X Position（X位置）及其Scale（缩放），让它在镜头移动的整个过程中都保持可见。我们“最差的情况”摄像机关键帧（我们看到世界的左右边缘）在03:13和14:09，我们保持检查这两个位置。然后，在Y中滑动Vital Signs 1，直至放在一个令人信服的位置，如在其中一个Extra Video图层的中主线后面移动。

▽ 提示

清理

如果不再需要在时间轴面板中看见某一列［如Stretch（拉伸）或Parent（父级）］，用鼠标右键单击其标题，并选择Hide This（隐藏该列）。这可以减少时间轴中的混乱。

11 我们希望观看者在最终视频的第一帧中就能够看到一些有趣的东西，所以按Home键，展开Vital Signs

1>Contents（内容）>Shape 1，重新启用Trim Paths 1。向下展开其参数，并增加其Offset（偏移）值，直到在第一帧的中心剪裁Action Safe（动作安全）网格中刚好能够看见脉冲。

12 复制几个Vital Signs 1副本，并垂直排列这些新增的脉冲，帮助填满死角。如果要在Z中将一个副本推远，记住增大其Scale（缩放）以作补偿。幸运的是，Wiggle Paths（抖动路径）在每一个图层都随机化其模式，让每一个副本看起来都有所不同。但我们还是要添加一些变形，编辑Wiggle Paths>Detail（抖动路径>细节），或Trim Paths>End（裁剪路径>结束点）和Trim Paths>Offset（裁剪路径>偏移），让脉冲有不同的形状，并以不同速度移动。我们的版本保存在Intermediate Comps>12_Vital Signs中，请记得保存你自己的版本。

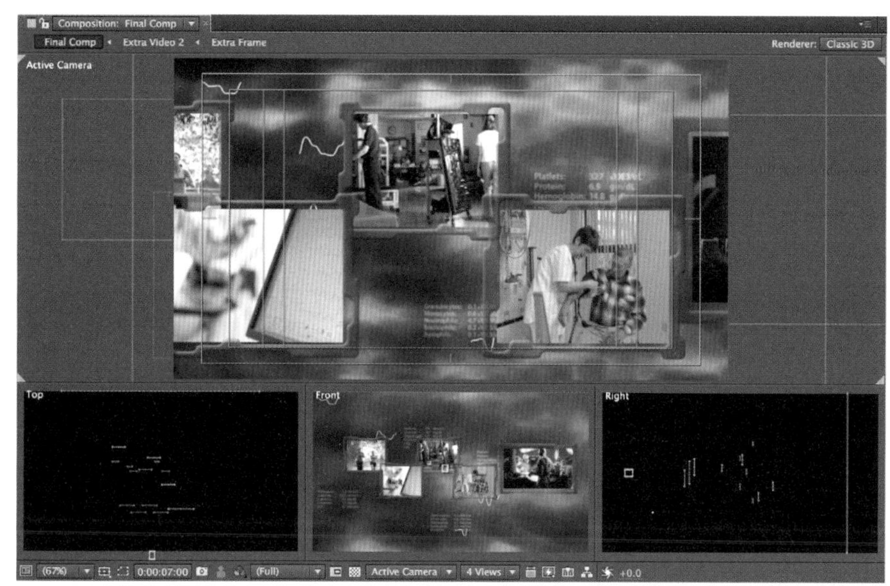

12 我们使用了5个Vital Signs动画副本，每个副本都以不同的速度运行。

随音乐模糊

生命体征跟踪很有趣，但它们与音乐没有任何关联。它们略显粗陋，将我们的注意力带离前景视频。让我们一次性解决这两个问题，只需要让它们随着音乐的节拍同步模糊。

13 将Final Comp前置，将Comp（合成）视图设置为1 View（单视图）。选择菜单选项Animation>Keyframe Assistant>Covert Audio to Keyframes（动画>关键帧助手>将音频转换为关键帧）。一个名为Audio Amplitude的图层被创建。选中它并按U键显示其关键帧：这些关键帧反映了每一帧的音轨音量。

14 我们知道我们要模糊跟踪，但不知道要模糊多少。为了以后能更轻松地调整此模糊量，对Audio Amplitude图层应用Effect>Expression Controls>Slider Control（效果>表达式控制>滑块控制）。按Return键并将此滑块重命名为Maximum Blur。在时间轴面板中向下展开Maximum Blur，以显示其滑块。在将表达式绑定到参数之前，需要先显示参数。

15 在应该能够看到Vital Signs 1的地方按Home键。

- 选中Vital Signs 1并应用Effect>Blur & Sharpen>Box Blur（效果>模糊与锐化>方块模糊）。将Blur Dimensions（模糊维度）设置为Vertical（垂直），这将使波形更容易“阅读”，同时仍然对它产生影响。
- 然后，按⌥（Alt）键并单击其Blur Radius（模糊半径）参数的秒表。此参数将出现在时间轴中，准备好接受一个表达式。接下来将要使用之前在第7章中学习的线性插值表达式，将音频振幅转化为模糊量。
- 输入“linear(”。

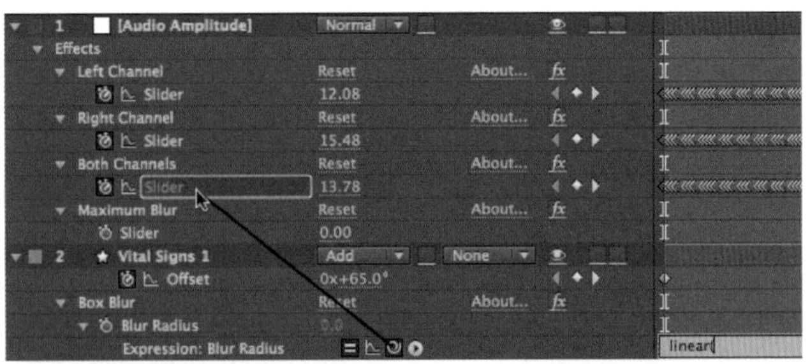

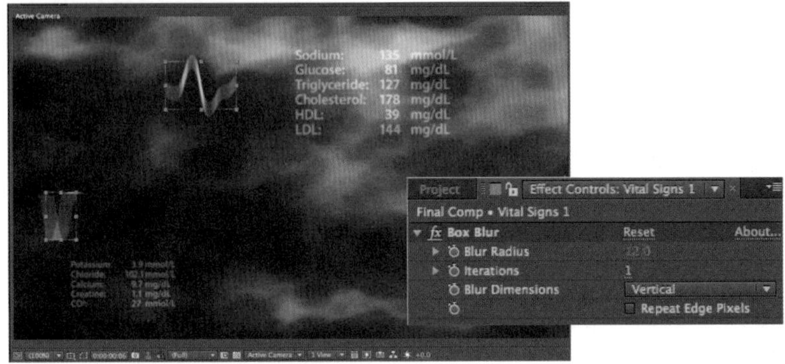

15 结合使用打字和关联器（左图上）来创建线性插值表达式，将Audio Amplitude（音频振幅）与Blur Radius（模糊半径）关联。完成之后，生命体征跟踪在每一次心跳或鼓点时都将变得更大和模糊（左图下）。

- 将表达式关联器拖曳到Audio Amplitude>Effect>Both Channels>Slider（Audio Amplitude>效果>两通道>滑块），这是正在跟踪的参数。
- 输入“，0，100，0，”，这设置了输入范围（0~100），并将输出范围的下限设置为0。
- 对于输出范围的上限，将关联器拖曳到Maximum Blur（最大模糊量）滑块。然后输入“)”并按Enter键完成表达式。
- 修改Maximum Blur（最大模糊量）直至Vital Signs 1的外观已很好地风格化。逐步移动时间，或进行RAM预览，并按自己的喜好调整Maximum Blur（最大模糊量）（你可能想单独显示一个图层，以加快预览）。记住，如果想在03:13音乐变得音量更大时减少模糊量，也可以确定此参数的关键帧。
- 在满意Vital Signs 1的模糊动画之后，复制其Box Blur（方块模糊）效果，这也会复制其表达式（以及所有关键帧）。按Home键并将它粘贴到其他Vital Signs副本，现在它们都会随着音乐的节拍同步模糊。在完成该操作之后，仍然可以调整Maximum Blur（最大模糊量），因为所有副本都指向同一个滑块。
- 最后，统一背景的外观，对所有Vital Signs图层都设置为与Results文本图层相同的Opacity（不透明度）和混合模式。

我们的版本在Intermediate Comps>13_Musical Blur中。记住要保存，然后Increment and Save（增量保存），要准备渲染了。

第5部分：定稿校样

RAM预览Final Comp，并在将此校样发送给客户之前寻找可以完善的地方。我们找到了想调整的几点。

- 投影可以帮助实现Hero和Extra视频画面与背景及彼此间的分隔。可以设置一个带阴影的3D灯光，或只是应用Drop Shadow（阴影）效果。我们选择了后者。我们将Distance（距离）设置为0，将Softness（柔和度）设置为50，以创建一个深色的光晕，然后将Opacity（不透明度）设置为75%，让它们显得更明显。

- 在最初向后拉的过程中，Motion Blur（运动模糊）将帮助模糊我们对Extra图层的距离感，并且它将让平移更平滑。选中所有图层，对其中一个图层启用Motion Blur（运动模糊）开关，并启用时间轴面板的Motion Blur（运动模糊）主开关。在启用它时，同时回到Hero+Title预合成中，为surviving a和HEART ATTACK图层启用Motion Blur（运动模糊）。

渲染中心剪裁

来自本书视频培训系列的电影演示了渲染宽屏合成的中心剪裁版本方法，它包含在Lesson 12-Final Project>12-Bonus Content文件夹中。

- 在Vital Signs图层上动画的模糊很酷，可能主标题看起来也很酷。从Final Comp中复制Audio Amplitude图层，并将它粘贴到Hero+Title。然后复制已应用到其中一个Vital Signs图层的Box Blur（方块模糊）效果，将它粘贴到Hero+Title中的HEART ATTACK图层。按照喜好调整所应用的Audio Amplitude的Maximum Blur（最大模糊量）滑块，或确定其关键帧，可能在文本完成其动画后才引入此模糊。

按时间模糊主标题并以心跳结束，增加最终结果的紧张气氛。

完成调整后，将Final Comp置前，选择Composition>Add to Render Queue（合成>添加到渲染队列）。我们将在本章后面的附录中详细讨论渲染过程。可以分享的最重要提示就是我们在本章开始时的提示：首先，询问客户他们需要什么。编辑人员可能会围绕特定编解码器建立时间轴，如Apple的ProRes。他们可能想使用其摄像机的原生编解码器，如DVCPRO HD或XDCAM。别忘了还要在Output Module（输出模块）中启用Audio（音频）。

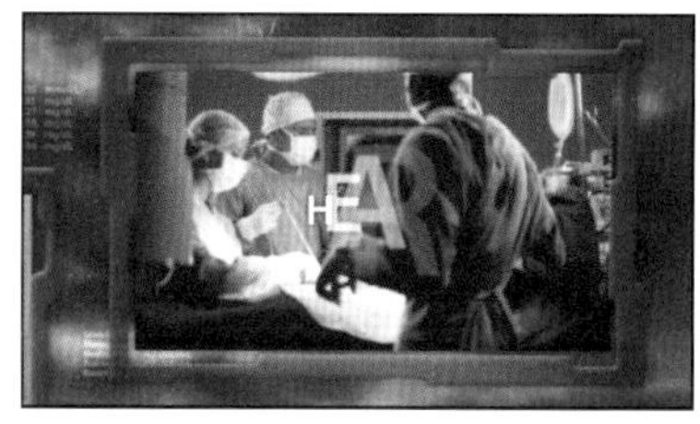

我们的校样已经准备好进行渲染并发送给客户。注意，我们已在此项目中设置了Render Queue（渲染队列），以创建最终合成的宽屏版本和中心剪裁版本。我们的渲染在Finished Movies中。

▼ 创建一个包

在为表演（广播或企业）创建一个标题时的常见要求是交付一个包含相关元素的“包”。我们已在Comps_Finished>Packge文件夹中包含了这些额外的合成，它们的渲染在Finished Movies文件夹中。

标题列设计

这是一个简单的模板，让客户可以创建标题列（lower third），并放在视频中出场的人物上面（A图）。这在企业作品中很常见，但有时也在一些戏剧中用于建立位置或时间。需要选择字体并确定其样式，还要设计一个横条来帮助让覆盖在视频上的文本可读。询问客户（或查看剧本），了解他们需要多少行文本。使用不同的

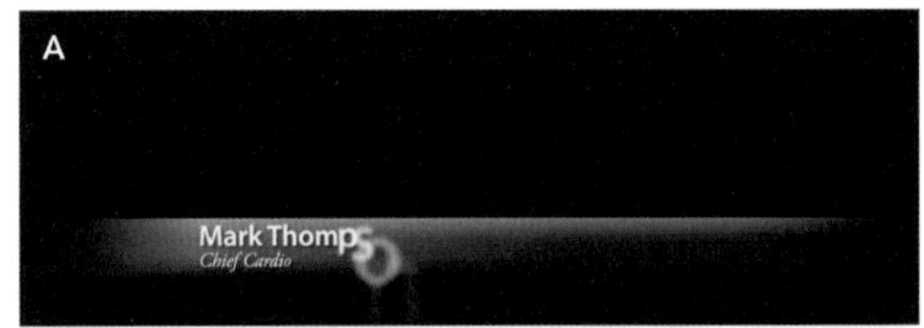

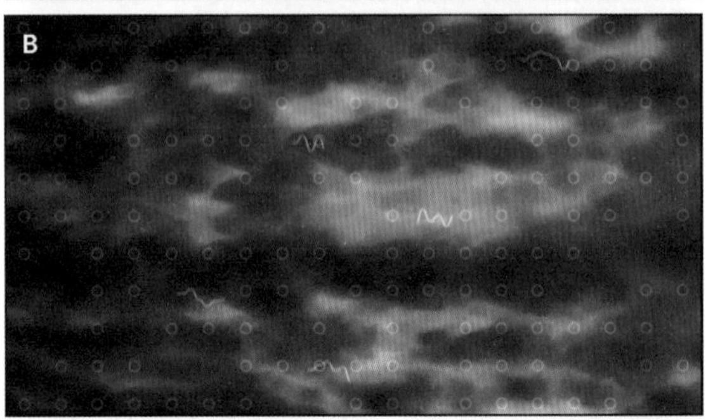

横条高度来提供两行、三行、四行版本，这都很常见。最初，这些文本都使用一条Alpha通道来渲染，被编辑人员放在适当的素材上。

我们创建了一个动画的标题列，它被解析为一个静态图像，编辑可以按需要延长它。在我们的合成中，我们已在背景中插入了示例素材，并将其标记为Guide Layer，那么它就不会出现在渲染中。我们也监视了4：3中心剪裁区域。

循环背景

编辑人员可能需要将文本表格、画中画影片，以及其他满屏图像剪到他们的节目中。有一个方法可以帮助他们，就是提供不断循环的与开场标题相关的背景纹理（B图），那么他们就可以按需要从头到尾播放这些背景纹理。我们提供了一些不同的版本，分别具有不同的复杂程度。

缓冲器、清扫器和章节标题

其他常用元素包括“缓冲器（bumper）”（C图），用于结束广告并回到节目，“清扫器（sweeper）”，用于将节目的两部分连接在一起，或者“章节标题（chapter head）”，或不使用广告提供休息时间，可使用章节标题在企业电影中标记一个新的部分。这些短小的视频片段可以交叉淡入到后续的剪辑中，或者有一条Alpha通道并提供“揭示式”转场到下面的剪辑。在我们的包中，我们请客户通过我们的Bumper合成在After Effects中处理每个新章节的第一个剪辑，这样就可将它带入我们的3D世界。

项目文件

随作业一起提供项目文件已变得更常见。在开始之前，提前问清楚客户拥有哪个版本的After Effects和哪些第三方效果，并确保自己只使用这些版本和效果。在完成工作的时候，整理好自己的合成命名和项目文件夹，在合适的地方添加注释及图层标记（工作做得越好，他们就越有可能聘用你做下一项工作），并使用File>Collect Files（文件>文件打包），确保自己将所有源素材收集到一个文件夹中，然后将已完成的整个包发送给客户。

方法角

在本章中你已完成了很多工作，但如果时间和预算允许，始终还是有办法进一步提高作品的生产价值。以下是我们应用到合成的一些修饰，在Idea Corner文件夹中可以找到它们。

- 为了让背景变得更有趣，我们预合成它，并添加了一个由“O”组成的网格。为此，我们使用一个Shape Layer（形状图层）在预合成的中间创建一个小O，然后使用一个Repeater（复制器）在水平方

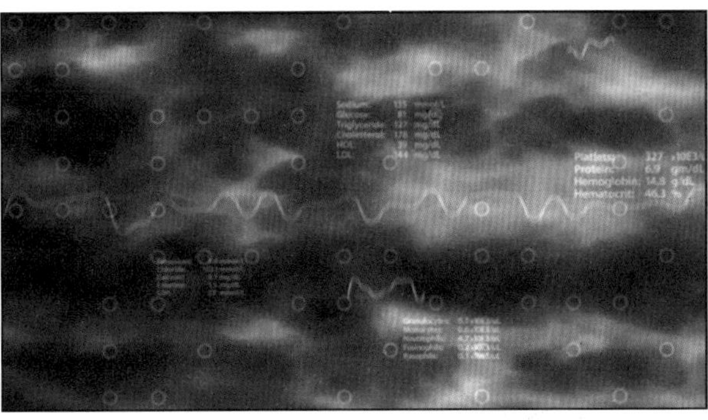
△ 我们完善后的背景，动画了圆形的元素，以及一个恒定的Vital Signs跟踪，以区别于其他图层。

向上复制它，再使用另一个Repeater（复制器）在垂直方向复制这一行。然后，我们添加Block Dissolve（块面溶解）转场，并应用抖动表达式到它的Transition Completion（转场完成）参数，让这些O在屏幕上闪烁。（我们在Package>Looping Background中使用了同样的技巧。）

- 艺术的一个原则是"重复加变化"。在Idea Corner>Final Comp IC（参见右图）中，我们在Vital Signs跟踪图层创建了变化，我们删除了Trim Paths（裁剪路径），让它的整个长度都可见。然后，我们调整其Wiggle Paths（抖动路径）设置，让它自行动画，并且比其他更多动画的跟踪少一些细节。启用该图层的独奏开关并使用RAM预览，更好地查看结果。

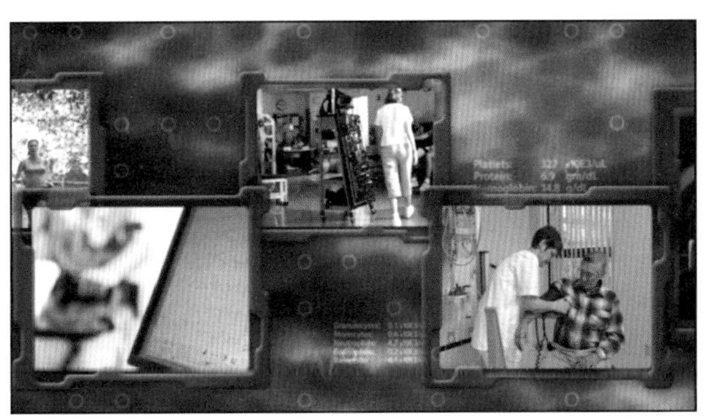
△ 我们对视频边缘应用了圆角与模糊，并做了一些细微的颜色校正，以帮助统一它们。

- 对于实验室结果"wallpaper"图层，我们删除了静态数字，并用Text>Numbers（文本>数字）效果替换它，设置为一个随机范围内的值。我们将这些图层放进预合成（Lab Results 1至4）并启用Composition Settings>Advanced>Preserve Frame Rate When Nested Or In Render Queue（合成设置>高级>在嵌套或者渲染队列时保留帧速率），为合成锁定一个较慢的速率。
- 这些视频看起来是在其柔软的圆角帧中有点硬边缘，所以我们对它们添加了一个圆角的矩形遮罩，将边缘羽化2个像素，并将Mask Expansion（遮罩伸缩）设置为-1，阻止图层边缘将羽化裁切掉。当Hero+Title IC到达其最终位置时，我们也在其中淡出了遮罩和帧。
- 说到这些视频，它们来自不同的来源，并且都有不同的色调。我们做了一些简单的颜色修正，以更好地统一它们。在Extra Video IC合成中，我们使用了Effect>Color Correction>Photo Filter（效果>颜色校正>照片过滤），并按需要为我们的起点选择暖光或冷光预设值。对于Hero视频，我们应用了Color Correction>Selective Color（颜色校正>可选颜色），将Color（颜色）弹出菜单设置为Neutrals（中性色）（假定的中灰色），并减少所呈现的Yellow（黄色）的量。

▽ 提示

更高的保真度

对于高清视频，使用Render Settings（渲染设置）的Best Settings（最佳设置）模板。然后单击Best Settings（最佳设置）打开Render Settings（渲染设置）对话框，并将Color Depth（色彩深度）设置为16位每通道，以免在颜色渐变中出现条带。

- 为了让观众的注意力集中在画面的中心，我们对场景应用了一个3D聚光灯。我们将它设置为摄像机的父级，这样它就始终位于摄像机视野的中心。射向边缘的光线角度增加了，造成虚光效果。我们也调整了Light Falloff（灯光衰减，在After Effects CS5.5中引入），让背景图层稍微变暗。在Final Comp IC

中打开和关闭Light 1，看看它的效果。

△ 在上图左中，场景没有额外的灯光；在上图右中，我们添加了一个灯光，让观众的注意力集中在合成的中心前景。在Final Comp IC中浏览我们的设置。

我们还尝试让灯光投下3D阴影，但坦白说，很难获得我们想实现的平衡。我们仍然使用前面的小技巧，用Drop Shadow（阴影）效果来帮助分开各个图层，但我们也增加了阴影的Opacity（不透明度）来补偿在帧的中间所增加的照明。

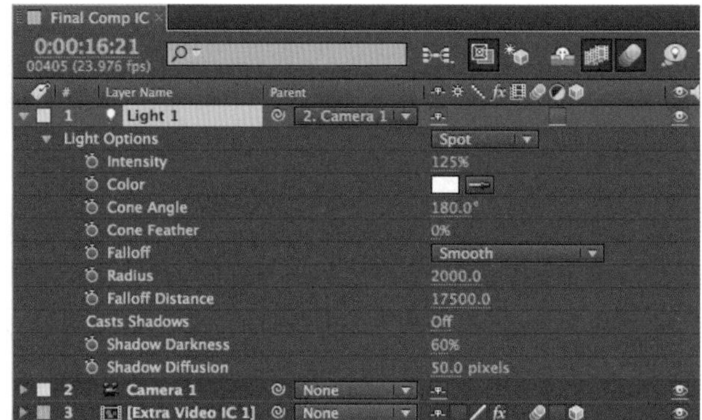

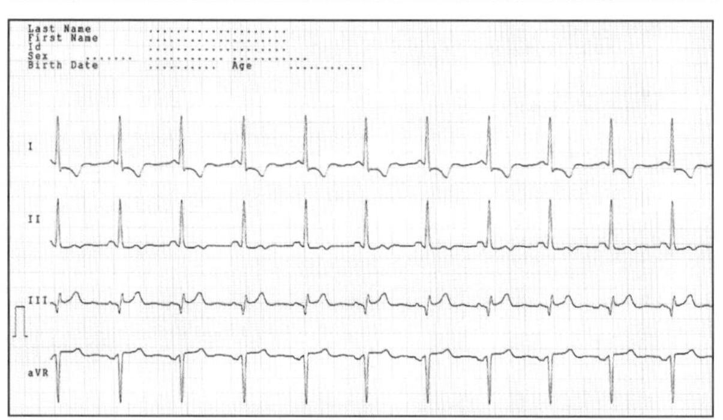

△ 为了创建更为逼真的生命体征形状，尝试跟踪一个真实的EKG图表。图像由iStockphoto，muratseyit、file#7820336授权使用。

- 以下是值得一试的其他几点：使用Wiggle Paths（抖动路径）为Vital Signs图层创建一条快速风格化的线条，但真实的EKG跟踪看起来不是这样的。在Sources>Stills文件夹中，我们包括了一个高分辨率的真实EKG图表扫描。使用Pen（钢笔）工具来跟踪这些线条，仍然可以使用Trim Paths（裁剪路径）来动画其完整长度的显示。看起来像有很多工作吧？这是我们的小技巧：每条线只画一个周期，然后使用Repeater（复制器）[在Trim Paths（裁剪路径）之后]复制路径，直到填满图表的宽度。调整单个周期的起点和终点，确保它们是匹配的。为了证明我们不会让你做一些我们自己不做的事情，我们的版本放在合成Idea Corner>EKG Chart中。

这是很好的挑战。我们提供了许多提示和建议，希望读者认为它们对自己的工作有用。

附录　渲染

向全世界发布你的作品。

▽ 本章内容

在After Effects中创建完自己的大作之后，需要渲染它，输出为一个文件，这样才可以将它编辑到电影或视频中，或者发布到网站上。我们在第1章的结尾介绍了基本的渲染，这里我们将针对通常会出现的情况提供一些额外的建议。你也可以按F1键打开After Effects Help（帮助）文件，滚动到介绍页的底部就可以看到一些与渲染相关的主题。

渲染队列导览

我们分享了一段QuickTime电影，它将带你浏览在Render Settings（渲染设置）和Output Module（输出模块）中的参数。它位于本书下载资源中的Appendix>Appendix-Video Bonus文件夹中。

在可能的时候，应该在开始项目之前就确定输出格式。然后可以构建自己的合成，或至少在构建最终合成时考虑到此大小和帧速率。相比起在完成作品后再尝试让它符合另一种格式的要求，这样做最终会带来更少的麻烦。

▽ 提示

在线帮助

Adobe帮助中心包含了有关渲染和文件格式的更多信息：在After Effects内按F1键，并使用Search（搜索）功能。

渲染：幕后原理

准备好渲染一个合成时，要确保它已打开，并且已选中其Comp（合成）或时间轴面板，也可以在Project（项目）面板中选中它。然后选择Composition>Add to Render Queue [合成>添加到渲染队列（以前被称为Make Movie制作电影）]，快捷键是Ctrl+⌘+M（Ctrl+M）。合成将被添加到Window>Render Queue（窗口>渲染队列）面板：这是管理渲染的地方。然后，可以在Render Queue（渲染队列）的Render Settings（渲染设置）和Output Module（输出模块）对话框中编辑用于渲染合成的参数。

当After Effects渲染时，两个独立的步骤按顺序发生。

- 首先根据Render Settings（渲染设置）渲染一个帧，并将它临时保存在内存中。
- 然后，使用Output Module（输出模块）设置将该帧保存到磁盘上。

该系统意味着每个合成都可以有多个Output Module（输出模块），节省在一个渲染通道中对不同文件进行相同渲染的时间，这是一个非常棒的省时工具。

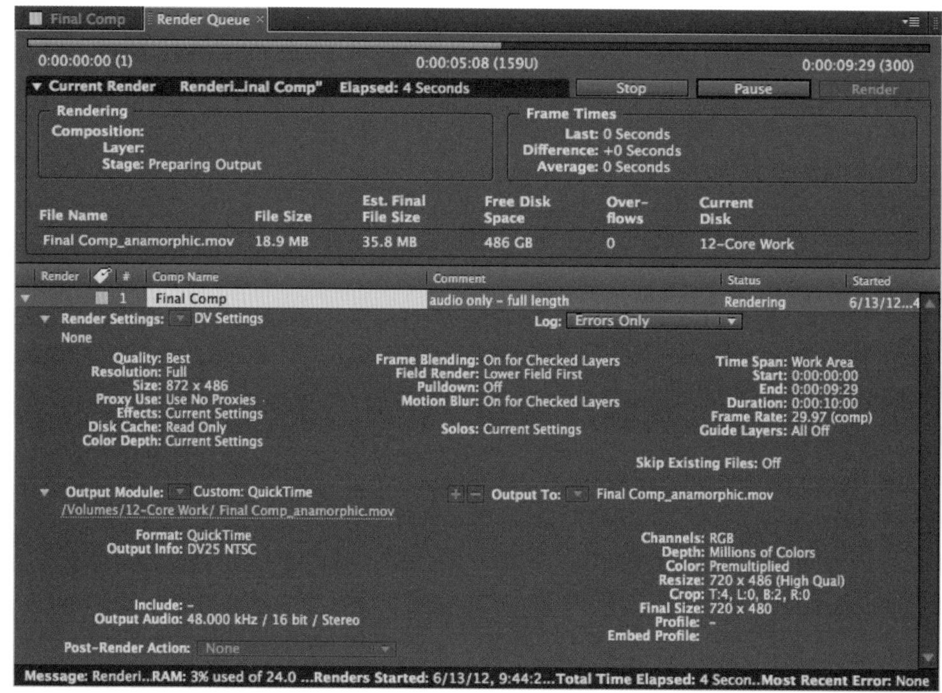

Render Queue（渲染队列）面板，其中的Render Settings（渲染设置）、Render Progress（渲染进度）和Output Module（输出模块）部分都可以展开。要编辑Render Settings（渲染设置）和Output Module（输出模块）参数，单击Render Settings（渲染设置）和Output Module（输出模块）右边的模板名称。如需修改被渲染文件的名称以及它的保存位置，单击Output To（输出到）右边的文件名称。

模板

组成Render Settings（渲染设置）和Output Module（输出模块）的参数可以被保存为模板，从而可以更轻松地使用相同的参数渲染其他合成。可以从Render Queue（渲染队列）中的弹出菜单中选择这些模板，也可以在Edit>Templates（编辑>模板）菜单下面访问它们。在该菜单中可以指定默认模板，在Render Queue（渲染队列）中选中一个模板时按住⌘（Ctrl）键也可以实现同样的结果。

▽ 提示

大窗口

Render Queue（渲染队列）面板一般在与时间轴相同的帧中打开，它可能有点窄。选中Render Queue（渲染队列）面板，按~键临时展开它，以占用整个应用程序窗口。该技巧适用于所有面板。

我应该渲染为什么格式

这是After Effects用户最常见的问题。没有简单的答案，但我们可以提供一些简单的指导。

第一个选择是交给客户他们想要的结果。问问他们喜欢什么格式，有很大的可能是After Effects支持的格式。这可以包括QuickTime或AVI电影，或图像序列。

▽ 提示

万亿级颜色

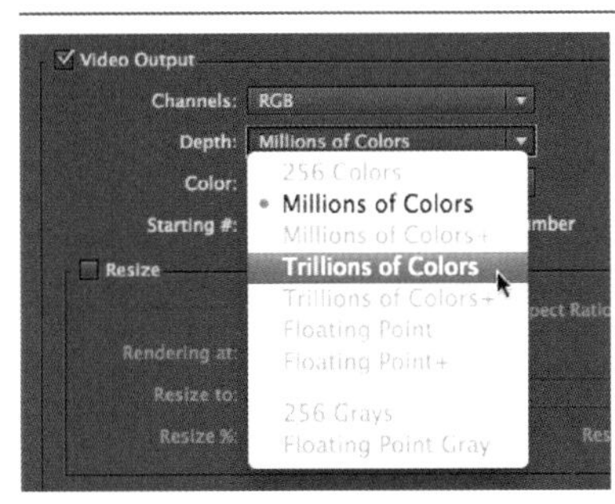

为了验证编解码器或文件格式是否支持16bpc（位每通道）色彩深度，将Render Settings（渲染设置）中的Color Depth（色彩深度）设置为16位每通道，然后在Output Module（输出模块）的Video Output（视频输出）部分中看看Trillions（万亿）是否成为Depth（深度）的一个选项。

电影

QuickTime和AVI自带一组编解码器（压缩程序/解压缩程序，或编码器/解码器）。许多摄像机将其拍摄内容压缩为特定的编码，如HDV或H.264。编辑人员往往希望输出为相同的格式，那么他们就可以轻松地将它与其他素材剪接。如果客户使用特定的视频卡，最大的可能是它需要自己的编解码器。软件随视频卡提供（或者最差的情况，在制造商网站的支持部分提供），它将包括必要编解码器的安装程序。

▽ 小知识

缩放隔行渲染

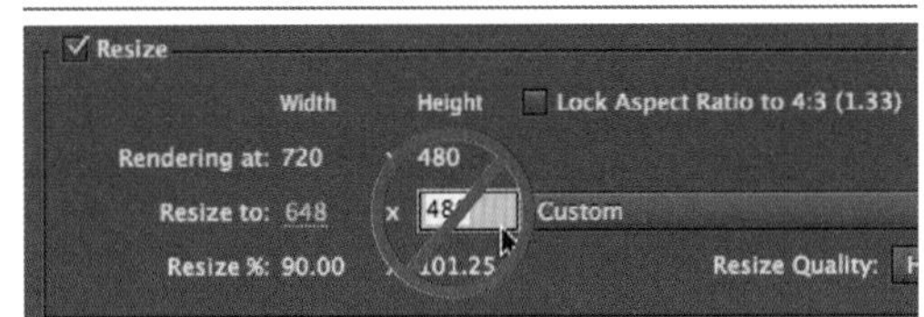

如果在Render Settings（渲染设置）中已启用Field Rendering（场渲染），在使用Output Module（输出模块）中的Stretch（拉伸）部分时要加倍小心：拉伸Height（高度）将破坏场。修改Width（宽度）则没问题。

如果要渲染的元素将在After Effects项目中重用，或与其他素材合成（或者希望自己的作品经得起时间的考验），就会想用最高质量的可用格式来保存它。常见的解决方案是QuickTime，使用Animation编解码，将其Quality（质量）设置为100。该组合是无损的（换言之，它不会修改任何像素），其空间效率中等，并且可以支持一个Alpha通道［设置为Millions of Colors+（百万级颜色以上）］。它的缺点是只支持每通道8位的颜色分辨率，高端的作品最好使用每通道16位。如果可以接受一点图像压缩，并且不需要Alpha通道，比较好的替代方案是H.264：打开其Format Settings（格式设置），并检查其Profile（配置文件）被设置为High（高），Bitrate（比特率）值被设置为6 Mbps（比特/秒）或更高。

序列

QuickTime或AVI电影很方便，因为它们将电影中所有独立的帧打包到一个文件中。然而，有时图像序列却是更好的选择。有些3D软件包和高端视频系统（如Autodesk Flame）更喜欢序列。有几种选择（如TIFF、SGI或PNG序列）是无损的，包含数据压缩，以缩小文件的大小，提供Alpha通道，并且每条颜色通道可以支持更多的位。

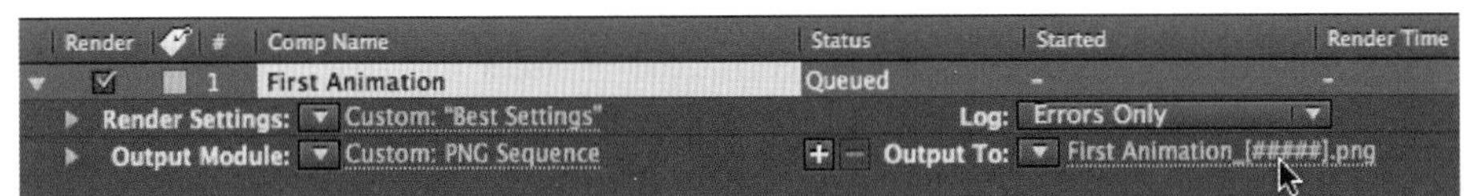

图像序列是一种常见的电影文件替代品。保存到磁盘时，图像编号被插入到文件名称末尾的[###]。

要渲染一个序列，在Output Settings（输出设置）对话框的顶部，从Format（格式）弹出菜单中选择所需的文件类型，Sequence将出现在文件类型名称的后面。每一帧都有自己的编号，所使用的数字位数由#符号的数量决定。

影响图像质量的因素

对于运动形状设计师而言，向客户提供高质量的渲染是最关心的问题。然而，如果刚刚接触After Effects，可能会担心为什么像素看起来比完美状态要少。以下整理了一些潜在的问题和解决方法。

- 在Comp（合成）面板中的图像看起来有点“脆”。解决方法：检查Comp（合成）面板的Magnification（放大率）是否被设置为低于100%。如果该数字不是刚好100%，效果就会非常差。解决方法是设置Preferences>Previews>Viewer Quality（首选项>预览>视图质量）为More Accurate（更精确）。并且要记住：Magnification（放大率）只在工作时影响合成面板的视图，在渲染时没有影响。

当Magnification（放大率）不是整数值（如100%）时，Comp（合成）面板中的图像看起来可能有点脆（左图）。这不会影响最终的渲染。但如果想实现更高质量的预览，可以调整Comp（合成）面板的大小，让Magnification（放大率）等于整数值（如50%或100%），或设置Previews>Viewer Quality（预览>视图质量）为More Accurate（更精确）（下图），这可以防止在任何Magnification（放大率）下的这些视图产生锯齿。背景由Artbeats/Light Alchemy授权使用。

- Comp（合成）面板为100%，但图像看起来“一块块的”。解决方法：检查合成的Resolution（分辨率）是否被设置为Auto（自动）或Full（全分辨率）。在渲染时，确保Render Settings（渲染设置）中的Resolution（分辨率）弹出菜单也被设置为Full（全分辨率）。
- 图层的移动不流畅，或者它们在旋转或缩放时呈锯齿状。解决方法：检查图层的Quality（质量）开关是否被设置为Best（最佳）（这是默认值），它可让图层移动流畅，并防止在变换或扭曲时产生锯齿。在渲染时，确保Render Settings（渲染设置）中的Quality（质量）弹出菜单也被设置为Best（最佳）。
- 图层被设置为Best Quality（最佳质量），但在应用模糊或扭曲效果后，它不能流畅地渲染。解决方法：在Effect Controls（效果控制）面板中检查效果是否提供不同级别的防锯齿，如果提供，将Antialiasing（防锯齿）菜单设置为High（高）。（注意，它的渲染将需要更长时间。）

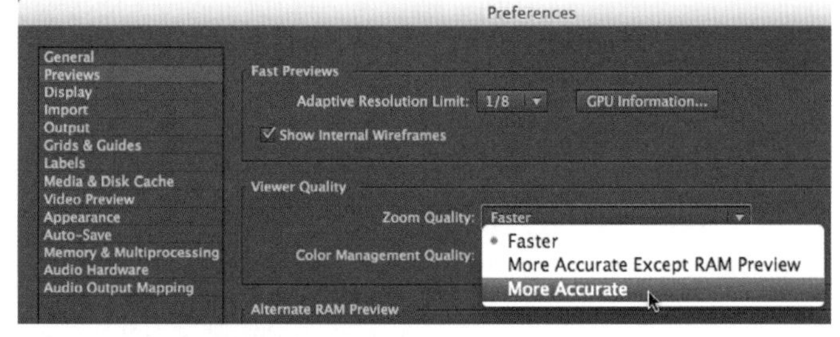

默认的Ray-traced 3D Renderer Options（光线跟踪3D渲染器选项）设置为3条光线（上图左），这往往会在柔和的反射以及边缘附近产生视觉噪点（上图右），更高的设置（如9或10）能为大部分场景提供可接受的效果。

- 光线跟踪的3D图像看起来有“很多噪点”，尤其是在反射或透明的区域。解决方法：打开Composition

Settings>Advanced>Renderer>Options（合成设置>高级>渲染>选项），增加Ray-tracing Quality（光线跟踪质量）设置，直到这些内容看起来是平滑的。在同一部分中的Antialiasing Filter（防锯齿滤镜）弹出菜单也可以对光线跟踪的3D对象的边缘产生增量效果。

如果图像中的条带非常明显（A图），增加项目设置>色彩设置>深度为16bpc（B图）。素材由Artbeats/Establishments: Urban授权使用。

▽ 提示

Adobe Media Encoder

对于高级渲染（包括用于网站的压缩，以及在工作时渲染After Effects合成），请尝试使用Adobe Media Encoder（AME），在Production Premium和Master Collection套件中都包含了该产品。

- 图像中出现了“视觉条带”，这些地方应该显示平滑的颜色渐变，而不是不同颜色的条带。解决方法：单击Project（项目）面板底部的“8bpc”指示器，打开Project Settings（项目设置），将Color Settings>Depth（色彩设置>深度）设置为16位每通道（bpc），并且确保渲染为更高位数的深度（参见前面的讨论）。或者，可能需要对图像添加少量噪点，以打破这种模式。After Effects的Help（帮助）文件也包含了一些有用的指针，请搜索“color basics（色彩基础）”。
- 图像在Comp（合成）面板中看起来不错，但在最终渲染中被像素化，显示有条带，或者很难看。解决方法：渲染被压缩得太厉害。如果可以控制最终输出，请提高所使用的编解码器的质量或比特率设置。或者，你下游的人可能将它压缩得太厉害，上面有关减少条带的一些建议可能会有帮助。
- 导入的静态图像在After Effects中看起来比在Photoshop或Illustrator中更柔和。解决方法：在其他程序中创建艺术作品，其中宽度和高度是相同数量的像素。请参阅前面的实际应用中的重复采样。
- 图像在Comp（合成）面板中看起来显得比原样更肥或更瘦，并且圆环对象看起来像鸡蛋。解决方法：D1/DV像素不是方形的，如果将方形像素图像放进一个D1/DV NTSC或PAL合成中，这可能是一个正确的行为。请参阅第3章中的“非方形像素”。另一个可能的问题是，正在查看的是一个宽屏变形的合成或素材。如果这让你感到不舒服，在视图底部启用Toggle Pixel Aspect Ratio Correction（切换像素纵横比校正）按钮。
- 在Comp（合成）面板中，电影播放中有些交替的水平线条，类似于梳齿。解决方法：电影是隔行扫描的，需要在Interpret Footage(解释素材）对话框中分离场。请参阅第5章的“摇摆文字”中“分离场”一节。如

如果交替的水平线条彼此有些偏移（上图左），就需要分离源素材中的场（第5章）。图像看起来将仍然有点脆（上图右），但这比组合来自两个不同时间点的像素要好得多。素材由Artbeats/Penguins授权使用。

果需要输出一个逐行扫描帧（无场），那么请考虑使用第三方效果，如来自RE:Vision Effects的Fields Kit的效果。

- 在Comp（合成）面板中，影片在尖锐与柔和之间交替。解决方法：源影片是隔行、独立的，但源影片的帧速率可能与Comps（合成）的帧速率不同步。在Project（项目）面板中选中源素材，并打开File>Interpret Footage>Main（文件>解释素材>主素材）。然后，将源素材的帧速率设定为正确的速率，对于NTSC视频是29.97帧每秒，对于PAL是25fps等。即使“来自文件的帧速率”已经声明影片是29.97，但通过将其Frame Rate（帧速率）设置为29.97还是可以修复某些内容。
- 在电视机上播放渲染后的影片，有些部分会有轻微“闪烁”。解决方法：可能需要有选择性地模糊这些高对比度的区域。

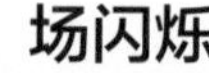

场闪烁

几年前，我们创建了一些视频培训课程：理解场和隔行扫描并使用3:2 Pulldown。在Appendix-Video Bonus文件夹中包含一段关于使用隔行扫描视频处理闪烁问题的影片，它来自Fields & Interlacing（场和隔行扫描）课程。

如果在QuickTime视图中查看直通Alpha通道渲染，就会只看到RGB颜色通道，它包括在Alpha之外的像素（上图左）。在After Effects的Footage（素材）面板（包含了Alpha通道）中查看它，就会看到它其实是干净的（上图右）。

- 在视频显示器上播放场渲染的影片，闪烁得非常非常厉害。解决方法：影片的场顺序可能与硬件链不匹配，因此，场被保留。请参阅第5章中的“场渲染”。
- 使用一个Alpha通道渲染一段影片，在编辑程序中合成它的时候，它有黑色的“边缘”。解决方法：使用直通Alpha通道，而不是默认的Premultiplied Alpha通道。或者，看看编辑程序是否可以取消渲染的左乘。
- 使用一个Alpha通道渲染，在QuickTime Player中播放时，影片看起来很难看。解决方法：你已经成功地渲染了一个直通Alpha通道，但QuickTime Player只显示RGB通道，其他通道则被“放掉”。将该影片导入编辑程序。（这也在第5章中的“使用Alpha通道进行渲染”练习中讨论过。）

子像素定位

当图层被设置为Best Quality（最佳质量）（默认值）时，它将使用子像素定位，可以使用低于一个像素的级别来定位图层，以实现更平滑的移动。低多少？ After Effects解析到16位的子像素分辨率，所以每个像素在宽度和高度方面被划分为65 536个部分。在这种分辨率情况下，有超过40亿个子像素。从技术上讲，这被称为“大量”。

为了看到这种精度的数字结果，将当前时间指示器放在两个插值Position（位置）关键帧之间，选中图层，并按快捷键⌘+Shift+P（Ctrl+Shift+P）打开Position（位置）对话框。该对话框将显示2D图层的X轴和Y轴值：小数点左边的数字是Draft Quality（草稿质量）所使用的整数值，而小数值则表示Best Quality（最佳质量）所使用的子像素。

当图层被设置为Draft Quality（草稿质量）时，只使用全像素计算移动。虽然这可以更快地设置关键帧和预览它们，但结果可能会有点凹凸不平。

除了更平滑的移动，Best Quality（最佳质量）还能保证效果和变换的渲染是完全不会产生锯齿的。Draft Quality（草稿质量）渲染的时候没有防锯齿。（在文本、形状和固态层，或Illustrator源等矢量作品中要特别注意这一点。）

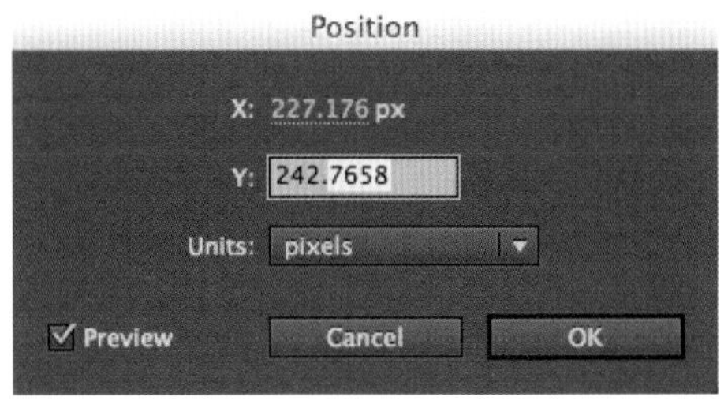

当Position（位置）是关键帧之间的插值时，请检查当前值，当图层被设置为Best Quality（最佳质量）（默认值）时使用小数点右边的子像素数量。

实际应用中的重复采样

Best Quality（最佳质量）和子像素定位的一个优点是，图层在变换时是防锯齿的（或重复采样的）。虽然需要良好的防锯齿效果（尤其是使用扭曲效果时），但重复采样所添加的柔化可能是不想要的，例如，将在Illustrator或Photoshop中创建的非移动图像或标题放进缩放为100%的合成时。

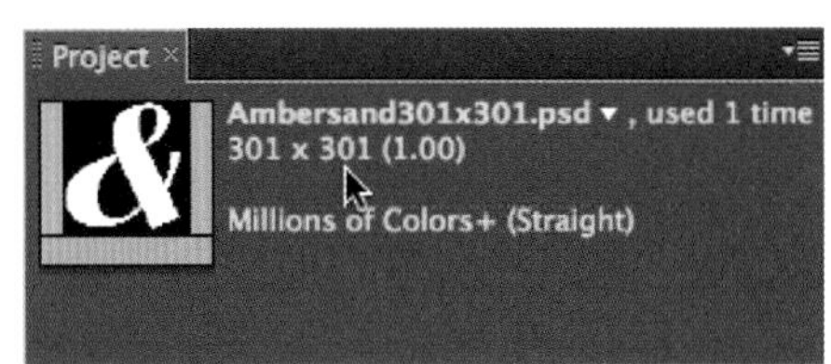

图层的定位点默认为图层的中心。图层在高度或宽度方面的像素数量为奇数时（上图），会导致定位点要使用半像素（下图），这在某些情况下可能会不必要地柔化图像。

为了避免这种不想要的重复采样，我们需要理解为什么它会发生，以及何时会发生。在它发生时，每当图层使用子像素定位时［这意味着，每当定位点值和Position（位置）值之间的差值不是整数时］，After Effects都对图层进行重复采样。查看Appendix.aep中的以下示例合成。

- Resample_1：图层的大小是偶数，300像素宽，300像素高，它将定位点放在中心（150，150）。将此图像放在一个偶数大小的640像素 × 480像素的合成中，将其Position（位置）定在中心（320，240）。（150，150）和（320，240）之间的差值是整数，所以图层不会被重复采样。让图层在Draft Quality（草稿质量）和Best Quality（最佳质量）之间切换，可以看到是没有变化的。
- Resample_2：让图层在Draft Quality（草稿质量）和Best Quality（最佳质量）之间切换，可以看到图像有轻微的移动和柔化。这是因为，该图层是奇数大小的，301像素宽，301像素高，它将定位点放在（150.5，150.5）。当它被放在此偶数大小的640像素 × 480像素合成中时，（150.5，150.5）和（320，240）之间的差值不是整数，所以图层将被重复采样。

如你所见，在Photoshop或Illustrator中以偶数大小创建源素材，就可以避免非移动图像的重复采样。如果这一切都失败了，可以通过将图层的Position（位置）向上或向下、向左和向右调整半个像素，直到图像呈现出足够的锐度，从而避免不必要的重复采样。

这个重复采样的问题与3D图层可能引起的预览、防锯齿及光线跟踪质量问题完全无关。在第8章中的“光线跟踪图像质量”和“快速预览”两节中已介绍过这些问题。

画板技巧

Illustrator最近的版本为标准大小添加了一系列Video（视频）和Film（电影）配置文件（模板）。这些模板的一个好处是，它们包括第二个画板（Artboard 2），它比模板要大得多，在将文件作为合成导入After Effects时，落到剪贴板上的任何图层都不会被裁剪掉。不幸的是，因为Artboard 2以半像素为中心（由于未知的原因），AE中Artboard 1上的所有对象都被柔化地渲染了。如果不需要将对象放到剪贴板上，我们建议删除Artboard 2。

▼ 3：2 Pulldown

3：2 Pulldown原来是用于在电影（通常以24fps运行）和NTSC视频（以29.97fps运行）之间进行转换的一个过程。如今更常见的是，视频摄像机使用该过程将电影拍摄率23.976fps转换为在磁带录制上必须使用的29.97fps。

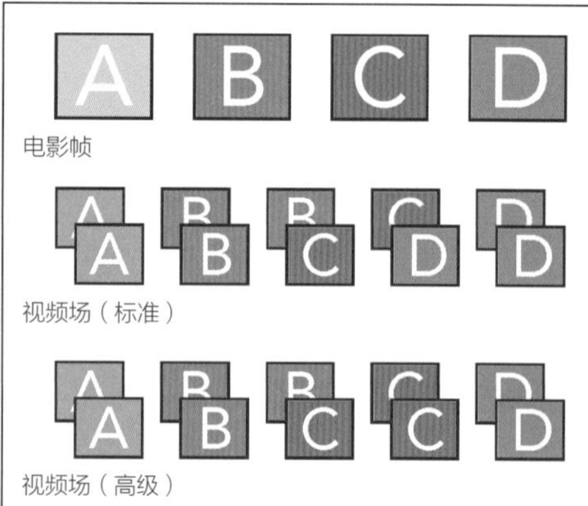

Pulldown是用于将4个电影帧分布到视频的10个场（5个帧）的技术。

为了让该转换可行，电影从24fps放慢为23.976fps：与30和29.97之间的比率相同。然后，为两个或三个连续的视频场重复电影的帧（每个视频帧有两个场），这种模式最终导致电影（或摄像机传感器拍摄的图像）的4个帧被分布到视频的5个帧。

可以使用几种不同的模式，After Effects支持两种输入模式：经典的3：2 Pulldown和24Pa（高级Pulldown）。然后，每个版本可以有几个不同的“相位”，即在模式的哪个位置开始。

在Interpret Footage（解释素材）对话框中，有一个Guess（预测）按钮，帮助每个版本确定正确的相位。After Effects往往会猜对，但不能总是猜对。要验证其预测情况，请双击素材项，在其Footage（素材）面板中打开它，然后使用PageUp键和PageDown键［或Preview（预览）面板中的Previous Frame（前一帧）和Next Frame（下一帧）按钮］逐帧播放。如果在任一帧上看到隔行扫描的“梳齿”图案，表示After Effects猜错了。使用Interpret Footage（解释素材）中的Remove Pulldown（删除Pulldown），并手动尝试不同的相位，直到所有隔行扫描现象都消失。

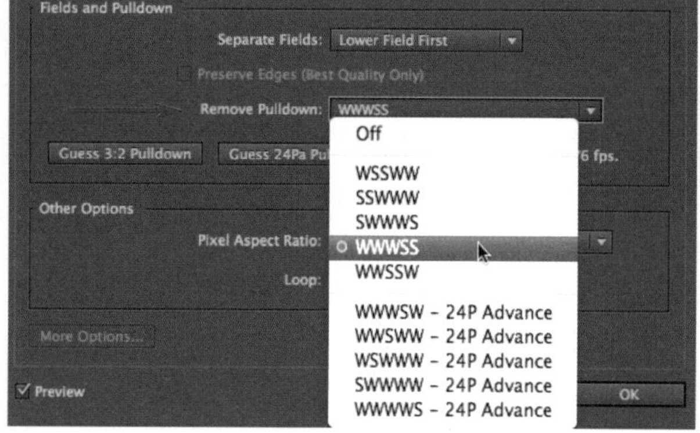

如果源素材中有Pulldown，在Interpret Footage（解释素材）对话框中删除它（上图）。以23.976 fps创建合成，这会更高效。然后在渲染时，在Render Settings（渲染设置）中再次使用Pulldown（下图）。

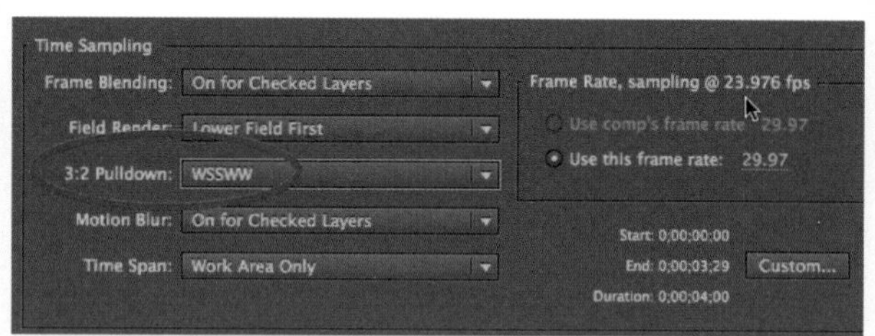

在渲染时，可以进行以下步骤，再次引入经典的3：2 Pulldown模式。

- 以23.976fps建立最终合成。
- 在Render Settings（渲染设置）中，将Field Render（场渲染）设置为输出格式所要求的选项。［例如，DV使用Lower Field First（下场优先），高清视频使用Upper Field First（上场优先）。］
- 在Field Render（场渲染）下面，从3：2 Pulldown弹出菜单中选择一个相位。如果该渲染目标是视频或DVD，任何相位都没问题。只有当渲染是离线电影编辑的一部分时，才需要考虑相位。如果是这种情况，请确保剪辑与合成的起点一致，并对渲染使用与在剪辑的Interpret Footage（解释素材）对话框中所用的相同相位。

致谢

感谢Artbeats的茱丽・希尔（Julie Hill）和特里丝・麦克利斯凯（Trish McClesky），他们提供了本书中使用的大部分素材。其他静态图像和视频由iStockphoto、12 Inch Design、Pixel Corps和Crish Design提供。所有音乐都由Crish Design提供。